碳中和系列教材

Carbon Neutrality

碳中和概论

● 汪华林 江霞 田程程 主编

中国教育出版传媒集团
高等教育出版社·北京

内容提要

本书针对碳中和推动经济社会发展的系统性变革，概述能源碳中和，氢能绿色制造、储运与利用，资源碳中和，信息碳中和，碳汇强化和负排放，碳市场，碳中和管理，碳中和工程及碳中和社会等，共十章。

本书可用作高等学校环境、能源、资源、化工、信息、经济、管理、社会等相关专业本科生及研究生教材，也可供从事碳中和工作的相关人员参考。

图书在版编目（CIP）数据

碳中和概论 / 汪华林，江霞，田程程主编. -- 北京：高等教育出版社，2024.7
　　ISBN 978-7-04-062155-6

Ⅰ. ①碳⋯ Ⅱ. ①汪⋯ ②江⋯ ③田⋯ Ⅲ. ①二氧化碳-节能减排-高等学校-教材 Ⅳ. ①X511

中国国家版本馆CIP数据核字(2024)第095711号

Tanzhonghe Gailun

策划编辑	陈正雄	责任编辑	宋明玥　陈正雄	封面设计	赵　阳	版式设计	李彩丽
责任绘图	于　博	责任校对	刁丽丽	责任印制	朱　琦		

出版发行	高等教育出版社	网　　址	http://www.hep.edu.cn
社　　址	北京市西城区德外大街4号		http://www.hep.com.cn
邮政编码	100120	网上订购	http://www.hepmall.com.cn
印　　刷	唐山市润丰印务有限公司		http://www.hepmall.com
开　　本	787mm×1092mm　1/16		http://www.hepmall.cn
印　　张	25.75		
字　　数	540 千字	版　　次	2024 年 7 月第 1 版
购书热线	010-58581118	印　　次	2024 年 7 月第 1 次印刷
咨询电话	400-810-0598	定　　价	65.00 元

本书如有缺页、倒页、脱页等质量问题，请到所购图书销售部门联系调换
版权所有　侵权必究
物　料　号　62155-00
审图号：GS京（2023）2104号

序言

气候变化是全人类面临的共同挑战，应对气候变化是人类共同的事业。联合国近200个成员国共同集会，签署了《联合国气候变化框架公约》《京都议定书》和《巴黎协定》，全球近2/3的国家制定了碳中和目标，一半以上的世界500强企业发布了碳中和路线图，实现碳中和是经济社会发展从资源依赖走向科技依赖的全面低碳绿色转型，将引领世界新一轮科技革命、产业变革和社会转型。我国承诺2060年前实现碳中和，是推进高质量发展的内在动力，事关中华民族永续发展和构建人类命运共同体。

我国已基本建立确保碳中和目标实现的"1+N"政策体系。教育部先后发布了《高等学校碳中和科技创新行动计划》《加强碳达峰碳中和高等教育人才培养体系建设工作方案》等文件，在华东理工大学、四川大学、华北电力大学等高校布局了"氢能绿色制造与利用""资源碳中和""清洁高效燃煤发电关键技术与装备"等碳中和相关领域关键核心技术集成攻关大平台。碳中和这场经济社会系统性的变革，会引发观念重塑、价值重估、产业重构等广泛影响，要适应这些影响，需要政策的引导、技术的变革和人才的培养。碳中和已经成为改革开放40年后对中国社会未来具有巨大影响的一个重大事件，它将对自然科学、工程科学、社会科学的发展和创新提出巨大需求，需要多学科协同，通过科技创新和人才培养来实现这个重要目标。

经教育部科学技术与信息化司组织、教育部科学技术委员会环境学部指导，四川大学江霞教授担任工作组组长，华东理工大学汪华林院士、清华大学鲁玺教授担任副组长，汇聚众多高校专家智慧，共同编制了《高等学校碳中和科技创新行动计划》，该行动计划提出了加快碳中和领域人才培养、学科建设、教材建设等重点任务。

在高等教育出版社组织下，由华东理工大学牵头，组织编写了《碳中和概论》教材，积极响应《高等学校碳中和科技创新行动计划》号召，适应碳中和学科发展和人才培养的迫切需求。该书系统全面地概述了碳中和技术体系、碳市场、碳中和管理、碳中和工程、碳中和社会等内容，体系完整，内容全面，反映了国内外碳中和领域科技、经济和社会的最新成果，可帮助碳中和领域相关人员短时间内系统全面地掌握碳中和知识。

碳中和是新时代的新命题，是全球第六轮经济长波和科技创新周期的变革源泉。对于加速发展和不断更新的碳中和之变，本书编写组耗费了大量的心血对碳中和的体系分类、知识架构、典型案例进行系统的梳理、归纳和总结，多方征求各个领域专家意见并多次组织研讨会，力求全面系统地认识碳中和。希望该书出版能助力碳中和相关学科建设和人才培养，从而服务经济社会高质量发展。

2023 年 12 月 12 日

前言

围绕碳中和国家重大战略部署，华东理工大学较早地、积极地在碳中和"方向－人才－项目－平台－成果"创新链进行全方位布局。2020年5月，华东理工大学启动碳中和未来技术学院和集成攻关大平台的筹备工作，并将"碳中和创新战略研究"列入"学科交叉创新战略研究计划"之一，先后成立"华理－上海石化"氢能联合实验室和"华理－申能"碳中和联合实验室。2021年8月，华东理工大学成立碳中和未来技术学院，本科设置了"环境工程与社会学""能源与经济学"双学位和"储能科学与技术"专业，开设了"碳中和概论"全校核心通识课程，以及"碳中和技术概论"研究生专业课程。2023年2月，上海市碳中和基础研究特区在华东理工大学正式启动，助力碳中和基础研究的创新突破。

在高等教育出版社的组织下，由华东理工大学牵头于2022年3月启动编写《碳中和概论》教材。本书在编写的过程中追溯了国内外对碳中和的科学认知、技术路线和管理政策，参考了国内外碳中和领域相关众多优秀书籍，聚焦各类技术和相关政策的最新动态和发展趋势，加强理论知识与案例分析的结合，努力适应我国碳中和目标的实际需要。本书以碳中和之路中的"技术进步""碳市场""社会管理"三个方面为主线。在"技术进步"方面重点介绍零碳能源、绿氢、零碳资源、零碳信息、碳汇与负排放、零碳工程；在"碳市场"方面重点介绍碳排放监管与核算、碳交易；在"社会管理"方面，重点介绍碳中和管理、碳中和社会。本书可作为高等学校环境、能源、资源、化工、信息、经济、管理、社会等相关专业本科生与研究生的教学用书，也可供从事碳中和工作的相关人员参考，同时为大众读者提供通识型碳中和认知。

本书由华东理工大学牵头，联合四川大学、四川农业大学共同编写。本书的编制思想和体系架构由汪华林教授提出并制定，参与编写的主要人员有：绪论，汪华林、付鹏波；第一章，田程程、丁路、刘毅；第二章，陈雪莉、沈中杰、王斌、杨强、刘博；第三章，江霞、靳紫恒、王邦达、彭琴；第四章，付鹏波；第五章，徐敏、姚露、吴霁薇、江霞；第六章，马生贵、郭军杰、石光明、江霞；第七章，马也、余亚东、邵帅、孔令丞、于立宏、蒋竺筠、张硕、赵兴荣、马铁驹；第八章，李剑平、常玉龙；第九章，张桐、黄锐、何雪松、汪华林。全书由汪华林、江霞、田程程担任主编，并负责修改和统稿，由清华大学郝吉明院士主审，并为本书作序。

本书的编写得到了教育部科学技术与信息化司、教育部高等学校环境科学与工程类专业教学指导委员会，以及中国21世纪议程管理中心等单位的大力支持。2022年，华东理工大学联合高等教育出版社、四川大学，先后组织了四次书稿评审会。在本书的编写和修改过程中，教育部科学技术与信息化司高润生一级巡视员、清华大学郝吉明院士、中国人民解放军火箭军工程大学侯立安院士、清华大学/中国科学院生态环境研究中心曲久辉院士、中国科学院安徽光学精密机械研究所刘文清院士、北京大学张远航院士、清华大学贺克斌院士、北京师范大学/广东工业大学杨志峰院士、中国环境科学研究院吴丰昌院士、中国科学院生态环境研究中心贺泓院士、同济大学徐祖信院士、生态环境部卫星环境应用中心王桥院士、南京大学任洪强院士、浙江大学朱利中院士、浙江大学高翔院士、国家应对气候变化战略研究和国际合作中心李俊峰主任、中国21世纪议程管理中心副主任陈其针研究员、中国21世纪议程管理中心社会事业处张贤处长、国家气候战略中心战略规划部柴麒敏主任、三亚市院士联合会裴国民秘书长、北京理工大学魏一鸣教授、东北师范大学霍明昕教授、清华大学王天夫教授、清华大学鲁玺教授、北京大学谢绍东教授、中国石油大学（北京）詹亚力教授、中国科学院生态环境研究中心楚碧武研究员、海南大学黄青教授等专家提出了许多宝贵的意见和建议。高等教育出版社陈正雄编审和宋明玥编辑等对本书的出版付出了辛勤的劳动。编者单位许多老师和研究生参与了书稿的校对工作。在此，谨向提供帮助的所有老师和同学表示衷心的感谢！

碳中和技术涉及学科多、内容广、行业众多，由于编者学识水平有限，书中不足之处，敬请读者批评指正。希望读者在使用本书时，多向我们反馈意见，促进我们不断修改、完善并再版，加快推进我国碳中和学科专业建设和人才培养。

编者
2024.2.28

目录

001	**绪论**		015	三、实现碳中和——经济社会系统性变革
004	第一节　碳中和的由来		015	（一）碳中和将带来深刻的产业变革
006	一、联合国政府间气候变化专门委员会评估报告——为应对气候变化呐喊		017	（二）碳中和推动社会经济的深刻变革
006	二、《联合国气候变化框架公约》——奠定气候变化应对的法律基础		017	（三）实现碳中和是推动构建人类命运共同体的选择
006	三、《京都议定书》及其修正案——气候变化应对的先行者		020	本章总结
			022	思考题
007	四、《巴黎协定》——全球应对气候变化的里程碑		022	参考文献
007	五、碳中和——纳入我国生态文明建设整体布局		023	**第一章　能源碳中和**
007	第二节　净零排放挑战		025	第一节　化石能源低碳利用
008	一、中国二氧化碳减排——全球碳中和的重点		025	一、煤炭清洁高效利用
			025	（一）超超临界燃煤发电
009	二、非二氧化碳温室气体减排——全球碳中和的难点		026	（二）煤炭直接液化制油
			028	（三）煤炭间接液化制油
010	（一）中国甲烷排放控制		028	二、石油高质化利用
010	（二）中国含氟温室气体排放控制		029	（一）汽柴油质量升级
010	（三）中国氧化亚氮排放控制		030	（二）航空煤油质量升级
010	三、中国节能减排贡献——全球碳中和的亮点		030	（三）润滑油和沥青生产
011	第三节　碳中和战略机遇		032	三、燃气扩大化利用
011	一、翻转极限——生态文明的觉醒之路		032	（一）天然气
012	（一）当前的趋势是不可持续的		034	（二）天然气水合物
013	（二）碳中和目标下的"五碳并举"措施		035	（三）三气合采（常规气、浅层气、天然气水合物）
013	（三）加快"五倍好技术"创新		037	第二节　核能利用
014	二、碳中和战略——统筹科技、教育和人才工作		037	一、核聚变能
			038	（一）核聚变能开发利用
			039	（二）磁约束核聚变

040	（三）惯性约束核聚变	061	（一）煤炭制氢
041	二、固有安全的核反应堆	062	（二）石油制氢
042	（一）钠冷快堆	062	（三）天然气制氢
042	（二）高温气冷堆	063	二、蓝氢
042	（三）钍基熔盐堆	063	（一）灰氢耦合CCUS
043	三、核堆小微化	064	（二）石化副产氢
043	（一）小型化核电站	065	（三）焦化副产氢
044	（二）微型化核电站	066	三、绿氢
044	（三）Z-箍缩聚变裂变混合堆	066	（一）电解水制氢
045	第三节　可再生能源	070	（二）光解水制氢
045	一、可再生能源发电规模化	071	（三）生物质制氢
046	（一）太阳能发电	072	第二节　氢能储运
046	（二）风力发电	073	一、物理储氢
046	（三）水力发电	073	（一）高压气态储氢
047	（四）生物质发电	074	（二）低温液态储氢
047	（五）海洋能发电	076	二、化学储氢
048	（六）地热发电	076	（一）金属氢化物储氢
048	（七）可再生电力的优势与挑战	077	（二）液态有机氢载体储氢
048	二、储能	079	（三）液氨储氢
049	（一）机械储能	080	三、运氢
049	（二）电磁储能	081	（一）气氢输送
050	（三）电化学储能	081	（二）液氢输送
050	（四）化学储能	081	（三）固氢输送
051	（五）热储能	082	第三节　氢能利用
052	三、新型电网与特高压输配电	083	一、氢能化工
053	（一）高比例可再生电力并网	084	二、氢能冶炼
053	（二）交直流混联电网安全高效运行	085	三、氢燃料电池
054	（三）先进电力装备	085	（一）氢燃料电池汽车
056	**本章总结**	087	（二）氢燃料电池公交车
056	思考题	087	（三）氢燃料电池重型卡车
057	参考文献	088	（四）其他应用
		089	四、氢燃气轮机
059	**第二章　氢能绿色制造、储运与利用**	091	本章总结
061	第一节　氢能绿色制造	092	思考题
061	一、灰氢	092	参考文献

095	第三章　资源碳中和	133	（三）粉煤灰替代
097	第一节　煤炭、石油和天然气资源碳中和	134	三、工艺和新材料替代
097	一、煤炭、石油和天然气资源效率提升	134	（一）燃料工艺替代
097	（一）产品结构调整	135	（二）生产工艺替代
098	（二）装置大型化与基地化	136	（三）生物质替代水泥
099	（三）原料低碳化	138	本章总结
100	二、废塑料循环利用	138	思考题
100	（一）废塑料监测	139	参考文献
102	（二）废塑料物理回收		
103	（三）废塑料化学利用	141	第四章　信息碳中和
105	三、生物质原料替代	144	第一节　集成耦合与优化
105	（一）生物质基汽柴航油	145	一、系统节能降碳
107	（二）生物质基塑料	145	（一）数字化节能降碳
108	（三）生物质基大宗化学品	147	（二）钢铁行业低碳集成与耦合优化
109	第二节　金属资源碳中和	148	（三）石化行业低碳集成与耦合优化
110	一、金属资源效率提升	149	二、能源互联与智慧能源
110	（一）高炉效率提升技术	150	（一）多能协同发电
112	（二）近终形连铸技术	151	（二）多能互补耦合应用
112	（三）低压电解铝技术	151	（三）互联网+智慧能源
114	二、金属循环与流程再造	152	三、数字化减污降碳协同
114	（一）废钢铁循环及流程再造	152	（一）数字化碳减排与水污染物协同治理
119	（二）有色金属循环及流程再造	154	（二）数字化碳减排与大气污染物协同治理
120	（三）稀土金属循环及流程再造	156	（三）数字化碳减排与固体废物污染物协同治理
122	三、低碳/零碳原料替代		
122	（一）氢气替代焦炭炼钢	157	第二节　数据计算与存储低碳化
124	（二）生物炭替煤代焦	157	一、新型基础设施
126	（三）合成气替代焦炭炼钢	158	（一）新基建的内涵
127	第三节　水泥资源碳中和	159	（二）新基建体系建设
127	一、新型低碳水泥产品	159	（三）新基建节能降碳
128	（一）硫铝酸盐水泥	160	二、算力基础设施节能
128	（二）磷酸镁水泥	161	（一）绿色数据中心
129	（三）铝酸盐水泥	162	（二）数据中心高效制冷
130	二、资源循环替代原料	163	（三）数据中心支撑数字经济
131	（一）磷石膏替代	164	三、国家"东数西算"工程
132	（二）钢渣替代		

165	（一）"东数西算"的战略意义	202	第二节　生态碳汇强化
166	（二）"东数西算"新能源产业	202	一、生态修复增汇
167	（三）"东数西算"数据中心产业链	203	（一）陆地生态系统修复
167	第三节　数据传输低碳化	204	（二）海洋生态系统修复
168	一、数据传输节能	205	（三）海岸带增汇
169	（一）数据传输方式	207	（四）海水养殖增汇
171	（二）数据传输安全	208	二、土壤增汇
172	（三）数据传输节能降碳	209	（一）森林土壤碳汇强化
173	二、无线传感器网络节能	210	（二）场地土壤改良
173	（一）无线传感器网络	211	（三）农田土壤碳汇强化
174	（二）无线传感器网络特点	214	三、化肥、农药强化种植业碳汇
175	（三）无线传感器网络节能降碳	214	（一）化肥碳减排
176	三、移动通信基站节能	215	（二）绿色农药碳减排
176	（一）移动通信技术的发展历程	216	（三）现代种植业
177	（二）移动通信基站能耗及节能分析	218	第三节　二氧化碳捕集、利用与封存
178	（三）5G基站及能耗分析	218	一、二氧化碳捕集、压缩与运输
180	（四）5G基站节能技术	218	（一）二氧化碳捕集
182	本章总结	220	（二）二氧化碳压缩
182	思考题	221	（三）二氧化碳运输
183	参考文献	222	二、二氧化碳封存与利用
		222	（一）二氧化碳封存
185	第五章　碳汇强化和负排放	224	（二）二氧化碳利用
187	第一节　非二氧化碳温室气体消减	227	三、负排放技术
187	一、甲烷控制与消减	227	（一）生物质能-碳捕集与封存
188	（一）畜牧业和种植业	228	（二）直接空气捕集
190	（二）能源系统甲烷减排	230	本章总结
191	（三）垃圾填埋甲烷减排	230	思考题
193	二、氧化亚氮控制与消减	231	参考文献
193	（一）农业种植		
195	（二）废物及污水处理	233	第六章　碳市场
196	（三）燃烧及其他工业领域	235	第一节　碳源与碳汇监测
197	三、含氟气体控制与消减	235	一、天空地一体碳源监测体系
198	（一）氢氟碳化物（HFCs）减排	236	（一）陆地固定点碳源监测
199	（二）全氟碳化物（PFCs）减排	238	（二）车载走航和无人机碳源监测
199	（三）六氟化硫（SF_6）减排	239	（三）空间碳源监测

240	二、碳汇监测计量体系		269	本章总结
240	（一）陆地林草碳汇		269	思考题
242	（二）海洋碳汇		270	参考文献
242	（三）海岸带碳汇			
244	第二节 碳源与碳汇核算		272	第七章 碳中和管理
244	一、碳排放核算方法		274	第一节 碳中和规划与评估
244	（一）碳排放核算方法概述		274	一、国家层面碳中和综合规划
246	（二）区域碳排放核算方法		274	（一）总体要求与规划目标
248	（三）行业碳排放核算方法		275	（二）重点任务
249	（四）社区碳排放核算方法		276	二、科教领域碳中和专项规划
250	二、碳汇核算方法		276	（一）《科技支撑碳达峰碳中和实施方案（2022—2030年）》
250	（一）陆地碳汇核算方法			
251	（二）海洋碳汇核算方法		277	（二）《高等学校碳中和科技创新行动计划》
252	三、绿色溢价			
252	（一）绿色溢价的特点		278	三、碳中和相关评估方法
253	（二）不同行业的绿色溢价		278	（一）生命周期评价
254	（三）绿色溢价的影响因素		281	（二）技术经济分析
255	第三节 碳市场运行		285	第二节 碳中和标准与认证实践
256	一、碳市场交易		286	一、温室气体量化标准
256	（一）碳排放权		286	（一）温室气体核算体系
256	（二）交易原理和交易标的		287	（二）ISO14064（GHG）系列标准
258	（三）交易参与者		287	（三）PAS2050规范
259	（四）世界主要碳市场和交易所		288	（四）ISO14067标准
260	专栏6-1 碳税VS碳价		290	二、碳中和标准
261	二、碳市场配额与抵消		291	（一）PAS2060标准
261	（一）碳配额的总量限制		291	（二）ISO14068标准（碳中和）
262	（二）碳配额的初始分配		292	（三）《大型活动碳中和实施指南（试行）》
263	（三）主要抵消机制			
264	（四）抵消机制的项目类型		294	三、认证实践
265	三、碳市场监管		294	（一）国内相关认证实践
265	（一）监测报告核证机制		296	（二）国外相关认证实践
266	（二）履约机制		298	第三节 碳中和措施与政策
266	四、碳金融		298	一、能源政策
266	（一）碳现货		298	（一）传统化石能源政策
267	（二）碳基金		299	（二）可再生能源政策
			300	（三）终端电气化政策

301	二、资源政策	338	三、零碳产业园创建
303	三、信息政策	339	（一）全球首个零碳产业园
303	（一）能源互联网和虚拟电厂政策	340	（二）碳中和原油
304	（二）信用政策	341	（三）绿色低碳炼化一体化标杆
305	（三）虚拟货币管理政策	342	第三节　区域碳中和
306	四、碳汇强化政策	342	一、零碳电力模式
309	本章总结	344	（一）水电工程
309	课后作业——案例分析	344	（二）光伏工程
311	思考题	345	（三）储能工程
311	参考文献	346	二、碳汇强化模式
		347	（一）沙海先锋
314	第八章　碳中和工程	347	（二）绿色长城
316	第一节　效率提升	348	（三）江河湖海
316	一、创新基础设施高效化	349	三、资源循环模式
316	（一）重大科技基础设施	350	（一）再生建筑工程
318	（二）科教融汇基础设施	350	（二）污染物资源化工程
319	（三）产教融合创新基础设施	352	（三）无废城市工程
320	二、过程绿色化	353	本章总结
320	（一）绿色化学技术	354	思考题
323	（二）高效物理分离技术	355	参考文献
325	（三）绿色生物制造		
326	三、终端电气化	356	第九章　碳中和社会
326	（一）建筑电气化	358	第一节　碳中和社会的理论视角
328	（二）交通电气化	358	一、碳中和社会概览
328	（三）工业和农业电气化	358	（一）碳中和概念在社会上的发展
330	第二节　园区碳中和	358	（二）碳中和社会基本特征
330	一、零碳社区创建	360	（三）碳中和社会发展指数
330	（一）零碳社区工程研究	361	二、环境与社会
331	（二）零碳社区工程开发	361	（一）代谢断层理论
332	（三）零碳社区工程设计	362	（二）环境气候问题的社会学
333	二、"碳中和"北京冬奥会	363	（三）生态思想的发展
333	（一）能源碳中和	365	三、碳中和社会建设
336	（二）资源碳中和	365	（一）气候变化-社会耦合系统
336	（三）信息碳中和	367	（二）物候变化-社会耦合系统
337	（四）碳汇市场交易	368	（三）碳中和教育

370	第二节 碳中和与经济社会发展——IPATD模型	382	一、低碳出行
370	一、碳排放与人口	382	(一) 高铁网及地铁
370	(一) 人口受教育程度	383	(二) 新能源汽车与低碳航空
371	(二) 人口聚集度	383	(三) 共享单车
372	(三) 人口生活水平	385	二、低碳居住
373	二、碳排放与经济	385	(一) 低碳制冷取暖与家庭绿电
373	(一) 经济发展与碳排放脱钩	386	(二) 零碳建筑
375	(二) 循环经济	387	(三) 低碳信息通信产品与智能居住
375	(三) 数字经济	388	三、低碳饮食
376	三、碳中和技术进步	389	(一) 减少食物浪费
376	(一) 能源技术进步	389	(二) 选择简装及本地食物
377	(二) 资源技术进步	390	(三) 低碳食品外卖
378	(三) 信息技术进步	390	(四) 减少肉类消费带来的温室气体排放
379	(四) 碳汇与生态修复技术进步	392	本章总结
380	四、碳中和数据	392	展望
381	第三节 碳中和社会生活方式变革	393	思考题
		393	参考文献

绪论

　　地球经历了约46亿年的变迁，才形成了如今完整平衡的生态环境。现在人们一般认为，如果地球温度上升2 ℃，就会彻底改变地球的生态环境，进而影响人类的生存。冰川融化会导致海平面上升，沿海地区淹没；极端气候频发，如暴雨、大风。生态环境安全是人类最终安全，过去一千年，地球温度还是很稳定的，但最近100年突然上升了1 ℃左右，这一百年正好是人类开启工业革命之后的一百年。

　　现在普遍认为地球温度上升主要是人类活动造成的。工业革命（始于18世纪60年代初）以来，人类累计约消耗石油和天然气4 500亿t、煤炭3 000亿t，已向大气排放了超过1.5万亿t的二氧化碳，其中25%来自美国，20%来自欧盟。全世界最富有的国家（主要指1949年以前完成工业化的国家）排放了86%的碳排放总量，包括中国在内的发展中国家只排放了14%的碳排放总量。因此，地球温度上升的责任主要在于发达国家。虽然全球要实现温升控制目标与应对气候变化，发达国家应承担主要的责任和义务，但是发展中国家的重要性与责任也不容忽视。

　　科学认知是应对气候变化的前提。最早认识到气候变化的，是11世纪的中国科学家沈括。他在《梦溪笔谈》中称，在今陕西省延安市的因山体滑坡暴露出的洞穴中，发现了"已经变成石头"的竹子，但当地的气候条件在宋朝并不适合竹子的生长。据此他认为，在古代，这一地区的气候一定有所不同。这应该是第一个关于特定地区的气候如何随时间变化的书面记录。直到17世纪，罗伯特·胡克（Robert Hooke）才提出，在英国多塞特发现的巨型海龟化石意味着那里的气候曾经温暖过。直到19世纪，人们才普遍认识到欧洲大部分地区曾被冰川覆盖，此时，古气候学开始发展。

　　1972年，竺可桢在《中国近五千年来气候变迁的初步研究》一文中提出了"竺可桢曲线"的概念，将中国几千年以来的朝代更迭与气候变迁结合起来，引起了世界轰动，此项研究领先于西方学者的"格陵兰岛曲线"几十年。在2003年气候变化国际科学讨论会上,叶笃正提出"有序人类活动"的概念。他指出,以往人类活动多是无序的,今后人类应当约束自己,从事有序活动。有序人类活动就是以可持续发展为目标和判断指标,同时也提供可持续发展的方法理论和实际措施。这是他为应对全球变暖、土地退化等全球变化负面影响开出的一剂"药方"。2004年,叶笃正获得有"气象诺贝尔奖"之称的国际气象组织奖,成为第一个获得该项殊荣的中国人。2005年,由于在全球气候变化、大气环流等方面的开创性贡献,叶笃正荣获国家最高科学技术奖。

1995年,马里奥·莫利纳因证实了"人类正在大量使用的氯氟烃(CFCs)破坏臭氧层",而获得诺贝尔化学奖。2021年,真锅淑郎(Syukuro Manabe)和克劳斯·哈塞尔曼(Klaus Hasselmann),因"对地球气候进行物理建模,量化可变性,并可靠地预测了全球变暖",而获得诺贝尔物理学奖。两位获奖者的理论研究在五六十年前就开始了,他们是气候变化研究领域的奠基人。此外,针对气候变化的研究,该领域的科学家们还获得了2007年诺贝尔和平奖、2018年诺贝尔经济学奖、2019年诺贝尔化学奖,这是科技、经济和社会共同应对全球气候变化问题的重要基础性研究,反映了国际社会对气候变化问题的持续高度关注(图0-1)。

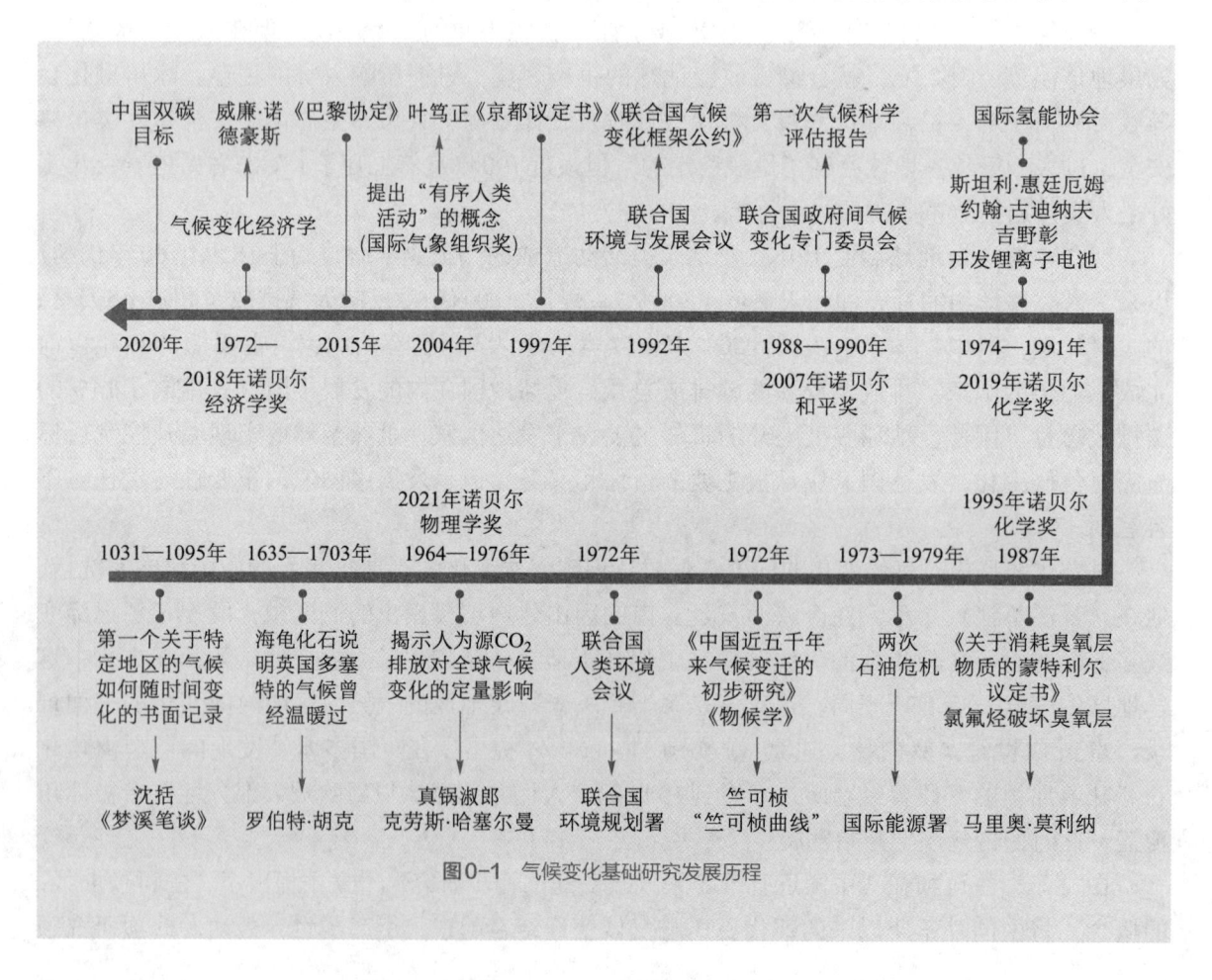

图0-1 气候变化基础研究发展历程

技术路径是实现碳中和的基石。过去200年，全球平均劳动生产率因科技进步增长了20倍，受地球生态环境极限的制约，全球不可能继续重复过去以消耗过量石油、天然气、煤炭、水、铁矿石和石灰石为代价的经济增长。应对气候变化的新经济将以资源高效率利用的绿色化和数字化为特征，经济社会发展将从资源依赖逐步走向科技依赖。如果人类不以其智慧和能力来适应地球资源的极限，实现可持续发展，那么"环境"就会反击，最终毁灭人类。若通过发展和运用科学技术知识，使目前环境负荷降低80%及以上，则整个工业、社会和文化将产生深刻的、根本的变化。

五倍级是指五倍及以上提高资源生产率，实现世界经济的全面转型。在提高全球人类福利的基础上，到2050年要实现经济社会发展与资源能源消耗的脱钩，即需要有五倍及以上的资源生产率改进度（即资源消耗强度减少80%）。为防止因五倍级技术应用造成资源消耗增长的反弹效应，资源效率的提升被其他环节的反弹消费所抵消，微观的资源效率提高被总体的经济规模扩张所抵消，就需要不断提高资源消耗的成本，使得消耗与可持续的资源供应达到平衡状态，利用可再生能源和新能源、发展循环经济、推进数字化应用、实施碳捕集与利用，以降低或消除资源消费的危害；为未来的发展繁荣建立资本以补偿资源耗竭所带来的损失；不断提高资源价格以抑制资源消费，使资源消费与可再生资源的可持续供应保持平衡。

社会治理是推动碳中和的大脑。联合国政府间气候变化专门委员会（Intergovernmental Panel on Climate Change，IPCC）和美国前副总统艾伯特·戈尔因其在"传播关于气候变化的大量知识所付出的努力及在寻找抵抗气候变化所必须采取的措施方面所做出的贡献"获得了2007年诺贝尔和平奖。威廉·诺德豪斯也因研究"气候变化经济学"获得了2018年诺贝尔经济学奖。他在宏观经济模型研究中融合了碳循环、温室气体控制排放行动等诸多环境与气候变化相关因素，使得经济学能够正式地分析气候变化问题。

未来中国发展将面临四大约束：能源短缺、资源短缺、环境污染、气候变化。现在，中国是世界最大的碳排放国，碳排放总量高于美国和欧盟之总和，这将成为最大的约束条件。因此，中国提出了宏大的碳中和目标。

联合国开发计划署（United Nations Development Programme，UNDP）将人类发展指数（HDI）作为衡量联合国各成员国经济社会发展水平的指标，中国预计在2030年达到0.8（极高人类发展水平），但中国各地区发展水平、发展阶段、要素禀赋、生产结构并不均衡，因此需要因地制宜地制定减排策略。根据HDI的不同范围可以将减排策略划分为四个组别：① 低人类发展水平（<0.55），鼓励减排，自主贡献；② 中等人类发展水平（0.55~0.7），相对减排；③ 高人类发展水平（0.7~0.8），相对减排，尽早达到碳排放平台期；④ 极高人类发展水平（>0.8），绝对减排。

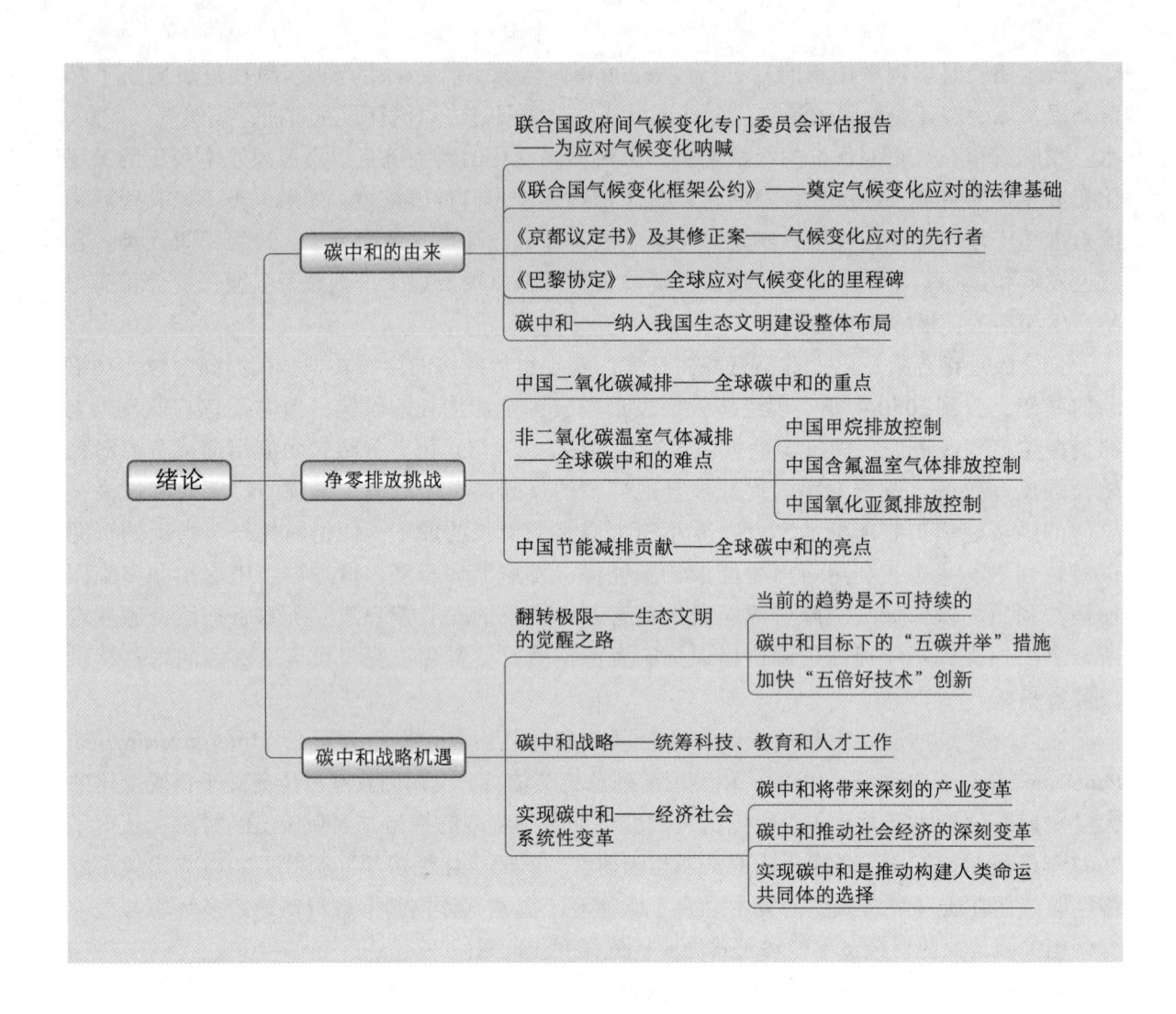

```
                    ┌─ 碳中和的由来 ─┬─ 联合国政府间气候变化专门委员会评估报告
                    │              │    ——为应对气候变化呐喊
                    │              ├─ 《联合国气候变化框架公约》——奠定气候变化应对的法律基础
                    │              ├─ 《京都议定书》及其修正案——气候变化应对的先行者
                    │              ├─ 《巴黎协定》——全球应对气候变化的里程碑
                    │              └─ 碳中和——纳入我国生态文明建设整体布局
                    │
                    │              ┌─ 中国二氧化碳减排——全球碳中和的重点
                    │              │                              ┌─ 中国甲烷排放控制
绪论 ─┼─ 净零排放挑战 ─┼─ 非二氧化碳温室气体减排 ─┼─ 中国含氟温室气体排放控制
                    │              │    ——全球碳中和的难点      └─ 中国氧化亚氮排放控制
                    │              └─ 中国节能减排贡献——全球碳中和的亮点
                    │
                    │              ┌─ 翻转极限——生态文明 ─┬─ 当前的趋势是不可持续的
                    │              │    的觉醒之路         ├─ 碳中和目标下的"五碳并举"措施
                    │              │                      └─ 加快"五倍好技术"创新
                    └─ 碳中和战略机遇 ┼─ 碳中和战略——统筹科技、教育和人才工作
                                   │                      ┌─ 碳中和将带来深刻的产业变革
                                   └─ 实现碳中和——经济社会 ┼─ 碳中和推动社会经济的深刻变革
                                        系统性变革         └─ 实现碳中和是推动构建人类命运
                                                              共同体的选择
```

第一节
碳中和的由来

工业革命以来，人类的经济活动向地球大气排放了大量的温室气体，大气中温室气体浓度的不断攀升对地球的气候系统产生了显著的影响。多种气候环境问题也随之而来，包括全球气温升高、海平面上升、冰川消融、极端天气频发等。这些灾难性后果的逐渐显现，引起了科学家、环保人士、政治家等有识之士的振臂疾呼，推动了世界各国环境保护意识的逐渐觉醒，让各国踏上环境治理及碳中和之旅。

图0-2为21世纪初期地球-大气系统能量平衡情况。地球表面（即地表）的温度由地表的能量平衡状况决定。太阳为地球的气候提供动力，在白天，每秒内到达面向太阳的地球大气顶层表面的能量约为1 360 W/m²，称为太阳常数，而均摊到整个地球，每秒内到达每平方米表面的能量却只有太阳常数的1/4（约为340 W/m²），其中一半左右被地表吸收，约29%被大气层和地表直接反射回太空，剩下的被大气层吸收。

为了平衡被吸收的太阳辐射能量，地球本身也必须向太空发射长波辐射（即红外线），大气中含量最高的气体氮气和氧气对太阳短波辐射和长波辐射几乎没有任何影响，而二氧化碳（CO_2），甲烷（CH_4）、氧化亚氮（N_2O）等温室气体，以及云与水汽等可以吸收地表释放的长波辐射，提高大气温度，同时这些温室气体也向各个方向发射长波辐射。因此，由于温室气体的存在，地球失去的长波辐射远小于地表发射的长波辐射，有助于地球表面的温度升高，就是自然温室效应。

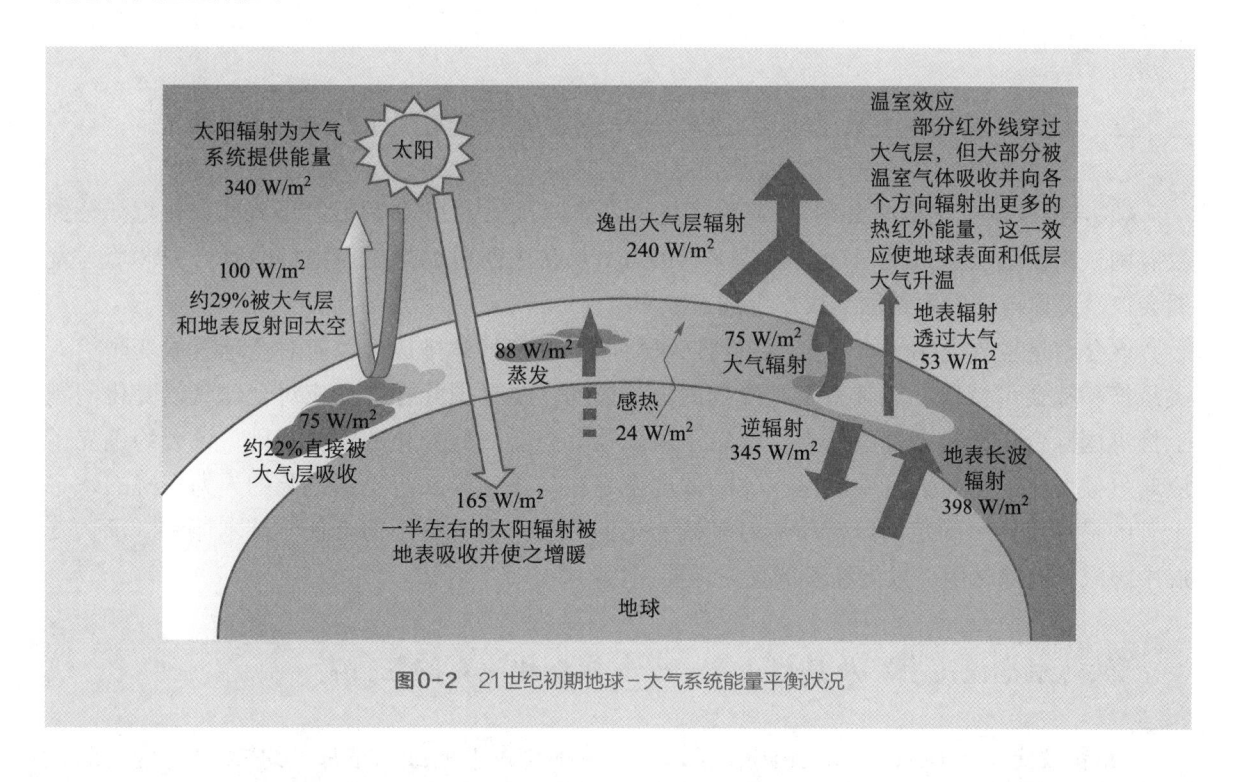

图0-2 21世纪初期地球-大气系统能量平衡状况

自然温室效应为地球提供了宜居的环境。如果移去地球大气中的所有温室气体，地球表面接收的太阳辐射和发射的长波辐射达到平衡后，地球表面的平均温度就将降到约-18 ℃，而不是现在的15 ℃，地球将不适合人类居住。同样，当温室气体浓度升高时，温室效应加强，会减少地球表面的净长波辐射损失，造成气候变暖，这也是目前全球气候变化的现状。气候变暖不仅危害自然生态系统的平衡，还威胁人类的生存。因此，各国政府及全球各相关组织，正开展强有力的国际合作，采取行动减少温室气体排放，增强对气候变化的应对能力。

一、联合国政府间气候变化专门委员会评估报告——为应对气候变化呐喊

IPCC是一个附属于联合国的跨政府组织，在1988年由联合国环境规划署（United Nations Environment Programme，UNEP）、世界气象组织（World Meteorological Organization，WMO）合作成立，专责研究由人类活动所造成的气候变迁，专门整理、汇报有关气候变化的科学研究成果，讨论和评估气候变化研究进展，并向全世界的政治家、企业家、媒体和公众发布报告。

1990年，IPCC第一次评估报告出炉，首次向全世界系统性地揭示了人类在工业革命以后的温室气体排放对地球气候系统产生的显著影响，引发了更广泛的讨论和关注。这促成了一个具有里程碑意义的国际公约——《联合国气候变化框架公约》（United Nations Framework Convention on Climate Change，UNFCCC）的诞生。截至2024年，IPCC已经发布第六次评估报告。

二、《联合国气候变化框架公约》——奠定气候变化应对的法律基础

《联合国气候变化框架公约》（简称《气候公约》）是1992年5月联合国气候变化框架公约政府间谈判委员会达成的一项公约，于1992年6月在巴西里约热内卢举行的联合国环境与发展会议（又称地球问题首脑会议）上通过。

该公约是世界上第一个为全面控制二氧化碳等温室气体排放，以应对全球气候变暖给人类经济和社会可持续发展带来不利影响的国际公约，也是国际社会在应对全球气候变化问题上推进国际合作的一个基本框架，奠定了国际社会应对气候变化的法律基础。该公约确立了应对气候变化的"将大气中温室气体的浓度稳定在防止气候系统受到危险的人为干扰的水平上"的最终目标，确定国际合作应对气候变化的"共同但有区别的责任"基本原则，承认发展中国家有消除贫困、发展经济的优先需要。

三、《京都议定书》及其修正案——气候变化应对的先行者

《京都议定书》（Kyoto Protocol），又译为《京都协议书》或《京都条约》，全称为《联合国气候变化框架公约的京都议定书》，是《气候公约》的补充条款，由联合国气候变化框架公约参加国于1997年12月在日本京都的《气候公约》第三次会议通过。

《京都议定书》首次设立了具有法律效力的温室气体强制限排额度，其目标是"将大气中的温室气体含量稳定在一个适当的水平，进而防止剧烈的气候改变对人类造成伤害"。美国、加拿大、俄罗斯和日本等国在签订该议定书后或退出，或观望。许多批评家和环保主义者质疑限排额度定得太低，根本不足以应对未来的严重危机，因此该协议逐渐名存实亡。

四、《巴黎协定》——全球应对气候变化的里程碑

《巴黎协定》（The Paris Agreement）是由全球178个缔约方共同签署的气候变化协定，是对2020年后全球应对气候变化的行动做出的统一安排。《巴黎协定》的长期目标是将全球平均气温较工业革命之前时期的上升幅度控制在2 ℃以内，并努力将气温上升幅度限制在1.5 ℃以内。

2015年12月，在巴黎气候大会上，《巴黎协定》获得通过。该协定中具有法律约束力的条款是：① 各国主动提交减排目标，并至少每五年定期评估审查目标；② 发达国家有义务继续为发展中国家提供气候资金。中国主动做出了减排承诺：中国在2030年左右达到二氧化碳排放峰值，非化石能源占一次能源消费比重达到20%。其他很多发展中国家也第一次主动向世界提出减排承诺。这是一项跨越国界的长期合作，也标志着人类向低碳世界转型。

五、碳中和——纳入我国生态文明建设整体布局

《巴黎协定》中1.5 ℃的温控目标需要全世界在30年左右的时间内，将温室气体排放量从现在约400亿t二氧化碳当量到2050年左右缩减至零排放。也就是说，届时全世界大多数国家二氧化碳净排放量为零，即人类活动排放的二氧化碳被陆地和海洋捕获的二氧化碳所抵消，也就是碳中和。中国已经把碳中和纳入生态文明建设整体布局。

全球近270年的工业文明以人类征服自然为主要特征，世界工业化的发展使征服自然的文化达到极致，一系列全球性的生态危机说明地球再也没有能力支持工业文明的继续发展，需要开创一种新的文明形态来延续人类的生存，这就是"生态文明"。生态文明，是以人与自然、人与人、人与社会和谐共生、良性循环、全面发展、持续繁荣为基本宗旨的社会形态。生态文明观念在全社会牢固树立，中国已将生态文明写入宪法。

《巴黎协定》代表了全球绿色低碳转型的大方向，是人类保护地球家园需要采取的最低限度行动，各国必须迈出决定性步伐。中国承诺二氧化碳排放力争在2030年前达到峰值，努力争取在2060年前实现碳中和。实现碳中和是一场广泛而深刻的经济社会系统性变革。

第二节
净零排放挑战

要想阻止全球变暖，避免气候变化的最坏影响，人类需要停止向大气中排放温室气体，这既是一个巨大的挑战，又是一个巨大的经济社会转型机遇。能够在这一领域取得突破的国

家，将在未来半个世纪从工业文明率先迈入生态文明，引领全球发展。

我国2021年温室气体年排放量达到了136亿t CO_2 当量，其中 CO_2 112亿t，CH_4、N_2O、含氟气体等非二氧化碳温室气体排放量为24亿t CO_2 当量。农林及农林外的非二氧化碳温室气体排放量分别为8亿t和16亿t CO_2 当量。工业过程排放占13亿t CO_2 当量。温室气体中 CO_2 占80%，主要来源于煤炭、石油和天然气等化石资源的使用（图0-3）。

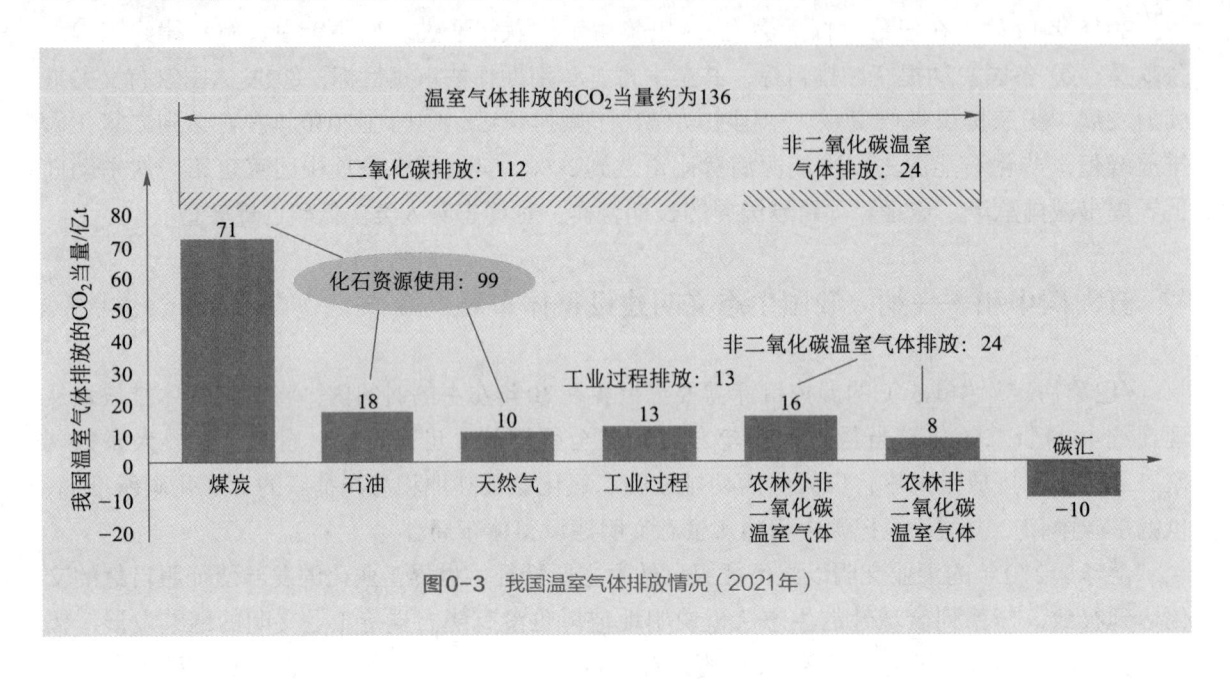

图0-3 我国温室气体排放情况（2021年）

一、中国二氧化碳减排——全球碳中和的重点

中国作为全球最大的发展中国家，将用30年左右的时间完成全球最高碳排放强度降幅，用全球历史上最短的时间实现从碳达峰到碳中和，中国目标体现了全球最强的历史责任感和最大的社会贡献度。

世界主要发达经济体均已实现碳达峰，英国和欧盟早在20世纪70年代就已经实现碳达峰，美国、日本分别于2007年、2013年实现碳达峰，且都是随着发展阶段演进和高碳产业转移实现的"自然达峰"。

2020年9月22日，中国宣布将提高国家自主贡献力度，二氧化碳排放量力争于2030年前达到峰值，努力争取于2060年前实现碳中和。根据目前各国已公布的目标，从碳达峰到碳中和，欧盟将用71年，美国将用43年，日本将用37年，而中国给自己规定的时间只有30年。

气候变化问题与经济、社会、环境、健康、就业等各方面紧密相关，这是一个系统工程，需要进行一场系统的经济社会变革，才能实现这个目标。各国应对气候变化所采取的减排措施主要包括：提高能源利用效率、优化能源结构、发展可再生能源、调整产业结构及发展森林碳汇等。

我国温室气体减排的总目标：于2060年前实现碳中和，即实现《巴黎协定》低于2 ℃的升温幅度（力争低于1.5 ℃）。于2030年前实现碳达峰并稳中有降，于2050年前趋于零排放，于2060年前实现全部温室气体净零排放。由于经济发展高度依赖含碳矿产资源，我国长期处于经济总量与碳排放同步增长、同频共振的状态（图0-4）。而要实现碳达峰，意味着经济社会发展和含碳矿产资源使用脱钩；要实现碳中和，意味着经济社会发展彻底摆脱含碳矿产资源，必须逐步实现以非化石能源为主体的能源系统转型。

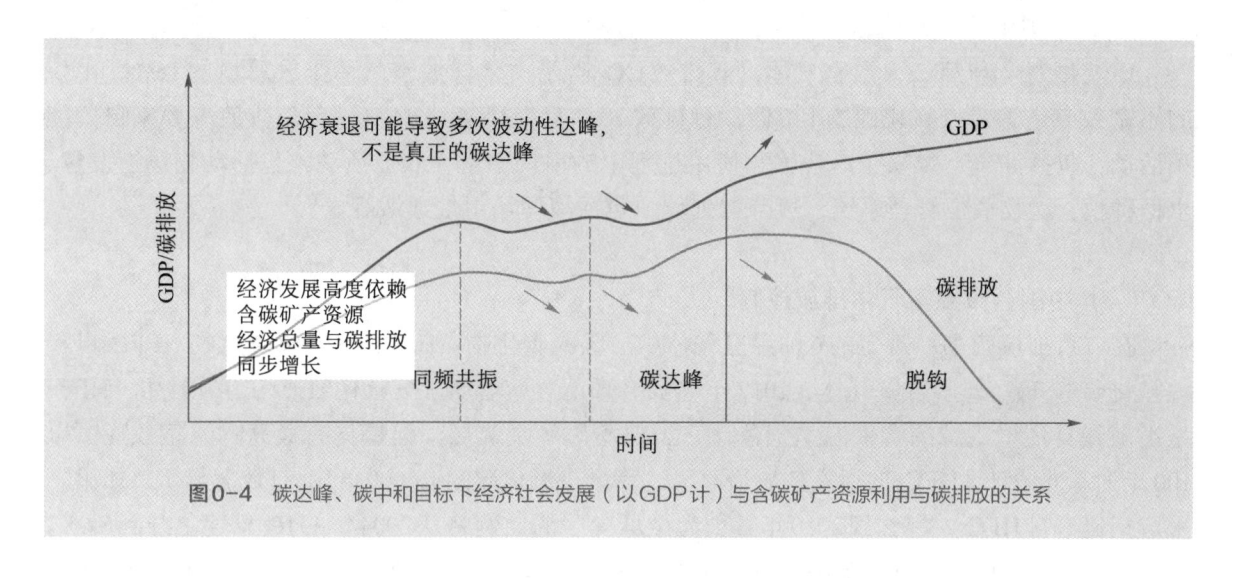

图0-4 碳达峰、碳中和目标下经济社会发展（以GDP计）与含碳矿产资源利用与碳排放的关系

二、非二氧化碳温室气体减排——全球碳中和的难点

《京都议定书》限定的非二氧化碳温室气体主要包括甲烷、含氟气体、氧化亚氮。随着减排工作的不断深入，非二氧化碳温室气体将逐渐成为温室气体排放的主体。目前，我国非二氧化碳温室气体约占总温室气体净排放量的18%，预计到2060年会超过50%（图0-5）。

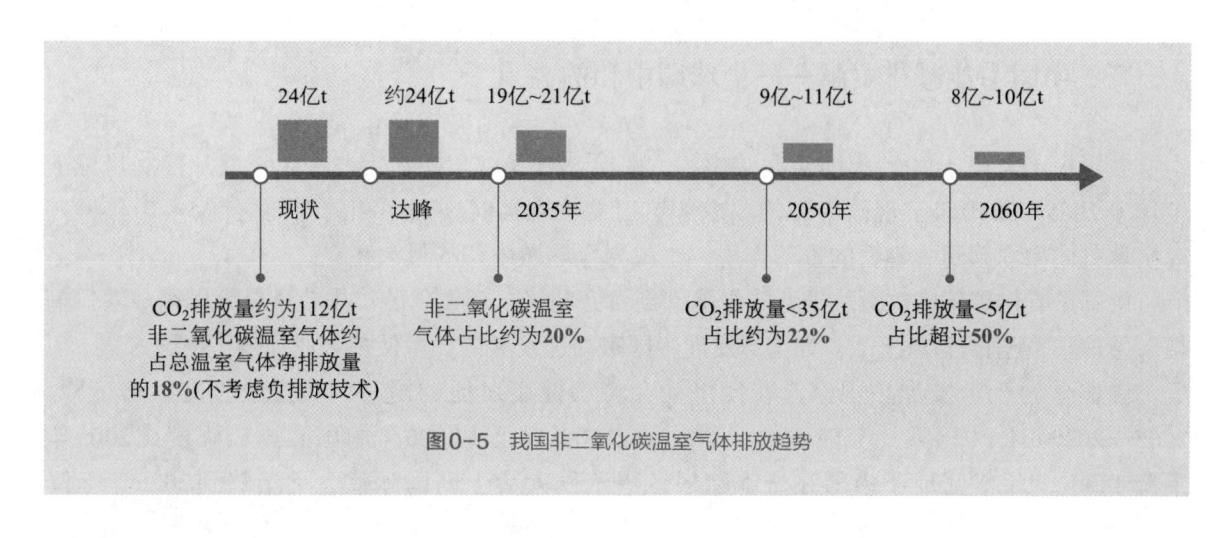

图0-5 我国非二氧化碳温室气体排放趋势

非二氧化碳温室气体减排初期成本较低。但它们的深度减排尚缺乏有效的技术支撑，其成本将呈现陡峭上升趋势。现有技术难以支撑非二氧化碳温室气体的深度减排，可能会成为后期实现碳中和目标的主要障碍之一，这需要依靠颠覆性减排技术。我国已有的非二氧化碳温室气体削减技术总体成熟度较高，整体接近国际先进水平，但农业领域氧化亚氮削减技术、含氟气体过程控制技术与国际水平存在差距。

（一）中国甲烷排放控制

甲烷作为全球第二大温室气体，其排放 CO_2 当量占全球温室气体排放总量的16%。甲烷的温室效应是等量二氧化碳的120倍，且排放20年后，仍高达84倍。甲烷排放主要来自：能源活动，包括油气、煤炭生产运输和使用过程中的甲烷逃逸；农业活动，包括动物肠道发酵、水稻种植、动物粪便管理系统；废弃物处理，包括填埋场甲烷逸散等。

（二）中国含氟温室气体排放控制

在《京都议定书》规定的6种温室气体中，氢氟碳化物（HFCs）、全氟碳化物（PFCs）和六氟化硫（SF_6）属于含氟气体，2012年《多哈修正案》增加了三氟化氮（NF_3）。其中，HFCs是当前最具环境隐患的含氟温室气体，它虽然不破坏臭氧层，但是具有极高的温室效应（以100年为基准估计，HFCs的温室效应最高可达等量二氧化碳的15 000倍）。有数据显示，如果不采取措施减排HFCs，那么到2050年其引起全球变暖的比例将从2004年的1%急速上升到8.6%。我国含氟温室气体排放几乎全部来自工业生产活动，如氟化工企业、家电行业等的生产活动。

（三）中国氧化亚氮排放控制

氧化亚氮（N_2O）增温能力是 CO_2 的310倍。N_2O 很稳定，在环境中的停留时间长达120年，大气 N_2O 浓度每增加1倍将导致全球升温0.3 ℃。N_2O 的主要来源包括农业土壤开采，工业己二酸、硝酸及化肥的生产，使用硝酸为氧化剂的化工过程和流化床中煤炭的燃烧。

三、中国节能减排贡献——全球碳中和的亮点

中国提出力争于2060年前实现碳中和，完全达到了《巴黎协定》中2 ℃温升控制目标下全球于2065—2070年实现碳中和的要求，这可能使全球实现碳中和的时间提前5~10年，并对全球气候治理起到关键性的推动作用，也成为全球碳中和的最大亮点。

中国二氧化硫年排放量从千万吨级降低到百万吨级，二氧化硫年排放量最大国被成功"摘帽"，打赢了酸雨防治攻坚战，为全球发展中国家高速发展的环境保护事业提供了中国方案。

中国作为一个发展中国家，在经济社会持续健康发展的同时，碳排放强度显著下降。2005—2020年，中国累计节能量占全球总量的50%以上。2020年中国碳排放强度比2005年下降48.4%，超额完成了中国在哥本哈根世界气候大会上向国际社会承诺的到2020年下降

40%~45%的目标，累计少排放二氧化碳约58亿t，基本扭转了二氧化碳排放快速增长的局面。

此外，中国可再生能源的投资连续多年排在全球第一，可再生能源成本正在日趋下降。中国还建造了大量的太阳能发电场和风力发电场。在新能源汽车生产和销售规模上，中国连续6年位居全球第一，目前拥有新能源汽车约678万辆，其中电动汽车约552万辆。

在增加森林碳汇方面，中国森林面积和森林蓄积量连续30年保持"双增长"，成为全球森林资源增长最多的国家。

2005—2020年，在中国气候行动取得大幅进展的同时，中国GDP（国内生产总值）增长幅度超过4倍，农村贫困人口减少将近1亿人。2021年，中国贫困县全部摘帽。这说明，中国在经济社会发展的过程中，已开始走上协调发展的脱碳路径。

站在两个一百年的历史交汇处，尽管未来的生态环境保护任务依然沉重，但中国生态环境治理能力不断提高，生态环境保护在国家治理体系中的地位越来越高，中国已逐步建立起生态文明制度体系，明确了生态环境保护的正确方向。二氧化碳净零排放尽管任重道远，但我国有信心按时实现。

第三节
碳中和战略机遇

碳中和是人类史无前例的一场自我革命。实现碳中和是一项复杂的系统工程，需要从根本上改变传统的生产、生活和消费方式，统筹考虑投入产出效率、科技发展水平、总体国家安全、国计民生关注程度、国际交流与竞争力等多种因素，充满许多未知和挑战，但也带来了前所未有的翻转机遇。

一、翻转极限——生态文明的觉醒之路

罗马俱乐部在20世纪70年代出版的《增长的极限》，不仅成为提升全球可持续发展意识的奠基石之一，其思想也促成了"联合国可持续发展目标"的出台。在成立50周年之际，罗马俱乐部用更新的资料和研究，凝聚世界先进集体智慧发布又一力作《翻转极限》（副标题为《生态文明的觉醒之路》），再次向全世界敲响了人地关系危机的警钟，进一步提出了需要用"彻底的再设计"来推动一个"显著的结构转型"，号召人类重新对自然资源、环境保护、生物多样性、气候变化等生态文明建设进行思考，以通过"早醒者"的呐喊，迎来更多生态文明建设的"觉醒者"。

（一）当前的趋势是不可持续的

要实现《巴黎协定》制定的目标，全球的生产和消费体系必须进行快速且彻底的改造。要想避免升温幅度超过2 ℃，全球经济的碳强度（单位GDP的CO_2排放量）必须每年至少降低6.2%。为了达到升温幅度仅为1.5 ℃的目标，每年碳排放（即CO_2排放量）的减少量必须接近10%。但是，从2000年到2013年，全球碳排放的减少量每年才下降0.9%。因此，要实现《巴黎协定》的目标，未来的碳减排步伐必须远超原来的水平。目前，被动遵循《巴黎协定》的目标，这是远远不够的，世界仍在至少升温3 ℃的道路上飞奔。

在《巴黎协定》签署前的三个月，联合国达成了另一个协议，即《2030年可持续发展议程》，其中主要包括17个可持续发展目标和169个具体的子目标。与《2030年可持续发展议程》同时公布的还有一份声明，它包含了一个愿景，即"我们所在的世界，技术的开发和应用必须顾及气候影响，尊重生物多样性和生态可修复性。人类与自然和谐共处，野生动物、植物和其他生物都应受到保护"（图0-6）。

图0-6 联合国《2030年可持续发展议程》提出的17个可持续发展目标
1—11是社会经济目标；12针对可持续消费和生产；13—15是环境目标；16有关和平、正义和制度；17有关过程中的伙伴关系

目前，即使是可持续发展目标指标表现最好的国家，如瑞典、丹麦、挪威，也远未实现生态的可持续发展。全球无法承受分头执行这17个可持续发展目标的方案，亟须在政治、社会经济和环境方面以和谐共生的方式，来达成整体的可持续发展目标。这将迫使全球从根本上彻底改变技术、经济和社会这几十年来惯用的发展模式，可通过"五碳并举"实现碳中和，创新发展"五倍好技术"或"五倍级效率技术"。

（二）碳中和目标下的"五碳并举"措施

碳中和是一场广泛而深刻的经济社会系统性变革，其核心是产业竞争，要实现碳中和减排任务，可采取五大措施（图0-7）。

第一，资源利用减碳。通过节能和能效提升，如果能耗降低一个百分点就意味着1亿t的碳减排。常规的废水、废气、废热、固废"四废"打通，最终实现地表物质的循环利用，走向无废城市、循环经济社会，使化石资源开采趋于零。

第二，能源结构降碳。从化石能源为主体走向非化石能源为主体，非化石能源比重大幅度提升，这是未来减碳措施的主体。

第三，地质空间存碳。以非化石能源为主体的未来新型电力系统，仍然会采用较小比例的化石能源作为兜底，用于调峰，相应的二氧化碳可通过捕集、利用和封存等方式来解决。

第四，生态系统固碳。通过生态环境建设巩固和强化整体碳汇能力。生态系统固碳、地质空间挖掘的存碳技术利用越充足，非二氧化碳温室气体深度减排和能源结构调整的压力就越小。

第五，市场机制融碳。《碳排放权交易管理办法（试行）》已于2020年12月底正式发布，碳交易市场开始进入大发展阶段。我国碳交易市场已纳入八大重点行业，覆盖全国70%的碳排放量，可创造新的万亿级大市场。

"五碳并举"解决了中国未来发展路径问题，对全社会都有非常深刻的影响。

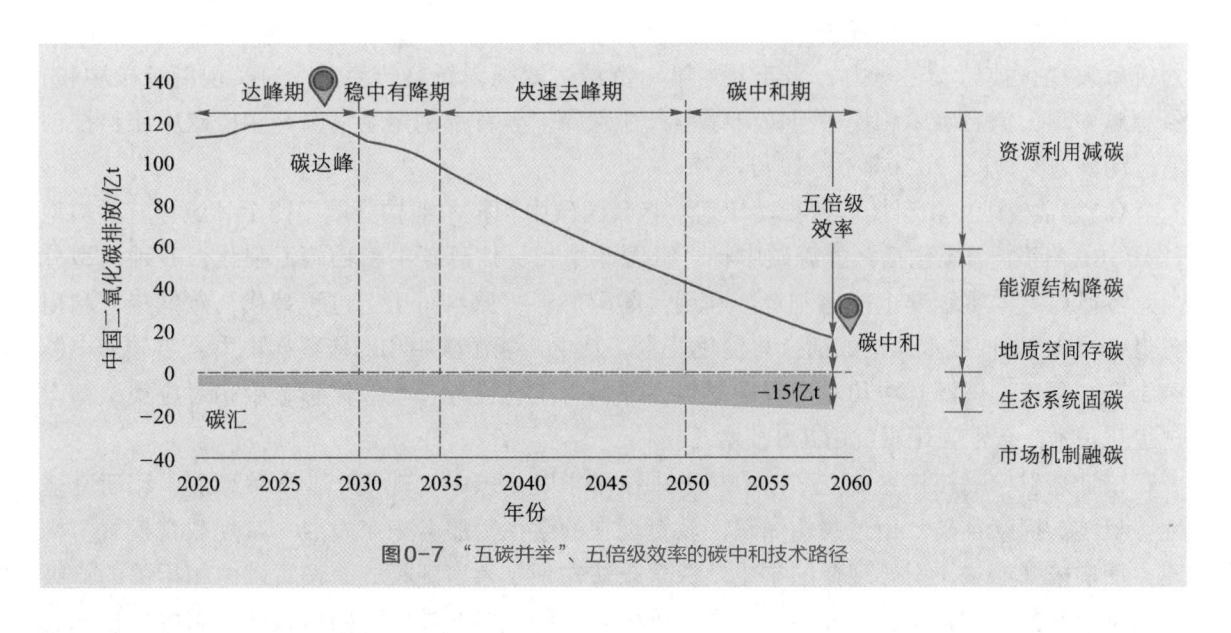

图0-7 "五碳并举"、五倍级效率的碳中和技术路径

（三）加快"五倍好技术"创新

据研究，2030年中国净碳排放峰值水平为99亿~108亿t，生态系统固碳和地质空间存碳的能力在20亿t左右，前者约是后者的5倍。今后，碳中和未来技术系统的碳排放强度是现有技术系统的1/5甚至更低，这样的5倍及以上好技术系统就可以实现碳中和。

无独有偶，《五倍级：缩减资源消耗，转型绿色经济》一书中提到：全球整体减排力度须在现有水平上至少提升5倍，在2030年可达成1.5 ℃目标所要求的碳减排量。因此，与现有技术相比较，具有五倍级及以上效率技术就是碳中和技术。我们把五倍级及以上效率技术称为碳中和技术，对应地，将五倍级以下效率技术归类为节能减排技术。

五倍级效率技术是五倍级及以上提高目前资源生产率，减少碳排放强度，降低环境负荷的系列技术的统称。过去200年，经济因科技进步而发展的特征是劳动生产率增长了20倍，平均每50年提高了5倍。"康德拉季耶夫周期"指出经济发展存在长波周期，约50年一次。随着人类社会进步，劳动生产率增速可加大，经济发展长波周期可缩短。中国于2020年提出努力争取在2060年前实现碳中和，如果用40年的时间，完成劳动生产率提升5倍、把握好"康德拉季耶夫周期"，那么第六轮"绿色科技"新经济周期是很可能实现的。

"绿色科技"新经济周期，本质是从资源依赖走向技术依赖的一种发展模式的转型，不可能继续重复过去以消耗过量能源、水和矿物质为代价的经济增长方式，这将是一场以能源、原料清洁化及其高效率利用为特征的新的工业革命。如果人类不以其智慧和能力来适应地球的极限，实现可持续发展，那么"环境"就会反击，最终毁灭人类。

二、碳中和战略——统筹科技、教育和人才工作

科技、教育和人才是经济社会发展模式从化石能源依赖走向创新技术依赖的核心要素。为统筹发展科技第一生产力、培养人才第一资源、增强创新第一动力，为实现能源碳中和、资源碳中和、信息碳中和提供科技支撑和人才保障，教育部制定了《高等学校碳中和科技创新行动计划》，并于2021年7月12日发布。

《高等学校碳中和科技创新行动计划》将我国碳中和技术架构分成了四个领域、五种类型（图0-8）。四个领域包括：能源碳中和、资源碳中和、信息碳中和和碳汇强化；五种类型分为：零碳电力，零碳非电能源制造、利用，零碳燃料、原料与工艺过程替代，碳捕集、利用与封存（CCUS）技术，集成耦合与优化技术。其中，能源碳中和对应零碳电力、零碳非电能源制造、利用，资源碳中和对应零碳燃料、原料与工艺过程替代，信息碳中和对应集成耦合与优化技术，碳汇强化对应CCUS技术。

该计划引导高校相继成立了碳中和未来技术学院、碳中和现代产业学院和碳中和研究基地等机构。探索突破"用过去的知识，教育现在的学生，服务未来发展"常规教育模式，构建"面向未来愿景，引导现在的学生，探索未知知识"教育新模式。设置碳中和相关的一级交叉学科并推进学科交叉，如清华大学的碳中和系统科学与技术，四川大学的碳中和技术与工程等。开设碳中和相关本科专业，如储能科学与工程、环境工程与社会学、能源与经济等。在国外，斯坦福大学、哥伦比亚大学等世界知名大学也都在建立以气候变化等为重点的跨学科学院。

为有序推进我国碳中和科技、教育、人才工作，应坚持"节约优先、防范风险、区域统

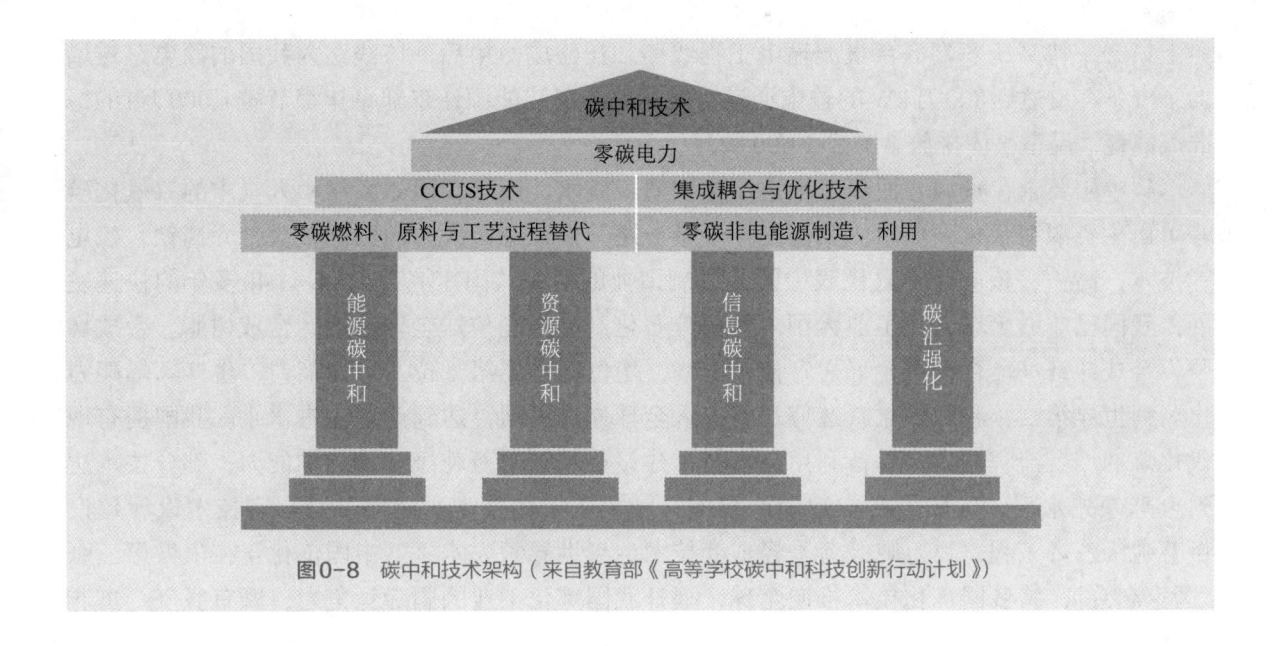

图0-8 碳中和技术架构（来自教育部《高等学校碳中和科技创新行动计划》）

筹"原则，形成节约资源和保护环境的产业结构、生产方式、生活方式、空间格局，确保如期实现碳中和。

三、实现碳中和——经济社会系统性变革

碳中和经济社会系统性变革的核心是产业竞争。发达国家已经完成工业化、城镇化进程，我国仍处于快速工业化、城镇化进程中，能源需求旺盛，抑制能源总量、全面碳减排任重道远；发达国家产业结构以服务业为主，我国产业结构中制造业仍占较大比重，产业转型任重道远；发达国家以非煤炭能源为主体能源，而我国尽管已成为风、光伏、水发电能力最大的国家，但仍以煤炭为主体能源，能源结构转型任重道远。我国在制度、人才、国土等方面优势突出，为实现碳中和目标提供了充分保障。未来，我国可通过健全法制、改革体制、创新机制、完善规制，通过政策引导、科技进步、人才支撑、投入保障，持续有效地推进产业革命、能源革命、贸易革命，确保如期实现碳中和目标。

（一）碳中和将带来深刻的产业变革

碳中和是产业变革的内在要求，核心是能源变革、原料变革、数字经济。经济高质量发展的本质是效益好、效率高。

碳中和要求在能源方面更加注重节能、更多采用可再生能源。我国清洁能源发电量、上网电量正在取得快速发展。此外，我国的特高压输电技术领先于其他各国，该领域最顶尖的特高压技术已经被我国垄断，我国成功研制了全套关键设备，建成了世界等电压等级最高、输电能力最强的交直流输电网络。以我国实现全线贯通的 ±800 kV 昆柳龙直流工程为例，它是世

界上第一条特高压多端混合直流输电工程线路。在建成使用后，该线路为我国的西电东送增加了一条容量达到800万kW的输电通道，它运输的清洁能源让东部每年都节省1 000万t的标准煤消耗，温室气体排放量减少2 600多万t。

碳中和要求在资源方面更多地选用生物质、废水、废气、固体废物和大气中的二氧化碳等可再生资源替代化石原料。我国在"一带一路"倡议中，大力向国际社会推介高铁、核电等技术，高铁、核电被称为代表中国先进制造业的两张"国家名片"。经过40多年的快速发展，我国已成为全球石化工业大国，大部分石化产品产能位居全球前列。合成树脂、合成橡胶、合成纤维产能合计占全球总产能的35%，均位居世界第一位。炼油能力、生产乙烯能力也名列世界第二，我国炼化制造业已经进入全球先进行列，达到全球先进水平。我国拥有现代化炼油厂全流程技术，具备利用自主技术建设单系列千万吨级炼油厂的能力，部分技术达到全球领先水平。形成了自主知识产权的石油化工主体技术，能够依靠自有技术设计建设百万吨级乙烯工程，百万吨级芳香烃成套技术达到世界领先水平。中国炼化正在争做第三张"国家名片"，将我国炼化技术推向全球，提升我国炼化工业的国际竞争力，既有底气，也非常必要。

碳中和要求在信息方面更加注重采用人工智能、大数据、区块链等数字化技术和新型基础研究设施来减少碳排放强度。据全球电子可持续发展推进协会（GeSI）的研究，数字技术在未来10年内通过赋能其他行业可以减少全球20%的碳排放。我国信息技术服务业高速发展，推动数字经济发展走深向实；信息技术服务与创新应用的边界不断延伸，为加快推进制造强国、网络强国和数字中国建设提供了坚实基础和有力支撑。《数字中国发展报告（2021年）》显示，我国人工智能、云计算、大数据、区块链、量子信息等新兴技术跻身全球第一梯队。2021年，我国信息领域PCT国际专利申请数量超过3万件，比2017年提升60%，全球占比超过1/3。近10年来，信息服务业核心技术不断突破，在国际市场的影响力持续提升。此外，我国移动通信技术达到世界领先水平，从"1G引进""2G模仿""3G突破""4G同步"走向"5G引领"，5G关键技术创新取得了突破性进展。截至2022年7月，我国累计建成开通5G基站196.8万个，5G移动电话用户达到4.75亿户，已建成全球规模最大的5G网络。

碳中和要求在碳汇方面加强生态系统建设。为了应对气候变化，我国提出了到2030年的新目标，其中，森林蓄积量比2005年增加60亿m^3，即每增加1亿m^3，相应地可以多固定1.6亿t二氧化碳。森林碳汇将在实现碳中和目标过程中扮演越来越重要的角色。我国森林覆盖率目前约为23.04%，最大潜力有可能达到28%~29%。目前我国的森林植被总碳储量已达92亿t，平均每年增加的森林碳储量都在2亿t以上，折合碳汇达7亿~8亿t。从碳排放的角度，青藏高原能源消费碳排放总量约为每年1亿t CO_2当量，不足全国的1%。青藏高原地域广阔，生态系统类型丰富，从生态固碳来讲，在当前暖湿化的气候背景下，高原碳汇每年约为1.1亿t CO_2当量，占全国碳汇总量的10%左右。生态系统碳汇大于人为碳排放量，已实现碳中和。

（二）碳中和推动社会经济的深刻变革

碳中和将引领经济社会的系统性变革，推动财富重新分配、公共卫生健康水平如人均寿命的提升、经济重心的地理格局改变。

（1）推动财富重新分配。碳中和代表一个新时代的开始。在这个时代里，所有人的财富都将通过碳排放这个媒介进行重新分配，所有人都不能置身事外。高碳企业的财富会流向低碳企业，增碳行业的财富会流向减碳行业，这些企业的财富重新分配又会逐渐渗透到个人的工作和生活中，让所有人都不能置身事外。碳中和带来一个新兴的金融市场——碳交易市场，以及一个新兴的行业——碳管理行业。在碳中和时代下，个人应当从日常生活、学习就业和投资理财方面，为碳中和做出自己的贡献。

（2）公共卫生健康水平如人均寿命的提升。气候变化是21世纪全球最大的挑战，威胁人类健康与可持续发展。我们拖延行动的时间越长，对人类生命和健康的危害就越大。气候变化已导致海平面上升、更频繁的极端天气事件、热浪和干旱、飓风、洪水、滑坡、森林火灾，以及疟疾等蚊媒疾病的蔓延，会减少人类持续获得清洁空气、安全饮用水、营养食品供给和安全住所的机会。根据高度保守的估计，2030—2050年，每年将有25万人因为气候变化而死亡，其中3.8万老年人死于热暴露；4.8万人死于腹泻；6万人死于疟疾；还有9.5万儿童死于营养不良。

（3）经济重心的地理格局改变。第一次工业革命起源于蒸汽机的发明，这一时期，煤炭成为主要的动力来源，由此出现并聚集了一批因煤炭而兴的城市。第二次工业革命，石油成为主要的动力来源，全球经济地理格局因此又进行了一次调整。我国也有着类似的发展路径，一是20世纪50年代，这一时期东北原煤产量占到全国1/4，成为我国工业化的重要引擎，当时在辽宁阜新开掘出的亚洲最大露天煤矿，被称为"百里煤海"。采煤炼钢成为这一时期中国工业发展的主基调。二是20世纪80年代，工业重心从东北三省向长江三角洲、珠江三角洲转移。三是2000年之后，顺应世界贸易组织协议下对外开放蓬勃发展的时期。2006年，中国的碳排放量超过美国，成为年排放量最大的国家。2010年，中国GDP超过日本，成为全球第二大经济体。能源领域的减排是所有领域实现碳中和的终极前提。国内新能源体系的发展将以光伏、风电、水电为主的可再生能源作为生产端，它与以特高压为主的传输端，以新能源汽车与储能为主的利用端构成了"新能源大三角"，助力零碳之路。而在当下，风电、光伏与动力电池、电动汽车两个万亿级产业协同，必将推动新一轮零碳工业革命的进程。能源与工业体系的改变，最终将带动组织形态的重构和经济地理格局的变迁。

（三）实现碳中和是推动构建人类命运共同体的选择

推动构建人类命运共同体，是为引导人类文明的走向而提出的中国主张。多样性是人类文明的基本特征，也是人类文明的魅力所在。文明因多样而交流，因交流而互鉴，因互鉴而发展。古往今来，各国文明交流交融的历史无不证明了这一点。气候变化作为重要的非传统安全风险，对人类生产生活的影响也日益显著。随着全球100多个国家和地区陆续发布碳中和目标，各国已经达成应对气候变化的国际共识。世界银行有关报告认为，到2030年，"一带一路"倡议有望帮助全球760万人摆脱极端贫困、3 200万人摆脱中度贫困。

为了共同应对气候变化，构建人类命运共同体，截至2021年4月，全球共有190多个国家、240多个地区、5 000多家企业加入碳中和行动（图0-9）。推进低碳工作不仅仅事关政府、企业，也事关个人。每一位公民都有责任在这方面做出贡献，从自身做起、从现在做起，从节电、节水、节油、节气、多栽花、多植树等点滴小事做起，让低碳消费贯穿于日常生活。勤俭节约既是我们中华民族的光荣传统，也是当今应对全球气候变化的必然要求，正成为全

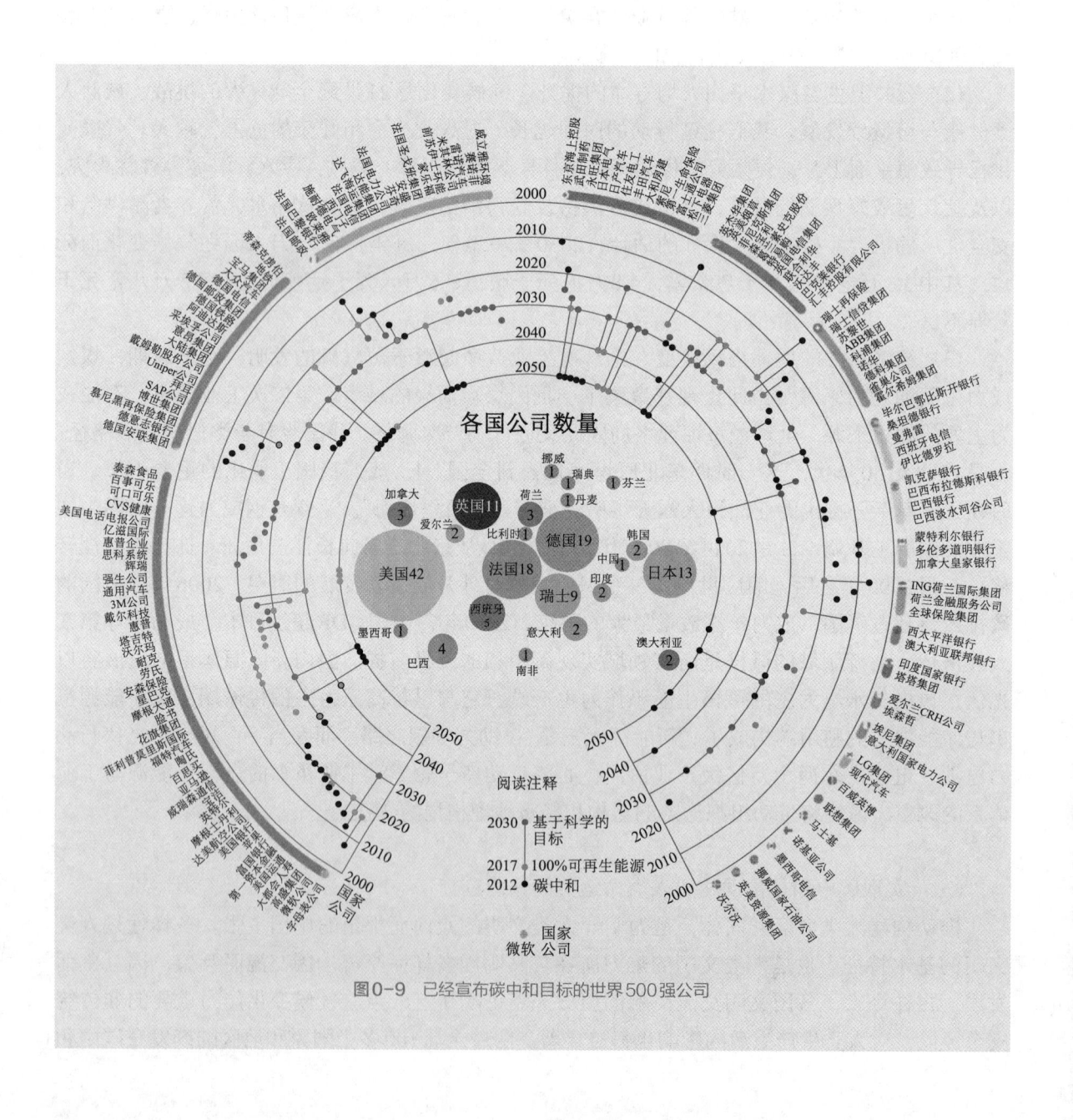

图0-9　已经宣布碳中和目标的世界500强公司

社会消费行为与消费结构全面绿色低碳转型的文化基础。

　　绿色化和数字化应对气候变化，已经成为全球潮流和人心所向。应当以生态文明思想为引领，走绿色、循环、数字、增汇的高质量发展之路，推动以绿色化和数字化为特征的高质量复苏，完善全球治理，推动构建人类命运共同体，共同创造可持续的更加繁荣而美好的未来。

本章总结

气候变化是人类面临的共同挑战。工业革命（始于18世纪60年代初）以来，人类活动已向大气排放超过1.5万亿t二氧化碳，特别是发达国家大量消费化石能源，所产生的二氧化碳累积排放，导致大气中二氧化碳浓度显著增加，加剧了以变暖为主要特征的全球气候变化。世界气象组织发布的《2020年全球气候状况》报告表明，2020年全球平均气温较工业革命以前的水平高出约1.26 ℃，2011—2020年是有记录以来最暖的10年。全球变暖正在影响地球上每一个地区，其中许多变化不可逆转，气温升高、海平面上升、极端气候事件频发给人类生存和发展带来严峻挑战，对全球粮食、水、生态、能源、基础设施，以及民众生命财产安全构成长期重大威胁，应对气候变化刻不容缓。

应对气候变化也是国际社会的基本共识。中国是拥有14亿多人口的最大发展中国家，和一些发达国家碳排放已经与GDP增长脱钩的国情不同，中国GDP的增长与碳排放还没有脱钩，还处于"爬坡上坎"阶段。尽管如此，中国仍迎难而上，宣布二氧化碳排放量力争于2030年前达到峰值，努力争取2060年前实现碳中和。这标志着中国将完成碳排放强度全球最大降幅，是全球主要大国中用历史上最短的时间从碳排放峰值实现碳中和的国家。中国推动实现碳中和，必将为全球实现《巴黎协定》目标注入强大动力，为进一步构建人类命运共同体、共建清洁美丽世界做出巨大贡献。

人类只有"一个地球"，环境安全是"最终的安全"，环境问题的本质是发展方式。要摒弃损害甚至破坏生态环境的发展模式，顺应当代科技革命、产业变革及民心所向的趋势，抓住绿色化、数字化带来的百年难遇的系统性变革机遇，统筹发展科技第一生产力、培养人才第一资源、增强创新第一动力，为我国实现能源碳中和、资源碳中和、信息碳中和提供充分科技支撑和人才保障。

碳中和是我们共同的未来，是全人类共同的使命。气候变暖带给人类的挑战是现实的、严峻的、长远的。虽然碳中和"道阻且长"，但是应坚信"行则将至"。所有人应秉持人类命运共同体理念，团结一心，提振雄心，增强信心，携手应对气候变化挑战，合力保护人类共同的地球家园。

教育部印发《高等学校碳中和科技创新行动计划》，以碳中和之路的"科学认知""技术路径""社会治理"为主要内容，本书围绕碳中和的内涵和技术架构，重点介绍能源碳中和、氢能绿色制造与利用、资源碳中和、信息碳中和、碳汇强化和负排放、碳市场、碳中和管理、碳中和工程、碳中和社会，本书内容架构详见图0-10。

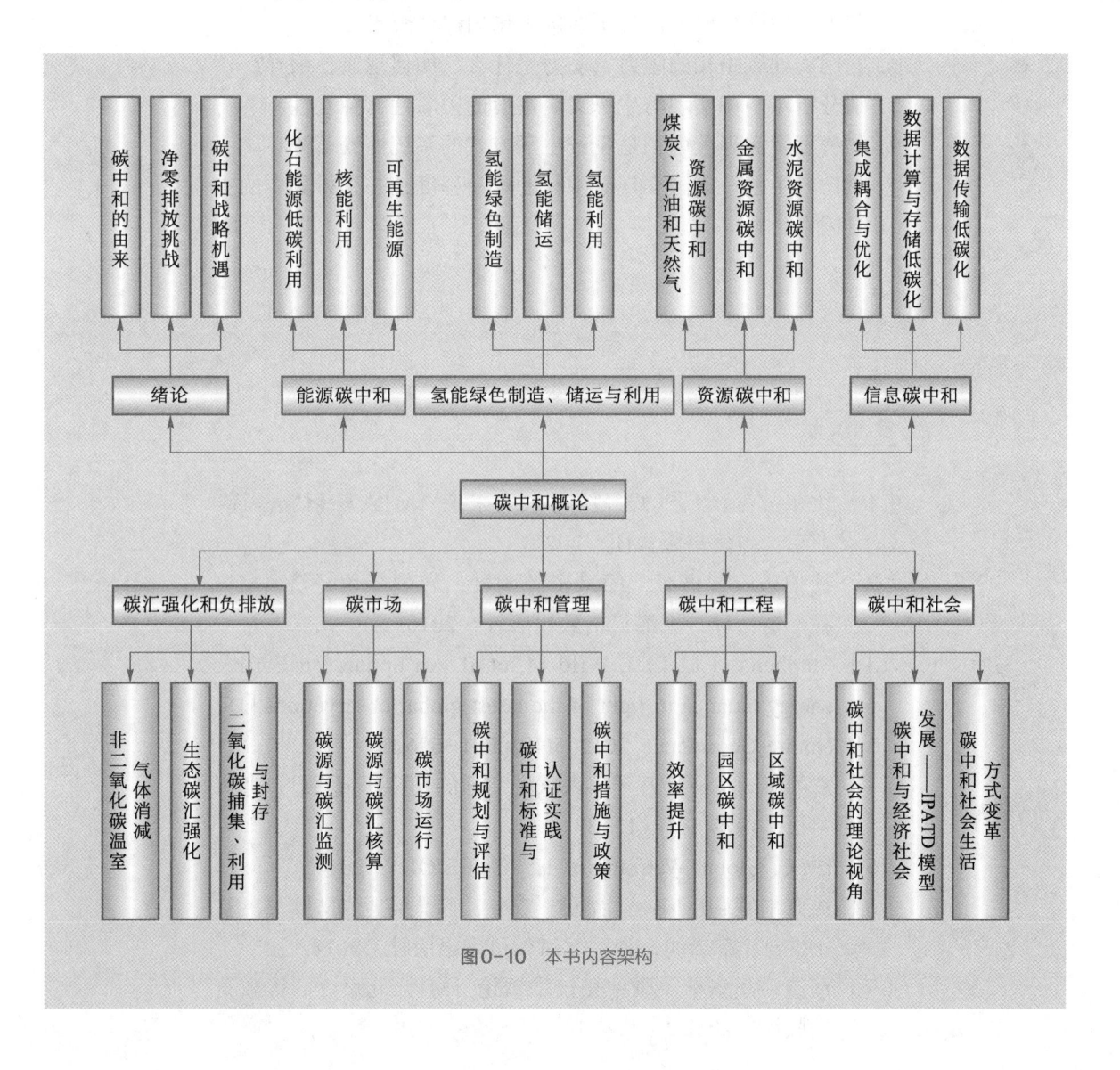

图0-10 本书内容架构

思考题

1. 实现碳中和目标的动力机制是什么？如何强化这种动力机制？
2. 推动实现碳中和目标的速度如何表示？不同国家的碳中和推进速度的表示方式是否相同？为什么？
3. 如何判定碳中和目标实现的效率评估？不同区域、不同行业和不同领域如何评估其实现碳中和的综合效率？
4. 我国实现碳中和的阻力、动力是什么？如何规避、引导？
5. 请分析碳中和实现与生态文明建设的关联性、独立性。
6. 如何理解实现碳中和是生产生活方式的系统性变革？
7. 试比较中国、美国实现碳中和的难易程度，并分析其中的主要因素。

参考文献

［1］比尔·盖茨. 气候经济与人类未来［M］. 陈召强, 译. 北京: 中信出版集团, 2021.

［2］魏伯乐. 五倍级: 缩减资源消耗, 转型绿色经济［M］. 程一恒, 译. 上海: 格致出版社, 2010.

［3］Stephens G L, Li J, Wild M, et al. An update on Earth's energy balance in light of the latest global observations［J］. Nature Geoscience, 2012, 5(10): 691−696.

［4］竺可桢. 中国近五千年来气候变迁的初步研究［J］. 考古学报, 1972（1）: 15−38.

［5］IPCC. Global Warming of 1.5 ℃［EB/OL］. 2018.

［6］麦克尔罗伊 M B. 能源与气候: 前景展望［M］. 鲁玺, 王书肖, 郝吉明, 译. 北京: 科学出版社, 2018.

［7］江霞, 汪华林. 碳中和技术概论［M］. 北京: 高等教育出版社, 2022.

01

第一章 能源碳中和

能源驱动着整个世界的发展和经济增长。煤炭、石油、天然气等化石能源的使用是碳排放的主要来源。因此，能源结构降碳是实现碳中和的重要路径之一。能源碳中和是指通过可再生能源、生态碳汇、碳交易等方式，抵消能源领域人为排放的CO_2等温室气体（图1-1）。

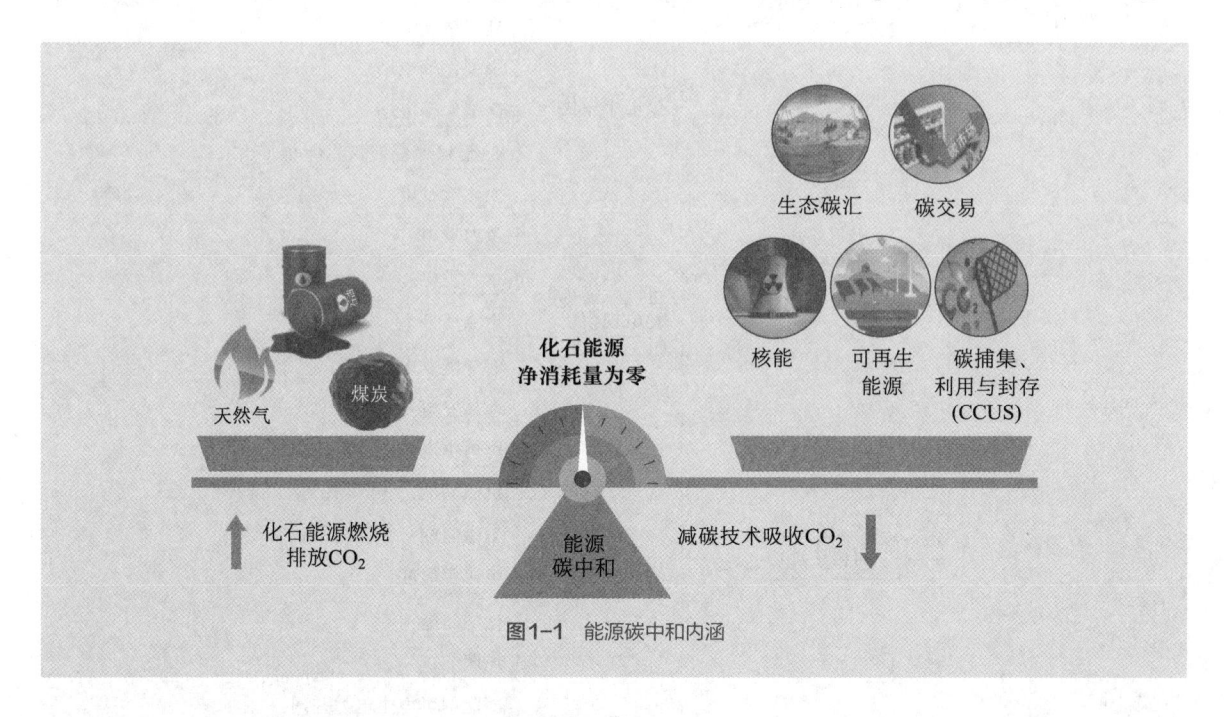

图1-1 能源碳中和内涵

能源碳中和的主要技术路径包括煤炭清洁高效利用、石油高质化利用、燃气扩大化利用，可再生能源比例提升，核能、氢能（详见第二章）等非电技术和储能技术完善等。围绕"削减高碳、推动低碳、开发零碳"的目标，立足能源禀赋，坚持先立后破，在确保能源安全的前提下，稳妥有序地推动能源绿色低碳转型，加快建立清洁低碳、安全高效的现代绿色能源体系。

本章将重点介绍化石能源低碳利用、核能利用、可再生能源。本章知识框架如下。

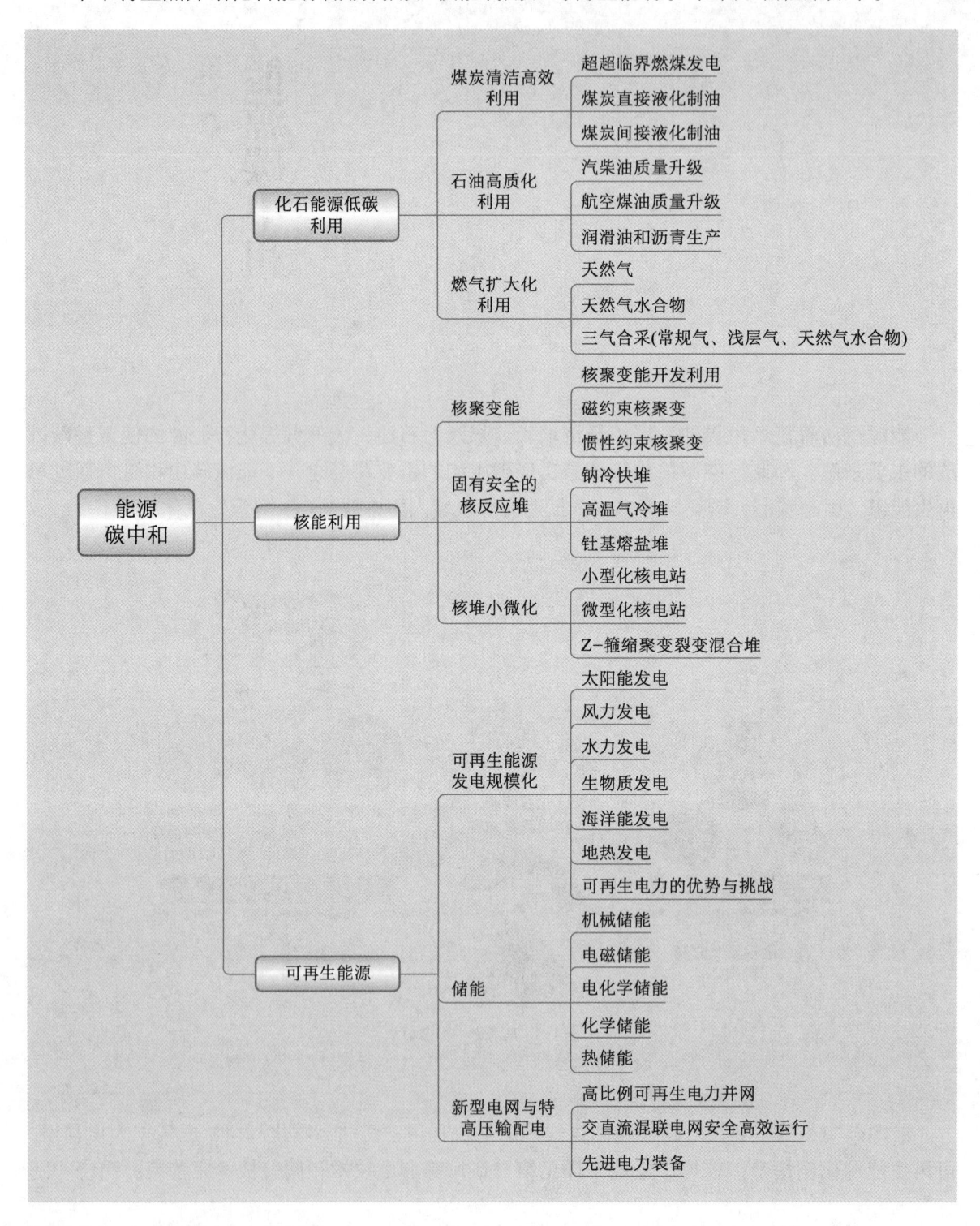

```
能源碳中和
├── 化石能源低碳利用
│   ├── 煤炭清洁高效利用
│   │   ├── 超超临界燃煤发电
│   │   ├── 煤炭直接液化制油
│   │   └── 煤炭间接液化制油
│   ├── 石油高质化利用
│   │   ├── 汽柴油质量升级
│   │   ├── 航空煤油质量升级
│   │   └── 润滑油和沥青生产
│   └── 燃气扩大化利用
│       ├── 天然气
│       ├── 天然气水合物
│       └── 三气合采(常规气、浅层气、天然气水合物)
├── 核能利用
│   ├── 核聚变能
│   │   ├── 核聚变能开发利用
│   │   ├── 磁约束核聚变
│   │   └── 惯性约束核聚变
│   ├── 固有安全的核反应堆
│   │   ├── 钠冷快堆
│   │   ├── 高温气冷堆
│   │   └── 钍基熔盐堆
│   └── 核堆小微化
│       ├── 小型化核电站
│       ├── 微型化核电站
│       └── Z-箍缩聚变裂变混合堆
└── 可再生能源
    ├── 可再生能源发电规模化
    │   ├── 太阳能发电
    │   ├── 风力发电
    │   ├── 水力发电
    │   ├── 生物质发电
    │   ├── 海洋能发电
    │   ├── 地热发电
    │   └── 可再生电力的优势与挑战
    ├── 储能
    │   ├── 机械储能
    │   ├── 电磁储能
    │   ├── 电化学储能
    │   ├── 化学储能
    │   └── 热储能
    └── 新型电网与特高压输配电
        ├── 高比例可再生电力并网
        ├── 交直流混联电网安全高效运行
        └── 先进电力装备
```

第一节
化石能源低碳利用

化石能源仍将在相当长的一段时间内占据能源结构中的主导地位。化石能源低碳利用是指煤炭、石油、天然气等化石能源通过内部结构调整和技术变革，提高能源利用率，降低碳排放量。为将温升控制在1.5 ℃以内，据评估到2050年，以2018年限制开采的储量为基准，需减产煤炭90%、减产石油和天然气60%，因此，应逐步提高碳氢质量比较低的石油、天然气消费占比，降低碳氢质量比较高的煤炭消费占比，突破化石燃料提质增效关键技术，充分发挥化石能源在碳中和能源体系中的"兜底保障"作用。本节将重点介绍煤炭清洁高效利用、石油高质化利用和燃气扩大化利用。

一、煤炭清洁高效利用

煤炭清洁高效利用包括：煤炭安全高效绿色智能开采，煤炭清洁高效加工，煤电清洁高效利用，工业清洁燃烧和清洁供热，民用清洁采暖，煤炭资源综合利用，煤层气大规模开发利用。在此先介绍煤电高效化。

煤电高效化是通过实施超低排放和节能改造技术，实现高效、清洁燃煤发电。煤电是我国煤炭清洁高效利用的主要领域，是我国目前装机最大、供应能力最强的电源种类。煤炭的碳氢质量比一般为12~60，传统燃煤机组的发电效率在35%~38%，煤电高效利用问题亟待解决。燃煤发电是低碳/零碳能源体系的"稳定器"和"压舱石"。在碳中和进程中，煤电将由主体性电源向提供可靠容量、调峰调频等辅助服务的基础保障性和系统调节性电源转型。下面将重点介绍超超临界燃煤发电和煤炭直接、间接液化制油。

（一）超超临界燃煤发电

超超临界燃煤发电是用超超临界状态（即水的临界温度和压强均高于临界点）的蒸汽去推动汽轮机组做功的发电技术，是燃煤高效清洁发电技术之一。超超临界参数为压强≥25 MPa，温度≥580 ℃。超临界机组能耗受参数影响，理论上机组参数越高，汽轮机热耗越低，机组煤耗也越低，目前供电煤耗最低可达到263 g/(kW·h)。我国自2002年超临界发电技术发展开始，仅用4年时间就完成从亚临界到超临界再到超超临界的跨越（图1-2）。我国超超临界发电机组的技术已达到世界领先水平。

超超临界燃煤发电包括二次再热超超临界机组和超超临界循环流化床机组。二次再热是汽轮机超高压缸排汽在锅炉两次提高蒸汽温度，再送回汽轮机做功的技术，被认为是当今提高煤电发电效率的主要手段之一。超超临界循环流化床则在低成本污染物控制方面具备显著优势。节能是最好的减碳。超超临界机组效率每提升1%，煤耗约下降2.8 g/(kW·h)。单台

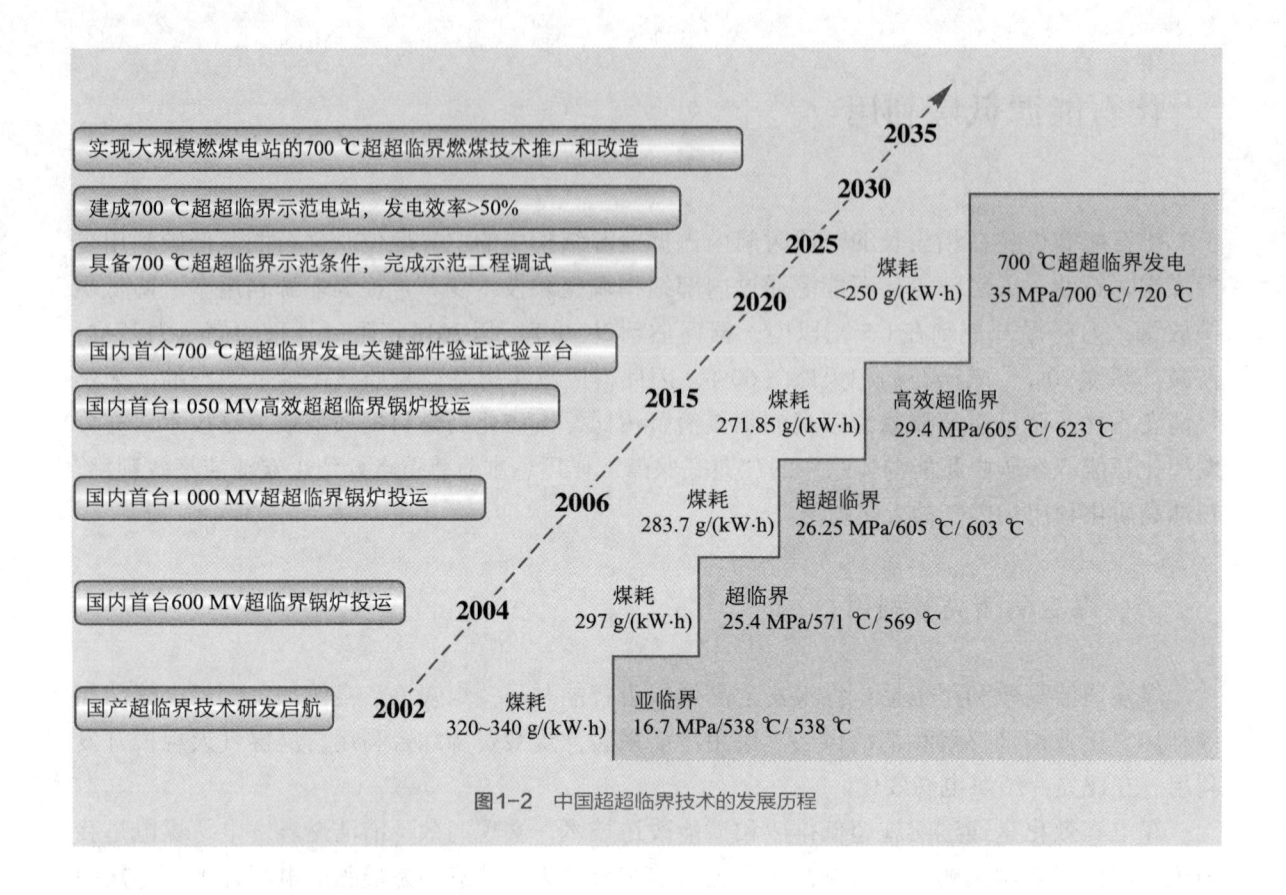

图1-2 中国超超临界技术的发展历程

超超临界百万机组按每年运行4 500 h计，可节约标准煤21.9万t，减排二氧化碳59.1万t。

2013年，上海外高桥第三发电厂（简称外三电厂）凭借两台百万千瓦超超临界机组，实现了年平均煤耗276 g/(kW·h)，成为世界上率先突破280 g/(kW·h)最低煤耗的发电厂。外三电厂投运10年来，按年均发电量100亿kW·h左右推算，与全国平均水平相比，节约标准煤超过200万t（相当于1台1 000 MW级燃煤机组的全年耗煤量），减排400万余t SO_2、NO_x，综合排放水平赶超天然气发电机组。超超临界燃煤发电技术已在全国推广，使中国成为世界上1 000 MW级超超临界机组发展最快、数量最多、容量最大和运行性能最先进的国家。

全球正在开展700 ℃及以上超超临界技术的研发，煤耗可进一步降至250 g/(kW·h)以下，发电效率将超过50%。一台600 MW级的700 ℃超超临界机组，可比同容量600 ℃超超临界机组节约标准煤约14.3 t/a，大气污染物减排约14%，CO_2减排约30万t/a。在"双碳"战略背景下，超超临界燃煤发电与其他减碳、负碳技术耦合也是未来发展的方向，例如，生物质发电技术、碳捕集利用技术等，通过技术创新、融合，促进燃煤发电由低碳向零碳发展。

（二）煤炭直接液化制油

煤炭液化是通过化学加工使煤炭转化为液体产品（液态烃类燃料，如汽油、柴油等）的技术，分为直接液化和间接液化。直接液化，又称加氢液化，是将煤粉、催化剂和溶剂混合在反应器中,在高温高压下直接转化成液态油(主要是芳香烃和环烷烃等)的过程。在450~460 ℃时,煤大分子热解生成煤自由基,与氢气或溶剂提供的活性氢结合生成稳定的小分子产物。反应生成的煤基粗油经分离即可得到轻质油、中质油和重质油,进一步提质加工可得到精制的汽油、柴油、航空煤油等油品。图1-3为煤炭直接液化技术的发展历程。

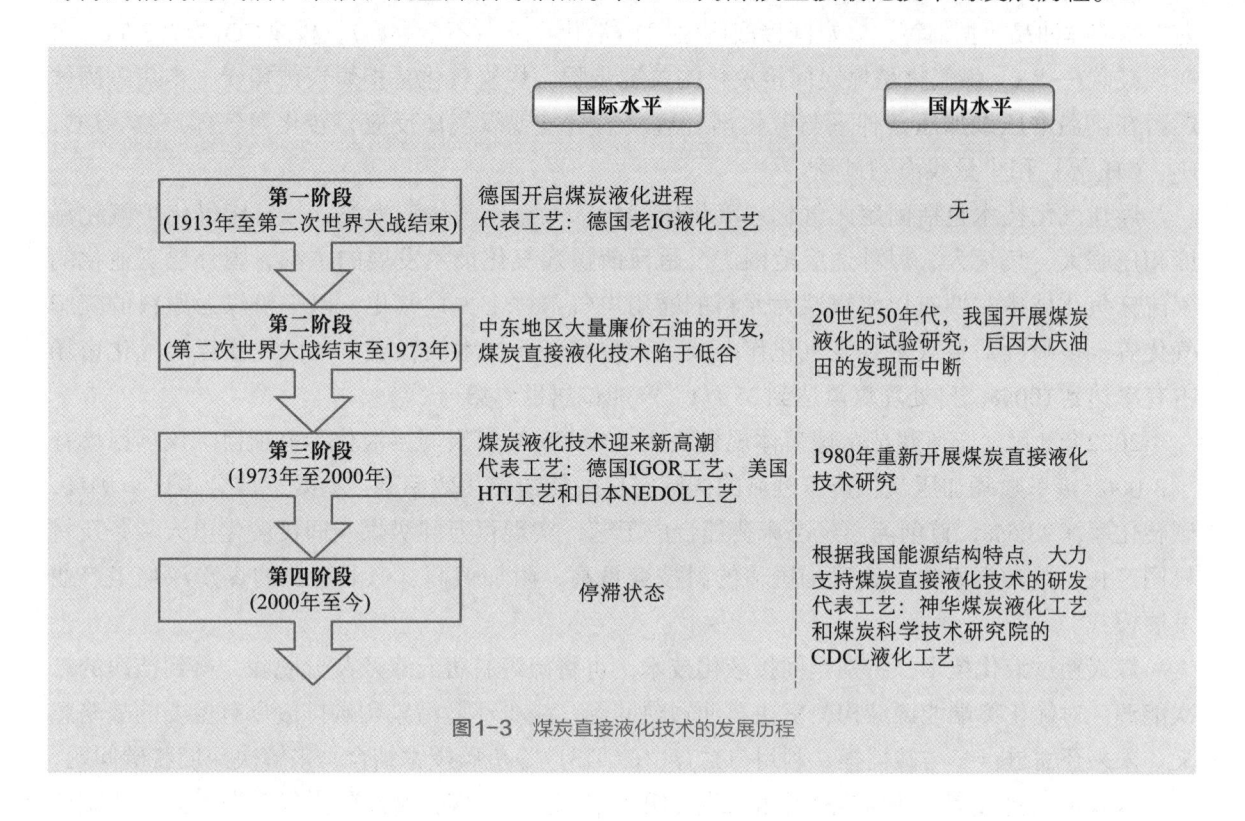

	国际水平	国内水平
第一阶段 (1913年至第二次世界大战结束)	德国开启煤炭液化进程 代表工艺:德国老IG液化工艺	无
第二阶段 (第二次世界大战结束至1973年)	中东地区大量廉价石油的开发,煤炭直接液化技术陷于低谷	20世纪50年代,我国开展煤炭液化的试验研究,后因大庆油田的发现而中断
第三阶段 (1973年至2000年)	煤炭液化技术迎来新高潮 代表工艺:德国IGOR工艺、美国HTI工艺和日本NEDOL工艺	1980年重新开展煤炭直接液化技术研究
第四阶段 (2000年至今)	停滞状态	根据我国能源结构特点,大力支持煤炭直接液化技术的研发 代表工艺:神华煤炭液化工艺和煤炭科学技术研究院的CDCL液化工艺

图1-3 煤炭直接液化技术的发展历程

直接液化工艺主要包括煤炭的破碎与干燥、煤浆制备、加氢液化、固液分离、气体净化、液体产品分馏和精制,以及液化残渣气化制氢等部分。在液化过程中,将煤炭、催化剂和循环油制成的煤浆与制得的氢气混合送入反应器中。我国已研制出世界最大的3 000 t级加氢反应器——镇海沸腾床渣油锻焊加氢反应器,装备重量达到2 400 t,能够将原料的利用率提升到90%。日本、德国、美国均已掌握煤炭直接液化工艺,中国对美国工艺进行了重大改进,目前在规模和运行上处于世界领先水平。

在内蒙古的鄂尔多斯建有煤炭直接液化制油工程,柴油、石脑油和液化气生产能力为108万t/a,同时副产沥青70万t/a,是世界首套、全球唯一的百万吨级工程,已安全稳定运行了10年。其工艺主要包括煤浆制备、反应、分离、提质加工等,实现了高温、高差压减压阀长周期运行,解决了反应器结焦的难题,确立了中国在煤炭直接液化技术领域的领先地位。

煤炭直接液化可将氢碳原子比约为0.8的煤炭转化为氢碳原子比约为2的液体燃料。据估算,煤炭直接液化生产1 t产品,需消耗2 t原料煤炭,CO_2排放量约为2.1 t(不含燃料),可实现减碳2~4 t。严格来讲,煤炭直接液化产物是粗品油,含有较多杂质,不算清洁能源,因此为了获得更高纯度的液体油品，多采用煤炭间接液化技术。

（三）煤炭间接液化制油

煤炭间接液化是先将煤炭气化，得到合成气（CO和H_2），再经费托合成转化为以直链烃为主的液体油品。据估算，煤炭间接液化生产1 t液化产品（不含燃料），排放CO_2约为3.3 t，可实现减碳6~8 t。煤气化是煤炭间接液化的关键步骤。煤炭气化是指煤炭或焦炭、半焦等固体燃料在高温常压或加压条件下与气化剂（蒸汽、空气或氧气）反应，转化为气体产物（CO、H_2、CH_4等）和少量残渣的过程。

煤炭气化技术包括固定床气化、流化床气化、气流床气化三大类。气流床气化炉气化温度和压强大、负荷大、煤种适应范围广，是目前煤炭气化技术发展的主流。国外已工业化的气流床气化技术主要有以水煤浆为原料的通用电气（德士古）气化、以干粉煤为原料的壳牌气化等。多喷嘴对置式水煤浆气化作为我国大型煤气化技术的代表，在大规模煤炭气化市场占有率达到100%，日处理煤量达到25万t，产能位居世界第一。

2022年8月，宁夏建成全球单体规模最大、400万t/a煤炭间接液化示范项目。该项目填补了3 000 t级单喷嘴加压气化技术领域的国际空白，能源转化效率高，有效气成分占比≥91%，碳转化率≥98.5%；首创高温浆态床费托合成工艺，实现百万吨级煤炭间接液化重大装备及材料国产化，成功探索出符合我国国情的科技含量高、附加值高、产业链长的煤炭深加工产业发展模式。

煤炭通过液化技术，特别是间接液化技术，可将硫等有害元素及灰分脱除，得到洁净的二次能源，对优化终端能源结构、解决石油短缺问题、减少环境污染和碳排放具有重要的战略意义。未来还需进一步与碳捕集、利用与封存（CCUS）等负碳技术结合，来解决深度脱碳问题。

煤炭清洁高效利用是实现碳中和目标的重要途径。"富煤、贫油、少气"资源禀赋决定了煤炭资源在我国能源结构中占有重要的战略地位。"十四五"规划强调了煤炭在支撑碳中和目标实现过程中的兜底保障作用，避免"一刀切"式限电限产或运动式"减碳"，加强煤炭清洁高效利用，保障国家能源安全。在用好煤炭的同时，大力推动石油、天然气高效利用。

二、石油高质化利用

石油高质化利用是以提高轻质油回收率、多产化工原料、减少污染物排放为内涵的石油资源高效利用。石油主要以碳氢化合物形式存在，碳含量一般为83%~87%、氢含量一般为11%~14%，其碳氢质量比一般为5.9~8.5。石油的能源效率为35%左右，每吨石油产生的碳排放量约为3.1 t，相比同质量的煤炭可减排约40%。以生产化工原料为目的的炼油技术将是重点研发方向，新的分离工程技术和催化反应工程技术将带来炼油技术革命，促进行业转型升级。石油高质化利用遵循"宜油则油、宜烯则烯、宜芳则芳"的原则，推进分子炼油。下面重点介绍燃油（汽油、柴油、航空煤油）质量升级、润滑油和沥青生产。

（一）汽柴油质量升级

汽柴油质量升级指通过采取先进工艺技术和催化剂来降低汽油和柴油的硫含量、烯烃和芳香烃含量，以及提升十六烷值。图1-4是中国燃油质量升级进程。与美国和欧洲相比，中国快速实现了成品油（汽油、柴油、燃料油）质量升级，车用汽油、柴油质量标准在全球处于领先地位。为减轻汽柴油使用造成的大气污染和碳排放问题，还需进一步推动汽柴油质量升级，制定新的油品质量标准。

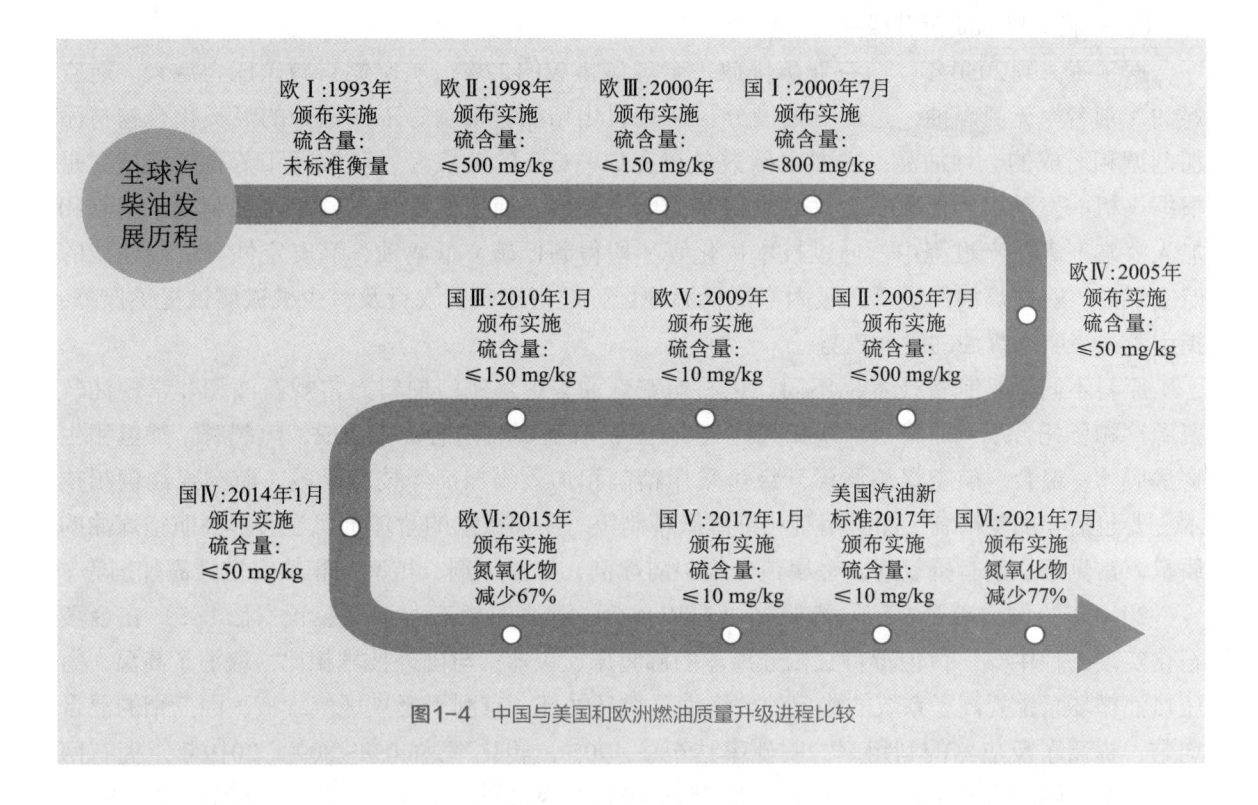

全球汽柴油发展历程

- 欧Ⅰ：1993年颁布实施 硫含量：未标准衡量
- 欧Ⅱ：1998年颁布实施 硫含量：≤500 mg/kg
- 欧Ⅲ：2000年颁布实施 硫含量：≤150 mg/kg
- 国Ⅰ：2000年7月颁布实施 硫含量：≤800 mg/kg
- 欧Ⅳ：2005年颁布实施 硫含量：≤50 mg/kg
- 国Ⅱ：2005年7月颁布实施 硫含量：≤500 mg/kg
- 欧Ⅴ：2009年颁布实施 硫含量：≤10 mg/kg
- 国Ⅲ：2010年1月颁布实施 硫含量：≤150 mg/kg
- 国Ⅳ：2014年1月颁布实施 硫含量：≤50 mg/kg
- 欧Ⅵ：2015年颁布实施 氮氧化物减少67%
- 国Ⅴ：2017年1月颁布实施 硫含量：≤10 mg/kg
- 美国汽油新标准2017年颁布实施 硫含量：≤10 mg/kg
- 国Ⅵ：2021年7月颁布实施 氮氧化物减少77%

图1-4 中国与美国和欧洲燃油质量升级进程比较

主要技术路径包括脱硫降烯烃和提高辛烷值。脱硫降烯烃技术包括催化裂化加氢和吸附脱硫，提高辛烷值技术包括轻汽油醚化、烷基化、异构化等。其中，烷基化技术是国Ⅵ油品质量升级的重要保障。根据反应过程的不同，可将其分为直接法烷基化和间接法烷基化。间接法有美国InAlK技术、中国异丁烯叠合-加氢技术等。直接法根据催化剂的不同，分为液体酸烷基化、固体酸烷基化、离子液体烷基化，主要有中国石油化工集团低温硫酸烷基化（SINOALKY）技术、中国石油大学复合离子液体烷基化（CILA）技术、美国固体酸催化剂烷基化（Alkylene）技术等。

SINOALKY技术由中国石油化工集团（中石化）与华东理工大学联合开发，采用新型高效酸烃混合反应与精细聚结分离技术，具有反应效率高、操作简单可靠、易维护的特点，综合降低CO_2排放量约3万t/a。SINOALKY工艺20万t/a硫酸烷基化装置目前在中国石化石家庄炼化、洛阳分公司、荆门分公司和岳阳兴长石化顺利投产，实现了国产硫酸法烷基化装置中烷基化油的清洁生产。

由于烷基化油具有高辛烷值、低硫、无烯烃、无芳香烃等优点,随着汽柴油质量升级,烷基化油比例将显著增加。据调查,燃油车油耗每下降1%,可减排二氧化碳750 t。因此,汽柴油质量升级不仅提高其利用率,减少汽车尾气的污染物排放,同时也助力交通领域碳减排。绿色低碳将成为汽柴油质量升级的未来发展方向。

(二) 航空煤油质量升级

据预测,到2050年,航空业碳排放占全球碳排放的22%,航空燃料减碳压力巨大。航空煤油,别名为无臭煤油,是由直馏馏分、加氢裂化和加氢精制等不同馏分的烃类化合物与添加剂调和而成的一种油品,主要由碳数分布在C9~C16的链烷烃、环烷烃和芳香烃组成,是根据飞机的发动机性能和安全性特别研制的航空燃料。航空煤油质量升级是在制备、精制和加入添加剂等生产过程中,通过技术优化等手段得到低硫、低腐蚀、高安定性等良好性能的航空煤油。航空煤油的质量升级为寒冷低温地区、超音速高空飞行及减少机械腐蚀提供保障,指引着未来航空煤油的发展趋势。

原料不同,其制备技术也不同。化石航空煤油包括炼制(原料为常规石油和非常规油气资源)和费托合成(原料为煤炭和天然气);生物航空煤油包括费托合成、热裂解、加氢和生物醇脱水-聚合。航空煤油质量升级可采用精制和加入添加剂等技术手段。航空煤油精制技术主要包括非加氢精制、加氢精制和纤维膜精制等。添加微量的添加剂可显著提高航空煤油的质量,常见添加剂有抗氧剂、金属钝化剂、防冰剂、抗静电剂、抗磨剂和热安定性添加剂等。

2014年,国内首套5万t/a沸腾床(STRONG)渣油加氢工业示范装置(图1-5)在金陵石化实现工程中交。首创带有三相分离器的沸腾床反应器,与国外技术相比,取消了高温、高压热油循环泵,提高了系统的稳定性;取消了循环油杯,有利于反应区气、液、固三相的混合均匀,提高了反应器的利用率,脱硫率达68%~90%,转化率达40%~80%。2019年,拥有两个全球最大的加氢反应器——镇海炼化沸腾床渣油加氢装置完成中交。按每年运行8 400 h计,该套装置每年可处理260万t渣油,提升原料利用率达90%,从而将重质渣油转化为航空煤油等轻质化产品,提高轻油收率,实现石油资源的最大化利用。

航空煤油质量升级是航空运输业实现碳中和目标的重要途径。一方面提高传统化石航空煤油质量和能效,另一方面大力发展生物航空煤油等可持续航空燃料(SAF),实现减碳75%~90%。未来航空运输业将聚焦SAF、氢燃料和电推进三大发展方向,在探索绿色航空煤油技术路径的同时,促进新能源与炼化融合发展,为航空领域碳减排提供新思路。

(三) 润滑油和沥青生产

润滑油和沥青都是交通、工业领域减少CO_2排放的大宗基础材料之一。润滑油是用在各类汽车、机械设备上以减少摩擦,保护机械及加工件的液体或半固体润滑剂,成分以环烷烃、芳香烃为主,含少量直链烷烃,主要组成包括基础油和添加剂。沥青是一种有机胶凝材料,

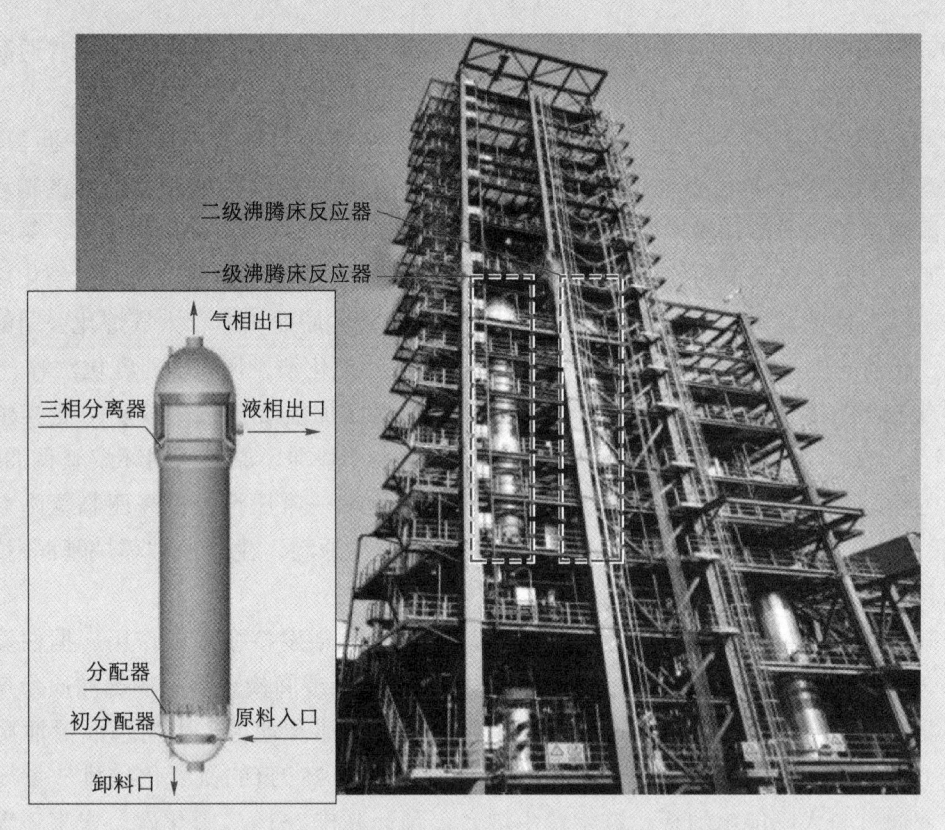

图1-5　金陵石化5万t/a沸腾床（STRONG）渣油加氢工业示范装置（上）和镇海炼化沸腾床渣油加氢装置（下）

（资料来源：彭强，2019）

是复杂的高分子碳氢化合物及非金属（氧、硫、氮等）衍生物的混合物，包括普通沥青、乳化沥青和改性沥青，广泛应用于房屋、道路、桥梁等工程建设。

润滑油和沥青生产原料都是环烷基原油，生产工艺遵循"燃料—润滑油—沥青"路线。润滑油生产包括三种最具代表性的工艺。第一种是加氢处理和溶剂精制相结合的物理－化学法，如法国埃尔普润滑油加氢技术、中石化抚顺石油化工研究院润滑油加氢技术；第二种是催化脱蜡，如美国莫比尔公司的催化脱蜡工艺、中石化抚顺石油化工研究院的加氢裂化尾油临氢降凝技术；第三种是异构脱蜡，如美国莫比尔公司的基础油脱蜡技术、大庆炼化公司的加氢异构脱蜡等。沥青的生产方法主要有蒸馏法、溶剂沉淀法、氧化法、调和法、乳化法等。

2019年11月，新疆克拉玛依石化40万t/a润滑油高压加氢装置试车成功，使其生产能力升至100万t，成为全球最大规模的高档环烷基润滑油生产基地。原料采用环烷基稠油轻脱油，工艺流程为两段循环氢、三段高压加氢，即高压加氢处理—常压汽提—高压临氢降凝—高压加氢精制。高压加氢工艺具有较强的适应性，可加工多种原料，生产多种环烷基润滑油产品，并根据原料特性和产品要求选择不同的工艺流程。

生产高质量润滑油和沥青在交通、工业领域减碳过程中发挥了重要作用。据估算，在欧洲，2020年的发动机润滑油技术与2005年相比，通过直接或间接影响车辆燃油质量产生的减碳效益，相当于每年减排120万~390万t二氧化碳。在京津冀地区，生物基润滑油可助力每年节省约1 600万t的燃油，减少约4 800万t二氧化碳和约28万t的氮氧化物排放量。减碳沥青生产过程通过与太阳能电池板、数字孪生耦合，预计减排263 t二氧化碳。未来还需通过生产过程中的节能降耗来进一步降低碳排放，通过提高产品质量实现终端、下游的减碳，为传统能源减排贡献力量。

在碳中和背景下，石油需求增速已明显放缓，据国际能源署推测，石油需求峰值可能提前到2030—2035年。石油高质化利用势必成为化石能源低碳利用和能源结构转型的焦点。加强石油高质化生产和利用，充分发挥国家之间、能源行业和企业之间、跨行业的合作，为我国能源碳中和增添"底气"。

三、燃气扩大化利用

从能量角度出发，天然气是指天然蕴藏于地层中的烃类和非烃类混合物，包括常规气和煤层气、页岩气、可燃冰等非常规气。天然气碳氢质量比约为3，且热值高于煤炭和石油，天然气单位热值碳排放量仅为原煤的61%、原油的77%。天然气作为最清洁低碳的化石能源，被广泛应用于电力、交通、工业等领域，天然气代替煤炭和石油是通往碳中和的必经之路。这里重点介绍天然气、天然气水合物及三气合采（常规气、浅层气、天然气水合物）。

（一）天然气

天然气是有机物沉积多年之后，经微生物群体发酵和合成而产生的。天然气主要成分为甲烷及少量的乙烷和丙烷，几乎不含硫、粉尘等其他有害物质，是一种碳友好型化石能源，主要开采方式包括自喷式、排水式等。到2060年碳中和阶段，我国天然气的需求用量将达4 000亿m³以上。因此，亟须扩大天然气利用规模，加大非常规资源的勘探开发（如页岩油、页岩气、煤层气等），提高利用水平，对改善能源结构、实现能源碳中和具有重要意义。

页岩气是蕴藏于页岩层、可供开采的非常规天然气资源，赋存于富含有机质的泥页岩及其夹层中，以吸附和游离状态为主要存在方式，是一种清洁、高效的化石能源和化工原料（图1-6）。与常规天然气相比，页岩气开发具有开采寿命长、生产周期长等优点，而且大部分页岩气分布范围广、厚度大，且普遍含气，因此页岩气井能够长期地、稳定地产气。其开采方式主要包括水平井技术和多层压裂技术。我国拥有丰富的页岩气资源，目前可实现3 500 m深页岩气有效开发。2019年，四川泸州建设国内首口单井测试日产量超百万立方米的页岩气井，并成为国内首个"万亿方储量、百亿方产能"产区，打开了我国页岩气开采的新局面，助力页岩气成为我国"稳油增气"的战略资源。

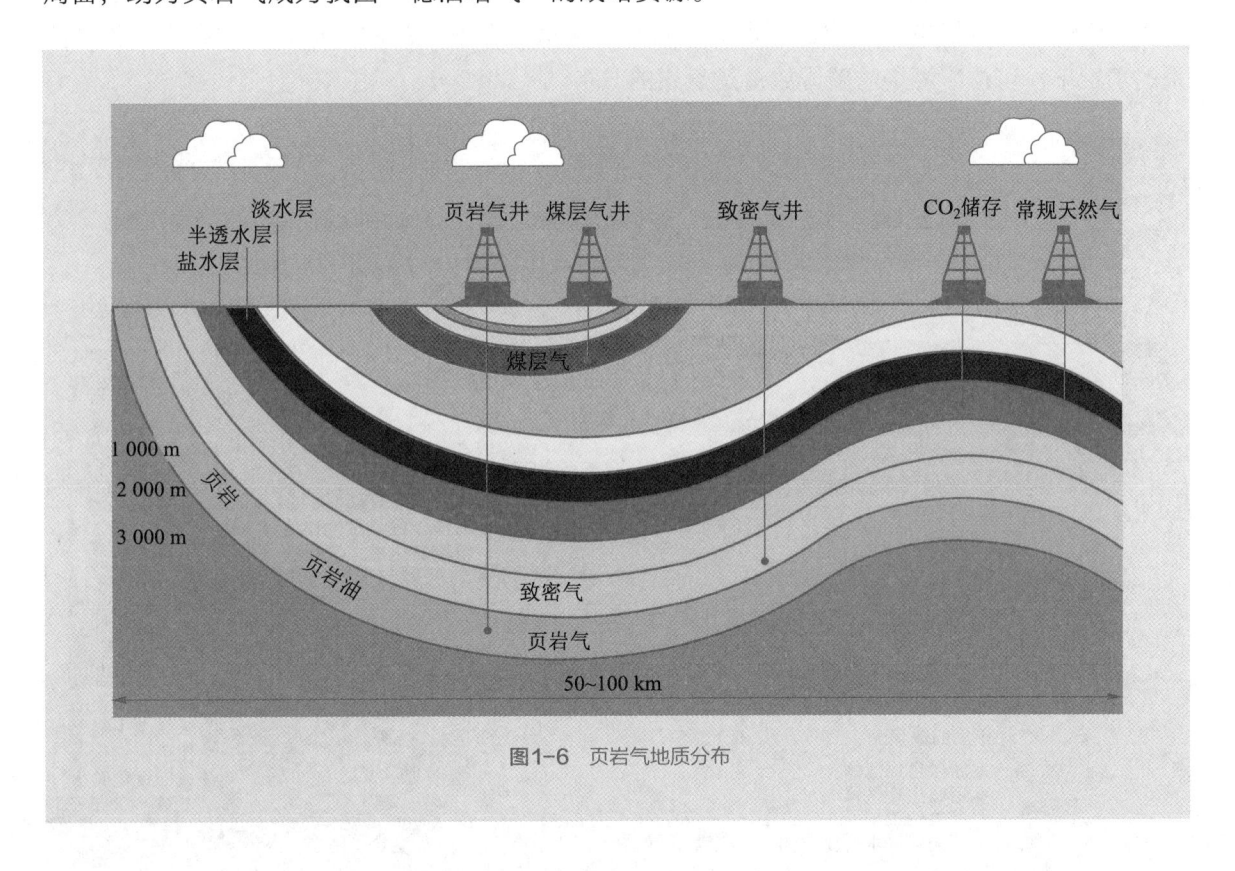

图1-6 页岩气地质分布

煤层气与页岩气同属于"持续性"聚集的非常规天然气，俗称"瓦斯"，指储存在煤层中的烃类气体，是煤的伴生矿产资源，热值是标准煤的2~5倍。煤层气常用的勘探开发工艺包括钻井完井、煤层压裂、排水采气、集输工艺。我国煤层气资源十分丰富，但长期未实现深部气的有效开采。2019年，鄂尔多斯盆地东缘大宁-吉县区块煤层气勘探获得了重大突破，标志着我国深部煤层气的开采进入新阶段。随着勘探技术的不断创新，我国煤层气勘探开发的深度禁区已超过2 000 m，打破我国煤层气"储量多、产量低"的困境，使其成为天然气的有效战略补充。

天然气的碳饱和度较高，单位热值碳排放较低，未来将在我国能源供应结构占有极为重要的地位。随着燃气扩大化利用不断推进，天然气的"压缩包"——可燃冰的发现，成为"后石油时代"的破局点。

（二）天然气水合物

天然气水合物被称为"属于未来的能源"，俗称"可燃冰"，是天然气与水在高压（高于10 MPa）、低温（低于10 ℃）条件下形成的类冰状结晶物质，甲烷分子被三维多面体水晶格所包围，其外观像冰，遇火即燃，因此被称为"可燃冰"。可燃冰主要蕴藏于海洋大陆架海底数百米深的沉积物内和陆地冻土带数百米深的沉降岩内（图1-7），分布范围约占海洋总面积10%。可燃冰含量相当于全球已知煤炭、石油、天然气含量总和的两倍以上。在产生相同能量的情况下，可燃冰燃烧的碳排放量是煤炭的一半。

图1-7 可燃冰地质分布及产生原因
（资料来源：Ruppel C D，2011）

1968年，苏联在西伯利亚实施了世界首次天然气水合物矿藏开采。1999年，中国科研人员首次在中国南海发现可燃冰资源。现在全球已掌握可燃冰开采技术的国家有中国、日本、美国、俄罗斯、加拿大，主要技术有热激法、减压法、化学试剂注入法、CO_2置换法、固体开采法和固态流化开采法。其中，固态流化开采法是我国周守为等提出的。

我国可燃冰已探明分布在南海海域、东海海域、青藏高原冻土带及东北冻土带。2017年，"蓝鲸1号"在南海北部神狐海域泥质粉砂型地质环境试采获得成功，标志着我国成为全球第一个在海域可燃冰开采中获得连续稳定产气的国家。2020年，"蓝鲸2号"在我国海域第二次试采成功，创造了"产气总量、日均产气量"两项世界纪录，实现了从"探索性试采"向"试验性试采"的重大突破。

作为未来能源的种子选手，可燃冰储量丰富，总量超过已探明煤炭、石油、天然气三者总和的2倍，能量密度高，发展潜力巨大。其商业化开发和大规模使用可以减少煤炭和石油的用量，有效促进化石能源低碳利用。而常规气、浅层气与可燃冰三气合采技术，是实现可燃冰商业性开发利用的有效途径。

（三）三气合采（常规气、浅层气、天然气水合物）

在墨西哥湾、北极冻土区、我国南海海域等国内外多地的调查表明，天然气水合物、浅层气、深部油气有空间共存、区域共生的特点。随着陵水17-2、荔湾3-1等深水油气田的开发，珠江口、琼东南海洋天然气水合物、浅层气、深部油气的一体化勘探与立体开发成为可能（图1-8）。随着资源开发模式与试采工程趋向水合物和油气联合开发，水合物、浅层气、天然气藏的纵向立体开发技术将是未来的发展方向。以海域水合物所在区域整套地质背景、多气源作为研究对象，是未来探讨水合物资源开发的基础。

对于高效开采天然气等蕴藏资源，突破合采技术将推动我国天然气产业的蓬勃发展。研究者们主要从三个方面进行技术突破，分别是：① 深水水合物、浅层气等多资源成藏机理及赋存特征；② 深水水合物、浅层气多气合采基础理论；③ 三气合采、立体开发技术和工艺、配套工具装备。

常规气、浅层气和可燃冰合采技术的自主研发是我国走出一条符合中国特色科技强国之路的强势武器，可燃冰成藏机理和资源评价方法建立、多气合采传热传质机制探索、三气合采立体开发技术研究等问题都将是未来可燃冰合采领域的研究热点。

燃气扩大化是实现化石能源低碳转型的关键举措。对比煤炭、石油、天然气的国内储量、能量密度、碳排放强度（表1-1），作为最低碳、清洁、灵活的化石能源，天然气将在我国"双碳"进程中发挥关键作用，是承接高碳燃料有序退出的补位能源和支撑可再生能源大规模开发利用的"稳定器"。居民用气、工业领域用气、天然气发电将是天然气未来的主要利用方向。推进燃气扩大化，积极发挥天然气在能源从高碳向零碳过渡的"桥梁"作用，有效促进化石能源与可再生能源互补融合，是实现碳中和的有效方案。

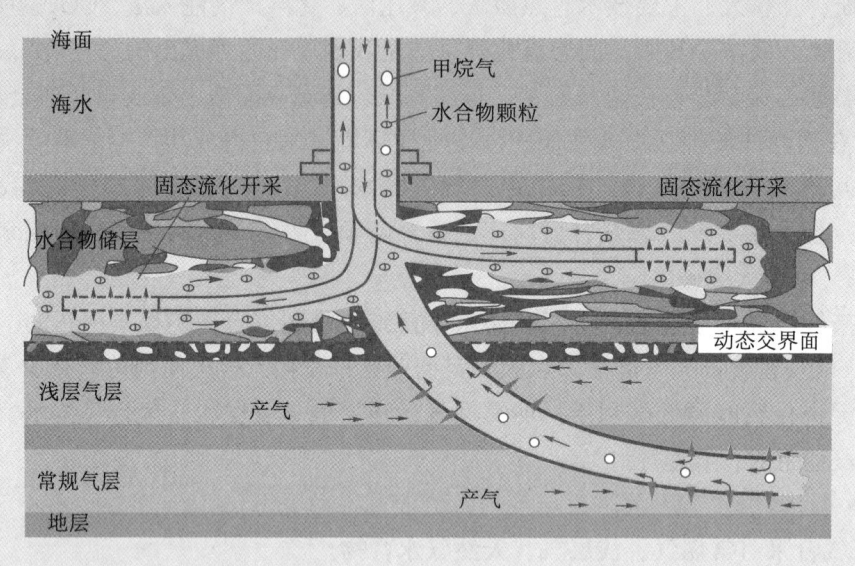

图1-8 合采气体地质分布及三气合采立体开发图
（资料来源：邹才能）

表1-1 三种化石能源的国内储量、能量密度和碳排放强度对比

能源	国内储量	能量密度	碳排放强度
煤炭	10 700亿t	10 000 (kW·h)/m³	890 g/(kW·h)
石油	2 446亿t	9 914 (kW·h)/m³	667 g/(kW·h)
天然气	181万亿m³	10 800 (kW·h)/m³	535 g/(kW·h)

未来数十年，化石能源将继续占据能源结构中的主导地位。随着碳中和目标的推进，化石能源将逐渐降低到能源消费总量的15%以下，天然气、石油消费占比将逐渐升高。化石能源将逐步被核能、可再生能源替代。未来，可再生能源和安全高效的核电将会发挥更大的作用。

第二节 核能利用

核能又叫原子能，是通过核反应从原子核释放的能量，其能量释放方式包括核裂变和核聚变。核裂变是重原子核（主要是铀核）在中子轰击作用下，分裂成两个或多个质量较小的原子，不断释放能量的核反应过程；而核聚变是在高温高压条件下，使轻核发生聚合而释放巨大能量的过程。根据爱因斯坦的质能方程，核能释放的本质是质量转换为能量，能量释放过程中完全不产生CO_2，具有显著的零碳属性，因此核能利用是实现碳中和的重要途径。本节将重点介绍核聚变能、固有安全的核反应堆（简称核堆）和核堆小微化。

一、核聚变能

核聚变反应又称核融合反应或热核反应。在高温高压条件下轻核以极高的速度相互碰撞，当两个原子核距离接近300 nm时，核外电子成功摆脱原子核的束缚并促使两个原子核聚合，从而释放巨大能量并释放中子和电子。核聚变能是一种零碳、高能量的能源，不依赖地理位置、没有核裂变反应堆堆芯熔毁的风险、不产生任何长衰变周期的高放射性废物，单位质量核聚变原料释放的能量是核裂变材料释放能量的4倍，因此核聚变能被认为是人类的终极能源。此处重点介绍核聚变能开发利用、磁约束核聚变和惯性约束核聚变。

（一）核聚变能开发利用

最主要的核聚变反应原料是氢的同位素氘和氚，其地球蕴藏总量远比核裂变反应原料丰富。据测算，每升海水中含有0.03 g氘，即地球上仅海水中氘的储量就高达45万亿t，而1 L海水中所含的氘经过核聚变反应后所释放的能量与300 L汽油相当；海水中氚的含量也很丰富，因此核聚变原料可谓取之不竭。

1952年，世界第一颗氢弹爆炸，人类制造核聚变反应由此成为现实，但氢弹属于不可控制的核聚变反应。核聚变能的开发利用，关键在于实现核聚变反应过程的定向控制。中国核工业西南物理研究院是我国最早从事核聚变能源开发的科研机构，相继承担"中国环流器一号"和"中国环流器二号"等装置的研制任务；系统参与国际热核聚变实验堆计划（ITER），包括承担ITER装置9%的采购包制造任务，使我国成为除欧盟外承担任务最多的国家（或国际组织）；同时成功研制316LN奥氏体控氮不锈钢、镍基718、A286高温合金等核聚变装置的必需材料，显著提升我国在核聚变能利用领域的发展水平。1998年，中国科学院等离子体物理研究所牵头立项建设大型非圆截面全超导托卡马克核聚变实验装置，2003年10月更名为EAST装置（Experimental and Advanced Superconducting Tokamak）并于2018年11月实现1亿℃等离子体运行，系统证明核聚变能源的可行性。2017年年底，由中国科学院合肥物质科学研究院和中国科学技术大学牵头承担的中国核聚变工程实验堆（CFETR）工程项目正式启动，主要为下一代核聚变堆的超导磁体和偏滤器系统提供实验条件，以保障我国核聚变堆核芯技术发展的先进性、安全性和可靠性，并加快核聚变能实际应用的进程。根据CFETR规划，我国将在2035年建成核聚变工程实验堆，并于2050年开始核聚变商业示范堆建设（图1-9）。

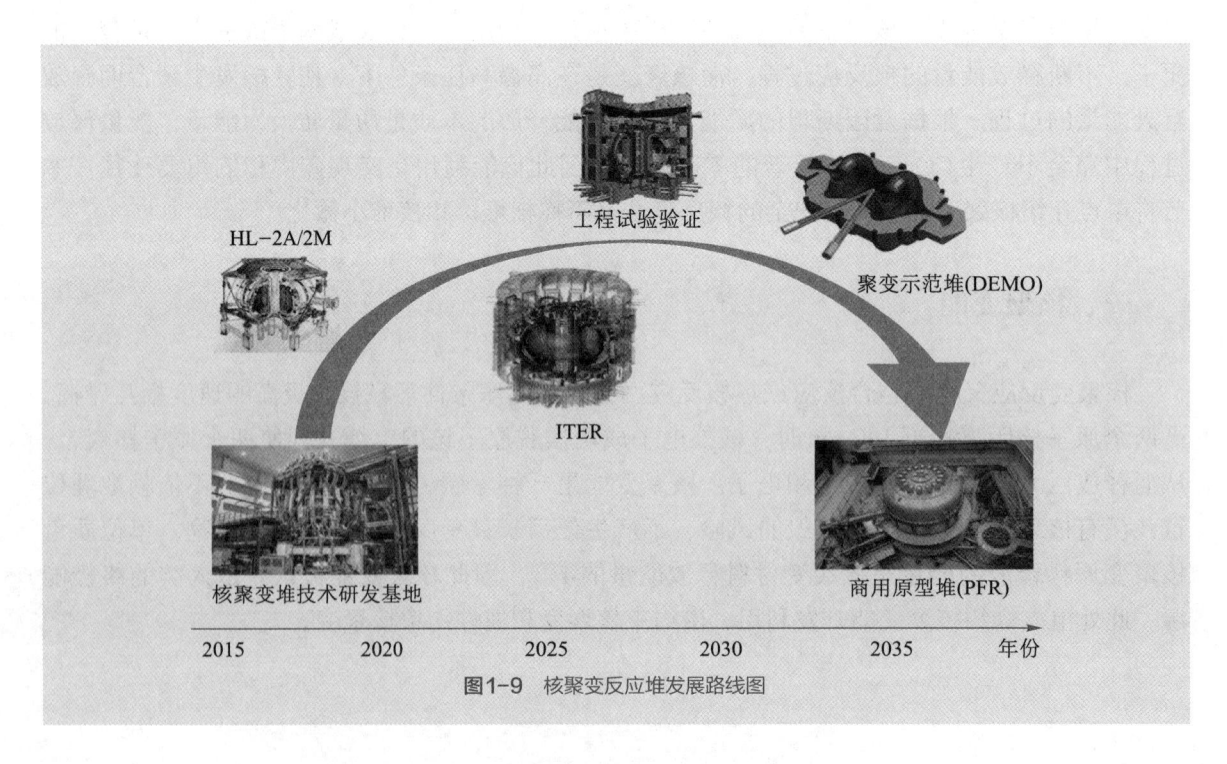

图1-9 核聚变反应堆发展路线图

可控核聚变能的开发利用,关系到人类终极能源的探索、全球变暖的抑制,以及绿色家园的建设等使命;但核聚变反应条件苛刻、核反应堆难以自持控制、核聚变三重积(核聚变过程等离子体的温度、密度和热能约束时间三者的乘积)待提升等问题依然棘手。当前,全球可控核聚变能开发利用技术路线包括磁约束核聚变和惯性约束核聚变,而我国目前的可控核聚变主要以磁约束核聚变为主。下面对这两种核聚变能利用形式进行详细阐述。

(二)磁约束核聚变

磁约束核聚变是利用特殊形态的磁场,把氘、氚等轻原子核和自由电子,以及处于热核反应状态的超高温等离子体约束在有限的体积内,使其受控制地发生大量的原子核聚变反应,释放出能量的过程。磁约束核聚变过程可以有效避免高温等离子体脱离器壁并限制其热导效应。磁约束核聚变用到的特殊形态磁场的磁力线两端呈瓶颈状,且其瓶颈处磁场较强,能将带电粒子反射回来,限制粒子沿磁力线方向的纵向移动,使粒子在做回旋运动的同时,不断地来回穿梭,从而被约束在两端的磁镜之间。中国磁约束核聚变发展路线图如图1-10所示。

目前最有成效的磁约束核聚变装置是托卡马克装置,又称环流器。前述我国主导建设和参与建设的中国环流器一号、中国环流器二号、EAST、CFETR和ITER装置,均属于磁约束核聚变装置。2020年,中国环流器二号装置(HL-2M)已完成升级,进一步发展20~25 MW

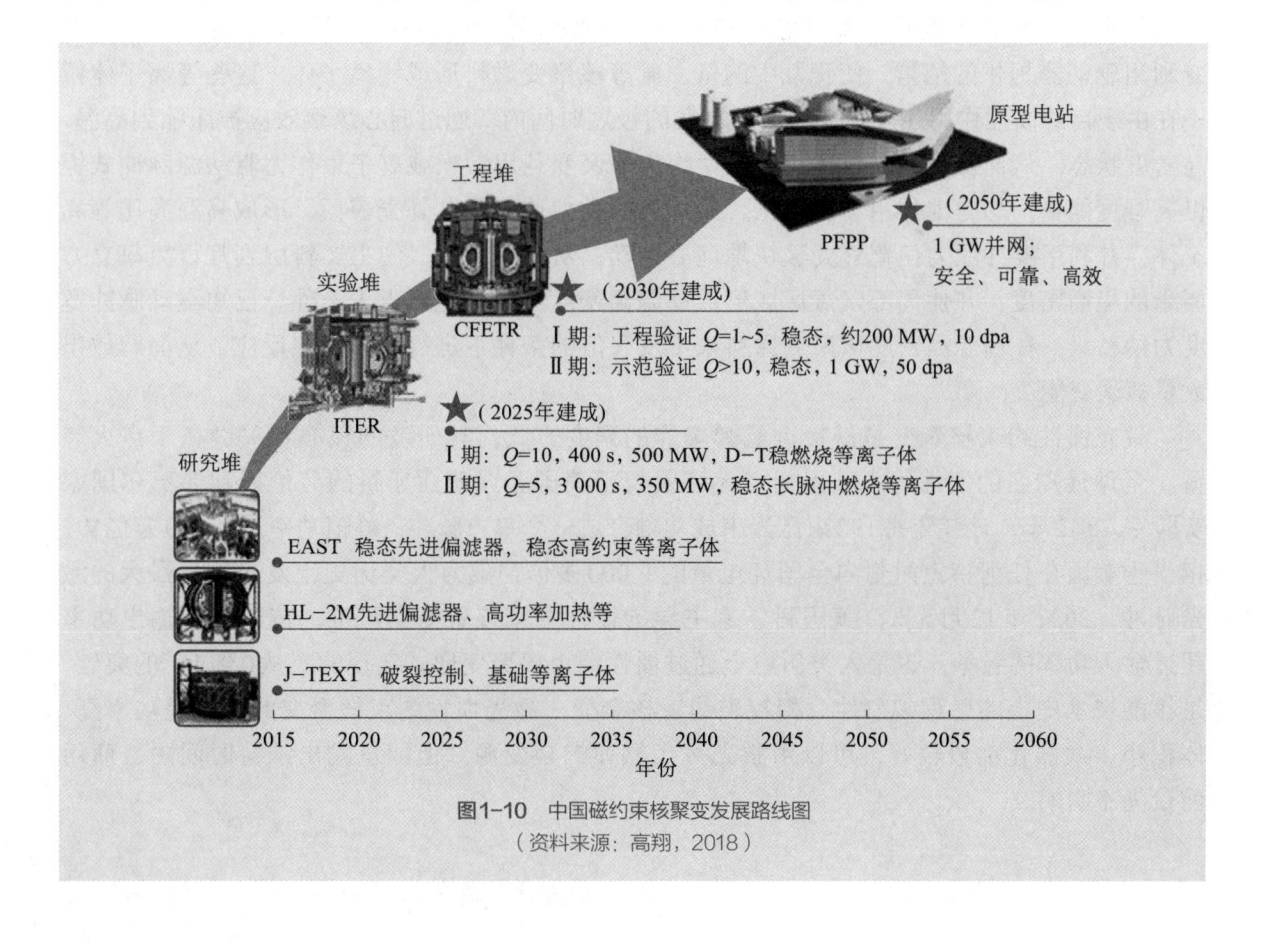

图1-10 中国磁约束核聚变发展路线图
(资料来源:高翔,2018)

的总加热和电流驱动功率，着重发展高性能中性束注入系统，增加电子回旋、低杂波的功率，新增2 MW电子回旋加热系统，重点探索未来示范堆高功率、高热负荷、强等离子体与材料相互作用条件下，粒子、热流、氦灰的有效排除方法和手段。2023年8月，"中国环流器三号"首次实现100万A等离子体电流下的高约束模式运行，标志着我国磁约束核聚变研究取得了里程碑式的进展。未来10年，我国将在EAST和HL-2M两套磁约束核聚变装置基础上开展高水平实验研究。其中，EAST装置目前已完成新一轮升级改造，后续将聚焦下一代核聚变工程堆稳态高性能等离子体研究等工作，确保实现背景磁场大小稳定运行在3.5 T、等离子体电流为1.0 MA，并获得400 s稳定且可重复的高参数近堆芯级等离子体的科学目标，建成可为ITER装置提供重要数据库的国际大规模先进实验平台。

过去10年，我国已建立接近堆芯级稳态等离子体的实验平台，完成吸收消化、发展和储备后ITER时代核聚变堆的关键技术开发，核聚变开发科研能力已居世界领先地位。2021年5月，我国EAST装置再次打破世界领先纪录，相继实现1.2亿℃运行101 s和1.6亿℃运行20 s等壮举，意味着EAST装置已经进入未来可期的阶段。

（三）惯性约束核聚变

相较被广泛熟知的磁约束托卡马克聚变堆，人们对惯性约束核聚变堆知之甚少，这主要是因为惯性约束核聚变更重要的意义在于研究核爆过程中的诸多物理问题。惯性约束核聚变利用驱动器提供的能量，使靶丸中的氘、氚等核聚变燃料形成等离子体，这些等离子体粒子在由于自身惯性作用还来不及向四周飞散的极短时间内，通过向心爆聚效应被压缩到高温、高密度状态，从而发生核聚变反应。惯性约束核聚变利用激光或离子束作为驱动源脉冲式提供高强度能量，均匀地作用于装填氘、氚燃料的微型球状靶丸外壳表面，形成高温高压等离子体，并利用反冲压力使靶外壳极快地向心运动，从而压缩氘、氚主燃料层到几百克每立方厘米的极高密度，并使局部氘氚区域形成高温高密度热斑，达到点火条件。已知驱动脉冲宽度为纳秒级，在高温高密度核聚变原料来不及飞散的条件下进行充分热核反应，从而释放出大量核聚变能。

激光惯性约束核聚变是最接近氢弹爆炸的聚变方式，其研发的核心和关键在于点火装置。全球最知名的惯性约束核聚变点火装置位于美国圣弗朗西斯科的劳伦斯利弗莫尔国家实验室。2012年，该装置将192束激光束成功融合成一个单一脉冲，峰值功率达到500万亿W，相当于美国在任何特定时刻内全国耗电量的1 000多倍，成为人类历史上发射能量最大的激光脉冲。2022年12月5日，美国科学家主导的惯性约束核聚变实验堆，首次实现输出功率超过输入功率的壮举，这是人类历史上通过惯性约束核聚变形式实现的"从0到1"的突破，是核能技术史上的里程碑事件。相较磁约束核聚变，激光惯性约束核聚变的优点是功率高、体积小，武器化前景较好，可以用激光替代氢弹的裂变源，但能量输出维持时间短，商用前景尚不明朗。

二、固有安全的核反应堆

相较于核聚变，核裂变反应普遍采用外来中子轰击铀-235的原子核，使其分裂成两个质量较小的原子核，同时释放出2~3个中子；裂变产生的中子又去轰击另外的铀-235原子核并引起新的裂变，如此持续链式反应并随之产生大量的热能。截至目前，核裂变反应堆工程技术已发展至第三代，即非能动先进压水堆核电技术，而固有安全的核反应堆电站则属于更先进的第四代技术。1956年，美国物理学家爱德华·泰勒曾提出：要使公众接受核能，核反应堆安全必须是"固有的"。核反应堆的固有安全性，是指不用外部操作，仅靠自然物理规律即能防止核反应失控的工作特性。第四代核能系统是一种具有更好的安全性和经济竞争力、核废物量少、可有效防止核扩散的先进核能系统（图1-11）。钠冷快堆、高温气冷堆和钍基熔盐堆，是目前最具代表性的固有安全核反应堆型，下面将重点介绍这三种核反应堆型。

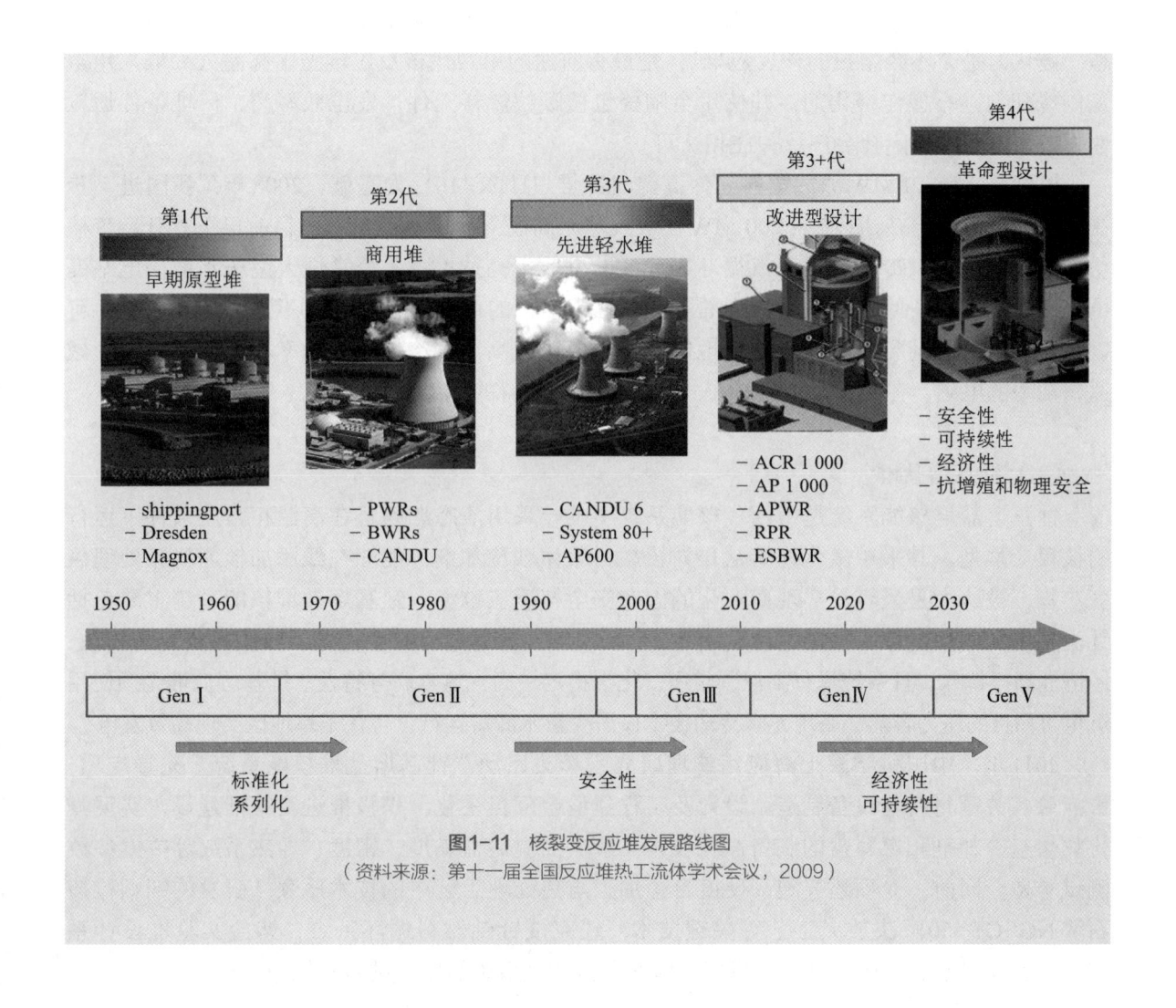

图1-11 核裂变反应堆发展路线图
（资料来源：第十一届全国反应堆热工流体学术会议，2009）

(一) 钠冷快堆

钠冷快中子核反应堆，简称钠冷快堆，是以液态金属钠为冷却剂，由快中子引起核裂变并维持链式反应的核反应堆。钠冷快堆具有功率密度高、小型化性能好、全寿命周期不换料等优势，可应用于远海岛礁等偏远地区，也可与风能、光伏等新能源耦合运行提高微电网的稳定性，是小型先进核反应堆的优选技术路线之一。

钠冷快堆是第四代核电技术中最成熟的堆型，目前全世界钠冷快堆的运行时间已经超过430堆年（1个反应堆运行1年等于1堆年），其技术成熟性已通过较长时间的工程验证。近年来，我国在钠冷快堆上的研发进度居于世界前列，2010年建成我国首套实验快堆，2017年在福建霞浦开工建设60万kW规模的钠冷快堆示范工程，并于2023年建成。

(二) 高温气冷堆

高温气冷堆俗称为"傻瓜堆"，即异常情况时可在无任何人为干预的情况下保持安全状态，被认为是"不会熔毁的核反应堆"，是最有前途的第四代核反应堆型。高温气冷堆采用氦气作冷却剂，石墨作慢化剂，并使用全陶瓷包覆颗粒燃料元件，发电效率高、厂址条件适应性强，目前受到国际社会广泛关注和认可。

以清华大学10 MW球形燃料元件高温气冷堆（HTR-10）为基础，2008年，我国进一步在山东石岛湾设计并建造2台200 MW模块式球床高温气冷堆示范电站，目前已正式开启带核功率运行。高温气冷堆采用蒸汽循环方式的发电效率高达42%，较常规大型压水堆核电站高出10%。在事故条件下，高温气冷堆不存在堆芯熔化的可能，且技术上不需要场外应急，可以在城市电力负荷和热负荷集中的地区建设；模块化高温气冷堆单堆功率小，可以组合形成适当功率的电站，在建设小型、分布式能源上具备独特的优势。

(三) 钍基熔盐堆

钍基熔盐堆核能系统是第四代核能系统中唯一采用液态燃料且在高温和常压条件下运行的核反应堆型。其采用氟化物熔盐作为核燃料载体或冷却剂，能够在线添加核燃料和处理裂变产物，被认为是最容易实现商业化的固有安全核反应堆型。钍基熔盐堆核能系统主要包括钍基核燃料、熔盐堆、核能综合利用等3个子系统，具有固有安全性高、核废料少、防扩散、经济性高等特点，且系统具有高温、常压、化学稳定性高、热容高等特性。钍基熔盐堆无须使用沉重且昂贵的压力容器，采用无水冷却技术仅需少量水即可运行，可在干旱地区实现高效发电。

2011年，中国科学院上海应用物理研究所牵头启动"钍基熔盐堆核能系统"先导专项，重点聚焦关键材料与设备制造、设计及工程建设全部自主化，积极推进实验堆建设，实现氟化物熔盐冷却剂和燃料盐的制备净化技术，解决高温熔盐黏度、密度、导热系数等关键参数测试难题；同时，专项还突破高硬度合金加工与热处理工艺中的技术瓶颈，研发的细颗粒核石墨NG-CT-50解决放大工艺等关键技术，还完成钍铀燃料循环系统、熔盐实验堆设计系统、系列高温熔盐回路系统、钍基熔盐堆安全与许可系统的原型试验系统的建设。

2021年9月，世界首座第四代核电技术的钍基熔盐堆在我国甘肃建成并开始测试，标志着我国成为世界上第一个对第四代核电技术进行商业化试验运营的国家。该核反应堆目前可为1 000户普通家庭提供电能；后续，我国还将打造至少为10万户普通家庭提供电力的更大规模的钍基熔盐堆，由此预示着具有固有安全属性的第四代核电技术在我国进入市场化开发运用阶段。

三、核堆小微化

21世纪初，国际原子能机构（IAEA）发布了系列小型核反应堆发展报告，建议努力推动小型核反应堆技术的研究和开发，并大力提倡小型核电站在发展中国家的应用，鼓励发展和利用安全、可靠、经济上可行、核不扩散的中小型核反应堆。根据IAEA意见，热功率在300 MW以下的核电机组即为小型核堆；美国能源部在此基础上又将热功率在20 MW以下、直接用于供热或供电的即插即用型核反应堆定义为微型堆。

小微型核反应堆具有功率小、安全性能高、运行灵活、建设周期短、换料周期长、选址成本低、对电网要求不高、适应性较强等优点，不仅能实现核能发电，还具备为城市采暖供热、工业工艺供热/供电、海水淡化等多种功能，也可以与其他新能源组成联合能源系统，能够为偏远地区或海岛提供现实的、经济可行的能源保障。例如，典型小微型核反应堆仅需要16万余m²，且两台机组的核电站耗资仅为10亿~20亿美元，还可以建设在海上移动平台上。下面将重点介绍小型化核电站、微型化核电站和Z-箍缩聚变裂变混合堆。

（一）小型化核电站

小型化核电站包括轻水堆、高温气冷堆、液态金属反应堆和熔盐堆。基于数十年安全运行轻水堆的经验，轻水堆小型化核电站最为常用，其安全性能也更具保障。而在核蒸汽供应系统的设计方面，大部分轻水堆小型化核电站都采用"一体化"设计，即将一回路的设备全部集中布置于压力容器内。据IAEA预测，2030年前全球将建设43~96座小型化核电站。

在全球范围内，俄罗斯的KLT-40 S、阿根廷的CAREM、韩国的SMART等小型化轻水堆核电站，重点用于海水淡化并兼作发电和供热；以我国HTR-10和美国GT-MHR为代表的小型化高温气冷堆核电站，则主要用作实验堆，进行理论探索；美国的铅冷却快中子模块反应堆、俄罗斯的SVBR及我国的CLEAR熔盐堆核电站都具有燃料使用量少、燃料循环产生的放射性裂变产物放射寿命短的优点，且采用非能动冷却方式，其安全性尤为突出。以我国为例，内陆广大地区和边远地区受地理位置、地址、气象、冷却水源、运输、电网容量及融资能力等条件限制，大型核电设备的应用受很大制约，而小型化核电站可以满足这些地区的发电需求。我国城市供热对能源的需求量居世界前列，开发小型化核电站"以核代煤"发展核能供热，是解决大气污染和二氧化碳减排问题的有效途径。此外，小型化核电站可为破冰船、海上船舰、火箭等提供动力，目前也已成为业界关注的焦点。

(二) 微型化核电站

微型化核电站是指使用高浓缩铀，并将堆芯和冷却剂等放入胶囊型容器中的更小型核电站，通常可在不更换燃料的情况下连续运转25年左右。待燃料用尽后，整个微型核反应堆将被一起回收，尽可能减少维护工作，并通过安装在地下来降低遭受灾害、战争和恐怖袭击的风险。

20世纪70年代末我国开始进行微型核反应堆研究，目前是世界上少数完全掌握微型核反应堆研究建造技术的国家。1984年3月，中国原子能科学研究院自主开发设计建造的我国第一座微型核反应堆顺利建成并投入满功率运行，但主要为高校和科研单位提供教学、活化分析和培训服务。"核电宝"则是一种超小型的可移动核电站，通过采用第四代铅基快中子核反应堆技术，我国在该领域已跻身世界领先水平，沿用这项技术，我国未来还将推出集装箱大小的迷你型"核电宝"。"核电宝"由于采用铅或其合金，整个核反应堆的运行压力环境危险性极低。铅基冷却剂的沸点约为1 700 ℃，无须担心高温时核反应堆的熔化。此外，铅基材料防辐射功能突出，化学性质稳定，几乎不与水和空气发生化学反应，不仅可以有效避免发生像日本福岛核电站那样的氢气爆炸恶性事故，还可以将核燃料的资源利用率延长到千年级别。

铅基微型堆有一种神奇的"自愈"功能，即核反应堆回路发生轻微泄漏时，泄漏的铅合金会冷却凝固，封堵破口，类似于人体血液的功能；该种堆型的尺寸极小，由于铅基冷却剂的热导率约为水的30倍，铅基液体可以更快速地带走热量，再加上铅基冷却剂的高沸点，核反应堆温度可以更高，因此发电效率更高，使得核能装置超小型化变得更有可能；该种堆型还具有可持续性，由于铅基反应堆主要利用快中子，可以和占燃料棒97%的铀-238反应并生成可持续裂变核素钚-239，确保"核电宝"装一次燃料可以续航30年，从而实现城市供电供暖、海洋与海岛开发、船舶与航空航天续航、偏远地区分布式供电等重要应用。

(三) Z-箍缩聚变裂变混合堆

据中国工程物理研究院彭先觉院士团队所述，纯聚变能源经济目前暂无竞争力，且很难实现取之不尽、用之不竭，而惯性约束核聚变能装置的驱动器很难在约10 ns内向聚变靶丸输送约10 MJ量级的能量。裂变与聚变的混合，可以克服裂变堆应用中的多个关键性缺点，包括深度次临界运行、提高铀钍资源利用率、经济且少害的核燃料循环等，由此确定Z-箍缩聚变裂变混合堆是一种有竞争力的能源利用技术。

Z-箍缩驱动聚变利用数十兆安大电流（Z方向流动）通过金属柱形薄套筒产生的巨大洛伦兹力（磁压强度达百万个大气压以上），推动套筒等离子体高速径向内爆（箍缩），并以数百千米每秒的速度撞击聚变靶丸，把动能转化为实现聚变所需的辐射能（X射线）和物质内能。1997年，美国圣地亚哥国家实验室在Z-箍缩实验上取得重要进展，他们用20 MA电流获得近2 MJ的X射线能输出，从而使研究惯性约束核聚变的物理学家大受鼓舞。我国相关研究团队也在持续开展相关探索研究。2008年秋，彭先觉提出Z-箍缩驱动聚变裂变混合堆的构想，同时提出"局部整体点火"聚变靶概念及与之配套的负载和靶设计技术、能量转换技术、"次临界能源堆"概念及一系列创新、有效的技术措施，使Z-箍缩驱动聚变裂变混合堆具有简便、安全、经济、持久、环境友好、三回路水准闭式循环和核反应堆放射性高屏蔽等优势，为核反应堆建造场址的选择和长期应用提供极大的方便。

然而，Z-箍缩驱动核能源仍需要解决诸多技术问题，包括设计高产额靶以尽量降低对驱动器电流的要求，研制高重频、大电流、快上升前沿的驱动器，研制爆室和换靶机构，改良次临界能源堆的性能，从而实现降低对驱动器工程技术难度的要求。

中国核电产业要想走出国门，在海外开拓小型核反应堆国际市场，除了要面临激烈的国际竞争和不确定的政治风险以外，小型核反应堆技术自身的安全性与经济性问题也是我国核电产业必须面对的现实。后续，我国需要更加意识到核反应堆小型模块化不只是尺寸上的简单缩小，更是核反应堆技术的系统性变革，尤其海上核电站建造的环境大多是近海或远海，由于其特殊的运行环境和作业环境，现有的技术并不能直接应用并制造出经济性良好和性能安全可靠的民用海上核动力平台，其设计和装备制造仍具有很高的竞争门槛；同时，要兼顾技术上的自主性和成熟性、装备设施性能的先进性等，才能在目标市场上具有较强的竞争优势。此外，在基于小型化核反应堆技术的新型核电站的设计、建造和运行中，都要采用纵深防御机制和非能动冷却方式，从设备上和措施上提供多层次的重叠保护，确保核反应堆的反应性得到有效的控制，燃料组件得到充分冷却，放射性物质能被有效屏蔽和在任何情况下都不发生泄漏。

第三节
可再生能源

可再生能源指风能、太阳能、水能、生物质能、地热能、海洋能等非化石能源，是取之不尽、用之不竭的能源，是实现碳中和的核心支柱之一。本节将重点介绍可再生能源发电规模化、储能、新型电网与特高压输配电。可再生能源电力终将成长为电力的"主力军"。

一、可再生能源发电规模化

可再生能源发电步入快速发展期。截至2021年年底，中国可再生能源发电量约占全社会用电量的1/3，相当于替代煤炭约10亿t，所减少的二氧化碳排放量约占总排放量的1/5。据国际可再生能源署预测，截至2026年，全球可再生能源发电能力将增长60%以上，占全球总发电能力增长量的近95%。下面将重点介绍太阳能发电、风力发电、水力发电、生物质发电、海洋能发电、地热发电和可再生电力的优势与挑战。

(一) 太阳能发电

太阳能发电是把阳光转换成电能的过程。太阳能是太阳内部连续不断的核聚变反应过程产生的能量。到达地球大气层上界的太阳辐射能量仅为其总辐射能量的22亿分之一左右，但仍高达1.73×10^{11} MW，相当于每秒500万t标准煤的能量，是每年全球耗能总量的3.5万倍。

太阳能发电主要分为太阳能热发电和太阳能光伏发电两大类。太阳能热发电是通过收集太阳能，将太阳能转化为热能再发电的技术，其装机技术包括槽式、塔式、线性菲涅耳技术。太阳能光伏发电是根据光电效应原理，利用太阳能电池将太阳光能直接转化为电能。太阳能光伏发电系统主要由太阳能电池板、控制器和逆变器三大部分组成。

2021年，中国太阳能发电已形成200 GW左右的光伏系统产能，大约需要消耗60万t高纯晶硅，硅料生产过程中每产生1 t碳排放，由其制作出的组件发电后每年都将减少30 t左右的碳排放。光伏发电技术的光电转化效率约为17%，发电效率高达80%，发电成本在0.4元/(kW·h)左右，已逐步逼近燃煤发电。目前，我国光伏发电成本约为美国的1/3。近10年，我国光伏成本降低90%以上，未来30年，中国太阳能，尤其是光伏发电将迎来"井喷"发展。

(二) 风力发电

风力发电指利用风带动发电机运转，产生动生电动势把风的动能转变成发电机转子的动能，再转变为电能。我国风能资源丰富，陆地上140 m高度风能资源技术开发量为51亿kW，近海（水深≤50 m海域内）100 m高度风能资源技术开发量为4亿kW，相当于每年全国用电量的5.8倍。风力发电综合效率不高，仅为30%左右，但当前发电成本已降至0.3元/(kW·h)左右。

风力发电根据场所可分为海上风力发电和陆上风力发电，根据发电容量又可分为大型风电和中小型风电。风力发电具有节能、可持续、环境友好等特点，是一种绿色、可再生的清洁能源，但存在投资高、效率低、具有间歇性和波动性等一系列问题。风力发电技术作为一种新型发电技术，目前在全球范围内越来越受到人们重视，并被广泛应用。未来我国风力发电行业发展仍有大幅增长空间。

位于中国东海的海上风电场，近1 200台风机矗立在波澜壮阔的海面上，日夜不停迎风旋转，源源不断"吸风吐电"。作为亚洲地区首度采用柔性直流输电技术的海上风电场，江苏如东H6、H8、H10柔性直流海上风电场今年已累计并网发电超4亿kW·h，相当于节约标准煤16.38万t，减少40.8万t二氧化碳排放，减少1.2万t二氧化硫排放。

(三) 水力发电

水力发电指利用河流、湖泊等高落差水流，将其所含势能转换成水轮机的动能，再借水轮机带动发电机而产生电能。我国水利资源丰富，水力发电量达到11 378.2亿kW·h，约占全国发电总量的17%，大型发电机组发电效率高达90%以上，发电成本约为0.25元/(kW·h)。

水力发电关键技术主要涉及工程选址和建设、水轮发电机组设计制造和水电站运行控制等方面。随着全球水电资源开发不断深入，应用最为广泛的大型混流式水轮机、用于高水头水电资源开发的冲击式水轮机和用于电力系统调峰的变频调速抽蓄机组的设计、研发和制造技术是未来发展的重点。

从"跟跑"到"领跑",截至2022年9月底,中国水电装机4.06亿kW,装机容量稳居世界第一,发电量占全国可再生能源发电量的1/2。湖北省的三峡水电站仍然是世界上最大的水电站,总装机容量为22.50 GW。长江上的白鹤滩、乌东德、向家坝、溪洛渡四座水电站以及此前建成的三峡、葛洲坝水电站共同构成世界上最大的清洁能源走廊。这一清洁能源走廊全年累计发电量达2 628.83亿kW·h,发电量创历史纪录,相当于减排二氧化碳约2.2亿t。

(四) 生物质发电

生物质发电是利用生物质所具有的化学能进行发电的技术。目前,生物质气化耦合发电效率为35%~40%,发电成本高达0.7元/(kW·h)。尽管生物质发电成本远高于风力发电、光伏发电、水力发电成本,但是生物质发电输出稳定,能够参与电力调峰,如果与储热结合,就更能参与电力市场的深度调峰,未来在电力交易市场获取辅助服务、备用容量等受益的同时,能够灵活参与热力市场,提供清洁热力。

生物质发电包括直燃发电与燃煤生物质耦合发电。生物质直燃发电技术原理为将储存在生物质中的化学能通过锅炉燃烧转化为高温高压蒸汽的内能,再通过蒸汽轮机转化为转子的动能,最后通过发电机转化为清洁高效的电能。燃煤生物质耦合发电则包括生物质磨粉后直接送入电站锅炉混烧(直接耦合)、生物质气化后与燃煤在电站锅炉混烧(气化耦合)。

从理论分析和工程实践来看,生物质气化耦合燃煤机组发电能够实现高效发电,成熟稳定且易于操作,代表了耦合发电产业的趋势。华东理工大学成功开发了10 MW固定床秸秆气化发电工业示范装置。截至2020年年底,中国已投产生物质发电提供的清洁电力超过1 100亿kW·h/a,已有项目碳减排量超过8 600万t。预计到2030年,中国生物质发电提供的清洁电力超过3 300亿kW·h,碳减排量超过2.3亿t。预计到2060年,中国生物质发电总装机容量将达到1亿kW,提供的清洁电力超过6 600亿kW·h,碳减排量超过4.6亿t/a。

(五) 海洋能发电

海洋能是潜力巨大的"蓝色能量"。海洋能发电通常指利用海洋所蕴藏的能量发电,包括潮汐能、海流能、波浪能、海水温差能和海水盐差能等。海洋能理论储量是全球耗能的几百倍甚至几千倍,开发潜力巨大,但当前开发成本过高,其中潮汐能发电效率仅为22%,发电成本在1.5元/(kW·h)以上,在我国实现大规模产业化还需要继续探索。

海洋能发电技术主要包括:① 潮汐能发电,利用潮水涨落的水位差发电;② 波浪能发电,以波浪的动能和势能为动力发电;③ 海流能发电,利用海水流动的动能发电;④ 海水温差能发电,利用表层与深层海水温度差储存的热能发电;⑤ 海水盐差能发电,利用海水和淡水之间或2种含盐浓度不同的海水化学电位差能发电。

截至2023年,潮流能和波浪能发电设备已在实际的海洋条件下运行并取得了一定的成果。

2010年以来，全球已部署39.6 MW潮汐能和24.7 MW波浪能发电装置，但其他形式的海洋能发电技术仍处在比较初级的阶段，很难在短时间内成为主要能源。其中，盐差能发电开发的技术关键是膜技术。除非半渗透膜的渗透流量能在目前的水平基础上再提高一个数量级，并且海水可以不经过预处理，否则，盐差能利用难以实现商业化。

（六）地热发电

地热发电是将地热能转换成机械能，再将机械能转换成电能的发电技术，也是零碳排放的清洁能源。中国地热资源主要分布在藏中、滇西、川西和台湾地区等近代活动性断裂带内，资源储量约占全球地热储量的1/6，地热直接利用量位居全球第一，占全球总量的43%。地热发电能源利用效率高，平均利用效率达73%，一些地区甚至可达90%，发电成本约为0.46元/(kW·h)。

地下热能的载热体可以是蒸汽或热水，因此地热发电分为地热蒸汽发电和地下热水发电两大类。地热蒸汽发电较为简单，因为地热蒸汽既是载热体又是工质。地下热水发电须先进行汽、水分离，将水排掉，使蒸汽进入汽轮机做功，这种系统叫作闪蒸系统；或利用地下热水来加热某种低沸点工质，使其进入汽轮机做功，这种系统叫作双流体系统；还有一种全流系统，将汽水混合物直接送入一个膨胀机做功，产生机械功带动发电机发电。

2020年我国地热能年利用总量相当于替代7 000万t标准煤，减排二氧化碳1.7亿t，节能减排效果显著。以西藏为例，羊八井地热电站和羊易地热电站是西藏正在运行中的两座地热电站，合计装机容量为42.18 MW。羊八井地热电站发电量曾经占藏中电网发电量的40%左右，冬季发电量占60%左右。

（七）可再生电力的优势与挑战

我国可再生能源丰富，其中风能实际可开发量约为10亿kW，太阳能利用资源条件较好的地方约占国土面积的2/3以上，同时可再生能源具有可再生性，分布广泛，无须运输，开发潜力巨大。

在碳中和成为全球共识的大背景下，如何通过提高新能源使用占比，加快能源领域的绿色转型，降低碳排放是我们当前需要攻克的难题之一。以太阳能、风能为代表的可再生能源虽然清洁环保，但受季节变化、气象条件、电网韧性影响较大，具有波动性、随机性的劣势。因此，需要发展大规模储能，推动新能源入网、稳定电网运行、构建新型电力系统和特高压输电及与碳交易政策相适应。

二、储能

"靠天吃饭"的可再生能源发电具有间歇性、波动性的劣势，储能推动可再生能源发电并网，稳定电网运行的重要作用凸显出来。

储能是通过介质或设备把电能、热能、化学能、机械能存储起来，在需要时再释放的过程。储能是实现可再生能源规模应用、构建以新能源为主体的新型电力系统的关键核心技术。储能设备有电池、电感器、电容器。根据储能技术原理及存储形式的差异，储能方式分为机械储能、电磁储能、电化学储能、化学储能、热储能。

（一）机械储能

机械储能是指将能量以利用机械的方式储存起来，常见的机械储能技术有抽水储能、压缩空气储能和飞轮储能。其中抽水储能效率为70%~85%，储能成本为0.21~0.25元/(kW·h)，随着市场化的推进，抽水储能利润空间有望迎来提升；压缩空气储能效率为40%~70%，储能成本为0.63元/(kW·h)，随着效率提升和成本下降，压缩空气储能商业化推广蓄势待发；飞轮储能效率为70%~95%，储能成本为2.39~3.87元/(kW·h)。

抽水蓄能技术成熟，使用寿命长（超过50年），转换效率较高（约75%），装机规模可达吉瓦级，持续放电时间一般为6~12 h，但选址要求高且建设周期长，功率成本为4 900~6 300元/(kW·h)。传统的压缩空气储能技术成熟，使用寿命长（30年），但转换效率低（约50%），功率成本为6 300~10 500元/(kW·h)；依托地下天然洞穴储气，储能规模可达数十小时，但选址要求较高；利用储罐储气的新型压缩空气储能选址较为灵活，但仍处于试验示范阶段。飞轮储能具有功率密度高（5 kW/kg）、设备体积小、转换效率高（超过90%）的特点，但持续放电时间短（分钟级），是典型的功率型储能技术，其功率成本为$(10.5~12.6)\times 10^4$元/(kW·h)。近年来，由于机械储能原理简单可靠，不少机构开始探索混凝土块等新型固体重力储能。

截至2022年，国内外规模最大的机械储能工程电站是中国河北丰宁抽水蓄能电站，装机容量世界第一，储能能力世界第一，总装机功率达360万kW，储能成本低至约0.3元/(kW·h)，抽水蓄能电站在整个电能转换过程中存在损耗，综合效率在75%左右，其可在5 min内由满负荷抽水转变为满负荷发电，同时具有良好的调节性能，可有效提高系统调峰能力，为河北地区大规模发展新能源提供有利条件，可极大促进节能减排和大气污染防治，每年节约原煤消耗48万t，减排二氧化碳114万t。

（二）电磁储能

电磁储能指利用超导磁体的低损耗和快速响应来储存能量，是一种通过现代电力电子型变流器与电力系统接口，组成既能储存电能（整流方式）又能释放电能（逆变方式）的快速响应器件，包括超导和超级电容储能等技术。

超导储能是变流器将电流存储在超导线圈中，需要时将超导线圈贮存的电能释放的技术，其具有电流和功率密度高、热损耗低、响应速度快、寿命长、无噪声污染等优点，但也存在成本高、失超保护、存储容量小、存储时间短等问题，目前其储能效率约为95%。超级电容储能是利用电解质极化形成的正负电容性存储层来实现电能存储的技术，优点为充放电响应快、功率密度高、使用范围广、寿命长，但也存在能量密度低、自放电率高、适用范围小、电容元件容易损耗等问题，目前储能效率大于90%。

2015年，Sunvault Energy 与 Edison Power 一起宣布创建了世界上最大的10 000 F石墨烯超级电容器，这也是截至2015年开发的全球最大超级电容器，该技术采用了混合技术，将与电池相关的功率密度和电容器已知的高冲击快速充电结合在一起，在10 000 F情况下，石墨烯超级电容器的功率足以为一辆中型卡车提供一年半的电力供应（等效燃油），而它的大小却只有一本书那样大。

（三）电化学储能

电化学储能是利用电池实现电能的存储、释放及管理的过程，原理是利用可逆的氧化还原反应。在电化学储能方面，锂离子电池能量密度高，转换效率高（90%～95%），但循环寿命（约4 000次）仍有待提高，且存在消防安全隐患，储能成本为2 100～2 800元/(kW·h)。铅电池安全可靠，但能量密度低，循环次数（1 000～2 000次）和使用寿命（3～5年）有限，储能成本为700～1 750元/(kW·h)。液流电池原理安全可靠，循环次数可达近万次，且电解液可回收再利用，但能量密度偏低、占地大、转化效率较低（约70%），储能成本为3 500～3 850元/(kW·h)。钠硫电池性能与锂离子电池接近，原材料来源广泛，但对工艺要求极高，且运行温度约为300 ℃，存在安全隐患，储能成本为2 800～3 150元/(kW·h)。受益于国家在新能源领域的大力投入，我国电化学储能技术已具备相当的产业基础，涉及产业链上游的原材料和产品生产环节也已比较成熟，随着国家政策的落实及技术的进步，电化学储能有望成为我国储能产业的突破口。

近年来，科研机构和技术厂商不断探寻新材料、新体系的电化学电池技术，主要包括锂硫电池、钠离子电池、液态金属电池、各类金属空气电池等，力求获得储能密度大、安全性好、原材料易得和循环寿命长的新型电池。2019年诺贝尔化学奖颁发给John B. Goodenough、M. Stanley Whittingham和Akira Yoshino，以表彰三人对锂离子电池的杰出贡献。而目前我国铅酸电池将逐步发展为铅碳电池、超级铅酸电池，全钒液流电池将从高功率液流电池发展到锂液流电池，钠硫电池则通过研发出钠-氯化镍电池从而使钠离子电池成为可能。

目前，世界上最大的公用事业规模电化学储能系统是位于美国加利福尼亚州的Moss Landing储能设施，该系统是锂离子电池，总容量为400 MW/1 600 MW·h，该系统从电网中获取多余的能量，并帮助满足高峰时期的用电需求。截至2021年，中国新增电化学储能技术中，锂离子电池储能技术装机规模达1 830.9 MW，功率规模占比高达99.3%；铅蓄电池储能技术装机规模为2.2 MW；液流电池储能技术装机规模为10.0 MW；其他电化学储能技术装机规模为1.52 MW。

（四）化学储能

化学储能指利用电能将低能物质转化为高能物质进行能量存储，包括氢储能和合成燃料

（甲烷、氨、甲醇等）储能。其中氢储能主要利用电解水制氢，进一步还可合成氨和甲醇等，将电能以氢气或氨、甲醇等化学能的形式进行存储，容易实现大规模的储能，是未来可再生能源（太阳能、风能等）稳定储存的重要技术。但其缺点是电—氢—电全过程转换效率低（约40%），全系统的功率成本为14 000~21 000元/kW，储能成本为140~210元/(kW·h)。近年来，一些国家开始示范利用电制合成气或甲烷进行储能并减少碳排放，但目前成本较高，约为10.5元/m³，电—甲烷—电的转换效率低（约25%）。

在化学储能方面，目前研究开发的热点一是廉价的可再生资源（生物质、垃圾等）制氢，热点二是逐步示范利用电解水制氢并进一步转化为氨、甲醇等进行储能，以消纳化石能源利用过程排放的CO_2。目前电解水制氢的发展方向主要是通过催化剂高效分解，降低制氢的成本。化学储能过程涉及复杂的电场、流场、温度场、浓度场等多外场影响，经典的物理化学基础和化学工程理论难以厘清和定量描述多物理场作用下的物质传递和反应特性。

截至2022年，泸天化公司拥有每年70万t甲醇产能，河北金牛化工公司拥有每年20万t甲醇产能，吉利汽车也在2022年推出了全球首款甲醇混合动力轿车。随着制备和应用技术的发展，甲醇储能的利用规模也正在逐步扩大。

（五）热储能

热储能是以储热材料为媒介，将太阳能光热、地热、工业余热、低品位废热或者电能转换为热能储存起来，在需要的时候释放，以解决由于时间、空间或强度上的热能供给与需求不匹配所带来的问题，最大限度地提高整个系统的能源利用率。

热储能可分为显热储能、潜热（相变）储能、热化学储能等多种形式，其中显热储能通过改变材料温度而不改变其相态来实现，储能材料可以是液体或固体，系统可提供10~50 kW·h/t的储存容量和50%~90%的储存效率；潜热储能通过热介质的相变来储存或释放热能，可以提供更高的存储容量和75%~90%的存储效率；热化学储能通过反应物吸收热能将其转变为化学能储存在产物中，产物被单独存放，需要使用能量时，在一定条件下产物发生逆反应释放热能，可达到高达250 kW·h/t的储存容量，存储效率从75%到接近100%。热储能占地面积小、成本低、储能密度低、对环境影响小、不受地理环境限制。热化学储能技术的主要问题在于：一是化学反应与传热的匹配问题，二是蓄热过程中系统运行参数和系统设计参数的控制有待研究。

在欧洲，据估计，通过广泛使用热能和冷能储存，建筑和工业部门每年可节省约140万GW·h（并避免4亿t二氧化碳排放）。然而，显热储能技术在进入市场时面临一些障碍。在大多数情况下，成本是它的一个主要问题。基于潜热储能和热化学储能的存储系统还需要提高存储性能的稳定性，这与材料特性有关。

美国麻省理工学院和国家可再生能源实验室的研究团队成功开发并展示了一种热光伏（TPV）电池（图1-12）。在1 900~2 400 ℃的测试条件下，新的TPV电池保持了约40%的效率，该效率已经高于美国基于涡轮机的热机平均效率，成本更低、响应时间更快、维护简单、易于与外部热源集成、燃料灵活等特点使其更加具有竞争优势，这对未来的发电站和电网储能都将会产生巨大的影响。

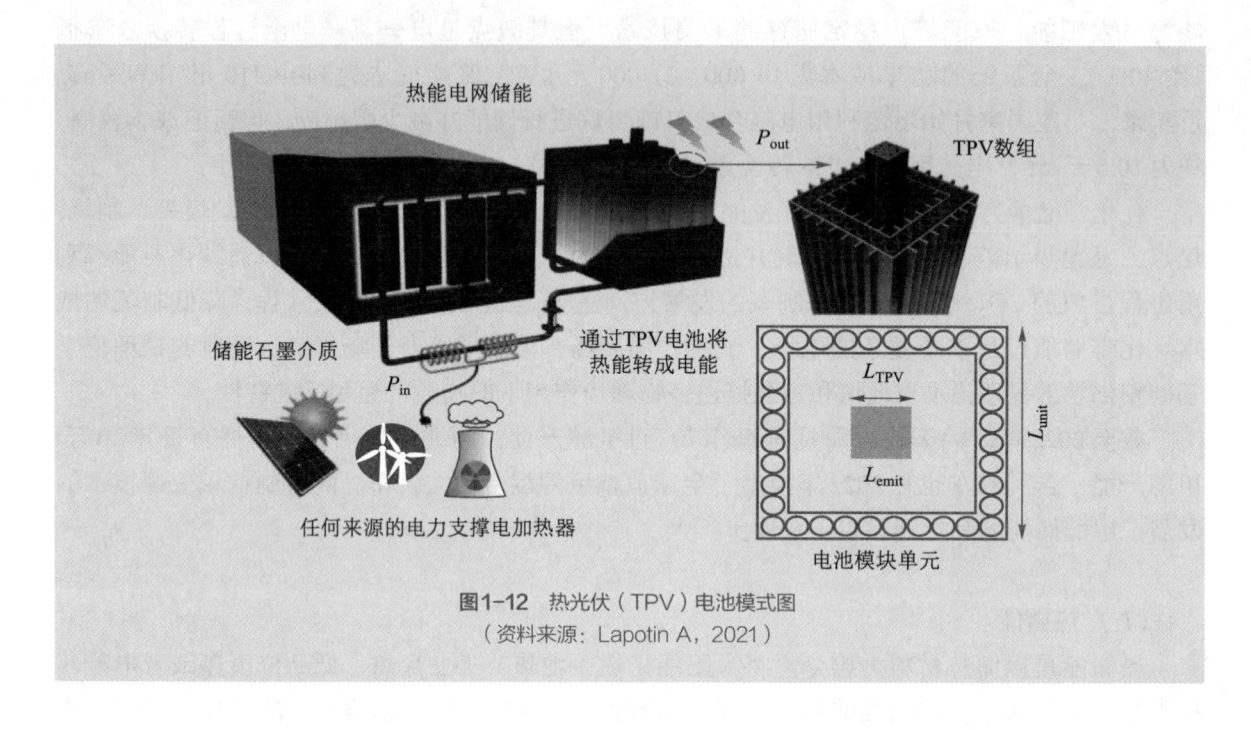

图1-12　热光伏（TPV）电池模式图
（资料来源：Lapotin A，2021）

储能技术的大规模应用，能够有效降低清洁用电成本，推动能源清洁转型，同时促进基础科学、应用科学和工程技术的发展，带动制造业的整体升级。预计到2050年，清洁能源的大规模开发利用将为全球带来约4.1 TW、500 TW·h的储能需求，相对于不采用储能的情景，储能的大规模应用将减少风力发电、光伏发电装机容量37.3 TW，每年减少弃风、弃光86 PW·h，全球平均综合储能成本降低0.21元，为顺利实现能源清洁转型奠定坚实基础。预计到2025年，新型储能由商业化初期步入规模化发展阶段，具备大规模商业化应用条件。其中，电化学储能技术性能进一步提升，系统成本降低30%以上。到2030年，新型储能全面市场化发展。储能技术可有效解决可再生能源并入电网的不稳定性问题，而为应对可再生能源所带来的变革，中国也开始发展新型特高压电网技术。

三、新型电网与特高压输配电

目前，新型电力系统仍然没有官方的明确定义，但各方共识基本集中于"以新能源为主体"，这意味着我国电力系统的新能源占比未来将达到50%以上。从发展阶段来看，"以新能源为主体"将分为两个主要阶段：① 新能源装机规模占50%以上；② 新能源发电量占50%以上。目前来说，新型电力系统有5大特征：① 绿色低碳，新能源成为电力供应的主体；② 多能互补，实现风光水火储一体化发展，冷热电气水多能联供，开展综合能源服务；③ 源网荷储高度融合；④ 可以建立起一个有效竞争的市场体系；⑤ 可以建立一个智慧高效的电力系统。

特高压技术指交流1 000 kV及以上和直流±800 kV以上电压等级的输电工程及相关技术，其包括两个内容，一是交流特高压，二是直流特高压。特高压电网则是以1 000 kV输电网为骨干网架，利用超高压输电网和高压输电网，以及特高压直流输电、高压直流输电和配电网构成的分层、分区、结构清晰的现代化大电网。特高压输电容量大、送电距离长、线路损耗低、占用土地少。1 000 kV交流特高压输电线路输送电能的能力（技术上叫作输送容量）是500 kV超高压输电线路的5倍。500 kV超高压输电线路的经济输送距离一般为600~800 km，而1 000 kV交流特高压输电线路由于电压提高，线路损耗减少，它的经济输送距离能达到1 000~1 500 km甚至更长。建设特高压电网有很多社会效益。我国内地76%的煤炭资源在北部和西北部，80%的水能资源在西南部，而70%以上的能源需求在中东部，普通电网的传输距离只有500 km左右，无法满足传输要求，而现在的特高压电网能把中国电网连接起来，使不同地点的不同发电厂能互相支援和补充。下面将重点介绍高比例可再生电力并网、交直流混联电网安全高效运行和先进电力装备。

（一）高比例可再生电力并网

高比例可再生电力并网是将光伏阵列、风力发生机及燃料电池等产生的可再生能源不经过蓄电池储能，通过并网逆变器直接反向馈入电网的技术。其技术原理为将可再生能源发电装置通过各自的变流器连接在一起形成直流总线，同时，直流总线通过变流器连接储能环节，再通过并网逆变装置得到交流电，经过电能监控与管理装置既可以挂接到公共电网实现并网发电，也可以接交流负载。单纯的可再生能源发电系统储能环节可以省略，但若进行并网发电则必须加入储能环节。

由于可再生能源的一些缺陷，为解决由可再生能源整合或其他来源引起的电网特定问题，目前已有众多学者与工程人员提出了各种解决方案：① 利用可变同步电机来应对由于可再生能源连接电网中的频率波动和电压降低而引起的稳定性问题；② 利用超导磁储能技术控制风电场的波动频率；③ 利用变流器谐波控制技术来缓解和补偿谐波问题；④ 利用过滤技术有效解决谐波和无功功率等电力系统问题；⑤ 利用虚拟阻抗控制技术塑造RES中使用的转换器动态配置文件的智能方法等。

截至2022年，我国风电新增并网装机规模为1 294万kW，其中，陆上风电新增装机规模为1 206万kW、海上风电新增装机规模为27万kW；光伏发电新增装机规模为3 088万kW，其中，光伏电站规模为1 123万kW，分布式光伏规模为1 965万kW；生物质发电新增装机规模为152万kW。

（二）交直流混联电网安全高效运行

交直流混联电网指以特高压柔性直流构建洲际互联骨干网架，形成多节点、多回路、交直流混联的电网形态。其兼顾了交流电网和直流电网的优点：① 交直流子系统双向功率流动，相互提供功率支持；② 子系统运行在电网和孤岛两种情况下都可以灵活切换；③ 减少了电力电子变压器，提高了系统效率；④ 通过灵活的系统控制技术，提高供电可靠性。

根据不同的应用需求，交直流混合配电网可分为含柔性直流装置的交直流混合配电网和含直流网的交直流混合配电网，前者适用于直流源荷较少的情况，后者适用于高密度直流源荷接入的情况。含直流网的交直流混合配电网接线模式主要包括辐射型交直流混合配电网、多分段适度联络型交直流混合配电网。

"十三五"规划期间，柔性直流输电装备和统一潮流控制器等柔性交流输电装备已经实现了低电压等级工程应用，成功研制±1 100 kV特高压直流换流阀等核心装备，掌握±800 kV特高压直流输电重大装备设计、制造、试验与交直流协调控制等核心技术，建成哈密—郑州和楚雄—广州±800 kV直流输电工程，实现大规模可再生能源远距离大功率输送；建成世界上规模最大、能够同时协调9回路直流和8回路交流的跨区混联电网安全稳定协调控制系统，保障复杂电网的安全稳定运行；建成白鹤滩—浙江±800 kV特高压直流输电工程，成功在7 ms内把水电从四川送至2 080 km外的江苏，助力构建我国"西电东送"工程的战略布局。

（三）先进电力装备

先进电力装备指以大型发电成套装备、特高压输变电装备、智能电网成套装备等为代表的多项电力装备技术。先进电力装备日益成为瓶颈，也逐渐成为近年国际电气工程领域的研究热点。由于风电和光伏均具有间歇性、不稳定等特点，电力装备产业未来具有良好的发展前景。

新型电力系统中的发、输、供、配、用等环节的电力装备，包括调频、调峰、电压控制、故障穿越等用途的电力装备，电能、智慧用电、综合能源管理等再电气化设备，以及传统电力装备的升级设施。该方向的研究将从源头改变我国高电压大功率电力电子器件依赖进口、装备水平并跑的局面，形成包括高电压大功率硅基电力电子器件、宽禁带电力电子器件方面的突破。

近年来，在我国电网投资保持高位、智能变电站工程加速推进等因素的驱动下，我国变电站数量持续增长。以国家电网公司为例，其变电站数量由2007年的9 738座增至2018年的23 000座，年复合增速达8.13%。高等级变电站将逐步智能化，不再需要人工值守。据国家电网公司资料，智能变电站于2009年启动第一批试点工程建设，并于2012年起进入全面建设阶段，截至2018年年末，国家电网公司已累计建成智能变电站4 000多座。未来研究重点在于成功研制电网高精度全景状态感知系统，建成基于故障诊断和系统实时响应特征的多场景、全过程实时智能决策控制系统，构建新一代继电保护、智能变电站、智能电网调度控制体系和安全综合防御体系，形成基于全电磁暂态的混联电网实时镜像仿真分析系统，超特高压大电网全景安全防御控制总体技术水平显著提升，有效支撑电网发展。

我国能源革命方兴未艾，能源结构持续优化，形成了多轮驱动的供应体系，可再生能源发展处于世界前列，具备加快能源转型发展的基础和优势；但发展不平衡、不充分问题仍然突出，供应链安全和产业链现代化水平有待提升，构建现代能源体系面临新的机遇和挑战。由于可再生能源具有间歇性和波动性，为减少并网带来的安全隐患，储能技术的发展也需要得到关注，国家也针对机械储能、电气储能、电化学储能、热化学储能、热储能五项储能技术作出了技术发展规划，为可再生能源并网发电提供技术支持，同时我国也正在进行新型电力系统改造并加快特高压输电线路的研究及先进电力设备的研发，为高比例的可再生能源电力并入电网和交直流混联电网能够安全高效运行提供保障。展望2035年，能源高质量发展将取得决定性进展，中国将基本建成现代能源体系。中国的能源安全保障能力大幅提升，绿色生产和消费模式广泛形成，非化石能源消费比重在2030年达到25%的基础上进一步大幅提高，可再生能源发电方式成为主体发电方式，新型电力系统建设取得实质性成效，碳排放总量达峰后稳中有降。可再生能源发展道阻且长，随着可再生能源需求的扩大，储能和可再生能源电力并网等相关行业也将逐步发展，可再生能源发电的综合成本如下式所示：

可再生能源发电综合成本＝发电成本＋储能成本＋并网成本－CO_2交易价值

目前大量可再生能源电力不能被调度的主要原因既有经济技术问题，也有制度问题。其中，制度创新的作用相对更大，因为通过制度创新可以推进技术进步，并促进综合成本（可再生能源发电成本、系统成本、使用成本等）的降低。随着可再生能源并网规模和比例的不断扩大，以及调峰储能技术进步和成本下降，可再生能源发电技术将逐渐走向成熟。

本章总结

　　能源碳中和是实现碳中和的重要路径之一。化石能源低碳利用在碳中和能源体系中起着"兜底保障"作用。煤炭清洁高效化、石油高质化、燃气扩大化利用是支撑可再生能源大规模开发利用的"稳定器"。核能是有望大规模代替化石能源的新能源，大力发展核电，对改善电力能源结构、缓解环境污染和保障能源安全具有重要作用，是推进碳中和的"中国底气"。可再生能源发电将逐渐成长为电力的"主力军"。储能技术将作为电力系统的"定盘星"，缓解可再生能源发电的间歇性和波动性问题，减少并网带来的安全隐患。特高压输配电和新型电网是零碳电力系统的"天使"，为高比例的可再生能源电力并入电网和交直流混联电网能够安全高效运行提供保障。未来，能源碳中和的实现不仅需要加快技术创新，提高可再生能源的消费占比，加快氢能绿色制造与利用，逐渐形成"需求合理化、开发绿色化、供应多元化、调配智慧化、利用高效化"的新型能源体系，还需借着新一轮科技革命和能源产业变革的浪潮，促成GDP增长与能源消耗脱钩，重塑全球能源经济产业。

思考题

1. 什么是能源碳中和？简述能源碳中和与人们生活存在的联系。
2. 简述煤电高效化技术，并分析超超临界燃煤发电技术对减碳的贡献。
3. 简述石油高质化的减碳作用，以及对我国碳中和目标实现的贡献。
4. 如何扩大天然气的来源和使用？如何通过燃气扩大化来促进碳中和目标实现？
5. 简述化石能源低碳利用对我们生活方式低碳化改变的重要性。
6. 核能的释放方式有哪几种？
7. 什么是核聚变能？其反应原理是什么？
8. 第四代核反应堆型有哪些？（可控安全的）

9. 请分析核能对实现碳中和的作用和贡献。
10. 简述核能发电具有的优点。
11. 我国小型化核反应堆存在的现实问题有哪些?
12. 如何解决可再生能源发电的间歇性与波动性?
13. 简述化学储能在可再生能源发电系统中的作用。
14. 请分析特高压输配电的优势及应用的范围。
15. 如何提高可再生能源发电的竞争力?
16. 未来可以通过哪些"卡脖子"技术创新实现电力零碳化、燃料零碳化、调配智慧化和利用高效化?

参考文献

［1］Welsby D, Price J, Pye S, et al. Unextractable fossil fuels in a 1.5 ℃ world［J］. Nature, 2021, 597(7875): 230-234.

［2］Groesbeck J G, Pearce J M . Coal with carbon capture and sequestration is not as land use efficient as solar photovoltaic technology for climate neutral electricity production［J］. Scientific Reports, 2018, 8: 13476 .

［3］Muradov N Z, Veziroglu T N. Carbon-neutral fuels and energy carriers［M］. Leiden: CRC Press, 2011.

［4］舒歌平. 煤炭液化技术［M］. 北京: 煤炭工业出版社, 2020.

［5］王辅臣. 煤气化技术在中国: 回顾与展望［J］. 洁净煤技术, 2021, 27(1): 33.

［6］邹才能. 非常规油气勘探开发［M］. 北京: 石油工业出版社, 2019: 258-286.

［7］周邦新. 核反应堆材料［M］. 上海: 上海交通大学出版社, 2022.

［8］叶奇蓁. 为什么要发展核电——"双碳"目标下的中国核电［M］. 北京: 中国原子能出版社, 2022.

［9］IEA. A new global energy economy is emerging, but the transformation still has a long way to go. World Energy

Outlook 2021 [EB/OL], 2021.

[10] Lapotin A, Schulte K L, Steiner M A, et al. Thermophotovoltaic efficiency of 40% [J]. Nature, 2022, 604: 287-291.

[11] 肖刚. 大规模化学储能技术 [M]. 武汉: 武汉理工大学出版社, 2011.

[12] 高翔, 万元熙, 彭先觉. 可控核聚变科学技术前沿问题和进展 [J]. 中国工程科学, 2018, 20 (3): 25-31.

第二章 氢能绿色制造、储运与利用

氢在地球上主要以化合态的形式存在,是宇宙中分布最广泛的物质,占宇宙质量的75%。氢能是氢在物理与化学变化过程中释放的能量,氢燃烧的产物是水,氢能是世界上最干净的能源,被誉为21世纪最具发展前景的二次能源。除核燃料外,氢的发热量是所有化石燃料、化工燃料和生物燃料中最高的,是汽油发热量的3倍,乙醇的3.9倍,焦炭的4.5倍。氢能是重要的非电能源载体和零碳原料/燃料替代品,是未来国家能源体系的重要组成部分,是实现我国"碳中和"目标的潜在支撑,是世界各国未来能源技术竞争的制高点,对主导国际能源市场、保障国家能源安全至关重要。

氢能来源广泛,按生产来源划分,可分为灰氢、蓝氢和绿氢三类。灰、蓝、绿代表对环境的友好程度逐步上升,绿氢是无污染的氢能。目前我国氢能主要来自灰氢。依据氢能的生命周期,其对应的氢能产业链分为氢能绿色制造(包括碳捕集、利用与封存技术,CCUS)、氢能储运和氢能利用三个环节(图2-1),涉及的产业领域非常广泛。但氢能产业当前面临的

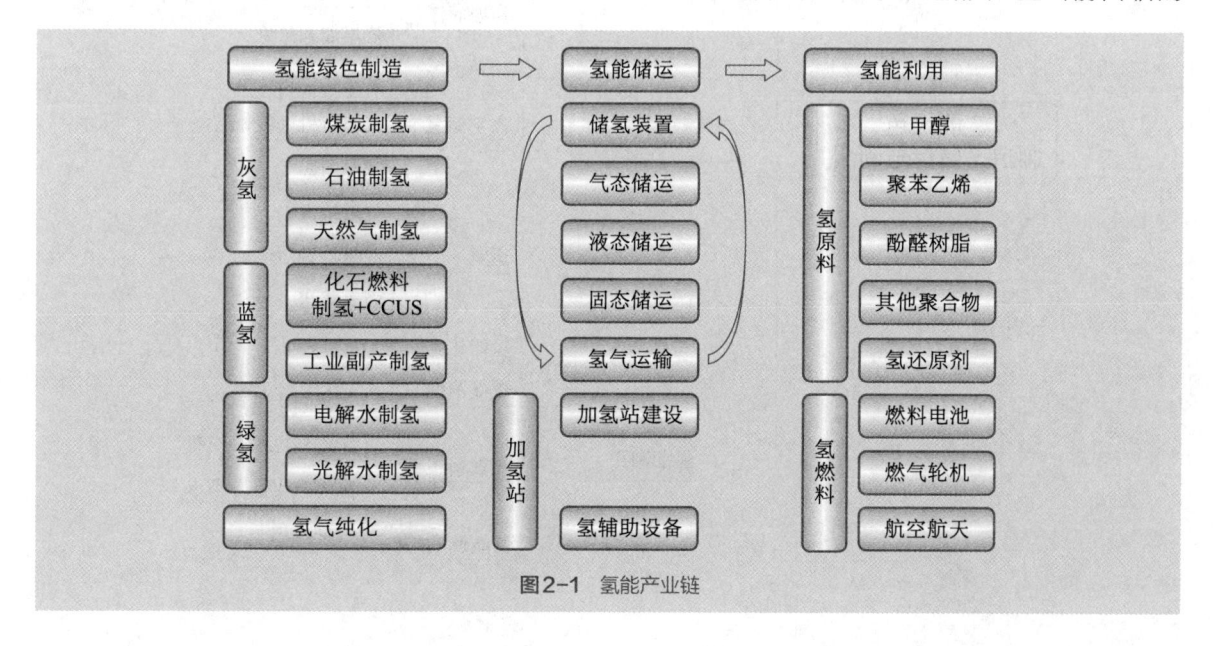

图2-1 氢能产业链

氢不够绿、量不够大、价不够低的瓶颈问题，制约了氢能全产业链的发展，亟须绿氢制造规模化、灰氢绿色低碳化，以支撑双碳目标的实现（图2-2）。

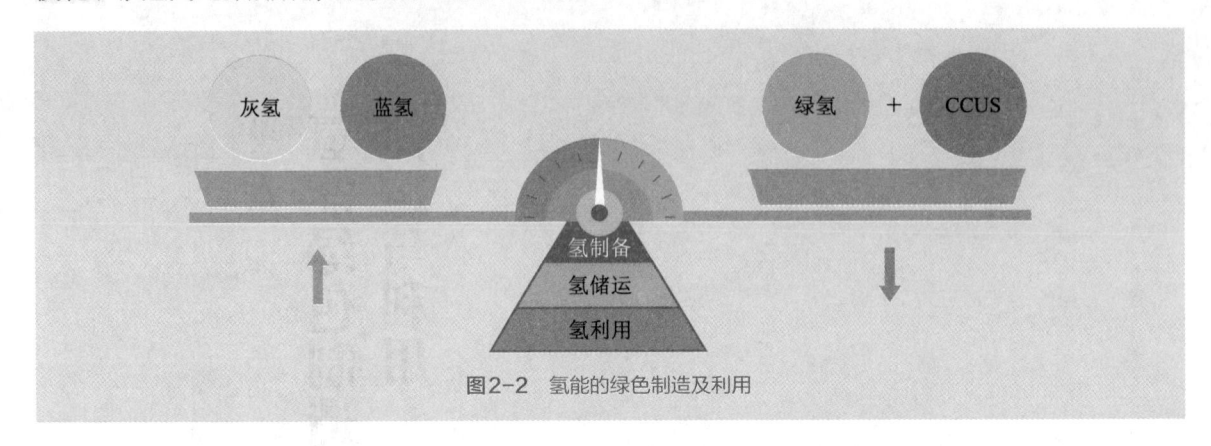

图2-2 氢能的绿色制造及利用

本章将重点介绍氢能绿色制造、氢能储运和氢能利用，本章知识框架如下。

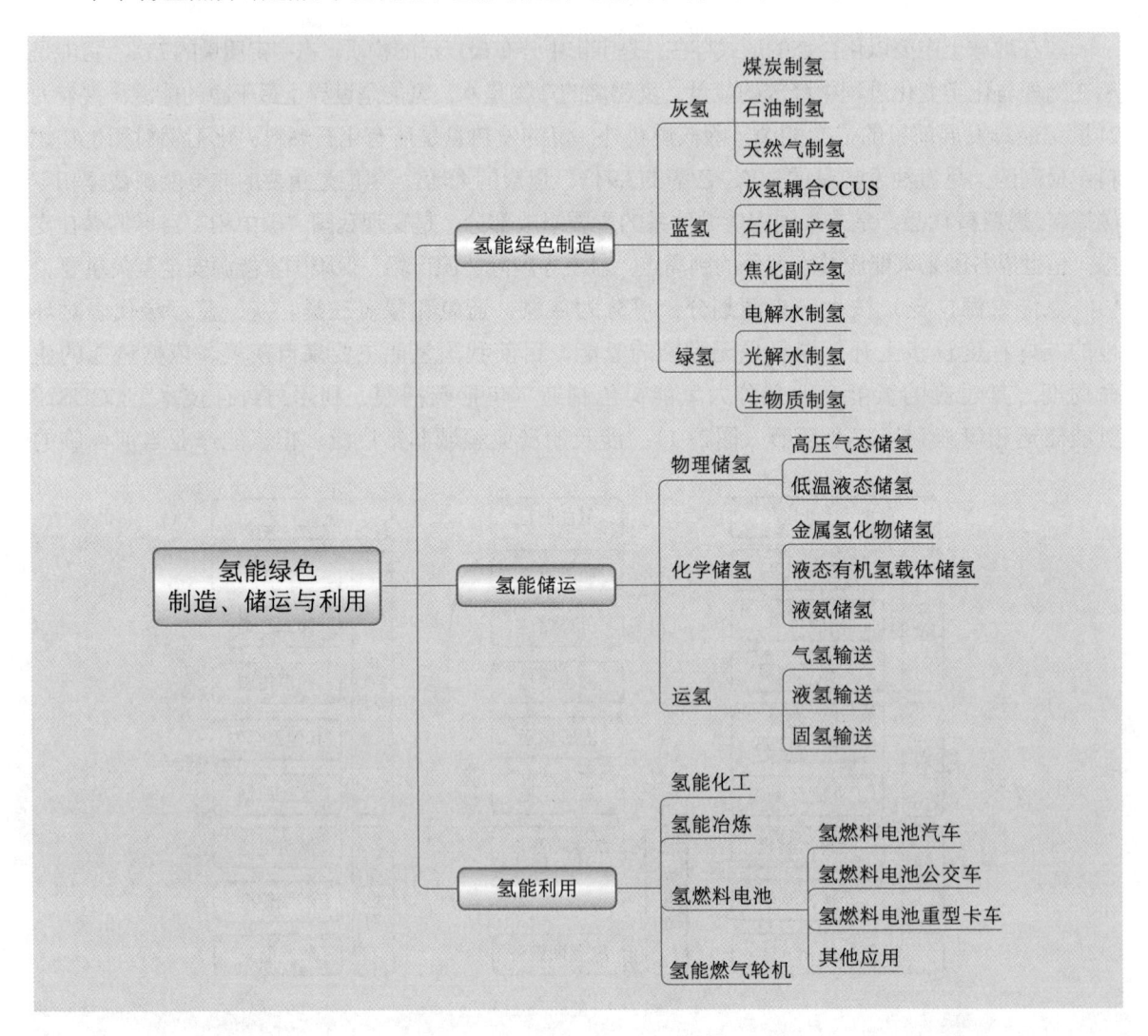

氢能绿色制造、储运与利用
- 氢能绿色制造
  - 灰氢
    - 煤炭制氢
    - 石油制氢
    - 天然气制氢
  - 蓝氢
    - 灰氢耦合CCUS
    - 石化副产氢
    - 焦化副产氢
  - 绿氢
    - 电解水制氢
    - 光解水制氢
    - 生物质制氢
- 氢能储运
  - 物理储氢
    - 高压气态储氢
    - 低温液态储氢
  - 化学储氢
    - 金属氢化物储氢
    - 液态有机氢载体储氢
    - 液氨储氢
  - 运氢
    - 气氢输送
    - 液氢输送
    - 固氢输送
- 氢能利用
  - 氢能化工
  - 氢能冶炼
  - 氢燃料电池
    - 氢燃料电池汽车
    - 氢燃料电池公交车
    - 氢燃料电池重型卡车
    - 其他应用
  - 氢能燃气轮机

第一节
氢能绿色制造

据国际能源署（IEA）《全球氢能回顾2021》（Global Hydrogen Review 2021）报告和中国《氢能产业发展中长期规划（2021—2035）》的数据，全球年产氢气9 000万t左右，我国氢气年产量为3 300万t，我国是世界第一产氢国。《中国氢能源及燃料电池产业白皮书2020》预测，到2060年我国氢气年产量将增至约1.3亿t，可再生能源制氢产量约1亿t。当前以化石燃料为主的制氢方式显然与此相悖，因此迫切需要构建清洁化、低碳化、低成本的多元绿色制氢体系，实现氢能的绿色制造，重点发展可再生能源制氢，严格控制化石能源制氢。本节将重点介绍灰氢、蓝氢、绿氢。

一、灰氢

灰氢是通过化石燃料（如煤炭、石油、天然气等）高温转化制备而成的氢气，生产过程会排放二氧化碳。常见灰氢制备方法包括：煤炭制氢、石油制氢、天然气制氢等。目前灰氢是氢气的主要来源，约占当今全球氢气产量的95%。灰氢具有制造技术成熟、规模大、成本低等优势，但制氢会排放大量二氧化碳。下面将重点介绍煤炭制氢、石油制氢和天然气制氢。

（一）煤炭制氢

煤炭制氢主要工艺是将煤炭与氧气或蒸汽混合，在高温（1 100~1 500 ℃）、高压（3.0~6.5 MPa）下先转化为以H_2和CO为主的合成气，后经水煤气变换、脱除酸气、氢气提纯等流程，获得高纯度的氢气产品，同时排出CO_2。煤炭制氢过程的主要反应为：

$$Coal + O_2 \longrightarrow H_2 + CO \quad (2-1)$$
$$Coal + H_2O \longrightarrow H_2 + CO \quad (2-2)$$
$$CO + H_2O \rightleftharpoons H_2 + CO_2 \quad \Delta H = +41.19 \text{ kJ/mol} \quad (2-3)$$

反应式（2-1）和反应式（2-2）中Coal为煤炭，是煤气化制氢过程的主要反应；反应式（2-3）是水煤气变换反应，该反应是可逆反应，正向反应是水合反应，逆向反应是加氢及脱水反应。

煤气化是煤炭制氢的龙头和核心，气化炉是煤气化的关键核心设备（图2-3）。按气化采用的反应器类型，煤气化技术主要有固定床、流化床和气流床三类。其中，高压、大容量气流床气化技术具有

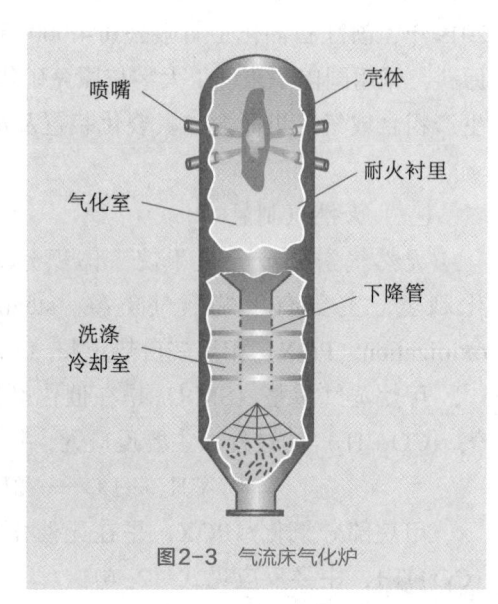

图2-3 气流床气化炉

良好的经济和社会效益，代表着发展趋势，有两种原料路线：水煤浆气化和粉煤气化。

华东理工大学开发的具有完全自主知识产权的多喷嘴对置式水煤浆气化技术处于国际领先水平，引领水煤浆气化技术的发展。该技术的开发及工业应用在德国学者魏伯乐和瑞典学者安德斯·维杰克曼撰写的《翻转极限：生态文明的觉醒之路》一书中特别提及，指出该技术是中国从化石能源时代过渡到再生型能源时代的一个选择。国内恒力石化（大连）炼化有限公司2 000万t/a炼化一体化项目，配套建有68万Nm^3/h煤制氢装置，该项目采用的煤气化技术为华东理工大学与原兖矿集团有限公司合作开发的多喷嘴对置式水煤浆气化技术。

（二）石油制氢

石油制氢为炼厂氢能制造开辟了新的道路。其基本原理与煤炭制氢相似，是在一定温度和压强条件下，石油与气化剂（O_2、CO_2和H_2O等）反应转化为CO和H_2，见式（2-4），其中Petcoke为石油焦。

$$Petcoke + O_2 \longrightarrow H_2 + CO \tag{2-4}$$

随着我国进口原油特别是高硫进口原油的增加，原油进一步劣质化，部分沿江、沿海炼油企业生产过程中的副产物石油焦硫含量均超过3%，最高达6%左右。高硫石油焦除了硫含量高外，其热值均在32 MJ/kg以上，碳含量一般不低于87%，灰分不超过0.4%，三高（含碳高、含硫高、热值高）、二低（低灰分、低挥发分）的特点十分显著，是理想的气化原料。高硫石油焦与煤炭均是含碳、氢固体原料，相似性较高，所以煤炭制氢技术同样适用于高硫石油焦，并且基于高硫石油焦和煤炭理化特性的差异，两者共同气化制氢也是关注的焦点。

2008年7月美国瓦莱罗能源公司（北美最大的炼油公司，2007年在全球500强中排名第43位）与华东理工大学签订了多喷嘴对置式水煤浆气化技术商务合同，运用该技术进行石油焦气化制氢项目。该协议的签订也是中国大型化工成套技术首次向美国等发达国家输出。2019年，浙江石油化工有限公司4 000万t/a炼化一体化项目一期气化装置，以煤炭和石油焦为原料，采用国内华东理工大学与原兖矿集团有限公司合作开发的多喷嘴对置式水煤浆气化技术，生产粗合成气，进而为加氢裂化装置及渣油加氢处理装置提供工业氢气和为全厂提供燃料气。

（三）天然气制氢

天然气主要成分是甲烷（体积分数大于85%），一般说的天然气转化制氢就是甲烷转化制氢，主要有甲烷蒸气重整（steam methane reforming，SMR）、甲烷部分氧化（partial oxidization，POX）和甲烷自热重整（autothermal reforming，ATR）三种方法。

甲烷蒸气重整（SMR）是在催化剂的作用下将甲烷（CH_4）和水蒸气（H_2O）转化为合成气（$CO+H_2$）的过程，主要反应为：

$$CH_4 + H_2O \longrightarrow 3H_2 + CO \quad \Delta H = +206.2 \text{ kJ/mol} \tag{2-5}$$

甲烷部分氧化（POX）是在无催化剂的条件下通过部分氧化反应把天然气转化为合成气（$CO+H_2$），主要反应见式（2-6）。

$$CH_4 + 1/2O_2 \longrightarrow 2H_2 + CO \qquad \Delta H = -85.6 \text{ kJ/mol} \qquad (2-6)$$

甲烷自热重整（ATR）制氢是在一个反应器中同时集成蒸气转化和非催化部分氧化技术，利用部分氧化过程释放的热量为吸热的蒸气转化反应提供反应热。自热转化技术中的氧化剂可为纯氧、富氧空气或空气，但从降低能耗及提高效率的角度考虑，一般选用纯氧作为氧化剂。

甲烷蒸气重整（SMR）技术已在20世纪30年代实现工业化，是目前工业上应用最广泛的天然气转化技术。甲烷部分氧化（POX）技术常采用气流床反应器，最早由通用（GE）公司和壳牌（Shell）石油公司开发成功并实现工业化运行。国内华东理工大学也成功开发了具有完全自主知识产权的富含甲烷气非催化部分氧化技术，并推广应用于多套工业装置。国外对轻烃类蒸气转化技术进行了持续研究和改进，使烃类蒸气转化技术日趋成熟，装置供氢可靠性、灵活性得到了大幅度提高，生产成本和燃料消耗进一步降低，工业化装置不断大型化，目前单系列最大规模已达到 2.36×10^5 Nm³/h。

化石燃料制氢是目前主流制氢方式，煤炭制氢工艺原料成本低，装置规模大（制氢能力达到约20万Nm³/h），但设备投资大；天然气制氢技术较为成熟，是国外主流制氢方式，其制氢能力与煤炭制氢接近，达到约20万Nm³/h。三种化石燃料制氢技术与成本对比见表2-1。

表2-1 化石燃料制氢技术与成本对比

工艺路线	煤炭制氢	石油制氢	天然气制氢
每千克制氢成本/元	9~13	23~25	20~24
生产规模/(m³·h⁻¹)	1 000~200 000	1 000~200 000	200~200 000
技术成熟度	产业化多年	产业化多年	产业化多年
二氧化碳排放当量/[kg(CO₂)·kg⁻¹(H₂)]	19~27	12~17	9.5~11
备注	单系列规模大	单系列规模大	含炼厂气制氢

二、蓝氢

蓝氢主要是将化石燃料制氢过程产生的二氧化碳，结合碳捕集、利用与封存（CCUS）等技术，降低碳排放，实现低碳制氢；某些工业副产氢制取的氢气也归为蓝氢。下面将重点介绍灰氢耦合CCUS、石化副产氢和焦化副产氢。

（一）灰氢耦合CCUS

从制氢环节看，可直接利用化石能源生产灰氢，成本较低但碳排放强度大。可将化石能源制氢耦合碳捕集、利用与封存技术得到蓝氢（图2-4）。CCUS是将 CO_2 从工业过程、能源利用或大气中分离出来，直接加以利用或注入地层以实现 CO_2 永久减排的过程。

图2-4 化石能源制氢+CCUS

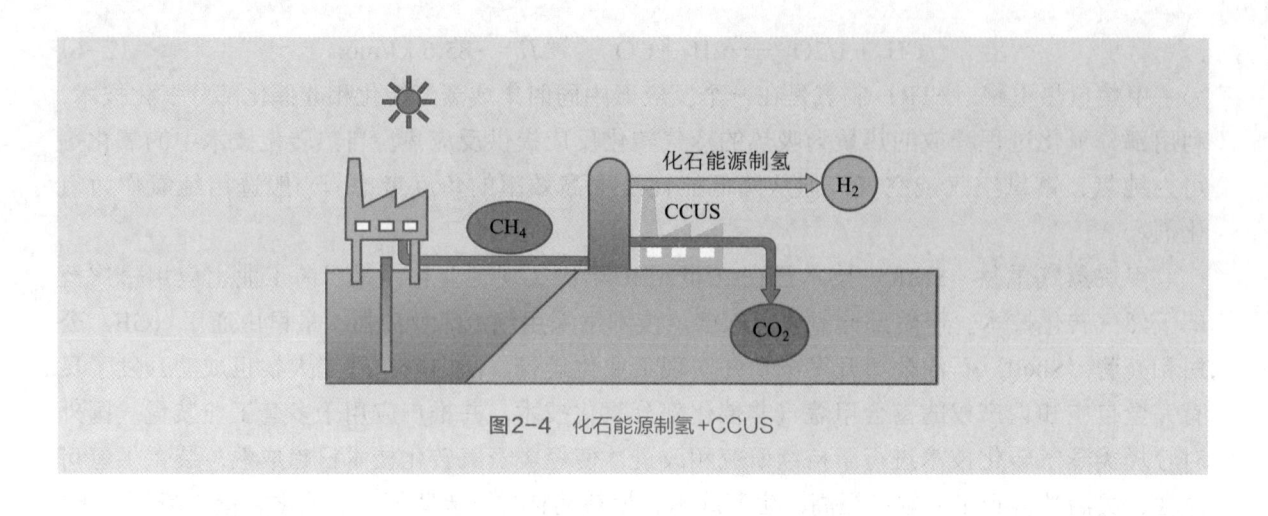

化石燃料耦合CCUS生产的蓝氢可作为从灰氢到绿氢的过渡，减少当前制氢过程中的碳排放，但目前无法满足行业对脱碳的需求。中短期内，蓝氢将占据氢市场的主导地位。然而，蓝氢制造过程中的碳捕集成本非常高，相对于灰氢来说，可能会增加10%的燃料消耗，而最大CO_2捕集量是90%。据IEA提供的数据，结合CCUS技术，煤炭制氢将增加130%的运营成本与5%的燃料和投资成本，使最终制氢成本从每千克12元增加到每千克24元；天然气制氢能使碳排放量减少90%以上，但是资本性支出和运营成本将会增加约50%，使最终制氢成本增加约33%，最终制氢成本为每千克20~24元。

（二）石化副产氢

乙烯和丙烯是重要的化工原料，其产量是衡量一个国家石油工业发展水平的重要标志。乙烷裂解和丙烷脱氢分别是生产乙烯和丙烯的路线之一，无论是乙烷裂解生产乙烯还是丙烷脱氢生产丙烯，过程均副产氢气，反应见（2-7）和（2-8）。

$$C_2H_6 \longrightarrow C_2H_4 + H_2 \tag{2-7}$$

$$C_3H_8 \longrightarrow C_3H_6 + H_2 \tag{2-8}$$

乙烷裂解制乙烯是将乙烷在高温裂解炉中发生脱氢反应生成乙烯，并副产氢气；丙烷脱氢是将丙烷经过催化反应脱氢制丙烯，同时副产氢气。乙烷裂解制乙烯副产氢中氢含量为54%~60%，丙烷脱氢制丙烯副产氢中氢含量为60%~95%，两种工艺副产氢中均还含有少量氯气、一氧化碳、二氧化碳、烃类、氧气、氮气、硫化氢等杂质。这两种工艺过程的副产气体中氢气占比较高，只需配套相应的变压吸附（PSA）或膜分离装置，即可得到含量大于等于99.999%的高纯度氢气。

据不完全统计，我国目前正在建设和规划的乙烷裂解项目约有15个，产能合计每年约为1 980万t，副产氢气每年超过100万t；共建有13个丙烷脱氢项目，"十四五"期间，我国丙烷脱氢制丙烯总产能将突破每年1 000万t，副产氢气每年超过40万t。无论是利用乙烷裂解还是丙烷脱氢过程的副产氢气作为氢源，它们都不需要额外的设备和生产流程，也不需要额外的制备原料气，氢气净化再投入也相对较少，直接生成的氢气含量高、杂质少，且产业布局与氢能产业负荷中心有很好的重叠，将会是氢能产业良好的低成本氢气来源。但两种生产工艺的原料乙烷和丙烷基本依赖进口，并且在国内发展历史相对较短，工业化应用相对国外还不够成熟，一定程度上增加了这两种工艺过程副产氢气的不确定性。

（三）焦化副产氢

炼焦是煤炭在炼焦炉中经过高温干馏形成焦炭的工业生产过程，焦炉气（COG）是炼焦工业中的副产品，主要成分为氢气（55%~60%）、甲烷（23%~27%），还含有少量一氧化碳（5%~8%）、氮气（3%~7%）、C2以上不饱和烃（2%~4%）、二氧化碳（1.5%~3%）和氧气（0.3%~0.8%）。焦炉气制氢主要有直接净化串联变压吸附（PSA）分离提纯氢气和蒸气转化+PSA分离提氢两种工艺，前者为目前的主流工艺。

焦炉气制氢的关键技术为焦炉气净化和氢气分离提纯。焦炉气含有粉尘、焦油、萘、苯、氨、氰化物、硫化物等多种杂质组分，净化工艺及净化剂的选择至关重要，目前主要采用TPSA吸附分离-化学催化耦合净化技术。氢气分离提纯方法包括变压吸附法（PSA）、低温分离法（深冷分离）、膜分离法和金属氢化物分离法，而焦炉气制取氢气广泛采用变压吸附法。小规模焦炉气制氢分离提纯一般采用变压吸附法，大规模焦炉气制氢则一般采用深冷分离与PSA相结合的方法。通过PSA装置回收的氢气含有微量的氧气，经过脱氧、脱水处理后可得到99.999%的高纯氢气。

我国是全球最大的焦炭生产国，每生产1 t焦炭同时产生350~450 m^3焦炉气，每年可供综合利用的焦炉气量约为900亿Nm^3。焦炉气直接提氢投资较低，比化石燃料制氢等方式更具成本优势，是大规模、高效、低成本生产廉价氢气的有效途径，其应用发展的关键在于氢气提纯技术的发展和炼焦行业下游综合配套设施的健全。焦炉气制氢在煤化工、冶金焦化行业应用得较多。国内最早的焦炉气制氢是1989年建设在武汉钢铁公司的装置；枣庄振兴能源有限公司建设了6.25万m^3/h焦炉气变压吸附制氢装置，产品氢用于焦油馏分的轻质化；河北中煤旭阳焦化有限公司建设了4万m^3/h的焦炉气制氢联产制合成天然气装置，产品氢用作后续合成化学品的原料。

在双碳背景下，蓝氢是灰氢到绿氢的过渡，化石燃料耦合CCUS制氢成本高，主要取决于CCUS技术的发展。工业副产气制氢相较于化石燃料制氢流程短、能耗低，具有较低的碳排放经济成本，是当前低碳低成本氢气来源的较好选择，是推动氢能发展和碳减排的有效途径。虽然蓝氢的生产过程比灰氢更为环保，但是其发展受到了CCUS技术难度高、必须有可靠的天然气供应等条件限制。当前，蓝氢能够迅速扩大产业规模，可作为大规模生产绿氢前的临时解决方案，但一定程度上这种方法会适得其反，蓝氢锁定了高碳基础设施和就业机会，很有可能阻碍绿氢的发展。

三、绿氢

绿氢是通过使用可再生能源（如太阳能、生物质能、水能及风能等）生产的氢气，如通过可再生能源发电进行电解水制氢，绿氢在生产过程中完全没有碳排放。下面将重点介绍电解水制氢、光解水制氢和生物质制氢。

（一）电解水制氢

电解水制氢是在直流电作用下通过电化学过程将水分子解离为氢气和氧气，并分别在阴、阳两极析出的过程。其中阴极反应为析氢反应（hydrogen evolution reaction，HER），阳极反应为析氧反应（oxygen evolution reaction，OER）。电解水制氢系统在生产氢气的同时会产生一半体积的氧气，对氢气日产量超过5 t的电解水制氢系统，应进行氧气回收，以降低成本。目前电解水制氢技术主要有碱性电解水（alkaline water electrolysis，AWE）、聚合物电解质膜（polymer electrolyte membrane，PEM）电解水、高温固体氧化物（high temperature solid oxide）电解水及阴离子交换膜（anion exchange membrane，AEM）电解水技术。电解水制氢与可再生能源电力耦合，可以获得真正意义上的"绿氢"。电解水理论转化效率高，制取的氢气纯度高，但目前在我国的氢能源结构中仅占1%，主要制约因素是高成本，而电价占总成本的60%~70%。

1. 碱性电解水制氢

碱性电解水制氢技术普遍以质量分数在30%的KOH水溶液为电解质，采用石棉膜、聚苯硫醚（PPS）织物为基底的新型复合膜等作为隔膜，并采用造价较低的非贵金属电催化剂（如Fe、Ni、Co、Mn等），在直流电的作用下将水电解生成氢气和氧气。该技术在20世纪中期就比较成熟，目前已充分实现产业化，运行寿命可达15年以上，满足大规模、长期运行的要求。

碱性电解水制氢具备成本低、运行可靠等优势，但也面临着占地面积大、制氢效率偏低等不足；电流密度低、电解小室电压高是上述不足的主要原因。我国大规模碱性电解槽制氢的电流密度普遍在 $0.3\ A/cm^2$ 以下，小室电压在1.9 V左右，工业制氢效率为60%~82%。提高电流密度则会导致小室电压进一步提高；按照现有技术水平，提高电流密度至 $0.4\ A/cm^2$ 会导致小室电压提高2.1 V左右，导致电解效率降低、制氢成本提高。为实现提高电解效率、降低占地面积的发展目标，就需要实现碱性电解水制氢系统的高电流密度、低小室电压制氢及系统辅助设备的集约化设计。在此过程中，存在的主要瓶颈问题如下：① 如何在提高电流密度的同时，实现较低的小室电压（电解能耗）？② 如何在提高电流密度的同时，实现电解槽的安全、稳定运行？③ 如何在电解系统层面，实现制造成本、占地面积的同步降低？

在工业碱性电解水制氢条件下（80 ℃），水的理论分解电压为1.19 V。导致工业电解小室电压偏高的主要原因包括：析氢、析氧电极过电位、隔膜电压降、电解液电压降等多个方面。其中，析氢、析氧电极过电位及隔膜电压降构成了电解过电位的60%以上，是导致电解效率偏低的主要因素；因而，高效电极及隔膜材料的研发是降低电解小室电压的重要途径。此外，产物气泡通过占据电极表面、延长电解质输运路径等，进一步导致小室电压提高；可通过电极结构设计、电解槽结构、工艺参数优化等促进电极表面气泡的迅速脱离，以及电解槽内气液混合物的高效输运，从制氢装备设计层面提高电解效率，并且避免电解槽内气泡阻滞–积聚等安全生产问题的出现。从制氢系统层面，对电解过程电–热–质的耦合管理及优化有望较大幅度提高能量利用效率。电流密度提高将有效降低电解槽的占地面积，从系统层面对气液分离器等配套设施的高效设计则是进一步降低电解槽的占地面积的重要手段。具体技术路线如图2-5。

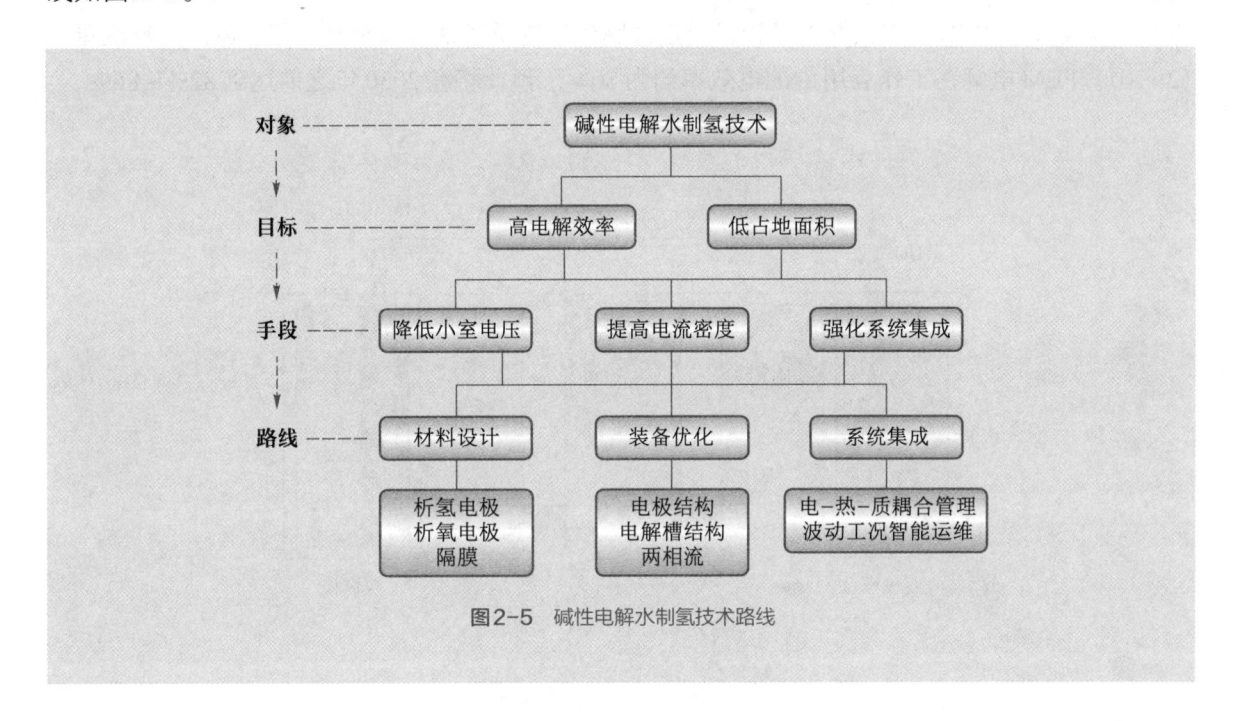

图2-5　碱性电解水制氢技术路线

近年来国内外建立的百兆瓦级以上大规模绿氢项目多采用碱性电解水制氢技术，如宁夏宝丰能源集团已投产的"国家级太阳能电解水制氢综合示范项目"，采用20台标准状态下产氢量1 000 m³/h的碱性制氢设备；沙特NEOM新城则规划采用每台长约40 m，共120台的碱性电解水槽，将于2026年投产实现绿氢的大规模制备。2022年，国家电投青岛研究院建成国内领先水平的高电流密度碱性电解水制氢析氧阳极中试生产线，并成功试产出第一批性能稳定的合格电极，在高电流密度碱性电解水制氢关键析氧阳极技术上取得阶段性成果。新疆库车绿氢示范项目于2022年底完工投产，全部采用光伏和风电等可再生能源发电制氢。该项目制氢规模将达到年产2万t，是我国首个万吨级绿氢生产项目，也是目前全球最大的绿氢项目。通过光伏等可再生能源发电，再经电解水制取氢气，生产过程中基本不产生温室气体，从源头上杜绝了碳排放。在制氢过程中，绿色电能被输送到制氢车间，通过碱性电解水方式获得氢气，所产氢气全部由管道输送至项目附近的塔河炼化公司用于炼油装置生产，替代原有的天然气制氢，每年二氧化碳减排量大约有50万t。

2. 聚合物电解质膜（PEM）电解水制氢

聚合物电解质膜（PEM）电解水制氢是在配备有固体聚合物电解质（solid polymer electrolyte，SPE）的电池中将水电解的过程，电解质负责质子的传导、产物气体的分离和电极的电绝缘。引入PEM电解槽是为了解决目前碱性电解槽的部分负载、低电流密度和低压运行问题。PEM电解基本原理（图2-6）为：运行中的电解槽开路电压的实际值为1.23~1.48 V，在阳极侧发生的半反应通常称为析氧反应（OER），液态水反应物被供应给催化剂，在催化剂处供应的水被氧化成氧气、质子和电子，其反应见式（2-9）。在PEM电解槽阴极侧发生的半反应通常称为析氢反应（HER），提供的电子和已经通过膜传导的质子结合起来产生气态氢，其反应见式（2-10）。PEM电解在工作应用中的电效率约为80%，预计将在2030年之前达到82%~86%。

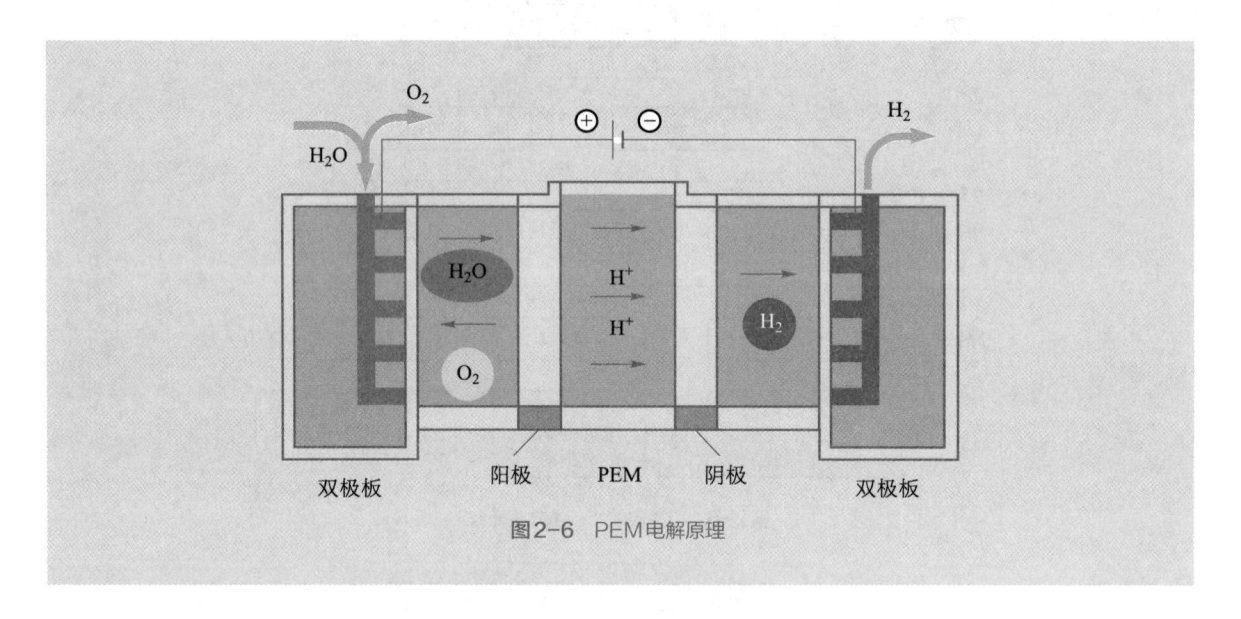

图2-6 PEM电解原理

$$2H_2O\ (l) \longrightarrow O_2\ (g) + 4H^+\ (aq) + 4e^- \tag{2-9}$$

$$4H^+\ (aq) + 4e^- \longrightarrow 2H_2\ (g) \tag{2-10}$$

PEM电解存在与较高操作压力相关的问题，如随着压力增加而产生的交叉渗透现象。超过10 MPa的压强将需要使用更厚的膜（尽管更耐腐蚀）和内部气体重组器，以将临界浓度（主要是O_2中的H_2）保持在安全阈值（O_2中H_2的体积占4%）以下。通过在膜材料中加入各种填料，可以获得较低的气体渗透率，但这通常会导致导电材料的减少。质子交换膜的腐蚀性酸性状态需要使用不同的材料，这些材料不仅必须能够抵抗恶劣的腐蚀性低pH条件（pH约为2），而且还要承受较高的过电压（约2 V），尤其是在高电流密度下。因此，耐腐蚀性不仅要适用于所使用的催化剂，还要适用于集电器和隔板，只能选择在这种恶劣环境中发挥作用的少数材料，这将需要使用稀缺、昂贵的材料和组件，例如，贵金属催化剂（铂族金属，如Pt、Ir和Ru）、钛基集电器和隔板。

中国科学院大连化学物理研究所从20世纪90年代开始研发PEM电解水制氢，2021年，中国科学院大连化学物理研究所燃料电池系统科学与工程研究中心（DNL0301）研制的兆瓦级PEM电解水制氢系统，在国家电网安徽省电力有限公司氢综合利用站实现满功率运行。经国家电网安徽省电力有限公司组织的专家现场测试，该系统额定产氢220 Nm^3/h，峰值产氢达到275 Nm^3/h。国家电力投资集团氢能科技发展有限公司旗下的长春绿动也在2022年7月推出了200 Nm^{3}的PEM电解水制氢系统，已全面掌握PEM制氢关键核心技术，该"兆瓦级高性能质子交换膜电解制氢装备"采用集成式制氢产品，由多个电解槽组合而成。完成运行测试的兆瓦级PEM电解水制氢装备已交付"吉林长春中韩示范区可再生能源制氢加氢一体化项目"绿氢示范项目使用。深圳大学研究团队首次以物理力学与电化学相结合的全新思路，破解了海水直接电解制氢难题。

3. 阴离子交换膜（AEM）电解水制氢

阴离子交换膜（AEM）电解水与PEM电解水的根本区别在于将膜的交换离子由质子换为氢氧根离子。该技术工作温度为40~60 ℃，工作压强低于3.5 MPa，能源效率为60%~79%，电流密度为1~2 A/cm^2。AEM在结构上是指高分子主链上连有含阴离子交换功能基团的离子型聚合物膜。阴离子交换功能基团一般为季铵、季磷、咪唑鎓盐和胍基等，主要作用是提供阴离子传导功能；AEM聚合物骨架结构一般为聚苯醚、聚芳醚砜和聚苯并咪唑等芳香族聚合物和烯烃类聚合物。AEM电解水制氢技术使用的电极和催化剂是镍、钴、铁等非贵金属材料，产氢纯度高、气密性好、系统响应快速，其优势是不存在金属阳离子，不会产生碳酸盐沉淀堵塞系统。

AEM作为AEM电解水制氢的核心部件，需要具有下列性质：优异的氢氧根离子传输性能；适宜的吸水率，避免过度吸水造成AEM机械性能下降；优异的碱稳定性，以保证电池在高温强碱性环境中稳定运行；优异的尺寸稳定性、机械强度及热稳定性。高性能阴离子交换膜的研发面临氢氧根离子传导率和尺寸稳定性、耐碱性难以平衡的突出问题。为了使阴离子交换膜有较好的氢氧根离子传导能力，需在阴离子交换膜膜材分子结构上键合较多的离子传导基团，但基团过多将导致阴离子交换膜稳定性和耐碱性大幅降低。AEM碱稳定性下降主要是由于碱性环境下AEM聚合物骨架和阳离子基团的降解。研究发现，聚合物骨架结构为聚苯醚、聚芳醚砜时，由于其中的C—O键易受到氢氧根离子的攻击而使聚合物骨架结构断裂，从而具有较差的碱稳定性，而不含有C—O键主链的聚苯并咪唑和聚烯烃等则具有较好的碱稳定性。

阴离子交换膜电解水制氢技术尚处于实验室研发阶段，商品化的阴离子交换膜不多且多来自国外厂商。代表性的商品化阴离子交换膜的膜厚度为28 μm、拉伸强度为96 MPa、氢氧根离子传导率为42 mS/cm，部分阴离子交换膜的传导率可超过80 mS/cm。

4. 高温固体氧化物电解水制氢

固体氧化物电解槽（solid oxide electrolysis cell，SOEC）与固体氧化物燃料电池结构相同，通过使用固体氧化物电解质产生氢气和氧气来实现水（和/或二氧化碳）的电解。SOEC通常在500~850 ℃的高温下运行，水的氧化发生在阳极，其反应式见式（2-11）；水的还原发生在阴极，其反应式见式（2-12）；基本原理如图2-7所示。理论上SOEC电效率接近100%，制氢效率约为90%。

$$2O^{2-} \longrightarrow O_2 + 4e^- \qquad (2-11)$$
$$H_2O + 2e^- \longrightarrow H_2 + O^{2-} \qquad (2-12)$$

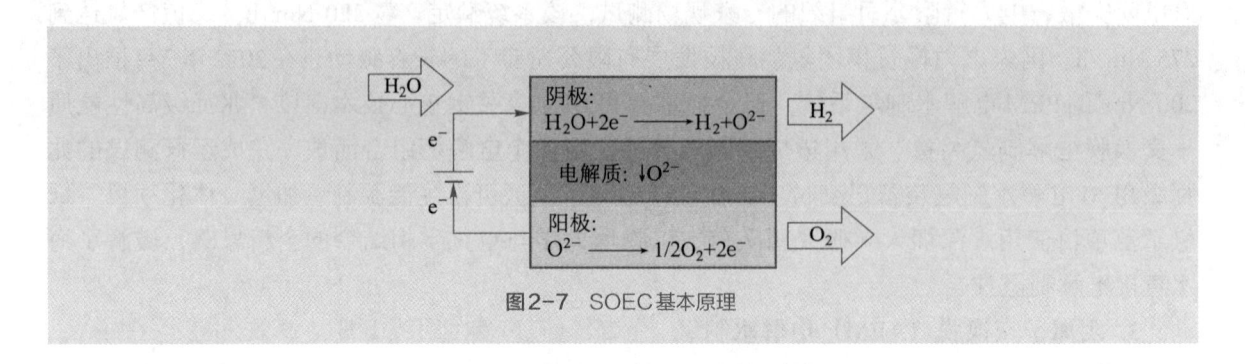

图 2-7　SOEC 基本原理

SOEC 的高温运行存在以下四种挑战：更长的启动/磨合时间、热应力引起的机械不稳定性、气密性损失（电解质/密封剂）和电池组件的退化。电池组件（如氢/空气电极和电解质）可能会发生降解，进而影响 SOEC 性能。在空气电极中，第二相的形成是导致降解的关键因素之一，它会增加氧气/空气电极的电阻和分层。

目前 SOEC 主要的技术挑战包括：

① 电解质：保持高离子电导率和足够的机械强度，以降低工作温度（低于 700 ℃）和厚度；

② 氢电极：缓解长期运行中高电流密度下的退化问题（包括镍聚集和镍耗尽）；

③ 氧电极：缓解在大电流密度下长时间运行的退化问题，包括元素迁移（Sr、Co 等）、电解质/电极界面的分层和裂纹的出现；

④ 中间层：确保与电解质和电极材料的物理化学相容性，以便在长期运行中保持高效的性能；

⑤ 互连器：减少由于与还原性/氧化性气体气氛和电极材料的化学相互作用引起的机械强度问题、降解问题（焦化、裂纹、分层）。

总体而言，需要针对 SOEC 系统的特性，研发真正适合该系统的电极材料。在电堆性能方面，全面提高其运行性能，对系统整体进行优化改进，降低其内部电阻，使其能在大电流密度下长期运行而不衰减，是高温固体氧化物电堆研究的当务之急。一旦解决了这些问题，就可以使其在经济上具备一定的竞争力，从而真正进入实际应用领域。

国内高温固体氧化物电解水制氢技术逐步进入示范工程阶段，清华大学核能与新能源技术研究院在 SOEC 氧电极新型纳微结构设计、材料表界面活性位点精准调控、高效能源材料设计制备等关键材料研发方面取得一系列进展，自主研发了 SOEC 电堆，并在制氢系统上成功进行两次连续运行实验，制氢运行 100 h，产氢速率达到 105 L/h。

（二）光解水制氢

光解水制氢是利用太阳能获取氢能的重要途径，主要有非均相光催化（heterogeneous

photocatalysis，HPC）制氢和光电催化（photoelectrocatalysis，PEC）制氢，反应体系的设计和选择是实现高效光解水制氢和能否走向工业化的核心问题之一。

HPC制氢是将催化剂粉末直接分散在水溶液中，通过光照射溶液产生氢气的过程。其优点是装置简单，催化剂与水充分接触；缺点是生成的氢气和氧气混合在一起，且光激发的电子空穴易复合。PEC制氢是将催化剂制成电极浸入水溶液中，在光照和一定的偏压下，两个电极分别产生氢气和氧气的过程。其优点是氢气和氧气易分离，生成的电子空穴在偏压下也能很快分离，减少复合；缺点是装置复杂，光照面积小。

光解水制氢反应体系分为光催化制氢半反应和光催化完全分解水制氢。光催化分解水的原理为：当半导体吸收光子后，价带的电子被激发到导带并在价带留下空穴H^+，H^+获取水分子的电子并把水氧化分解为氧气和质子H^+，而电子与H^+结合后放出H_2。高效光解水催化剂有三个关键因素：合适的带隙、良好的电子-空穴分离及传输能力、放氧放氢位具有高的活性。光解水制氢的各种类型催化剂已被相继开发，但由于受热力学或动力学因素限制，能同时产氢和产氧的催化剂不多，大部分的反应体系以电子给体作为牺牲组分实现产氢半反应。虽然仅能进行产氢或产氧半反应的催化材料在研究光催化机理方面具有重要作用，其开发也是必要的，但是牺牲剂的消耗大大增加了产氢成本。

光解水制氢技术的发展停滞不前的主要原因是在光解水制氢过程中逆反应比较严重，氢气难以分离和收集、难以安全存储、存储成本高等。中国科学技术大学教授罗毅、江俊与赵瑾等合作，利用第一性原理计算，设计出首个光解水制氢储氢一体化的材料体系，该体系具有低成本、通用性、安全储氢的优点，有助于实现太阳能光解水制氢的大规模应用。中国科学院大连化学物理研究所李灿院士等在国际上首次拍摄到光电荷转移演化全时空图像，明确了电荷分离机制与光催化分解水效率之间的本质关联，为突破太阳能光催化反应的瓶颈提供了新的认识和研究策略。李灿院士等以单晶硅光电极为模型，实现了对光电转化器件的理性设计和优化。借鉴农场大规模种植庄稼的思路，李灿院士提出并验证了基于粉末纳米颗粒光催化剂体系的太阳能规模化分解水制氢的"氢农场"（hydrogen farm project，HFP）策略，太阳能转化为氢气（solar to hydrogen，STH）的效率超过1.8%，是目前国际上已报道的基于粉末纳米颗粒光催化分解水STH效率的最高值。

（三）生物质制氢

生物质制氢主要有两种方法：一是微生物法，包括暗发酵法制氢、光发酵法制氢和光合生物制氢；二是热化学转化法，包括热解制氢、气化制氢和超临界制氢。光发酵法制氢的优点是能适用于广泛的光谱范围、在产氢过程中没有氧气产生、基质转化效率较高等。但是，光发酵法制氢过程中产生的氢气会对氢化酶起到抑制作用。藻类光解水还具有其他缺点，例如，产氢能力较低、反应过程不消耗废物。生物质制氢技术原理与方程如下：

$$C_xH_yO_z \longrightarrow CO + CO_2 + H_2 \tag{2-13}$$

生物质热解制氢是在隔绝空气或氧气的条件下加热生物质，使其转化为富氢燃气的过程。

该过程涉及非常复杂的热化学反应，裂解产物的产率受原料类型、热解温度、压强、反应时间、催化剂、加热速率和反应器类型等诸多因素的影响。其中热解温度对H_2产率有较大的影响，以生物质为原料进行热解-重整制氢的实验已经被广泛研究，但这些研究都集中于实验室级的小试实验，有关有机固体废物热解-重整制氢的中试研究和商业示范项目还鲜有报道。限制实验放大的主要因素是重整催化剂的性能无法满足商业要求。有机固体废物热解的挥发分成分复杂，含氧量高且极易聚合，这导致重整催化剂在几分钟至几小时内就会因结焦而失活。对重整催化剂进行再生时，高温又极易导致催化剂烧结而永久失活。开发高效、廉价、稳定且抗烧结的重整催化剂，是未来有机固体废物热解-重整制氢技术工业放大需要解决的关键技术问题。

生物质气化制氢可以定义为有机废物在气化剂和催化剂存在下发生热化学反应转化为H_2、CO、CO_2和CH_4。气化工艺的优点是对不同类型的原料具有适应性。生物质气化制氢的主要影响因素为气化温度、停留时间、压强、催化剂、物料特性等。与其他方法相比，气化工艺产生的温室气体较少，被认为是处理生物质的最佳方法。与热解制氢相比，气化制氢的工业化进程更快。20世纪90年代，Wallman等就提出了使用德士古公司成熟的成套气化技术进行固体废物气化制氢，当采用典型城市固体废物进料时，热转换效率约为44%；当采用塑料、橡胶等高聚物进料时，热转换效率可升至约70%。欧盟于2012—2016年发布了有关生物质气化制氢的项目，0.1 MW和1 MW的生物质气化制氢的H_2热转换效率可达50%。然而，能耗较高和气体中携带焦油是有机固体废物气化制氢面临的两大难题。

可再生能源发电耦合电解水制氢是"绿氢"生产的主要途径，是实现双碳目标的重要支柱。目前电解水制氢的成本仍远高于化石燃料制氢，其成本主要由制氢核心设备电解槽的设备折旧和电费两部分组成，占到90%。预计2025年国内电解水制氢设备市场需求量将超过2 GW，相比2020年增长6倍以上。未来随着可再生能源电力价格下降，大规模电解水制氢系统的更合理配置也会进一步降低绿氢生产成本，绿氢的经济性将逐步显现。

第二节
氢能储运

氢能储运（即储存和运输）是氢气从生产到使用的桥梁。储氢技术是把氢气以稳定的方式储存起来的技术，可分为物理储氢和化学储氢两大类。物理储氢主要有高压气态储氢、低温液态储氢等；化学储氢主要有金属氢化物储氢、液态有机氢载体储氢、液氨储氢等。按照输送时氢气所处状态的不同，氢气的运输方式可分为：气态输送、液态输送和固态输送。

低成本、高能效、安全、规模化问题是当前氢能储存和运输的瓶颈。在氢气储存方面，中国的主要发展趋势是采用高压气态储存，但存在安全风险大、储氢浓度较低的问题；在氢气运输方面，虽然氢气运输方式众多，但是从发展趋势来看，主要通过长管拖车、管道输送和液氢槽车三种方式运输，其中最有效的方法是通过管道进行远距离、跨区域的运输，但金属/非金属管材的评价、安全运行、工艺方案及标准体系等都存在诸多关键难题亟待解决。如何提高储运效率、降低储运成本、提高安全性是今后氢储运技术研究的主要方向。本节将重点介绍物理储氢、化学储氢、运氢。

一、物理储氢

物理储氢主要包含高压气态储氢（35~70 MPa、室温）和低温液态储氢（0.1~1 MPa、约 −253 ℃）。这两种技术是目前最成熟的储氢技术。大多数以燃料电池为动力的汽车原型都使用其中一种存储系统，在所有这些情况下，氢和主体化合物之间不涉及化学反应。下面将重点介绍高压气态储氢、低温液态储氢。

（一）高压气态储氢

高压气态储氢［或称为压缩氢气储存（compressed hydrogen storage）］是最成熟的氢气储存方式，但高昂的开发和制造成本是其面临的主要障碍。世界上近80%的加氢过程在储运方面都利用了高压气态储氢技术。然而，车辆应用需要极高的压强，最高可达70 MPa或100 MPa。对于体积容量的工业要求，内部压强必须增加到70 MPa。当压强从0.1 MPa增加到70 MPa时，氢气的密度从0.1 g/L增加到40 g/L，能量体积密度从0.003 3 kW·h/L增加到1.32 kW·h/L。随着氢气压强的升高，氢气的质量和能量体积密度都会增加。故寻找轻质、耐高压的储氢容器（图2-8）成为高压气态储氢的关键。

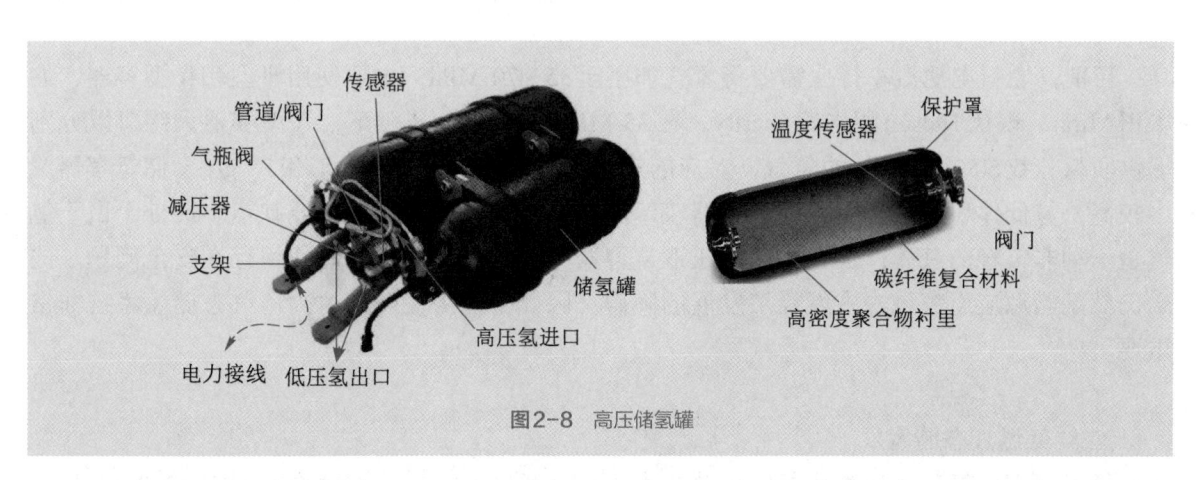

图2-8　高压储氢罐

储氢容器分为四种标准类型：Ⅰ型、Ⅱ型、Ⅲ型和Ⅳ型（如图2-9所示）。Ⅰ型是全金属容器（一般是钢料质），通常为固定式应用，在20~30 MPa下仅储存质量分数约为1%的氢气。Ⅱ型是金属内衬环包复合容器，重量小于Ⅰ型容器。然而，Ⅰ型和Ⅱ型容器都存在储氢密度低及氢脆化的问题，不适合车辆应用。Ⅲ型容器包括一个完全包裹的复合圆柱体，其金属内衬用作氢渗透屏障，金属衬里由铝制成，解决了氢脆化问题，但它的机械阻力占比大于5%，复合材料外包装（通常是嵌入树脂中的碳纤维）完全充当承重部件。Ⅲ型容器质量是Ⅰ型和Ⅱ型容器质量的25%~75%，轻便的特点使其更适合车辆应用，但是成本更高。Ⅲ型容器可承受高达45 MPa的压强，但在70 MPa的压强循环测试中仍然存在挑战。Ⅳ型容器包括一个完全包裹的复合圆柱体，带有塑料衬里（通常是高密度聚乙烯），它仅作为氢渗透屏障，复合外包装用作承重结构，通常由环氧树脂基体中的碳纤维或碳/玻璃纤维复合材料制成。Ⅳ型容器是压力容器中最轻的，最适合车辆应用，并且可以承受高达100 MPa的高压，但因碳纤维较昂贵使得该型容器成本太高。2010年，美国复合材料技术开发公司（Composites Technology Development Inc.）开发了一种全复合材料无衬里容器，称为V型容器，虽然它比Ⅳ型容器轻得多，但V型容器不能在足够高的压强下运行以存储足够量的氢气进而供非实验室场景使用。

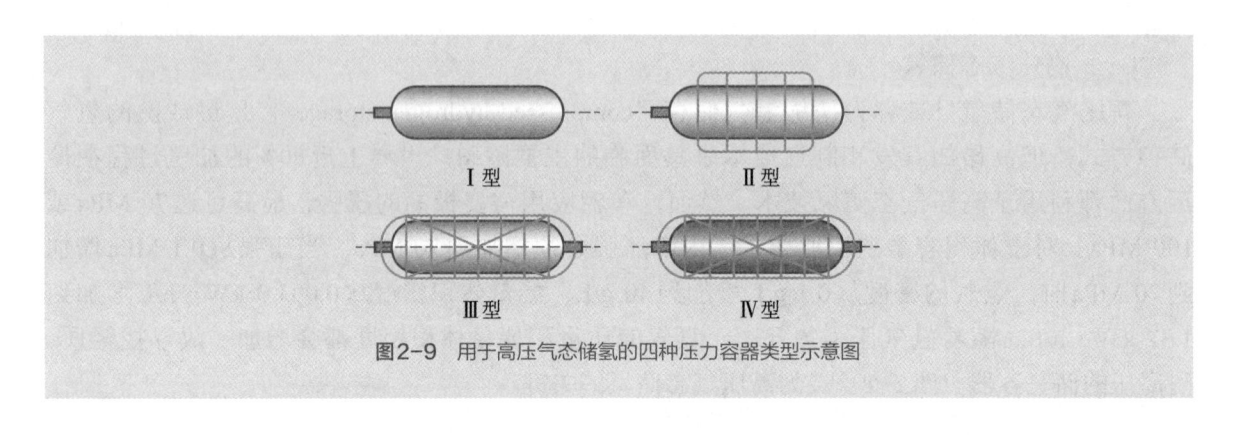

图 2-9 用于高压气态储氢的四种压力容器类型示意图

目前，燃料电池汽车行业需要将氢气加压至35~70 MPa，主要使用Ⅲ型和Ⅳ型容器，如丰田Mirai、现代Tucson和本田Clarity。在35 MPa和70 MPa压强下，Ⅳ型容器大约可以分别提供质量分数5.5%和5.2%的氢气，对应的氢气体积密度分别为18 g/L和28 g/L。储氢容器成本较高，与低体积存储密度相关的容器较笨重，是这种储氢技术的主要缺点。此外，由于氢气是一种非常轻的气体，很容易在高压下从容器中泄漏，因此氢气的使用存在安全问题。成本仍然是能源应用领域未来氢经济发展的障碍。因此，经济性研究对高压气态储氢系统非常重要。

（二）低温液态储氢

低温液态储氢是一种深冷氢气存储技术，氢气经过压缩后，深度冷却到约−253 ℃以下，使之变为液态氢，然后存储到特制的近乎绝热真空的容器中。低温液态储氢（图2-10）与高压气态储氢相比，优势在于它提供了更紧凑和更安全的储存选择。将氢气作为液体储存会增加其体积密度。在氢气的沸点（−253 ℃）和一个标准大气压（101 325 Pa）下，液态氢（liquid hydrogen，LH2）的理论体积密度为70 g/L，而在室温下，35 MPa和70 MPa的压缩氢气密度分别为24 g/L和40 g/L。

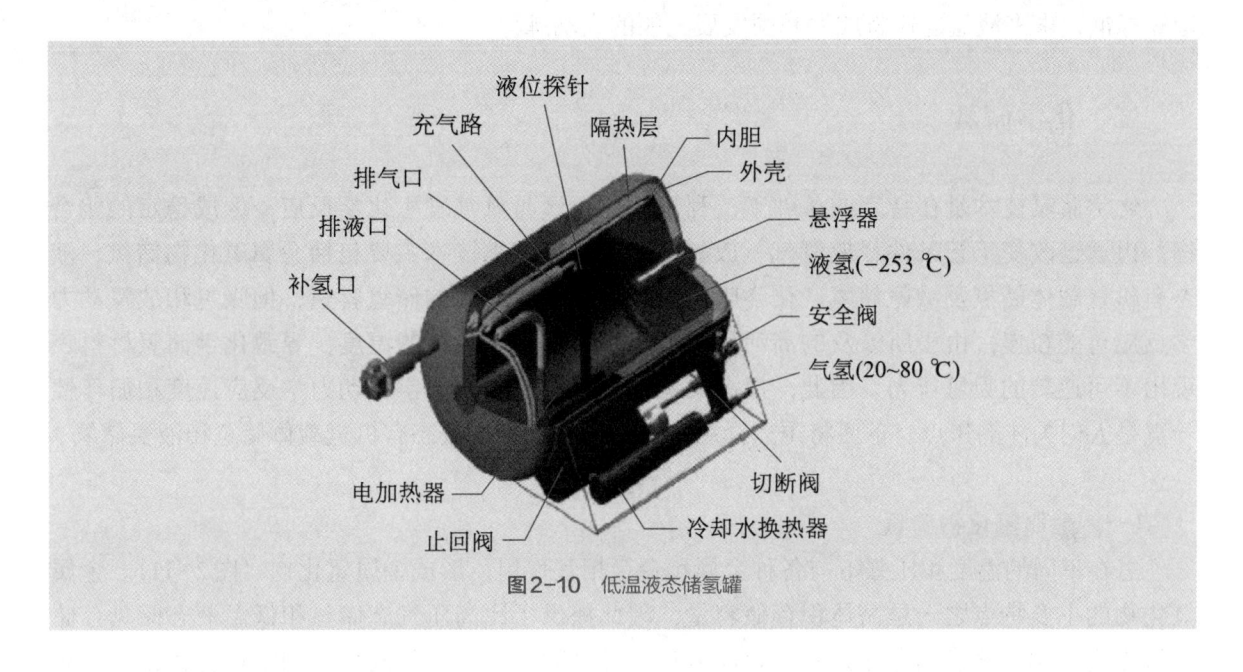

图2-10 低温液态储氢罐

液化过程的主要缺点是需要更高的能量，原因在于：氢气的临界温度为−240 ℃，高于此温度，它以不可冷凝的状态存在，又由于氢气的沸点低，需要低温才能将氢气作为液体储存，因此，必须应用冷却技术，而冷却是一个能源密集型过程，会消耗氢气能量的25%～40%，相较之下，氢气压缩仅损失10%的氢气能量。此外，所需的低温要求LH2容器必须隔热，因此，低温氢气容器通常是近乎真空绝热的，采用双壁的形式，内壁和外壁之间接近真空绝热，最大限度地减少了热量的损失并提高了储存容器的效率。然而，由于从环境到液氢的热流和通过其他组件的热传导，蒸发损失是不可避免的。蒸发率不仅与绝热程度有关，还与容器的尺寸和形状有关，它可以高达每天0.4%。因此，在低温液态储氢容器的设计中，一个关键目标是减少液体的表面积，从而限制从周围环境到液体的热流量。如果容器处于密闭空间，那么蒸发损失还可能会引起安全问题。

由于液化成本和不可避免的蒸发损失，低温液态储氢的潜在应用仅限于需要高能量密度和在短时间内使用氢气的地方，因此，它可在太空相关领域和大中型氢气运输中应用。除了液氢拖车（H_2容量约为4 000 kg）外，液氢船舶还可作为国际氢气贸易的运输媒介。日本 - 澳大利亚的HySTRA项目中，第一艘液氢船舶的容量为90 t（约为1 250 m³）。川崎重工业株式会社（Kawasaki Heavy Industries Ltd）正在开发具有11 500 t（约为160 000 m³）容量的液氢船舶。低温液态储氢技术也应用于车载系统，广泛应用于全球加氢站。目前世界上约1/3的加氢站为液氢加氢站，而氢气液化设备主要由美国空气公司（AP）、普莱克斯（PRAXAIR）、德国林德（Linde Group）等厂商提供。我国液氢工厂目前只为火箭发射服务，受限于法规和技术成本，尚不能应用于民用领域，但相关企业已经开始研发液氢储罐、液氢槽车，如中国航天科技集团六院101所、国富氢能、鸿达兴业、中集圣达因等。相关部门正在研究制定民用液氢标准，未来液氢运输将成为我国发展氢能的大动脉。

二、化学储氢

化学储氢技术是在特定的条件下，利用储氢介质与氢气发生化学反应，形成稳定的化合物，再通过改变工艺条件释放氢气（放氢）的技术。这类技术主要包括金属氢化物储氢、液态有机氢载体储氢及液氨储氢。化学吸附可以产生相对较高的储氢容量，但吸氢和放氢动力学反应可能较慢，由于所涉及的高活化能，放氢通常需要较高的温度，导致化学储氢材料表现出不可逆转的吸氢行为。因此，提高此类材料吸放氢的热力学、动力学反应速度和循环性一直是人们关注的焦点。下面将重点介绍金属氢化物储氢、液态有机氢载体储氢和液氨储氢。

（一）金属氢化物储氢

氢在不同的温度和压强下与各种金属和合金相互作用，形成金属氢化物（图2-11）。金属氢化物的主要特点之一是高体积存储容量，因此提供了比高压气态储氢和低温液态储氢存储方法更安全和更紧凑的存储方式。金属氢化物可分为三类：金属间化合物氢化物、二元氢化物和复合金属氢化物。

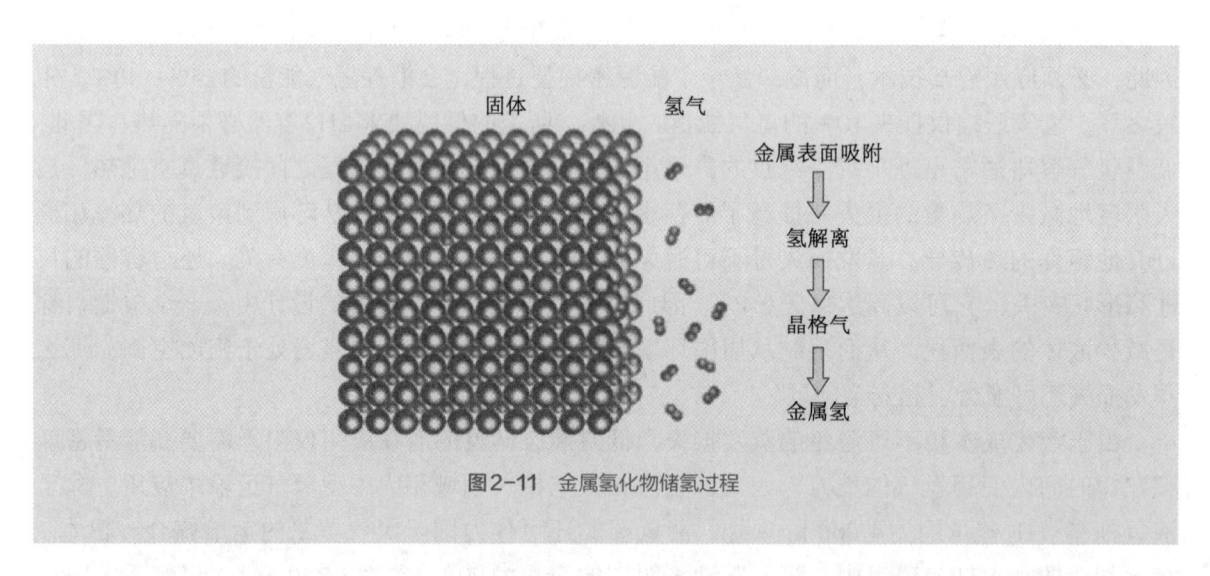

图2-11 金属氢化物储氢过程

金属间化合物氢化物被认为是低温氢化物，由于晶体结构和晶胞体积的限制，AB_5、AB_2和AB型金属间化合物合金在没有其他金属替代的情况下，储氢容量被限制在质量分数2%以下。在这些合金中，A表示对氢具有高亲和力的元素（通常是碱土或稀土金属），B表示在正常条件下不形成稳定氢化物的元素（通常是过渡金属）。例如，AB_5型合金$LaNi_5$可以达到质量分数为1.4%的储氢容量，AB型合金FeTi可以达到质量分数为1.9%的吸氢量。与其他金属的部分替代可以调节平衡压力和控制稳定性，将提高它们的储氢实用性。金属间化合物在金属晶格中的间隙位置储氢，表现出较快的吸放氢动力学。纳米结构的形成也被广泛用于提高金属间化合物氢化物的性能。由于金属间化合物氢化物的储氢能力较低，人们对其他类型的氢化物进行了广泛的研究，其中包括MgH_2，它是研究最多的二元氢化物。

在众多的储氢材料中，MgH_2是很有前景的候选材料，它具有质量分数为7.6%的储氢容量、良好的脱氢/再氢化可逆性，并且地球上有充足的Mg资源。遗憾的是，氢氧化镁在车载储氢中的实际应用受到了阻碍，因为它工作温度高、热稳定性高（$\Delta H = 76$ kJ/mol）和能垒（$E_a = 160$ kJ/mol）导致动力学迟滞。为了解决这些问题，人们提出并开发了合金化、纳米结构和催化等策略来调整MgH_2的热力学和动力学。此外，AlH_3是一种共价键合的三氢化合物，氢的质量分数和体积氢容量分别为10.1%和149 kg/m³。AlH_3的分解反应

$$AlH_3 \longrightarrow Al + \frac{3}{2}H_2$$

在相对较低的温度下迅速发生，表明在常温下有良好的放氢动力学特性。此外，铝资源丰富且价格低廉。因此，AlH_3是有前景的大容量储氢材料之一。然而，铝在室温下直接加氢制得AlH_3的压强需要19 103 MPa以上，因此AlH_3还没有被实际用作储氢材料。这种高氢化压强带来两个几乎无法克服的困难：首先，AlH_3只能通过化学合成或在极高压条件下制备，这是低产率、高成本、低纯度和污染环境的；其次，从废铝和氢气中再生AlH_3几乎是不可行的，使其成为不可逆转的储氢材料。因此，作为一种著名的金属氢化物，AlH_3主要应用于火箭固体推进剂领域，而不是作为氢能应用的储氢材料。

复合金属氢化物[如$LiAlH_4$、$NaAlH_4$、$Ca(AlH_4)_2$、$LiBH_4$、$Mg(BH_4)_2$和$Zn(BH_4)_2$]因其理论储氢容量较高而备受关注。然而，利用这些材料进行储氢的主要障碍是它们的高稳定性，需要较高的分解温度，以及它们缺乏可逆性。为了解决与这些二元和复杂氢化物相关的问题，人们已经广泛地研究了各种策略。措施包括与其他元素的合金化、添加催化剂、纳米结构、纳米限制和形成复合材料，以增强氢释放/吸收的动力学和热力学反应速度。Liu等的研究表明，掺Ti的$LiAlH_4$在低至80 ℃的温度下可以解吸质量分数高达7%的氢气，而且在非常温和的条件下，材料可以重新充电到其初始解吸量，因此需要使用二甲醚作为溶剂。纳米结构减小了金属氢化物的颗粒尺寸，从而改善了比表面积，增加了氢反应的成核位数，并缩短了氢的扩散距离。这些性质可能会引起更快的动力学反应速度和/或降低氢脱附所需的热焓或活化能。

（二）液态有机氢载体储氢

液态有机氢载体是一种能够通过化学反应吸收和释放氢的有机物，可以用作氢的存储介质（图2-12）。原则上，每一种不饱和化合物（具有碳碳双键或三键的有机分子）在氢化过程中都能吸收氢。吸热脱氢和氢气提纯的顺序被认为是限制储存循环整体效率的主要缺陷。

图2-12 液态有机氢载体

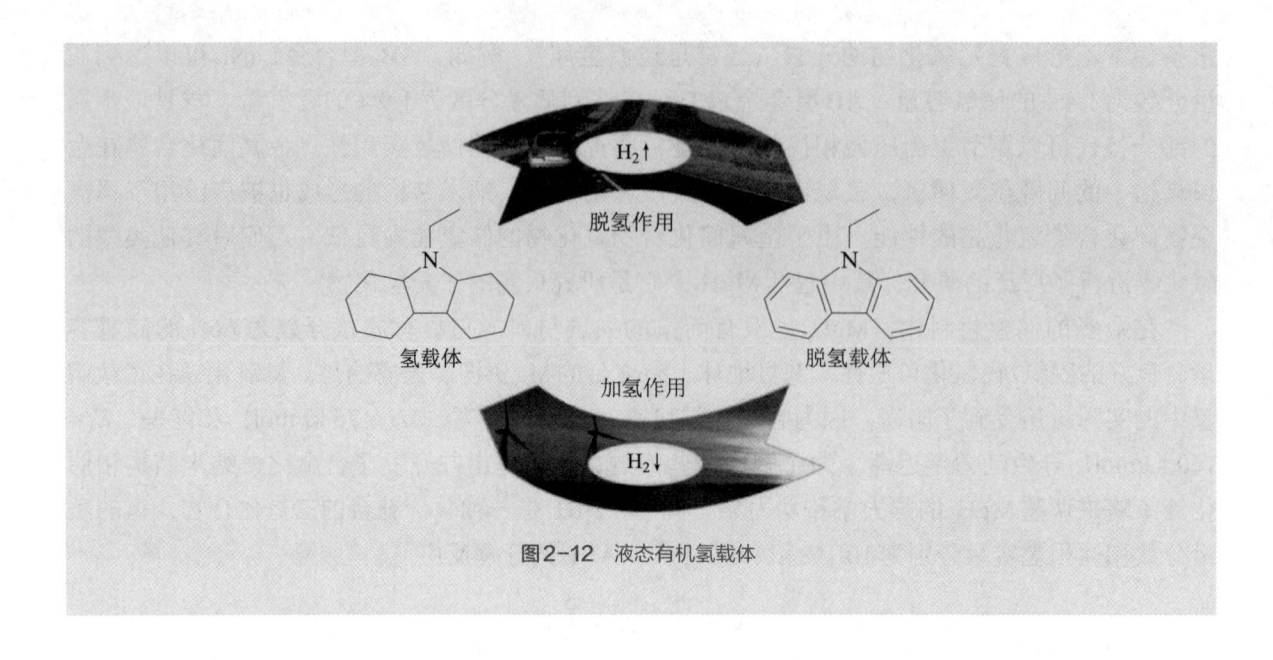

为了吸收氢，脱水形式的液态有机氢载体（不饱和，主要是芳香族化合物）在氢化反应中与氢反应。加氢反应是放热反应，在高压下进行（一般为3~5 MPa），在有催化剂存在时反应温度一般为150~200 ℃，相应的饱和化合物由此形成，可以在环境条件下储存或运输。如果需要氢，氢化的、富含氢的液态有机氢载体被脱氢，氢从液态有机氢载体释放。该反应是吸热反应，在高温（250~320 ℃）、有催化剂存在的条件下发生。在氢可以使用之前，必须将其从液态有机氢载体蒸气中清除。为了提高效率，离开释放单元的热物质流中包含的热量应该转移到进入释放单元的由富氢液态有机氢载体组成的冷物质流中，以使在反应前对其进行预热的能量需求较低。

液态有机氢载体分子必须满足以下标准才能考虑用于储氢：

(1) 液态有机氢载体的反应物和产物都应具有低熔点，以便在室温下进行液态储存和运输；

(2) 高挥发性大分子物质可能会将杂质引入氢气气流，因此建议使用高沸点（>300 ℃）分子；

(3) 反应的热焓应较低（氢气的热焓为42~54 kJ/mol），以允许较低的脱氢温度；

(4) 该分子的储氢能力应达到或超过美国能源部（DOE）2025年的目标（≥40 kg/m^{3}或质量分数≥5.5%）；

(5) 液态有机氢载体不能被归类为危险货物，它必须与目前的燃料基础设施兼容；

(6) 使用现成的、低成本的液态有机氢载体分子。

一些重要的液态有机氢载体包括：甲苯、甲基环己烷、二苯基甲苯、全氢二苯基甲苯、一苯基甲苯、全氢苯基甲苯、萘、十氢化萘、N-乙基咔唑、过氢-N-乙基咔唑、7-乙基吲哚、辛氢-7-乙基咔唑等。

（三）液氨储氢

液氨储氢作为一种潜在的氢气储存方式被高度重视。它具有储氢容量高（质量分数为17.8%）、灵活性高的优势，可在移动和固定端应用（图2-13）。氨具有长期储存和运输的稳定性，可以满足在时间和空间中储存能量的需求。氨可以通过提取其储存的氢气来利用，也可以直接用作燃料。氢与氮气在催化剂作用下合成液氨，以液氨形式储运。液氨在常压、约400 ℃条件下释放氢。相比于低温液态储氢技术要求的极低氢液化温度（-253 ℃），氨在一个标准大气压下的液化温度（-33 ℃）高得多，"氢—氨—氢"方式耗能、实现难度及运输难度相对更低。同时，液氨储氢技术中体积储氢密度比液氢高1.7倍。该技术在长距离氢能储运中有一定优势。然而，液氨储氢技术也具有较多劣势。液氨具有较强的腐蚀性与毒性，储运过程中对设备、人体、环境均有潜在危害风险。目前，氨气主要被用作农业肥料、制冷剂气体，并用于制造炸药、杀虫剂和其他化学品。

图2-13 液氨储氢罐

处理和运输散装氨的基础设施已经建立得很好。液氨正通过轮船、管道、火车和卡车在世界各地运输。在封闭系统中将液氨运输到金属铵盐生产和再生的去集中化地点可以最大限度地降低总体成本，并在保持安全的同时扩大规模，但需要采取一些额外的步骤将风险降至最低。对于汽车应用，最终用户不应接触液氨，只应接触附近生产和再生的金属铵盐。

液氨的毒性和蒸气压使其不适合直接用于移动应用，主要是由于氨被释放的潜在事故风险，以及确保终端用户在灌装过程中和进行定期维护时不与液氨接触的技术挑战。目前氨的存储有两种不同的方式：对于最大50 000 t的大容量储罐，氨存储在0.1 MPa和33 ℃的近乎绝热的储罐中，缓慢的气化过程使温度保持在较低的水平，氨蒸气被持续压缩成液体；对于1 500 t以下的小型储罐，氨被储存在不锈钢球体中。

用于发电的氨通过内燃机、燃料电池和燃气轮机得到应用。氨燃烧发动机的示范可能是未来公用事业规模柴油发电机组的清洁替代方案。由氨制氢提供的常规燃料电池已经得到了广泛的研究。碱性燃料电池因受氨重整过程平衡的限制，富氢气流中将产生10^{-6}量级体积分数的残余氨，但相关影响作用小。在质子交换膜燃料电池的情况下（NH_3的体积分数需小于10^{-6}）则不是这样，这是由于燃料电池膜的酸性使其对碱性氨离子（NH_4^+）表现出高亲和力。直接氨燃料电池技术（碱性和固体氧化物）还不够成熟。利用燃气轮机技术燃烧氨可以填补大型发电部门（规模＞100 MW的发电厂）的重大空白，用作天然气的可持续替代品。三菱日立电力系统公司（Mitsubishi Hitachi Power Systems）和西门子（Siemens）都报告了这方面的进展。由于氨的燃烧较慢，有必要对燃烧室进行改造。氨在燃烧过程中会产生额外的NO_x排放，但随后NO_x与氨的中和可能会解决这个问题，从而产生硝酸铵。这些未来的最终用途前景，再加上使用电解氢生产可再生氨的便利性，以及扩大现有的氨储存和分配基础设施，使人们相信氨很可能是绿氢的主要化学替代品。合成氨工艺在我国较为成熟，但在转换过程中存在一定比例的损耗，合成氨与氨分解的设备及终端产业设备仍有待集成。

三、运氢

除了氢的制备和储存外，寻找一种合适的氢输送方法是在各种工业应用中必须解决的关键步骤。由于氢气存在于多个受温度和压力控制的区域，因此运输的方式不同。要构建氢气运输系统，必须考虑各种条件，以确保运输安全。依据输送时氢气所处状态，氢能运输方式可分为气（态）氢输送、液（态）氢输送、固（态）氢输送。前两者将氢气加压或液化后再利用交通工具运输，目前加氢站多使用气态及液态的方式；后者通过金属氢化物进行输送，也是今后重要的发展研究应用方向（图2-14）。下面将重点介绍气氢输送、液氢输送和固氢输送。

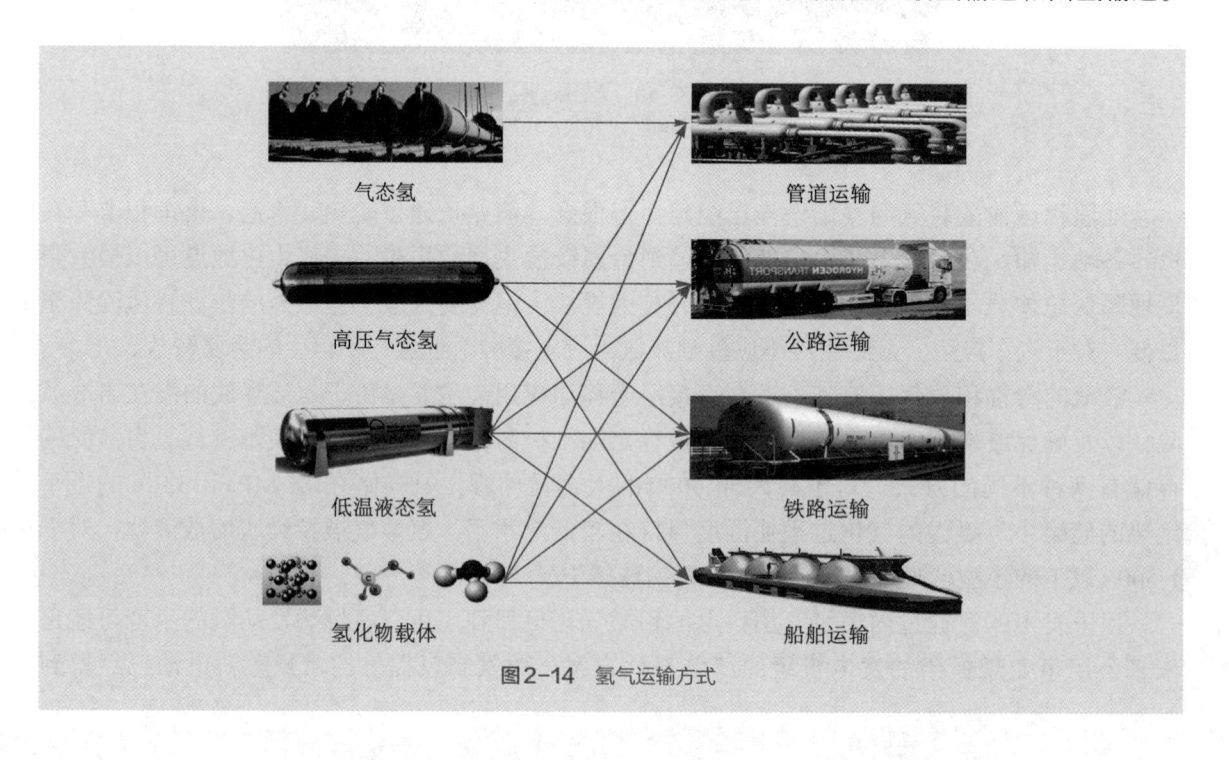

图2-14 氢气运输方式

（一）气氢输送

气氢通常通过卡车或管道输送。气氢通常在相对较低的压强（2~3 MPa）下产生，因此在运输之前必须对其进行压缩。气氢被压缩至 18 MPa 或更高的压强，装入长气瓶，堆放在卡车牵引的拖车上，这就产生了长管的外观，因此命名为管道拖车。美国运输部法规目前将管道拖车的压强限制为 25 MPa，但已授予豁免权，以允许在更高压强（如 50 MPa 或更高）下运行。最常用的是钢管拖车，可承重约 380 kg，它的承载能力受到钢管质量的限制。最近，研究人员开发了复合材料储存容器，每辆拖车的容量为 560~900 kg 氢气。此类管道拖车目前正在其他国家用于输送压缩天然气。

气氢也可以像天然气一样通过管道输送，这在长距离和高容量运输中很常见。因为氢气用于石油升级过程，所以大多数现有的氢气管道都安装在炼油厂。目前，美国大约有 2 575 km 的氢气管道正在运行。这些管道由商业氢气生产商所有，位于大型氢气用户集中的地方，如炼油厂和化工厂（如墨西哥湾地区）。通过现有管道输送气态氢是输送大量氢气的低成本选择。新管道建设的初始成本较高，是扩建氢气管道输送基础设施的主要障碍。因此，现在的研究重点是克服与管道传输相关的技术问题，包括：氢可能使制造管道的钢和焊缝变脆；需要控制氢渗透和泄漏问题；需要更低的成本、更可靠和更耐用的氢压缩技术。潜在的解决方案包括使用纤维增强聚合物管道进行氢气分配。纤维增强聚合物管道的安装成本大约比钢管低 20%，因为它可以在比钢长得多的截面中获得，最大限度地降低了焊接要求。快速扩展氢气输送基础设施的一种可能性是调整部分天然气输送基础设施以容纳氢气。将天然气管道转换为输送天然气和氢气的混合物（氢气质量分数高达 15%）可能只需要对管道进行适度的修改，转换现有天然气管道以输送纯氢可能需要更大的修改。目前的研究和分析正在检验这两种方法。

（二）液氢输送

当需要在没有管道的情况下进行大容量运输时，氢气通常以液体形式运输。氢气必须通过液化过程将其冷却至低温后才能成为液态氢。运输液态氢的卡车被称为液态罐车。当氢气被液化后，可将其储存在液化厂的大型隔热罐中。目前的液化氢技术需要消耗氢能量的 30% 以上，而且价格昂贵。此外，一些储存的氢气将通过液化氢的"蒸发"效应而损失，特别是当使用具有较大的比表面积的小型储罐时。研究改进液化技术，以及提高规模经济，有助于降低所需的能源和成本。目前，对于更长的距离，氢作为液体在超级绝缘低温罐车中运输。液化后，液态氢被分配到运输卡车上，并运输到分配点，在那里它被蒸发成高压气体产品进行分配。在长途运输中，运输液态氢比运输气态氢更经济，因为液态罐车可以装载比管道拖车更多的氢气。液体运输面临的挑战是在运输过程中可能发生蒸发。

（三）固氢输送

利用固体储氢材料物理吸附或与氢气发生化学反应的方法通常称为固氢输送技术。其中，储氢材料是实现氢气储存和运输的核心部分，它可以有效地吸附、释放或与氢气发生高效、可逆的化学反应，实现氢能的储存和释放。利用特制固体材料储氢容器储存氢能，其储存密度与液氢相当，且运输过程经济、安全。固氢输送技术相较于气氢输送和液氢输送的优势主要体现在：储能密度高、运输设备经济高效、储氢容器体积相对较小、储氢性能稳定、运输成本低、周期短、输送能力大、运输过程中安全性高。但质量储氢密度仅为1%~3%，对储氢材料性能要求较高，为实现规模化固氢储运需提高储氢材料性能并继续开展新材料研发，以提高质量储氢密度、降低材料成本、提高可循环性等。相较于气氢、液氢，固氢储运方式更加丰富多样，可利用各种交通工具运输固体储氢罐，运输过程安全可靠。通过金属氢化物存储的氢能可以采取更加丰富的运输手段，如驳船、大型槽车。

第三节
氢能利用

未来氢能将在我国重工业、重型运输的脱碳及电力系统灵活性方面发挥重要作用，是实现净零排放方案的重要组成部分。氢能应用领域广泛，既可作为原料用于生产合成氨（世界上约60%的氢用于合成氨，我国的比例更高）、甲醇和冶金等，又可作为燃料用于燃料电池发电、氢燃气轮机等（图2-15）。近年来，氢气生物学备受国内外关注，主要研究领域包括氢气微生物学、氢气动物学和氢气植物学，实际应用可分为氢医学和氢农业等。南京农业大学科研团队与法国液化空气集团联合在上海青浦区建立了农业项目合作基地，主要研究富氢水灌溉，成果丰硕。本节将重点介绍氢能化工、氢能冶炼、氢燃料电池和氢燃气轮机。

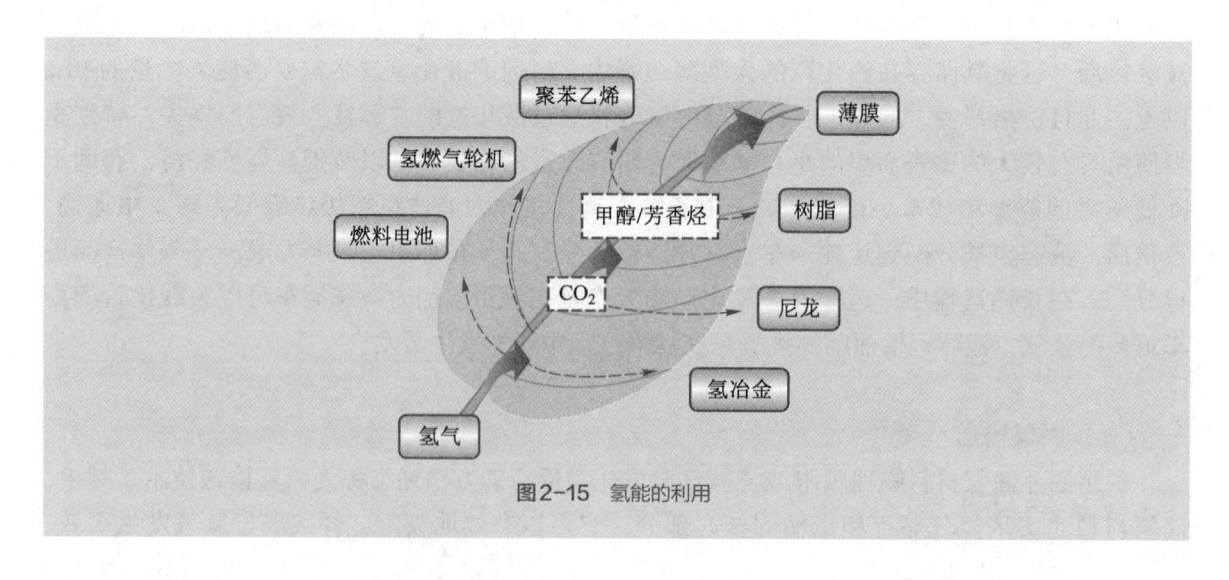

图2-15 氢能的利用

一、氢能化工

氢与CO_2直接反应合成化学品是CO_2非常重要的利用方式，也是碳减排的重要抓手。近年来CO_2直接催化加氢制化学品成为国内外关注的焦点，尤其是直接催化加氢制芳香烃和甲醇。

芳香烃是最重要的大宗化学品，可用于生产聚合物，如聚苯乙烯、酚醛树脂、尼龙、聚对苯二甲酸乙二醇酯、聚碳酸酯、树脂和薄膜，并且全球对芳香烃的需求逐年增加。芳香烃传统生产方法主要有石脑油裂解、煤炭经甲醇制备，但均需依赖化石资源（石油和煤炭），将CO_2直接转化为芳香烃具有重要意义。CO_2直接催化加氢制芳香烃的关键是开发适宜的催化剂。Li等开发了ZnZrO/ZSM-5串联催化剂体系（图2-16），当CO_2转化率为14%时，芳香烃选择性高达73%，并且将CO的选择性抑制到44%。Wei等研究了一系列包含铁基组分和具有不同B酸位（brønsted acid sites，BAS）的ZSM-5分子筛的复合催化剂，结果表明，ZSM-5的B酸位是芳构化的主要活性位点，增加B酸位可以显著促进芳香烃（尤其是轻芳香烃）的合成，然而，较大密度的B酸位（>154 μmol/g）会促进高浓缩、富碳和难以氧化的焦炭的形成，改

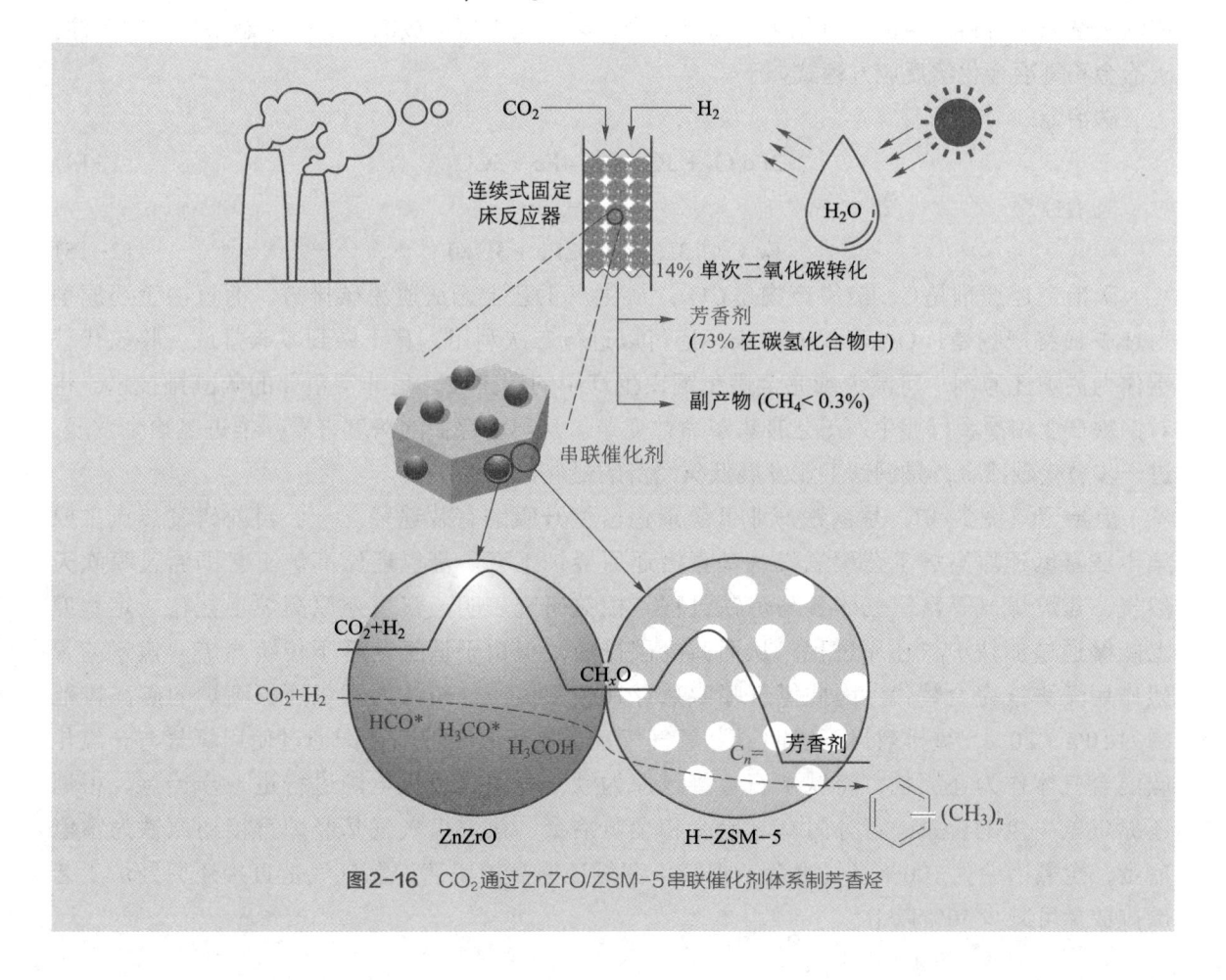

图2-16 CO_2通过ZnZrO/ZSM-5串联催化剂体系制芳香烃

变其物理化学性质，并缩短催化剂寿命。

CO_2直接催化加氢制甲醇也是一项新兴技术，用于储氢和减少CO_2排放。虽然工业铜基甲醇合成催化剂$Cu-ZnO-Al_2O_3$可有效地将CO_2和合成气（即H_2、CO）的混合物转化为甲醇，但这些催化剂的活性和选择性目前不足以进行工业化应用。Zhou等介绍了SiO_2负载的Cu/Mo_2CT_x（MXene）催化剂，实现了更高的单位质量Cu的本征甲醇生成率。Bai等对先进催化剂进行了总结，重点介绍了在低于170 ℃将CO_2氢化成甲醇的基本原理，涵盖了均相和多相催化剂的氢化。目前该技术还处于基础实验室研究阶段，尚未实现产业化。究其原因，主要是CO_2加氢制甲醇的催化剂效果不理想，普遍存在催化剂稳定性差、CO_2转化率低、甲醇选择性低等现象，因此进一步研究CO_2加氢制甲醇的反应机理，开发出活性更高的催化剂仍是主要研究方向。

二、氢能冶炼

氢能冶炼是指利用氢气生产海绵铁的气基直接还原工艺或其他富氢冶金技术。传统高炉炼铁工艺无法规避产生的二氧化碳，而氢冶金工艺以其零碳排放的特点受到越来越多的关注，碳冶金和氢冶金化学反应方程式如下：

碳冶金：
$$2Fe_2O_3 + 3C \Longleftrightarrow 4Fe + 3CO_2 \tag{2-14}$$

氢冶金：
$$Fe_2O_3 + 3H_2 \Longleftrightarrow 2Fe + 3H_2O \tag{2-15}$$

碳冶金还原剂是C，最终产物是CO_2，从生产工艺上无法避免碳排放。而氢冶金还原剂为H_2，最终产物是H_2O，不仅无污染，还可以进行二次利用，真正做到零碳排放。将氢代替碳作为高炉还原剂，可减少或完全避免钢铁生产中的碳排放，是非常重要的碳减排技术，将对钢铁产业和冶金行业生产工艺带来革命性变革。从环境保护的角度来看，推进氢冶金发展，进一步替代碳冶金，是钢铁工业发展低碳经济的最佳选择。

氢冶金（图2-17）是钢铁产业低碳绿色转型升级的有效途径之一，目前研发热点主要集中在富氢还原高炉工艺和氢气气基直接还原竖炉工艺。富氢还原高炉工艺即通过喷吹天然气、焦炉煤气等富氢气体参与炼铁过程。相关研究表明，富氢还原高炉工艺在一定程度上能够通过加快炉料还原过程，从而减少碳排放，但由于该工艺基于传统高炉，焦炭的骨架作用无法被完全替代，因此氢气喷吹量存在极限值，一般认为富氢还原高炉的碳减排范围为10%~20%，减排效果不够明显。氢气气基直接还原竖炉工艺即通过使用氢气与一氧化碳混合气体作为还原剂，将铁矿石直接还原为铁，再将其投入电炉进行进一步冶炼。根据还原气氛中氢的含量，可分为富氢冶金和全氢冶金，焦炉煤气气基竖炉直接还原铁为富氢冶金，全氢冶金为100%氢气冶金。相较于富氢还原高炉工艺，氢气气基直接还原竖炉工艺碳排放量可减少50%以上。

图2-17 氢冶金工厂

若由"碳冶金"向"氢冶金"转变,则钢铁企业有望进一步加快绿色低碳转型,助力氢能与钢铁产业双赢发展。到2025年,钢铁行业研发投入强度力争达到1.5%,氢冶金、低碳冶金、洁净钢冶炼等先进工艺技术取得突破性进展。在此背景下,河北钢铁集团、宝武钢铁集团、鞍山钢铁集团等各大钢铁企业陆续提出碳达峰、碳中和计划,相继加入氢冶金项目布局行列。预计到2060年,氢冶金粗钢产量将达4.36亿t,其中采用富氢还原高炉工艺粗钢产量为2.26亿t,氢气气基直接还原竖炉工艺粗钢产量为2.1亿t;氢冶金生铁产量将达3.44亿t,其中富氢还原高炉工艺生铁产量为1.97亿t,氢气气基直接还原竖炉工艺生铁产量为1.47亿t。

三、氢燃料电池

燃料电池是一种电化学电池,它通过氧化还原反应将燃料(通常是氢气)和氧化剂(通常是氧气)的化学能转化为电能。燃料电池与大多数电池的不同之处在于它需要连续的燃料和氧气源(通常来自空气)来维持化学反应,而在电池中,化学能通常来自已经存在于电池内的金属及其离子(或氧化物)。只要提供燃料和氧气,燃料电池就可以持续发电。氢燃料电池(图2-18)作为氢能的主要应用形式,在减碳、脱碳方面能够发挥重要作用。氢燃料加氢站(hydrogen refueling station,HRS)是实现氢燃料电池汽车商业化的重要基础设施,其建设数量和普及程度直接影响氢燃料电池汽车的商业化进程。下面将重点介绍氢燃料电池汽车、公交车、重型卡车和其他应用。

(一)氢燃料电池汽车

氢燃料电池汽车(fuel cell vehicle,FCV)的工作原理是氢燃料电池通过液态氢与空气中的氧气结合而发电,根据此原理而制成的氢燃料电池可以发电,从而推动汽车。燃料动力电池发出的电,经逆变器、控制器等装置,给电动机供电,再经传动系统、驱动桥等带动车轮

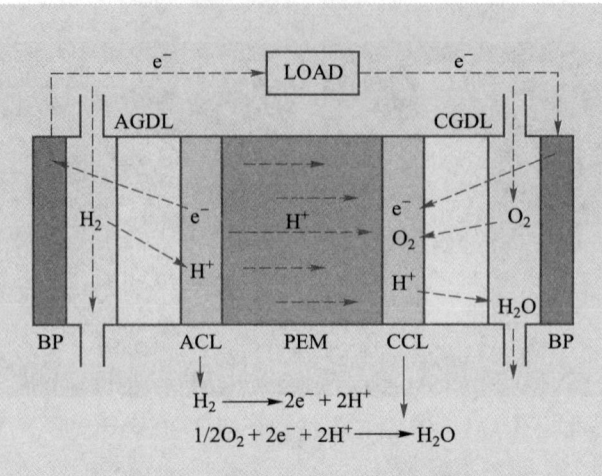

图2-18 质子交换膜燃料电池工作原理
（BP-双极板；AGDL-阳极扩散层；ACL-阳极催化层；PEM-质子交换膜；
CCL-阴极催化层；CGDL-阴极扩散层）

转动，就可使车辆在路上行驶。氢燃料电池的优点是体积小、容量大、无污染、零排放，缺点是需要补充氢气，成本较高、安全性能无法保障。目前全球已有多家企业对燃料电池乘用车进行了量产，如中国的东风汽车公司，日本的丰田汽车公司、本田汽车公司，韩国的现代汽车公司等。

Toyota Mirai是丰田汽车公司生产的中型氢燃料电池汽车，它代表了首批大规模生产和商业化销售的FCV汽车之一。Mirai在2014年11月的洛杉矶车展上亮相。截至2021年12月，全球销售总量达17 940辆。第一代Mirai采用的燃料电池堆的最大输出功率为114 kW，约是在日本销售的住宅燃料电池的160倍。第二代Mirai于2019年10月亮相，并于2020年12月开始销售。

第一款向零售客户提供的氢燃料电池汽车是本田汽车公司的Honda FCX Clarity，它以2006年Honda FCX概念车为基础，2008年6月开始生产，2008年7月在美国开始租赁，2008年11月在日本推出。下一代氢燃料电池汽车Honda Clarity燃料电池堆的功率为103 kW，续航里程为589 km。

Tucson FCEV（或Hyundai ix35 FCEV）是现代汽车公司开发的氢燃料电池汽车。第一代于2001年推出，续航能力为160 km，最高时速为126 km/h。第二代Tucson FCEV于2005年推出，使用石墨双极板，续航里程为300 km，最高时速为150 km/h。第三代是Hyundai ix35（2009），使用的是金属双极板。第四代是Hyundai ix35（2012），它的发动机更加强大，额定功率为100 kW，续航里程约为594 km。Hyundai Nexo是一款氢燃料电池驱动的跨界SUV，于2018年1月8日在消费电子展上亮相，取代了Tucson FCEV，是现代汽车公司"生态汽车"（Eco Car）系列的旗舰产品。

国内氢燃料电池汽车的研发起步较早，"十三五"期间，氢燃料电池汽车的产业化进程加快,但加氢站基础设施建设还处在初期,加上商用车具有运行路线集中固定、便于加氢站集中布局的优势,因此,我国氢燃料电池更多地应用于商用车领域,而乘用车领域的发展相对较慢。东风汽车公司的氢燃料电池商用车和乘用车在国内比较领先。

(二) 氢燃料电池公交车

燃料电池公交车一般使用氢燃料电池作为动力源,有时也以混合方式(用电池或超级电容器)来增强。一些公司已经进行了氢燃料电池的研究和实际的燃料电池公交车试验(包括Daimler AG、Thor Industries、Irisbus等)。2006年,以氢为动力的燃料电池公交车开始在北京进行试验性运营。由德国Daimler AG公司制造并由联合国开发计划署拨款购买的三辆燃料电池公交车是国内第一批投入运营的燃料电池公交车。2008年8月—2009年9月,清华大学研制的3辆燃料电池公交车在北京试运行。在上海世界博览会期间,世博园区有6辆燃料电池公交车投入运行。据2022年北京冬季奥林匹克运动会(简称北京冬奥会)组委会公布的数据,北京冬奥会配备了超过30个加氢站,包括氢燃料电池公交车、氢燃料电池乘用车、氢燃料电池特种车等在内的1 000多辆示范运行的燃料电池车(其中氢燃料电池公交车超过800辆)。权威数据显示,与传统化石能源汽车相比,这些为北京冬奥会服务的氢动力公交车每行驶100 km就可减少约57 kg CO_2排放,可谓"绿色出行"。

与国内相比,国外燃料电池公交车的发展较晚,巴西第一辆氢燃料电池公交车原型于南卡希亚斯制造,2009年在圣保罗开始运营,名为"巴西氢能汽车"。加拿大不列颠哥伦比亚惠斯勒镇曾为2010年冬奥会投入燃料电池公交车的运营,然而其成本太高,该项目于2015年停止。苏格兰的阿伯丁(Aberdeen)氢能公交车项目在2020年启动了双层氢燃料电池巴士。日本通过2020年东京奥运会推动了氢能技术的发展,100辆燃料电池公交车在赛事中投入使用。

(三) 氢燃料电池重型卡车

重型卡车在全球运输业中发挥着重要作用。2019年,中国重型卡车销售117.4万辆,2020年重型卡车累计销量达到162.3万辆。重型卡车的销量增加带来了大量的能源消耗和污染物排放,氢燃料电池在重型卡车上的应用和推广将大大促进节能减排。2020年11月,中华人民共和国国务院办公厅发布的《新能源汽车产业发展规划(2021—2035年)》中指出,经过15年的持续努力,燃料电池汽车将实现商业化,并将稳步推进氢燃料供应系统的建设,有效促进节能减排和社会高效运行。与电池电动汽车相比,氢燃料电池汽车在燃料加注时间和连续行驶里程方面具有明显的优势。与乘用车相比,重型卡车的运行路线较为固定,对加氢基础设施的布局要求也较低。因此,在燃料电池产业发展的初期,发展燃料电池驱动的重型卡车的战略意义要高于乘用车。

纵观全球,氢燃料电池重型卡车仍处于关键技术升级和小规模试点应用阶段。到目前为止,燃料电池在重型卡车中的应用还没有突破。2017年7月,中国重型汽车集团有限公司推出了中国第一辆氢燃料电池重型卡车,应用于港口货运。2019年11月,陕西重型汽车有限公司推出了X5000型49吨重型卡车，该车配备了潍柴动力股份有限公司的燃料电池动力系统，已在河钢集团有限公司邯郸工厂运行，并取得了显著的示范效果。世界上第一辆量产的氢燃料电池重型卡车是现代汽车公司的Hyundai Xcient。2020年，现代汽车公司与瑞士H2 Energy公司的合资企业，开始大规模生产氢燃料电池驱动的34吨货运卡车，品牌为Xcient，续航约为400 km，加氢时间为8~20 min。同年，梅赛德斯－奔驰集团公司表示，他们正在着手生产下一代重型卡车，即Mercedes-Benz GenH2，旨在拥有高达1 000 km的续航能力，同时可负载高达25 t的重量。

（四）其他应用

除上述领域外，氢燃料电池在叉车、无人机、飞机、列车、船舶等领域也有一定的应用。

燃料电池叉车（也称为燃料电池升降车）是一种以燃料电池为动力的工业叉车，用于提升和运输材料。2013年，美国有超过4 000台燃料电池叉车用于材料处理，欧洲的燃料电池叉车从30台扩大到200台。在全国范围内，氢燃料电池叉车示范运营项目已在广东省佛山市南海区、天津港保税区和上海市青浦区等地开展。亿华通、新氢动力、国鸿氢能等氢能企业纷纷在叉车上研发或推出氢燃料电池产品。目前氢燃料电池叉车市场规模较小，但是在减碳需求下，氢燃料电池叉车市场前景明朗，有望在未来加速推向市场。

作为高度模块化的直接能量转换装置，燃料电池即使在亚千瓦级规模下也能保持高比能和高热力学效率，因而，可应用在长航时小型和微型无人机等领域。第一个记录的燃料电池无人机是2003年AeroVironment的Hornet，该无人机翼展仅为38 cm；NASA Helios飞行器的试飞也在同年进行，它的翼展为75 m，旨在测试18.5 kW的氢燃料电池。美国海军研究实验室（United States Naval Research Laboratory，NRL）于2009年宣布其Ion Tiger UAV飞行了23 h 17 min，创下了燃料电池动力飞行的非官方飞行续航纪录，其搭载的是功率为550 W的质子交换膜燃料电池推进系统，效率大约是同类内燃机的4倍。2019年，韩国Meta Vista公司采用Intelligent Energy公司800 W的燃料电池模块，创造了旋翼类无人机12 h的最长航时纪录。国内领先的无人机硬件开发商深圳科比特航空公司于2016年推出了HyDrone 1800。该公司已证明氢燃料电池驱动的多旋翼无人机可以在空中停留4 h以上，并且可以在低于−20 ℃的温度下运行。

2003年，首架完全由氢燃料电池驱动的螺旋桨飞机试飞成功。2008年2月，波音与其欧洲合作伙伴成功试飞了一架由氢燃料电池和少量锂离子电池组成的有人驾驶飞机。世界上第一架氢燃料电池客机HY4，于2016年12月成功飞行。2017年，中国科学院发布消息，中国首架载人氢燃料电池试验机在沈阳试飞成功，飞行高度320 m，采用大连化学物理研究所研制的20 kW氢燃料电池作为动力源，配以小容量锂电池组，采用35 MPa氢储罐进行储氢，至此，中国成为继美国、德国之后第三个拥有这项技术的国家。

2016年，西南交通大学与中车唐山机车车辆有限公司联合研制成功了世界上第一列燃料电池混合动力有轨电车，并在世界范围内进行了首次载客示范运行。世界上第一辆氢燃料电池列车由法国高速铁路TGV制造商阿尔斯通公司（Alstom）制造，于2018年9月17日在德国下萨克森州上路，最高时速可达40 km/h；2000年，在德国波恩附近的莱茵河，船舶氢燃料电池首次亮相，其采用的氢燃料电池功率为5 kW。我国也在大力推进氢燃料电池动力船舶的研发工作，中国船舶集团目前正在进行500 kW内河氢燃料电池动力货船的研发工作（包括船型及电池系统的开发），于2019年12月取得中国船级社原则性批准。2021年，武汉众宇动力系统科技有限公司的船用燃料电池产品获得中国船级社型式认可证书。

四、氢燃气轮机

燃气轮机，不同于活塞式内燃机，是一种旋转叶轮式热力发动机。所有燃气轮机发动机共有的主要部件是：上游旋转气体压缩机、燃烧室和与压缩机位于同一轴上的下游涡轮机。

燃气轮机的基本运行原理是基于以空气为工质的布雷顿循环：空气流过压缩机，使其产生更高的压力；然后通过向空气中喷洒燃料并点燃它来增加能量，使燃烧产生高温气流；这种高温加压气体进入涡轮机，在此过程中产生轴输出功，用于驱动压缩机；未使用的能量从废气中释放出来，可以重新用于外部工作（图2-19）。燃气轮机的用途决定了设计，以便在推力和轴功之间实现最理想的能量分配。燃气轮机是不重复使用相同空气的开放式系统，因此省略了布雷顿循环的第四步。燃气轮机最早由英国人John Barber设计，并在1791年获得了第一台真正的燃气轮机的专利。

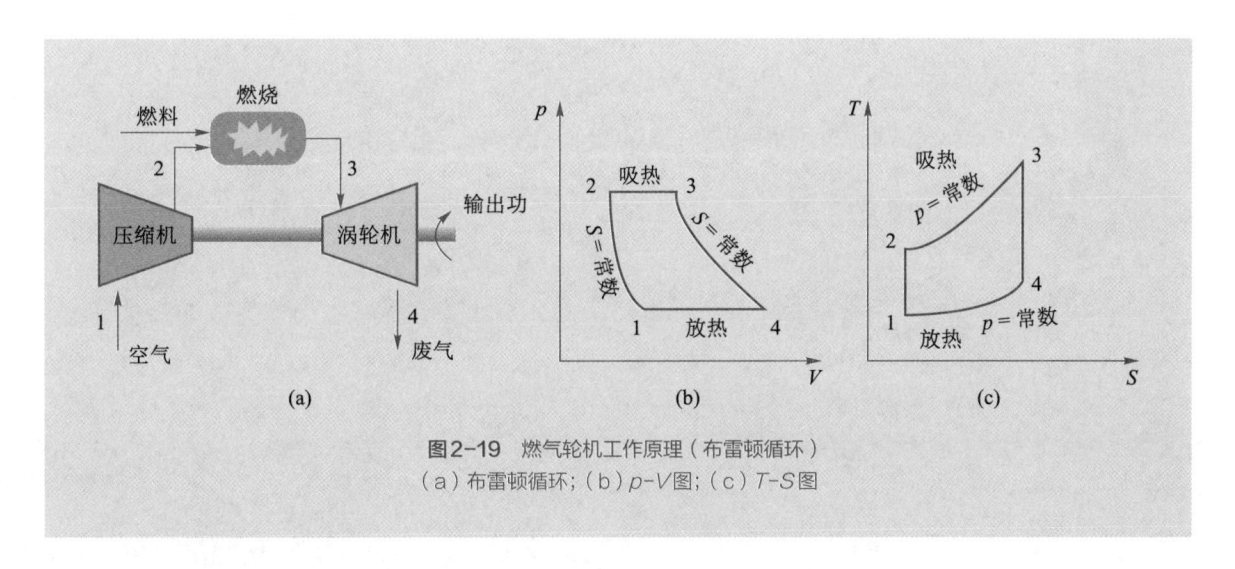

图2-19 燃气轮机工作原理（布雷顿循环）
(a) 布雷顿循环；(b) p-V图；(c) T-S图

国际能源署（IEA）在2021年10月发布的《低碳燃料在电力行业清洁能源转型中的作用》（*The Role of Low-Carbon Fuels in the Clean Energy Transitions of the Power Sector*）报告中指出：世界各国政府都面临着既要确保电力安全，又要满足日益增长的用电量，同时还要减少排放的挑战。然而，由于太阳能光伏和风能的多变性，安全、脱碳的电力行业需要利用其他资源。

在化石燃料发电厂中燃烧氢气和氨，可以在现有的基础上实现电力行业的脱碳。电力行业使用氢气和氨气将有助于建立供应链，并通过规模经济和技术改进压低成本，从而相辅相成地在长途运输和工业等行业中使用低碳燃料。

自20世纪八九十年代开始，多个国家和国际机构制定了氢燃气轮机和氢能相关研究计划。2005年，美国能源部（DOE）同时启动为期6年的"先进IGCC/氢燃气轮机开发"（Advanced IGCC/Hydrogen Gas Turbine Development）项目和"先进氢气透平开发"（Advanced Hydrogen Turbine Development）项目；2009年欧盟启动了"富氢合成气的低排放燃气轮机技术"（Low Emission Gas Turbine Technology for Hydrogen Rich Syngas）重大项目，以氢燃料燃气轮机为主要研究对象，加强针对富氢燃料燃气轮机的研究。目前氢燃气轮机主要集中在重型燃气轮机上，燃料成分按照掺氢程度分为0~20%、20%~60%、60%~100%三个范围，这三个范围所面临的技术挑战和成本区别较大。全球新的碳减排政策加速了可再生能源的开发利用，三菱日立电力系统公司（Mitsubishi Hitachi Power Systems，MHPS）、通用电气电力公司（GE Power）、西门子能源（Siemens Energy）和安萨尔多能源公司（Ansaldo Energia）等公司开发100%氢燃气轮机的工作进入了高速发展阶段。2022年2月22日，日本东京三菱重工（Mitsubishi Heavy Industries, Ltd., MHI）旗下的电力解决方案品牌三菱动力（Mitsubishi Power）在高砂氢园区（Takasago Hydrogen Park）建立了世界上第一个从氢气生产到发电的氢相关技术验证中心。

本章总结

氢能来源广泛，燃烧产物为水，无碳排放，能量密度高，被誉为"终极能源"。双碳目标下，氢能将逐渐由"灰氢"过渡到"蓝氢"和"绿氢"，并以"绿氢"为主。综合制氢成本、技术成熟度、碳排放等因素，我国未来氢气制备路线和氢能发展途径可分为近期（到2025年）、中期（到2030年）和远期（2050年以后）三个阶段。近期是我国氢能产业发展的起步阶段，制氢路线主要是通过煤炭制氢为化工提供充足原料，通过工业副产氢和小规模电解水制氢满足车用燃料需求；中期是氢能产业发展的过渡阶段，三条低碳化制氢路线将共同成为氢源供体，耦合CCUS的清洁化煤炭制氢将会取代传统煤炭制氢工艺，工业副产氢被充分利用，可再生能源电解水制氢成本达到商业化要求；远期是氢能产业的充分发展阶段，可再生能源电解水制氢成为主要制氢路线。经过三个阶段的发展，氢能在终端能源消费占比将从2020年的不足0.1%，提升至2030年的2%，到2050年达到10%。

在氢能产业链中，氢储运是连接氢气生产端与需求端的关键桥梁，深刻影响着氢能发展节奏及进度。由于氢气在常温常压状态下密度极低（仅为空气的1/14左右）、单位体积储能密度低、易燃易爆等，其特性导致氢能的安全高效输送和储存难度较大。因此，发展安全、高效、低成本的氢储运技术是氢能大规模商业化发展的前提。我国氢能储运按照"低压到高压""气态到多相态"的方向发展，由此逐步提高氢储存和运输的能力。从近期来看，氢气用量及运输半径相对较小，高压气态运输的转换成本较低，更具性价比；从中期来看，氢气需求半径将逐步提升，将以气态和低温液态为主；从远期来看，高密度、高安全储氢将成为现实，完备的氢能管网也将建成，同时出台固态、有机液态等储运标准及管道输配标准作为配套。

随着行业聚焦与技术发展，氢燃料电池将成为未来氢能利用关注的焦点，同步带动交通领域应用的变革。氢作为原料利用的化工领域，如炼油、合成氨、甲醇生产及炼钢行业，绿氢将逐步取代灰氢。在其他诸多传统能源密集型产业，氢能也将代替化石能源作为能量载体进行供能，在我国重工业、重型运输的脱碳及电力系统灵活性方面发挥重要作用，是实现净零排放方案的重要组成部分。同时，更多的氢能应用场景也将逐步开发。

思考题

1. 天然气制氢未来的发展前景如何？
2. 在双碳背景下，绿氢发展最大的阻碍是什么？
3. 试分析不同电解水制氢规模化发展的技术瓶颈。
4. 储氢技术按照形式可以分为哪几类？
5. 物理储氢的原理是什么？
6. 氢作为能量物质，储存和运输过程的最大难题是什么？
7. 氢能作为燃料电池利用过程的优缺点是什么？
8. 氢燃气轮机的工作原理及发展最大障碍是什么？
9. 请谈谈我国未来氢能利用的主要方式。

参考文献

[1] 魏伯乐，安德斯·维杰克曼 A. 翻转极限：生态文明的觉醒之路 [M]. 程一恒，译. 上海：同济大学出版社，2018.

[2] 张微. 制氢技术进展及经济性分析 [J]. 当代石油石化，2022，30（7）：31-36.

[3] 杨阳，张胜中，王红涛. 碱性电解水制氢关键材料研究进展 [J]. 现代化工，2021，41（05）：78-82.

[4] Lee J, Alama, Ju H. Multidimensional and transient modeling of an alkaline water electrolysis cell [J]. International Journal of Hydrogen Energy, 2021, 46(26): 78-90.

[5] 薛博欣. 耐碱型有机阳离子的分子结构设计及阴离子交换膜制备 [D]. 合肥：中国科学技术大学，2020.

[6] Henkensmeier D, Najibah M, Harms C, et al. Overview: State-of-the art commercial membranes for anion exchange membrane water electrolysis [J]. Journal of Electrochemical Energy Conversion and Storage, 2021, 18(2): 24-30.

[7] Nechache A, Hody S. Alternative and innovative solid oxide electrolysis cell materials: A short review [J]. Renewable and Sustainable Energy Reviews, 2021, 14(9): 111-117.

[8] Wallman P, Thorsness C, Winter J. Hydrogen production from wastes [J]. Energy, 1998, 23(4): 271-278.

[9] 马建新, 刘绍军, 周伟, 等. 加氢站氢气运输方案比选 [J]. 同济大学学报（自然科学版）, 2008（5）: 615-619.

[10] Barthelemy H, Weber M, Barbier F. Hydrogen storage: recent improvements and industrial perspectives [J]. International Journal of Hydrogen Energy, 2017, 42(11): 7254-7262.

[11] 卢金炼. 高密度储氢材料设计与储氢机制研究 [D]. 湘潭: 湘潭大学, 2016.

[12] Liu X, McGrady G S, Langmi H W, et al. Facile cycling of ti-doped LiAlH$_4$ for high performance hydrogen storage [J]. Journal of the American Chemical Society, 2009, 131: 5032-5033.

[13] Teichmann D, Stark K, Müller K, et al. Energy storage in residential and commercial buildings via Liquid Organic Hydrogen Carriers(LOHC) [J]. Energy & Environmental Science, 2012, 5: 9044-9054.

[14] Wei J, Yao R, Ge Q, et al. Precisely regulating Brønsted acid sites to promote the synthesis of light aromatics via CO_2 hydrogenation [J]. Applied Catalysis B: Environmental, 2021, 283: 119648.

[15] Behrens M, Studt F, Kasatkin I, et al. The active site of methanol synthesis over Cu/ZnO/Al$_2$O$_3$ industrial catalysts [J]. Science, 2012, 336(6083): 893-897.

[16] Zhou H, Chen Z, López A V, et al. Engineering the Cu/Mo$_2$CTx (MXene) interface to drive CO_2 hydrogenation to methanol [J]. Nature Catalysis, 2021, 4: 860-871.

[17] Bai S T, Smet G D, Liao Y, et al. Homogeneous and heterogeneous catalysts for hydrogenation of CO_2 to methanol under mild conditions [J]. Chemical Society Reviews, 2021, 50: 4259-4298.

[18] Gong A, Verstraete D. Fuel cell propulsion in small fixed-wing unmanned aerial vehicles: Current status and research needs [J]. International Journal of Hydrogen Energy, 2017, 42(33): 21311-21333.

[19] Richard S, Claus B. Introduction to engineering thermodynamics [M]. 2nd ed. New Jersey: Wiley, 2001.

[20] 曹军文，张文强，李一枫，等．中国制氢技术的发展现状［J］．化学进展，2021，33（12）：2215-2244.

第三章 资源碳中和

资源碳中和指化石资源净零消耗。资源分为灰、蓝和绿。"灰资源"包括煤炭、石油、天然气、铁矿石、石灰石等化石资源,"蓝资源"包括循环利用的资源和利用增效的化石资源等,"绿资源"包括风光水、生物质、捕集的CO_2等。我国资源碳中和路线可从资源增效出发,促进"灰资源"开采达峰;随后将资源循环作为发力点,促进"蓝资源"利用提效减碳;最后以零碳资源替代为目标,促进"绿资源"替代化石资源(图3-1)。

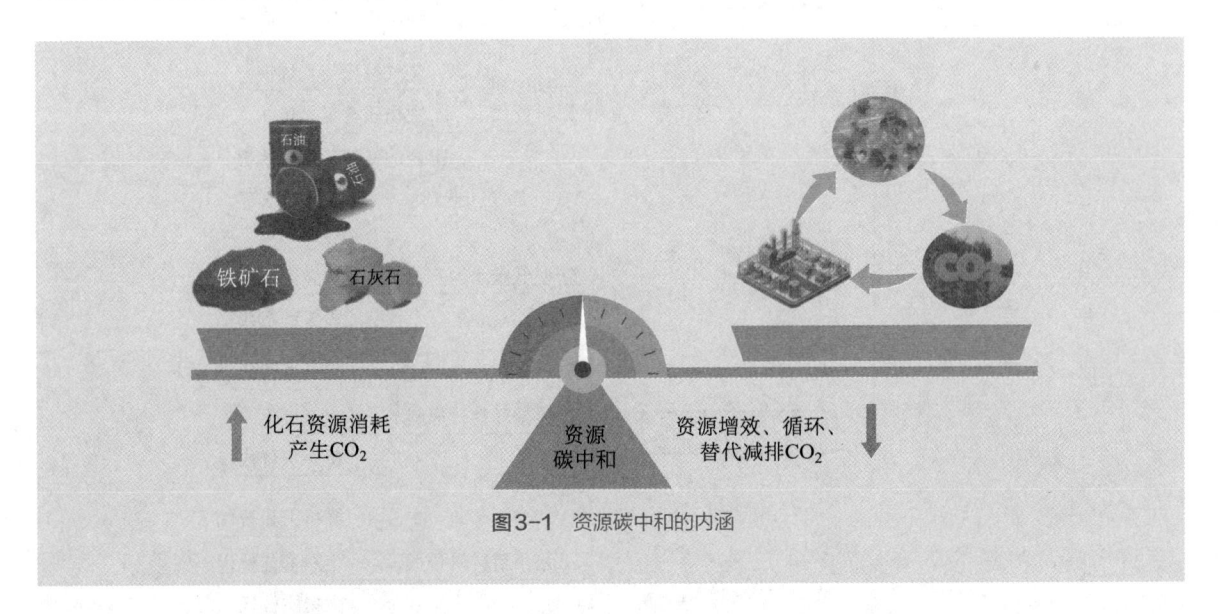

图3-1 资源碳中和的内涵

资源碳中和能够有效解决我国资源环境约束的突出问题,减少初次生产过程中的碳排放。目前,全球资源消耗以"灰资源""蓝资源"为主,未来将逐渐向"绿资源"转变。

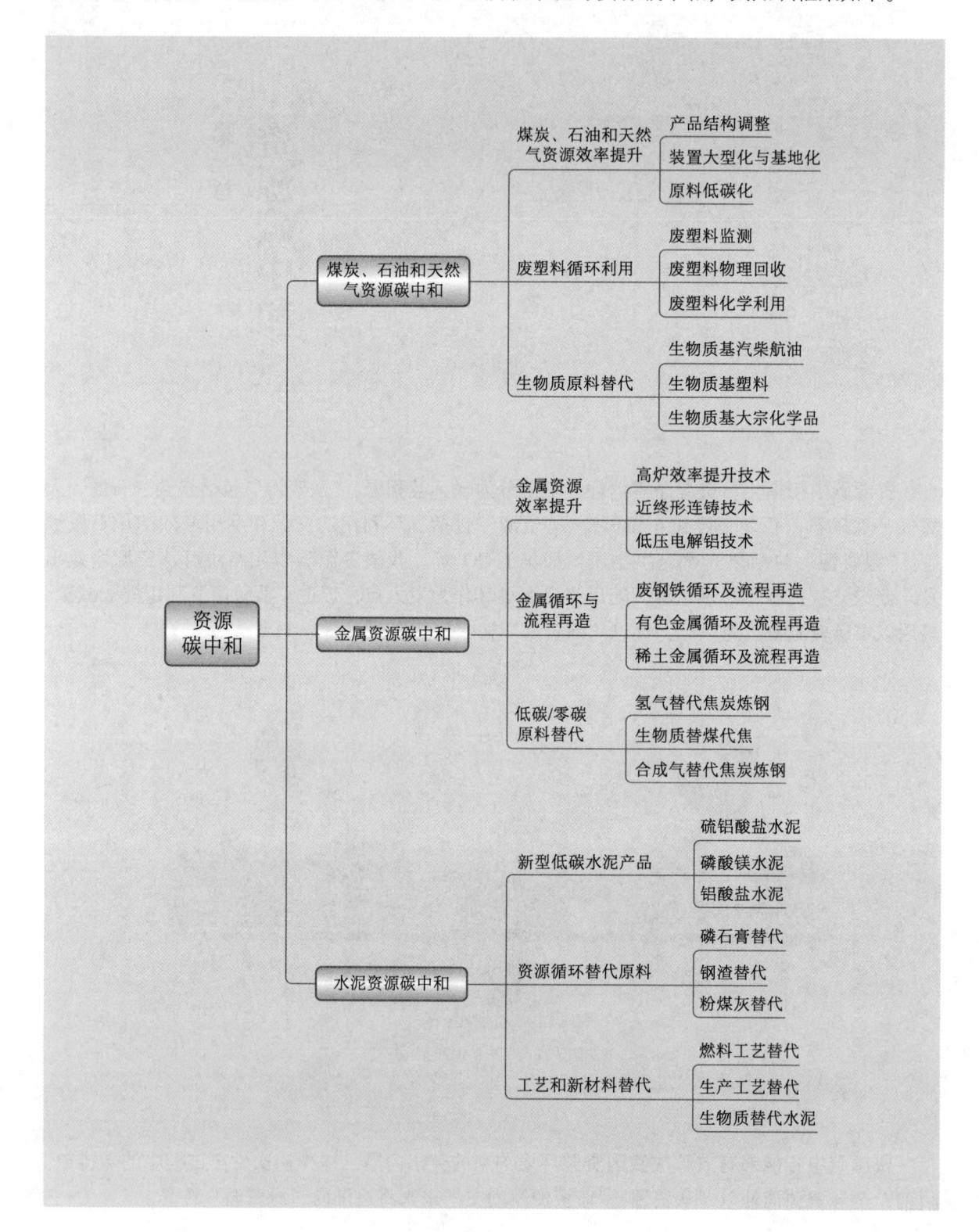

本章将重点介绍煤炭、石油、天然气、金属和水泥等资源碳中和，其知识框架如下。

```
资源碳中和
├── 煤炭、石油和天然气资源碳中和
│   ├── 煤炭、石油和天然气资源效率提升
│   │   ├── 产品结构调整
│   │   ├── 装置大型化与基地化
│   │   └── 原料低碳化
│   ├── 废塑料循环利用
│   │   ├── 废塑料监测
│   │   ├── 废塑料物理回收
│   │   └── 废塑料化学利用
│   └── 生物质原料替代
│       ├── 生物质基汽柴航油
│       ├── 生物质基塑料
│       └── 生物质基大宗化学品
├── 金属资源碳中和
│   ├── 金属资源效率提升
│   │   ├── 高炉效率提升技术
│   │   ├── 近终形连铸技术
│   │   └── 低压电解铝技术
│   ├── 金属循环与流程再造
│   │   ├── 废钢铁循环及流程再造
│   │   ├── 有色金属循环及流程再造
│   │   └── 稀土金属循环及流程再造
│   └── 低碳/零碳原料替代
│       ├── 氢气替代焦炭炼钢
│       ├── 生物质替煤代焦
│       └── 合成气替代焦炭炼钢
└── 水泥资源碳中和
    ├── 新型低碳水泥产品
    │   ├── 硫铝酸盐水泥
    │   ├── 磷酸镁水泥
    │   └── 铝酸盐水泥
    ├── 资源循环替代原料
    │   ├── 磷石膏替代
    │   ├── 钢渣替代
    │   └── 粉煤灰替代
    └── 工艺和新材料替代
        ├── 燃料工艺替代
        ├── 生产工艺替代
        └── 生物质替代水泥
```

第一节
煤炭、石油和天然气资源碳中和

煤炭、石油和天然气是主要的"灰资源",也是全球石油化工的基础原料,包括炔烃、烯烃、芳香烃及合成气四大类,由这些基础原料可以制备出各种重要的有机化工产品和合成材料。因此在推进煤炭、石油和天然气碳中和进程中,应当首先促进化工资源利用效率提升,减少煤炭、石油和天然气原料消耗;其次推动化石基产品如废塑料等"蓝资源"的循环利用,实现产品端净零排放;最终采用风光水、生物质、CO_2等"绿资源"替代,实现化石资源净零消耗。本节将重点介绍煤炭、石油和天然气资源效率提升、废塑料循环利用及生物质原料替代,其中风、光、水和CO_2替代分别在第二章、第五章介绍。

一、煤炭、石油和天然气资源效率提升

通过创新驱动提升煤炭、石油和天然气资源利用效率,主要包括产品结构调整、装置大型化与基地化、原料低碳化。

(一) 产品结构调整

煤炭、石油和天然气转化产品结构调整是指石化终端产品从汽油、柴油、天然气等燃料调整为化学品、塑料、橡胶等固碳产品。如图3-2所示,石油和天然气经开采后,将原油通过蒸馏分离等炼制方式可以生产符合内燃机使用的煤油、汽油、柴油等成品油,也可以裂解成各种烯烃、苯类化学品,进一步合成、聚合可以生产塑料、化学纤维、涂料、农药等产品。

在产品结构调整中,我国从石油炼制向化工产品转型已经走过了30多年的历程,历经积淀,通过工艺改进、路线优化和技术组合逐步实现了油转化。从石油催化裂化多产丙烯到化工原料生产,再到原油直接蒸汽裂解制烯烃,石油制化学品的比例已逐步提高。从成品油的收率可以看出该工厂主要是产油还是产化工品,成品油收率越低的工厂说明加工方向越偏向化工,加工深度也越高。据统计,2022年中国独立炼厂成品油收率继续下降至58%,中石油、中石化和浙江石化的炼油成品油收率分别在66%、57%和42%左右,这些代表性的炼化一体化企业都在积极寻找能够降低成品油收率的办法,石油天然气资源利用效率提升显著。

中石化镇海炼化代表了中国炼油化工行业的先进水平,拥有2 300万t/a原油加工能力、100万t/a乙烯生产能力和200万t/a芳烃生产能力等。目前,镇海炼化与镇海基地23家合资合作企业正在向"降油增化"目标转型,涵盖石油化工、化学品制造、医药化工、化学纤维等产业。园区基本形成了以上游石油加工为主导、多元化产业源头及中下游化学品产业配套发展的上下游一体化的石化产业体系,即"油头化尾"的产业链,减碳、环境、经济和社会

图3-2 石油天然气转化产业链

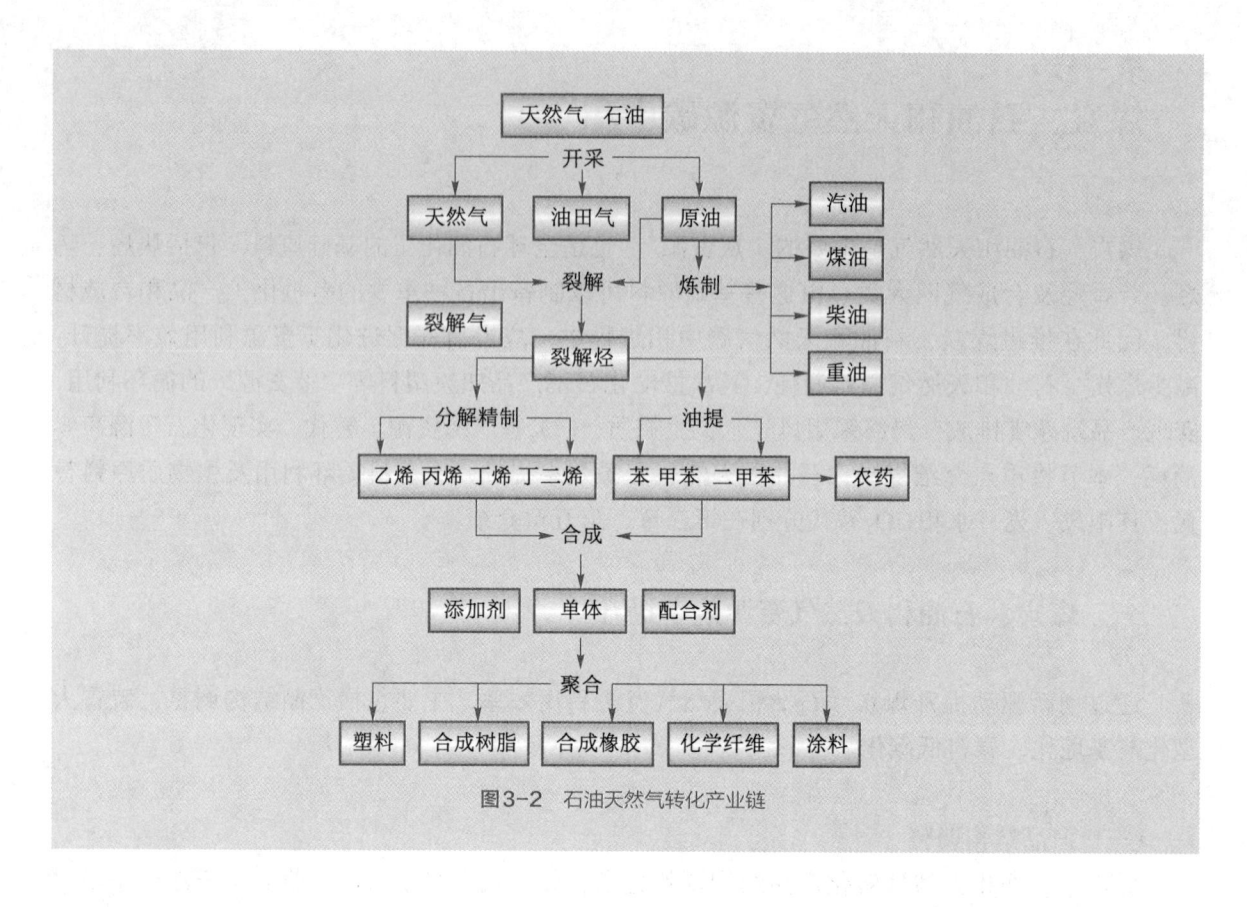

综合效益显著。园区引来了"生态检测师"白鹭在炼化装置间繁衍生息，2022年成功入选全球《企业生物多样性保护案例集》。

（二）装置大型化与基地化

装置大型化与基地化指未来炼油厂需要装置大型化且炼化一体，可通过单元效率的提升以降低炼化全流程的能耗和碳排放，是资源结构优化的重要途径。炼油厂加工规模的加大，不仅利于油品的集中加工和利用、实现能量的高效合理利用和工艺流程的优化，节约了安全环保设施的单位投入费用等，能够明显降低产品的生产费用，获得很好的经济效益，还可以实现节约用地、减少投资、节能减排的目标。我国布局了七大炼化基地（表3-1），全部投射沿海重点开发区，瞄准现有三大石化聚集区，同时立足海上能源资源进口的重要通道。

表3-1 我国七大炼化基地及代表项目

序号	基地	代表项目
1	大连长兴岛（西中岛）	中石油炼化一体化项目
2	上海漕泾	中石化高桥石化漕泾炼化一体化项目

续表

序号	基地	代表项目
3	广东惠州	中海油惠州炼化二期项目
4	福建古雷	中石化古雷炼化一体化项目
5	河北曹妃甸	中石化曹妃甸千万吨级炼油项目
6	江苏连云港	中石化连云港炼化一体化项目
7	浙江宁波	中石化镇海炼化一体化项目

以炼油综合能耗为例，中国千万吨级的炼油基地如中石化青岛石化、镇海炼化、茂名石化、上海石化等已达每吨原油消耗40~50 kg标准油，接近世界先进水平；但国内不少中小型炼厂仍高达60~90 kg。大型炼厂多通过分子炼油技术最有效地利用原油资源，即从分子水平认识石油加工过程，准确预测产品性质并优化工艺，将原料定向转化为产物分子，副产物少，实现石油的高值化利用。根据国家发展和改革委员会2021年印发的《石化产业规划布局方案》的意见，新建炼油项目要按照生产装置大型化基地化建设，要求炼油、乙烯、芳香烃新布点项目均建在产业基地内。

大型炼化企业应按照"宜烯则烯，宜芳则芳，宜油则油"原则，基于新型大炼化装置的灵活性，通过全流程中各套装置最佳负荷状态及市场需求，输出更高比例的化工产品。例如，上海化学工业区以石油和天然气化工为重点，发展合成新材料、精细化工等石油深加工产品，建成以乙烯为龙头的循环经济产业链、以化工新材料为主导的特色产业集群。"十三五"末，园区万元产值能耗较"十二五"末下降16%，能耗、耗水量、废气、废水指标领先全国同行业水平。

（三）原料低碳化

原料低碳化指采用天然气、氢气等含氢比例更高的化石原料替代煤炭、石油等高碳排放原料。天然气氢碳质量比在0.33左右，燃烧时所产生的CO_2大约只有煤炭的50%，所产生的空气污染物只有煤炭的10%。氢气燃烧没有CO_2排放，是炼油产品精炼和提质的宝贵资源，因此合理的氢气来源对碳减排和炼油成本降低具有重要意义，绿氢是资源加工过程能源替代的优选方案。

我国石化工业现有工艺流程是烃基炼化，随着绿氢成本的大幅降低及逐步大规模应用，绿氢将作为燃料用于高位热能供热，工艺流程将变为绿氢炼化，这必将对生产过程产生较大影响。如乙苯装置加热炉加热温度不大于400 ℃，可以用绿氢直接作为燃料，取代传统的燃料气加热炉，这可大幅减少碳排放，但需要对乙苯/苯乙烯工艺流程进行改造。

宝丰能源在内蒙古的300万t/a绿氢耦合煤制烯烃项目示范工程，是全球第一个绿氢规模化替代化石资源的商业化示范项目。工厂概念图如图3-3所示，通过绿电电解水制40万t/a绿氢，耦合260万t/a烯烃工程，可加速绿氢替代化石资源模式创新。

图3-3 "绿氢+化工"炼化工厂概念图
（资料来源：宝丰能源内蒙古300万t/a绿氢耦合煤制烯烃项目示范工程）

据预测，煤炭、石油和天然气资源效率提升可实现碳减排约1亿t。然而，我国高技术含量的新材料和高端石化产品产能严重不足，加工技术被国外垄断，对外依存度较高，需加强在效率提升技术方面的攻关。

二、废塑料循环利用

塑料生产所使用的化学品几乎全部来自石油，1 t塑料需要消耗2~5 t石油，排放CO_2 4~8 t，是"灰资源"驱动下产量最多的终端固态产品，因此废塑料的循环利用对煤炭、石油及天然气碳中和的意义重大。塑料是重要的有机合成高分子材料，它与合成橡胶、合成纤维形成了日常生活不可缺少的三大合成材料，应用非常广泛。废塑料是一种"白色污染"，难以降解，会对生态环境造成潜在危害。2021年中国产生的废塑料约为6 200万t，回收量占比仅为31%，若将废塑料循环利用，则可替代大量石油原料。据测算，每回收利用1 t废塑料可节省3 t塑料的使用，相比于原生塑料，每吨再生塑料的碳排放降低了2.3 t。下面将重点介绍废塑料的监测、物理回收、化学利用等。

（一）废塑料监测

塑料监测指综合运用无人机遥感、卫星遥感、地理信息系统、互联网、数据库等技术手段，参与排查、整治和清理废塑料并建立监测网络。建立废塑料、化学纤维、橡胶等的监测网络有助于了解该类废物的时空分布特性，从而可以在储量动态变化的约束下对废塑料进行高效储运，为后续循环利用减碳奠定基础。

对于量少且分散型废塑料的监管难题，可充分发挥卫星遥感高精度、高频次、覆盖范围广的技术优势，让废塑料等固体废物"尽收眼底"。对于废塑料产生量大的行业、地区和产业园区，可建立"互联网＋废塑料"综合利用信息管理系统。充分依托已有资源，鼓励社会力量开展废塑料综合利用交易信息服务，为产废和利废企业提供信息服务，分品种及时发布废塑料等产生单位、产生量、品质及利用情况等，提高废塑料等资源配置效率，促进废塑料等综合利用率的整体提升。

德国海因里希·伯尔基金会最新出版的《海洋地图集》展示了全球海域的监测结果，海洋里的塑料垃圾仅20%来自海洋（主要是船舶），剩余80%来自陆地。太平洋和大西洋中都已形成了比一些国家面积还大的漂浮塑料群（图3-4），该结果为拯救海洋白色污染提供了精准靶向。在我国，以"清废行动2019"专项行动为例，生态环境部卫星环境应用中心完成了长江经济带主要水系沿岸共103万 km² 的固体废物疑似点位解译，监测范围占整个长江经济带总面积的50%，为固体废物现场执法提供了帮助。在整治与清理环节，完成了固体废物问题点位整治进度遥感核实工作，节省了人工现场核实的成本。通过对比发现，遥感技术开展固体废物解译与核实所耗费的成本仅为人工成本的1/5。

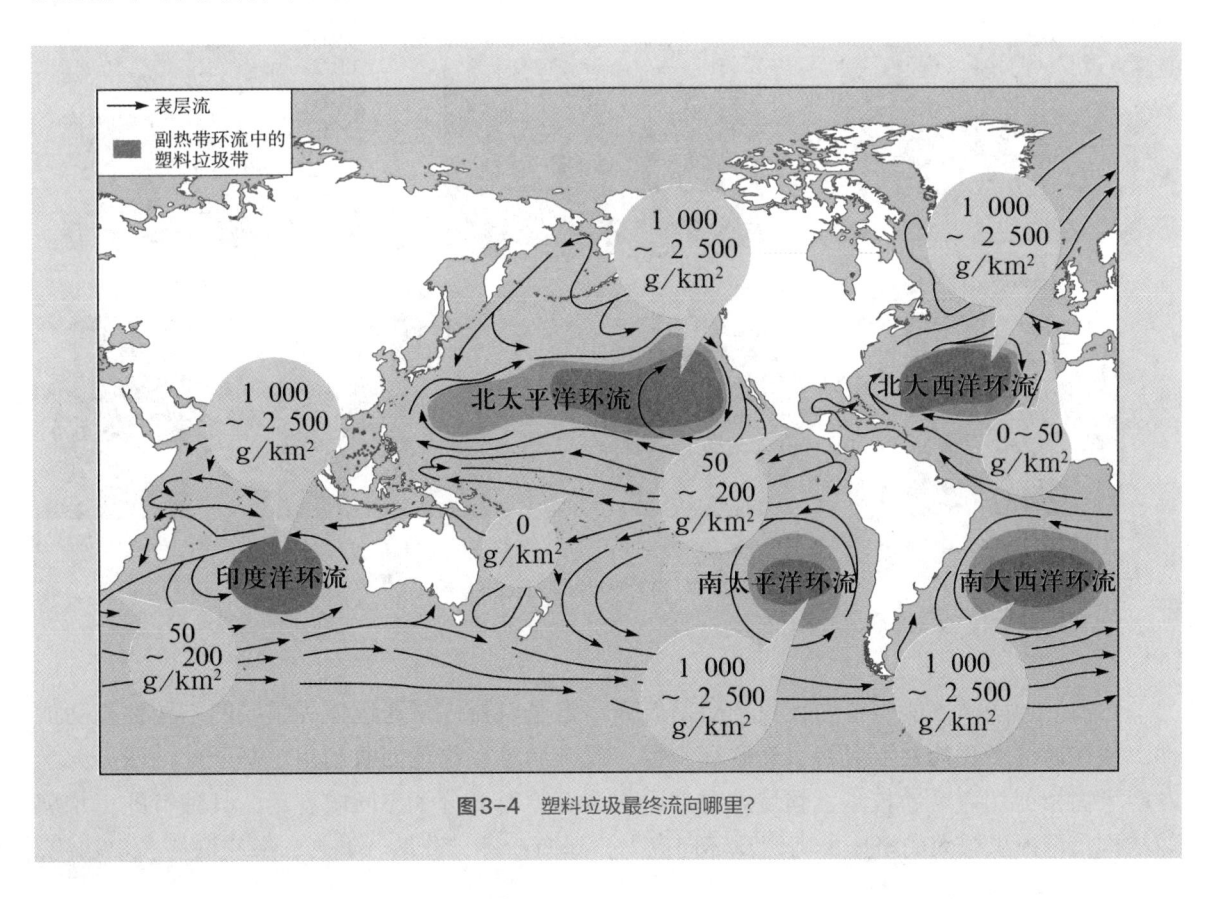

图3-4 塑料垃圾最终流向哪里？

（二）废塑料物理回收

塑料根据受热行为大致分为热固型和热塑型两类。前者无法重新塑造使用，后者可以再重复生产。废塑料物理回收指在不改变其化学组成的前提下，主要通过收集—粗略分类挑选—简单清洗破碎—熔融加工等步骤制备再生塑料制品，是目前塑料等废物的主要回收技术，具有工艺简单、成本低、投资少、应用广泛等优势。

早在20世纪70年代，物理回收就在我国江浙一带应用。因为早期废塑料、化学纤维、橡胶等制品成分单一，所以人们将废软聚氨酯泡沫塑料按一定的尺寸要求破碎后，用作包装容器的缓冲填料和地毯衬里料；或将废旧的聚氯乙烯制品经破碎及直接挤出后用作建筑物中的电线护管。目前，我国工程塑料产业正处于由中低端产品自给自足向中高端产品自主研发、进口替代的过渡阶段，复合高分子材料的产量逐年上升，其边角废料产量也在逐年增长，年产量约为30万t，累计产量超过400万t。

以风力发电机为例，其中塑料包括风力叶片和机舱罩，由于它们大多是热固型树脂基复合材料废物，在常规条件下具有不熔、不溶的特性，对它们可以采取重复利用、机械撕碎、粉碎的方式将叶片等复合材料固体废物制成块状、纤维状、粉末状等中间产品进行综合利用（图3-5），运行成本低，极易实现产业化。

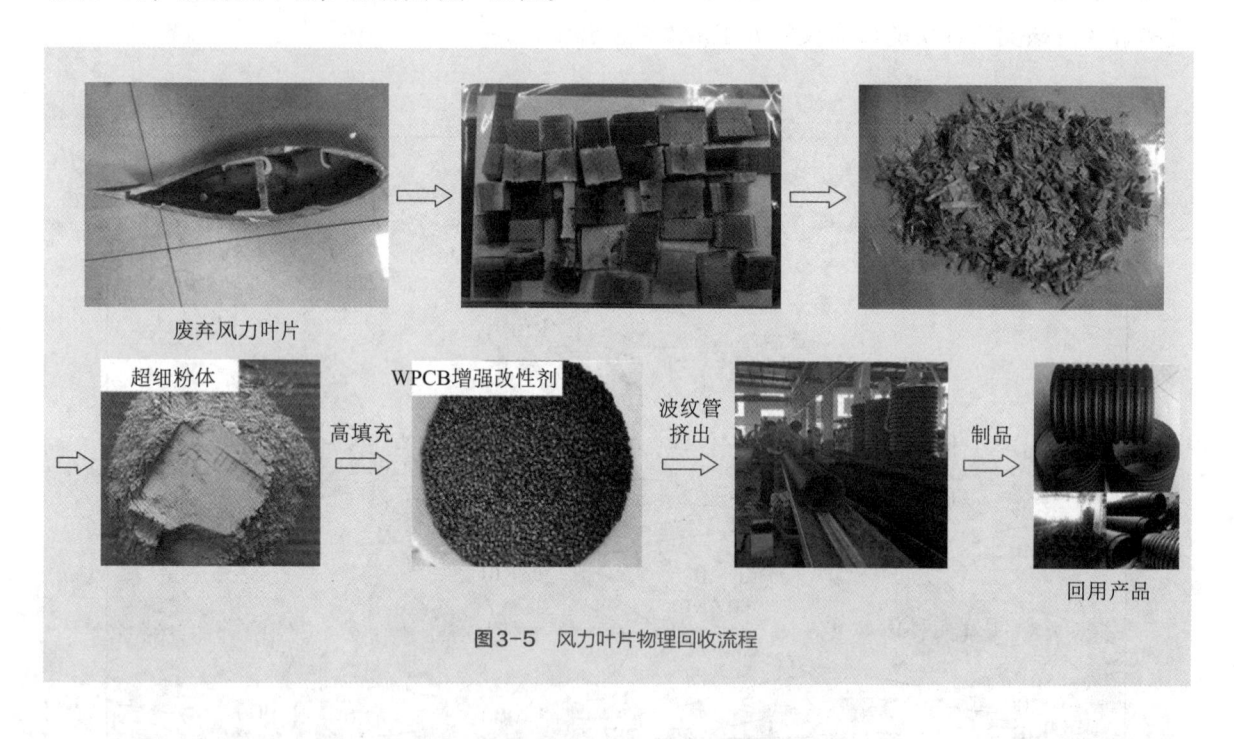

图3-5 风力叶片物理回收流程

然而，一些高性能塑料如应用于航空航天、电子电器、交通运输等领域的结构件和功能件，往往通过多功能共混复合、交联等制得，废弃后难以物理回收利用。基于此，四川大学发明了固相剪切碾磨新技术、新装备对难再生废弃塑料高分子态回收利用，其独特的三维剪切结构，可提供强大的挤压、剪切及环向应力，具有粉碎、分散、混合、解交联等多重功能，实现了难再生废弃高分子材料高分子态高值高效回收利用。

（三）废塑料化学利用

废塑料化学利用指在改变其化学键、分子链长度和构象的情况下，采用裂解技术等将废弃塑料等降级回收为可再次使用的燃料（汽油、柴油等）或化工原料（乙烯、丙烯等）。相比物理回收，化学利用重要的优势之一是可以获得原始聚合物的质量、更高的塑料回收率，能够将难以回收的塑料制品在分子层面转化为具有原生质量的原材料，用于生产各种有价值的新产品。化学利用技术主要分为热/催化裂解生产化工原料、燃料油（气）和化学溶剂分解制备化工单体两种方向。

废塑料化学利用的历史可以追溯到20世纪60年代（表3-2）。在全球发生能源恐慌时，美国、欧洲和日本等发达国家和地区开始研究将塑料产品回收起来热解制成燃油，产品主要为重油和蜡状固体，借此方式节约和替代一部分石油和天然气，这是循环经济的早期雏形。

表3-2 废塑料化学利用技术的发展史

阶段	时间	国家和地区	研发原因	发展情况	驱动力	油价
初始	20世纪60至90年代	美国德国日本	国际能源恐慌、三次石油危机	废塑料热裂解制燃油工艺发展，出现Thermofuel工艺、Smuda工艺、Hamburg工艺、日本富士回收法等，建起一些工业示范装置	石油、天然气替代	1~37美元
	20世纪90年代	中国	中国能源需求上涨	中国废塑料化学利用进入初级发展阶段，多地建起了小规模废塑料炼油工厂土法炼油，但是产品质量差、污染严重		最高42美元
发展	20世纪末至2015年	美国欧洲中国日本	油价持续上涨、环境问题严重	美国、欧洲和日本等发达国家和地区面临"白色污染""垃圾围城"等环境问题，重点发展垃圾焚烧技术，废塑料化学利用技术因经济性不足，商业化未出现实质性突破。中国废塑料化学利用技术（土法炼油）由于环境保护指标不达标，被政策限制发展，研究和工业化陷入低谷	石油、天然气替代	最高147美元
提速	2015年至今	全球	塑料污染的危害性成为全球共识	废塑料化学利用技术成为研究热点。欧洲、美国、中国出现工业化生产项目	社会治理	16~120美元

中石化开发的废塑料生产低杂质油品技术（SPWO）热解油收率可达82%，达到了最大量生产低杂质油品的目的。日本三菱化学株式会社与英国Mura Technology公司合作利用塑料废物制造化学产品和燃油原料，并将在茨城工厂投建水热塑料回收技术（Hydro-PRT）。Hydro-PRT与传统的直接热分解技术相比，能以很高的收率获得与石油来源原料相同品质（不经前处理即可投入既有设备）的回收利用合成油。

然而，由于化学利用装备复杂、能耗高，从经济角度考虑一直被认为难以推广应用。据统计，2030年前，塑料回收利用潜力的释放主要来自物理回收水平的提高，而化学利用在2030年后有望得到较大规模的应用（图3-6）。

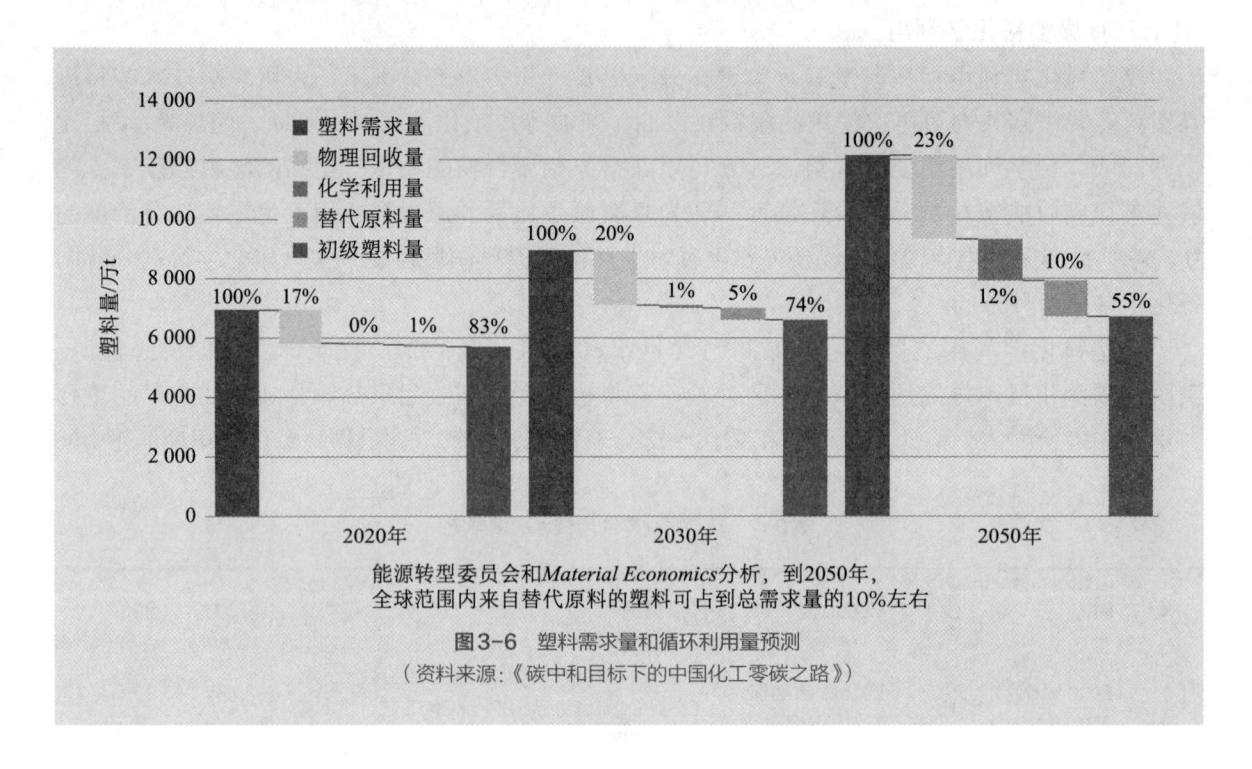

图3-6 塑料需求量和循环利用量预测
（资料来源：《碳中和目标下的中国化工零碳之路》）

目前，我国已初步形成了较为健全的塑料垃圾回收利用技术链条，带动了废塑料循环利用产业的快速发展（图3-7）。随着我国废塑料、化学纤维、橡胶等废弃高分子回收再生网络覆盖范围增广且规模增大，近年来回收利用的"蓝资源"塑料总体呈现逐步增长趋势。

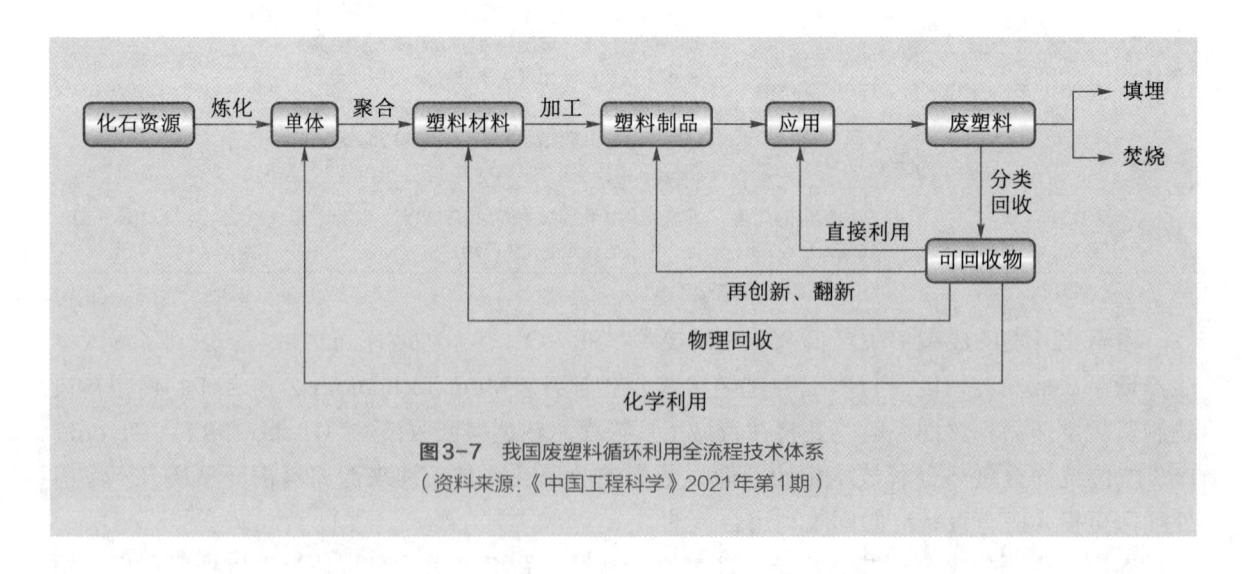

图3-7 我国废塑料循环利用全流程技术体系
（资料来源：《中国工程科学》2021年第1期）

三、生物质原料替代

生物质是利用太阳能固定大气CO_2的主角,具有零碳排放属性。2019年全球生物质能产量达到8 412万t油当量,包括农作物秸秆、农产品加工剩余物、畜禽粪便、林业剩余物、城市生活垃圾、工业废水/生活污水、餐饮废油和棉籽油等。据美国《生物质技术路线图》规划,2030年生物质基化学品将替代25%的有机化学品和20%的石油。我国规划未来现代生物制造产业产值超过1万亿元,生物质基产品比重达到25%,包括生物燃油、生物质基化学品等(图3-8)。下面将重点介绍生物质基汽柴航油、生物质基塑料和生物质基大宗化学品。

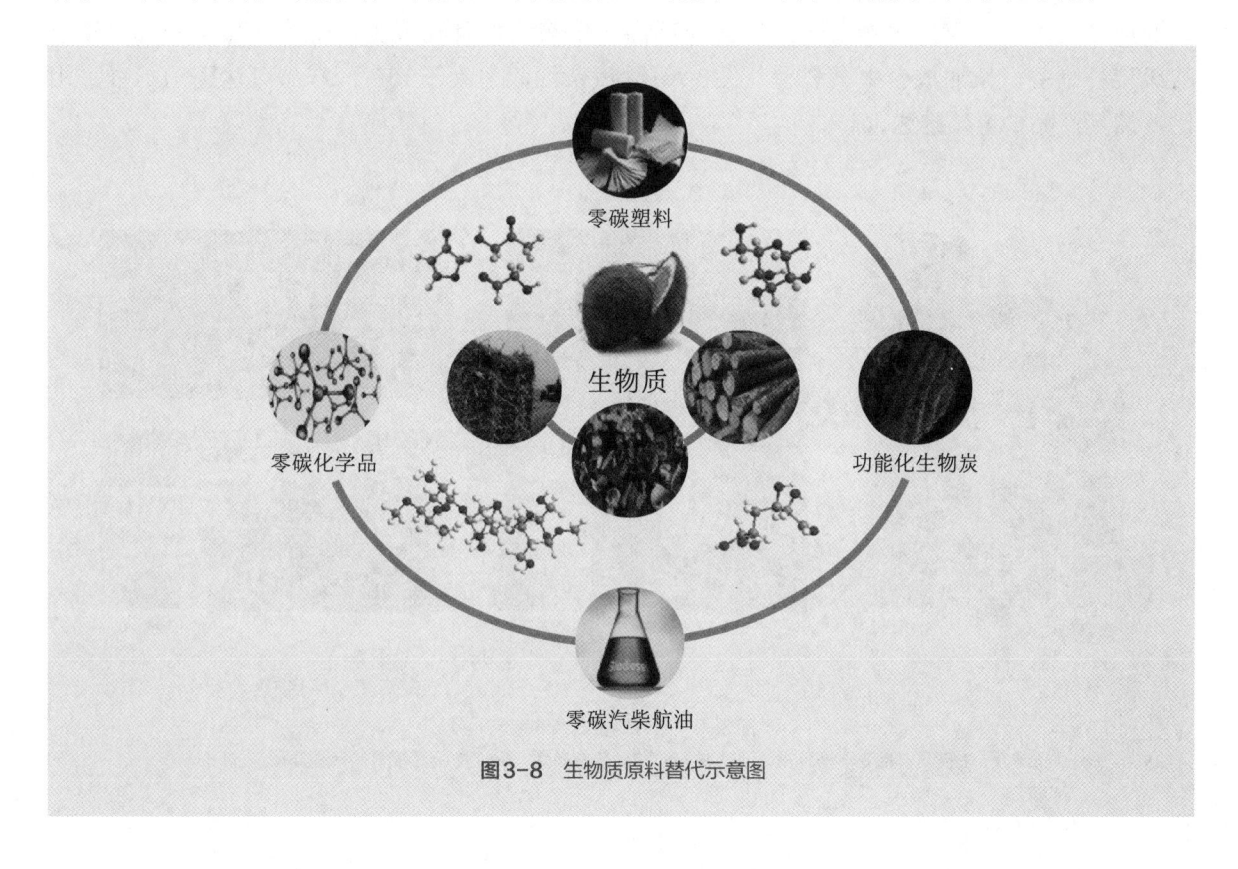

图3-8 生物质原料替代示意图

(一) 生物质基汽柴航油

生物质基汽柴航油是秸秆、酒糟、餐饮废油等生物质经过各种处理后得到的与石油基产品性质相同并可以互溶的产品,包括生物质基汽油、柴油和航油(即航空煤油)。相较于以脂肪酸甲酯为代表的生物柴油,生物质基汽柴航油的原料是不"与粮争地"的废弃生物质,且将生物质液体燃料转化为热值高的不含氧的类石油基烃类燃料,可不改变现有发动机的性质,供车辆直接使用而无须做任何改造,有可能成为未来炼油低碳原料替代的重要组成部分。生物质基汽柴航油可为交通运输供应清洁能源,最大限度地减少碳排放,同时降低我国石油对外依存度(2020年高达73%),保障国家能源安全。

然而，与石油原料相比，生物质原料在炼制加工上具有较多不同。一方面，生物质原料的含氧量高（质量分数达40%），在加热过程中黏度会迅速增加，产生聚合、相分离、结焦等现象。另一方面，生物质含水率高，导致干燥能耗较高。目前，生物质炼油的基础设施投资运行费用高，稳定性较低，如何大幅度降低生物质基燃油的成本且稳定生产是当前研究开发生物质基汽柴航油的主要关注点。

20世纪90年代，美国开始开展生物质热解-生物油加氢提质制备汽柴油的相关研究，德国BFH、荷兰Shell等研究机构也开展了生物质液化制备汽柴油的相关研究。近年来，四川大学联合华东理工大学、中石化集团等，开发了生物质非相变干燥-快速热解-加氢提质制汽柴油成套技术，攻克了生物质干燥热解能耗高、生物油加氢脱氧过程中的结焦难题，已建成吨级秸秆制备汽柴油成套中试装置（图3-9），汽柴油收率大于15%，产品可达国Ⅵ标准，相比石油基产品CO_2减排达66%。

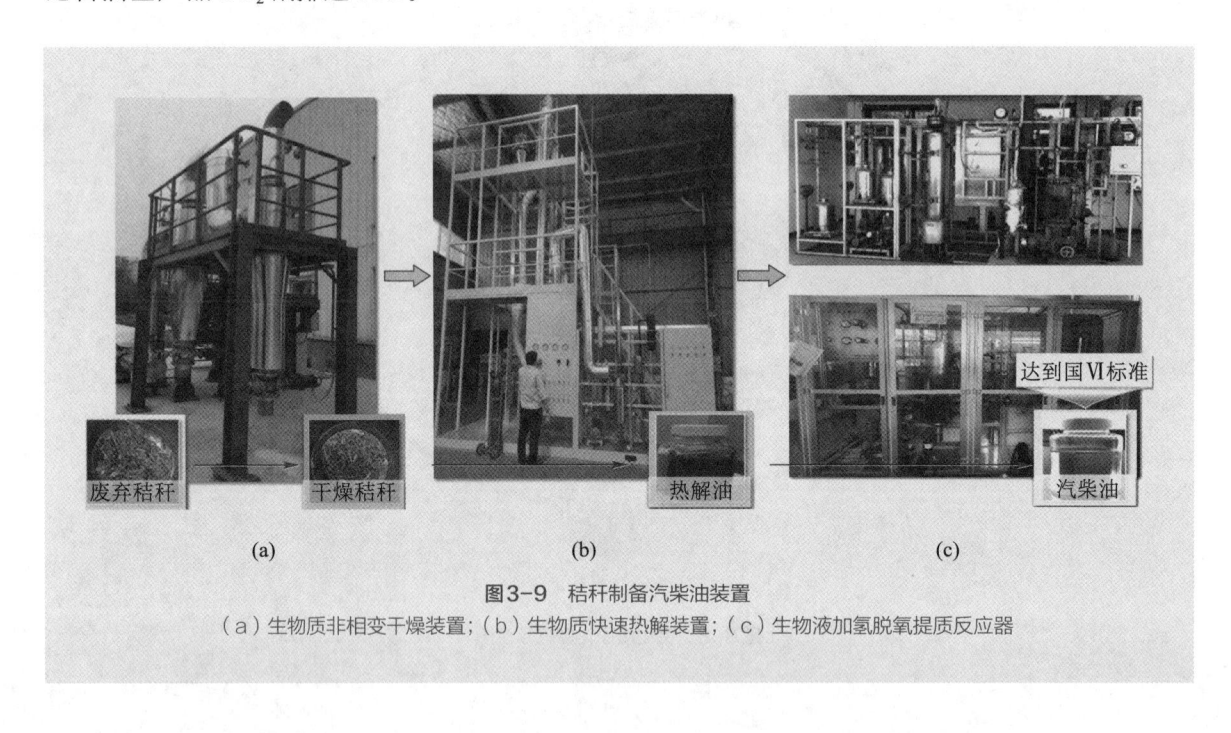

图3-9 秸秆制备汽柴油装置
（a）生物质非相变干燥装置；（b）生物质快速热解装置；（c）生物液加氢脱氧提质反应器

2013年，使用我国自主研发生产的生物质基航空煤油的商业客机首次试飞成功。2014年我国取得了第一张生物航空煤油适航证，先后进行过国内航线从上海至北京的商业飞行，国际航线从北京至芝加哥的跨洋飞行。2020年8月，中国首套生物质基航空煤油大型工业化装置（10万t/a）在中石化集团镇海公司炼化建成，意味着我国生物质基航空煤油可实现规模化生产。与传统石油基航空煤油相比，生物质基航空煤油全生命周期CO_2排放最高可减排50%以上。

航空生物燃料技术已较为成熟，但原料局限于动植物油脂基航空煤油。动植物油脂基航空煤油能量密度高，分子结构与航空生物燃料接近，与化石航空煤油掺混度高（达50%），发展潜力较大，是当前可持续航空燃料重要的来源。然而，以动植物油脂作为主要原料会存在原料供应问题，未来生物航空燃料的原料应以秸秆、酒糟等农林业、工业副产物大宗固体废物为主。

（二）生物质基塑料

生物质基塑料是生产原料全部或部分来源于可再生生物质的新型材料，又可称为生物基塑料，是目前生物质基化学品下游材料最主要的应用领域。根据能否被微生物（细菌、霉菌、藻类等）在一定条件下分解成小分子化合物，又分为可生物降解和不可生物降解塑料两类。据欧洲生物塑料协会（European Bioplastics）分类，生物质基的聚羟基脂肪酸酯（PHA）、聚乳酸（PLA）及淀粉基塑料等均为可生物降解塑料，而生物质基聚乙烯（PE）、聚丙烯（PP）及尼龙（PA）系列等均不可生物降解。

生物质基塑料具有优秀的碳减排潜力，CO_2 排放量只相当于传统塑料的 20%。废弃生物质作为生成塑料的原料，通过提供长链的生物质基环氧化合物，与 CO_2 创新和高效合成生物质基聚碳酸酯材料等高分子（图3-10），带来了更大的减排潜力。然而，2020年全球生产塑料近3.6亿t，生物质基塑料产量近211万t，占比不到1%。随着需求的增长，以及越来越多生物质基聚合物产品和应用的出现，生物质基塑料的市场在不断增长。

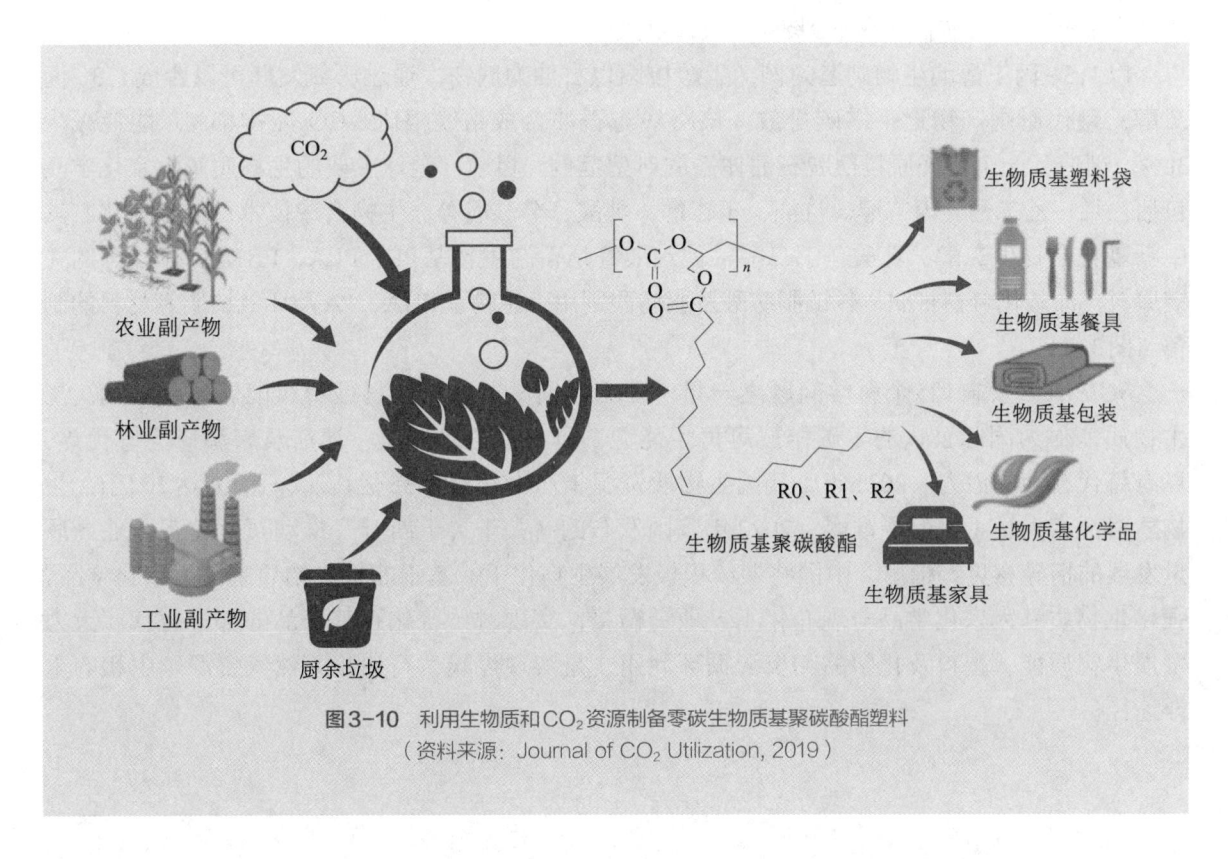

图3-10 利用生物质和 CO_2 资源制备零碳生物质基聚碳酸酯塑料
（资料来源：Journal of CO_2 Utilization, 2019）

四川大学突破了可生物降解的环酯共聚物在温和条件下（无催化剂、无溶剂、120 ℃）高效解聚获得其共聚环酯单体的难题，通过回收单体的重新共聚，可控合成了与原解聚共聚物结构和性能相同的再生共聚物，从而实现了该类高分子的闭环化学循环。日本电气公司开发出以植物为原料的生物质基塑料，其热传导率与不锈钢不相上下。在以玉米为原料的聚乳酸树脂中混入长数毫米、直径0.01 mm的碳纤维和特殊的黏合剂，制得新型高热传导率的生物质基塑料。当加入10%的碳纤维时，生物质基塑料的热传导率与不锈钢不相上下；当加入30%的碳纤维时，生物质基塑料的热传导率为不锈钢的2倍，密度只有不锈钢的1/5。这种生物质基塑料除导热性能好外，还具有质量小、易成型、对环境污染小等优点，可用于生产轻薄型的计算机、手机等电子产品的外框。

（三）生物质基大宗化学品

　　生物质基大宗化学品指利用可再生的生物质原料进行大宗化学品和高附加值精细化学品的合成，是替代高度依赖石油等化石资源、高能耗及环境污染的传统化学催化生产方式的绿色途径。生物质基大宗化学品可实现化学过程无法合成，或者合成效率很低的石油化工产品的生物过程合成，促进CO_2的减排和转化利用，构建出工业经济发展的可再生原料路线。据经济合作与发展组织（OECD）预计，在2030年，全球至少有20%的石油化工产品可由生物质基产品替代，目前替代率不到5%，缺口巨大。

　　以1,3-丙二醇的生物制造为例，丁酸梭菌以甘油为底物，通过厌氧发酵可以合成1,3-丙二醇，且代谢副产物近乎零碳排放，该路线与石油合成路线相比，CO_2减排63%，能耗减少30%，创造了一个化纤原料摆脱石油体系的典型范例。目前，全球主要的生物质基大宗化学品包括乙烯、乙二醇、丙二醇、甘油、丁二醇、乳酸、癸二酸等，生物合成技术已经产业化。其中糖基化合物丙二醇、乳酸、丁二醇、琥珀酸等是下游生物基PE、PLA、PET及PBAT等的关键原料，油基化合物甘油、长链脂肪酸及脂肪酸则用于生物基PHA、PA及环氧树脂等材料的制备（图3-11）。

　　SCIENCE 杂志125个科学问题之一是"什么时间——什么燃料或材料能够替代石油？"。生物质能作为国际公认的零碳排放可再生能源，具有绿色、低碳、清洁及来源广泛等优点，具有替代石油的潜力。2021年，我国生物质资源年产生量约为35亿t，碳汇潜力达20亿t，生物质资源潜力达4.6亿t标准煤。2022年我国发布的《关于"十四五"推动石化化工行业高质量发展的指导意见》指出，中国将继续积极发展生物化工，基于非粮生物质制造大宗化学品，强化生物质基大宗化学品与现有化工产业链衔接，实现对传统化石基产品的部分替代。大力发展生物质能、塑料及化学品和资源循环利用，是实现煤炭、石油和天然气资源碳中和的重要途径。

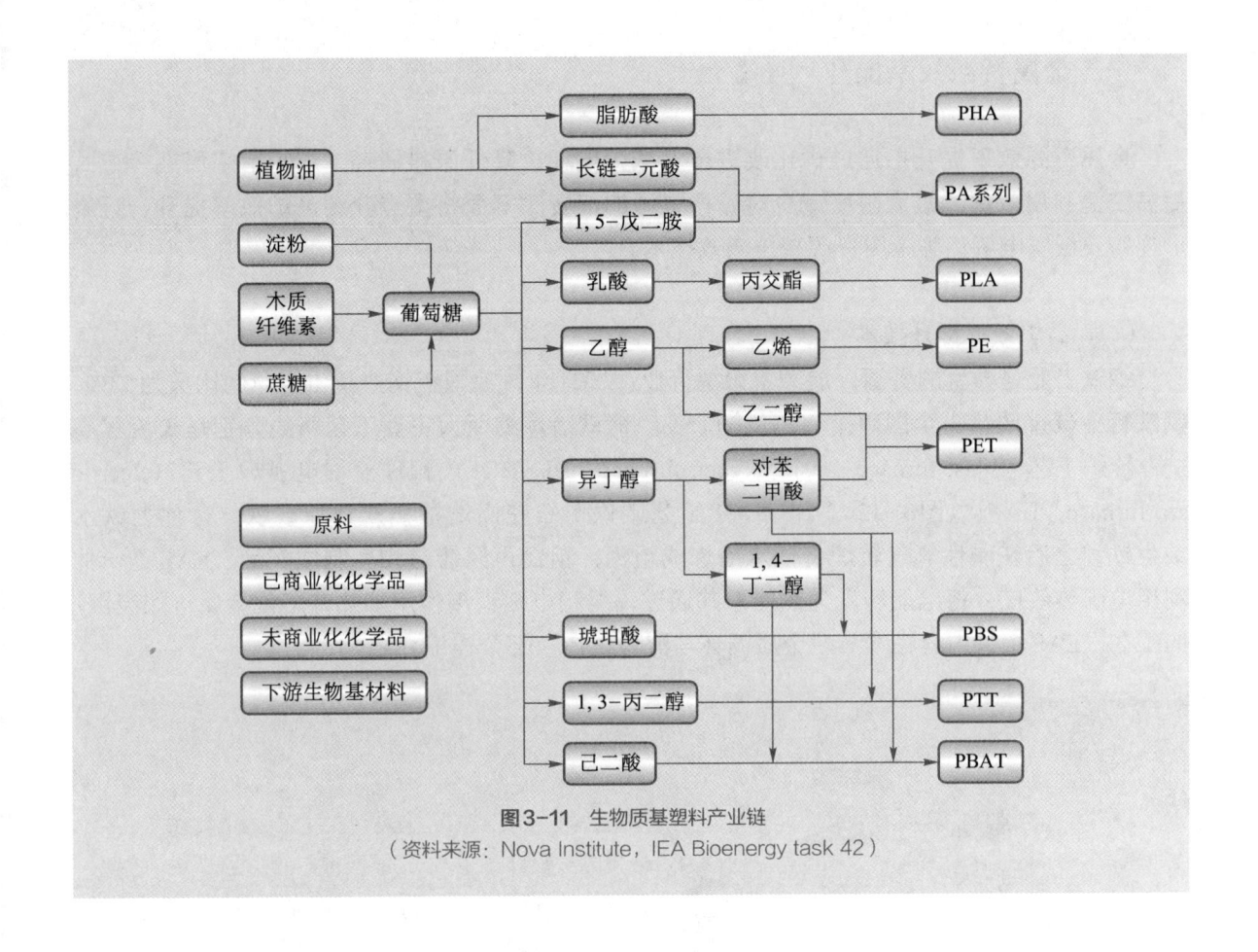

图3-11 生物质基塑料产业链
（资料来源：Nova Institute，IEA Bioenergy task 42）

第二节
金属资源碳中和

金属矿产资源从开采到冶炼加工全过程能耗高、污染重、CO_2排放量大。金属资源碳中和主要有三条路径：一是创新金属材料制造技术，提升金属资源加工效率，减少对矿产资源的浪费；二是加大废旧金属循环利用效率，改造生产工艺流程，降低对一次资源的依赖度；三是开发绿色资源替代技术，采用低碳或零碳原料替代煤炭等化石资源，降低钢铁生产碳排放。本节将重点介绍金属资源效率提升、金属循环与流程再造和低碳/零碳原料替代。

一、金属资源效率提升

金属资源效率提升指通过优化改进技术减少电耗、降低原料消耗、缩短冶炼周期等方式提高资源利用效率,最大限度减少对矿产资源的浪费。下面将重点介绍高炉效率提升、近终形连铸及低压电解铝等金属资源减排增效技术。

(一)高炉效率提升技术

钢铁工业是典型的资源、能源密集型行业。2021年,我国粗钢产量占全球的比重为53%,钢铁行业碳排放量占全国碳排放总量的15%。钢铁冶炼的两大主要工艺路线分别是长流程高炉-转炉工艺(blast furnace-basic oxygen furnace, BF-BOF)和短流程电弧炉工艺(electric arc furnace, EAF)(图3-12)。BF-BOF工艺中铁矿石在高炉被焦炭还原成铁,也称为铁水或生铁,之后在碱性氧气转炉将铁水冶炼成粗钢,粗钢再经铸造和轧制成产品。EAF是一种利用电弧热效应,将电能转变为热能,并通过辐射和电弧直接作用加热并熔化金属(如废钢)的工艺,EAF相关内容在本节"金属循环与流程再造"部分详细介绍。

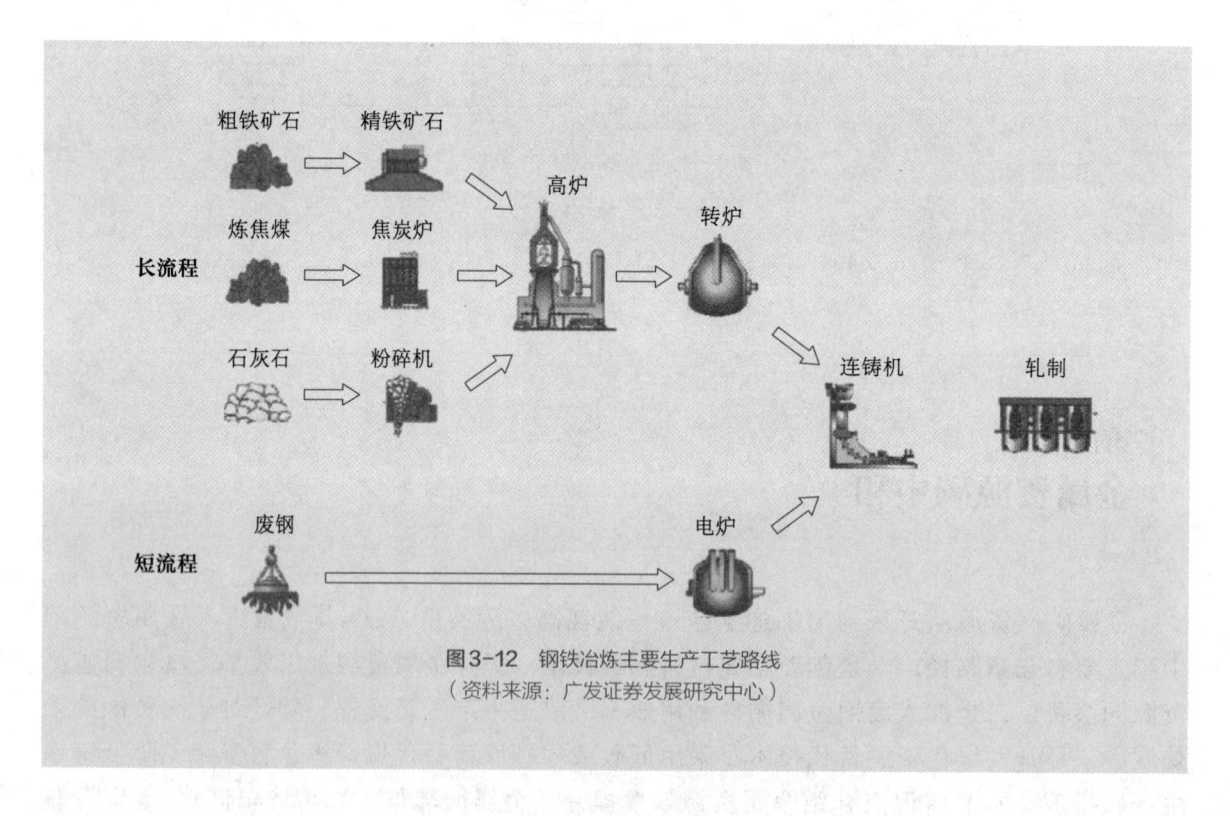

图3-12 钢铁冶炼主要生产工艺路线
(资料来源:广发证券发展研究中心)

目前,我国钢铁行业工艺流程仍以BF-BOF工艺为主,其在粗钢总产量中的占比高达90%。高炉炼铁环节需要消耗大量的"灰碳"煤作为还原剂和燃料,这一工序能耗占整个长流程工序能耗的50%以上，CO_2排放量占整个长流程碳排放总量的60%以上。根据我国资源禀赋，在未来相当长一段时间内煤炭仍将是钢铁工业主要的一次能源，因此降低钢铁行业能源消耗总量是当前减少CO_2直接排放的主要途径。生产资源节约型钢铁，提升传统高炉-转炉炼铁效率，开发高效低能耗高炉炼铁技术迫在眉睫。

现代高炉设计和操作工艺合理采用喷煤、高风温、高压、富氧等炼铁技术，可有效降低焦炭消耗和CO_2排放。例如，高炉富氧喷煤已成为国内外炼铁界普遍采用的技术，喷煤可以部分替代焦炭，鼓风中高富氧量能增强气体燃烧和煤燃烧速率，提高铁水产量和降低生产过程污染物排放。我国高炉一般富氧率在2.5%~4%。随着氧气含量的提高，可实现高炉炉顶煤气循环，这种氧气鼓吹高炉炉顶煤气循环工艺同时实现煤气回收和碳减排，回收的CO可作为还原剂代替焦炭。两种技术工艺示意图如图3-13所示。

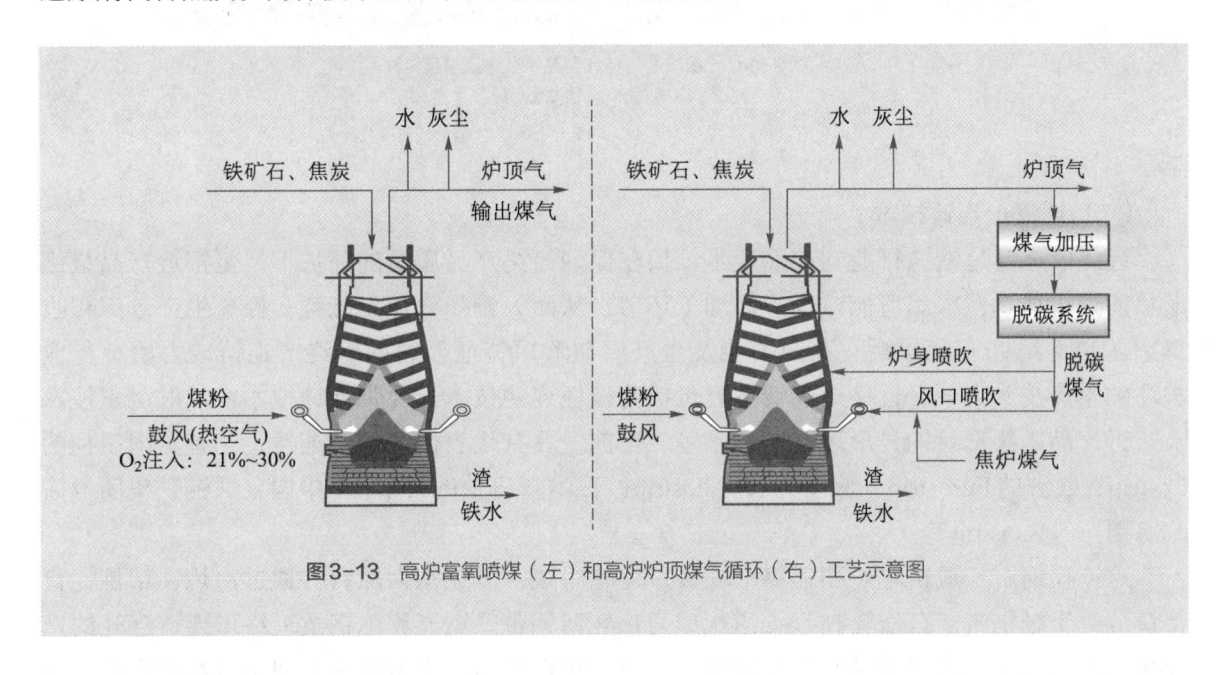

图3-13 高炉富氧喷煤（左）和高炉炉顶煤气循环（右）工艺示意图

宝武钢集团新疆八一钢铁有限公司氧气高炉突破了全球传统高炉富氧极限，鼓风氧气含量达35%。氧气高炉工艺使用纯氧气代替热鼓风，改造后的氧气高炉可减少碳排放40%以上，产能提升40%左右。

随着炼铁工艺装备水平大型化，工艺结构的不断优化，生产过程将更加连续化、紧凑化和高效化，生产效率明显提高，促进了节能降碳。中冶赛迪集团开发针对特大型高炉的稳定高效低耗生产技术，已应用到中国台塑集团越南2座4 350 m³高炉、宝武钢集团湛江2座5 050 m³高炉（图3-14）等国内外20余座特大型高炉，每年可节约标准煤约39.6万t，减少碳排放约104.5万t，有利于高炉钢铁生产工艺的绿色低碳发展。

图3-14 "重庆造"特大型高炉在湛江应用
（资料来源：中冶赛迪集团）

（二）近终形连铸技术

近终形连铸是钢铁行业的前沿技术，指在保证最终产品质量的前提下，更接近产品最终形状的连铸技术，以尽可能减少中间加工环节，从而大幅降低加工能耗、提高生产效率和收得率。20世纪90年代以后，高效节能及生产周期缩短特征显著的近终形连铸成为冶金行业关注的重点技术之一。近终形连铸主要包括薄板坯连铸技术、薄带连铸技术、喷射沉积技术及接近产品最终形状的异形坯连铸技术等。目前，具有代表性的薄带连铸工艺有美国纽柯的Castrip、欧洲的Eurostrip、韩国浦项的Postrip、日本新日铁的Hikari、中国宝武钢铁集团（简称宝钢）的Baostrip等。

短流程钢厂一般由电炉和近终形连铸、连轧组成，以废钢为原料，通过冶炼、精炼，直接铸成毫米级钢带，在线轧制1~2道次成为热轧薄钢带。短流程炼钢及近终形连铸连轧的产业化已进入成熟阶段，而且产品性能优于传统的热轧产品，更适合于难加工材料的生产，与连铸连轧过程相比，每吨钢可节能800 kJ，CO_2排放量降低约85%。

中国沙钢集团在工艺优化、装备改进、产品规格和品种拓展等方面进行大量自主创新，形成了一系列薄带铸轧高效稳定化生产关键技术。2022年4月，沙钢集团超薄带生产线实现0.75 mm薄规格量产，超薄带工艺总能耗仅有传统生产工艺的1/5左右，产生的CO_2排放量只有1/4左右（图3-15）。

（三）低压电解铝技术

有色金属（non-ferrous metal）又称非铁金属，是铁、锰、铬以外所有金属的统称，主要包括铝、铅、铜、锌等。铝是地壳储量最丰富的有色金属，在地壳中的含量仅次于氧和硅。铝行业产业链包括原铝生产、再生铝及铝加工及产品制造等，其中原铝生产CO_2排放量占比

图 3-15 沙钢超薄带生产车间
（资料来源：泰科钢铁）

最高。电解铝生产是有色行业最大的 CO_2 排放源，我国生产 1 t 电解铝产生的 CO_2 排放量为 11.2 t，超过生产 1 t 钢铁的 6 倍。

铝生命周期中碳排放主要集中于电解环节，占整个电解铝生产链碳排放总量的 65%（国际铝业协会，2019）。与欧美电解铝技术相比，我国电解铝企业在电解环节上的碳排量较高，主要原因是国内原铝电力能源严重依赖火电。因此，革新电解铝生产技术主要可以从两方面入手，即降低电压和提升电流效率，通过提升电解铝生产效率降低能耗来达到碳减排目的。

原铝最典型的生产工艺为冰晶石-氧化铝融盐电解法（霍尔-埃鲁法），电解阳极材料是常见的碳素体，阴极材料为铝液，熔融冰晶石是溶剂，氧化铝作为溶质，通入直流电后，在 950~970 ℃条件下，电解槽内的两极发生电化学反应，氧化铝被分解成金属铝（图 3-16）。化学反应主要通过以下方程进行：

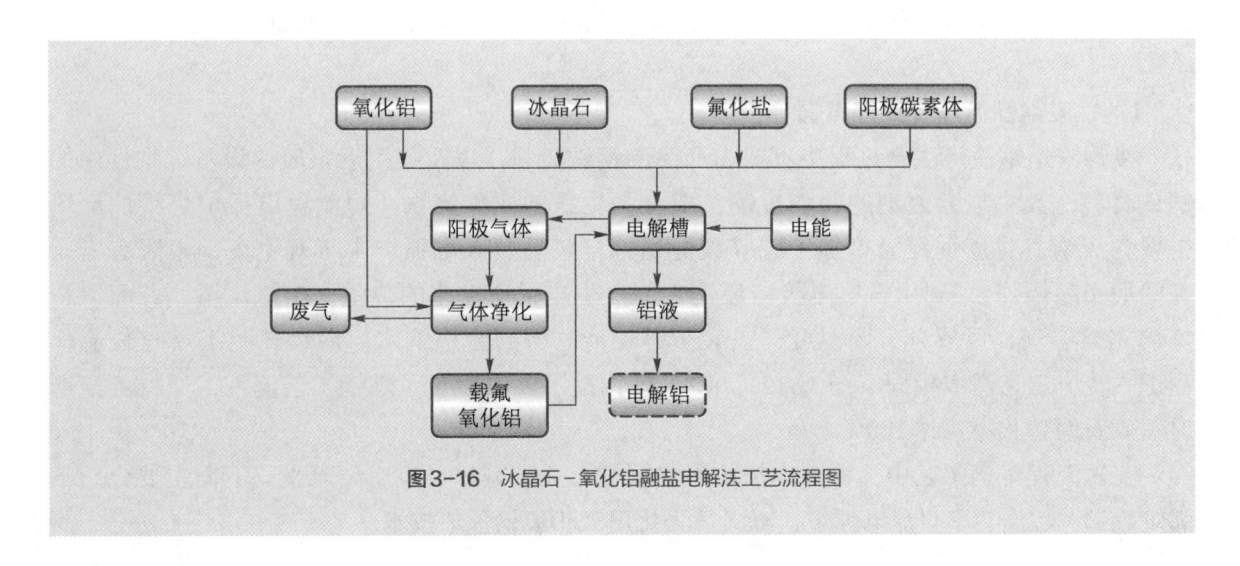

图 3-16 冰晶石-氧化铝融盐电解法工艺流程图

$$2Al_2O_3 =\!=\!= 4Al + 3O_2$$
$$阳极：2O^{2-} - 4e^- =\!=\!= O_2\uparrow$$
$$阴极：Al^{3+} + 3e^- =\!=\!= Al$$

电解铝生产消耗的能量计算公式为：

$$Q = 2.980\ V/\eta$$

式中：Q代表单位产品消耗掉的电能（kW·h/t）；V为电压（V）；η为通过电槽的电流效率（%）。在一定条件下，电压值越小，电流效率越高，消耗的能量就越少，也就越有节能效果。

低压电解铝技术是通过降低原铝生产过程的电压来达到铝工业节能减排的目的。某铝厂通过优化匹配低压电解铝生产技术，平均电压由3.943 V降至3.922 V，降幅为21 mV；原铝液产量按15万t/a计算，可减少能耗2 355万kW·h。1 kW·h电按0.4 kg标准煤折合计算，CO_2排放0.997 kg，优化后每年可节约942万t标准煤，每年减排2 348万t CO_2。

全球铝制品产量和用量仅次于钢铁，被广泛应用于建筑、汽车、航空、电力等重要工业领域。我国是世界上最大的电解铝生产国和消费国。中国原铝生产电力结构中火电超过80%，非清洁能源的火电比例显著偏高。今后电解铝重点行业在降碳目标指引下，亟须调整能源结构，由火电铝向水电铝转型；应当提升生产效率，积极落实低压电解铝生产技术等。

二、金属循环与流程再造

废钢铁、废有色金属和稀土金属是回收价值最高的再生金属资源。在工业绿色低碳转型的目标下，金属资源利用必须遵循"3R"原则，即再使用（reuse）、再循环（recycle）和再回收（recovery）。例如，报废汽车的钢铁、有色金属材料零部件90%以上都可以回收再利用。用废钢铁代替铁矿石作原料，将有色金属、稀土金属循环利用，可以大大减少碳排放。下面将重点介绍废钢铁循环及流程再造、有色金属循环及流程再造和稀土金属循环及流程再造。

（一）废钢铁循环及流程再造

废钢铁是钢铁厂生产过程中不成为产品的钢铁废料，以及使用后报废的设备、构件中的钢铁材料，其中成分为钢的叫作废钢，成分为生铁的叫作废铁。短流程电弧炉炼钢的原料主要为废钢，将废钢经简单加工破碎或剪切、打包后装入电弧炉中（避免废钢中因有密闭空间而引起爆炸），利用石墨电极与废钢之间产生电弧所发生的热量来熔炼废钢，并配以精炼炉完成脱气、调成分、调温度、去夹杂等功能，得到合格钢水，后续轧制工序与长流程高炉-转炉工艺基本相同（图3-12）。EAF炼钢技术大大缩短了炼钢工艺流程，原料侧废钢对铁矿石的替代率可达100%。

在短流程炼钢工艺中，提升电炉效率对钢铁工业碳减排具有重要意义。下面主要介绍电弧炉炼钢、超高功率直流电弧炉、电弧炉强化用氧和废钢预热技术。

1. 电弧炉炼钢技术

电弧炉炼钢是一种采用电弧炉设备进行废钢重熔精炼的短流程工艺,涉及的金属原料包括废钢、直接还原铁、铁水、生铁等。电弧炉炼钢技术的特点是高效率、高质量、低能耗和低排放。在全球范围内,利用废钢为原料的EAF钢铁占总钢产量的24%,利用直接还原铁-电弧炉工艺(DRI-EAF)的钢铁占总钢产量的5%,图3-17展示了两种EAF炼钢路径的流程、电力消耗和CO_2排放情况。

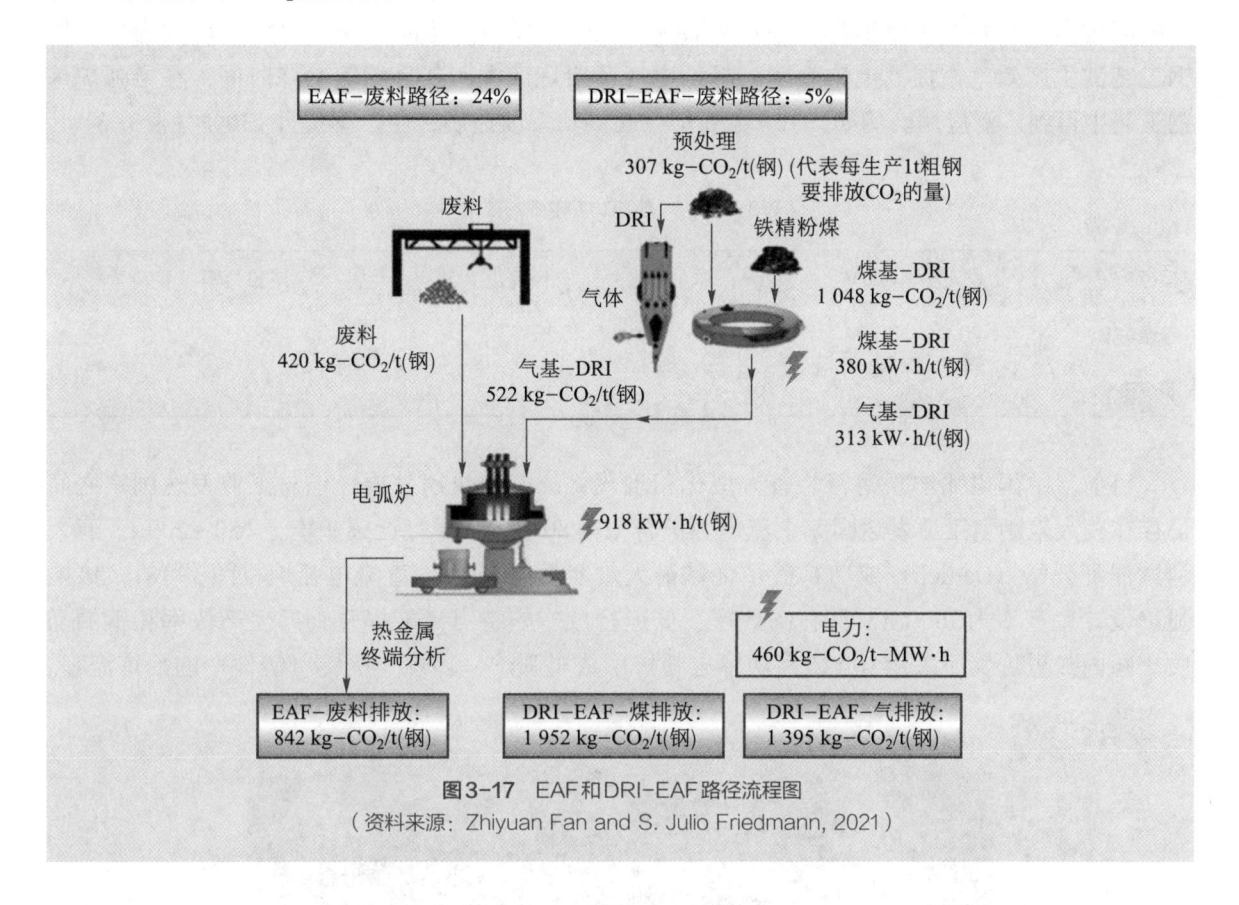

图3-17　EAF和DRI-EAF路径流程图
(资料来源：Zhiyuan Fan and S. Julio Friedmann, 2021)

DRI-EAF工艺以H_2代替焦炭来生产海绵铁,然后将铁送入EAF工艺生产粗钢。传统长流程高炉-转炉工艺以焦炭为还原剂,高炉炼铁的CO_2排放量占整个长流程高炉-转炉工艺碳排放总量的60%以上,每生产1 t钢坯排放CO_2的平均值为1.7~1.9 t。而电弧炉工艺免去了高炉炼铁工序,以废钢或直接还原铁为原料,以电弧炉代替高炉,生产1 t粗钢约排放CO_2 800 kg。

根据Worldsteel数据显示,2020年钢铁行业电弧炉短流程炼钢工艺生产的粗钢美国为68%、欧盟为40%、日本为24%,而中国仅约为10%,明显低于平均水平,尚有很大的提高空间。我国已经具备自主研发全套电弧炉炼钢技术与装备的能力。截至2020年,中国有30 t以上电炉420座左右,产能约为1.8亿t。但今后在高效化冶炼基础上,更应注重在绿色、节能、智能等方面的创新和优化。当前我国社会储存废钢量少、资源紧缺、电力资源紧缺且价格高等因素，造成短流程电弧炉钢成本高于长流程转炉钢。随着未来我国废钢积蓄量的增加，短流程炼钢技术将逐渐成为钢铁行业高CO_2减排的途径之一。

2. 超高功率直流电弧炉技术

根据供电功率大小，电弧炉变压器可分为普通功率（RP）、高功率（HP）和超高功率（UHP）3类。超高功率电弧炉主要是将高电压、长电弧的电弧特性改为大电流、低电压、短电弧的电弧特性，使电弧炉冶炼有可能既输入较高的功率，又使耐火材料费用保持在可以接受的限度内，并将每炉钢冶炼时间由4 h缩短到2.5 h以下。超高功率电弧炉可以大大提升炼钢工艺的生产效率，提高电热效率，降低电耗及冶炼成本，并且缩短冶炼时间，在电弧炉炼钢工艺中得到广泛应用。例如，70 t电弧炉经超高功率改造后，生产率提升130%（表3-3）。

表3-3　70 t超高功率电弧炉效率

指标	额定功率/MW	冶炼周期/min	总电耗/(kW·h·t^{-1})	生产率/(t·h^{-1})
普通功率	20	156	595	27
超高功率	50	70	465	62

目前，中国电弧炉正朝着装备大型化和现代化的方向快速发展，但与工业发达国家之间仍存在较大差距。工业发达国家主流电弧炉容量为80~150 t，且已逐步增至150~200 t。意大利达涅利公司（Danieli）成功制造了全球最大炉容量为420 t的直流电弧炉（图3-18），该电弧炉设计生产率为360 t/h，具有高效率、低运行成本的特点，能提升钢厂生产效率和钢的品质。国内二重炼钢厂采用80 t超高功率电弧炉形成电弧炉—精炼—钢锭（铸件）的冶炼流程。

图3-18　420 t直流电弧炉
（资料来源：Danieli Centro Met）

该电弧炉采用了自动供电控制系统、水冷炉壁、偏心炉底出钢、封闭式除尘及高位料仓等技术，具有功率大、冶炼效率高等特点。

攀枝花钢铁集团长城特钢投用世界首台绝缘栅双极型晶体管（insulated gate bipolar transistor，IGBT）柔性直流电弧炉，实现了短流程高效低碳冶炼。相比于现有40 t交流电弧炉，改造完成后的超级电弧炉可实现冶炼周期缩短15 min/炉，冶炼电耗降低约50 kW·h/t，电极消耗量降低1.7 kg/t，每吨钢的二氧化碳减排大于40 kg，绿色化低碳生产水平显著提升。

3. 电弧炉强化用氧技术

在电弧炉炼钢工艺中，氧气主要与钢液中的C、Si、Mn、P等杂质元素反应使其随炉气排出或进入炉渣，从而调整钢液中的杂质元素含量，达到冶炼要求。氧气和这些元素的反应大多是放热反应，产生的化学反应热在电炉的能量输入部分中的占比达到20%~30%，尤其当电炉使用铁水后，化学反应热的比例可达40%~50%，氧化产生的大量化学反应热可以辅助熔炼。电弧炉强化用氧技术通过增加氧气与原料中易氧化元素发生化学反应放出热量的原理来缩短冶炼周期、提高脱碳速度和降低能耗。

电弧炉强化用氧技术主要有强化供氧、氧燃烧嘴、吹氧助熔和熔池脱碳、氧枪及二次燃烧等技术。其中氧燃烧嘴、氧枪和二次燃烧技术的结合使用能够降低能耗，促进冶金反应，从而提高生产效率。供电与供氧相结合是电弧炉提高生产效率、节能降碳的重要手段。对不同的电弧炉，强化用氧要有一个最佳值，既不能太低也不能太高。供氧量过高会造成如下不利于生产的因素：① 炉气量增大；② 电极消耗量增大；③ 炉气温度高，烟气管道的寿命缩短；④ 废钢预热温度太高以致废钢部分熔化或预热设备变形。

南钢第三炼钢厂拥有一座100 t超高功率电炉弧，是国内超高功率电弧炉冶炼的典型代表之一。通过优化炉壁氧枪，提高供氧强度，适应高铁水比条件，具备100万t产能，目前年产120万t。安阳钢铁公司第一钢厂改造100 t电弧炉，采用炉壁集束氧枪替代原有的炉壁氧燃烧嘴，改造后，当炉料为60%废钢+40%铁水时，EAF冶炼周期为50 min，电耗为225 kW·h/t，电极消耗量为1.2 kg/t，实现了电弧炉高效节能运行。

强化用氧技术有助于促进现代电弧炉炼钢工艺的绿色低碳化发展。由于电弧炉工艺能量密度高，结合强化用氧技术后可比高炉工艺降低能耗30%，节省约1.5 t铁矿石和0.65 t碳，生产每吨粗钢CO_2排放量减少77%。

4. 废钢预热技术

废钢预热技术是一种提高电弧炉综合能耗的节能措施，即利用高温烟气直接对废钢进行预热，再将预热后的废钢在电弧炉中进行熔化冶炼。当电弧炉采用超高功率化、二次燃烧及底吹技术等强化用氧技术后，电弧炉烟气显著增加，且温度高达1 200~1 500 ℃，烟气带走的热量占总热量支出的15%~20%，折合电能80~120 kW·h/t。为同步提升能源和资源利用效率，在废钢入炉前，利用电弧炉排出的高温烟气进行废钢预热，可达到节能减排效果。

20世纪80年代末，欧美和日本等地区和国家先后开发出基于废钢预热技术的双炉壳电弧炉、竖式电弧炉、Consteel电弧炉等废钢预热电弧炉。目前，工业应用的废钢预热电弧炉以意大利特诺恩集团的康斯迪系统Consteel电弧炉为主，该技术实现了废钢连续预热、连续加料、连续熔化、平熔池冶炼（图3-19），极大地提高了生产效率、降低了能耗。

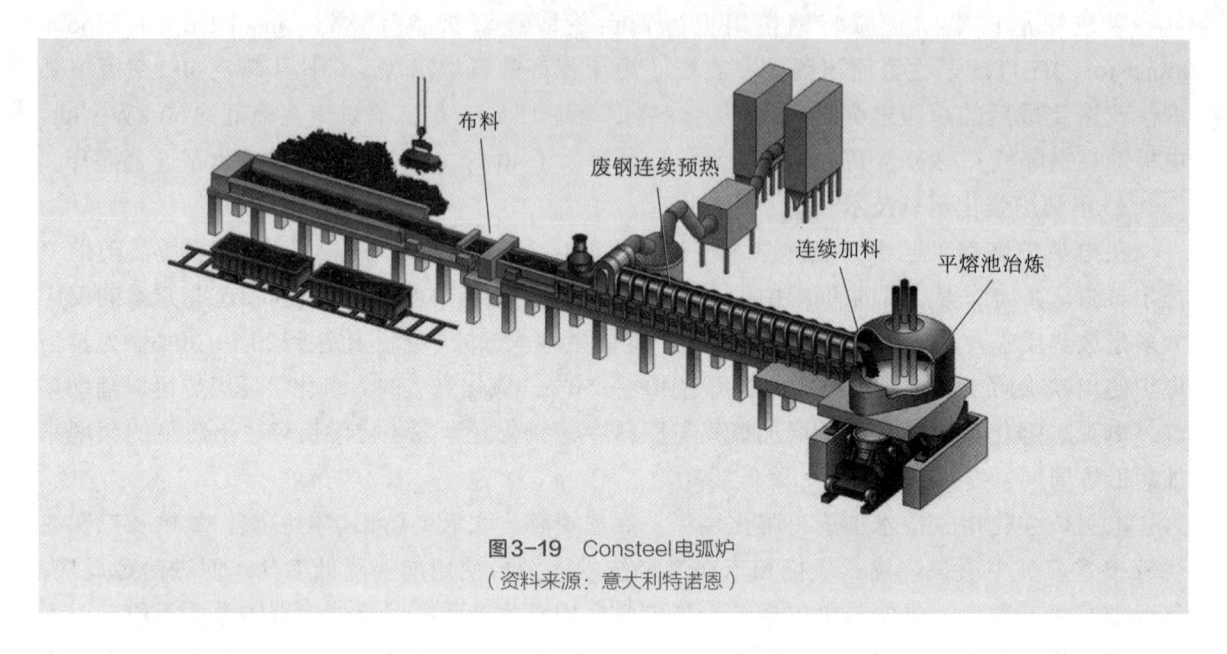

图3-19 Consteel电弧炉
（资料来源：意大利特诺恩）

中冶赛迪开发了第2代废钢预热型电弧炉——阶梯连续加料型电弧炉（CISDI-AutoARC），采用废钢预热、水平阶梯连续加料、平熔池冶炼、超低排放等新技术和工艺，大幅提高了废钢分料速度、废钢输送速度，有效提升了废钢加入速度，从而提高了生产效率。该技术在四川都钢钢铁集团应用，实现了冶炼周期平均为35 min，电耗335 kW·h/t（钢坯），电极消耗量小于1 kg/t（钢坯）（图3-20）。

图3-20 四川都钢钢铁集团阶梯连续加料型电弧炉
（资料来源：中国金属学会）

加大废钢循环使用比例有两方面的重要意义,一方面减少对化石资源的依赖,用废旧钢铁炼钢每吨能够减少2~3 t铁矿石开采和4~5 t原生矿开采,我国所需要的铁矿石资源进口量就会降低。另一方面减少碳排放。根据国际回收局（Bureau of International Recycling,BIR）统计,废钢作为再生钢铁原料代替铁矿石冶炼1 t钢,可节约74%的能量,减少1.6 t CO_2排放。此外,从长流程BF-BOF工艺转变为短流程EAF工艺炼钢,可以减少SO_2和PM排放,同时具有环境友好、节能等一系列效应。

(二) 有色金属循环及流程再造

有色金属循环是从可回收的废旧资源中回收可用金属进行材料的再生产,为金属资源碳中和提供了可能。目前,中国有色金属回收利用生产和使用的金属约占全球的一半,是世界最大的废旧金属进口国。"十三五"期间我国有色金属回收利用产量累计达到6 900万t,有色金属回收利用占同期全国有色金属总产量的24%。根据国际铝业协会数据统计,全球由铝土矿至终端应用（全流程）每吨铝的碳排放约为16.5 t,废铝回收再熔铸环节碳排放占比仅为全流程的5%。2020年,全球铝产量为9 910万t,其中再生铝产量占全球铝产量的34.1%,而我国铝产量为4 448万t,再生铝仅占国内铝产量的16.6%。我国再生铝产量与国际平均水平存在较大差距。

诺贝丽斯是铝铜和金属行业全球领先的铝压延及回收工厂,再生铝产能为全球最大,集中于易拉罐、汽车用铝等废料的循环利用。易拉罐铝材回收再生线如图3-21所示,包括废旧

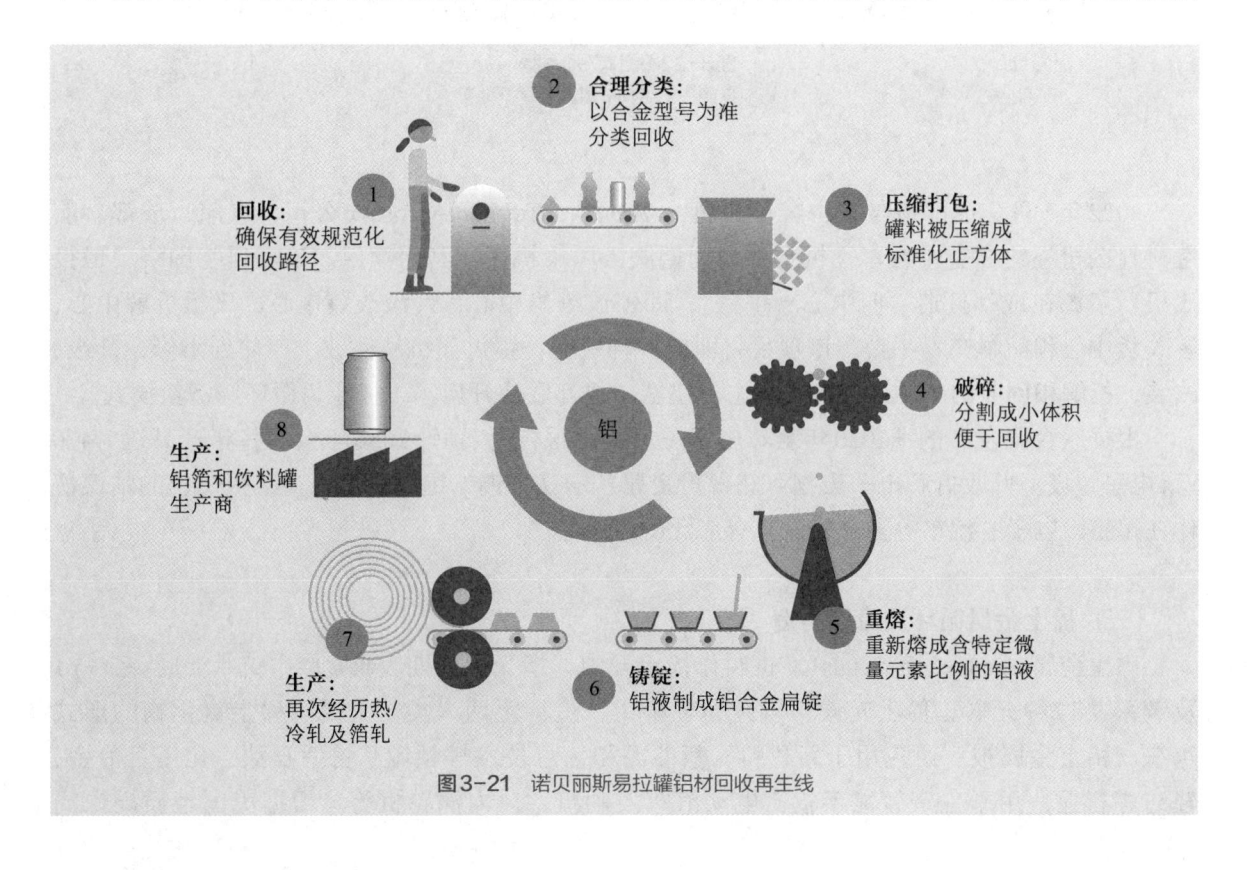

图3-21 诺贝丽斯易拉罐铝材回收再生线

易拉罐回收—合理分类—压缩打包—破碎—重熔—铸锭—铝带材生产—易拉罐生产等，建立"从罐到罐"的铝金属资源闭环循环。废料来源是易拉罐回收利用的重要难点，目前诺贝丽斯在美国、德国、巴西和韩国等国都建立了回收再生中心。诺贝丽斯经过多年产品研发创新及推广，其回收后再生罐体中废铝占比提升至90%，不断提高了低碳化效率。

大型飞机拆解场也叫作"飞机坟场"。全球最大的飞机坟场在美国，仅亚利桑那州的图森一地，就存放了超过4 000架军机（图3-22）。民用客机的"坟场"，全球最大的三家民用飞机坟场都在美国，分别是莫哈韦（MHV）、胜利谷（VCV）和古德伊尔（GYR）。因此，美国飞机拆解业发达，例如，机身捣碎可以回收航空铝，我国冶金工厂也大量从美国购买废铝、废铁。

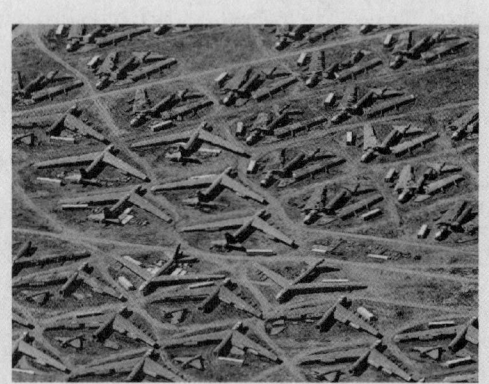

图3-22　图森飞机坟场
（资料来源：戴维斯-蒙森空军基地）

2022年1月，成都市与空中客车公司（Airbus）、Tarmac Aerosave公司、欧航（成都）航空材料公司签约"空中客车飞机全生命周期服务"飞机循环利用项目。该项目将围绕"退役飞机"资源在成都打造"四中心一平台"，即停放维修中心、升级改装中心、飞机拆解中心、客改货中心和航材交易平台。该项目将面向各种机型，提供飞机从停放、存储到维修、升级、改装、拆解和回收的一站式服务，标志着空客与成都联袂开启了飞机绿色循环经济新模式。

根据联合国发布的《2020年全球电子垃圾监测报告》，预计2030年全球将年产高达7 470万t电子垃圾。回收拆解电子废物可获得贵金属、钢铁、铜、铝等再生原料，提炼出的钴镍粉体在军工、电子、汽车等多个领域都有广泛的应用。

（三）稀土金属循环及流程再造

稀土金属（rare earth metals），也叫作稀土元素，指元素周期表ⅢB族中钪（Sc）、钇（Y）及镧系共17种元素。稀土元素可以分为轻稀土、重稀土两大类，主要以稀土氧化物的形式存在。稀土金属被广泛应用于新材料、新能源和信息技术等领域，包括石油、化工、冶金、轻纺等行业，用于生产智能手机、电动汽车发动机、风力涡轮机等。根据美国地质勘探局

(USGS)数据显示，2020年全球稀土资源总储量约为1.2亿t，其中中国储量为4 400万t，占比约为36.7%。目前可回收稀土废弃物及其所含稀土元素如表3-4所示。

表3-4 目前可回收稀土废弃物及其所含稀土元素

材料流与应用	产品	稀土元素
消费前产生的废料和残留荧光粉	荧光灯	Nd、Dy、Tb、Pr
	LEDs	Eu、Tb、Y（Ce、Gd、La）
	液晶背光	Eu、Tb、Y（Ce、Gd、La）
	等离子屏幕	Eu、Y
	阴极射线管	Nd、Dy、Tb、Pr
永久NdFeB磁铁	汽车（小磁铁作为电机、开关、传感器、执行器等）	Nd、Dy、Tb、Pr
	移动电话（扬声器、开关、麦克风等）	Nd、Dy、Tb、Pr
	硬盘驱动器（HDDs）	Nd、Dy、Tb、Pr
	家用电器和电子设备（厨房用具、手持工具、电动剃须刀等）	Nd、Dy、Tb、Pr
镍金属氰化物电池	可充电电池	La、Ce、Nd、Pr
	电动汽车和混合动力汽车电池	La、Ce、Nd、Pr

日产汽车公司开发了从电动汽车电机中回收高纯度稀土金属（如钕和镝）的工艺（图3-23）。整个环节分四步：① 熔化电机，加入生铁和渗碳材料，生铁促进加热，渗碳材料降低电机材料

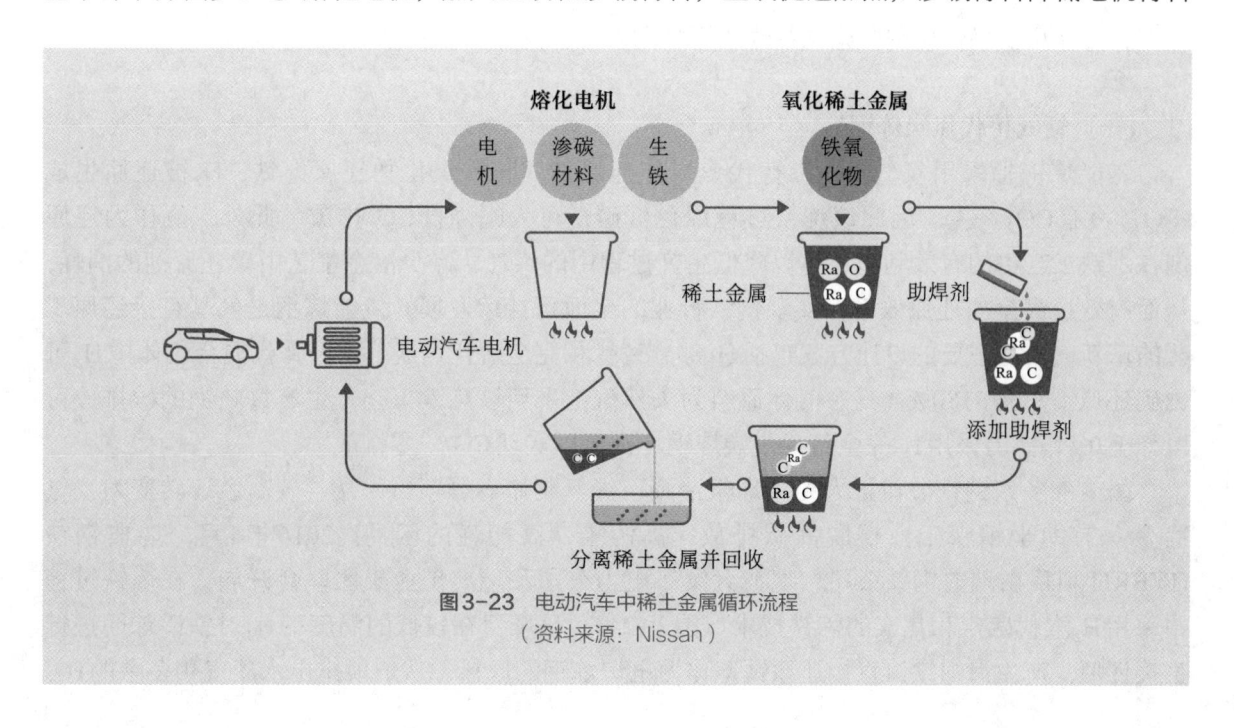

图3-23 电动汽车中稀土金属循环流程
（资料来源：Nissan）

的熔点；② 氧化稀土金属，加入铁氧化物使熔融混合物中的稀土金属被氧化；③ 添加助焊剂，向熔融混合物中添加少量硼酸盐基助焊剂，在低温下也能溶解稀土氧化物，实现高效回收稀土金属；④ 分离稀土金属并回收，熔融混合物形成两个液层，从上层渣中回收稀土金属。

全球稀土金属回收率非常低，且以轻稀土为主，智能手机、计算机、平板电脑等高附加值的电子产品中的稀土金属回收率更低。电子废料中的稀土元素通常以易溶解的金属或氧化物的形式存在，但它们被分层嵌入基质材料中，很难分离，回收过程的环境损失也相当大。稀土产品废弃物收集效率低、有效回收技术存在限制、缺乏激励机制，导致电子废物回收行业还没有形成完整的产业链。

稀土金属在世界范围内具有总量稀少、分布不均的特征，已经上升为重要的战略资源。从含有稀土元素的废弃物中回收和循环利用资源，可以降低被资源限制的风险。但是目前对废旧金属的回收和再利用还面临困难，仍需创新发展回收技术，优化流程再造工艺，避免回收过程对环境造成二次污染。

三、低碳/零碳原料替代

高炉炼铁通过焦炭燃烧提供还原反应所需要的热量并产生CO还原剂，将铁矿石（Fe_2O_3或Fe_3O_4）还原得到生铁，同时产生大量CO_2气体，这个过程产生大量的碳排放。焦炭来源于煤炭，煤炭在锅炉内加热到850 ℃以上时，随着温度升高，煤炭中的有机物会分解，其中挥发性产物逸出后，残留下的不挥发产物就是焦炭。采用更加清洁的氢气、生物质及合成气等低碳/零碳原料替代焦炭原料是一条极具发展潜力的降碳路径。下面将重点介绍氢气替代焦炭炼钢、生物炭替煤代焦和合成气替代焦炭炼钢。

（一）氢气替代焦炭炼钢

氢能炼钢指采用氢气（H_2）替代焦炭作还原剂，将铁氧化物还原为铁，H_2被还原生成H_2O，没有CO_2产生，因此该炼铁过程绿色低碳，可大幅降低CO_2排放。此外，氢作为还原剂在炼铁工艺中的有效利用还可以降低生产过程中的煤耗，减少冶金工艺中碳还原剂的消耗，从而有效提高金属还原效率，实现钢铁行业的全面可持续发展。氢能炼钢是气基直接还原工艺的革新，当前主要的设计方案包括H_2部分替代和完全替代焦炭。部分替代混合气体中H_2可占到还原剂总量的80%，其余气体原料为天然气，采用该炼铁工艺，生产每吨钢的碳排放可以降至0.44 t。若采用H_2完全替代焦炭炼钢，则可以实现CO_2"零排放"。

国内外多家钢铁公司正大力布局氢冶金、绿氢制储运等项目，从"碳冶金"转变为"氢冶金"有助于钢铁工业摆脱高碳排放、高污染、高能耗的困局。2016年4月，瑞典钢铁HYBRIT项目由瑞典钢铁公司、瑞典大瀑布电力公司和瑞典矿业集团联合开展，在炼铁过程中采用H_2取代焦煤和焦炭的炼铁技术（图3-24）。该项目在较低的温度下H_2对铁矿球团进行直接还原，产生海绵铁（直接还原铁）作为电炉炼钢的原料，从炉顶排出水蒸气和多余的H_2，水蒸气在冷凝和洗涤后可循环利用。该项目使用的H_2是由清洁能源（水力、风力等）发电电解水产生的绿氢，据计算每吨钢的CO_2排放量仅为0.025 t，大幅降低了CO_2排放量。

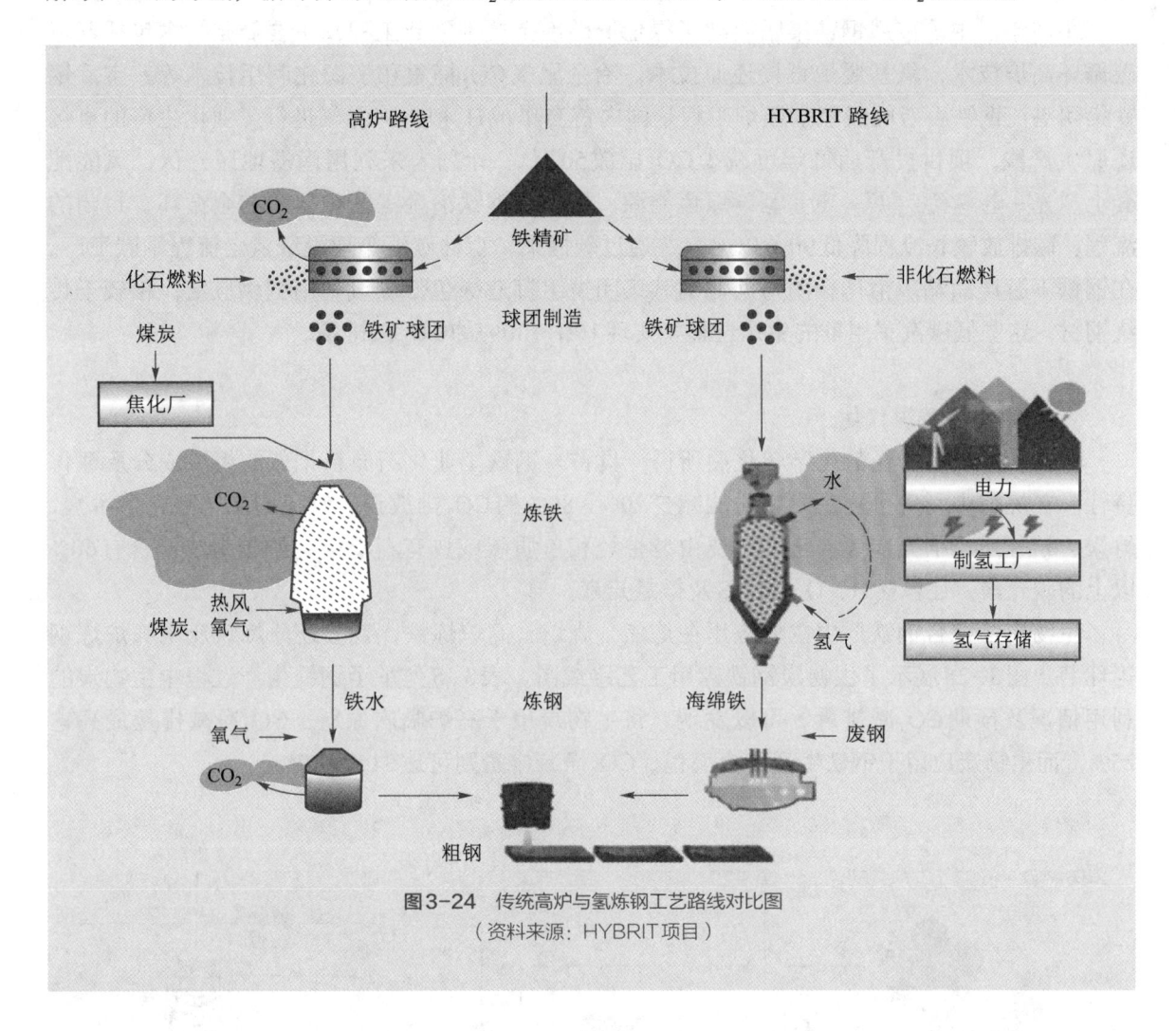

图3-24 传统高炉与氢炼钢工艺路线对比图
（资料来源：HYBRIT项目）

日本六家钢铁公司共同开展了"环境友好型炼铁工艺技术开发"项目，简称COURSE50项目。COURSE50项目启动于2008年，主要分为两条减排技术路径：① 以氢直接还原铁矿石的高炉减排CO_2技术，即把H_2作为还原剂，置换一部分焦炭，目标是实现10%的CO_2减排，开发的主要技术包括利用氢还原铁矿石的技术、增加氢含量的焦炉煤气改质技术、高强度高反应性焦炭的生产技术；② 高炉煤气中CO_2的分离、回收技术，通过采用化学吸收法和物理吸附法从高炉煤气中分离回收CO_2，目标是实现20%的CO_2减排，从而达到整体减排30%的目标。该项目计划在2030年建立新的高炉炼铁工艺流程，2050年最终实现工业化。

国内氢冶炼技术当前还处于研发起步阶段，多数企业仍处于项目规划阶段，宝武钢铁集团、河北钢铁集团、鞍山钢铁集团等龙头企业设立了以清洁能源生产氢气作为冶炼能源的目标，正加速开发风电＋光伏（绿电）—电解水制氢（绿氢）—氢冶金工艺的低碳炼钢路径。

2016年，中国宝武钢铁集团启动了绿色低碳冶金技术创新工程，主要低碳技术包括富氢碳循环高炉技术，氢基竖炉直接还原技术，冶金尾气CO_2捕集和资源化利用技术等。宝武钢铁集团湛江钢铁百万吨级氢基竖炉工程是国内首套集成H_2和焦炉煤气进行工业化生产的直接还原生产线，项目投产后每年可减少CO_2排放50万t。计划未来利用南海地区光伏、风能配套上"光-电-氢""风-电-氢"绿色能源，形成与钢铁冶金工艺相匹配的全循环、封闭的流程，碳排放较长流程降低90%以上，并通过碳捕集、森林碳汇等建设绿氢全流程零碳工厂。在钢铁下游产品端，宝马集团与河北钢铁集团携手打造绿色低碳汽车用钢供应链，相较于传统钢材，这些低碳汽车用钢的生产过程将实现10%~30%的CO_2减排量。

（二）生物炭替煤代焦

生物炭由生物质经热化学转化后所得，具备与钢铁工业化石原料相似的组成成分及理化特性。在炼钢中利用可再生生物质能减少20%~80%的CO_2排放量。常见的生物炭包括木炭、竹炭、秸秆炭、稻壳炭等，它们主要由芳香烃和单质碳或具有石墨结构的碳组成，含有60%以上的碳元素，还包括H、O、N、S及微量元素。

生物炭在综合钢铁厂中主要应用在炼焦、烧结、高炉炼铁、直接还原炼铁及电弧炉炼钢等环节。图3-25展示了生物炭钢铁应用工艺路线图。表3-5列举了钢铁生产过程中生物炭的利用情况及预期CO_2减排量。可以发现，将生物炭用于高炉喷吹原料，CO_2净减排量最高达25%，而生物炭应用于钢铁生产的全流程，CO_2净减排量则可达31%~57%。

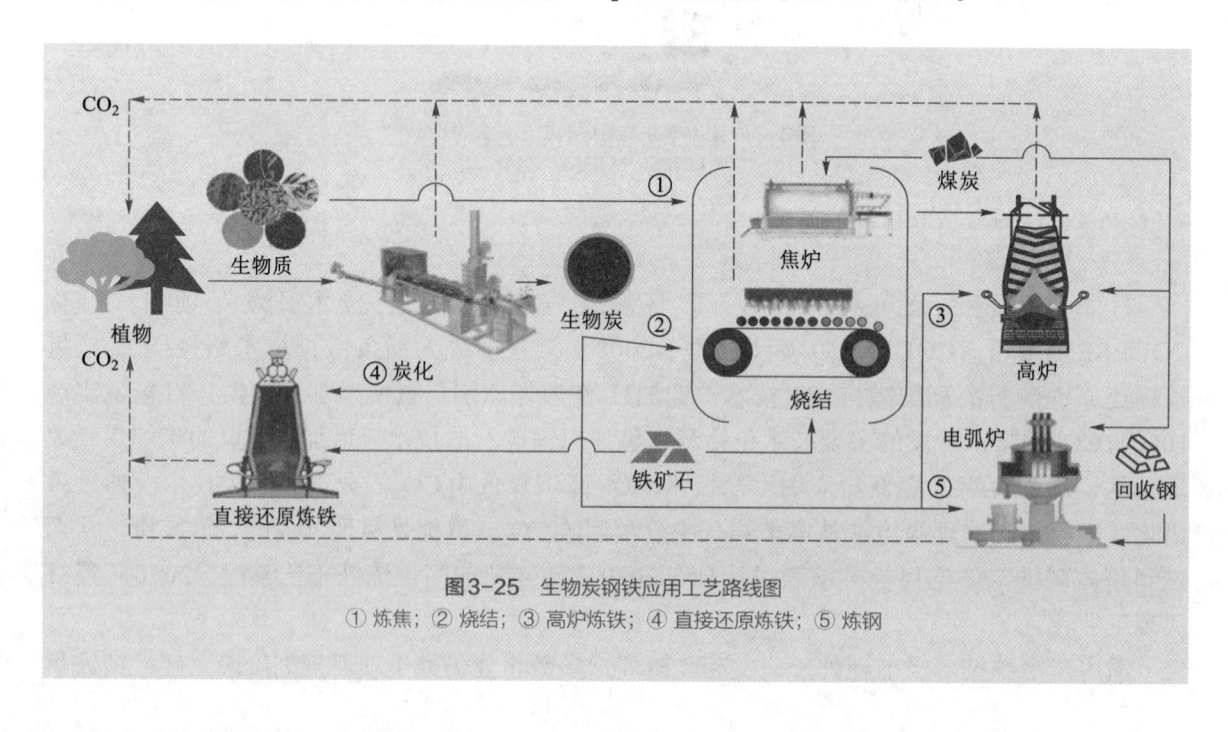

图3-25 生物炭钢铁应用工艺路线图
① 炼焦；② 烧结；③ 高炉炼铁；④ 直接还原炼铁；⑤ 炼钢

表3-5　钢铁生产过程中生物炭的利用情况及预期CO_2减排量

生物炭替代	每吨粗钢常规原料添加量/kg	生物炭替代率/%	每吨粗钢生物炭添加量/kg	净减排量 t(CO_2)/t(粗钢)	CO_2排放/%
炼焦（炼焦煤）	480~560	2~10	9.6~56	0.02~0.11	1~5
烧结固体原料	76.5~102	50~100	38.3~102	0.12~0.32	5~15
高炉喷吹原料	150~200	0~100	0~200	0.41~0.55	19~25
高炉小块焦	45	50~100	22.5~45	0.08~0.16	3~7
高炉碳/矿石团矿	10~12	0~100	0~12	0.06~0.12	3~5
炼钢增碳剂	0.25	0~100	0~0.25	0.001	0.04
总计	761.75~919.25	0~100	70.4~414.25	0.69~1.25	31~57

巴西的淡水河谷球团厂已经开展了将生物炭用于球团矿生产的万吨级工业规模测试，全程使用的固体燃料中25%是以植物为原料生产的生物炭，CO_2减排10%。该公司还在进一步研究和测试扩大生物炭在高炉中的使用比例。

1. 生物炭替代喷吹煤粉

高炉喷吹煤粉是从高炉风口向炉内直接喷吹磨细的无烟煤粉或烟煤粉，或两者的混合煤粉，以起到还原剂和提供热量的作用。由于优质焦炭资源紧张，当前世界上90%的高炉都在使用喷煤技术，这可以降低焦比和炼铁成本。煤粉和生物炭共同喷吹是减少化石能源消耗及高效利用生物质的重要途径。研究表明，喷吹热解炭化的秸秆的理论CO_2减排量最高可达每吨粗钢578 kg。

目前仅少数国家将高炉喷吹生物炭进行了工业应用，如巴西利用木炭部分地替代煤粉用于高炉喷吹，是炼铁行业中使用生物炭最多的国家；欧洲一些国家也在积极开发木质生物炭用于高炉喷吹；中国对秸秆类生物炭的制备开展了大量研究，为生物质的利用提供了理论依据，同时也在积极探索将生物炭用于高炉喷吹的工业应用。

2. 生物炭替代焦炭

焦炭在高炉中充当还原剂、发热剂，并起到炉料支撑作用。焦炭中的固定碳与其燃烧后产生的CO等还原性气体能与铁矿石反应从而将铁还原，同时焦炭燃烧放出热量，使高炉内各种化学反应能够顺利进行。当铁矿石和熔剂软化熔融时，焦炭可以作为骨架起到支撑炉料的作用，并因其多孔特性而具有改善透气性的作用。巴西使用木炭替代焦炭在小型木炭高炉中生产铁水，每座高炉的平均年产量约为10万t。据计算，利用碳中性的生物质焦完全替代煤粉的高炉炼铁工艺的CO_2减排量约为40%。

一些国家研究生物质焦炼铁技术起步较早，他们集中于以农林业为经济基础或化石能源匮乏、进口依赖性强的国家，例如巴西、澳大利亚和日本等。将零碳属性生物质作为钢铁冶炼的替代原料具备巨大的减排潜力,是未来钢铁行业碳中和发展的创新技术路线之一。然而,生物质的前端收储运还面临困难,并且生物炭的制备成本还比较高,阻碍了生物炭炼钢工业的发展,未来还需逐步解决。

(三) 合成气替代焦炭炼钢

将天然气的主要成分甲烷(CH_4)和CO_2作为碳源,在一定条件下催化转化为合成气(CO、H_2),是一种基于干重整反应的新型合成气生产工艺。CH_4和CO_2重整几乎不消耗水,可大大降低蒸汽生产的能源负担,还能大量消耗温室气体CO_2。如果采用合成气替代钢铁行业的焦炭原料,就不仅可以降低高炉的总排放量,还可以利用焦炉和高炉的废气将CH_4干重整为合成气,促进炼钢尾气CO_2实现内循环。

合成气炼钢的两种主要途径如图3-26所示。在长流程BF-BOF炼钢工艺中,冶铁还原剂为焦炭,高炉中H_2/CO比为0.2~0.4,70%~80%的铁矿石被CO还原,20%~30%被H_2还原。在DRI-EAF炼钢工艺中,以合成气为还原气体输入竖炉,H_2/CO比为2~3,60%~70%的还原是由H_2完成的,剩余则通过CO还原。相比传统焦炭炼钢,合成气炼钢可以通过减少焦炭用量来降低高炉整体的CO_2排放量,现有的合成气DRI-EAF工艺路线中炼每吨钢的CO_2排放量低于300 kg。

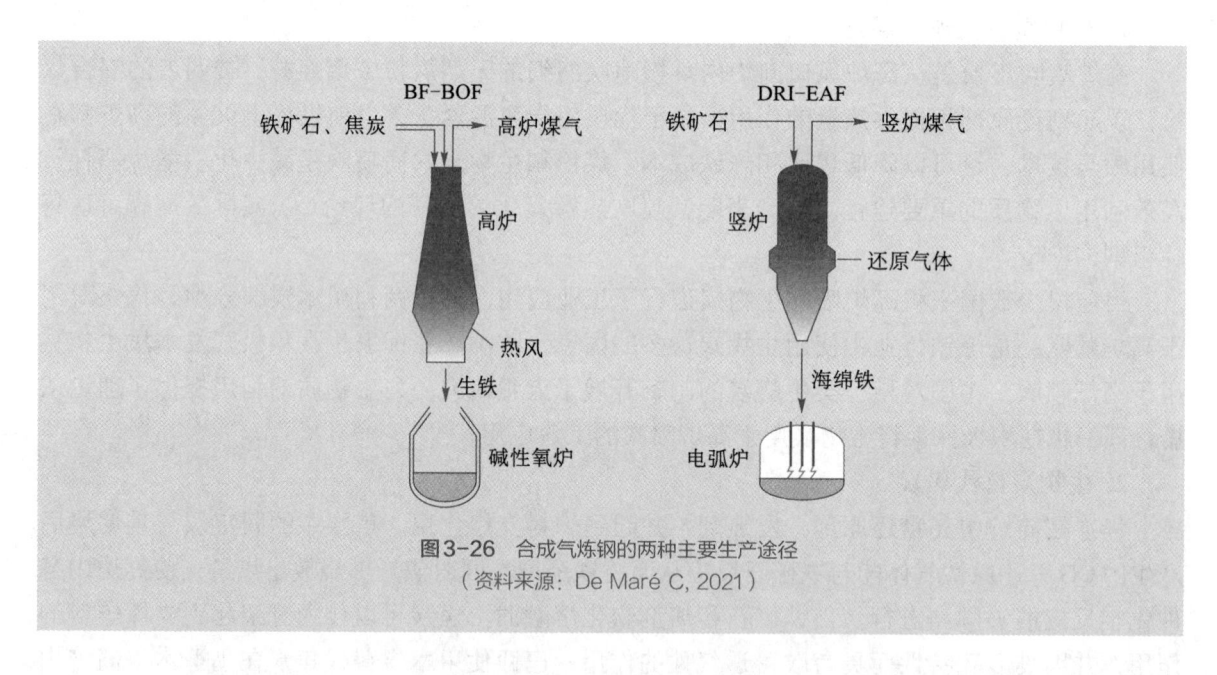

图3-26 合成气炼钢的两种主要生产途径
(资料来源:De Maré C, 2021)

目前,我国已建成世界首套标准状态万m^3/h级规模CH_4、CO_2自热重整制合成气工业侧线装置并稳定运行,实现了CO_2的高效资源化利用及产品气H_2/CO比的灵活可调。2020年7月,炼铁工艺第一套炉顶煤气脱碳装置在宝武钢铁集团新疆八一钢铁有限公司的欧冶炉投入运行,脱碳后煤气主要以CO为主(74%),其次为H_2(13%),成功实现了富氢碳循环冶炼,降低碳消耗15%。

氢气直接还原铁是最理想的低碳减排技术，但要实现工业化还需要走很长一段路。直接还原铁一开始可以考虑用成本相对较低的合成气逐步过渡到以绿氢作为冶铁还原剂。采用合成气替代焦炭还原剂可以省去炼焦、烧结工序，缩短炼铁流程，使工艺能耗和碳排放大幅降低。今后逐步开发利用剩余或废焦炉煤气代替合成气的方法，减少气化炉中的煤炭消耗量，从而生产出更环保的钢材。

金属资源碳中和是一条从原料开采、制造工艺到末端治理的全流程控碳路径，需对钢铁、有色金属和稀土金属资源进行系统优化，通过提高资源能源利用效率，促成CO_2减排。一方面应加快调整原料结构模式，加大废旧金属循环利用以减少开发初次矿产资源，提升资源利用效率；另一方面应优化调整流程再造方式，同时开发绿氢、可再生生物质、合成气等代替传统焦炭或煤粉原料以减少金属冶炼过程中的温室气体排放。

第三节 水泥资源碳中和

水泥是国民经济社会发展的基础原材料，在城市化进程中具有不可替代的重要地位，也是典型的高碳排放产业。2020年，我国水泥产量约占全球55%，排放CO_2约15亿t（约占全国总排放量14.3%），水泥资源碳中和对促进无机资源碳中和具有重要意义。水泥资源碳中和主要有三条路径：一是开发新型低碳水泥产品替代普通硅酸盐水泥实现颠覆性降碳；二是通过废弃资源循环利用部分替代水泥原料降低生产过程碳排放；三是采用变革性工艺及替代材料实现水泥生产全流程减排。本节将重点介绍新型低碳水泥产品、资源循环替代原料、工艺和新材料替代技术。

一、新型低碳水泥产品

传统硅酸盐水泥生产主要以石灰石为原料。水泥烧成过程涉及石灰石（$CaCO_3$）煅烧分解排放大量CO_2，生产1 t水泥会产生1 t CO_2。本阶段的CO_2排放量占水泥生产总排放的60%~70%。开发新型水泥产品替代普通硅酸盐水泥生产，减少含碳原料分解排放，具有颠覆性降碳效果。

地质聚合物是一种无机聚合硅铝酸盐凝胶材料，也可以称为无定形碱性铝硅酸盐或碱活化水泥，具有优良的机械性能和耐酸碱、耐火、耐高温特性，且其养护时间需求短、抗压强度高、渗透性低,成为普通硅酸盐水泥的优良替代品,被用于制造建筑材料、混凝土、耐火涂料等诸多方面。地质聚合物基水泥可降低石灰石原料依赖,极大促进水泥生产碳减排。下面将重点介绍几种常见的地质聚合物基水泥,包括硫铝酸盐水泥、磷酸镁水泥及铝酸盐水泥。

(一)硫铝酸盐水泥

硫铝酸盐水泥由铝土矿、石膏和石灰石按一定比例配制而成,具有早期强度高、凝结时间短、耐腐蚀、抗冻融性能好、自由膨胀率低、生产成本低等优点。硫铝酸盐水泥包括高强度式、自应力式、快硬化式和低碱式等。现阶段我国已实现硫铝酸盐水泥工业化生产。

硫铝酸盐水泥生产工艺主要包括原料破碎预处理、生料制备、生料均化、预热分解、熟料烧成、水泥粉磨等工序。与普通硅酸盐水泥相比,硫铝酸盐水泥的石灰石配入量低20%左右,在同一窑型下,硫铝酸盐水泥熟料的产量高20%左右,烧成温度低150 ℃左右,能耗低15%以上,且易磨性好,所需粉磨电耗也较低。据研究,普通硅酸盐水泥熟料与硫铝酸盐水泥熟料理论碳排放量分别为每吨535 kg及每吨305 kg,表明该新型水泥产品具有显著的降碳潜力(表3-6)。

表3-6 普通硅酸盐水泥与硫铝酸盐水泥能耗对比

	普通硅酸盐水泥熟料	硫铝酸盐水泥熟料	降低率/%
烧成熟料CO_2排放(化学反应部分)/($kg^{-1} \cdot t$)	535	305	43
熟料烧成能耗/($GJ^{-1} \cdot t$)	3.845	3.305	14
磨细能耗/($kW \cdot h$)	45~50	20~30	33~60

资料来源:《硫铝酸盐水泥:低碳水泥混凝土发展的重要领域》

硫铝酸盐水泥已被广泛应用于抢修抢建工程、预制构件、低温施工工程、抗腐蚀工程等特殊重要环境。硫铝酸盐水泥具有较好的抗冻性能,可以在-25~0 ℃的低温环境下施工,即使早期受冻,对后期强度的影响也不明显,十分适用于冬季施工或高寒地区施工。例如,我国建设的世界首条高寒高速铁路——哈尔滨至大连高速铁路,正是充分利用硫铝酸盐水泥的卓越抗冻性能,实现了在-25 ℃正常施工2小时即可达到20 MPa以上的设计强度要求,为我国高铁在低温下快速施工建设奠定了基础。

然而,硫铝酸盐水泥仍存在耐碳化性能差、快凝快硬易引发热裂、生产成本较普通水泥高等缺点,因此对它的生产使用需进行严格的技术控制,这在一定程度上限制了它的大规模应用。

(二)磷酸镁水泥

磷酸镁水泥由重烧氧化镁、可溶性磷酸盐、矿物掺合料、缓凝剂按照一定的比例混合而成。磷酸镁水泥凝结非常迅速，而且早期强度高，与各种集料黏结性好，非常适合作为修补材料，是目前实现传统建材向高新建材转变的途径之一。磷酸镁水泥具有免烧配制特性，生产过程能耗低，碳排放量低。

磷酸镁水泥生产工艺流程主要包括粉磨、储料、混料和包装系统，减少了以石灰石为原料的水泥熟料烧制，仅原料免烧环节就可比普通硅酸盐水泥碳排放降低60%~70%，其工艺生产不需要回转窑等高温烧成设备及回转窑配套设备，不仅生产能耗大大降低，所需场地面积也仅为普通硅酸盐水泥厂的1/5甚至更小。为配制不同特性的磷酸镁水泥，原材料中通常掺入矿物掺合料，常用的矿物掺合料包括粉煤灰、高炉矿渣、钢渣、偏高岭土、石灰石粉等工业固体废物（表3-7），这表明磷酸镁水泥对不同掺合料具有较好的包容性。

表3-7　固体废物掺合对磷酸镁水泥作用效果

矿物掺合料	取代比例/%	作用效果
钢渣	10~30	早期强度增加明显，后期略有增加
粉煤灰	30~70	早期强度略有增加，后期强度明显增加
偏高岭土	7~45	随着掺入量的增加，各龄期强度逐渐增加
石灰石粉	10~30	早期强度降低，随着掺入量的增加，后期强度先升高再降低

资料来源：《磷酸镁水泥性能的研究进展》

磷酸镁水泥在建筑抢修工程材料、耐火材料、固化核废料和生物医学工程材料等方面均有着非常好的应用前景。例如，可采用磷酸镁水泥砂浆对高速公路存在的坑槽、裂缝等路面损伤进行快速修补：内蒙古自治区G110国道某路段出现坑槽、脱皮、露出麻面等缺陷，施工期温度为-22~-15℃，道路车流量大。在对路面进行清扫和打毛处理后，将磷酸镁水泥原料、防冻液及粗集料混合搅拌均匀形成砂浆，倒入修补处插捣抹平。根据现场回弹测试结果，路面修补2小时后抗压强度达30 MPa，1天后抗压强度达48 MPa，恢复路面正常通行能力，实现了高速公路路面低温环境快速修补的目的。

然而，磷酸镁水泥存在脆性大、抗冲击性能差等缺点，用作建筑材料时价格昂贵、性价比较低，在一定程度上限制了磷酸镁水泥的大规模推广。未来如何进一步改善磷酸镁水泥的耐水性能、制备高性能的磷酸镁水泥缓凝剂和制备低成本的磷酸镁水泥是扩大磷酸镁水泥用途的关键。

（三）铝酸盐水泥

铝酸盐水泥是以铝矾土和石灰石为原料，经煅烧磨制成的水硬性胶凝材料，熟料以铝酸钙为主要成分，氧化铝含量约为50%。铝酸盐水泥的石灰石配入量比普通硅酸盐低，碳排放更低。1913年，法国拉法基公司利用熔融法生产出铝酸盐水泥，其初衷是利用该类水泥抗硫酸盐侵蚀性能优异、抗海水侵蚀能力强的特点应用于海洋工程，但其水化物在烧结后表现出耐高温的显著特性，因此也被广泛用作钢铁、化工、水泥等工业高温窑炉的耐火材料。

欧美早期使用铝酸盐水泥建设的海洋工程（图3-27）"服役"达80年之久，至今其水下部分的结构与性能仍保持良好。中国建筑材料科学研究总院有限公司充分发挥铝酸盐水泥抗海水侵蚀性能好、有利于水下施工的特性，研制了具有良好后期强度及长期性能的铝酸盐水泥，所制备水泥胶砂28天龄期的氯离子扩散系数降低至0.44×10^{-12} m^2/s的超低水平，抗海水侵蚀系数高达1.18；模拟湿热环境50 ℃养护条件下水泥28天强度的保留率提高至80%以上，实际抗压强度在60 MPa以上且实现后期强度的持续稳定，解决了铝酸盐水泥后期强度倒缩的问题，实现了其在海洋结构工程中的稳定应用。

图3-27 海洋工程水泥
（资料来源：海工水泥——为建设"海洋强国"添砖加瓦）

由于铝酸盐水泥产物在湿热环境下易发生相转变，导致混凝土后期强度倒缩，因此不宜用于长期承重的结构工程及处在高温高湿环境的工程中。另外，铝酸盐水泥与硅酸盐水泥或CaO相混易闪凝，且生成高碱性的水化铝酸钙，使混凝土开裂甚至破坏，不宜与普通水泥进行配伍使用。

总之，地聚物的利用可有效减少水泥生产过程对碳酸盐原料的依赖，工艺过程减排潜力大。并且地聚物具有普通硅酸盐水泥所无法比拟的功能特性，能满足多种特殊应用场景的使用需求，是技术创新产品实现颠覆性降碳的重要目标。但地聚物利用成本相较于普通硅酸盐水泥仍偏高，因此，未来利用工业固体废物等矿物掺合料作为地聚物的相近替代原料将成为控制水泥生产成本和降低碳排放的有力途径。

二、资源循环替代原料

资源循环替代原料主要通过利用工业固体废物、建筑废料等固体废物中原生钙硅资源代替石灰石生产水泥，降低因石灰石分解导致的生产过程CO_2排放。在替代原料选择方面，使用大宗固体废物替代水泥生产原料是当下的主流方向，有望在实现固体废物资源化利用的同时达到减污降碳的目的。下面将重点介绍水泥行业的原料替代，主要包括磷石膏、钢渣和粉煤灰。

（一）磷石膏替代

磷石膏是生产磷酸、磷肥时产生的一种工业副产石膏，主要成分是二水硫酸钙。每生产1 t磷酸副产约5 t磷石膏，目前全球磷石膏累计碳排放量约为60亿t。中国磷石膏碳排放量约为7 000万t/a，已堆存总量超过5亿t，而综合利用率仅约为40%。堆存的磷石膏不仅占用大量的土地资源，而且其中的有害物质会迁移渗入地层或水系，污染土壤和地表、地下水源。用磷石膏中的钙源替代石灰石原料生产水泥，不仅可有效减少水泥原料分解碳排放，也可实现磷石膏的减量化和资源化利用。

磷石膏可以与硅酸盐熟料、矿渣粉中大量的铝相、铝铁相反应，形成稳定的水化产物（单硫型水化硫铝酸钙晶体），该晶体不溶于水，以胶体微粒析出，并逐渐凝聚成凝胶体，即C-S-H凝胶，是水泥活性的主要来源。若将磷石膏通过研磨，与粒化高炉矿渣粉及硅酸盐水泥熟料按一定比例复合，则可制备具有较高强度的磷石膏复合水泥。

磷石膏还可用于制备水泥缓凝剂及矿化剂。经过干燥的磷石膏用CaO中和后进入回转窑煅烧，控制煅烧条件，使其变成半水石膏与无水石膏的混合物，并在盘式粒化器中加水造粒（重新水化成二水石膏），可制成水泥缓凝剂。在水泥生产过程中，通常需添加矿化剂改善水泥的粉磨效果和性能，提高水泥强度。磷石膏可作为矿化剂使用，其中含有的少量P_2O_5，对水泥活性组分C_3S的形成及游离氧化钙的吸收有促进作用。磷石膏的矿化作用比天然石膏稍好，具有提升水泥熟料质量，减少熟料烧成温度的效果。

目前，磷石膏制水泥技术已获得较快发展，已形成磷石膏制硫酸联产水泥的高效循环综合利用技术体系。磷石膏经原料均化、石膏烘干、生料制备、熟料烧成、窑气制酸和水泥磨制6个过程，制得硫酸和水泥两种产品（图3-28）。瓮福集团投资13.3亿元建设的160万t/a磷石膏分解制硫酸联产水泥熟料项目，每年可制得硫酸产品65万t及水泥75万t。

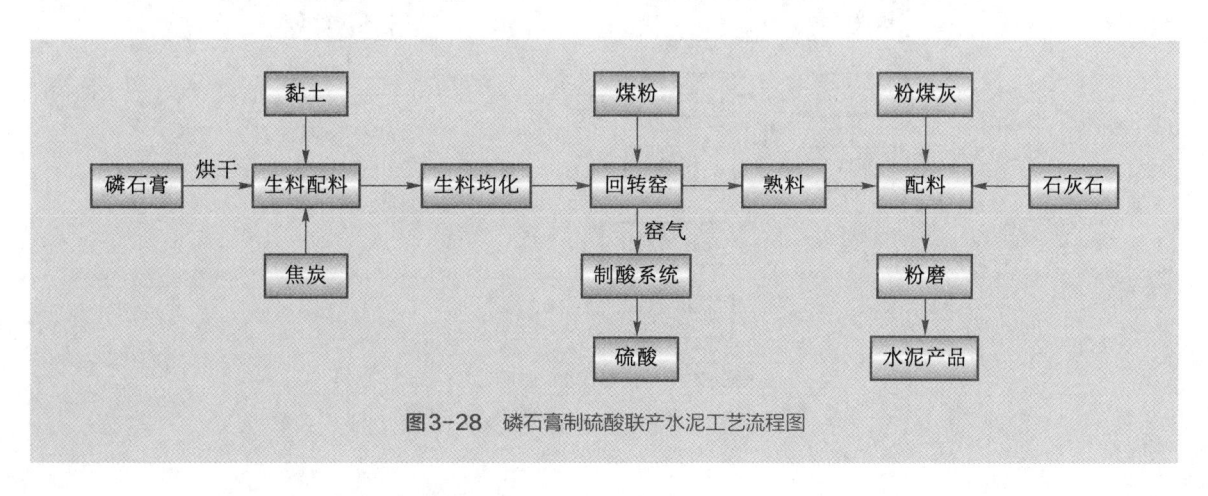

图3-28 磷石膏制硫酸联产水泥工艺流程图

此外，磷石膏还可用于制备超硫酸盐水泥。超硫酸盐水泥是一种由质量分数在75%~85%的矿渣、10%~20%的石膏及1%~5%的碱性成分（如熟料、氢氧化钙等），经粉磨混合制得的水硬性胶凝材料，可适用于大体积混凝土工程、道路混凝土工程及硫酸盐侵蚀环境混凝土工程。超硫酸盐水泥的制备过程避免了传统水泥生料的热处理过程并显著减少水泥熟料的使用，大大降低了水泥生产中的CO_2排放。

磷石膏在水泥生产中也存在一些缺点。例如，直接作为水泥原料利用时，磷石膏中含有的磷、氟等杂质会减慢水泥水化硬化过程，造成水泥凝结延缓，杂质存在也会降低水泥产品与减水剂的相容性。而对磷石膏中杂质进行预处理，会一定程度增加水泥的生产成本，不利于推广使用。

（二）钢渣替代

钢渣是炼钢厂在冶炼粗钢时排放的固体废物，一般每生产1 t粗钢会产生150~200 kg的钢渣，中国每年钢渣产量在1亿t左右。由于中国钢渣种类繁多、成分和性能波动大，综合利用率不足30%，远低于发达国家，大量的钢渣被废弃形成渣山，占据大量土地，存在一定的环境风险。钢渣的有效化学成分与水泥熟料的化学成分十分接近，可作为水泥替代原料使用。

钢渣也可以作为水泥调配剂加到水泥生料中，配加量通常为3%~5%，可以减少石灰石和煤炭的使用，从而减少生产过程的CO_2排放。目前，此工艺已经较为成熟（图3-29）。例如，西南某水泥厂现有2 500 t/d新型干法水泥生产线，年产水泥90万t。用转炉钢渣作为铁质校正料，用于生产水泥混合材，已实现稳定应用。此外，钢渣还可作为原料直接用于制备钢渣水泥，添加量通常为20%~50%，掺入少量激发剂，经磨细可制成200~400号混凝土，这种混凝土具有水化热低、耐磨、抗冻、耐腐蚀、后期强度高等优点。

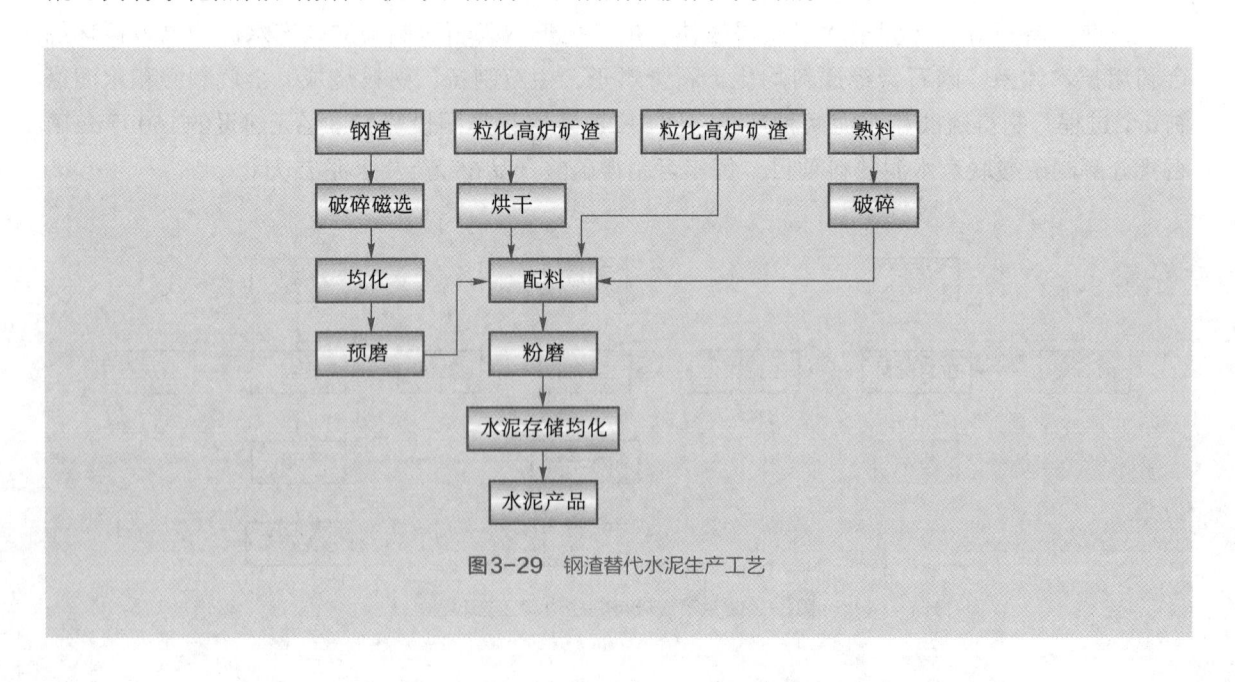

图3-29 钢渣替代水泥生产工艺

目前,钢渣水泥的品种主要包括无/少熟料钢渣矿渣水泥、钢渣沸石水泥、钢渣硅酸盐水泥等。与普通水泥相比,钢渣水泥生产全过程不用煅烧,节省能源,不排放CO_2;采用湿磨方式,无粉尘,不污染环境;系化学键结合,结合强度超过水泥。以上特点是普通水泥无法比拟的,且钢渣价格低廉,在水泥生产方面具有较大潜力。

但由于钢渣中的硅酸三钙、硅酸二钙结晶完整,晶粒粗大致密,粉磨的细度难以达到要求,且部分钢渣可能会导致水泥速凝、速干和强度下降等问题,因此在选择钢渣生产水泥时需要进行严格的质量管控。

(三)粉煤灰替代

粉煤灰主要是煤炭燃烧过程烟气中收捕下来的细灰。粉煤灰是我国大宗工业固体废物之一,2021年我国粉煤灰产量大约8亿t。粉煤灰的化学成分以SiO_2和Al_2O_3为主,在替代水泥原料方面具有较大潜力。目前粉煤灰替代的研究主要集中在部分生/熟料替代和水泥的替代两方面。在生/熟料替代方面,粉煤灰可以直接与石灰石进行混合制备水泥熟料,从而减少石灰石原料的使用量,降低生产过程CO_2排放量。在水泥替代方面,主要指将粉煤灰与水泥进行直接掺混使用,掺混量最高可达近50%,这能极大减少水泥的使用量,进而间接降低CO_2排放量。

粉煤灰的加入对水泥的耐水性和体积稳定性等有一定的改善作用,但随着粉煤灰添加量的增加,水泥强度会明显下降。我国发布了国家标准《粉煤灰混凝土应用技术规范》(GB/T 50146—2014),对粉煤灰的最大掺量也做了相关要求(表3-8)。

粉煤灰在闻名世界的重点工程三峡大坝修建中也发挥了重要作用。三峡大坝由混凝土修筑而成,在当地的极端气温等因素的影响下,三峡大坝上曾出现一系列温度裂隙,危及大坝安全。在此危急情况下,我国积极采用灌浆法补好了这些裂隙。灌浆法是修复建筑物裂缝最常用的手段,所用的材料一般就是由水泥和粉煤灰等混合成的水泥粉煤球。由于三峡大坝工程量浩大,所需的粉煤灰用量也大。三峡大坝修建所需的粉煤灰用量一度达到200万t,三峡大坝二期工程更是消耗了160万t的粉煤灰。

表3-8 粉煤灰的最大掺量 单位:%

混凝土种类	硅酸盐水泥 水胶比≤0.4	硅酸盐水泥 水胶比>0.4	普通硅酸盐水泥 水胶比≤0.4	普通硅酸盐水泥 水胶比>0.4
预应力混凝土	30	25	25	15
钢筋混凝土	40	35	35	30
素混凝土	55		45	
碾压混凝土	70		65	

资料来源:《粉煤灰混凝土应用技术规范》(GB/T 50146—2014)

总之，通过磷石膏、钢渣、粉煤灰等工业固体废物作为水泥原料的替代矿物，不仅可促进水泥生产碳减排，也在一定程度上实现了废弃资源的循环利用，是绿色低碳工业经济的重要体现。资源循环替代原料将在未来工业绿色经济中发挥更加突出的作用。

三、工艺和新材料替代

工艺和新材料替代技术指通过利用清洁零碳燃料、采用低碳工艺、开发低碳新材料等手段代替传统水泥生产工艺和材料，从而削减碳排放。水泥产品全生命周期CO_2的释放量取决于生产中燃料燃烧、水泥窑类型工艺及使用原料等。下面将重点介绍工艺和新材料替代技术在水泥行业降低碳排放量的应用。

（一）燃料工艺替代

水泥窑燃料工艺替代指使用可燃废物、生物质、清洁能源等替代高碳化石燃料作为水泥窑熟料生产能源，是水泥行业具有良好成本效益的减碳手段。可为水泥生产供热的主要替代燃料如下：

（1）天然气：它可以显著降低燃料的碳排放强度，可能在未来的碳减排中扮演重要的过渡角色；同时，天然气作为替代燃料也面临成本上升、设备技术改造等挑战。

（2）废物：可燃废物主要有废轮胎、橡胶、树脂、炭黑、活性炭、废油、废油漆、废涂料、印刷油漆、各类废溶剂、废塑料、胶黏剂、油墨、动物（加工成粉）、稻米壳、棕榈油壳等。

（3）生物质：通过将秸秆、竹木等生物质加工制成成型燃料替代煤炭等化石燃料已在水泥厂逐渐推广使用，主要包括生物质原材料的粉碎、烘干、压制成型、冷却、包装等工艺流程（图3-30）。秸秆热值可达13 000 kJ/kg，相当于标准煤单位热值的44%。

（4）清洁能源：水泥生产企业包括矿山用地可达百万平方米，采用光伏发电也可达到150 MW/a（1万m^2面积的光伏发电约为1.5 MW/a），约相当于5 000 t/d水泥生产企业全年用电量的67%。国外有水泥生产企业直接采用风力发电，单台风机发电功率约为150 kW·h，20台套风力发电机组可基本满足生产线的电力供给需求。

目前，国内外已有较为成熟的燃料工艺替代案例。德国海德堡将废油和废塑料用作水泥生产替代燃料，替代率可达60%。该技术在需要处置的替代燃料的尺寸和材料方面具有很大的灵活性，整个轮胎、轮胎碎片、粗糙和块状材料、难点燃材料，甚至污染和危险材料都可以在回转焚烧炉中燃烧，可以尽量减少甚至完全避免对替代燃料进行复杂且昂贵的预处理。

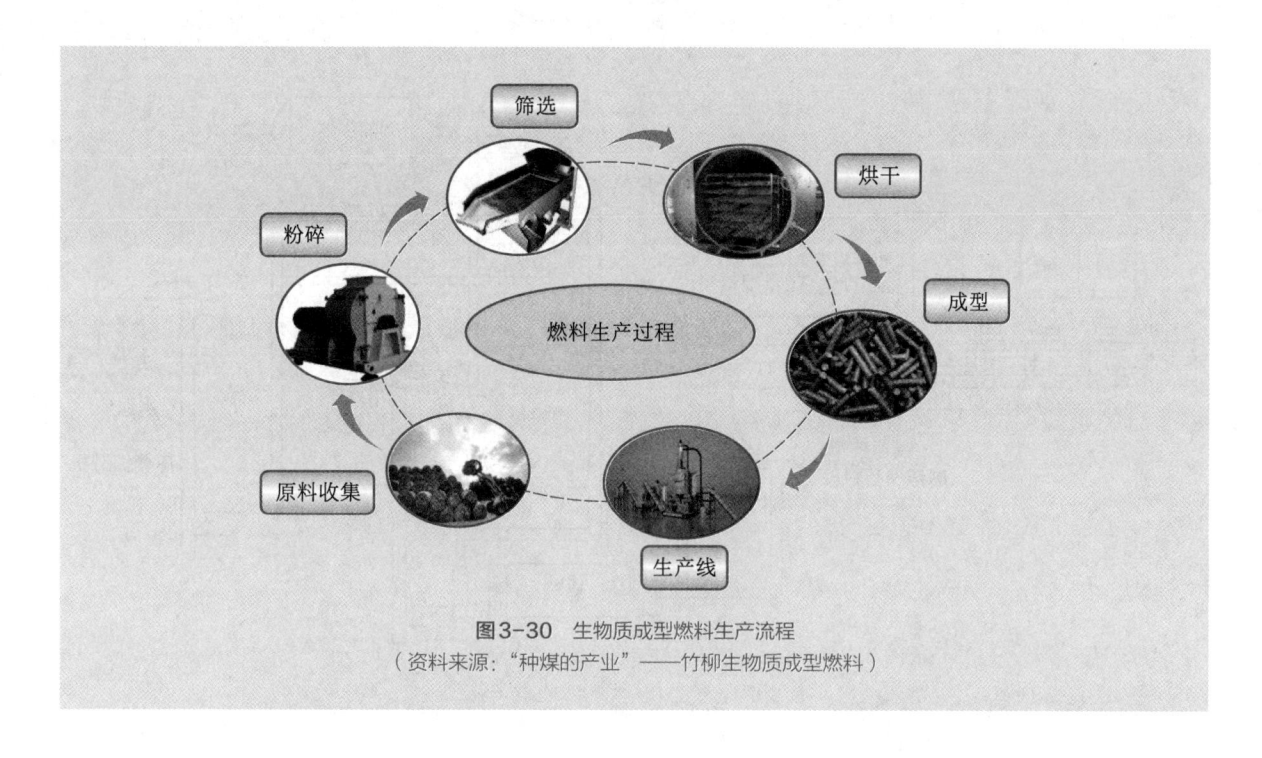

图3-30 生物质成型燃料生产流程
(资料来源:"种煤的产业"——竹柳生物质成型燃料)

(二) 生产工艺替代

生产工艺替代指通过工艺创新、技术改造、流程再造、全流程智慧管控等方式提高能源资源利用效率,降低水泥生产过程的碳排放。下面主要介绍新型干法水泥生产技术和水泥窑协同处置废物技术。

1. 新型干法水泥生产技术

传统的水泥生产工艺通常将生料制成含水量为32%~40%的料浆(也称湿法工艺),水泥料浆具有较好的流动性,所以各原料之间混合程度高,生料成分均匀,烧成的熟料质量高,但由于要先烘干生料,导致熟料生产的能耗较高。

采用新型干法水泥生产替代湿法工艺,原料粉磨、生料配制均为干燥状态,利用转窑余热预分解生料,然后再进入转窑煅烧,大幅度降低水泥熟料生产能耗,从而降低碳排放(图3-31)。干法回转窑由于所用生料是干粉,含水量<1%,比湿法生产减少了用于蒸发水分的大部分热量,而且也比湿法生产流程短。立波尔窑在窑的尾部加装了炉篦子加热机,对含水量为12%~14%的生料球进行加热,使余热得到了较好利用,窑尾温度从700 ℃以上降到了100~150 ℃,热耗大幅度下降,产量和质量都得到了很大的提高。

2. 水泥窑协同处置废物技术

在水泥的生产过程中利用从废物中回收的能量和物质来替代水泥生产中需要的燃料和原料,同时对废物进行"无二次污染"的处置过程,是独具水泥生产、原燃料替代和协同处置三位一体的技术改造。该技术中废物焚烧灰渣直接作为水泥生产原料利用,无灰渣排放,可降低水泥熟料的使用量,减少熟料分解产生的碳排放。水泥窑烧成系统内的碱性气氛,可有

图3-31 新型干法水泥生产工艺流程

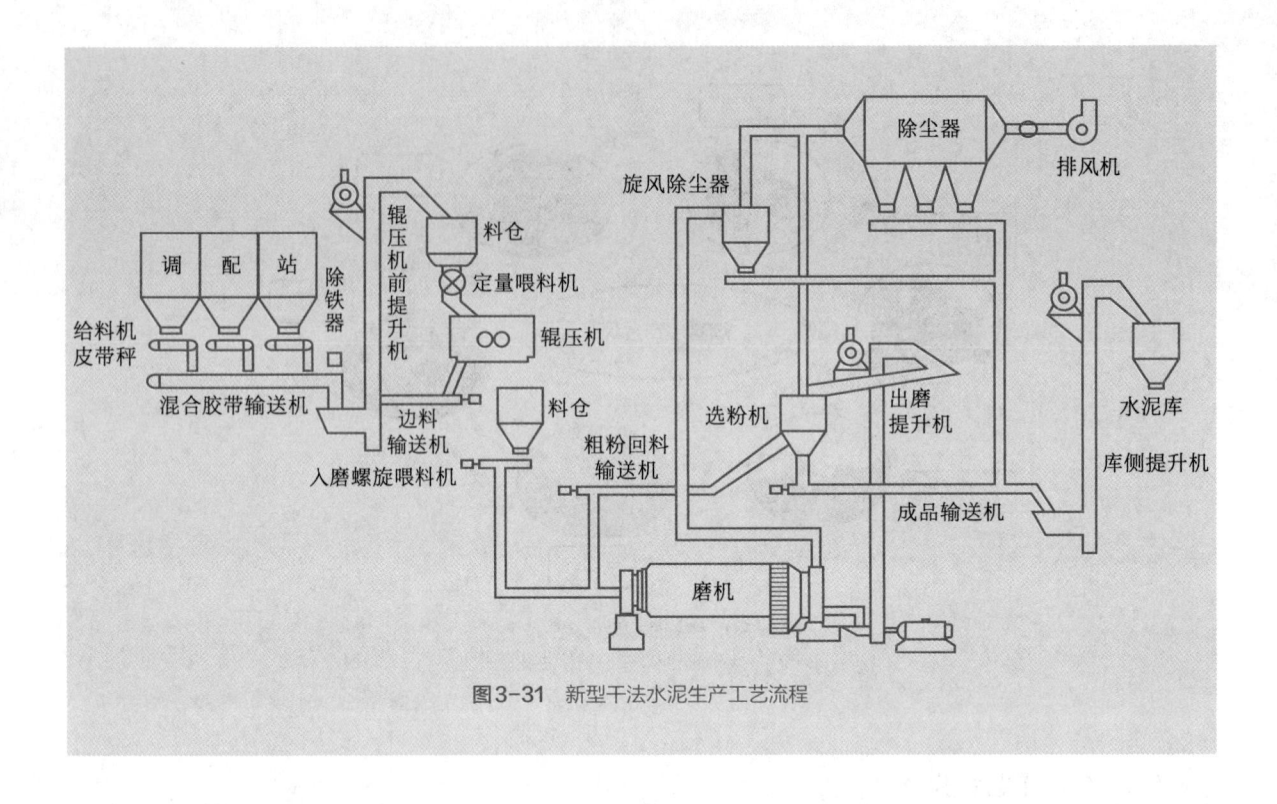

效地抑制废物中酸性物质的排放，减少或避免二噁英产生。此外，水泥熟料对废物中重金属固化效果好，无害化程度高。该技术具有显著的减污降碳效果。

中国台泥（贵港）水泥厂建设了年处理能力达33万t的水泥窑协同处置固体废物系统，每年可处置30万t固体废物与3万t市政污泥。该项目总投资2.31亿元，利用该水泥厂4条日产6 000 t的水泥窑生产线，其中一期工程年处理20万t固体废物、3万t市政污泥。该技术对促进"无废城市"建设和水泥行业绿色转型升级具有十分重要的意义。

水泥窑协同处置废物技术对垃圾分类的要求较高，协同处理成本相对较高，垃圾成分对水泥企业污染控制和产品质量也具有一定影响。水泥企业在选择该技术时需要充分考虑这些因素。

（三）生物质替代水泥

在原料端，用非石化基材料替代石灰石原材料有利于实现深度脱碳。生物质具有零碳属性，在建筑行业应用范围大，无论是在室内还是在室外，生物质新材料都可应用。典型的生物质材料主要是以木屑、竹子、麦秸、花生壳、棉秆、天然高分子等初级生物质材料为主要原料，经过后加工成型达到部分甚至完全替代水泥的一种可逆性循环利用、形态结构多样的生物质新材料。并且生物质胶凝材料能有效保留生物质调温、调湿、隔音等性能，同时具有很高的力学强度和表面耐磨强度。

生物质新材料替代水泥已成为绿色低碳水泥研究领域的热点，生物质掺合料在水泥替代方面的应用见表3-9。研究发现，在水泥中添加3%~5%甚至更高比例的生物炭可增加其抗压强度，这是由于加入生物炭可以使水泥材料更致密坚韧，且生物炭具有较高的化学稳定性，其抗氧化能力提升有助于提高建筑材料的耐久性。生物炭具有良好的比表面积和孔隙结构，令其具有极佳的持水能力和吸附能力，作为内固化保水剂，生物炭可以改变胶凝体系的流变性和硬化状态，提升水泥的流动性和水化作用。生物炭的添加替代不仅可减少水泥原料的使用，降低原料加工过程中的碳排放，其良好的吸附性能对CO_2具有较强的捕集能力，可强化水泥的负排放效果。

表3-9 生物质掺合料在水泥替代方面的应用

生物质	制备条件	添加量	主要效果
木屑	热解温度为300 ℃/500 ℃，停留时间为60 min	2%	比干燥条件下的水泥砂浆表现出更好的力学性能和抗渗性能
餐厨垃圾	热解温度为300 ℃/500 ℃，停留时间为45~60 min	1%~5%	砂浆膏体流动性和新鲜密度的降低，可提高砂浆的抗压强度、吸水性和抗渗性
花生壳	热解温度为800 ℃，热解压强为200 kPa	0.5%~1%	能抑制裂纹扩展，显著提高水泥复合材料的强度和韧性，提高电磁干扰屏蔽效果
榛子壳	热解温度为800 ℃，升温速率为6 ℃/min	0.5%~1%	增强水泥基复合材料的断裂性能，提高抗剪强度

资料来源：《生物炭的理化特性及在建筑材料领域的研究进展》

总的来说，原料、燃料替代及工艺流程再造是未来水泥行业降碳的主要途径。例如，通过研发硫铝酸盐水泥、磷酸镁水泥等创新产品代替传统硅酸盐水泥，可有效降低碳酸盐原料配伍从而减少碳排放；利用磷石膏、粉煤灰、钢渣等工业固体废物中原生钙硅资源代替石灰石原料生产水泥，可降低因石灰石分解导致的生产过程CO_2排放；采用燃料替代、新工艺、新材料等促进水泥生产过程节能降碳和能效提升，可加速推动我国水泥行业的碳中和进程。

本章总结

　　自蒸汽机第一声鸣笛以来，人类在创造工业社会的同时也使地球生态圈开始失衡，阳光、空气、水、森林、动物等自然资源闭环循环的生态圈被石油、煤炭及铁矿等地下资源开采产生的污染与碳排放打破。石油、天然气、钢铁、水泥为工业发展起到了基石的作用，却也转化成了CO_2及废铜烂铁等废物。据IEA和联合国环境规划署报告，全球化石资源燃烧和工业过程产生的CO_2排放量在2021年达到363亿t，废塑料产生量约为3亿t，粗钢产量约为19亿t，水泥产量约为44亿t，均达到了有史以来年度最高水平。

　　资源碳中和从化石资源减量化、二次资源规模化、"绿资源"替代出发，通过资源增效、资源循环及资源替代逐步推进地下资源达峰、地表资源平衡，最终实现化石资源净零消耗。然而，目前资源碳中和还面临着如下挑战：① "绿资源"分布不集中，收集和运输过程将会大大增加处理成本；② 我国在自主研发重大核心装备方面存在短板，例如生物油提质沸腾床反应器等装备长期被欧美封锁；③ 钢铁行业原料进口依赖性强，在技术方面缺乏关键竞争力，在装备制造上则自主创新能力差；④ 水泥的回收体系未建立，循环利用技术不成熟，产品的功能性与轻质化矛盾严重。因此，面对上述挑战，需要各个行业工艺环节继续攻关关键技术，通过产业的变革助力资源碳中和。

思考题

1. 如何解决"绿资源"收储运、加工、合成等过程成本高、结焦、功能性与轻质化矛盾等未来可预见的卡脖子问题？
2. 中国已成为仅次于美国的全球第二大炼油国，已建成投产的千万吨级炼油基地达到了26个，小型炼油厂不计其数，请为你家乡的小型炼油厂提供一些资源增效建议。
3. 如今已经有一批新能源材料和器件走向了生命周期终点，如太阳能电池板废料、风力发电机叶片及氢燃料电池等，如何看待这种新型废物？请为废弃的风力发电机叶片设计一条化学循环路线。

4. 请简述废塑料炼油和秸秆炼油的优点和缺点。
5. 钢铁行业碳减排可以从哪几个方面入手？现有的低碳技术发展现状如何？试比较不同技术的碳减排潜力。
6. 以有色金属中电解铝为例，试总结现有技术能耗问题，查阅电解铝革新技术，谈谈如何高效实现电解铝生产的绿色化。
7. 稀土金属是重要的战略资源，请举例一种稀土金属在生活中的具体应用，查阅资料列举其回收技术，并画出回收循环流程图。
8. 请列举一种地质聚合物基水泥并分析其碳减排潜力。
9. 请列举几种可作为水泥替代原料的工业固体废物并简要分析其替代优势和降碳效果。
10. 请简述生物质替代水泥的技术路线。

参考文献

[1] 赵文忠, 孙丽丽, 吴德飞, 等. 炼化企业轻烃加工经济性研究 [J]. 当代石油石化, 2022, 30 (1): 32-37.

[2] 张一峰, 杨朋. "双碳"目标下炼化行业的挑战与应对 [J]. 中国石油和化工, 2021, (11): 29-31.

[3] 吴玉超, 史军军, 王辉国, 等. 炼化企业在"双碳"背景下的技术探讨 [J]. 石油炼制与化工, 2022, 53 (1): 1-6.

[4] Geyer R, Jambeck J R, Law K L. Production, use, and fate of all plastics ever made [J]. Science Advances, 2017, 3(7): e1700782.

[5] 比尔·盖茨. 气候经济与人类未来 [M]. 陈召强, 译. 北京: 中信出版社, 2021.

[6] 马秀琴, 董慧琴, 郭洪湧. 我国钢铁与水泥行业碳排放核查技术与低碳技术 [M]. 北京: 中国环境出版社, 2015.

[7] Angeli S D, Gossler S, Lichtenberg S, et al. Reduction of CO_2 emission from off-gases of steel industry by dry reforming of methane [J]. Angewandte Chemie International Edition, 2021, 60(21): 11852−11857.

[8] Pei M, Petäjäniemi M, Regnell A, et al. Toward a fossil free future with HYBRIT: Development of iron and steelmaking technology in Sweden and Finland [J]. Metals, 2020, 10(7): 972.

[9] 刁江京, 辛志军, 张秋英. 硫铝酸盐水泥的生产与应用 [M]. 北京: 中国建材工业出版社, 2006.

[10] 李中华, 房德民, 曾博楷, 等. 磷酸镁水泥性能研究 [M]. 哈尔滨: 哈尔滨工程大学出版社, 2021.

[11] 余保英, 高育欣, 王军. 含不同石膏种类的超硫酸盐水泥的水化行为 [J]. 建筑材料学报, 2014, 17 (6): 965−971.

[12] 杜晓燕, 龙红明, 刘秀玉, 等. 钢渣改性用于烟气脱硫研究进展 [J]. 无机盐工业, 2022, 54 (11): 1−7.

[13] 吕心刚. 钢渣的处理方式及利用途径探讨 [J]. 河南冶金, 2013, 21 (3): 27.

[14] 李琴, 杨岳斌, 刘君, 等. 我国粉煤灰利用现状及展望 [J]. 能源研究与管理, 2022, (1): 29−34.

[15] 肖静, 梁学敏, 张逸畅, 等. 中国水泥生命周期粉煤灰替代的CO_2减排研究 [J]. 中国环境科学, 2022, 42 (4): 1934−1944.

第四章 信息碳中和

信息碳中和指利用信息技术的碳减少量大于或等于信息技术自身的碳排放量,从而实现信息领域碳排放量为零。信息碳中和可细分为信息技术助力重点行业领域碳中和、信息技术低碳化发展两部分(图4-1)。在全球碳中和目标下,大数据、人工智能、物联网、数字孪生等前沿信息通信技术可以优化或重塑各领域行业技术环节,从源头上减少能源、资源、信息领域消耗带来的碳排放量,同时耦合先进节能和用能技术可以降低碳排放量。

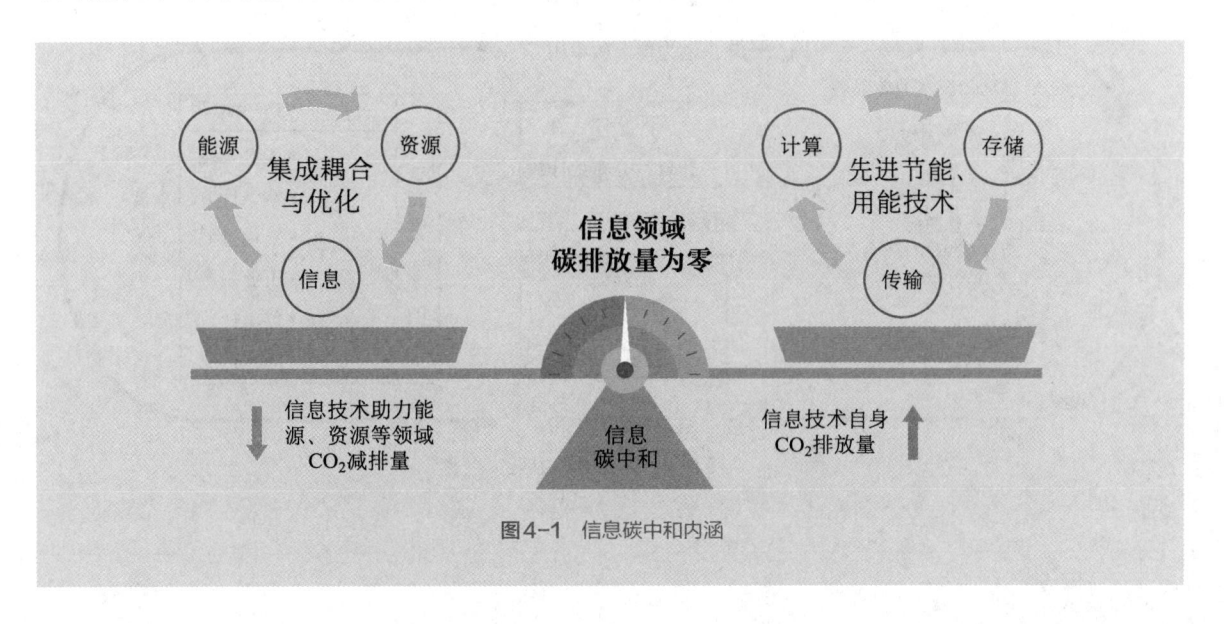

图4-1 信息碳中和内涵

信息碳中和的路径包括：① 信息技术与能源、钢铁、石化、工业、建筑、环保等重点碳排放领域深度融合，通过集成耦合与优化有效提升能源与资源的使用效率，实现生产效率与碳效率的双提升，支撑能源碳中和和资源碳中和；② 数据计算、存储、传输低碳化，促进信息技术（information technology，IT）或称为信息通信技术（information and communications technology，ICT）的节能降碳。在信息碳中和的技术路线中，包括通信网络基础设施（移动通信、物联网、工业互联网、卫星互联网）、算力基础设施（数据中心、智能计算中心）和新技术基础设施（人工智能、云计算、区块链）在内的三大板块、九个方面的节能降碳是实现信息碳中和的关键。

本章将围绕信息碳中和的内涵与技术路径，从集成耦合与优化、数据计算与存储低碳化、数据传输低碳化三个方面，介绍信息技术如何助力能源、资源领域的碳中和目标，以及信息技术低碳化发展的现状、关键概念、技术和典型案例（图4-2）。

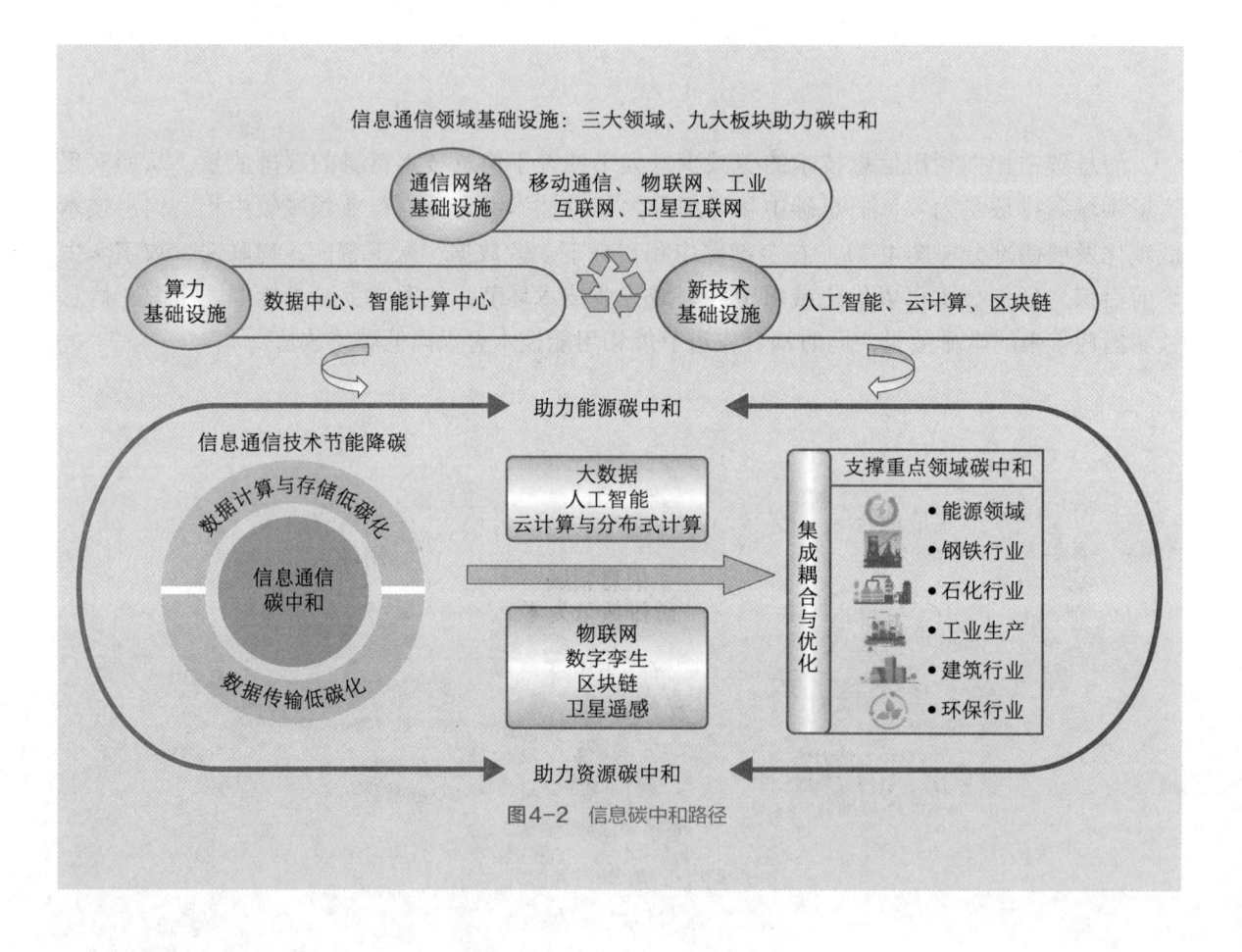

图4-2 信息碳中和路径

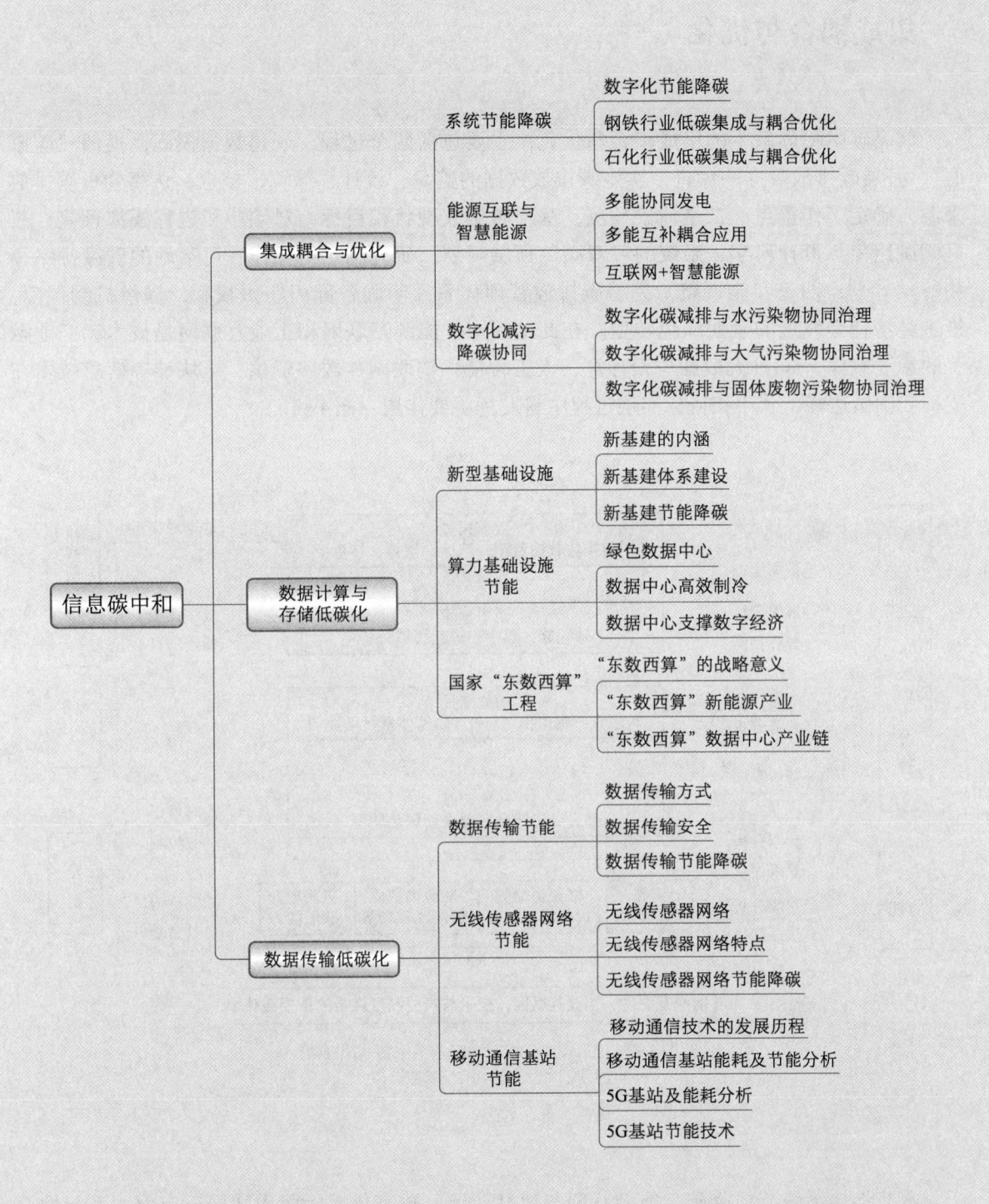

```
信息碳中和
├── 集成耦合与优化
│   ├── 系统节能降碳
│   │   ├── 数字化节能降碳
│   │   ├── 钢铁行业低碳集成与耦合优化
│   │   └── 石化行业低碳集成与耦合优化
│   ├── 能源互联与智慧能源
│   │   ├── 多能协同发电
│   │   ├── 多能互补耦合应用
│   │   └── 互联网+智慧能源
│   └── 数字化减污降碳协同
│       ├── 数字化碳减排与水污染物协同治理
│       ├── 数字化碳减排与大气污染物协同治理
│       └── 数字化碳减排与固体废物污染物协同治理
├── 数据计算与存储低碳化
│   ├── 新型基础设施
│   │   ├── 新基建的内涵
│   │   ├── 新基建体系建设
│   │   └── 新基建节能降碳
│   ├── 算力基础设施节能
│   │   ├── 绿色数据中心
│   │   ├── 数据中心高效制冷
│   │   └── 数据中心支撑数字经济
│   └── 国家"东数西算"工程
│       ├── "东数西算"的战略意义
│       ├── "东数西算"新能源产业
│       └── "东数西算"数据中心产业链
└── 数据传输低碳化
    ├── 数据传输节能
    │   ├── 数据传输方式
    │   ├── 数据传输安全
    │   └── 数据传输节能降碳
    ├── 无线传感器网络节能
    │   ├── 无线传感器网络
    │   ├── 无线传感器网络特点
    │   └── 无线传感器网络节能降碳
    └── 移动通信基站节能
        ├── 移动通信技术的发展历程
        ├── 移动通信基站能耗及节能分析
        ├── 5G基站及能耗分析
        └── 5G基站节能技术
```

第一节
集成耦合与优化

信息碳中和体系中的集成耦合与优化，主要包括四个过程：一是数据摸底，摸清"碳家底"，开展碳排放数据的盘查，实施碳排放数据的监测、统计、核算、核查，认真分析碳排放来源，确定工作重点；二是情景预测，基于碳排放现状和目标，对碳中和进程模拟预测；三是明确路径，设计科学、系统的"双碳"顶层规划，研究制定可操作、可落地的碳减排路径和行动计划；四是实施调整，完善碳排放管理体系，明确各部门职责权利，提供机制保障，推进经济社会发展的全面绿色转型。在此过程中，能源互联网和工业互联网是技术和产业融合的重要载体，5G、大数据与云计算、人工智能、物联网、数字孪生、区块链等信息技术在支撑我国碳达峰、碳中和目标实现过程中将发挥重要作用（图4-3）。

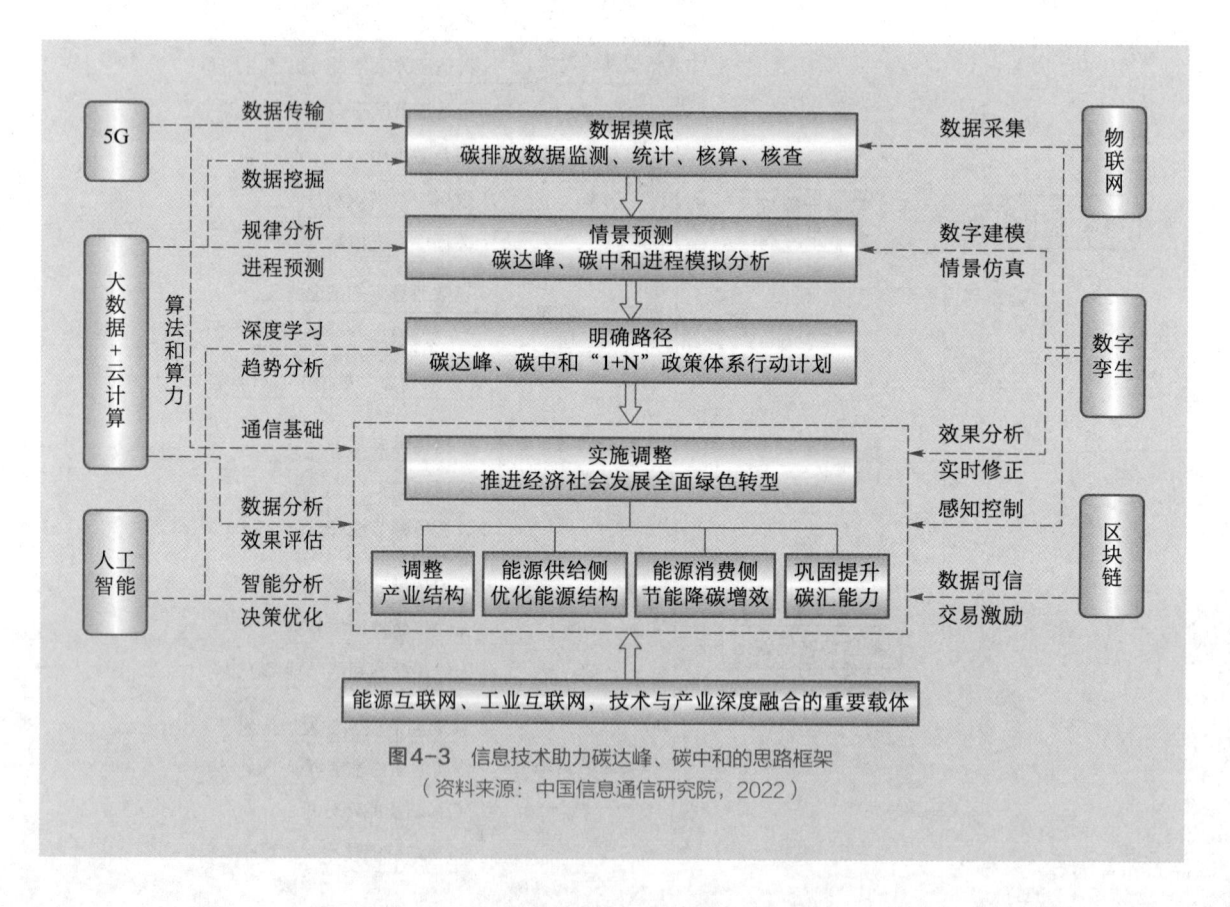

图4-3 信息技术助力碳达峰、碳中和的思路框架
（资料来源：中国信息通信研究院，2022）

本节将从系统节能降碳、能源互联与智慧能源、数字化减污降碳协同三方面，系统地介绍信息技术助力碳排放重点领域节能降碳，实现集成耦合与优化的关键科学认知、技术路线及在社会治理中的贡献。

一、系统节能降碳

据全球电子可持续发展倡议组织（Global e-Sustainability Initiative, GeSI）的研究，数字技术在未来十年内通过赋能其他行业可以减少全球碳排放的20%。《全球通信技术赋能减排报告》[The Enablement Effect，全球移动通信系统协会（GSMA）与碳信托（Carbon Trust）组织合作撰写]显示，2018年移动互联网技术使全球温室气体排放量减少了约21.35亿t，几乎是移动互联网行业自身碳排放的10倍，主要通过智慧建筑、智慧能源、智慧生活方式与健康、智能交通与智慧城市、智慧农业、智慧制造等领域的应用而实现。

（一）数字化节能降碳

信息技术能够赋能产业转型升级和结构优化，提升政府监管和社会服务的现代化水平，促进形成绿色的生产生活方式，推动社会总体能耗的降低。一是数字经济以战略性新兴产业中新一代信息技术为基础，可以显著拉动社会需求，对促进产业结构、能源结构调整和优化意义重大；二是数字技术对传统产业实施技术改进和优化配置，引领工艺和服务创新，对支撑低碳发展具有巨大潜力；三是在碳排放管理方面，能够促进碳管理高效化及碳排放追踪监测现代化。新一代信息技术应用在传统用能领域，促进能源结构的清洁化转型、提升用能效率、降低环境影响、提高资源循环利用率等，直接减少碳排放并促进碳达峰、碳中和目标的实现（图4-4）。

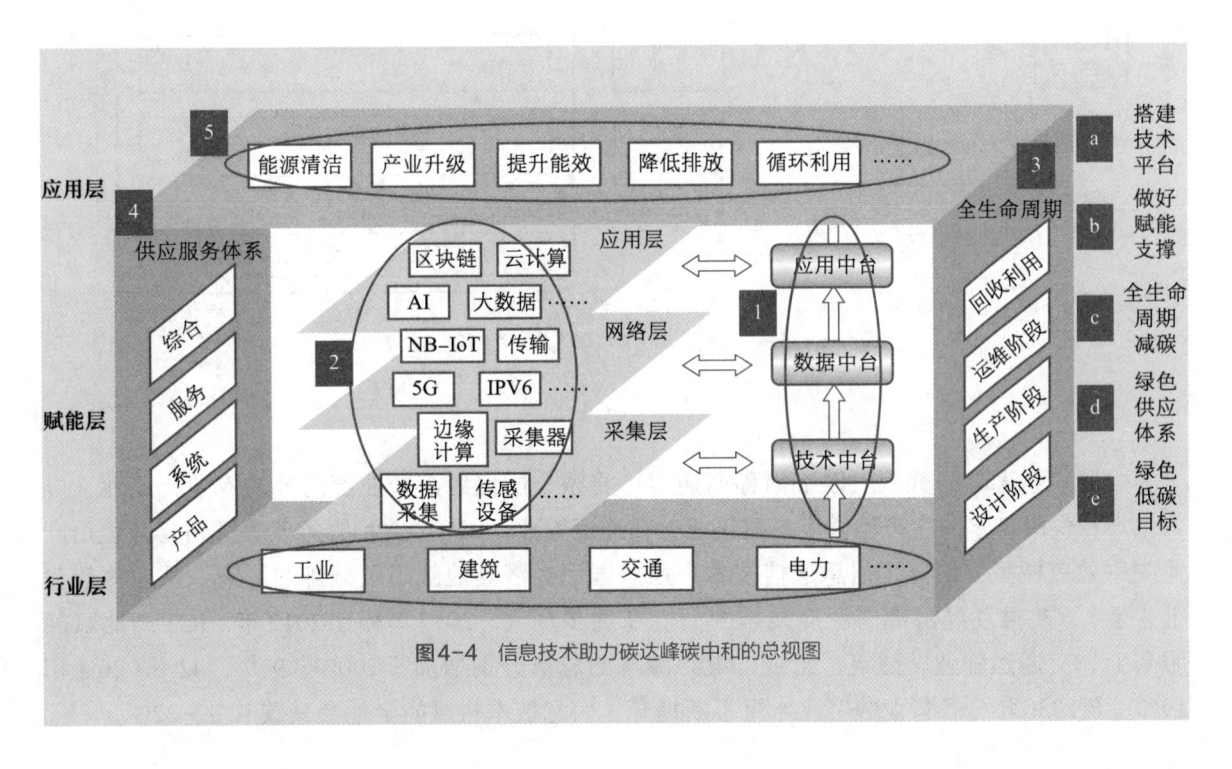

图4-4 信息技术助力碳达峰碳中和的总视图

信息技术助力重点领域碳达峰、碳中和的主要路径见图4-5。碳排放包括能源的供给和消费，能源供给又包括传统能源和清洁能源。对于传统能源，信息技术可以提升供能效率，降低它们对环境的破坏程度；对于清洁能源，需要依赖信息技术解决清洁能源消纳与稳定两大问题。能源消费侧包括工业、建筑、交通和生活，信息技术赋能工业智能化绿色制造、能源管理，赋能建筑全生命周期节能降耗，提升交通运输组织效率，赋能智慧医疗、教育、文旅、金融等减污降碳。在碳移除方面，信息技术提升生态固碳效率。在碳管理方面，碳核算监测、碳交易、碳金融等也离不开信息技术。

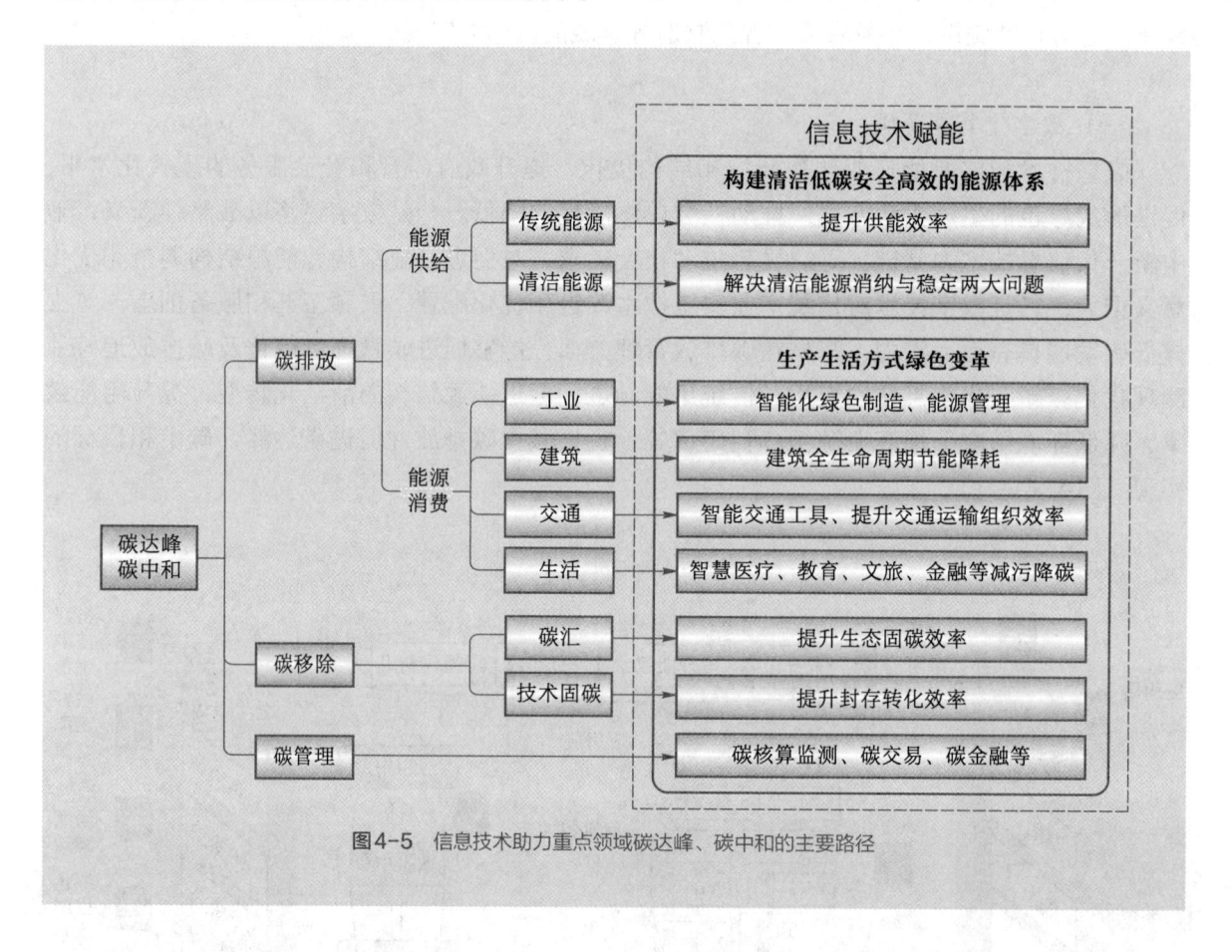

图4-5 信息技术助力重点领域碳达峰、碳中和的主要路径

中国信息通信研究院（以下简称信通院）将整个国民经济产业部门分为农业、工业、电力生产和供应、水的生产和供应、建筑业、交通运输业、ICT产业和服务业等部门，并运用产业关联效应模型，估算了信息通信技术产业对国民经济其他部门碳减排的影响。从总体趋势上来看，ICT推动经济部门深度减排的力度在逐步加大。2017年相比2012年，ICT产业赋能服务业、交通运输业、建筑、工业、电力减排的总量分别增加了100%、97%、42%、26%和19%。至2030年，各行业数字化水平不断提升，信息技术将赋能全社会减碳12%～22%。

（二）钢铁行业低碳集成与耦合优化

钢铁行业是社会经济发展的重要支柱。我国钢铁行业碳排放占全国碳排放总量的14%左右，是除能源以外碳排放量最大的工业行业。我国钢铁行业产能和产量稳居世界第一，2020年我国粗钢产量约占世界粗钢总产量的57%。在工艺结构方面，我国钢铁行业工艺流程以碳排放量高的高炉－转炉长流程工艺为主，占比约为90%，碳排放量较低的电炉短流程工艺仅占10%。信息技术助力钢铁行业碳中和着力点、应用场景和案例如图4-6所示。具体如下。

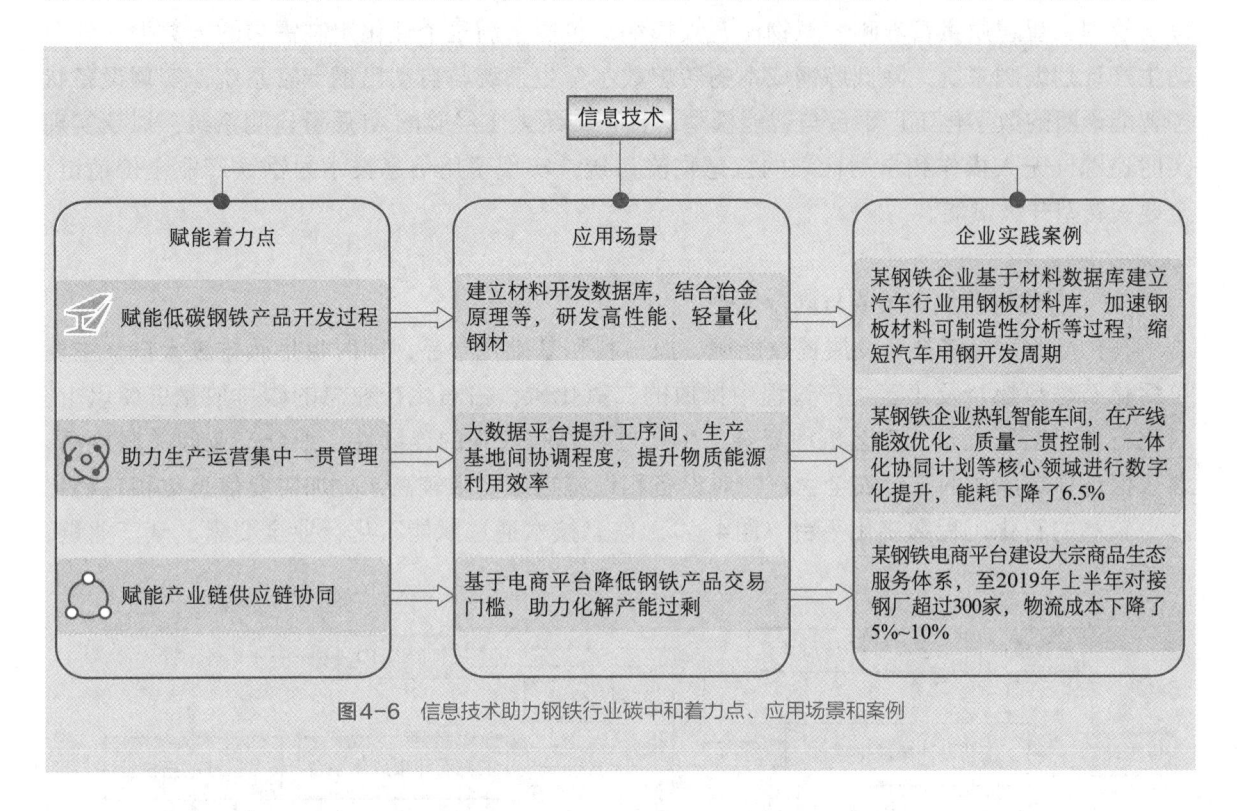

图4-6　信息技术助力钢铁行业碳中和着力点、应用场景和案例

信息技术赋能低碳钢铁产品开发过程。传统的钢铁材料研发基于大量实验，效率不高。通过建立材料开发全链条数据库，结合冶金原理、模型及工业大数据，深度挖掘所获得的知识，指导材料制造中的成分控制，构建以大数据和材料信息学为基础的钢材研发体系，可加速高性能、轻质高强度钢材的研发进程，显著提高研发效率。高性能钢材在汽车制造、基础建设等领域广泛应用，一方面可增加材料的使用寿命，减少物料损失，另一方面可减轻汽车等交通工具的质量，减少用于交通运输的燃料消耗，间接赋能下游用钢行业碳减排。

信息技术助力生产运营集中一贯管理。在炼铁、炼钢、轧钢等各主要工序，部署可进行自我迭代升级的精细化分析控制模型，实现各工序的智能化闭环控制。同时还可部署无人铁水运输车、无人行车及工序专用机器人等各类智能装备，实现无人化生产。通过智能过程控制及智能装备的应用，提升生产操作精细化水平，减少由于生产操作不合理导致的多余能耗、物耗，提升物质能源利用效率。

第一节　集成耦合与优化　　147

信息技术赋能产业链供应链协同。建设钢铁工业品电商等产业级工业互联网平台，汇聚钢铁生产企业、加工运输与仓储服务商、金融服务机构等行业主体，打造智能钢铁生态圈，降低企业间的交易成本，缓解低端产品过度同质化导致的恶性竞争，有效化解产能过剩问题，从而减少过度生产导致的碳排放。

以中国宝武钢铁集团上海基地工厂为例，该企业成为首个入选"灯塔工厂"的钢铁企业，该企业五个智慧制造项目获评"灯塔工厂"最佳实践案例，覆盖智慧计划、智慧生产、智慧设备管理、智慧质量管理和智慧物流五大模块，包括了满足个性化定制需求的大数据热轧自动生产计划编制系统，降低炼钢成本的转炉数字孪生系统与自动出钢专家系统，实现设备状态智能诊断的数字化工厂平台与智能模型，代替传统人工经验的AI质量检测系统，以及实现实时追踪、无人操作和自动计划的智慧物流系统，实现了用信息技术为钢铁产业全价值链、全要素转型升级赋能。

（三）石化行业低碳集成与耦合优化

石化行业为经济社会发展提供能源、原材料和基础化学品，同时也是碳排放大户，主要包括化石燃料燃烧及工艺生产过程中排放的二氧化碳，占石化行业总的碳排放量90%以上。石化行业工艺流程长、工艺机理复杂，生产过程具有较强的连续性，细分产业间关联度高。为了保证稳定品质的连续安全生产，对设备和设施运维要求较高，更加需要信息化和自动化水平较高的石化工程数字化平台（图4-7）。信息技术通过赋能石化行业全要素、全产业链、

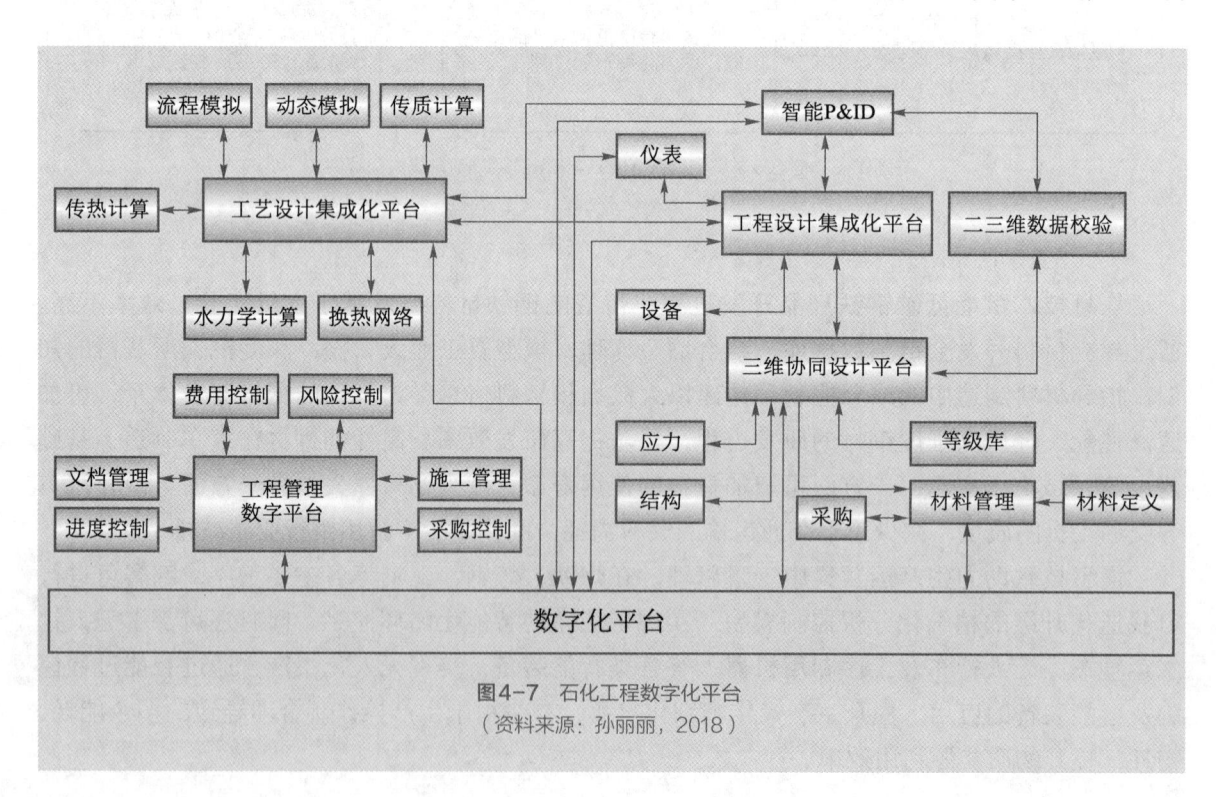

图4-7　石化工程数字化平台
（资料来源：孙丽丽，2018）

全价值链，打造绿色环保的行业生态，从而赋能行业实现"双碳"目标。

信息技术赋能低碳石化产品与工艺研发。石化工艺开发需要经历小试、中试、工艺验证，直至商业化生产多个阶段，其中都需要进行大量实验。基于信息技术进行基础化学物质的数字化表示，对化学反应过程进行模拟仿真，可大幅减少实验工作量，加速低碳产品与工艺研发，如分子炼油技术就是从分子水平对原油性能进行分析，通过对原料组成及结构进行数据建模，结合反应动力学模型进行转化路径的流程模拟，优化工艺流程，实现"宜烯则烯、宜芳则芳、宜油则油"的目标，提高物质的利用效率，从源头减少由于原料浪费导致的碳排放。

信息技术赋能生产制造和企业管控。石化工程数字化平台可融合规划、研发、设计、建造、过程管控等各环节，使多团队实现跨领域高效率协同工作，提升了工程建设全过程的集成优化效能。一是智能化过程控制，基于动态流程模拟仿真技术，结合当前的原料成分、生产工况等信息，对化工装置工艺参数进行动态优化，给出操作优化建议。二是协同集中的生产管理，基于大数据分析等技术，开展集中化的生产装置能源消耗预测与调度优化，以及不同生产工艺单元、不同生产装置的碳资产核算统计与分析，通过系统分析报告为企业内部生产节能减排提供指导建议。三是企业一体化管控，基于企业级工业互联网平台加强生产与业务的协同，实现企业内资源调度优化，提高资源利用效率，从而减少碳排放。

信息技术赋能石化行业资源配置优化。石化行业产业链较长，基于油品及化工品电商平台，开展线上交易可以缩短从炼厂到化工企业、二级代理商、加油站等需求终端的采购过程，降低交易成本，还可基于区块链等技术保障交易安全，提高产业链上下游的协同程度，从而有效提高行业资源利用水平，缓解行业供需失衡及产能过剩的情况，实现行业的低碳转型。

二、能源互联与智慧能源

能源互联网是综合运用先进的电力电子技术、信息技术和智能管理技术，将大量由分布式能量采集装置、分布式能量储存装置和各种类型负载构成的新型电力网络、石油网络、天然气网络等能源节点互联起来，以实现能量双向流动的能量对等交换与共享网络。能源互联网是一种兼容传统电网的，可以充分、广泛和有效地利用分布式可再生能源的、满足用户多样化电力需求的新型能源体系结构。

能源互联网结合了信息技术与可再生能源系统，为解决可再生能源的高效利用问题提供了可行的技术方案。与目前开展的智能电网、分布式发电、微电网研究相比，能源互联网在概念、技术、方法上都有一定的独特之处。因此，研究能源互联网的特征及内涵，探讨实现能源互联网的各种关键技术，对于推动能源互联网的发展，并逐步使传统电网向能源互联网演化，具有重要的理论意义和实用价值。

（一）多能协同发电

电力行业（含热电联产）占我国碳排放总量的40%左右。过去一百多年来，电力系统形成了以化石能源为主体的技术体系。在碳达峰、碳中和目标下，电力系统面临着从高碳排放系统向以新能源为主体的新型电力系统转变。在构建清洁低碳安全高效的能源体系和源网荷储一体化的新型电力系统的过程中，信息技术将发挥积极作用，实现广泛互联、智能互动、灵活柔性、安全可控。

通过加强电网运行状态大数据的采集、归集、智能分析处理，实现设备状态感知、故障精准定位，人工智能技术应用将促进传统电网升级、电网资源配置能力提升，以信息化推动电网向智慧化发展，全面提升智能调度、智慧运检、智慧客户服务水平。数字技术助力电力行业碳减排的着力点，包括信息技术赋能输配电网智能化运行，推动城市、园区、企业、家庭用电智能化管控系统构建，数字化储能系统加速实现规模化削峰填谷（图4-8）。

电网智能化运行
场景1：海量电网数据的深度挖掘和可视化呈现
场景2：边云协同实现电力物联全面感知
场景3：综合利用人工智能、物联网、大数据等先进技术

能源供给系统
场景1：通过人工智能算法实现用户侧智慧用能
场景2：区块链助力用户自主的能源服务安全对等化发展

新型储能
场景：实现储能系统的互联网化管控，提高储能系统运维的自动化程度和储能资源的利用效率，充分发挥储能系统在能源互联网中的多元化作用

图4-8 信息技术助力能源电力领域碳中和场景

"虚拟电厂"是一种通过先进信息通信技术和软件系统，实现分布式发电、储能系统、可控负荷、电动汽车等分布式能源的聚合和协调优化，作为一个特殊电厂参与电力市场和电网运行的电源协调管理系统（图4-9）。2021年，国家电网在上海黄浦区开展了国内首次基于虚拟电厂技术的电力需求响应行动，也是迄今最大规模的一次试运行，参与楼宇超过50栋，通过在用电高峰时段对虚拟电厂区域内相关建筑中央空调的温度、风量、转速等多个特征参数进行自动调节，仅仅1 h的测试，就产生了150 MW·h的电量。在这次测试中，累计调节电网负荷562 MW·h，消纳清洁能源电量1 236 MW·h，减少碳排放量约336 t。

图4-9 虚拟电厂结构示意图

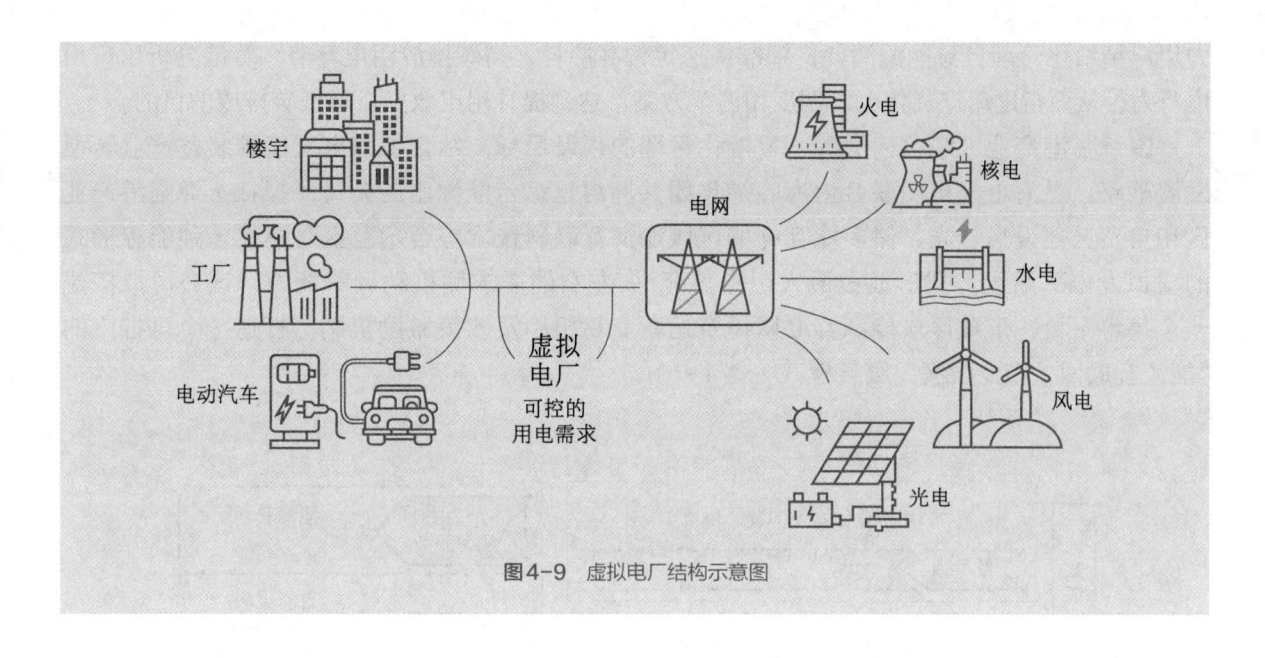

(二) 多能互补耦合应用

我国风电、光伏并网装机应用规模位居全球首位,生物质能、地热能开发规模不断扩大,为我国推行多能互补、协同发展,构建现代能源体系提供了优良的条件,多能互补耦合应用成为未来能源行业发展的方向。深入推进能源革命需要抓住三个关键元素:一是要不断降低化石能源在能源消费中和供应侧的比重;二是应不断提升清洁能源、可再生能源在能源消费结构中的占比;三是积极构建纳入集中式和分布式、智慧型结合的现代能源体系。

随着"多能互补"的探索逐渐深入,作为一种二次能源,氢能也逐步走进能源行业的视野。氢能便于制取,可以与电能相互转化,可拓展的应用领域较多,有望在新的阶段发挥重要的作用,并在二次能源上最终形成与热和电三足鼎立的局面。

氢能与风电、光伏的结合有着更为广阔的空间。风电、光伏的发展需要与氢能的开发和利用相结合,把过剩风电、光电能通过电解水制氢,在低谷时用氢发电调节,发挥储能作用,以便在西部地区大规模开发风电、光伏。随着科技进步,风能、光能利用成本正在快速下降,尤其是光伏发电成本以年均5%的速度持续降低。

(三) 互联网+智慧能源

"互联网+智慧能源"是国家"互联网+"的重要内容,国家颁布了《关于推进"互联网+"智慧能源发展的指导意见》。在发电环节,智慧能源基础设施可通过人工智能与大数据技术,在预测未来天气情况的基础上,灵活调配传统发电容量,助力"以新能源为主体的新型电力系统建设";在输配电环节,智慧能源基础设施还可以有力地提高电网的输配电智能运行维护、状态监测、故障诊断等综合管理能力,在通过边云协同实现电力物联全面感知基础上,综合利用新一代信息技术,提高设备故障响应速度和运行维护效率;在用户侧,智慧能源基础设施能够助力用户精细化管理自身能源消耗，精准快速定位高能耗、高碳排放用电环节，智能分析用户用电行为，从而帮助用户优化电力调度和匹配方案，达到提升用电效率、降低碳排放的目的。

围绕临港产业区绿色、低碳、智能化管理的建设目标，结合上海电气能源装备产业转型发展战略，上海电气集团联合上海临港集团共同组建综合能源服务公司，拟在上海临港产业区和自贸区建设风、光、储多能互补的区域能源互联网技术综合示范区。建立多种能源形式的虚拟发电厂系统，拟形成占最大用电负荷5%左右的需求侧机动调峰能力。该公司拟搭建一个售电平台，形成区域能源互联网投资运营交易机制及政策激励机制，打造一个可推广的"能源互联网＋产业园区"服务模式（图4-10）。

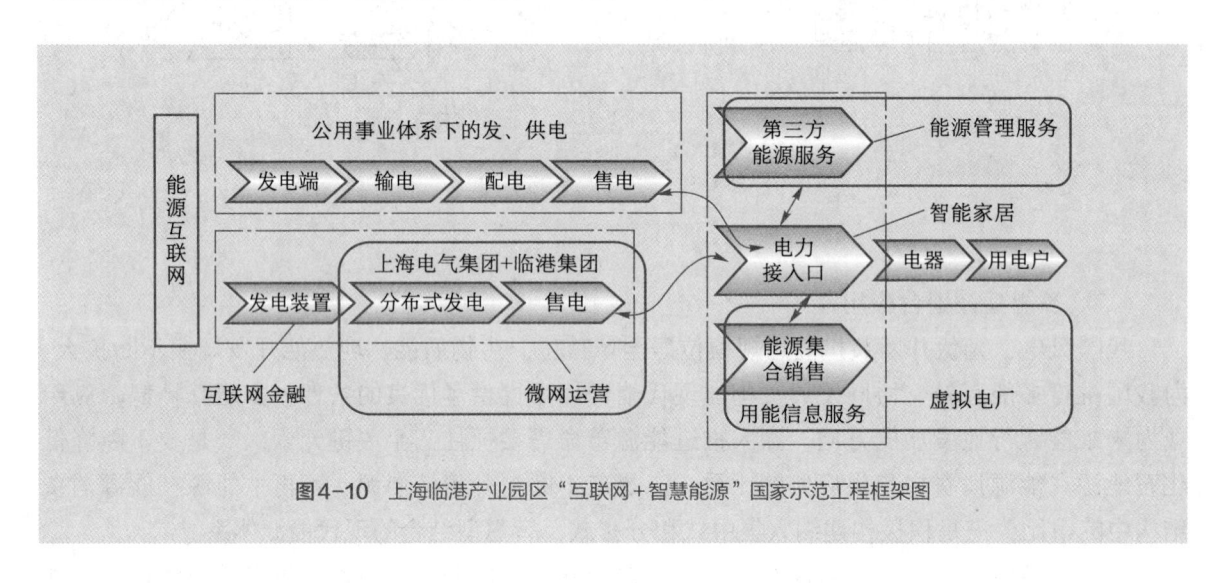

图4-10 上海临港产业园区"互联网＋智慧能源"国家示范工程框架图

上海临港产业园区"互联网＋智慧能源"国家示范工程已列入首批国家示范项目，通过"能源互联网＋产业园区"的实践，推动互联网＋智慧能源新型产业链、新型市场和新型商业模式的形成，突破传统模式的束缚，合力形成以创新驱动增长的全新业态。

三、数字化减污降碳协同

与发达国家基本解决环境污染问题后转入强化碳排放控制阶段不同，当前我国生态文明建设同时面临实现生态环境根本好转和"碳达峰、碳中和"两大战略任务，生态环境多目标治理要求进一步凸显，协同推进减污降碳已成为我国新发展阶段经济社会发展全面绿色转型的必然选择。

（一）数字化碳减排与水污染物协同治理

污水处理行业碳排放量占全社会总排放量的1%～2%，主要涉及二氧化碳、甲烷和氧化亚氮三种温室气体的排放。其中，二氧化碳主要来源于污水治理设施的能耗过程，而水污染物降解产生的二氧化碳则被认定为生源性碳排放；甲烷主要来源于污水处理过程的厌氧环节，包括管网、厌氧池、化粪池、污泥厌氧消化池等；氧化亚氮主要来源于污水处理过程的硝化反硝化环节。在碳达峰、碳中和这场"硬仗"中，水环境治理成为减污降碳的关键领域之一，加快推进水环境治理减污降碳协同增效，将推动我国水生态环境保护工作进入新发展阶段。

智慧水务包括水务信息采集、传输、存储、处理和服务，可提升水务管理的效率和效能，实现更全面的感知、更主动的服务、更整合的资源、更科学的决策、更自动的控制和更及时的应对。水务业务可以划分为基础业务、条块业务及支撑业务。四大条块业务，即防汛业务、水资源管理业务、水生态管理业务和水环境管理业务，是数字水务建设中最为重要和最为迫切的建设领域。四大条块业务的数字化都建立在信息感知更全面的基础之上。其中，防汛业务体现在应急预警等方面，水资源管理业务体现在资源整合、主动服务等方面，而水生态管理和水环境管理业务体现在科学决策、智能控制等方面。

信息技术将帮助水务行业自身创造出多种价值，如降低运营成本、优化现有资产、提高员工参与度与生产效率等。除此之外，数字水务的应用还将对用户及环境带来深远影响，如水务公司运营和财务方面的数字化方案都将有助于提高用户体验，污水收集系统的实时数据传输、流域传感器网络的建立则将减少污染，以最大的力度保护环境。同时5G技术、数据统计分析与云服务、虚拟现实与增强现实等技术，可为污水厂提供全生命周期管理；它们可对大量多样化异构数据进行优化，提高污水厂计量、控制、执行、应用的实时性，为污水厂远程控制、设备维修提供依据。

以信息技术助力黄河流域的生态保护和高质量发展为例，建立生态环境天空地一体化管理系统，可实现全流域一体化管理；采用智能手段监测洪水，可完善综合防汛预警体系；科学分配水资源、提高用水效率，可健全黄河供水区水资源管控体系；加快流域内产业结构优化调整，可广泛培育智能化现代服务业；加速流域内传统产业的转型，可建立完整的流域产业链。信息技术助力黄河流域生态保护和高质量发展框架，如图4-11所示。

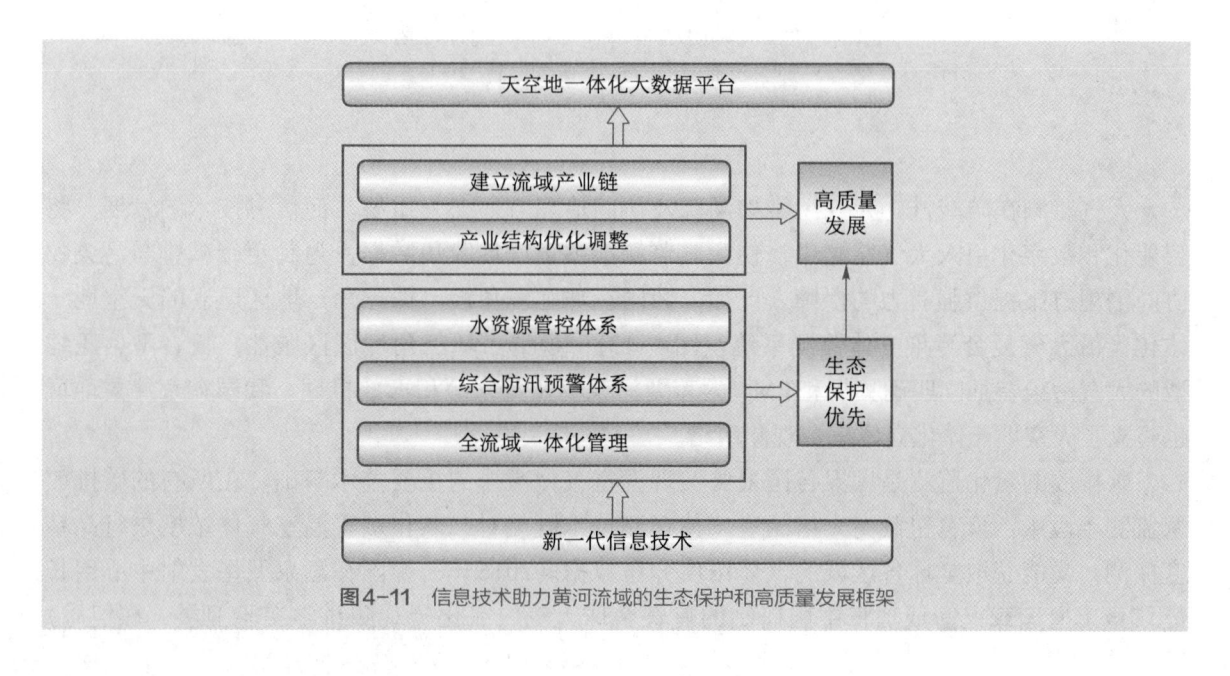

图4-11 信息技术助力黄河流域的生态保护和高质量发展框架

（二）数字化碳减排与大气污染物协同治理

温室气体和大气污染物同根同源（图4-12），主要来源于化石燃料利用。温室气体减排和大气污染治理措施具有显著的协同性。2013年以来，我国大气污染防治领域实施的燃煤锅炉整治、落后产能淘汰、北方地区清洁采暖、交通结构调整等一系列结构性治理措施对CO_2减排也产生了积极的协同效果。在上述措施的有力推动下，工业部门在2015—2020年实现了CO_2和大气污染物的协同减排，CO_2排放量下降了6%；在民用部门主要大气污染物排放降低的同时，CO_2排放量保持基本稳定。在全国337个地级及以上城市中，有98个城市在2015—2019年实现了$PM_{2.5}$年均浓度和CO_2排放量协同下降，98个城市的$PM_{2.5}$浓度平均下降比例达到25.8%，CO_2平均减排比例达到22.5%。

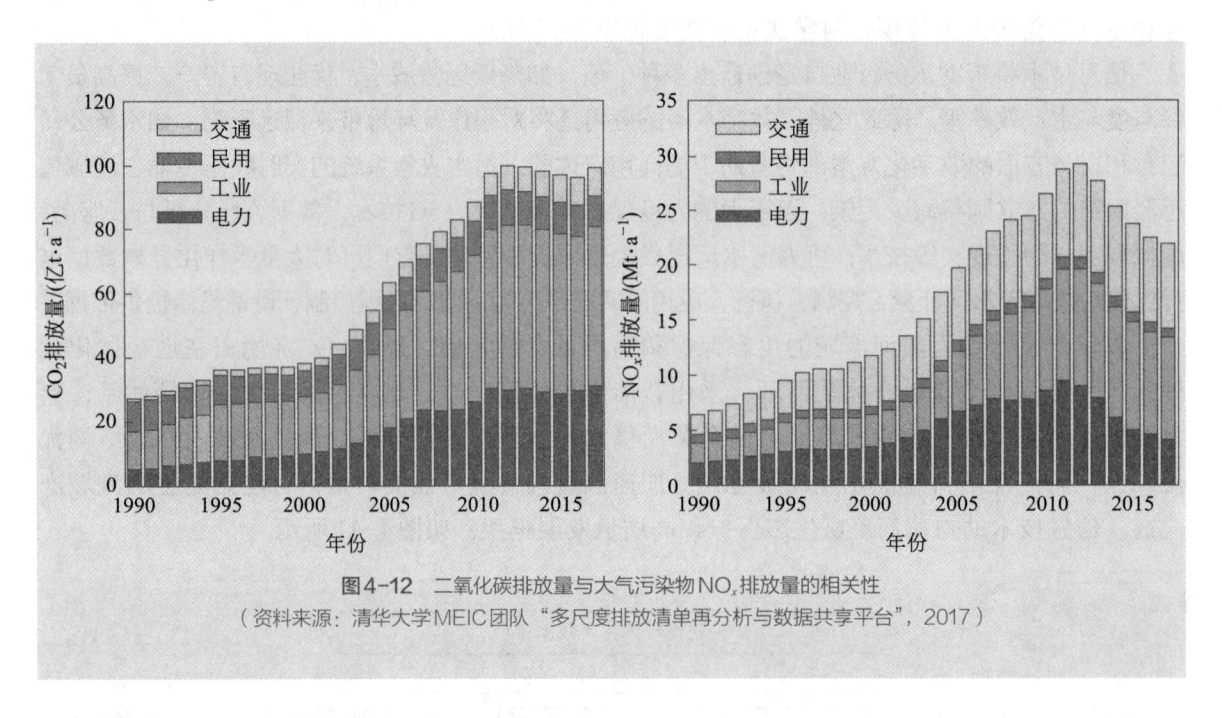

图4-12 二氧化碳排放量与大气污染物NO_x排放量的相关性
（资料来源：清华大学MEIC团队"多尺度排放清单再分析与数据共享平台"，2017）

大气监测在碳减排、大气污染物溯源及协同治理方面尤为重要。而信息技术的发展，将智能化和数字化引入大气监测中，使大气监测能够更好地收集数据，为制定碳减排与污染物协同治理方案提供强有力的保障。比如，我国在珠江三角洲（珠三角）地区建立的天空地一体化区域大气复合污染立体监测系统（图4-13），摸清了珠三角地区区域性、复合型、压缩型的大气污染特征，明确臭氧和$PM_{2.5}$为首要污染物及其来源和形成机理。我国在京津冀地区也建立了天空地一体化立体综合观测网络。

碳排放的量化监测是世界各国最终实现温室气体减排的重要技术基础。在所有的碳排放量监测手段中，只有星载高光谱温室气体探测技术既能对二氧化碳等温室气体浓度进行高精度探测，又能获取全球各区域的气体浓度分布数据。2016年，中国在酒泉卫星发射中心用长征二号丁型运载火箭成功将中国研制的首颗全球大气二氧化碳观测科学实验卫星（碳卫星）

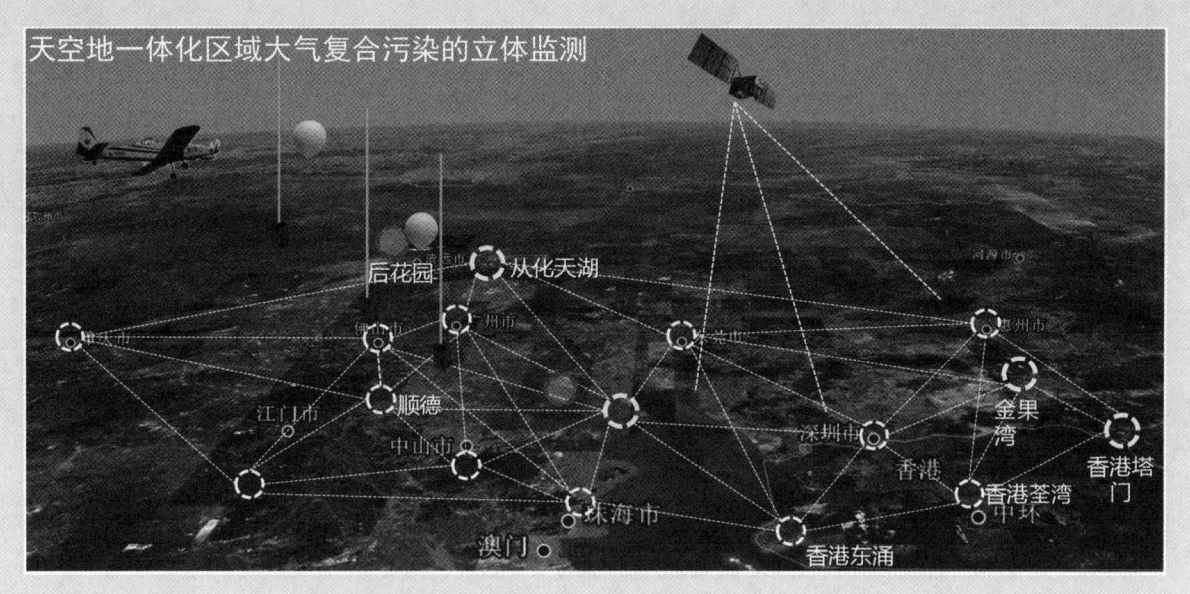

图4-13 我国珠三角地区建立的天空地一体化区域大气复合污染立体监测系统

发射升空（图4-14）。碳卫星以二氧化碳遥感监测为切入点，建立高光谱卫星地面数据处理与验证系统，形成对全球、中国及其他重点地区二氧化碳浓度的监测，从而使中国为应对全球气候变化做出贡献。碳卫星运行于700 km高度的地球同步轨道，科学目标是获取全球和区域二氧化碳分布图，精度优于4×10^{-6}（百万分之四），已达到高光谱大气痕量气体探测方面的国际先进水平。2018年，基于碳卫星的大气二氧化碳含量观测，利用先进的碳通量计算系统，我国获取了碳卫星首个全球碳通量数据集。这是一个里程碑式的结果，标志着我国具备了全球碳收支的空间定量监测能力，使我国成为国际上继日本、美国之后的第三个具备该技术的国家。

第一节 集成耦合与优化

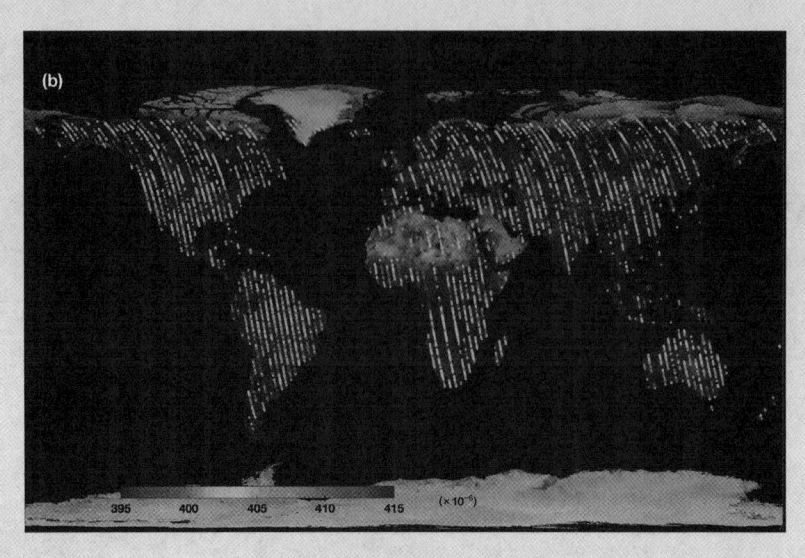

图4-14 中国研制的首颗全球大气二氧化碳观测科学实验卫星在2018年获得的首幅全球CO_2分布图
（a）2017年4月；（b）2017年7月

（三）数字化碳减排与固体废物污染物协同治理

固体废物处理碳排放量约占全球总碳排放量的3%。做好固体废物处理的温室气体减排与污染物协同治理，对整体碳减排有重要作用。新修订的《中华人民共和国固体废物污染环境防治法》区别于以前的突出特征之一，是对固体废物信息化管理工作提出了多项明确的要求。在此形势之下，需要识别我国固体废物信息化管理的现状和差距，提出能够满足新要求的相关领域重点工作和措施。一是明确提出政府部门建立信息平台，实现全过程监控和信息化追溯能力的要求；二是明确提出产废单位建设和应用信息化手段进行固体废物管理的要求；三是明确提出一系列依托信息化技术实施的管理制度。

我国已经形成统一的固体废物信息化管理网络，实现工业固体废物申报登记、危险废物管理计划备案、危险废物经营情况年报、危险废物出口核准、废弃电器电子产品拆解审核等业务全部在互联网上办理。建立"全过程监控和信息化追溯"体系，必须依托物联网等信息技术，同时辅以5G、大数据等技术手段，不断提升监控和追溯的精细化、智能化水平。部分地区在生活垃圾、危险废物等的收集、转移、处理、处置等领域，积极探索，先行先试，率先应用成熟先进技术，因地制宜地试验适宜模式，初步形成了以物联网技术为基础的全过程监控体系，初步具备了信息化追溯能力。

徐州市是全国首批"11+5"个"无废城市"试点城市之一。"以智管废"智慧平台打破了原有的数据壁垒，将无废城市建设过程中涉及的工业源、农业源、生活源、危险源及建筑源所产生的各种废弃物数据纳入平台统一管理，梳理并完成徐州市级废弃物管理的顶层架构设计及数据支持。该平台作为无废城市建设过程的主要抓手，以先进的城市固体废物管理方法，实现了固体废物管理与运营服务的有机结合，是加强城市管理和固体废物管理能力的一个顶层信息化智慧平台,并将持续助推无废城市"固体废物源头减量、资源化利用、最终无害化处置"建设目标的实现。

第二节
数据计算与存储低碳化

由于全球数字化转型的加速和对算力需求的增长,信息通信业逐渐成为国民经济发展的战略性支柱产业,同时也导致信息通信业能源需求和碳排放的增长。2019年信息通信业碳排放量约为14亿t,占全球碳排放总量的4.2%。2012—2017年中国ICT行业碳排放总量涨幅为61%,为所有经济部门之最。在碳中和目标下,ICT自身的能耗问题不容忽视,数据的计算与存储迫切需要走绿色低碳发展之路,实现节能降碳与数字经济的协同发展。

本节将从新型基础设施、算力基础设施节能、国家"东数西算"工程三方面,系统介绍信息碳中和领域数据计算与存储低碳化发展的关键科学认知、技术路线,以及在社会治理中的贡献。

一、新型基础设施

新型基础设施建设,简称新基建,主要包括5G基站建设、特高压、城际高速铁路和城市轨道交通、新能源汽车充电桩、大数据中心、人工智能、工业互联网七大领域(图4-15),

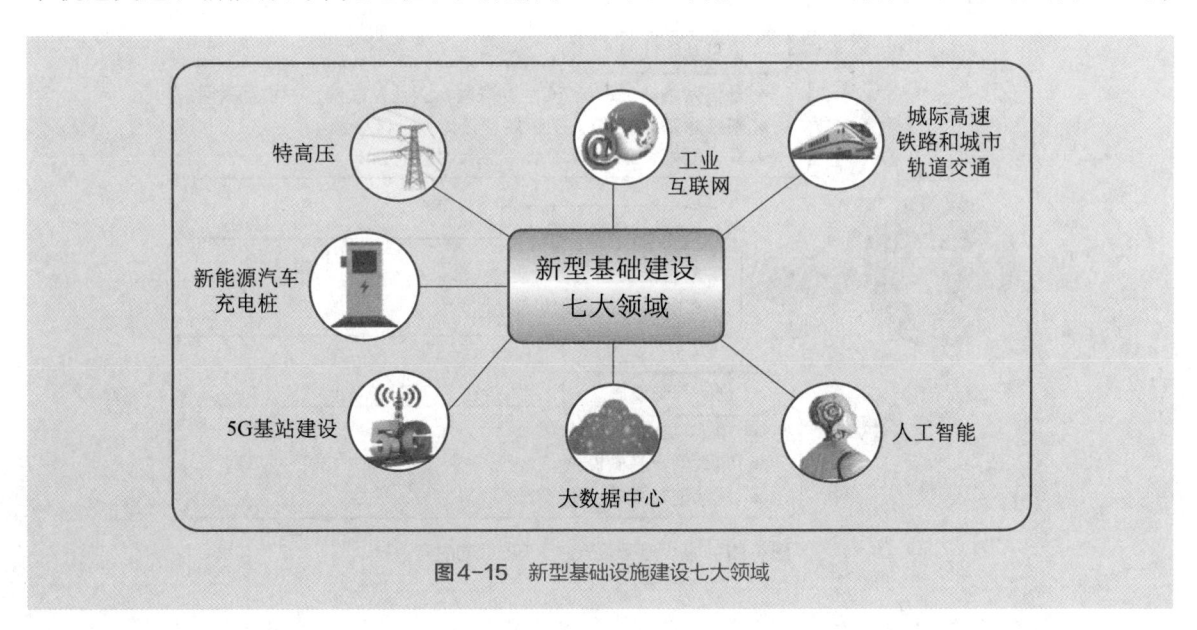

图4-15 新型基础设施建设七大领域

涉及诸多产业链,是以新发展为理念,以技术创新为驱动,以信息网络为基础,面向高质量发展需要,提供数字转型、智能升级、融合创新等服务的基础设施体系。新型基础设施不仅是节能降碳的重要领域,更是赋能各行业实现"双碳"目标的原动力。

新基建是智慧经济时代贯彻新发展理念,吸收新科技革命成果,实现国家生态化、数字化、智能化、高速化、新旧动能转换与经济结构对称态,建立现代化经济体系的国家基础设施。新基建包括绿色环保防灾公共卫生服务效能体系建设、5G-互联网-云计算-区块链-物联网基础设施建设、人工智能大数据中心基础设施建设、以大健康产业为中心的产业网基础设施建设、新型城镇化基础设施建设、新兴技术产业孵化升级基础设施建设等,具有创新性、整体性、综合性、系统性、基础性、动态性的特征。

(一) 新基建的内涵

新型基础设施是新技术、新生产要素在全社会广泛普及的必要物质基础,也是新产品、新业态、新经济部门快速成长的关键支撑。当前,第四次工业革命蓬勃兴起,数字经济加速与实体经济深度融合,数据成为关键生产要素,技术演进升级和经济社会发展推动新型基础设施的形成和成长。

信息基础设施、融合基础设施和创新基础设施三方面内容构成当前新型基础设施的主要框架体系(图4-16)。信息基础设施主要是基于新一代信息技术演化生成的基础设施,包括以5G、物联网、工业互联网、卫星互联网为代表的通信网络基础设施,以人工智能、云计算、区块链等为代表的新技术基础设施,以数据中心、智能计算中心为代表的算力基础设施等。融合基础设施主要是传统基础设施应用新一代信息技术,进行智能化改造后所形成的基础设施形态,包括以工业互联网、智慧交通物流设施、智慧能源系统为代表的新型生产性设

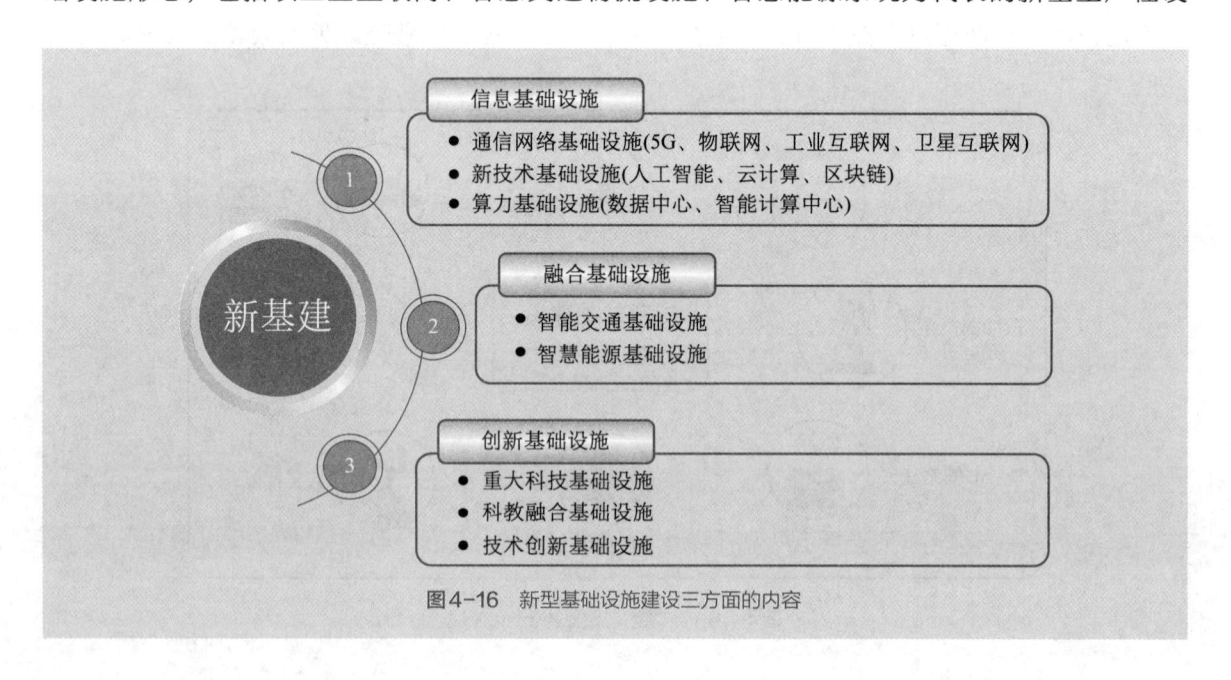

图4-16 新型基础设施建设三方面的内容

施，和以智慧民生基础设施、智慧环境资源设施、智慧城市基础设施等为代表的新型社会性设施。创新基础设施是指支撑科学研究、技术开发、新产品和新服务研制的具有公益属性的基础设施，比如重大科技基础设施、科教融合基础设施、技术创新基础设施等。

（二）新基建体系建设

新型基础设施建设应以高质量发展为主题，以系统完备、高效实用、智能绿色、安全可靠为导向，深化技术创新和制度创新，依据不同设施的阶段特点，选择适合的设施发展方向和演进路径，加速新型基础设施形态的培育和发展，夯实建设现代化强国的先进物质基础和条件。

新兴技术引领的信息基础设施。不同于传统面向连接的通信基础设施，新一代信息基础设施正向以信息网络为基础，以数据要素为核心，向提供感知、连接、存储、计算、处理等综合数字能力的基础设施体系发展。要顺应信息技术发展趋势和基础设施功能演化需求，打造集感知设施、网络设施、算力设施、数据设施、新技术设施于一体的新型信息基础设施体系。

聚焦经济社会转型的融合基础设施。利用新一代信息技术推动新型生产性设施发展，可有效推动传统产业转型升级，带动生产方式、组织方式变革，支持新产业、新业态发展。例如，工业互联网平台、车联网、智慧物流、能源互联网、智慧医院基础设施、智慧养老基础设施、智慧教育基础设施、智慧环境设施、新型城市管理设施等。

着眼提升科技能力的创新基础设施。创新基础设施是实现科学技术突破、促进科技成果转化、支撑创新创业的重要基础，对提升国家科技水平、创新能力和综合实力具有重大影响。面向世界科技前沿，聚焦新一轮科技革命的重点方向，建设一批重大科技基础设施，提供极限研究手段，帮助提升原始创新能力和支撑重大科技突破。面向国家重大战略需求，聚焦解决重大科技问题，建设一批科教基础设施，构建特色鲜明、水平先进的研究平台体系。面向经济主战场，聚焦提升产业创新水平，整合现有优质资源，建设一批新型共性技术平台和中试验证平台，完善高水平试验验证设施，支撑产业技术升级和企业创新发展。

（三）新基建节能降碳

数据中心、通信基站和通信网络等信息基础设施的碳排放是社会关注的重点课题。随着我国数字化需求的不断提升，信息基础设施建设带来的碳排放量呈上升趋势。因此，未来应加大信息基础设施绿色化转型力度，特别是应重点加强数据中心、通信基站的节能减排，助力行业和全社会实现碳达峰、碳中和。

应当加快建设绿色低碳的新型数据中心。一是推动数据中心绿色集约化布局。发挥政府引导作用，加强对大型数据中心的能耗指标、土地等扶持政策引导，鼓励企业集约化建设数据中心。鼓励企业向气候适宜、可再生能源富集地区部署数据中心。二是加强绿色能源供给和使用。鼓励各地推动数据中心企业参与电力市场化交易，加大绿电供给。加强可再生能源电力系统与数据中心布局协同，探索打造"分布式可再生能源+数据中心"试点示范项目。鼓励数据中心通过可再生能源专线供电、开展可再生能源电力交易或可再生能源绿色电力证书交易等方式提高可再生能源利用比例。三是加快绿色低碳技术研发应用。依托行业标准化组织、科研院所、龙头企业等单位，加快数据中心绿色低碳技术研发攻关。推动企业加快液冷、自然冷却、高压直流、余热回收等节能技术应用，降低数据中心设施层能耗。加快数据中心IT设备节能等级、碳等级标准的制定，支持第三方机构开展数据中心绿色低碳等级评估。

应当促进基站节能降碳与可再生能源供给。一是推动基站节能技术研发应用。促进基站主设备节能技术应用，采用新设计、新材料、新工艺等硬件节能技术，重点推动利用氮化镓等材料技术提升功放效率，降低芯片能耗。适时在全网推广无线网络亚帧关断、通道关断、浅层休眠、深度休眠等软件节能技术。支持基站机房设备冷板式液冷和浸没式液冷技术研发，提升室外设备自然冷却技术应用水平。促进基站供电节能技术应用，推广室外型小型化电源系统。二是强化基站智能化管理。扩大数字化智能电源系统在基站新建和存量站址改造中的应用。推广基站智慧节能监测系统，实现节能扇区的最大化发现、最佳节能时段推荐、最适合的设备节能功能推荐。推广空调节能管控技术，精准控制空调启停。三是加大基站可再生能源供给。持续推进风能、太阳能等可再生能源技术在基站中的应用。推动风光电互补系统建设，最大化利用风能和太阳能资源。依托基站建设具有分布式电源、储能等功能的智慧微网。

二、算力基础设施节能

数据中心是算力基础设施的代表，在新基建的推动下，数据中心越来越引起社会的广泛关注。近5年来，我国在用数据中心机架规模持续增长，年均增速超过30%。在节能减排方面，2020年我国数据中心年均运行能耗比（数据中心总设备能耗与IT设备能耗的比值）中位数为1.555，较上一年降低0.105。数据中心企业普遍通过定制化、人工智能调度及新型冷却技术应用等，提升数据中心能效。在绿色能源使用方面，部分优秀绿色数据中心案例已达到全球领先水平，获得了开放数据中心委员会及绿色网格标准推进委员会的5A等级评价。

算力已成为国民经济发展的重要基础设施。根据国家发展和改革委员会的统计数据，我国数据中心规模已达500万标准机架（图4-17），但随着数字经济的发展，全社会对算力的需

图4-17 我国数据中心机架年度总量

求仍十分迫切，预计中短期行业空间仍有望持续增长，新基建板块有望被充分带动。

（一）绿色数据中心

中国电子学会标准《绿色数据中心评估准则》（T/CIE 049—2018）对绿色数据中心的定义是：在全生存期内，在确保信息系统及其支撑设备安全、稳定、可靠运行的条件下，能取得最大化的能源效率和最小化的环境影响的数据中心。数据中心在使用运行过程中，需要一些具体的指标来评价其能源利用率，常见的指标包括电能利用效率、局部电能利用效率、制冷负载系数/供电负载系数和可再生能源利用率等。

（1）电能利用效率

电能利用效率（power usage effectiveness，PUE），也称能耗比，是美国绿色网格组织（The Green Grid，TGG）在2007年提出的一种用以评价数据中心能源利效率的指标，是最常用的评价数据中心能源使用效率的指标。

$$\mathrm{PUE} = \frac{P_{\mathrm{Total}}}{P_{\mathrm{IT}}} \tag{4-1}$$

其中，P_{Total}为数据中心的总耗电量，P_{IT}为数据中心IT设备的耗电量。

数据中心的PUE值越大，表示供电及冷却等配套基础设施所消耗的电能越大。

（2）局部电能利用效率

局部电能利用效率（partial PUE，P_{PUE}）是PUE概念的扩展，可以对局部区域或设备的能效进行分析和评估。

$$P_{\mathrm{PUE}} = \frac{N_1 + I_1}{I_1} \tag{4-2}$$

其中，$N_1 + I_1$为区域的总能耗，I_1为区域的IT设备能耗。

P_{PUE}用于反映数据中心的局部设备或区域的能效情况，可以首先提升P_{PUE}值较大的设备或区域能效，从而达到提高整个数据中心的能源效率的目标。

（3）制冷负载系数/供电负载系数

制冷负载系数（cooling load factor，CLF）为数据中心制冷设备耗电量与IT设备耗电量的比值；供电负载系数（power load factor，PLF）为数据中心供电配电系统耗电量与IT设备耗电量的比值。CLF和PLF可以进一步深入分析制冷系统和供电配电系统的能源效率。

（4）可再生能源利用率

可再生能源利用率（renewable energy ratio，RER）用于衡量数据中心利用可再生能源的情况，以促进太阳、风能、水能等可再生、零碳排放或极少碳排放的能源利用。

国家要求新建数据中心在PUE上进行严格控制，在能耗总量限制基础上大力推进绿色数据中心建设。北京推出的《北京市数据中心统筹发展实施方案（2021—2023年）》明确指出，年均PUE高于2.0的备份存储数据中心将逐步关闭，新建云数据中心PUE不应高于1.3。上海发布的《上海市推进新型基础设施建设行动方案（2020—2022年）》要求新增数据中心PUE

不应高于1.3。广州公布的《广州市加快推进数字新基建发展三年行动计划（2020—2022年)》优先支持PUE<1.3的数据中心建设。

与此同时，各地还围绕不同的区域定位制定了各具特色的数据中心建设规划。如山东提出全力打造"中国算谷"；浙江提出三年内建设大型、超大型云数据中心25个左右；上海计划三年内在临港新片区新建5个云计算数据中心；贵州则重点打造大数据产业集群贵安新区，计划到2025年，贵安新区承载服务器数将达400万台，数据中心固定资产投资将超400亿元，成为世界一流数据中心集聚区。

在绿色数据中心方面，阿里云公司以低碳选址、清洁能源、液冷技术等融合AI应用，加速绿色节能技术创新及迭代升级，做到"少用电、用好电、用绿电"；在绿色算力方面，提供了算力充分复用、高效利用的技术架构与经济模式，让算力本身更绿色；在绿色数字供应链方面，以算法驱动，采用预测+决策的算法体系，从机器学习向深度学习技术栈演进，实现数据驱动的预测决策一体化优化，持续优化、创新供应链计划和运配等环节，帮助商家降低碳排放；在绿电交易方面，作为首批全国绿色电力交易主体，阿里云公司达成1亿kw·h光伏电力交易，成为当次交易中互联网行业最大的绿色电力购买主体。

（二）数据中心高效制冷

数据中心作为计算能力的基础，数据中心行业的快速发展成为大趋势。随着大数据的飞速发展，云计算、设备散发的热量也不断升高，IT设备的功率计算速度不断加快。只有数据中心内部保持一个恒温恒湿环境，才能确保内部的设备处于最佳的工作环境中，这样不仅有利于设备达到最佳状态，还可以延长设备的使用寿命。然而，要保持数据中心内部的恒温恒湿环境，高效制冷技术尤为重要。数据中心制冷和数据中心所处的位置关系密切，如四季温差变化较大，外部温度和数据中心内部总是有很大温差，这就需要数据中心耗费更多的电能，来保持内部恒温。此外，内部设备的散热量、制冷设备工作效率、数据中心通风通道设计方案都会影响数据中心保持恒温恒湿所需要付出的成本。

制冷系统是数据中心降低PUE的重中之重。传统服务器采用风冷散热，通过数据中心里的空调，对IT设备降温，降低数据中心（含单机服务器）的内部温度，从而保障设备不会因温度过高发生意外（比如CPU过热导致宕机）。相比传统风冷数据中心，液冷数据中心具有高能效、高可靠性、高可用和高密度等优势（图4-18）。阿里云公司把服务器"泡在水里"的单相浸没液冷技术已经走在了业界前沿。浸没式液冷服务器是把服务器整体浸泡在沸点低（35 ℃左右）、绝缘、无腐蚀性的特殊液体里，以液体为媒介把服务器中CPU、内存条、芯片组、扩展卡等电子器件在运行时所产生的热量通过冷热交换方式带走。阿里云公司杭州仁和的数据中心是全球规模最大的全浸没式液冷数据中心，整体节能超70%，年均PUE低至1.09，每年可省电7 000万kw·h，足够西湖周边所有路灯连续点亮8年。

腾讯集团在绿色节能上也探索了很多创新技术，包括青浦三联供、大园区屋顶光伏、电子废物回收、机房余热回收用于供暖等。腾讯集团贵安七星数据中心建造在山洞里，该数据

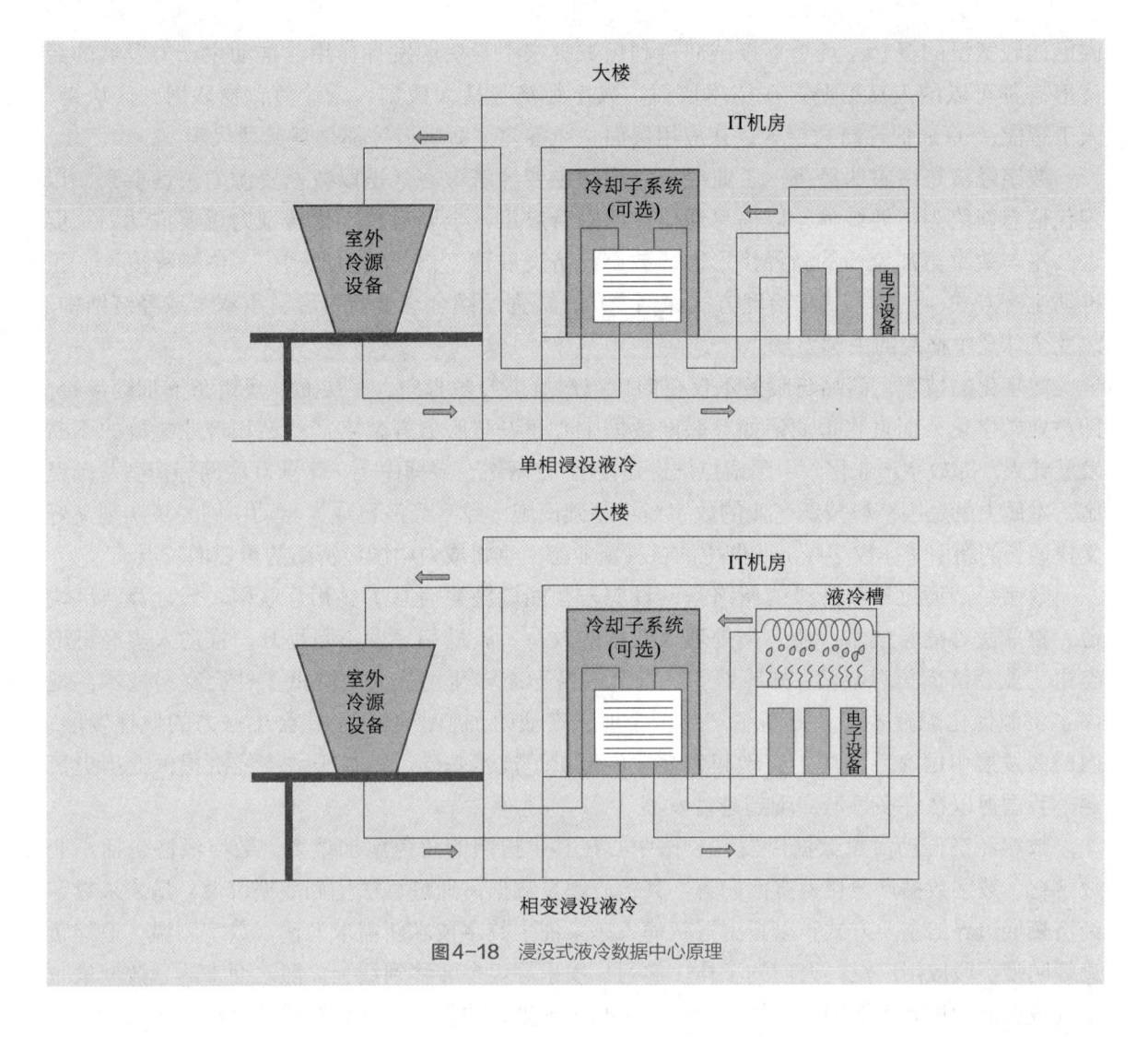

图4-18 浸没式液冷数据中心原理

中心的新一代间接换热制冷设备，最大化利用了贵阳当地年均气温在15 ℃的自然条件，建成后极限PUE将达1.1左右，远低于国内数据中心的平均PUE。

不同于让服务器"上山""下水"等"花样式"操作，华为集团通过极简的、模块化和预制化的架构，在自然资源不具备的条件下降低PUE，实现"一箱一系统"；通过"绿色"有效利用自然冷源，相比于冷水制冷系统省电14%、省水40%；通过"智能"支持基于AI的iCooling能效优化技术，在同等硬件条件下，降低制冷系统能耗多达8%；通过安全匹配AI智能算法，实现间接蒸发冷却系统全自动巡检及故障预测，降低运行维护人力成本25%。

（三）数据中心支撑数字经济

数字经济是人类通过大数据（数字化的知识与信息）的识别—选择—过滤—存储—使用，引导、实现资源的快速优化配置与再生，实现经济高质量发展的经济形态。数字经济是一个内涵比较宽泛的概念，凡是直接或间接利用数据来引导资源发挥作用，推动生产力发展的经济形态都可以纳入其范畴。在技术层面，数字经济包括大数据、云计算、物联网、区块链、人工智能、5G通信等新兴技术。在应用层面，新零售、新制造等都是其典型代表。

数字经济是继农业经济、工业经济之后的主要经济形态，是以数据资源为关键要素，以现代信息网络为主要载体，以信息通信技术融合应用、全要素数字化转型为重要推动力，促进公平与效率更加统一的新经济形态。数字经济发展速度快、辐射范围广、影响程度深，正推动生产方式、生活方式和治理方式深刻变革，成为重组全球要素资源、重塑全球经济结构、改变全球竞争格局的关键力量。

数字化的技术、商品与服务不仅在向传统产业进行多方向、多层面与多链条的加速渗透，即产业数字化；而且也推动诸如互联网数据中心建设与服务等数字产业链和产业集群的不断发展壮大，即数字产业化。中国重点推进建设的5G网络、数据中心、工业互联网等新型基础设施，本质上就是围绕科技新产业的数字经济基础设施，数字经济已成为驱动中国经济实现又好又快增长的新引擎，数字经济所催生的各种新业态，也将成为中国经济新的重要增长点。

数字经济通过不断升级的网络基础设施与智能设施等信息工具和互联网、云计算、区块链、物联网等信息技术，使人类处理大数据的数量、质量和速度不断提升，推动人类经济形态由工业经济向信息经济-知识经济-智慧经济形态转化，极大地降低了社会交易成本，提高了资源优化配置效率，提高了产品、企业、产业附加值，推动了社会生产力的快速发展，同时为发展中国家后来居上实现超越性发展提供了技术基础。得益于数字经济提供的历史机遇，我国得以在许多领域实现超越性发展。

数字经济催动海量数据爆发，数据中心在其中扮演的角色愈加重要。数字经济包括产业数字化、数字数据产业化两方面内容，其核心都是数据。通过算法挖掘数据价值，是未来数字经济拓展边界的主要方式。以新型冠状病毒感染催生数字技术新需求为例，数字测温、追踪轨迹等防疫手段应用广泛，人们的工作、学习、娱乐等更多转移到线上，随之而来的是数据量激增，数据流动性大大增加。这就需要数据中心发挥更大的作用，满足新需求，解决新问题。

数据中心能够实现数字化、智能化的统筹规划，促进行业间的融合创新，因此人们应当综合运用云计算、大数据、人工智能、区块链、物联网等新一代技术，共同努力实现碳达峰、碳中和，并为产业数字化提供清晰的目标导向，为绿色发展提供科学的工具和手段，共同构建绿色数字化发展产业新格局。

三、国家"东数西算"工程

如今，水和粮食是人类生存的底线资源。"南水北调"和"北粮南运"两大工程逆向而行，用南方的清水和北方的口粮，养活了14亿中国人。同样，石油、天然气和电力是最重要的发展资源。我国发起了"西电东送""西气东输"工程，以西部的能源为动力，撑起了50多万亿的东部经济。在数字经济时代，我们又迎来了第四个国家级战略工程——"东数西算"。

我国在京津冀、长江三角洲（长三角）、粤港澳、成渝、内蒙古、贵州、甘肃、宁夏等8地启动建设国家算力枢纽节点，并规划了10个国家数据中心集群（表4-1）。西部数据中心主要处理后台加工、离线分析、存储备份等对网络时延要求不高的业务，优先打造成为非实时性算力保障基地。而东部算力枢纽节点主要处理工业互联网、金融证券、灾害预警、远程医疗、视频通话、人工智能推理等对网络时延要求较高的业务，重点发展成为实时性算力中心。

表4-1 国家"东数西算"工程规划的8个算力枢纽节点和10个数据中心集群

8个算力枢纽节点	10个数据中心集群
内蒙古枢纽	和林格尔集群
宁夏枢纽	中卫集群
甘肃枢纽	庆阳集群
成渝枢纽	天府集群
	重庆集群
贵州枢纽	贵安集群
粤港澳枢纽	韶关集群
长三角枢纽	芜湖集群
	长三角生态绿色一体化发展示范区集群
京津冀枢纽	张家口集群

（一）"东数西算"的战略意义

作为继"西气东输""西电东送""南水北调"后又一项国家重要战略工程，"东数西算"可以助力我国数据中心供需平衡，实现低碳、绿色、可持续发展。据统计，"西气东输""南水北调""西电东送"的投资总额分别为2 620亿元、5 000亿元、5 200亿元（图4-19）。这还

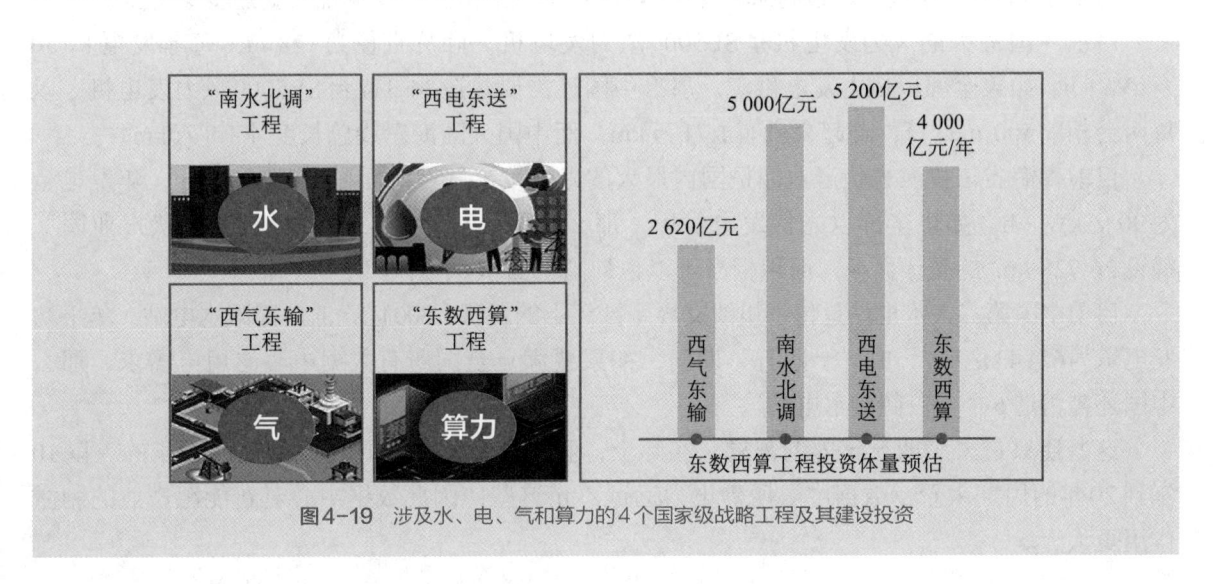

图4-19 涉及水、电、气和算力的4个国家级战略工程及其建设投资

只是直接投资，后续带动的经济效益不可估量。有权威机构估算，"东数西算"工程每年投资体量会达到4 000亿元，对相关产业的拉动作用会达到1∶8。

"东数西算"通过构建数据中心、云计算、大数据一体化的新型算力网络体系，将东部算力需求有序引导到西部，优化数据中心建设布局，促进东西部协同联动。东部重点发展成为实时性算力中心，西部优先打造成为非实时性算力保障基地。

目前我国数据中心大多分布在东部地区，由于土地、能源等资源日趋紧张，在东部大规模发展数据中心难以为继。而我国西部地区资源充裕，特别是可再生能源丰富，具备发展数据中心、承接东部算力需求的潜力。因此，"东数西算"工程是我国从国家战略、技术发展、能源政策等多方面出发，在新基建的大背景下，启动的一项至关重要的国家工程。我国首次将算力资源提升到水、电、燃气等基础资源的高度，统筹布局建设全国一体化算力网络国家枢纽节点，助力我国全面推进算力基础设施化。

实施"东数西算"工程，是将东部算力需求有序引导到西部、优化数据中心建设布局、促进东西部协同联动的重要举措，将有利于提升国家整体算力水平，促进绿色发展，扩大有效投资，推动区域协调发展，其战略意义十分重大。

我们国家过去40年的高速发展，主要得益于支撑国民经济的主要元素，如能源，交通，金融等，都快速实现了基础设施化。算力作为数字经济时代的新生产力，也同样需要通过基础设施化，从而广泛服务于我国数字社会转型中的方方面面，加速提高我国数字经济在国民经济中的占比。

（二）"东数西算"新能源产业

2020年国内数据中心年耗电量为2 253亿kW·h，占全社会用电量的2.7%。预计2025年，全国数据中心年耗电量约为3 950亿kW·h。国家正推动数据中心充分利用风能、太阳能、生物质能、潮汐能等可再生能源。假设将来数据中心全部以新能源供应，中国需要新建多少配套设施？

目前中国最大的风力发电机是SL5000风力发电机，叶片直径为128 m，每年发电1 150万kW·h。如果全部以风力发电供应，那么中国还需要建造34 347台SL5000风力发电机，以每两台相隔500 m计算，连起来就有1.71万km，而中国大陆海岸线总长度才1.8万km。

目前青海省塔拉滩光伏产业园是国内最大的光伏发电基地，面积广达609 km^2，年发电量为90亿kW·h。如果全部以光伏发电供应，那么中国需要再建43个"塔拉滩光伏产业园"，铺设26 728 km^{2}的光伏面板，面积相当于以色列国土面积。

目前中国第二大水电站是位于川滇交界金沙江上的耗资1 800亿元的白鹤滩水电站，年平均发电量为624.43亿kW·h。"十四五"期间，如果要满足全国所有数据中心的用电需求，那么中国还需再造6个"白鹤滩水电站"。

这些还只是未来四五年内的需求。实际上，我们的数据是以几何式的速度增长的。以10年到20年的周期来看，数据中心所需电力远远不止这些，因此数据中心对新能源产业的刺激作用更大。

(三)"东数西算"数据中心产业链

从受益方向来看,"东数西算"真正具有投资价值的是数据中心的绿色化,目前西部数据中心的上架率仍然比较低,基本上低于50%,简单地说就是短期产能过剩,所以短期内整体增量不会太大,但是受益于绿色、低功耗数据中心的需求,电源、散热等数据基建配套产品短期需求较为明确。数据中心作为高耗能企业,电力成本占数据中心运营企业成本的20%左右,因此降低耗能是其运营策略的重中之重,数据中心绿色化是必经之路,这也是碳中和的必然要求。

从受益环节来看,剔除土建等环节,直接受益最明显的应该就是以互联网数据中心(Internet Data Center,IDC)为核心的相关产业链(图4-20)。IDC产业链相对较长,比如IDC的运营商、服务商、零部件供应商,再比如服务器、存储、机房空调、不间断电源(uninterruptible power supply,UPS)等可能都会受益。而IDC下游的受益时间可能相对较晚,中短期主要是基础设施建设层面受益明显。

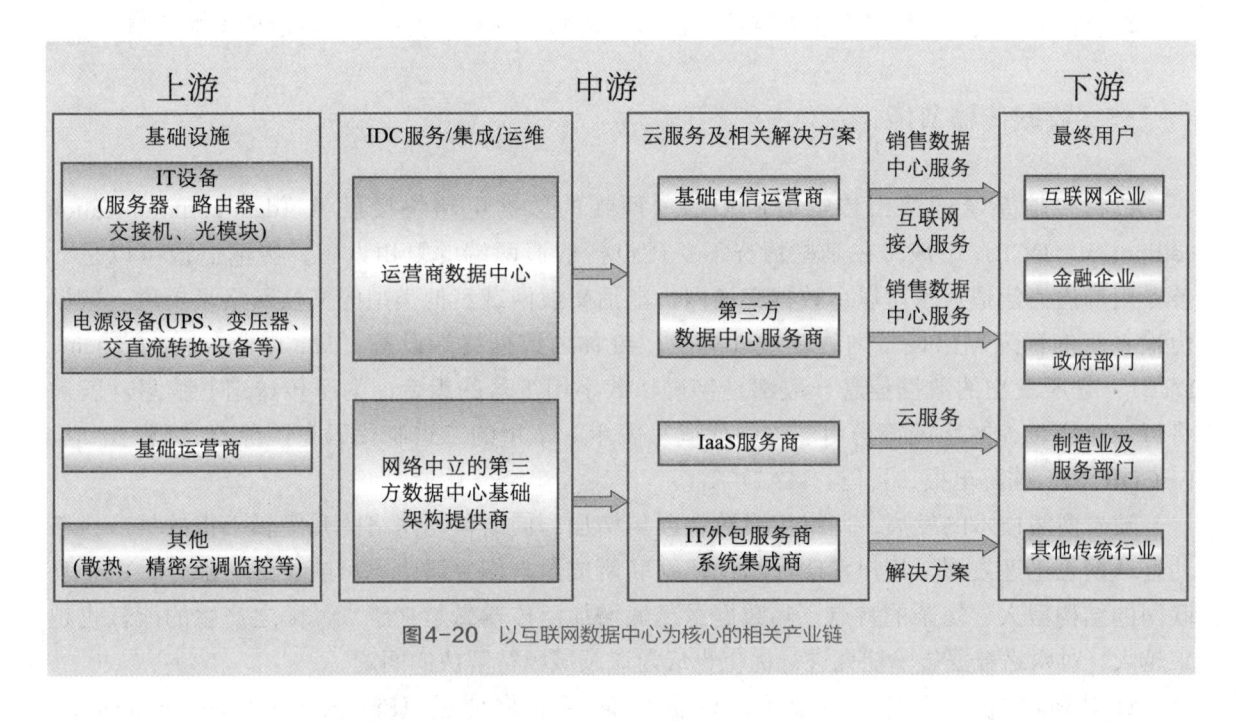

图4-20 以互联网数据中心为核心的相关产业链

第三节
数据传输低碳化

通信,指人与人或人与自然之间通过某种行为或媒介进行的信息交流与传递。现代通信技术，就是随着科技的不断发展，采用最新的技术来不断优化通信的各种方式，让人与人的沟通变得更为便捷、快速、有效、安全。在ICT行业的碳排放总量中，通信网络环节（CT网络环节）、数据中心、用户终端的碳排放量分别占比22%、15%、63%。通信网络环节（CT网络环节）的二氧化碳主要在通信设备运行、制造、运输、安装过程中产生。其中通信设备运行过程中产生的碳排放量最高，占整个通信网络环节碳排放总量的75%。随着5G基站加快部署，通信设备运行过程中产生的碳排放量将迅速增加。

数据传输是按照一定的规程，通过一条或者多条数据链路，将数据从数据源传输到数据终端，它的主要作用就是实现点与点之间的信息传输与交换。一个好的数据传输方式可以提高数据传输的实时性和可靠性。数据传输部分在整个系统中处于重要的地位，高效地、准确地、及时地传输采集到的数字信息在整个数字碳中和中具有重要的作用。

本节将从数据传输节能、无线传感器网络节能、移动通信基站节能三方面，系统地介绍信息碳中和领域数据传输低碳化发展的关键科学认知、技术路线及在社会治理中的贡献。

一、数据传输节能

数据传输系统通常由传输信道和信道两端的数据电路终接设备（data communication equipment，DCE）组成，在某些情况下，还包括信道两端的复用设备。传输信道可以是一条专用的通信信道，也可以由数据交换网、电话交换网或其他类型的交换网络来提供。数据传输系统的输入输出设备为终端或计算机，统称为数据终端设备（data terminal equipment，DTE），它所发出的数据信息一般都是字母、数字和符号的组合，为了传送这些信息，就需将每一个字母、数字或符号用二进制代码来表示。常用的二进制代码有国际五号码（IA5）、EBCDIC码、国际电报二号码（ITA2）等。

随着网络技术的发展，网络用户数量逐年增加，借助移动网络的升级和手机的推广，移动互联网也迅速发展，用户量明显增加，互联网成为人们生活中不可缺少的一部分。由于互联网的结构巨大、复杂的特点，其数据量迅速增加，传输量越来越大，随之产生的能耗也越来越大，对网络数据传输能耗进行优化也成为该领域亟待解决的问题。

针对移动网络数据能量效率，欧洲电信标准化协会（European Telecommunications Standards Institute，ETSI）定义了一个关键指标——移动网络数据能量效率（mobile network data energy efficiency，$EE_{MN,DV}$），用比特/焦耳表示。

$$EE_{MN,DV} = \frac{DV_{MN}}{EC_{MN}} \quad (4-3)$$

这是性能指标（DV_{MN}：定义为在能量消耗评估的时间帧 t 期间由移动网络的设备传送数据量）与在一定时间段内能量消耗（EC_{MN}：定义为包括在移动网络中的设备能量消耗总和）之间的比值。在ETSI的标准中，测量最短持续时间为一周，也建议每月和每年进行测量。

针对移动网络碳排放强度，自2017年以来，TIM公司（前身为意大利电信公司）一直使用"碳强度"(network carbon intensity，NCI)指标来衡量其业务的碳排放情况，该指标确定了向其客户提供的服务与公司直接和间接运营 CO_2 排放量之间的关系。TIM公司的努力使其网络碳强度持续下降，该公司的网络碳强度从2017年的每太比特 CO_2 排放10.6 kg降至2019年的7.05 kg。该公司的目标是到2025年每太比特 CO_2 排放降到4.26 kg。

在碳强度的基础上综合考虑环境和社会治理指标，即社会环境治理碳强度指标（carbon intensity）：ESG和KPI，ESG分别指环境（environmental）、社会（social）和公司治理（governance），KPI指关键绩效指标。该指标衡量的是相对于网络传输数据量排放的 CO_2 当量质量。关键绩效指标考虑了所有能源（燃料、天然气、区域供暖和电力）的总 CO_2 当量排放。

自2016年以来，德国电信（Deutsche Telekom）一直在报告其碳强度KPI。根据2020年的ESG和KPI测量，整个德国电信集团排放了24.66亿kg当量 CO_2，并提供了1.059亿兆字节的IP数据服务量。因此，ESG的总体年度关键绩效指标为每太比特 CO_2 排放23 kg。

一个更加通用的指标应该包括与所有信息和技术设备电力消耗有关的碳排放。为了尽量减少信息通信技术需求的每日、周季节性变化，该指数测量应涵盖很长一段时间；它应包括在此期间的数字服务总量，以数据字节为单位；它应反映使用可再生能源和高效设备的积极影响。该指数称为碳强度指数（network carbon intensity，NCI）：

$$\text{NCI} = I_{\text{carbonperkWh}}(1 - \Phi_{\text{greenratio}}) / \eta_{\text{energyefficiency}} \tag{4-4}$$

其中，$I_{\text{carbonperkWh}}$ 为使用传统能源的电网和发电机每千瓦时产生的碳排放量，$\Phi_{\text{greenratio}}$ 为可再生能源在电网用量中的比例，$\eta_{\text{energyefficiency}}$ 为网络的数据服务总量与其在同一时期内消耗的电能之间的比值。

(一) 数据传输方式

数据传输方式（data transmission mode），是数据在信道上传送所采取的方式。它按数据代码传输的顺序可以分为并行传输和串行传输；按数据传输的同步方式可以分为同步传输和异步传输；按数据传输的流向和时间关系可以分为单工、半双工和全双工数据传输（图4-21）。

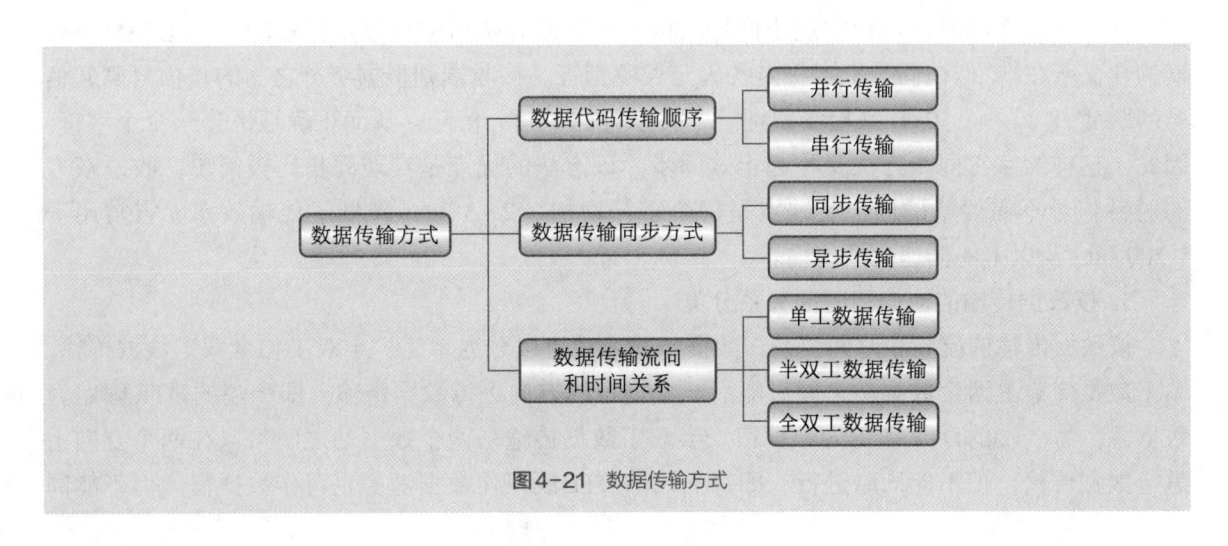

图4-21 数据传输方式

1. 按数据代码传输顺序分类

并行传输是将数据以成组的方式在两条以上的并行信道上同时传输。例如，采用8单位代码字符可以用8条信道并行传输，一条信道一次传送一个字符。因此不需另外的措施就实现了收发双方的字符同步。这种方式的缺点是传输信道多，设备复杂，成本较高，故较少采用。

串行传输是数据流以串行方式在一条信道上传输。这种方式的优点是易于实现。缺点是要解决收、发双方码组或字符的同步，需外加同步措施。串行传输采用得较多。

2. 按数据传输的同步方式分类

在串行传输时，接收端如何从串行数据流中正确地区分发送的一个个字符所采取的措施称为字符同步。根据实现字符同步方式的不同，数据传输可分为同步传输和异步传输两种方式。

同步传输是以固定时钟节拍来发送数据信号的。在串行数据流中，各信号码元之间的相对位置都是固定的，接收端要从收到的数据流中正确区分发送的字符，必须建立位定时同步和帧同步。位定时同步又叫作比特同步，可以使数据电路终端接收设备（DCE）接收端的位定时时钟信号和DCE收到的输入信号同步，以便DCE从接收的信息流中正确判断出一个个信号码元，产生接收数据序列。DCE发送端产生定时的方法有两种：一种是在数据终端设备（DTE）内产生位定时，并以此定时的节拍将DTE的数据送给DCE，这种方法叫作外同步；另一种是利用DCE内部的位定时来提取DTE端数据，这种方法叫作内同步。对于DCE的接收端，均是以DCE内的位定时节拍将接收数据传送给DTE。帧同步则是从接收数据序列中正确地进行分组或分帧，以便正确地区分一个个字符或其他信息。同步传输方式的优点是不需要对每一个字符单独加起、止码元，因此传输效率较高。缺点是实现技术较复杂。同步传输方式通常用于速率为2 400 bit/s及以上的数据传输。

异步传输每次传送一个字符代码（5~8 bit），在所发送的每一个字符代码的前面均加上一个"起"信号，其长度规定为1个码元，极性为"0"，后面均加上一个"止"信号，在采用国际电报二号码时，止信号长度为1.5个码元，在采用国际五号码（见数据通信代码）或其他代码时，止信号长度为1或2个码元，极性为"1"。字符可以连续发送，也可以单独发送；在不发送字符时，连续发送止信号。每一字符的起始时刻可以是任意的（这也是异步传输的含义所在），但在同一个字符内各码元长度相等。接收端则根据字符之间的止信号到起信号的跳变（"1"→"0"）来检测识别一个新字符的"起"信号，从而正确地区分一个个字符。因此，这样的字符同步方法又称起止式同步。该方法的优点是实现同步比较简单，收发双方的时钟信号不需要精确同步。缺点是每个字符增加了2~3 bit，降低了传输效率。它常用于1 200 bit/s及以下的低速数据传输。

3. 按数据传输的流向和时间关系分类

按数据传输的流向和时间关系，数据传输方式可以分为单工、半双工和全双工数据传输。单工数据传输是两个数据站之间只能沿一个指定的方向进行数据传输，即一端的DTE固定为数据源，另一端的DTE固定为数据宿。半双工数据传输是两个数据站之间可以在两个方向上进行数据传输，但不能同时进行，即每一端的DTE既可作数据源，也可作数据宿，但不能同时作为数据源与数据宿。全双工数据传输是两个数据站之间可以在两个方向上同时进行传输，即每一端的DTE均可同时作为数据源与数据宿。通常四线线路实现全双工数据传输。二线线路实现单工或半双工数据传输。在采用频率复用、时分复用或回波抵消等技术时，二线线路也可实现全双工数据传输。

（二）数据传输安全

数据已成为关键生产要素，是数字经济创新发展的"石油"。与此同时，数据安全成为全球关注的焦点，面临更多的风险挑战。随着数字化浪潮席卷全球，各国政府逐渐意识到，数据已成为与国家安全和国际竞争力紧密关联的重要资源要素，对数据安全的认知已从传统的个人隐私保护上升到维护国家安全的高度。大数据安全主要以网络安全为基石，在数据采集、传输、存储、处理、使用、交换及应用的全生命周期采用周全的安全防护措施，最终保障企业日常的应用开发、使用及办公安全（图4-22）。

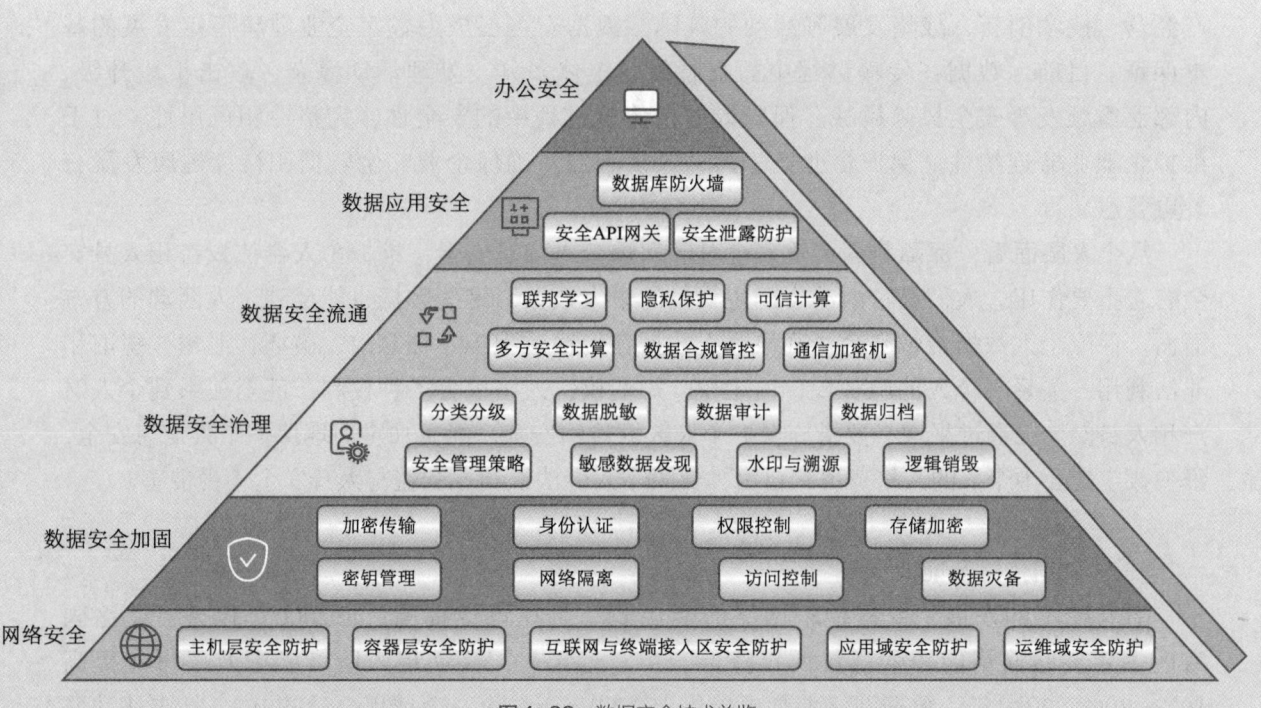

图4-22 数据安全技术总览

数据传输安全，是指通过采取必要措施，确保数据在传输阶段处于有效保护和合法利用的状态，以及具备保障持续安全状态的能力。随着新一代信息技术的迭代发展和数字经济的快速推进，各类数据海量汇聚，数据安全问题日益凸显，成为关系国家安全和经济社会发展、关系广大人民群众切身利益的重大问题。数据传输安全作为数据全生命周期安全的关键环节，对保障数据整体安全有着重要的意义。

从国家层面看，保障数据传输安全是保护数据安全、维护国家安全、保障数字经济健康发展、推动构筑国家竞争新优势的重要部分。对国家安全而言，保障数据传输安全与国家公共服务、社会治理、经济运行、国防安全等方面密切相关，个人信息、企业经营管理数据和国家重要数据的流动，尤其是跨境流动，存在多种安全风险挑战；对数字经济而言，随着新一轮科技革命和产业变革的加快推进，数据作为新型生产要素，有效地促进了数字基础设施发展与产业迭代升级，数字经济已成为我国经济高质量发展的新引擎，保障数据传输安全，已成为我国数字经济蓬勃发展的关键所在；对国家竞争优势而言，发展数字技术、数字经济，加强数据治理，综合运用政策、监管、法律等多种手段确保数据安全和有序流动，是全球科技革命和产业变革的先机，是新一轮国际竞争重点领域，是构筑国家竞争新优势的重要因素。保障数据传输安全已经成为维护国家主权、安全和发展利益的重要部分。

从企业层面看，保障数据传输安全对于保护企业数据安全，维护企业经济利益、竞争力及持续经营能力有着重要意义。在数字化转型的大趋势下，数据已成为企业日常办公、生产经营、技术创新、战略发展等活动的基础，数据安全已成为数字企业健康稳定发展的基本保证。目前，数据在传输过程中面临着传输主体多样、处理活动复杂、攻击手段升级、内部泄露频发等安全风险挑战。保障数据在传输过程中的安全性、完整性和可用性，对于维护企业业务连续性，保护企业竞争力、经济利益，确保企业安全转型和持续健康发展有着重要意义。

从个人层面看，保障数据传输安全对于保护个人信息安全，维护个人合法权益和人身安全有着重要作用。人们日常活动会产生大量的个人数据，这些数据也能反映个人活动的方方面面。保障个人数据传输安全，确保个人数据在传输过程中不被篡改、破坏、泄露、窃取和非法利用，关系到个人的隐私权、决定权、知情权、人格权等多种权利，甚至关系到个人财产和人身安全。通过采取必要措施保护个人数据传输安全，能更加全面地保护个人信息安全，维护数字社会中个人的人格尊严和自由，保障个人合法权利、利益与人身安全不受侵害。

（三）数据传输节能降碳

随着技术的发展，数据传输网络的能源效率也在迅速提高，自2000年以来，发达国家的固定线路网络能源强度每两年降低一半。近年来，移动接入网络能源效率每年提高10%～30%。2019年，数据网络消耗电能约250 TW·h，约占全球用电量的1%，其中移动网络占2/3左右。

终端设备往往受制于电池技术的发展，且现有移动设备逐渐趋向轻薄化发展，但受制于材料科学的发展，单位体积下的电池容量提升有限。同时，移动设备在进行网络传输时造成的巨大能耗也引起了学术界的广泛关注。不同于无线传感器网络采用的ZigBee或蓝牙通信技术，移动设备（如智能手机、平板电脑等）通常使用Wi-Fi和蜂窝网络技术进行通信，后者能耗更高，并且与上层应用和用户行为紧密相关。移动设备无线端口，如Wi-Fi和蜂窝网络，在进行数据传输时会产生大量能耗，占平均日常能耗的31%左右。

当前国内外有关移动无线网络传输优化节能的研究主要集中在以下三个方面：

（1）基于特定应用优化节能，即如何结合上层应用数据传输特性进行优化，这类策略往往最为有效，但不具有普适性。

（2）减少蜂窝网络中的"长尾效应"，即减少传输过程中的"长尾效应"带来的能耗，此类研究能够从根本上减少蜂窝网络传输的能耗，但一般需要修改底层通信协议。

（3）对于多端口传输的节能研究，现有移动设备往往具有多个网络模块（如蜂窝网络、Wi-Fi及蓝牙等），同时使用多网络传输可以增加传输带宽及链路稳定性，传输带来的能耗也会加剧，因此需要针对不同网络传输特性进行优化。

二、无线传感器网络节能

随着传感器技术、嵌入式技术、分布式信息处理技术和无线通信技术的发展，由大量的具有微处理能力的微型传感器节点组成的无线传感器网络（wireless sensor networks，WSN）逐渐成为研究热点问题。

与传统无线通信网络 Ad Hoc 网络相比，WSN 的自组织性、动态性、可靠性和以数据为中心等特点，使其可以应用到人员无法到达的地方，如战场、沙漠等。因此，未来无线传感器网络将有更为广泛的前景。

（一）无线传感器网络

无线传感器网络是一种分布式传感网络，由大量的静止或移动的传感器以自组织和多跳的方式构成的无线网络，感知、采集、处理和传输网络覆盖地理区域内被感知对象的信息，并最终把这些信息发送给网络的所有者。传感器、感知对象和观察者构成了无线传感器网络的三个要素。

无线传感执行网络通信体系结构如图4-23所示，即横向的通信协议层和纵向的传感器网络管理面。通信协议层可以划分为物理层、链路层、网络层、传输层、应用层。而传感器网络管理面则可以划分为能耗管理面、移动性管理面及任务管理面，管理面的存在主要是用于协调不同层次的功能以求在能耗管理、移动性管理和任务管理方面获得综合考虑的最优设计。

无线传感器网络所具有的众多类型的传感器，可探测包括地震、电磁、温度、湿度、噪声、光强度、压力、土壤成分、移动物体的大小、速度和方向等周边环境中多种多样的现象。潜在的应用领域可以归纳为：军事、航空、防爆、救灾、环境、医疗、保健、家居、工业、商业等。

与传统有线网络相比，无线传感器网络技术具有很明显的优点，包括低能耗、低成本、通用性、网络拓扑、安全、实时性、以数据为中心等。传统工业的生产设备、产品的生产、检修、追溯，大部分都是通过人工来操作的，严重依赖老工人的经验判断，而且传承周期很

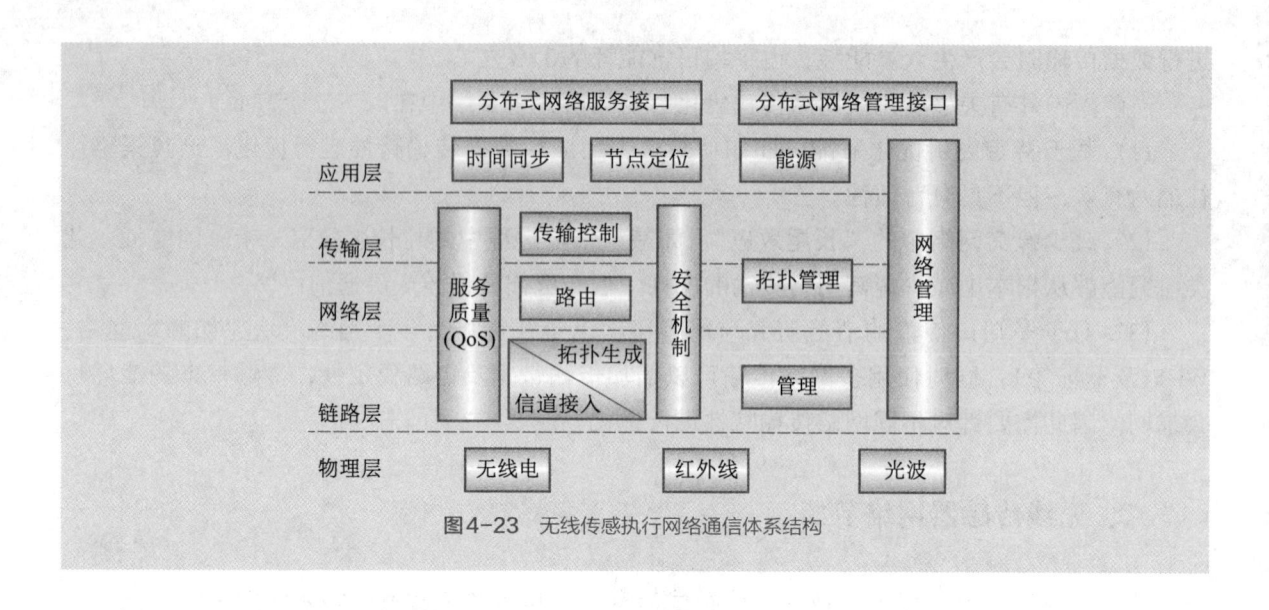

图4-23 无线传感执行网络通信体系结构

长。因此可以预测，传统工业逐渐会被新工业生态体系所替代。

以机器、原材料、控制系统、信息系统、产品及人之间的网络互联为基础，通过对工业数据的全面深度感知、实时传输交换、快速计算处理和高级建模分析，实现智能控制、运营优化和生产组织方式变革的就是服务驱动型的新工业生态体系——工业互联网。

感知是物联网的先行技术，要确保物联网的稳定运行，离不开众多感知技术的支持，其中最为关键的技术之一便是传感器。传感器是工业互联网的基础和核心，是自动化智能设备的关键部件。因此工业互联网的蓬勃发展，将给传感器企业带来巨大的机会。

工业互联网一方面给传感器企业带来了机会，另一方面也对传感器提出了新的要求，主要体现在对灵敏度、稳定性、鲁棒性等方面的要求会更高。同时，工业互联网的普及使得传感器无处不在，因此工业互联网对传感器提出轻量化、低功耗、低成本的要求，同时也更多要求传感器实现网络化、集成化、智能化。

每一个传感器或节点内部都装有处理器、微型内存（如12 kb内存RAM）、低数据传输速率（40 kb/s）及短收发范围（大多数为30 m以下）。人们设想未来的传感器网络会通过大型网状架构来进行通信，其中每个节点都有将来自于其他节点的数据传播出去的功能，最终到达目的地聚合器，不相关的数据会在此聚合器内部进行处理。传感器会以巨大的数量部署在高密度的网络上。它们会利用短距离的、耗电低的节点之间的无线连接进行互相联网，而现有的通信基础设施，特别是WLAN及互联网连接会被用于长距离的通信。

（二）无线传感器网络特点

（1）更节能：无线传感器在很大程度上依赖节电算法，借此可以长时间保持工作状态。随着电池技术的进步、电池容量的不断增大，以及休眠时间的延长，电池的工作寿命预期可以达到数年之久。诸如蓝牙和ZigBee这些技术，大多数移动设备都已经具备了这些功能，因为节电算法是所有经过Wi-Fi认证的设备所需要的特性，也包括满足IEEE 802.15.4-2015标准（IEEE用于低速率无线个人局域网的无线标准）的设备。无线传感器的概念很简单，即如果没有动作或者需要报告的事件，传感器就会进入睡眠状态。如果有事件发生或到了预先设定的时间，传感器就会醒来，评估当时的状况，汇报其状态，然后再进入睡眠。另外，这个周期可以通过轮询算法来启动，从而依次处理每个传感器；也可以调节工作周期来对传感器进行开关操作，有效地将电耗降低一半，这也符合传感器作为低耗电节点工作的设计初衷。

（2）尺寸更小：这是新一代无线传感器最显著的特征之一。它们的尺寸小到纳米级，如嵌入式和非嵌入式的生物学传感器或小的无源传感器，再大一点的如征收过路费的标签、门禁卡，以及类似的肉眼可见的传感器。

（3）更加智能：智能型传感器/节点以协同作业方式，通过网络上多种可用的路径，将数据传递至其他智能型传感器，再视情况导向由人工检视信息的主要位置，采取进一步处理与储存行动或采取相应行动。若将节点间所有可用路径以图像显示，则多重通信路径的冗余路径看起来会像一片网状结构。

（三）无线传感器网络节能降碳

现有无线传感器网络节点主要由微处理器、电源、传感器、I/O接口、射频模块等部分组成。在实际运行过程中，能耗主要来源于处理（processing）、传感（sensing）和无线传输（radio）3个操作。处理的能耗主要是由于微处理器执行指令的能量消耗。传感的能耗主要包括前端处理、A/D转换等操作，其能耗根据传感器的种类不同而有所不同。低能耗传感器包括温度、光强、加速度传感器等；中等能耗传感器包括声学、磁场传感器等；高能耗传感器包括图像、视频传感器等。无线传输能耗主要来源于无线模块在收发数据及空闲侦听时的能耗。在运行过程中，无线模块可能处于4种状态：发送、接收、空闲及睡眠。这4种状态下的能耗依次由高到低。

由于现有无线传感器网络的传感器主要以低能耗和中等能耗为主，相对于节点处理和无线传输的能耗较低，因此现有的节能技术主要包括针对数据处理和数据传输的节能技术两个方面。

1. 针对数据处理的节能技术

这方面的研究工作主要关注于节省处理器的能耗，出发点为在大多数无线传感器节点上，计算负载是随时间变化的，并不需要微处理器在任何时刻都保持峰值性能。因此可以通过动态地改变微处理器的工作电压和频率，使其刚好满足当时的运行需求，从而在性能和能耗之间取得平衡。这些技术都可以有效地节省数据处理带来的能耗，但由于在无线传感器网络中，能耗的主要部分在于无线传输，因此其总的节能效果并不如考虑节省数据传输能耗的相关技术有效。

2. 针对数据传输的节能技术

由于数据传输是能耗的主要部分，关注于这方面的节能设计有很多。另外，由于能耗涉及网络通信的各个协议层,现有研究工作关注多址接入(multiple access channel,MAC)、网络路由及无线传输的节能技术。节能MAC技术主要解决的问题是如何构造一个能量最优化的拓扑及如何调度各节点的睡眠以节能;节能路由技术则是在拓扑构造好以后,解决如何根据采集参数确定最优数据传输路由的问题;节能无线传输技术则是在路由确定后,解决如何传输数据以最小化能耗的问题。根据对无线传感器网络能耗特点的分析,无线传输技术占据了能耗的主要部分,而无线传输技术又是其余技术的基础,因此其性能的优劣根本性地影响了整个网络的能耗。

传感器之所以能够达到省电效益是因为成本降低、整合度提升、具备更精良的电源管理能力,以及采用了更先进的算法。除此之外,能量整合功能也使用电达到近乎零耗能(net-zero)境界,而降低电池用量的智能型运转方式则为该技术带来独特的解决方案。

三、移动通信基站节能

(一)移动通信技术的发展历程

移动通信改变了人们沟通、交流乃至社会生活方式。移动通信延续着每十年一代技术的发展规律,已历经了从1G到5G的发展(图4-24)。每一次代际跃迁,每一次技术进步,都极大地促进了产业升级和经济社会发展。从1G到2G,实现了模拟通信到数字通信的过渡,移动通信走进了千家万户;从2G到3G、4G,实现了语音业务到数据业务的转变,传输速率成百倍地提升,促进了移动互联网应用的普及和繁荣。4G解决了人与人随时随地通信的问题,但随着移动互联网快速发展,不断涌现新服务、新业务,移动数据业务流量爆炸式增长,4G

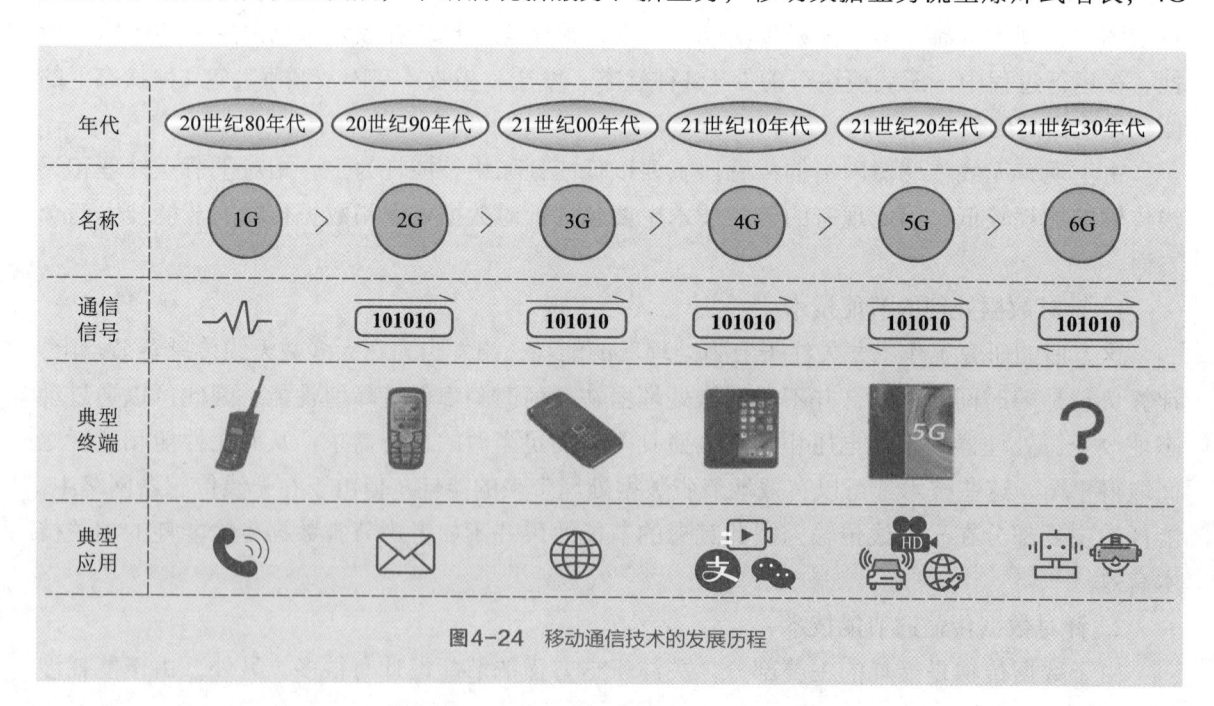

图4-24 移动通信技术的发展历程

移动通信系统也难以满足未来移动数据流量爆炸式增长的需求。

5G作为当前最新型的移动通信网络，不仅要解决人与人的通信问题，为用户提供虚拟现实、增强现实、超高清（3D）视频等更加身临其境的极致业务体验，更要解决人与物及物与物的通信问题，满足工业控制、环境监测、智慧医疗、智能政务、车联网等万物互联应用需求。可以预见，5G将渗透到社会经济的各个层面，成为支撑经济社会数字化、网络化、智能化转型的关键新型基础设施。

随着移动通信基站数量的增加和网络规模的不断扩大，通信网络设备的能耗也在不断增加。在对通信网络的能耗结构进行分析时，移动通信网络的能耗达到了总能耗的70%以上，所以，对移动通信基站的节能减排低成本建设进行研究非常重要。

（二）移动通信基站能耗及节能分析

如今大多数移动通信基站处于自动操作模式，但是这种自动化的运行模式必须满足一定的条件。例如，电子设备在正常的运行过程中，环境温度必须符合相应的要求。为了确保温度条件符合电子设备正常运行的要求，需要配备专用的空调，确保温度的稳定，并且空调需要一直处于开启状态，可以想象由于空调造成的巨大能耗。基站的正常运行给人们的生活带来极大便利的同时，能耗也在不断增加，其中大部分能耗来自空调的运行。因此，节能减排的核心就是降低电子设备对电能的消耗。在基站中占比非常大的空调成本中，空调设备的购买及维护只占据了较小的一部分，重点是基站空调的电力成本。

移动通信基站机房的能源消耗主要分为以下几个部分：无线通信设备的用电量占整体用电量的60%左右；空调系统则占整体用电量的30%左右；整个电源系统则占整体用电量的3%左右（图4-25）。在网设备数量及其能耗是影响无线通信设备用电量的主要因素，电源系统产生的能源损耗是由于电磁转化、滤波等因素，而空调系统则成为通信基站机房的主要能耗设备。

通信企业在降低移动通信基站的能源损耗方面，一般会采取更新机房陈旧设备，利用先进的节能减排技术优化机房环境两种方法。

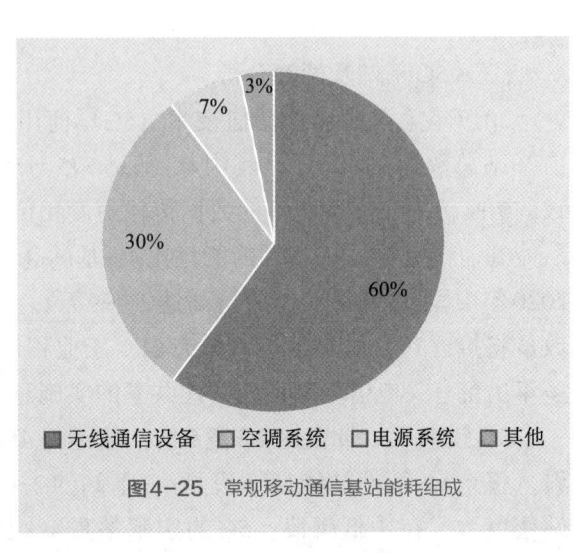

图4-25 常规移动通信基站能耗组成

1. 智能载频关断技术

这一技术能很好地通过通信企业所研发的自控软件，分析基站的话务量，从而控制基站载频，使得效率最大化。在话务量较小时，智能载频关断技术能有效控制载频运行数量，将零散的话务量集中，从而使得载频效率最大化，起到节能减排的作用。但该方案只适用于中央商务区（central business district,CBD）、人口较密集的办公区或小区，而且在小区需要同时配置两块以上的载频。

2. 智能时隙关断技术

这一技术是为了控制功率放大器（power amplifier, PA）的偏置电流而产生的，是利用硬件或软件分析时隙业务负荷状态，从而达成实时控制PA偏置开关的调整。智能时隙关断技术在基站收发器（base transceiver station, BTS）处在闲散状态时，关闭PA偏置电压，可以阻断静态电流的产生，从而降低损耗，而在BTS正常运行时，则会重新开放PA偏置电压。因此，在话务量为零的间断中，可以通过这项技术，实现PA部分功能的零损耗，从而起到节能减排的作用。

3. 供电系统节能技术

电源系统在运行时，电磁转换的能耗是不可避免的，同时滤波也是增加电源系统能源损耗的一个关键因素，因此，如何提高供电质量，降低电流谐波，是供电系统节能减排技术的核心。为此，供电系统节能技术在实时监控系统电流负荷、反馈整流模块工作数据的情况下，通过软件自动调整工作整流模块，从而在确保电源系统正常运行的情况下，在负荷较小时，阻断部分功能，从而达到最佳负载效率，减少不必要的带载损耗和空载损耗。

4. 空调系统节能技术

空调系统是移动通信基站机房的主要能耗设备，但空调系统是维持通信设备正常运行的重要保障，为此，在各大通信企业中，空调系统的节能技术一直是重点，如新风节能系统、空调远程监控节能等。

（三）5G基站及能耗分析

2019年第五代移动通信技术（5G）商用后，我国加速建设5G基站。2020年我国移动通信基站总数为931万个，其中4G基站575万个，5G基站71.8万个。我国5G基站约占全球总数的70%。为了实现更高的数据传输速度和传输量，5G基站使用了大带宽和大规模天线技术。从能源消耗量看，5G基站的能耗比4G基站高，但是从能源使用效率看，5G基站远超4G基站。2020年中国5G基站碳排放量高达2 799万t，预计到2035年耗电量将达到2.5亿kW·h，碳排放量将接近1亿t。在节能减排方面，工业和信息化部、国务院国有资产监督管理委员会连续多年出台有关电信基础设施共建共享的实施意见，开展考核工作，促进节能减排。

5G频率高，带宽比4G宽5倍，信道是4G的16倍，因此发射功率自然比4G高。目前来看，每个5G基站的能耗一般是4G基站的2~3倍。并且，5G因为频率高、蜂窝半径小、基站密度大，在中低频段，5G的宏基站是4G宏基站的1.5倍；如果工作在毫米波频段，那么还要增加更多的小站。因此，5G的总基站数应该是现在4G的3倍。将小站数量按能耗折算为宏基站数，5G的基站总数一般是4G的2~3倍，所以5G的总能耗可能是4G的4~9倍。但5G小区单位时间可发送的数据是4G的18倍，全网容量是4G的36~54倍，因此能效是4G的18倍，能量价值远优于4G。

在5G时代，以现场关电、时控开关与小区闭塞为主的传统基站节能手段无法满足实际需求。5G基站与4G基站相比，前者的基站能耗更高且频段也更高，单独的5G基站覆盖范围相对较小，为能够达到4G网络整体覆盖效果，必须扩大5G基站的规模。如此不仅会增加站点数量，同样会增加设备能耗，因此5G功耗成为网络运营的关键点。

为保证移动通信网络整体覆盖率及服务水平，电信运营商针对无线基站的投入逐步增加，基站规模与数量持续增加。5G基站分布相对广泛，能源消耗整体占比较大。随着5G技术的快速发展，行业应用场景得到了不断的转变，数据流量呈现快速增长态势，因此它对网络建设及运营管理等环节的要求逐步提高。针对5G基站节能技术展开深入分析研究，能够为基站能耗的降低提供必要的参考依据，具备极高的经济价值和社会价值。

5G基站的能耗主要分为传输能耗、计算能耗及其他类型的能耗。传输能耗当中主要就是射频部分及功率放大器运行造成的电力能源消耗，射频设备与功率放大器等设备主要功能是基带信号与无线信号的有效转换，所以传输能耗当中包括了电线能耗。计算能耗主要是电力能源的消耗，即数字化处理、基站管理、核心网及其他基站在通信中的能耗。其他类型的能耗就是由市电中引进基站的直流供电在转换过程中造成的电能损耗，同时包括制冷设备、监控系统及机房空调等造成的电力资源消耗。在5G移动通信网络运行过程中，基站消耗的能源在总能耗中占比较大，机房内各类机械设备的能耗整体占比高于50%。5G通信的有源天线单元（active antenna unit，AAU）设备与传统射频拉远单元（remote radio unit，RRU）设备相比存在较大的差异，AAU设备内部设置了天线阵列、设备通道及基带功能。因此，设备的功放模块、收发机及数字基带存在较大的能耗。5G设备的能耗在总设备能耗中占比达到80%，因此必须实现5G基站能耗的进一步降低，以此来合理控制通信网络的整体能耗（图4-26）。

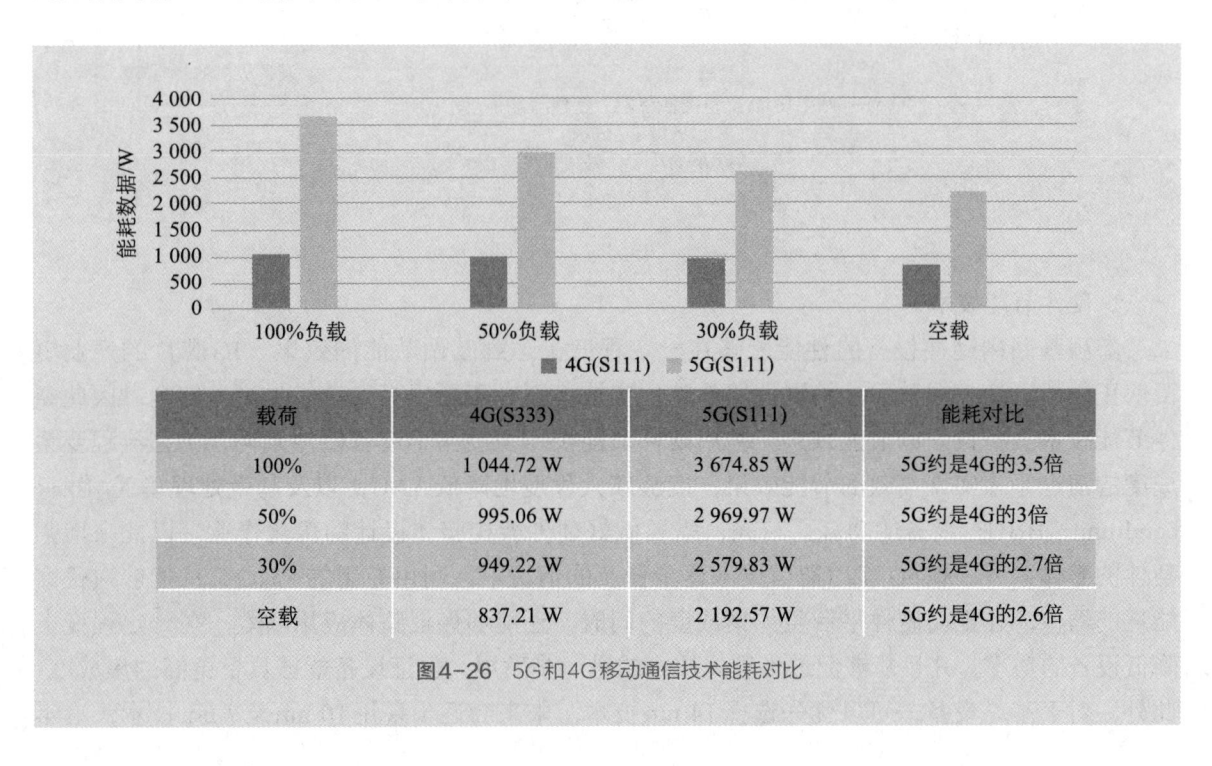

载荷	4G(S333)	5G(S111)	能耗对比
100%	1 044.72 W	3 674.85 W	5G约是4G的3.5倍
50%	995.06 W	2 969.97 W	5G约是4G的3倍
30%	949.22 W	2 579.83 W	5G约是4G的2.7倍
空载	837.21 W	2 192.57 W	5G约是4G的2.6倍

图4-26 5G和4G移动通信技术能耗对比

(四) 5G基站节能技术

5G基站节能属于社会发展必然面对的难题，要求软件与硬件的相互配合，增强技术的创新力度，利用新工艺、新材料、新设计，不断地降低基站设备的整体功耗。利用人工智能技术确保5G网络与其他网络的智能化协同，实现资源的合理调度与优化利用，在推动5G基站节能技术创新的同时，降低网络运营商的成本投入，为5G网络的全面覆盖奠定了基础保障。为了降低基站功耗，需从设备级、站点级、网络级三个维度提出节能降碳的解决方案，具体包括硬件节能技术、AI智能节能技术、软件节能技术（图4-27）。

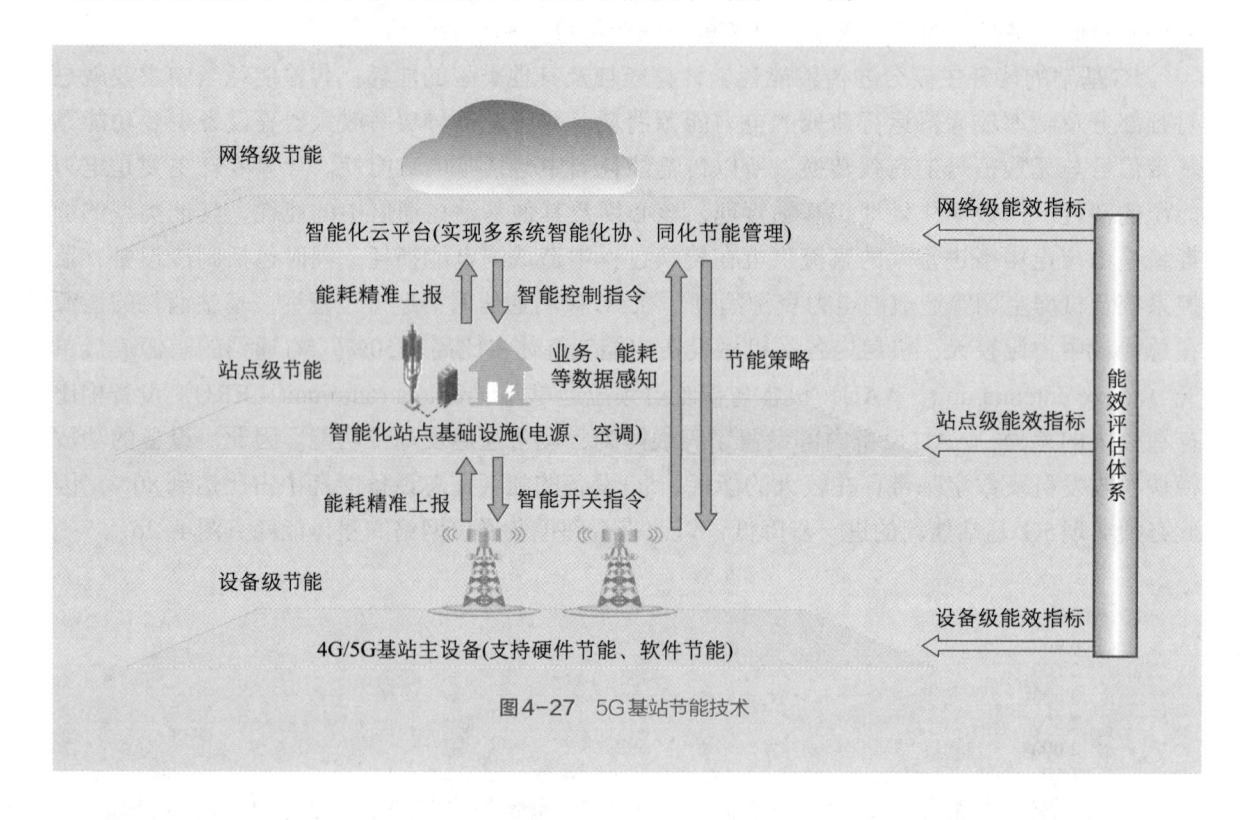

图4-27　5G基站节能技术

1. 硬件节能技术

增强基站内硬件设备的性能能够在一定程度上达到基站节能的效果。5G芯片的产业链目前正处于迅速发展阶段，关键性器件整体集成度正在不断提高，功能也更为健全，因此硬件节能技术具备良好的节能效果。利用硬件节能技术主要基于设备硬件架构、工艺流程及集成度的演进等来实现高效的节能效果，能够较大程度地降低AAU，以及基带处理单元（base band unit, BBU）设备的功耗。首先，需要做好硬件架构整体设计的优化作业，以此来增强硬件的整体水平。在5G移动通信技术逐步普及的情况下，利用专用的ASIC芯片能够取代高能耗的器件，在提高硬件平台整体集成度的同时，还能够保证整体应用功效，在一定程度上降低设备的功率，并且能够促进半导体技术的进一步发展，保证设备能够具备更高的集成度。此外，对于基站设备，可以优先选择14 nm技术，未来会逐步采用10 nm及7 nm技术，这不仅会促进芯片制作工艺的进一步发展，还会最大限度地降低能耗。针对漏压调节等全新技术的应用，能够进一步提高封装工艺的整体水平，以此来提高功放的整体效率。

2. AI智能节能技术

因为经济、硬件等因素的影响，5G建设是系统化的长期工程，所以多制式的共存是一段时间内的发展常态。因为网络整体复杂度不断增加，传统人工形式的运营手段早已无法满足发展的实际需求。人工智能（AI）技术在高计算量数据分析、跨领域特性挖掘及动态策略的生成等各个方面发挥着独特优势，因此会对5G网络运营提供全新的运营模式及技术支持。网络话务量潮汐效应相对明显，时段不同其网络话务量会出现较大的波动，基站设备一般是全天持续运转，无法按照话务量实现智能化调控，因此能耗成本无法高效掌控。所以，可以分析历史时空的各项特性数据来明确无线资源实际利用率的整体变化规律，监控及评估覆盖小区相应的KPI，基于人工智能技术能够结合网络覆盖、用户分布及场景特征等各个方面的内容科学预测无线资源的实际利用情况，结合运营商的发展策略及用户需求来制定相应的关断策略及关断时间等，在保障网络整体性能的同时，降低能源的整体损耗。利用AI智能节能技术能够实现业务预测功能，根据历史业务的实际负荷数据完成预测模型的训练，针对预测所得节能小区及节能时段实现小区内负荷向其他邻区的转移，完成负荷转移之后能够及时触发小区内部节能机制。一旦存在多个不同的节能时段，就需要在相应节能时段实现节能机制的单独激活。并且根据预测结果能够实现节能策略最优选择，并且实时调整和自动更新执行节能策略，设置针对性的门限阈值，充分满足预设KPI指标及节能需求。利用AI智能节能技术能够自动进行多层覆盖小区及基础覆盖小区的识别，按照业务量实时变化及多网覆盖的具体状态等条件判断开启节能模式，达到最佳的节能效果。

3. 软件节能技术

考虑到无线网络运营业务具备明显的潮汐效应，因此能够给软件节能技术的合理应用提供参考依据。软件节能技术无法达到静态能耗降低的目的，然而因为业务分布的相应特征，可以利用网络闲时的部分硬件资源，降低AAU的动态化能耗。软件节能技术中包含了各种软件特性，例如，符号关断、通道关断与小区关断等。符号关断特性主要是不连续性的发射功放，以此来达到减小AAU能耗的效果。符号关断实际比例与基站所用的调度方式存在直接的关联。想要进一步地提高整体的节能效果，首先需要进行调度算法的相应优化，针对特定符号进行用户数据统一化的调度与传输，以此来增加空闲符号的整体占比，从而实现整体节能效果的最优状态。多通道形式的AAU设备主要利用了通道关断特性，不仅能够充分地发挥出积极作用，而且在业务量的转变过程中能够提高射频通道的整体节能效果。当通道处于关闭状态时，控制信道相应发射功率，将功率适当增强，开启上行接收的通道，防止对接入终端造成影响。小区关断能够在多层网络覆盖中应用，在了解小区整体覆盖情况及容量状态之后，分析容量层的低业务小区之后实现关断，进而实现相应的节能效果。

本章总结

"数字化"和"绿色化"已经成为全球经济复苏的主旋律。信息碳中和作为以"资源碳中和、能源碳中和、信息碳中和、碳汇强化"为核心的碳中和四大支柱之一，不仅可以助力能源、资源领域碳中和，还可以与能源电力、工业、交通、建筑等重点碳排放领域深度融合，有效提升能源与资源的使用效率，实现生产效率与碳效率的双提升。全球数字化转型的加速和对算力需求的增长，以及5G的更广泛应用，带动信息基础设施的蓬勃发展，同时带来能源需求与碳排放增长，信息通信业自身能耗不容忽视，信息领域的绿色低碳发展，也是信息碳中和的重要一环。在信息碳中和领域，本章要点如下：

（1）信息通信技术在助力全球应对气候变化进程中扮演着重要角色。国际上已经开始借助数字技术应对气候变化的探索。信息通信技术推动我国经济部门深度减排的力度在逐步加强，数字赋能碳减排的潜力巨大。

（2）信息通信技术能够与电力、工业、建筑、交通等重点碳排放领域深度融合，减少能源与资源消耗，促进传统产业能源优化、成本优化、风险预知及决策控制，整体上实现节能降本增效提质，数字化正成为我国实现碳中和的重要路径。

（3）数字化转型的加速会驱动信息通信业能源需求和碳排放的增长。信息通信业碳排放总量小、增速快，存在结构性差异。在双碳目标下，数字基建重点用能领域节能降碳提速，多方发力助推信息通信业绿色低碳发展。

（4）强化信息通信技术赋能供给，综合运用标准、数据、技术、人才、资金、试点等一揽子政策工具，需要从政府、行业和企业多维度推动信息通信技术赋能碳达峰、碳中和。

思考题

1. 请简述信息碳中和的概念及内涵。

2. 请简述"虚拟电厂"的概念及内涵。
3. 信息通信技术如何减少石化行业碳排放？
4. 信息通信技术如何推进减污降碳协同？
5. 我国ICT行业的碳排放现状及特点是怎样的？
6. 请简述什么是新型基础设施建设。具体包括哪些领域？
7. 数据中心的制冷有哪些方法？
8. 请概述国家"东数西算"工程，并简述"东数西算"的战略意义。
9. 以数据中心为主的相关产业链主要包含哪几部分？
10. 请简述数据传输低碳化的内涵。
11. 无线传感器网络的特点有哪些？
12. 无线传感器网络节能的关键问题是什么？
13. 在碳中和时代，移动行业应如何做好低碳节能？
14. 移动通信基站节能减排技术有哪些？

参考文献

[1] 陈晓红，胡东滨，曹文治，等．数字技术助推我国能源行业碳中和目标实现的路径探析［J］．中国科学院院刊，2021，36（9）：1019-1029．

[2] 孙丽丽．石化工程整体化管理模式的构建与实践［J］．当代石油石化，2018，26（12）：1-8．

[3] 中国信息通信研究院．数字碳中和白皮书［Z］．2021．

[4] 谢丽娜，邢玉萍，蓝滨．数据中心浸没液冷中冷却液关键问题研究［J］．信息通信技术与政策，2022，（3）：40-46．

[5] 任咏，纪莎莎，戴栋超．数字水务及其在污水处理厂中的应用探索［J］．中国市政工程，2020，（1）：53-55．

[6] 李晓维．无线传感器网络技术［M］．北京：北京理工大学出版社，2007．

[7] 张华南，金红，王峰．无线传感器网络节能探索与研究［J］．计算机工程与科学，2021，43（2）：295-303．

［8］任肇澄. 能源互联网背景下5G网络能耗管控关键技术及展望［J］. 通信电源技术, 2021, 38（10）: 85-87.

［9］余斌. 绿色数据中心基础设施建设及应用指南［M］. 北京: 人民邮电出版社, 2020.

［10］Masanet E, Shehabi A, Lei N, et al. Recalibrating global data center energy-use estimates［J］. Science, 2020, 367(6481): 984-986.

［11］牛志升, 周盛, 孙宇璇. 面向"双碳"战略的绿色通信与网络: 挑战与对策［J］. 通信学报, 2022, 43（2）: 1-14.

［12］申洪, 周勤勇, 刘耀, 等. 碳中和背景下全球能源互联网构建的关键技术及展望［J］. 发电技术, 2021, 42（1）: 8-19.

［13］钟永洁, 纪陵, 李靖霞, 等. 虚拟电厂基础特征内涵与发展现状概述［J］. 综合智慧能源, 2022, 44（6）: 25-36.

［14］Yang D, Liu Y, Cai Z, et al. First global carbon dioxide maps produced from TanSat measurements［J］. Advances in Atmospheric Sciences, 2018, 35(6): 621-623.

［15］彭强. 5G基站节能技术的研究与分析［J］. 砖瓦世界, 2021（17）: 163-164.

第五章 碳汇强化和负排放

碳汇强化指强化生态碳汇能力，有效发挥陆地、海洋的固碳作用，提升陆地、海洋生态系统的碳汇增量。碳负排放指从大气中移除二氧化碳并将其储存起来，以抵消那些难以减少的碳排放。碳汇强化和负排放是实现碳中和的托底保障（图5-1）。其中，非二氧化碳温室气体减排是整个温室气体控制的难点。本章主要介绍非二氧化碳温室气体消减、生态碳汇强化、二氧化碳捕集（简称碳捕集）、利用与封存（CCUS）。

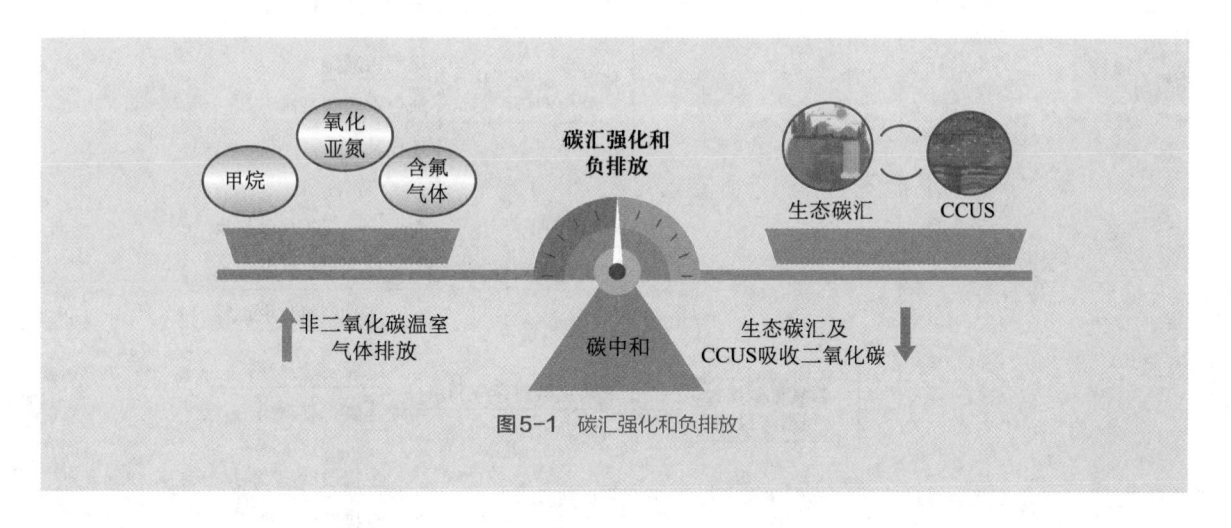

图5-1 碳汇强化和负排放

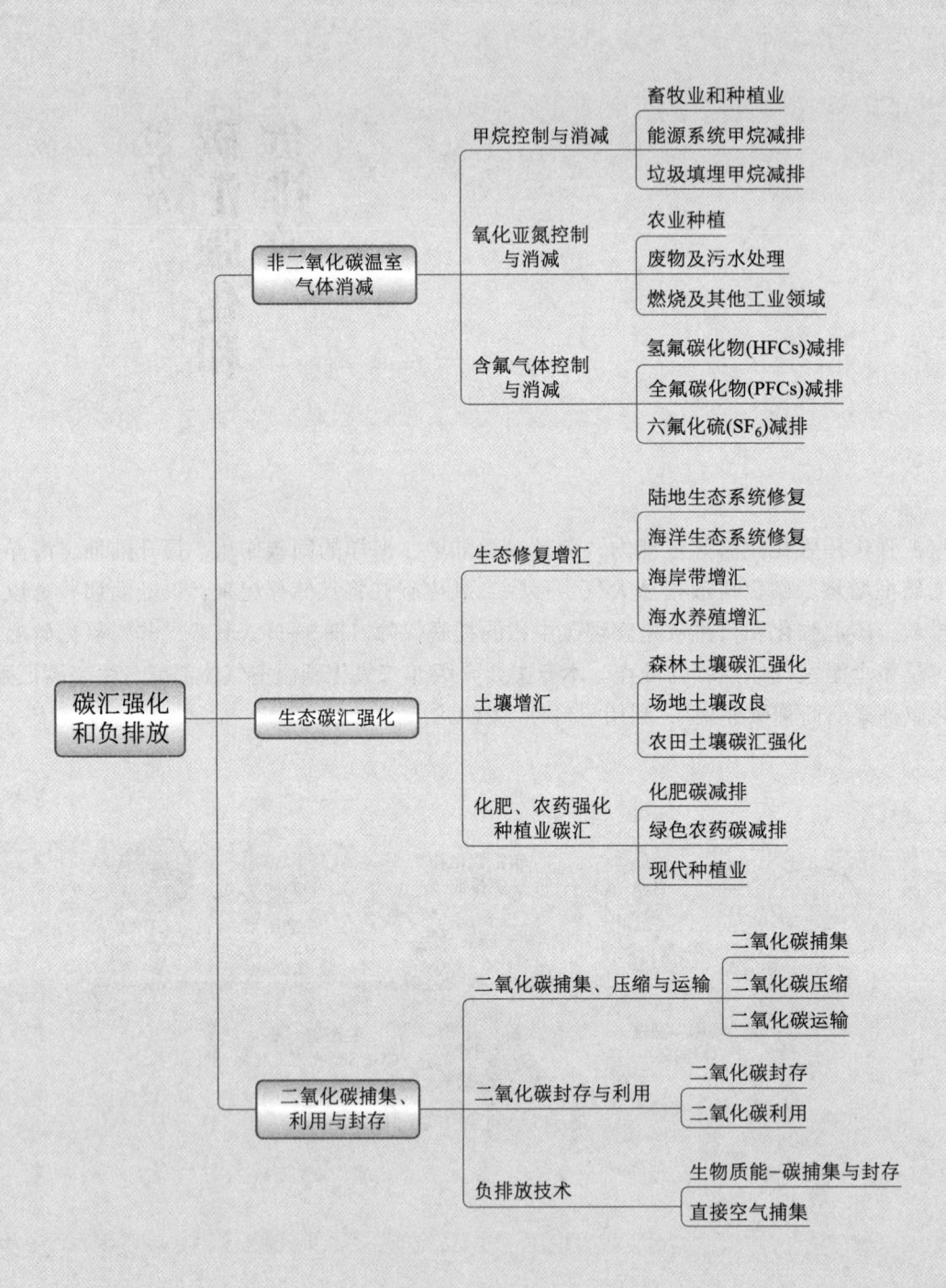

```
                                            ┌── 畜牧业和种植业
                          ┌── 甲烷控制与消减 ──┼── 能源系统甲烷减排
                          │                 └── 垃圾填埋甲烷减排
            ┌─ 非二氧化碳温室 ─┤                      ┌── 农业种植
            │   气体消减    ├── 氧化亚氮控制与消减 ──┼── 废物及污水处理
            │              │                      └── 燃烧及其他工业领域
            │              │                      ┌── 氢氟碳化物(HFCs)减排
            │              └── 含氟气体控制与消减 ──┼── 全氟碳化物(PFCs)减排
            │                                     └── 六氟化硫(SF_6)减排
            │                              ┌── 陆地生态系统修复
            │              ┌── 生态修复增汇 ┼── 海洋生态系统修复
            │              │               ├── 海岸带增汇
            │              │               └── 海水养殖增汇
碳汇强化 ───┼─ 生态碳汇强化 ─┤              ┌── 森林土壤碳汇强化
和负排放    │              ├── 土壤增汇 ───┼── 场地土壤改良
            │              │               └── 农田土壤碳汇强化
            │              │                      ┌── 化肥碳减排
            │              └── 化肥、农药强化 ────┼── 绿色农药碳减排
            │                   种植业碳汇        └── 现代种植业
            │                                          ┌── 二氧化碳捕集
            │              ┌── 二氧化碳捕集、压缩与运输 ┼── 二氧化碳压缩
            │              │                          └── 二氧化碳运输
            └─ 二氧化碳捕集、┤                  ┌── 二氧化碳封存
                利用与封存  ├── 二氧化碳封存与利用 ┤
                           │                  └── 二氧化碳利用
                           │                  ┌── 生物质能-碳捕集与封存
                           └── 负排放技术 ────┤
                                              └── 直接空气捕集
```

第一节
非二氧化碳温室气体消减

非二氧化碳温室气体按照《京都议定书》中的界定包含：甲烷（CH_4）、氧化亚氮（N_2O）、氢氟碳化物（HFCs）、全氟碳化物（PFCs）、六氟化硫（SF_6）。IPCC第五次评估报告显示，非二氧化碳温室气体的排放量约占温室气体总排放量的25%。

非二氧化碳温室气体主要排放源包括：畜牧业、种植业、能源系统、废物处理、燃烧及其他工业等，其中农业排放CH_4和N_2O量均占人类活动排放量的一半以上。CH_4、N_2O是自然界中本身就存在的，人类活动会增加其含量，而含氟气体则全是由人类活动产生的，主要来源于制冷剂和含氟气体在工业中的应用。本节主要介绍CH_4、N_2O、含氟气体的减排措施（图5-2）。

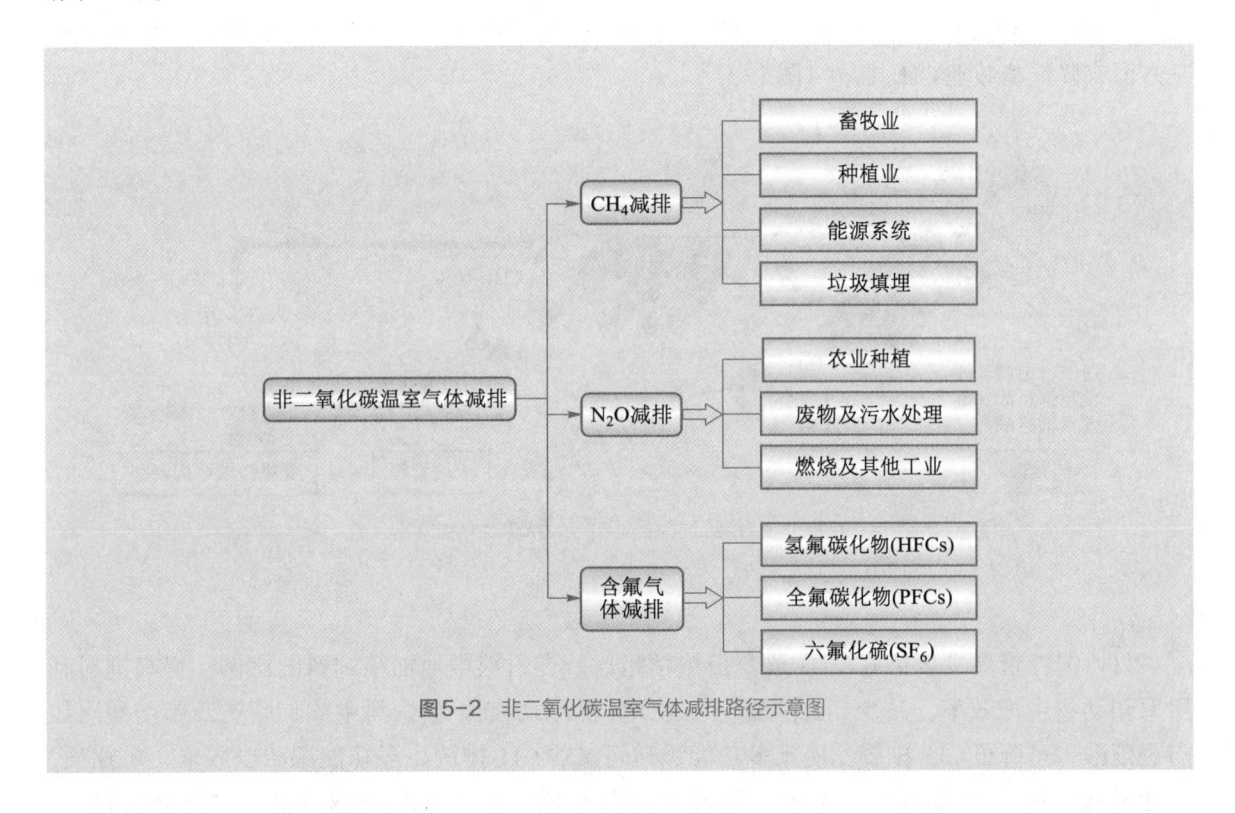

图5-2 非二氧化碳温室气体减排路径示意图

一、甲烷控制与消减

CH_4是由人类活动造成的温室效应强度仅次于CO_2的第二大温室气体。CH_4的全球增温潜势（global warming potential，GWP）在100年的时间框架内是CO_2的21倍，其对全球变暖的贡献率约为1/4。CH_4排放源分为天然排放源和人为排放源。天然排放源主要有湿地、高寒草甸植物、白蚁消化系统和海洋；人为排放源有能源系统、垃圾填埋、畜牧业、种植业等。国际能源署统计数据显示，2020年全球CH_4排放总量为5.8亿t，其中人为活动引起的占总量的67%，相当于排放约82亿t当量CO_2。

(一) 畜牧业和种植业

联合国粮食及农业组织《农业与温室气体排放》报告显示：农业的CH_4主要排放源是牲畜肠胃发酵、粪便管理和稻田等畜牧业、种植业，约占排放总量的2/3。

1. 畜牧业CH_4减排

肉类产品是保障人类生活品质的必需品。畜禽养殖是农业CH_4的重要排放源，约占全球温室气体的15%左右，其中反刍动物排放占比约为39%。反刍动物的CH_4主要来源是肠胃发酵（90%）和粪便管理（10%）。反刍动物肠道CH_4排放是动物采食的饲料在消化道正常发酵所产生的，其中瘤胃CH_4生成量占反刍动物肠胃发酵排放总量的80%以上；而反刍动物粪便处理和储存过程是在厌氧环境产生CH_4。可以通过饲养管理、粪便管理、食物需求结构调整三方面来降低畜牧业CH_4排放（图5-3）。

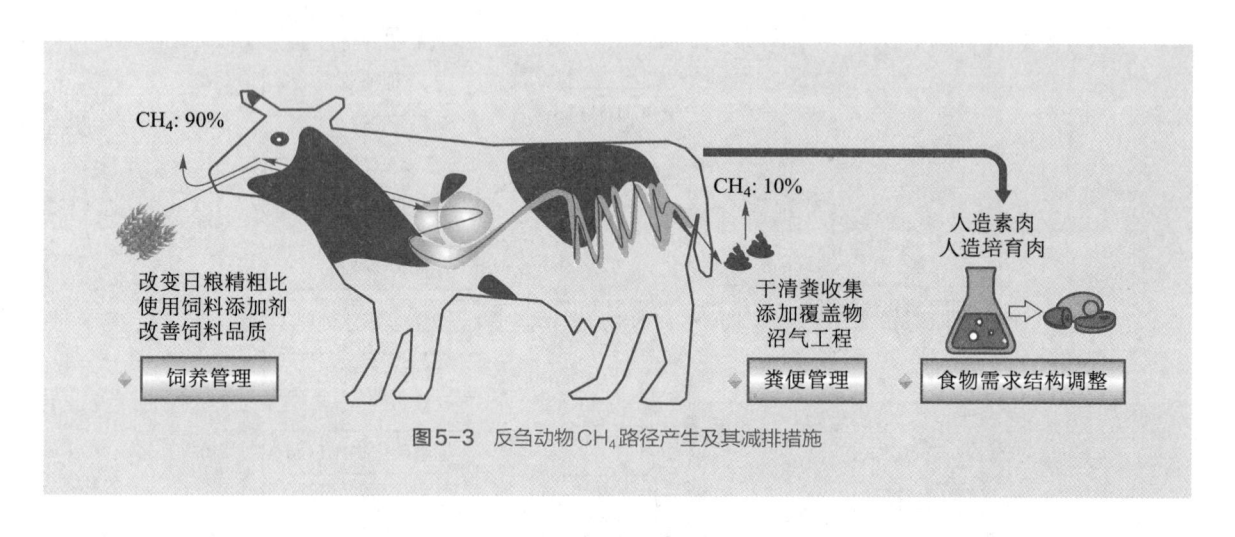

图5-3 反刍动物CH_4路径产生及其减排措施

(1) 饲养管理主要措施：① 改变日粮精粗比。在日粮中增加精饲料的比例，提高饲料利用率和动物生产效率，减少CH_4排放；② 使用饲料添加剂。向饲料中添加脂肪及脂肪酸（如肉豆蔻酸）可降低CH_4排放。使用多功能添砖可减少CH_4排放。多功能添砖以尿素、矿物质、微量元素、维生素等为主要成分；③ 改善饲料品质。牧草或秸秆越成熟，水分含量越少，CH_4排放量就越高，所以饲喂成熟度适当的饲料可减少CH_4排放。此外，完整的牧草或秸秆产生的CH_4量较粉碎的牧草或秸秆高，通过粉碎的方式降低饲料粒径，减少CH_4排放。

(2) 粪便管理主要措施：① 干清粪收集。改湿清粪为干清粪收集，不仅可以减少污水产生量，提高粪便收集率（可达60%），还可以减少进入厌氧环境的有机物总量，可减少CH_4排放50%以上；② 添加覆盖物。在粪便储存过程中添加覆盖物（如秸秆、卵石）或添加剂（如生物炭、微生物菌剂），可减少CH_4排放；③ 沼气工程。建设沼气工程，通过粪便厌氧发酵的方式，产生并回收利用CH_4，可减少排放。

（3）食物需求结构调整。倒逼农产品的生产与加工过程的调整，主要是采用人造肉代替技术。人造肉技术（cultured meat technology）是一种使用干细胞体外培养的生物工程技术代替传统畜牧业生产来获取肉类的生产技术。人造肉在质感、口感、风味、色泽、营养成分等方面均模仿普通肉类，所以是畜产品的理想代替品。

中国是肉类消费大国，占世界肉类消费总量的28%。一方面，采用人造肉代替技术，可减少养殖排放。另一方面，因人造肉代替而解放出来的土地，如果用作自然保护区和人造林，就可增加植被及土壤碳汇。人造肉技术有两大类：一是利用植物基材料，通过静电纺丝等技术模仿肉类的质地，为人造素肉（plant-based meat），是植物蛋白。二是基于组织工程技术，采用细胞培养、增殖来获得可食用的肌肉组织，为人造培育肉（cultured meat），是动物蛋白。

人造培育肉的生产工艺分为3个环节（图5-4）：① 准备工作，准备的材料包括供细胞增殖的营养液、促进细胞增殖的生产因子及动物组织中分离出来的干细胞；② 组织培养，利用体外细胞培养技术和组织工程技术，在生物反应器中完成干细胞分裂与分化，待增殖到足够数量后融合成为肌管，并进一步形成肌肉纤维与组织或压制成型；③ 加工，形成的肌肉组织或细胞进一步加工成所需要的产品。

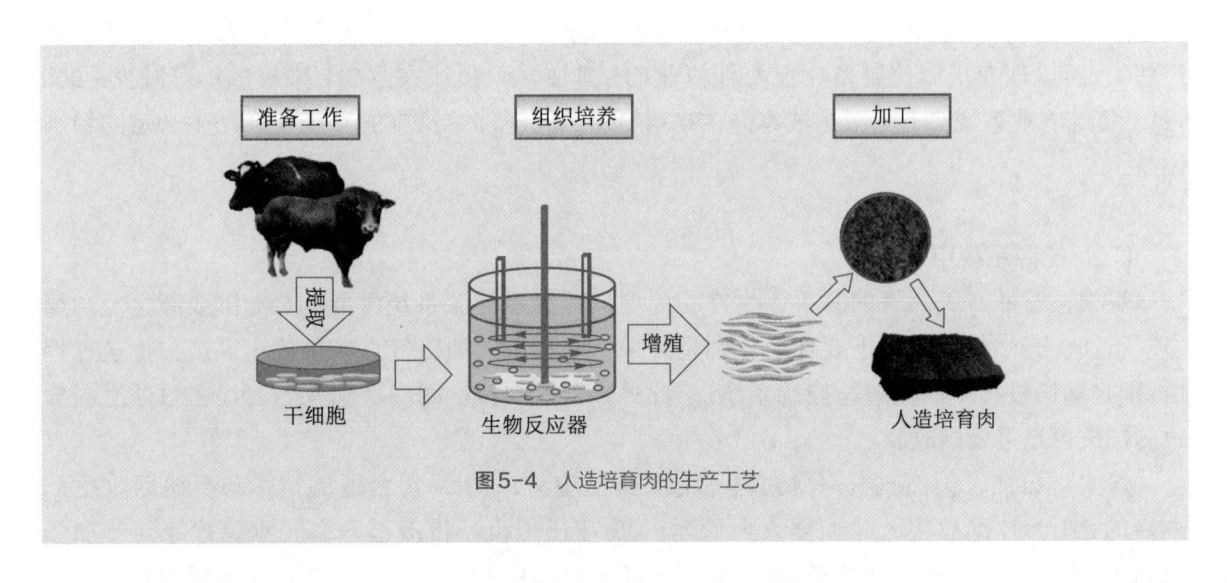

图5-4 人造培育肉的生产工艺

美国、新加坡、瑞典、荷兰、以色列，以及我国的香港等都有人造肉生产公司。如雀巢公司已推出植物肉产品，并在积极研发细胞培养肉技术，不断增加植物基食品、饮料供应。我国人造肉以人造素肉为主，人造素肉加工基础较好。

2. 种植业CH_4减排

联合国粮食及农业组织的数据表明，稻田是种植业CH_4主要的排放源。其中，我国稻田CH_4排放量占全球稻田CH_4排放量的1/5。稻田CH_4是在厌氧条件下利用田间的水稻根系分泌物及凋落物等有机物转化而成的。在淹水条件下，有机物被厌氧微生物分解为甲酸、乙酸、CO_2、H_2 等小分子，进一步被产甲烷菌分解成 CH_4（图5-5）。影响农田 CH_4 排放的因素主要有水分、施肥、作物品种等。

种植业的分布较广，CH_4 排放较为分散，管理起来比较困难。稻田 CH_4 减排措施主要有：① 间歇灌溉。调控稻田水分管理，减少厌氧环境，抑制产甲烷菌活动，从而控制 CH_4 产生和排放。间歇灌溉代替长期淹水可减少 CH_4 排放。② 施肥管理。沼肥或农家有机肥替代化肥可减少稻田 CH_4 排放。③ 水稻品种选育。选育水稻新品种也可减少 CH_4 排放。

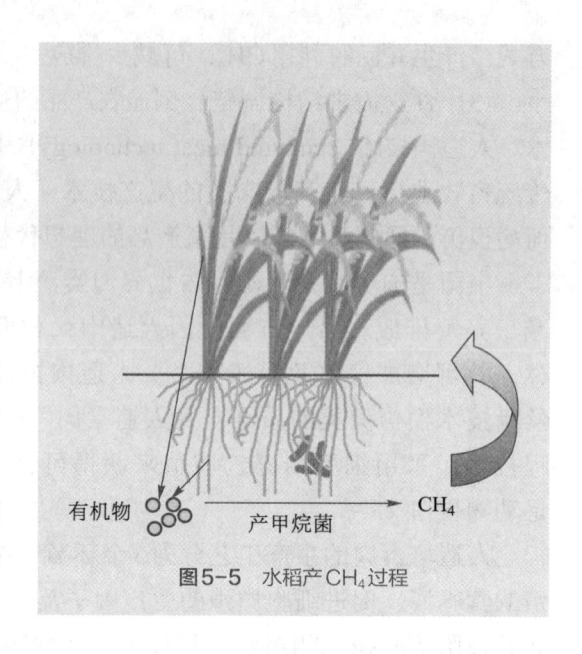

图5-5 水稻产 CH_4 过程

畜牧业和种植业是全球 CH_4 重要的排放源。有效管理牲畜肠胃发酵、粪便和稻田产生的 CH_4，可在保障粮食安全的前提下，提升农业领域的减排潜力。根据气候和清洁空气联盟（Climate and Clean Air Coalition，CCAC）和联合国环境规划署（United Nations Environment Programme，UNEP）2021年联合发布的《全球甲烷评估》，若以现有措施控制畜牧业及种植业 CH_4 排放，则预计农业 CH_4 排放每年可减少3 000万t；每吨农业系统 CH_4 的减排成本为270~1 390美元，部分措施的实施还会产生一定的经济效益。

（二）能源系统甲烷减排

煤炭、石油、天然气的开采、生产、处理运输等是能源系统主要的 CH_4 排放源之一。煤炭、石油、天然气排放的主要环节分别是开采、未利用的油田气直接排放和燃烧、输送过程（特别是输送过程中的压缩与控制系统）。此外，管道吹扫、阀门泄漏及老管线密封处泄漏导致的排放也是重要排放源。

煤炭、石油、天然气开采等过程 CH_4 减排措施有：① 采用合适的技术与手段回收生产末端的 CH_4，杜绝放空，并加强火炬管理；② 在压缩机、排液过程、脱水装置等环节加强管道及接口密封，减少因管道、连接口不密闭引起的排放；③ 在开采前尽可能将 CH_4 抽出，在开采过程中和开采后将释放的 CH_4 收集起来并有效治理，同时回收通风系统中逸散的 CH_4。

欧盟作为全球最大的天然气进口地区，对 CH_4 泄漏负有重要责任。《欧盟甲烷战略》指出，欧盟委员会将强制石油和天然气企业开展泄漏检查与修复（leak detection and repair，LDAR），这对欧盟能源系统整合和实现欧盟2050年碳中和目标至关重要。

LDAR是一种用于寻找设备泄漏，并通过修复以减少排放的工作程序方法，即通过对管道组件（如具有动密封结构的泵、压缩机、搅拌机等，以及具有静密封结构的法兰、阀门、开口阀、释压阀、采样阀等）实施定期检查监测，发现存在的泄漏，并在固定的时间内进行替换或者修复。其基本步骤包括：识别、定义、检测、修复、记录（图5-6）。

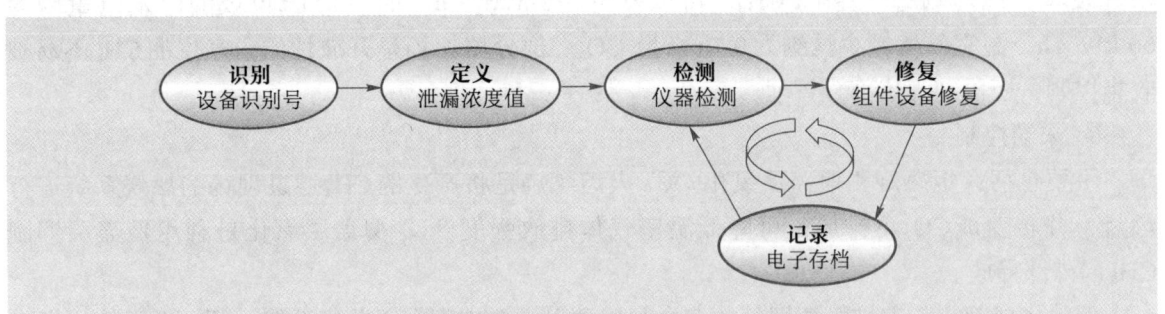

图5-6 设备泄漏与修复工作流程

识别：设备/组件指定唯一的识别号，并记录。定义：为泄漏定义一个浓度值（泄漏浓度值）。在LDAR中，泄漏浓度值是根据当地政府管理部门的要求制定的，泄漏浓度值一般比较低。检测：对设备/组件进行泄漏检测。泄漏检测方法包括感官判断和仪器检测，一般采用仪器检测。修复：对泄漏的设备/组件进行修复，即阀门"拧拧紧"，或换个法兰片，或把整个设备/组件换掉。记录：把所有的数据和材料记录在档案中，并保存，一般采用电子档案保存记录，便于管理与查询。

石油、天然气行业的甲烷减排是难度最小且成本最低的CH_4减排措施。《欧盟甲烷战略》认为减少煤炭、石油、天然气开采过程中的CH_4排放，是短期内减缓气候变化的最直接和有效的途径。根据IEA估测，利用现有技术，全球石油、天然气行业可以减少75%的CH_4排放，其中1/3的减排不需要企业付出额外成本。《全球甲烷评估报告——甲烷减排的成本效益分析》报告显示，到2030年，石油、天然气行业每年可减排甲烷29~57 Mt，煤炭行业每年可减排甲烷12~25 Mt，80%以上的石油、天然气减排措施和98%以上的煤炭减排措施均可以负成本或低成本实现。

（三）垃圾填埋甲烷减排

卫生填埋是垃圾处理的主要方式之一。在填埋的过程中产生大量的填埋气，每吨垃圾每年产生150~250 m^3填埋气，其主要成分为CH_4（45%~60%）、CO_2（40%~60%）及硫化物等杂质。据估计，全球因垃圾卫生填埋排放的CH_4每年大约有5亿t，占总排放量的4.4%~7.2%。可以从垃圾卫生填埋的原位减排、收集利用、末端控制进行全面的CH_4消减与控制。

1. 原位减排

原位减排措施主要包括可持续填埋、好氧填埋和准好氧填埋。可持续填埋是通过生活垃圾进行减量化的预处理，使稳定化进程加快。好氧填埋是对卫生填埋场进行间歇式强制通风，加快稳定化过程，抑制CH_4产生。准好氧填埋是通过渗滤液收集管的不满流设计，使空气自然通过渗滤液收集管末端进入填埋场，导致垃圾内部处于好氧状态，加快垃圾降解的速度，减少CH_4排放。日本80%的填埋场都使用准好氧填埋技术，可减少59%的CH_4产生量。

2. 收集利用

在填埋场下方，铺设管道用于导排填埋气并收集，将收集到的填埋气再进行提纯并利用。回收的CH_4主要应用于供热或发电、管道气、动力燃料、化工原料（制备甲醇、合成氨）等。研究发现，填埋场每产生1 t CH_4，可以发电约2 MW·h，而平均1 t垃圾的净发电量约为60 kW·h，温室气体减少量约为0.7 t当量 CO_2。部分填埋场是开放性的，产生的CH_4不易被收集控制，还需加强这部分管理。

3. 末端控制

主要包括火炬燃烧和覆盖层氧化。① 火炬燃烧是将产生的CH_4通过现场的燃烧系统进行燃烧，并转变成CO_2再排放，可降低温室气体排放强度；② 覆盖层氧化是利用覆盖层抑制CH_4向外部释放。

四川省成都市长安垃圾填埋气体综合利用项目主要内容有：收集系统、预处理系统、发电机组及配套的计量控制系统、电力输出系统等设施（图5-7）。项目占地约10亩（0.67 hm^2），日处理垃圾7 000余t，每小时产出电量为1 487 kW，年发电量约为1.6亿kW·h，年减碳约90万t。该项目在填埋场下方铺设水平井和竖井，用于导排填埋气并收集，收集到的气体进行冷却、过滤、再冷却、加热，遂可获得净化的填埋场气体，再用于发电。

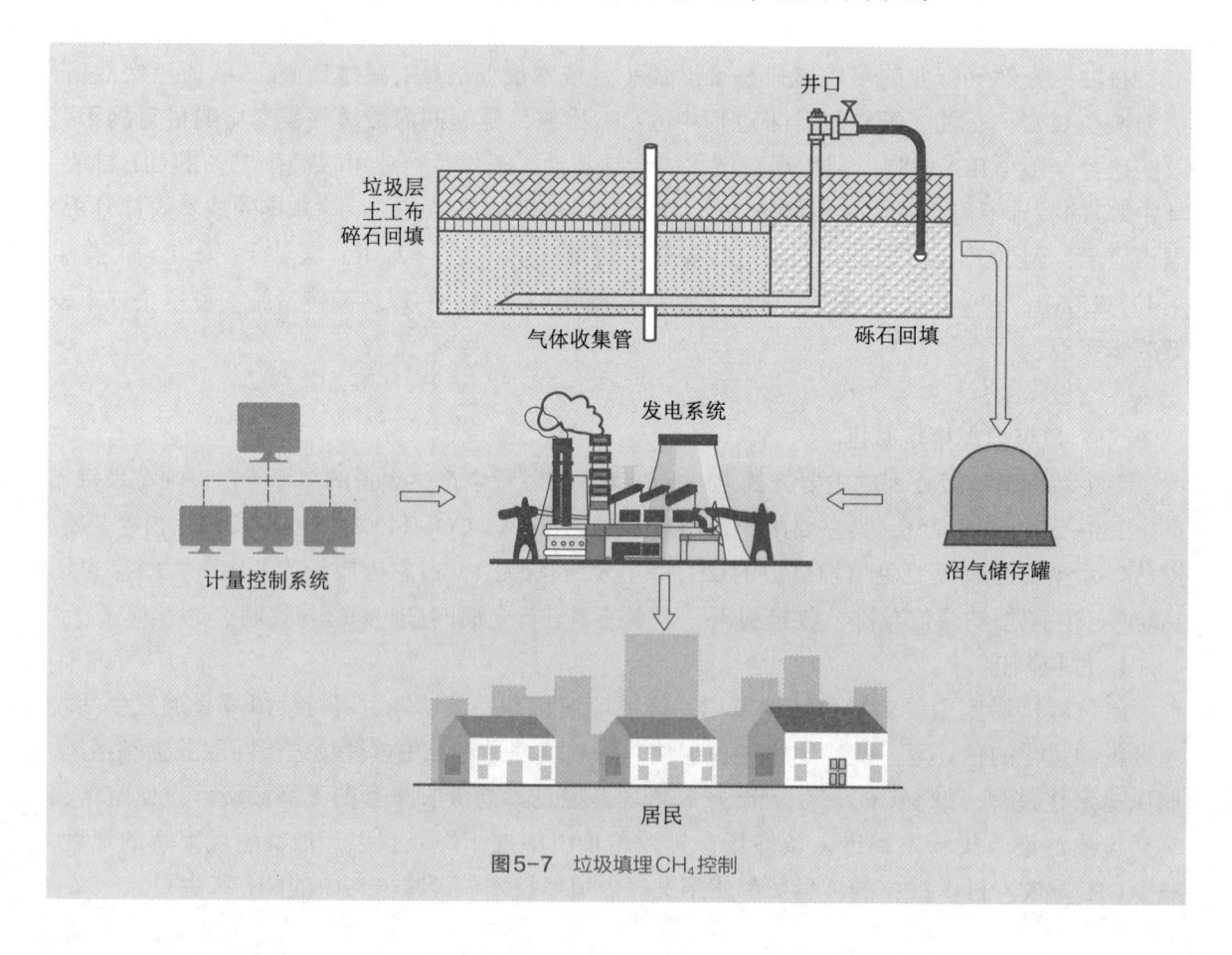

图5-7 垃圾填埋CH_4控制

积极收集卫生填埋过程中所产生的大量的填埋气,并将其加以利用,可有效实现废物资源化并减少 CH_4 排放,助力实现碳中和。联合国环境规划署和气候和清洁空气联盟联合发布的《全球甲烷评估报告——甲烷减排的成本效益分析》报告显示,废物处理到2030年每年可减排 CH_4 29~36 Mt,减排潜力集中在固体废物处置,60%的废物减排措施可以负成本或低成本实现。

二、氧化亚氮控制与消减

N_2O 是温室效应强度仅次于 CO_2、CH_4 的第三大温室气体。N_2O 全球增温潜势在100年的时间框架内是 CO_2 的298倍,对全球变暖的贡献率约为5%。N_2O 的排放源主要有自然排放源和人为排放源,其中,人为排放源占60%,主要包括农业种植、废物及污水处理、燃烧及其他工业领域。

(一) 农业种植

农业是最大的 N_2O 人为排放源,占人类引起 N_2O 排放总量的1/3。农田 N_2O 排放分为直接排放和间接排放(图5-8)。直接排放包括氮肥施用、作物残体还田、土壤矿化、有机土耕作,其中氮肥(含化肥和有机肥)施用是主要贡献者;间接排放是大气中的氮沉降到农田,以及氮淋溶、渗漏或径流引起的。

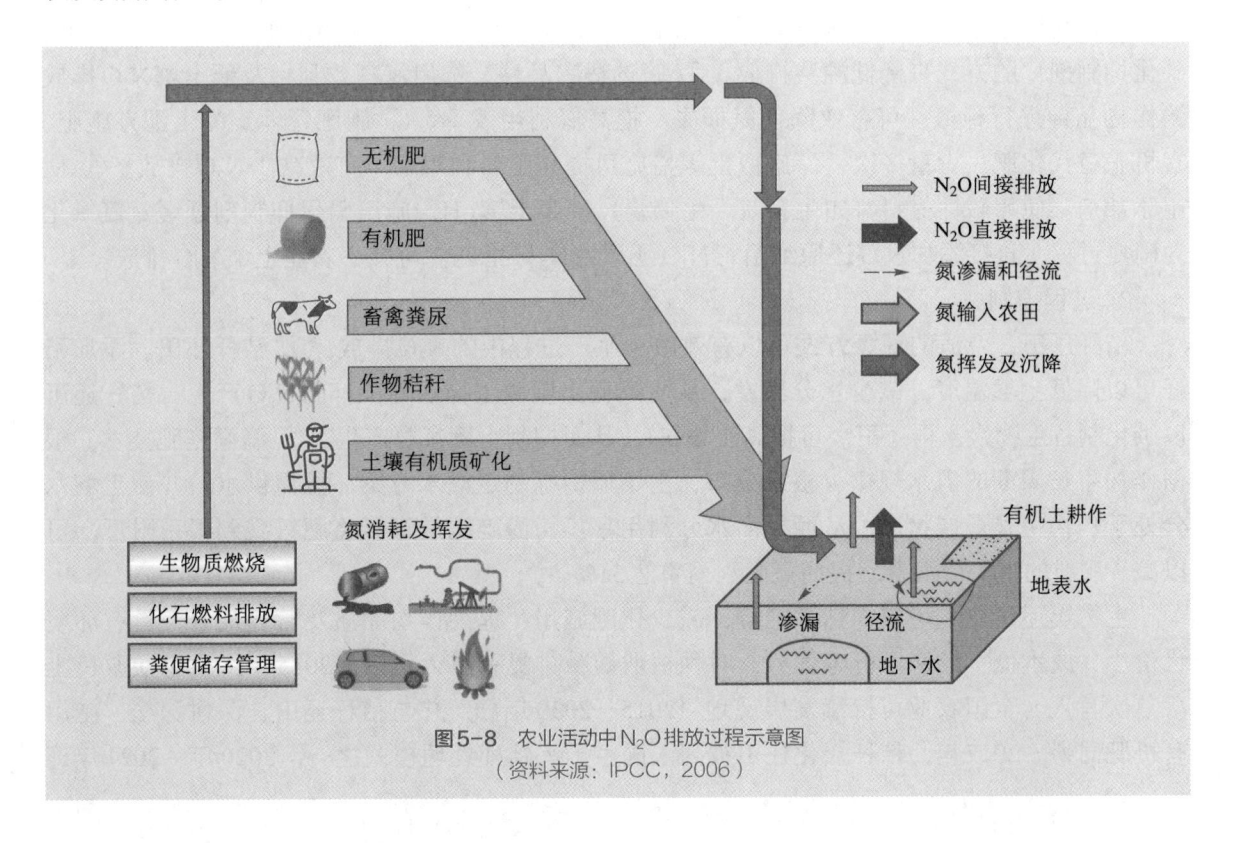

图5-8 农业活动中 N_2O 排放过程示意图
(资料来源:IPCC,2006)

土壤N_2O排放有2/3以上来自土壤的硝化和反硝化作用。N_2O是反硝化过程的中间产物，低氧、充足的NO_3^-浓度和可代谢有机碳环境均有利于促进N_2O释放。影响N_2O排放的因素有温度、水分、pH、碳氮基质含量等。下面将从源头减量、过程控制、末端处理来介绍农业N_2O减排措施（图5-9）。

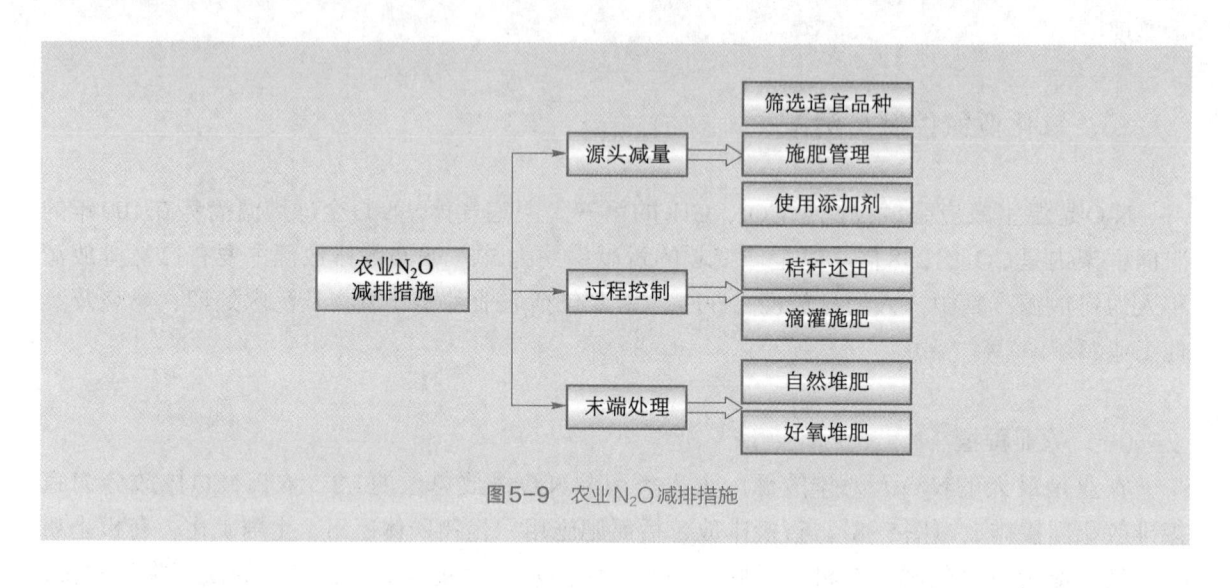

图5-9 农业N_2O减排措施

1. 源头减量

可以从筛选适宜品种、施肥管理（化肥减量、缓效肥施用）、使用添加剂（土壤改良剂、硝化抑制剂）的方式来降低源头排放。① 筛选适宜品种。选用氮高效利用及低土壤N_2O排放的作物品种进行种植，可有效降低氮损失，提高氮利用效率。② 施肥管理。测土配方施肥、有机肥替代化肥、少量多次、深施覆土等措施可提高肥料利用率，有效减少N_2O排放。③ 使用添加剂。使用碱性材料（如生石灰、生物炭）提高土壤pH，施用硝化抑制剂延缓氨氮氧化为硝氮过程，直接添加N_2O还原细菌将N_2O还原为N_2等措施，可减少农业土壤N_2O排放。

2. 过程控制

秸秆还田、合适的灌溉方式可以有效减少生产过程中的N_2O排放。① 秸秆还田。添加秸秆可以降低土壤温度，减少水分蒸发，从而降低土壤微生物活性，抑制N_2O产生。秸秆还可以碳化制备生物炭，再还田，可提高土壤pH，从而抑制土壤N_2O产生。② 滴灌施肥技术。根据作物生长周期的需水规律、根系分布、土壤墒情等制定灌水方案，按需供水，并使土壤水分处于作物生长最佳状态，从而提高水分利用率。滴灌施肥是直接将肥料施到根系附近，可以减少肥料的淋洗或浪费，提高氮肥利用率达51%。

生物炭还田技术可减少秸秆焚烧，减少化肥施用，提高作物品质及营养成分，具有环境代价小、成本低、经济可行等优势，对种植业碳减排具有重大贡献。2015年，生物炭改良土壤首次写入《全国农业可持续发展规划（2015—2030年)》，并与秸秆还田、深耕深松、施用有机肥同列。2017年，秸秆炭化还田被列入国家十大秸秆处理模式之一，2020年、2021年连续两年，秸秆炭化还田入围农业农村部重大引领性技术榜单。

生物质（包括秸秆、园林废物、城市污泥、厨余垃圾等）在限氧条件下热解生成生物炭、生物质油及生物质气（图5-10）。生物炭可以炭基复合肥、土壤改良剂等形式还田，进行碳封存；生物质气可用于代替化石燃料燃烧或制备其他化学品；生物质油可用于制备绿色合成润滑油或绿色合成溶剂油。

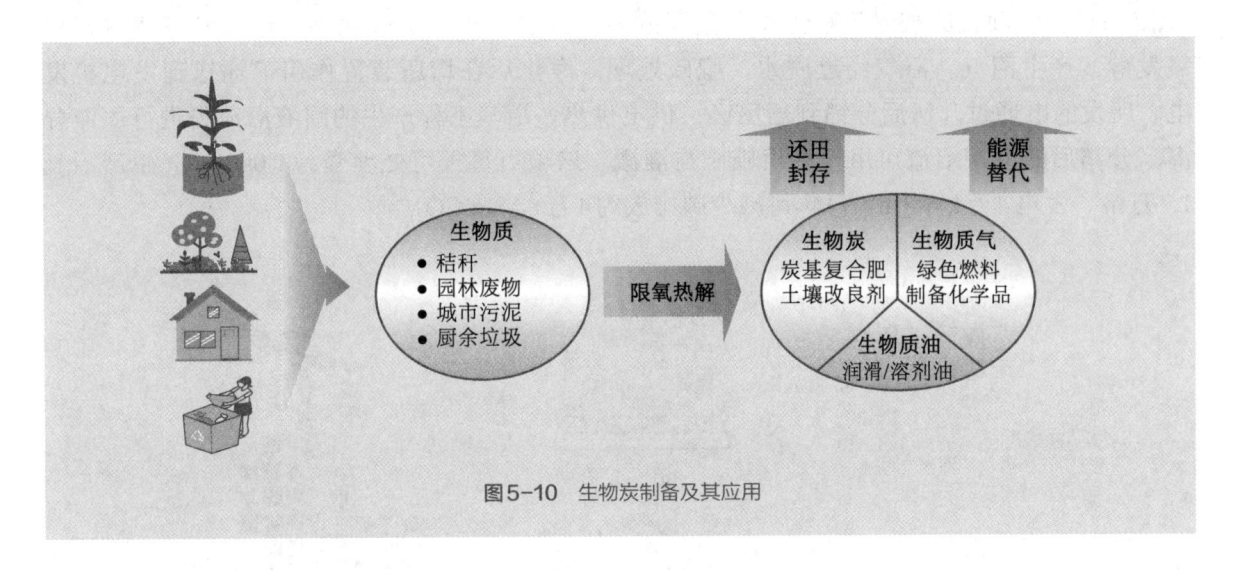

图5-10 生物炭制备及其应用

3. 末端处理

将农业有机废物进行堆肥，生产有机肥并施用到农田，可减少因农业废物堆砌或燃烧引起的温室气体排放。堆肥方式主要采用好氧堆肥，指利用微生物分解有机废物，使其矿质化、资源化、无害化而形成稳定的高腐殖化物质的过程。将有机肥直接或经过进一步处理后施用于农田，可有效提高土壤碳储量并提高农田的生产效率，从而减少温室气体排放。

土壤N_2O排放是非二氧化碳温室气体排放的重要来源之一，主要由氮肥施用引起。采取合适的方式减量替代化学氮肥施用，可减少土壤N_2O排放。据估计，在不影响作物产量的情况下，全球农田土壤N_2O可减排30%，相当于中国和美国的农田土壤N_2O排放之和。

（二）废物及污水处理

有机固体废物在堆放或者处理过程中，一些含氮有机质在微生物的硝化或反硝化作用下可生成N_2O，并排放到空气中。在污水处理过程中的生物脱氮是N_2O的主要排放源。IPCC报告指出，污水中0.25%~25%的氮素可转化为N_2O，并释放。

下面将从源头减量、过程控制、末端处理来介绍固体废物及污水处理中的N_2O减排措施。① 源头减量。减少废物及废水的产生，从源头减少N_2O的排放。② 过程控制。对污水处理过程中如溶解氧（dissolved oxygen，DO）、C/N比、pH等参数进行有效调控，可降低N_2O的产生及释放。③ 末端处理。沼气工程是有效减少有机固体废物产生N_2O的有效方法。

沼气工程主要体现在：① 可以减少有机废物堆放过程中的N_2O排放；② 产生的沼气可用于代替化石燃料燃烧过程中释放的N_2O；③ 产生的沼渣可生产有机肥，代替化肥，从而减少土壤N_2O的排放。

山东省某大型奶牛厂利用沼气工程联合发电技术处理奶牛厂的粪污，集成了以牛奶养殖、牧草-蔬菜-水果种植、沼气工程、发电厂等多条产业链，形成了种养结合的绿色循环（图5-11）。该项目的技术流程为：养殖厂的粪污经过水解、沉砂池后，进入发酵罐进行厌氧发酵，产生沼气。沼气经过脱水、脱硫处理，净化后在增压装置作用下输送到发电机发电。所发的电通过升压后分销到居民区，供电供热。沼气工程产生的沼液沼渣先进行固液分离，分离后的沼液沼渣可用于种植施肥与灌溉。该项目每天可处理粪污$1\,000\,m^3$，生产沼气1.7万m^3，发电4万kW·h，每年可减少碳排放约4万t当量CO_2。

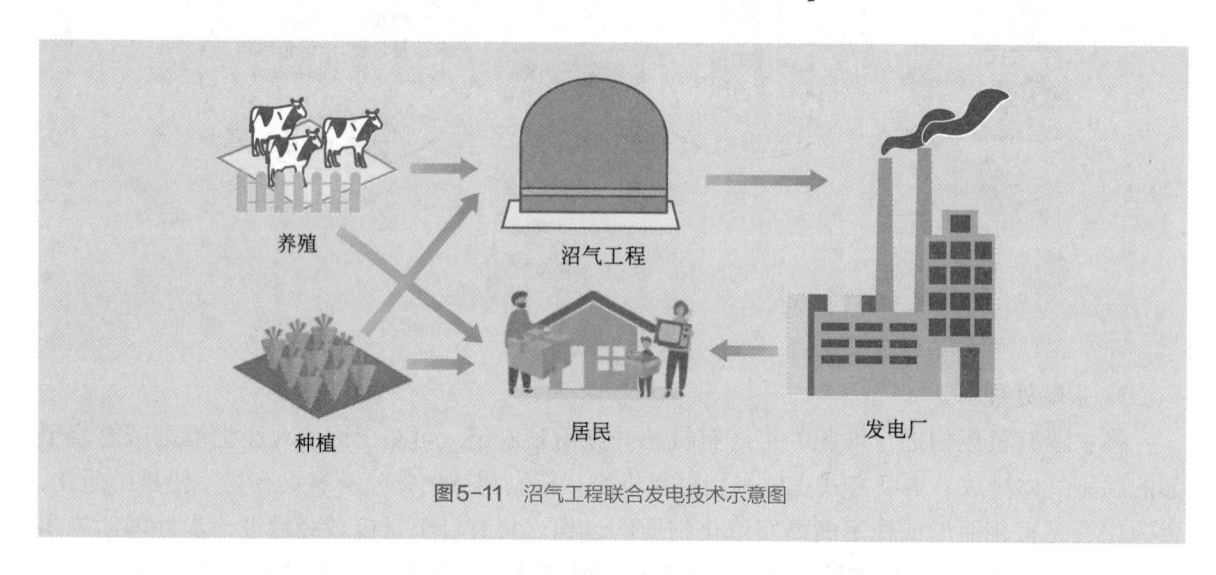

图5-11 沼气工程联合发电技术示意图

废物及废水处理过程中的含氮有机物会在微生物的硝化及反硝化、生物脱氮过程中产生大量N_2O，这是人为引起的N_2O排放的重要来源之一。通过源头减量、过程控制、末端处理，可减少废物及废水处理过程中的N_2O排放，同时可用于发电供热、种植施肥与灌溉，替代能源及化肥，减少碳排放。

（三）燃烧及其他工业领域

化石燃料的燃烧过程会排放大量的N_2O，贡献了大气中的N_2O浓度增量的1/3。在燃烧过程中，燃料（如煤炭）中的氮会挥发出来，并生成NH_3（氨）或HCN（氰化物），这两种物质在高温下生成NO，在低温下则生成N_2O。

1. 过程控制

可以通过添加铁催化剂，保证充分氧化，降低化石燃料燃烧过程中N_2O的排放。① 添加铁催化剂。如可在床料中加入金属Fe，N_2O可与Fe反应生成FeO和N_2，同时进行金属Fe再生，从而达到消除N_2O的目的。② 在工业炉、电站锅炉和垃圾焚烧炉等保证充分氧化，降低N_2O的产生。

2. 末端减排

N_2O气体末端减排主要技术有：分离纯化N_2O、热分解技术、催化分解技术等。从N_2、O_2和N_2O混合气中分离N_2O可采用变压吸附（PSA）技术通过吸附剂选择性吸附N_2O，解吸后的高纯度N_2O可用于工业原料，如芳香烃氧化制苯酚。

3. 其他工业源减排

工业源包括硝酸、己二酸、己内酰胺的生产也会释放大量的N_2O，其中硝酸占主导。对于硝酸生产工厂，改进现有硝酸生产设施的生产工艺，推广采用二级处理法控制N_2O排放，并鼓励新建硝酸生产设施采用三级处理法N_2O分解技术。对现有己二酸生产设施推广采用催化分解技术，并鼓励新建己二酸装置使用热分解技术从而降低N_2O及其他NO_x排放。

国内在己二酸生产装置上采用N_2O催化分解技术。主要工作原理为：己二酸生产尾气经气液分离后与空气混合稀释，混合气体经过预热后，再由电加热器加热至450 ℃左右进入催化反应器，在催化剂作用下将N_2O分解为N_2和O_2，转化率在95%以上（图5-12）。

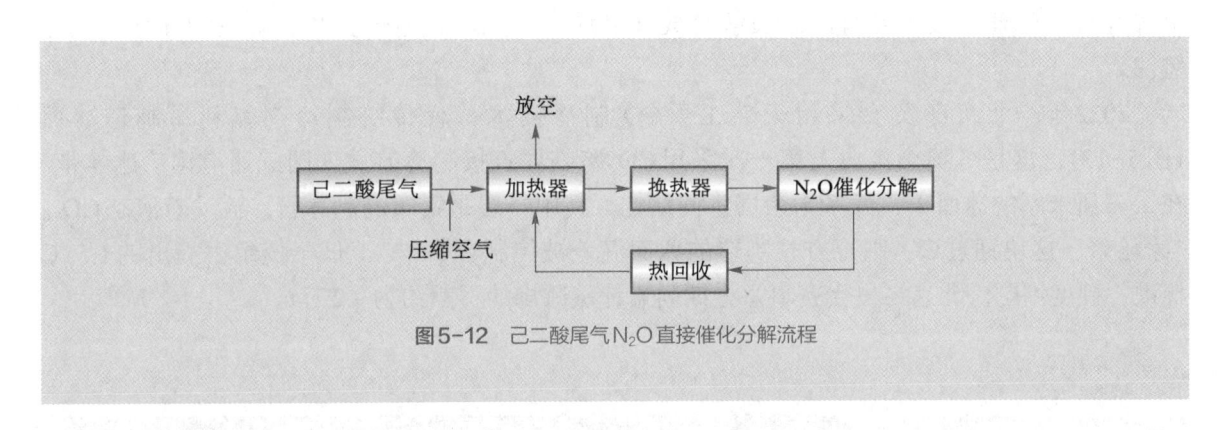

图5-12 己二酸尾气N_2O直接催化分解流程

化石燃料的燃烧贡献了大气中N_2O浓度的1/3。化石燃料减排潜力最大，成本最低，因此合理控制燃烧过程中的N_2O排放可积极助力实现碳中和。主要通过添加催化剂，减少燃烧过程中的N_2O排放。N_2O的末端利用技术也可以减少燃烧过程中的N_2O排放。

三、含氟气体控制与消减

含氟温室气体包括氢氟碳化物（HFCs）、全氟碳化物（PFCs）、六氟化硫（SF_6）等。根据2021年《联合国气候变化框架公约》数据显示，1990—2019年，含氟气体在温室气体中的排放量占比由1.5%上升至2.6%。由于含氟气体有较高的全球增温潜势（GWP），少量的含氟气体就会对全球温度产生巨大影响。

(一) 氢氟碳化物（HFCs）减排

HFCs作为最具环境隐患的含氟温室气体，在大气中的停留时间可达270年，GWP为14 800。HFCs被广泛应用于制冷、空调和消防行业，同时还被用作发泡剂和喷雾罐推进剂，以及用于生产其他化学品的原料。目前，HFCs的排放量正以每年10%的速率增加，假如相应趋势得不到控制，那么到2050年，HFCs将会产生3.5亿~8.8亿t的CO_2排放量，相当于整个地球交通领域排放温室气体的总和。随着我国2021年正式接受《基加利修正案》，HFCs的行业管控迫在眉睫。

为了减少HFCs对气候的影响，在源头减量上，空调行业等制冷行业一般采取研发新的环境友好型制冷剂来替代HFCs制冷剂，在现有的替代品中，R290是唯一能满足《基加利修正案》要求的制冷剂。在过程控制上，HFCs生产企业可定期对生产装置进行泄漏检查和维护；设备运营商可对相关设备定期进行泄漏检查，并建立和维护设备运行及报废记录；维修商可避免HFCs灌装及回收过程中的无意排放等。在末端处理上，一般采用消除处理的方法将HFCs类物质进行结构破坏处理，转化成CO_2，处理方法主要有氧化燃烧法、等离子法、水解法等。在综合利用中，还可将HFCs转化成更有价值的物质，如有序碳纤维和含氟烯烃等，处理方法主要有高温裂解合成含氟烯烃法、与其他烃类共裂解法和催化脱氟化氢法。

2022年，北京冬奥会采用天然工质CO_2制冷技术替代传统制冷剂氟利昂制造冰面（图5-13），这是冬奥会历史上第一次采用CO_2跨临界直接制冷方式。国家速滑馆"冰丝带"在二三厘米厚的冰面下，埋了十余层不同结构，其中一层是密布的制冰管，流动着液态CO_2。"冰丝带"这块通过CO_2制冷方式制造的冰面温差被控制在0.5 ℃，低于奥组委提出的1.5 ℃标准，硬度均匀。北京冬奥会赛事举办期间累计碳减排的贡献约为9.2万t。

图5-13 北京冬奥会采用的CO_2跨临界直接制冷系统（R744）

我国是全球最大的HFCs生产国和出口国，生产量约占全球70%，其中一半以上用于出口。通过采取研制新型环境友好型制冷剂替代HFCs制冷剂、企业过程控制HFCs泄漏、HFCs末端处理及资源回收利用技术等措施，可以有效削减CO_2排放量，加强气候效益，促进我国"双碳"目标早日达成。

（二）全氟碳化物（PFCs）减排

PFCs是《京都议定书》确定的六种温室气体之一，属于合成产生的卤烃，包括CF_4、C_2F_6和C_3H_8等，具有低毒、化学性质稳定等特点，GWP是CO_2的6 500~9 200倍，大气生命周期为2 600~50 000年，对生命环境和人类健康有着极大的潜在危险。PFCs被广泛应用于制造电子产品，如液晶显示器、半导体等离子清洗或太阳能电池板的制造。其中，原铝生产、半导体制造和平板显示器制造是CF_4和C_2F_6的主要人为排放源。PFC-c318是近年新被关注的PFCs之一，可用于半导体和微电子等行业，同时也是氟化工生产过程的副产物。

为了减少PFCs对气候的影响，在源头减量上，半导体工业中可利用$C-C_4F_8$或NF_3代替C_2F_6作为化学气相沉积室的清洗气体，能有效减少大气污染物的排放。在过程控制上，工业中可对合成反应、粗品净化及产品精制工艺进行优化，例如，铝电解生产过程中主要通过降低阳极效应的持续时间和频率来降低PFCs排放。在末端处理上，可采用燃烧、催化分解或等离子去除系统分解反应物分子，将其转化为非PFCs副产品。例如，热裂解技术可用于处理工厂内的储柜清洗气体和蚀刻工艺气体。在综合利用上，可采用变压吸附、低温蒸馏、膜分离PFCs气体等回收和循环利用治理技术。例如，高温下的熔盐既可以裂解大分子PFCs，捕获热解后产生的小分子有害气体，又可以作为一种活化物质再生活性炭，实现PFCs的资源化利用。

在半导体PECVD（plasma enhanced chemical vapordeposition）制造中，美国3M公司及杜邦公司分别采用C_3F_8与C_4F_8替代CF_4或C_2F_6作为清洗气体（图5-14）。通过实验改变气体流量、清洗时间及清洗效率等因素，结果显示C_3F_8与C_4F_8的气体使用率皆优于CF_4与C_2F_6，且清洗时间缩短了10%，若与温室气体排放量做比较，则可减少约70%的排放量。

PFCs是目前微电子工业中用量最大的等离子蚀刻气体，通过采用$C-C_4F_8$或NF_3替代工业清洗气体PFCs，合成反应、粗品净化及产品精制工艺优化，PFCs末端处理技术转化为非PFCs副产品，PFCs回收和循环利用治理技术等措施，可有效提升行业减排效益和环境改善效果，助力实现美丽中国建设和"双碳"目标。

（三）六氟化硫（SF_6）减排

SF_6已有100多年的历史，它是法国两位化学家Moissan和Lebeau于1900年合成的人造惰性气体，被称为世界上最强的温室气体。SF_6对温室效应的影响仅占0.1%，但其GWP是CO_2的23 500倍，且在大气中的停留时间约为3 200年。这意味着，1 kg泄漏到大气中的SF_6对全球变暖的影响约相当于23.5 t二氧化碳。目前，SF_6气体主要用于电力工业，其中80%用于高

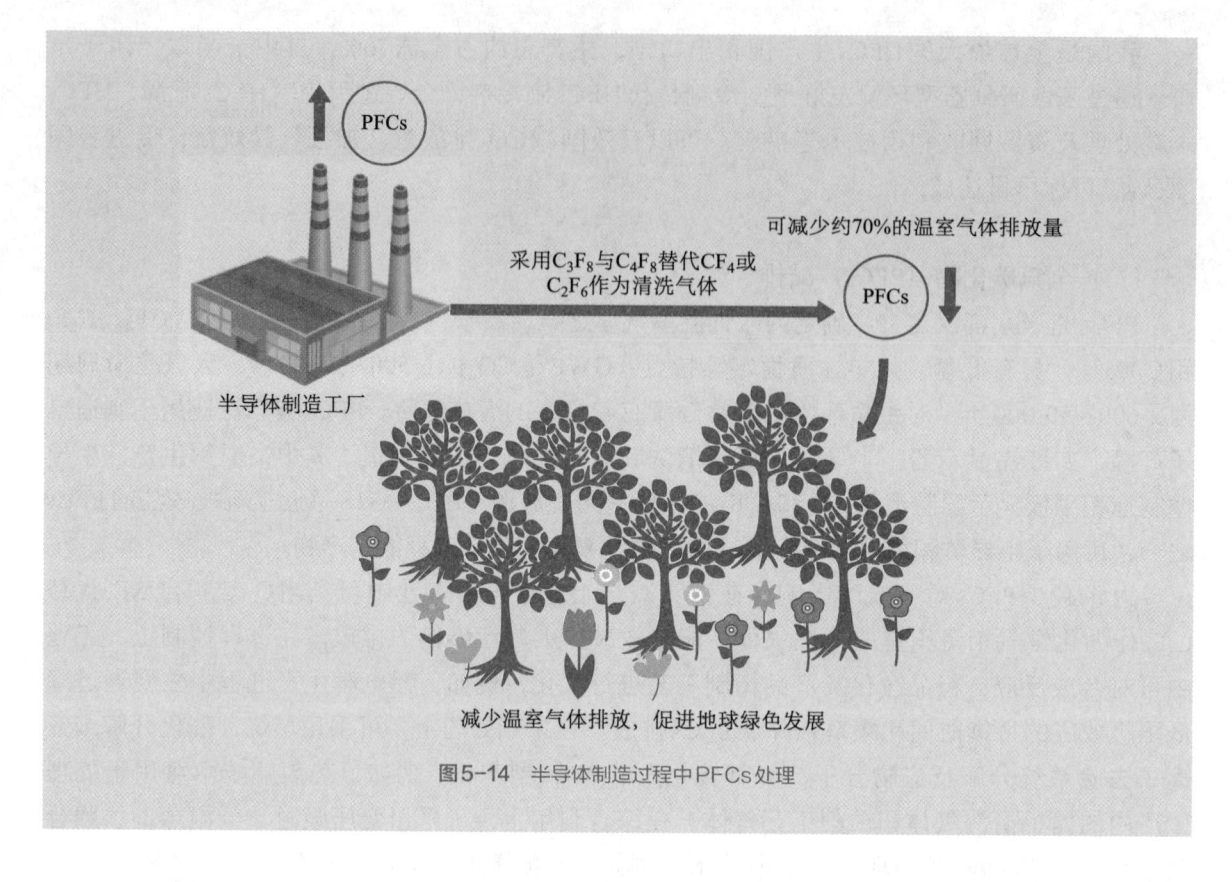

图5-14 半导体制造过程中PFCs处理

中压电力设备。

为了减少SF_6对气候的影响，在源头减量上，可采用SF_6与N_2的混合气体来替代SF_6，其绝缘性能接近同等条件下的SF_6，一般被用在非断路器模块，可有效减少SF_6的使用量。在过程控制上，可提高电气设备的技术制造工艺，减少SF_6设备的泄漏。在末端处理上，可采用SF_6现场快速回收技术、碱洗-吸附处理技术及深冷双级纯化再生等技术。例如，对SF_6进行热处理，将SF_6加热到1 000 ℃以上，SF_6开始分解成离子并与其他物质反应，主要与氢和氧反应，形成SO_2和HF；当处理的温度达到1 200 ℃时，SF_6的转化率可以达到99%，反应的生成物通过$Ca(OH)_2$（石灰）溶液吸收并形成固体硫酸盐和氟化物，如形成硫酸钙（石膏）与氟化钙（氟石）。在综合利用上，对电气设备解体大修或达到使用寿命的设备等进行SF_6气体处理再利用。目前，国内外已有产品化的SF_6气体回收净化装置，对于设备内排放的残存气体，可以收集起来，通过具有特殊功能的活性炭吸附或碱处理，然后再回收。

2021年12月，国家电网四川省电力公司电力科学研究院（四川电科院）完成了SF_6气体数字化管控平台建设（图5-15），该平台利用数字化管控技术，综合分析和数字化展示SF_6气体源、汇、流转情况，揭示排放环节，实现气体量核算和预测，提升了对电网温室气体排放的管控能力。此外，四川电科院以数字化管控为主线，联合物联网技术将处理中心的回收装置、气体钢瓶等统一编码,通过实物ID实现了气体的仓储、净化及再利用。

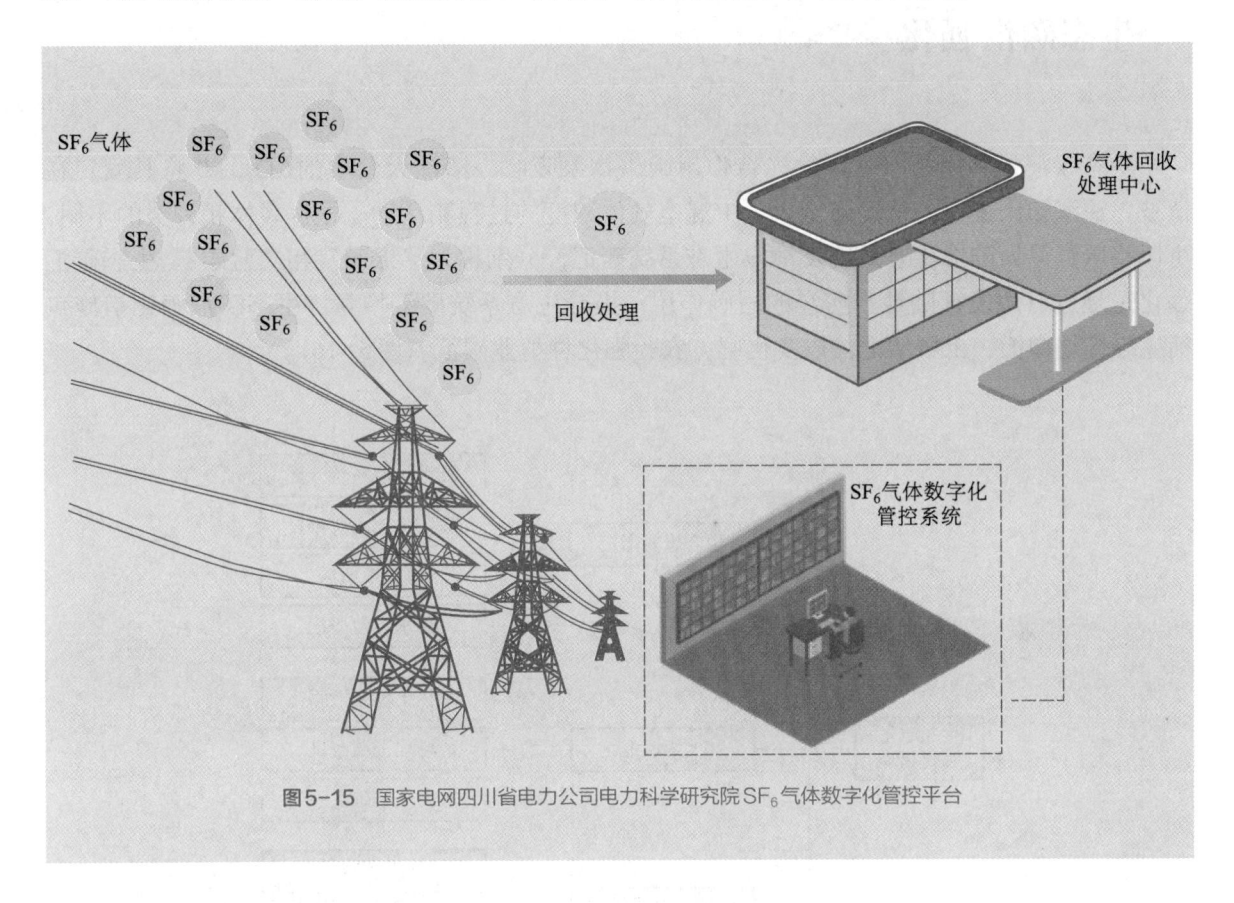

图5-15 国家电网四川省电力公司电力科学研究院SF$_6$气体数字化管控平台

SF_6在大气中的停留时间长,不易分解,长期积累将导致巨大的温室效应。为了减缓SF_6排放,可采取SF_6与N_2的混合气体来替代SF_6、提高电气设备的技术制造工艺、SF_6末端处理技术及SF_6气体处理再利用技术等措施,保障"双碳"目标高效落实,确保SF_6使用过程中实现"零排放"。

非二氧化碳温室气体(CH_4、N_2O、含氟气体)控制是实现碳中和的难点。减少CH_4排放主要从畜牧业、种植业、能源系统、垃圾填埋等方面着手;N_2O的控制与消减主要从农业种植、废物及污水处理、燃烧及其他工业等方面开展;含氟气体的控制与消减主要从氢氟碳化物(HFCs)、全氟碳化物(PFCs)、六氟化硫(SF_6)的源头减量、过程控制、末端处理,以及综合利用开展。非二氧化碳温室气体的存续时间长、全球增温潜势大,对地球环境的负面影响较大,加强非二氧化碳温室气体管控,意味着我国将承担更多的责任,同时也彰显了我国应对气候变化的责任与决心。

第二节
生态碳汇强化

生态碳汇是利用植(生)物光合作用或生物泵吸收、清除大气中的CO_2,并将其固定在植被、深海和土壤中,从而降低大气中温室气体浓度的过程和活动。根据载体和种类的不同,可以将碳汇分为陆地生态系统及海洋生态系统碳汇,分别称为"绿碳"和"蓝碳"。生态碳汇强化是通过有效发挥陆地、海洋的固碳作用,提升生态系统碳汇增量。生态碳汇强化措施包括生态修复增汇、土壤增汇,以及化肥、农药强化种植业碳汇(图5-16)。

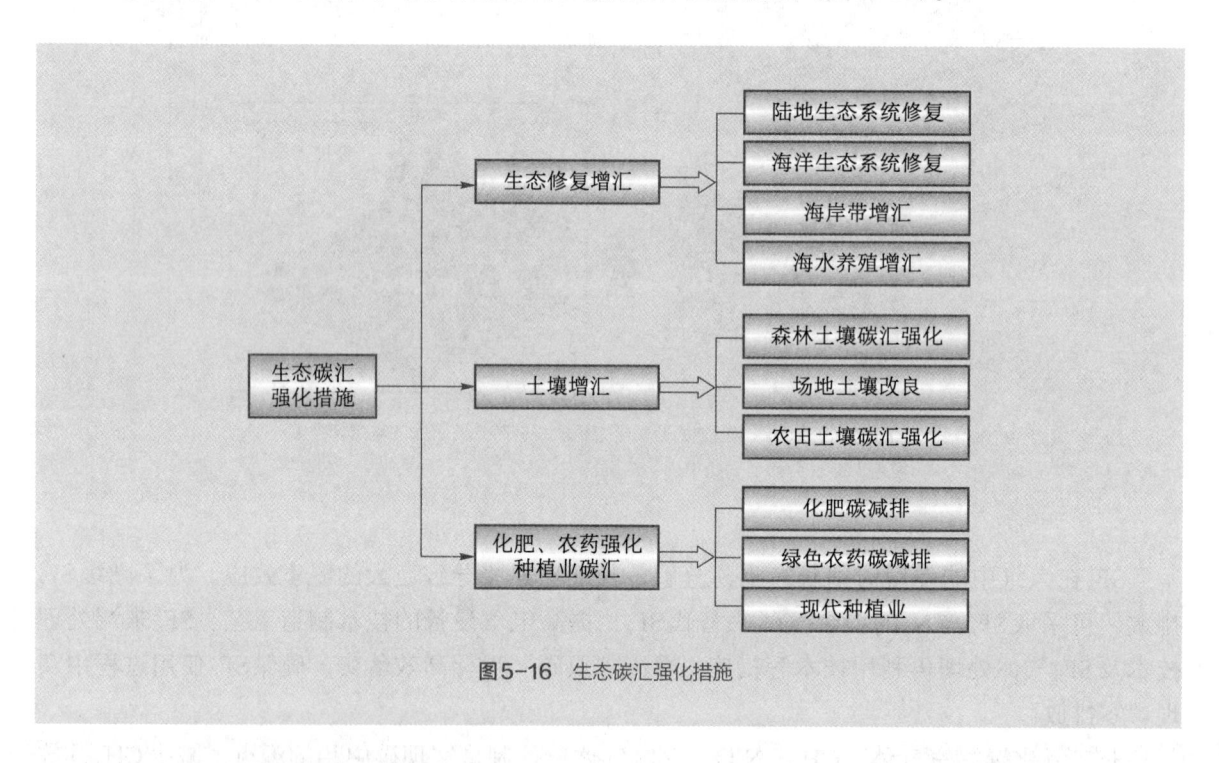

图5-16 生态碳汇强化措施

一、生态修复增汇

生态修复增汇是协助已遭受退化、损伤或破坏的生态系统恢复的过程,对受损伤的生态系统进行整体、系统的恢复,从而增加生态系统的碳储量。2016年,国际生态修复学会(Society for Ecology Restoration,SER)发布了《生态修复实践国际标准》。随后,我国制定了《山水林田湖草生态保护修复工程指南(试行)》。生态修复工程包括了陆地生态系统修复、海洋生态系统修复、海岸带增汇和海水养殖增汇。

(一) 陆地生态系统修复

陆地生态系统碳汇主要通过陆地高等植物的光合作用，吸收、转化并固定CO_2到植物生物体和土壤中。此外，陆地生态固碳还可以涵养水源、保持水土等，具有多种生态效益。我国陆地生态系统占全球陆地面积的6.4%，是全球陆地碳汇的重点区域。陆地生态系统修复主要通过以下措施实现：

1. 生态工程

生态工程（如植树造林、退耕还林、天然林保护）在增加我国陆地生态系统碳汇中起了很大的作用。目前，我国人工林面积约8 000万hm^2，居于全球首位。

植树造林是增加陆地生态系统碳汇的重要手段。国家发展和改革委员会明确提出了以青藏高原生态屏障区、黄河重点生态区（含黄土高原生态屏障）、长江重点生态区（含川滇生态屏障）、东北森林带、北方防沙带、南方丘陵山地带、海岸带等"三区四带"为核心的全国重要生态系统保护和修复重大工程总体布局。2021年，国家林业和草原局和国家统计局联合发布了中国森林资源核算结果，结果显示，中国是目前世界上人工林面积最大的国家，全球新增的人工林中有1/4来自中国。

2. 森林管理

森林管理可以通过调整林分结构、适当采伐、防火和病虫害的防治等方面改变森林树种组成、调节结构与功能、减少森林退化，进而提高森林碳汇能力。

（1）调整林分结构，提高森林质量。可通过林下合理抚育、合理采伐措施把林分结构调整到合理程度，提高树木的生物量，从而增加碳汇能力。

（2）适当采伐，促进树木的生长与发育。随着整体林龄的增加，成熟林和老龄林比例上升，森林生态系统趋于平衡，碳汇能力也将逐步降低。

（3）森林防火和病虫害的防治。森林火灾不仅减少了森林覆盖面积，还会直接通过燃烧的方式增加碳排放。落叶松毛虫等病虫害严重危害树木幼苗生长，严重的可使幼苗致死。做好森林防火、病虫害防治的工作可有效减少这部分的碳排放。

3. 退牧还草

退牧还草指通过围栏封育、补播改良等工程技术，以及禁牧或季节性休牧等管理技术相结合的措施，改善草原生态环境，促进草原生态和畜牧业协调发展。

库布齐沙漠是我国第七大沙漠，位于内蒙古自治区鄂尔多斯市杭锦旗境内，总面积达1.86万km^2。经过30多年的积极治理，库布齐沙漠治理总面积达6 460 km^2，涵养水源240多亿m^3，创造生态财富5 000多亿元。其中1/3的沙漠土地实现了绿化，沙尘天气减少了95%，极大地改善了当地的生态环境及经济条件。2014年，联合国环境规划署将库布齐沙漠生态区评为全球沙漠"生态经济示范区"。

我国在库布齐沙漠的治理过程中充分利用了种质、地形、人力资源，进行植树造林、退牧还草，同时带动发展经济。人们主要采用生物措施与工程措施相结合的方式整体性治理沙漠：① 改人工种植为无人机种植；② 研发1 000多种耐寒、耐旱、耐盐碱的植物种子，如脱毒马铃薯、蒙古荻、中天玫瑰、四合木、半日花等，建成沙生灌木及珍稀濒危植物种质资源库，并对优质的种质资源进行应用和推广，这些植物可在温室里快速繁殖，随后应用到生态修复中；③ 风向数据植树法，应用大数据预测风沙运动规律，借助风力和迎风坡植被覆盖，实现削峰填谷，同时设立风蚀桩，长期监测年风蚀量等数据，为沙漠治理提供数据；④ 采用甘草平移技术，将秋天的甘草平放或者斜放种植，提高治理面积及治理效率；⑤ 采用微创气流植树法（图5-17），以常压水为动力冲出1 m深的孔洞，将苗条插入、挖坑、栽树、浇水一次性完成，整个过程仅需10 s，成活率达90%以上；⑥ 引入企业，机械化治沙，形成生态修复－牧业－健康－旅游－工业等产业综合体，实现增收、固沙、固碳。

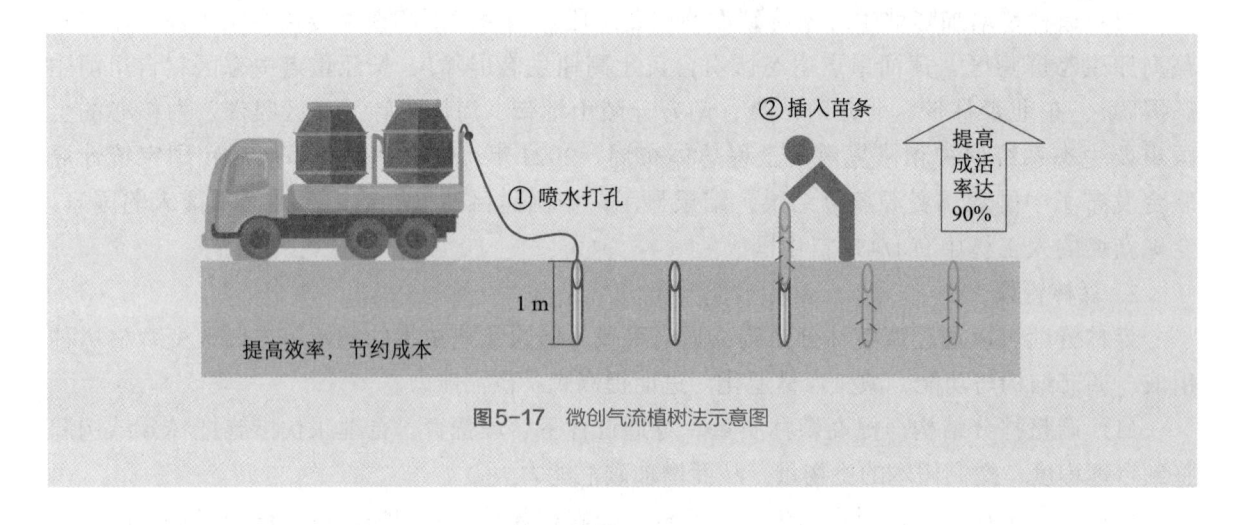

图5-17 微创气流植树法示意图

我国陆地生态系统是重要的碳汇。强化国土空间规划和用途管控，实施自然保护工程与生态修复工程，强化陆地碳汇是重要的减排手段。通过强化我国陆地生态系统碳汇，可抵消工业碳排放的7%~15%。

(二) 海洋生态系统修复

海洋生态系统碳汇是利用海洋活动及海洋生物吸收大气中的CO_2，并将其固定、储存在海洋中的过程和活动，这些海洋生物包括海藻、浮游生物、红树林、盐沼植物、细菌等。海洋碳汇机制主要是通过物理溶解碳泵（大气CO_2溶解到海水中）、生物碳泵（海洋植物通过光合作用吸收和转化CO_2并积累），以及海洋碳酸盐泵（贝类、珊瑚礁等海洋生物对碳的吸收、转化和释放）来固碳（图5-18）。

海洋是地球上最大的活跃碳库，其碳容量约是陆地碳库的20倍，是大气碳库的50倍。海洋的固碳能力约为4 000万亿t，年新增储存能力一般为5亿~6亿t。海洋植物每年可从大气中吸收20亿t二氧化碳。通过海洋捕获的碳可以储存上千年，其稳定性远远高于陆地碳汇（几十年或几百年），在气候变化中发挥着不可替代的作用。

实现海洋生态系统增汇的路径主要有以下几种：① 陆海统筹减排增汇。维持适量的营

图5-18 海洋碳汇机制

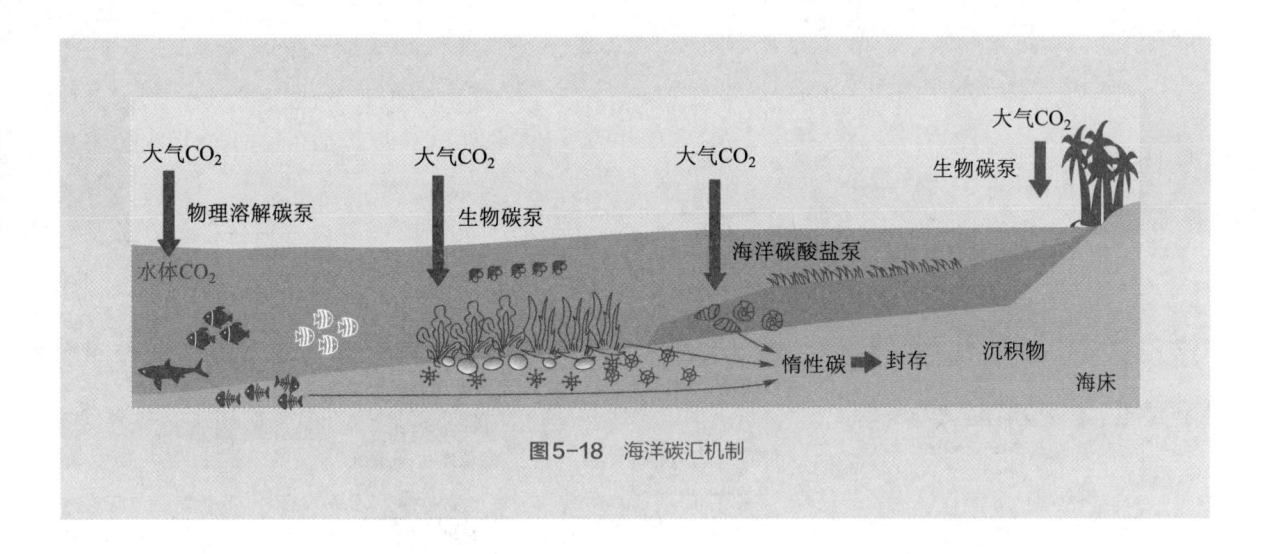

养输入,使得微型生物碳泵和生物碳泵的协同效应最大化,才能实现可持续发展。② 海水养殖区增汇。通过无机、有机、生物、非生物的综合储碳方式,可以实现海洋大规模储碳,将一个污染区变成增汇场,既修复了环境,又增加了碳汇。③ 综合储碳生态示范工程。实施陆海统筹、减排增汇、量化生态补偿机制,实施海洋负排放国际大计划,推动建立海洋增汇国际标准。

包含浮游生物、细菌、海藻等的海洋生态系统在碳减排方面发挥着重要作用。其中,占海洋生物量90%以上的微型生物因其在海洋物质循环、能量流动、生态平衡、海底沉积成岩过程中发挥着重要的作用,其固碳储碳能力更加突出。因此,积极发挥浮游生物、细菌、海藻等的碳汇能力,具有重要意义。

(三) 海岸带增汇

海岸带碳库主要是红树林、海草床、盐沼湿地等海岸植物固定的碳和储存在沉积物(或土壤)的碳(图5-19)。海岸植物的生长面积仅占全球海洋面积的0.2%,生物量占陆地植物生物量的0.05%。尽管海岸带生态系统的覆盖范围及生物量占比很小,但其单位面积固碳能力是陆地生态系统的10倍以上,其捕获碳的能力可高达海洋固碳能力的71%,固碳速率是海洋的50倍,是地球上最密集的碳储存器。缺氧环境不利于有机质的分解,这是海岸带生态系统固碳能力较高的主要原因。

近年来,由于滩涂围垦、资源过度利用、水体污染等因素,海岸带生态系统退化,面积减小。需要对现有海岸带生态系统分布区域进行保护和管理,对受损区域进行最大程度的恢复,从而提升海岸带生态系统的潜力。海岸带增汇措施主要有:

1. 红树林增汇

通过人工造林、建立自然保护区、开展生态工程等措施来恢复红树林的生态功能,增加其碳汇能力。人工造林分为胚轴造林、容器苗造林、天然苗造林,其中,容器苗造林幼苗的

图5-19 海岸带碳汇过程

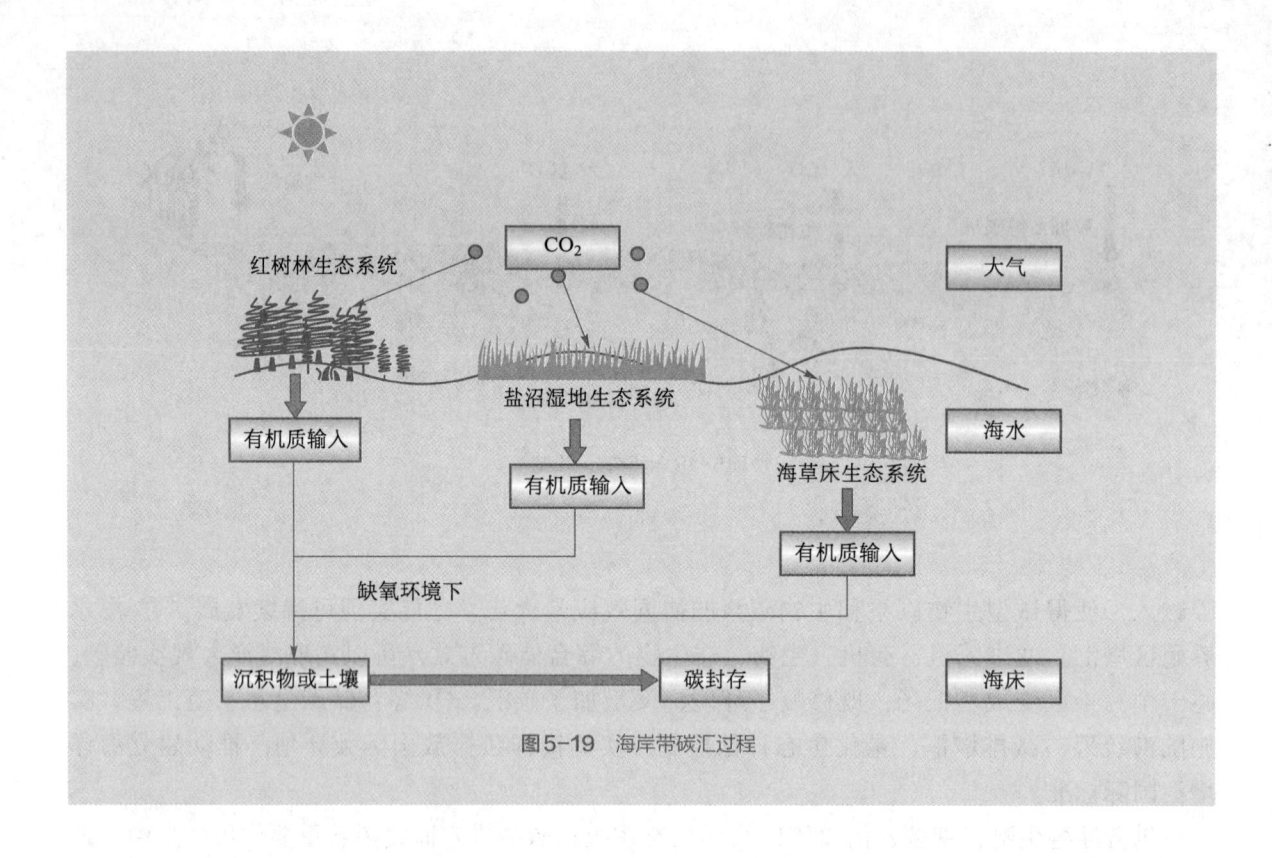

各种生长指标较优，因此被广泛使用。

我国建立了多个自然保护区，也开展了一定的生态工程来恢复红树林的生态功能。我国主要用于保护红树林的湿地面积共计2万hm²。我国提出在"十三五"时期实施"南红北柳"生态工程，计划新增红树林2 500 hm²。我国红树林生态恢复主要以人工造林为主。据估算，我国新增加的红树林可实现新增碳汇量达1.5万t二氧化碳。

2. 盐沼湿地增汇

可通过水盐和养分调控、固碳植物筛选等人工措施，也可通过重建高生物量、高碳汇型水生生物群落、改善湿地土壤及水体环境等措施来强化盐沼湿地生态系统的固碳作用。

黄河三角洲滨海盐渍区芦苇湿地恢复工程属于典型的滨海盐沼湿地恢复案例。首先，引黄河水恢复地表径流，恢复水文条件，促进排盐。其次，整平并改造微地形，增加蓄水量，促进水生动物种群的恢复。最后，利用芦苇无性繁殖的根状茎，再辅以人工培植技术，恢复植被。

3. 海草床增汇

海草床的增汇措施主要有自然生态恢复和人工恢复两种（表5-1）。自然生态恢复是通过保护、改善或者模拟生境，借助海草的自然繁殖，来达到逐步恢复的目的，具有周期长、成本低的特点。人工恢复包括种子法和移植法。种子法是利用海草的有性繁殖方式实现受损海草床的修复，播种成本低、劳动力需求少，是海草床修复的首选；移植法则是利用海草床的无性繁殖进行恢复的措施,具有见效快、投资大的特点。

表5-1 海草床增汇措施

技术名称		原理	特点
自然生态恢复		海草自然繁殖	周期长、成本低
人工恢复	种子法	海草有性繁殖	播种成本低、劳动力需求少
	移植法	海草无性繁殖	见效快、投资大

我国在海岸带湿地建立了4个海草床保护区:近岸地区2个(广东湛江雷州海草保护区和海南陵水新村港与黎安港海草特别保护区)、国际示范区1个(广西合浦海草国际示范区)、种质资源保护区1个(山东荣成市楮岛藻类种质资源保护区)。这些保护区主要采用禁止围填海和围海养殖、禁止矿产资源开发、禁止设置排污口、限制贝类采挖活动等方式,来保护现有海草资源及其生态系统,并加强对受损海草床生态系统的修复。

海岸带红树林、盐沼湿地和海草床等海岸带湿地具有较强的固碳效益,是地球上最密集的碳储存器。我国有长约18 000 km的大陆海岸线和长约14 000 km的岛屿海岸线,广阔的海域使得我国拥有大量的红树林、盐沼湿地、海草床等海岸带湿地生态系统,这意味着我国拥有较大的海洋碳汇潜力。若增强海洋碳汇能力,则可促进实现碳中和。

(四)海水养殖增汇

碳汇渔业是渔业生产活动促进水生生物吸收水体中的CO_2,并通过收获把这些已经转化为生物产品的碳移出水体的过程和机制(图5-20)。我国最先提出"碳汇渔业"这一概念。

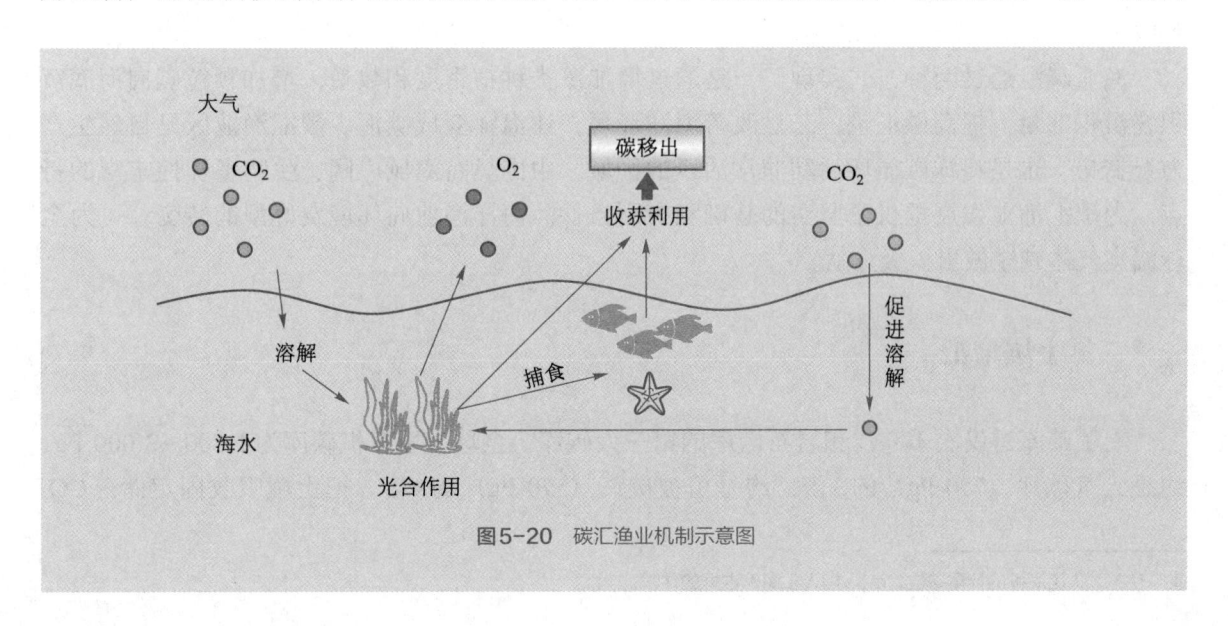

图5-20 碳汇渔业机制示意图

藻类的光合作用、贝类的滤食行为，以及鱼类、甲壳类等生长所固定的碳直接或间接促进了大气中CO_2向水体中的传输过程，降低了大气中的CO_2浓度，并通过水产品的采捕完成碳移出。

碳汇渔业包括藻类养殖、贝类养殖、滤食性鱼类养殖、增殖渔业、海洋牧场及捕捞渔业等生产活动。我国是世界第一渔业大国，养殖贝类占我国海水养殖产量70%以上，大型海藻的养殖产量、面积一直稳居世界首位。养殖贝类、藻类储碳周期长，特别是贝类固碳时间可达数千年之久。在净化海洋养殖环境，提高养殖效率的同时，增强生物碳汇功能，可实现对海洋空间资源的立体开发。据估计，我国海水贝、藻类养殖对CO_2减排的贡献相当于每年新增造林面积70多万km^2。

可以通过科学地增殖渔业种类、调控生物群落结构、优化生态系统功能来实现渔业碳汇能力的提升。充分利用水域上、中、低层空间，调整生态养殖模式，以达到净化水体、固碳的功能。例如，稻鱼综合种养、鱼菜共生、多营养层次立体养殖、多级人工湿地养殖等生态养殖模式。

生态养殖模式通过建立一个完整的生态循环系统，从而实现系统内生物的共生，确保内部资源的有效循环。因此，生态养殖体系具有低排放、高碳汇、高效率等优点。其系统内的有机质和营养盐被充分利用，并转化为鱼、稻、菜等产品，通过收获这些产品既可获得经济效益，也能修复水体环境，进一步强化渔业碳汇。

桑沟湾海域国家级海洋牧场示范区位于山东半岛最东端荣成市桑沟湾南部海域，是海洋生物十分喜欢的索饵场和繁育场。近年来，该示范区重点开展以海水养殖、休闲观光为特色的海洋牧场建设。除了海水养殖的不断升级，在生态修复上，该示范区投放生态型人工海礁5 000空方[①]，更换生态浮漂9万个，放养许氏平鲉、黑鲷、牙鲆等鱼苗600余万尾，贝类50余万粒，海域生态环境得到持续改善。这些措施可以建立较好的生态循环系统，提高海水养殖的多样性和产量。通过捕捞海洋中的过量生物，降低海洋中的CO_2浓度，促进海洋对CO_2的吸收。

渔业碳汇通过两种方式实现：一是通过增加藻类种植密度和数量，增加颗粒碳向海底沉积物沉积的量，提高碳汇量；二是改善海洋环境，让海洋变成碳汇。碳汇渔业区是自然生产力最密集、也是海洋碳循环活动非常活跃的区域。中国具有海域广阔、生物多样性丰富的特点，为碳汇渔业发展提供了坚实的基础和有利条件。海洋渔业向环境友好型的转变，可为全球温室气体减排做出积极贡献。

二、土壤增汇

土壤碳库是仅次于海洋和岩石碳库的第三大碳库。全球土壤有机碳库为1 500~2 000 Pg，约是大气碳库（750 Pg）的3倍，约是植被碳库（570 Pg）的4倍。把土壤吸收固定储存CO_2

---

① 空方：人工海礁的计量单位，m^3。指人工海礁占据的体积。

的过程、活动和机制,称为土壤碳汇。土壤碳汇包含有机碳汇和无机碳汇,前者是植物有机质被分解转化为土壤有机碳并储存起来;后者是大气CO_2转化形成土壤中的原生矿物或次生矿物,以无机物的形式储存起来(图5-21)。在土壤碳库中,60%的碳以有机质的形式存在于土壤之中。全球土壤有机碳的封存潜力为每年23亿~55亿t当量CO_2。本节主要介绍森林土壤碳汇强化、场地土壤改良、农田土壤碳汇强化三方面内容。

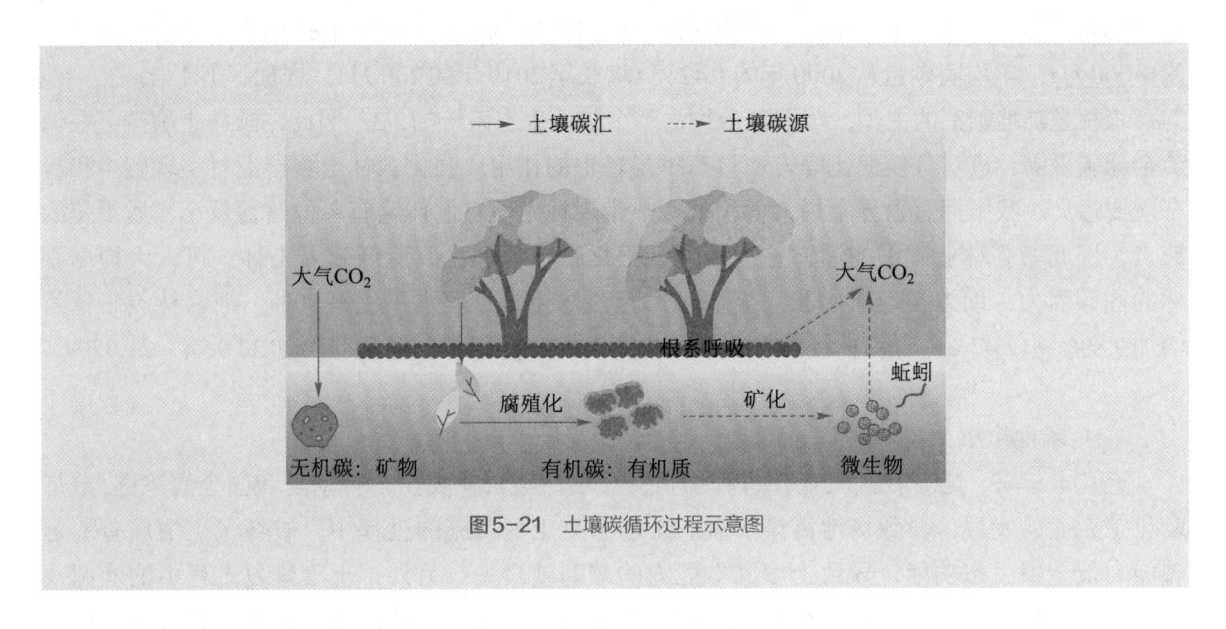

图5-21 土壤碳循环过程示意图

(一)森林土壤碳汇强化

森林是陆地生态系统中重要的碳库,其面积约占陆地面积的1/3,对全球碳收支有着重要影响。其中,森林土壤碳库约占全球土壤有机碳库的70%,是森林生物量碳库的2~3倍,是重要的碳汇载体。森林土壤碳变化过程主要是有机碳积累、矿化过程的动态平衡,主要取决于土壤碳的输入量和输出量。其中,土壤呼吸是土壤碳的主要输出途径,因土壤呼吸引起的CO_2排放量占大气碳库的10%。

影响森林土壤呼吸的主要因素是土壤温度、水分。一般而言,土壤呼吸速率在夏季的时候最高,在冬季的时候最低。当土壤含水量≈土壤田间持水量时,土壤通透性好,氧气充足,土壤呼吸速率加快。因此,可通过调节土壤水分及温度来抑制土壤呼吸,降低有机质的分解,从而增加土壤固碳能力。

退耕还林被认为是增加森林土壤有机碳储量的有效方式。退耕还林后,在植被恢复过程中,随着植被覆盖度的提高,向土壤输入的碳素增加,从而提高土壤的储碳量。另外,植被恢复可以促进土壤团聚体的形成,从而进一步提升土壤质量,增加土壤对碳的固持能力。

我国是目前世界上植树造林面积最大的国家,但是中国的森林覆盖率仍然远低于世界平均水平,特别是西北地区的森林覆盖率更低。采取植树造林可提高中国特别是西北地区的森林覆盖率,从而改善生态环境,增加森林碳汇,同时创造一定的经济效益。

森林采伐作为最重要的经营措施及干扰程度最大的人为活动之一，可通过改变植被组成、林内光照、土壤温湿度等改造低效人工林，降低土壤CO_2排放。

新疆积极推进退耕还林，共完成退耕还林工程面积一百多万km^2，增加了森林覆盖率，提高了生态系统质量和稳定性，增加了碳储量。此外，新疆还建成100万km^2环塔里木沙漠林果带，实现了林果业的产业化发展，改善了传统林业经营管理方式，带动经济发展，提升了森林生态系统固碳潜力。据统计，新疆退耕还林工程区碳储量从1999年的12万t增长至2019年的6 000万t，年均固碳量从2000年的1.42万t增长至2019年的200万t，增加了141倍。

森林是陆地碳汇的主体，年固碳量约占整个陆地生态系统的2/3，因此，森林土壤碳汇在调节全球碳平衡、应对气候变化等方面具有举足轻重的作用。强化森林土壤碳汇对实现碳中和具有重要意义。我国拥有世界上最大面积的亚热带森林，但它们普遍有单位储蓄量小、质量差的缺点，因此增强林业碳汇的潜力空间巨大。强化森林管理、改造低效人工林，可大大提高森林的固碳潜力，助力实现碳中和。据估算，若森林经营管理水平提高10%，则森林碳储量将增加9.89%~12.47%；若森林经营管理水平提高20%，则森林碳储量将增加20.96%~21.07%。

（二）场地土壤改良

近几十年来，随着我国工业化进程加快，土壤污染日益突出，特别是我国金属采选/冶炼及化工企业的发展，导致场地污染严重。土壤修复工程实施的过程中，破坏了土壤原有的容碳能力及土壤生态功能，导致土壤固碳能力的减弱或丧失。另外，土壤修复工程中的能源及物资消耗，也导致土壤修复工程实施过程中温室气体排放。因此，减少场地土壤改良过程中温室气体排放，对实现土壤增汇具有重要意义。

目前，场地土壤改良技术主要有：物理修复技术、化学修复技术和生物修复技术。物理与化学修复技术（如热脱附技术、气相抽提技术、固化/稳定化技术、化学淋洗技术、化学氧化/还原技术、水泥窑协同处置技术）对土壤造成的扰动较大，严重影响土壤固碳能力，且电、热及化学剂等的使用还会导致土壤修复过程中排放大量的碳。

生物修复技术包括植物修复技术、动物修复技术、微生物修复技术三大类。较常用的是植物修复技术，按其作用过程和机理可以分为：植物挥发、植物降解、植物固定、植物提取、植物刺激（图5-22）。因植物本身可以固碳养地，可中和土壤修复过程中引起的碳排放，使得其修复过程中的碳排放量较物理及化学修复技术低得多。据估算，植物修复技术修复每吨土壤排放CO_2量一般为-10~30 kg。

采用物理和化学方法修复重金属污染土壤，难以大规模地处理污染土壤，且会导致土壤结构破坏、生物活性下降和土壤肥力退化，具有一定的局限性。生物修复是一项低碳、生态环保的修复技术，具有良好的社会、生态综合效益，并且易被大众接受，具有广阔的应用前景。强化植物修复技术的核心是筛选、改造生物量大、生长快速的植物。此外，可以联合物理与化学修复技术进行综合性修复，如纳米技术、含铁等固定材料的添加，对土壤修复过程中碳减排具有积极作用。

图 5-22　植物修复技术原理

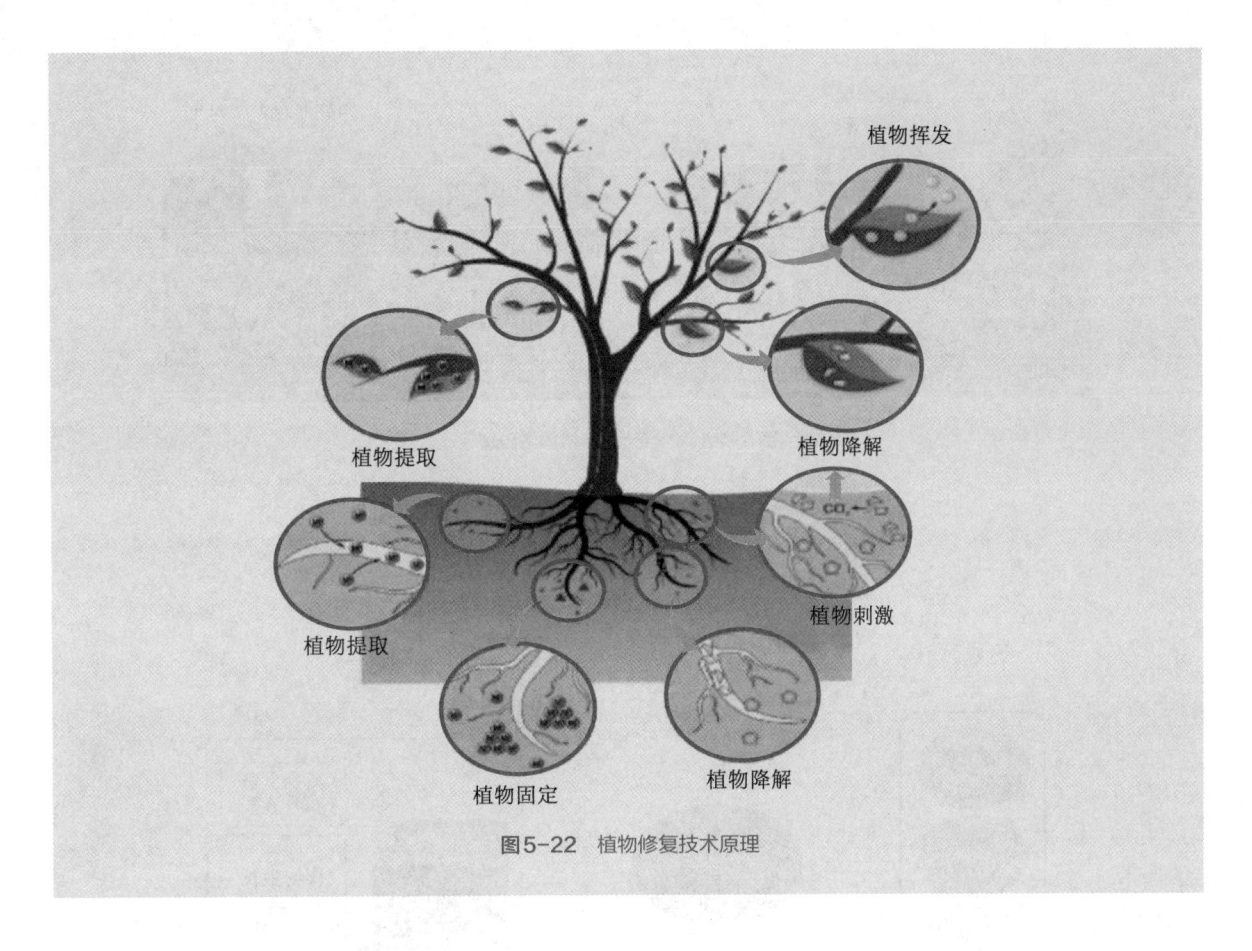

（三）农田土壤碳汇强化

全球农业排放的二氧化碳占人为温室气体排放总量的21%~25%，是温室气体重要排放源之一。农田生态系统是受人为扰动影响最大的陆地生态系统。土壤有机碳的大量流失造成了土壤退化和农业可持续性的下降。土壤有机质的含量高低不仅影响植物固碳能力，还影响土壤固碳能力。农田土壤有机质含量若低于2%则会降低土壤结构稳定性，影响作物的产量。我国有超过80%的耕地土壤有机质低于该水平。因此，提高农田土壤有机质含量对于我国碳减排及粮食安全均具有重大的现实意义。

采用合适的农田管理方式增加农田土壤有机质积累速率，是增强农业土壤碳汇能力的重要任务。据IPCC估算，若在世界范围内通过适当的农业管理措施，则每年能使土壤碳库的C提高0.4~0.9 Pg。目前，可增加土壤有机质含量的原理主要分为两大类（图5-23）：一是通过直接增加有机物的输入来提高土壤碳储量，同时增加植物碳储量；二是减少土壤干扰，以降低土壤碳的分解速率。具体措施如下：

1. 生物炭还田

生物炭（biochar）是农林废物等有机质在缺氧或限氧的条件下热解炭化而成的，具有较大孔隙度、比表面积、高度稳定性的含碳有机物。图5-24为生物炭还田示意图。生物炭施用

图5-23 增加土壤有机质的原理

图5-24 生物炭还田示意图

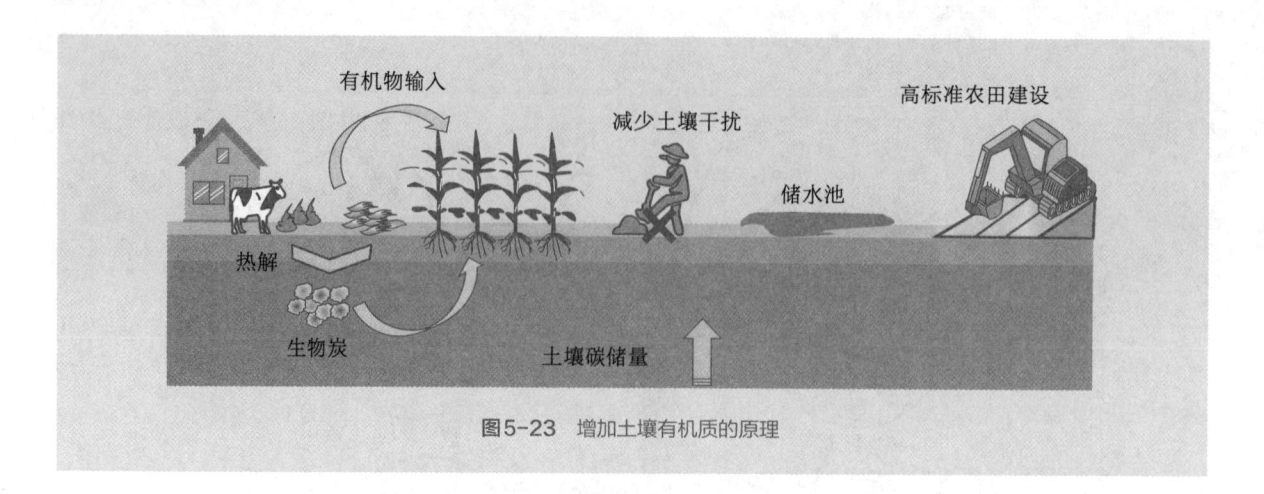

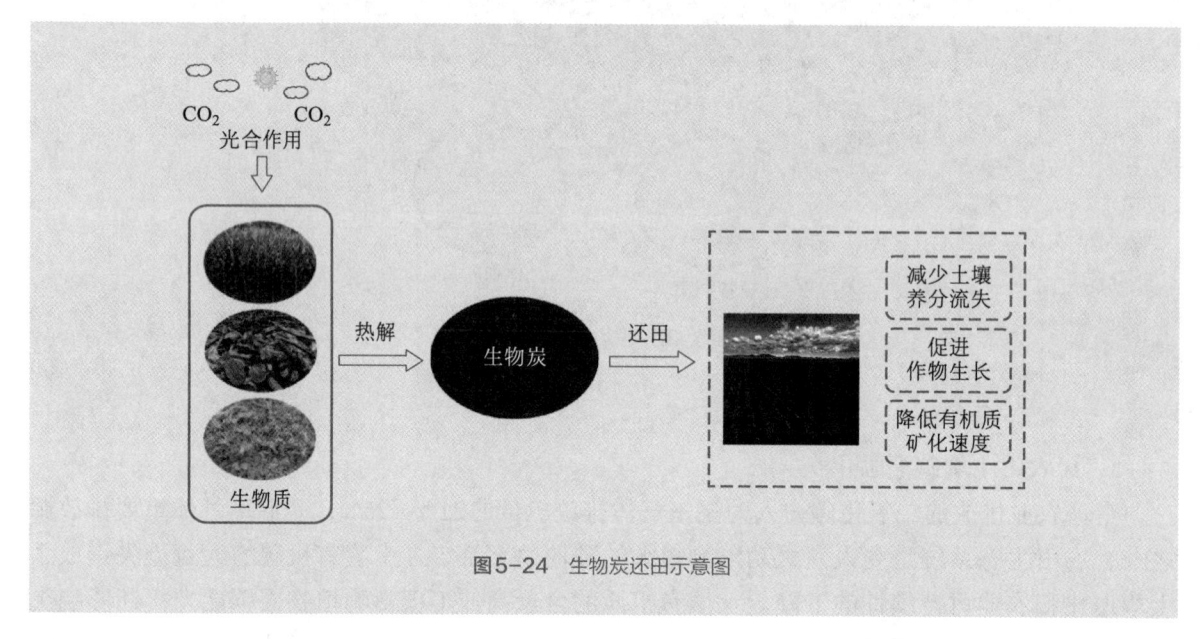

可以：① 减少土壤养分流失，促进团聚体形成，增加固碳能力；② 提供养分，促进作物生长，增加植物碳储量；③ 增加对土壤有机质的包裹能力，降低有机质矿化速度。

2. 秸秆还田

秸秆还田是把作物秸秆直接或间接返还土壤的过程，是化肥减施增效的重要途径之一。秸秆还田可以通过调节表层土壤孔隙度，对表层土壤起到疏松作用，提高地表土壤的入渗能力，减少地表径流，从而增加碳汇。秸秆覆盖还可以降低土壤温度，从而抑制土壤有机质降解过程。

据估算，在我国全面推广秸秆还田的情况下，土壤固碳潜力可达42.23 Tg(C)/a，而由秸秆还田导致的N_2O排放量为6.46 Tg(C)/a，在秸秆还田过程中农业机械燃料额外消耗导致的温室气体排放量为1.33 Tg(C)/a，因此，秸秆还田净减排潜力为34.44 Tg(C)/a，表现为碳汇。

秸秆还田能够增加碳的吸收及固存，又能减少土壤 CH_4 排放，可实现固碳减排和保障粮食安全的双赢。

3. 施用有机肥

有机肥施用可以：① 促进稳定性团粒结构的形成，增强土壤固碳能力；② 替代部分或全部化肥，降低因化肥施用引起的碳排放。当有机肥完全替代化肥时，土壤固碳能力会大大增加。据估算，我国农田土壤施用有机肥后的土壤固碳潜力为 41.38 Tg(CO_{2-eq})/a。

4. 保护性耕作

可采用保护性耕作（免耕、少耕、深耕等）避免人为干扰对土壤有机碳的分解损失，降低对土壤的侵蚀作用，提高土壤水分利用率，增加土壤生物及微生物量。通过保护性耕作，60%~70%的损失碳可被土壤重新固定。据估算，与传统翻耕方式相比，保护性耕作方式可减少碳排放约 7 kg(CO_{2-eq}) · hm^{-2} · a^{-1}，而免耕方式减少燃料温室气体排放约 49 kg(CO_{2-eq}) · hm^{-2} · a^{-1}。

黑土是一种黑色或暗色的含有较多腐殖质的土壤，具有性状好、肥力高的特点。黑土也是重要的碳库，黑土的有机碳含量达到 50~80 g/kg。北半球具有三块大片典型黑土区，即欧洲的乌克兰平原、美国的密西西比平原及中国的东北平原。我国东北平原黑土地总面积为 109 万 km^2，其中典型黑土耕地面积为 18.53 km^2。然而，近年来高强度的开发利用，导致与开垦前相比，黑土耕地有机碳含量下降了 50%~60%，潜在生产力降低了 20%。保护东北平原黑土地以保护性耕作方式为主，秸秆覆盖、秸秆还田、有机肥还田、科学灌溉节水节肥等措施并举，增加固碳能力。

黑龙江采用玉米秸秆和有机肥连续深耕还田、玉米秸秆粉碎还田、秸秆覆盖的模式改良土壤，分别提高土壤有机碳含量 12%~16%、7%、4%，并分别增加示范面积约 150 万 km^2、2 万 km^2、100 万 km^2，恢复了黑土地土壤有机碳含量水平。

5. 水土保持措施

水土保持措施是为防治水土流失，保护、改良和合理利用水土资源而实施的各项技术措施。多种措施如垄作措施、坡耕地改梯田等，均能在坡耕地的治理中取得较好的蓄水保土效益，也是实现农业可持续发展的重要途径。

截至 2022 年年底，全国累计完成 10 亿亩（即 0.67 亿 hm^2，1 亩 = 0.066 7 hm^2）高标准农田建设任务。高标准农田建设通过修建机耕道、输水渠和排水沟、实施节水灌溉、保护农田生态环境、实施耕地土壤改良等措施，提升和保障农田产能与农作物产品质量，夯实了农业生产的物质基础，进而提升了土壤、植物的固碳能力，增加了农田系统的固碳潜力。

耕地占地球陆地总面积的 1/3，农田土壤碳库受人为活动的影响最大，且在较短的时间尺度上可以调节，因此强化农田土壤碳汇潜力可在短时间内助力碳减排。据 IPCC 估算，合理的农业管理措施能使全球土壤碳库提高 0.4~0.9 Pg(C)/a，如果这种管理持续 50 年，那么全球土壤碳库累计增加 24~43 Pg(C)。我国有 20.23 亿亩耕地，全国耕地土壤有机碳库比较贫乏，低于世界平均值的 30% 以上，低于欧洲 50% 以上。因此，我国农田土壤固碳潜力巨大，一般为 2 200 万~3 700 万 t(C)。实施有效的农田管理措施（如施用有机肥、秸秆还田、保护性耕作方式等）对土壤固碳的贡献率一般为30%~36%，相当于抵消工业温室气体排放量的3.4%~19%。土壤有机碳含量是土壤碳储量的标志，也是土壤肥力的核心，提高农田土壤固碳潜力对于实现农业可持续发展及碳中和均具有重大意义。

三、化肥、农药强化种植业碳汇

在农业生产过程中，化肥及农药的过量施用不仅会导致其利用率降低、资源浪费，还会引起温室气体排放。种植行业兼具碳汇及碳源的双重属性，可以通过一系列有效措施减弱系统碳排放强度，增加碳汇能力。这些减碳途径包括：① 降低农业生产中物资（如化肥、农药）的投入；② 采用绿色生产方式代替传统生产方式。

（一）化肥碳减排

在农业生产过程中，化肥减量化、缓释化肥代替速效化肥、有机肥代替化肥、改进施用措施和使用土壤添加剂等措施可以有效减少农业源温室气体排放。

1. 化肥减量化

减少化肥使用量可提高氮肥利用效率，减少农田N_2O排放。我国农业化肥利用率仅为33%左右，远低于欧美发达国家的平均水平（50%~65%）。较低的化肥利用率进一步加剧了地下水硝酸盐含量超标、地表水污染、土壤酸化、温室气体排放等问题。提高化肥利用率是化肥减量化的重点（图5-25）。

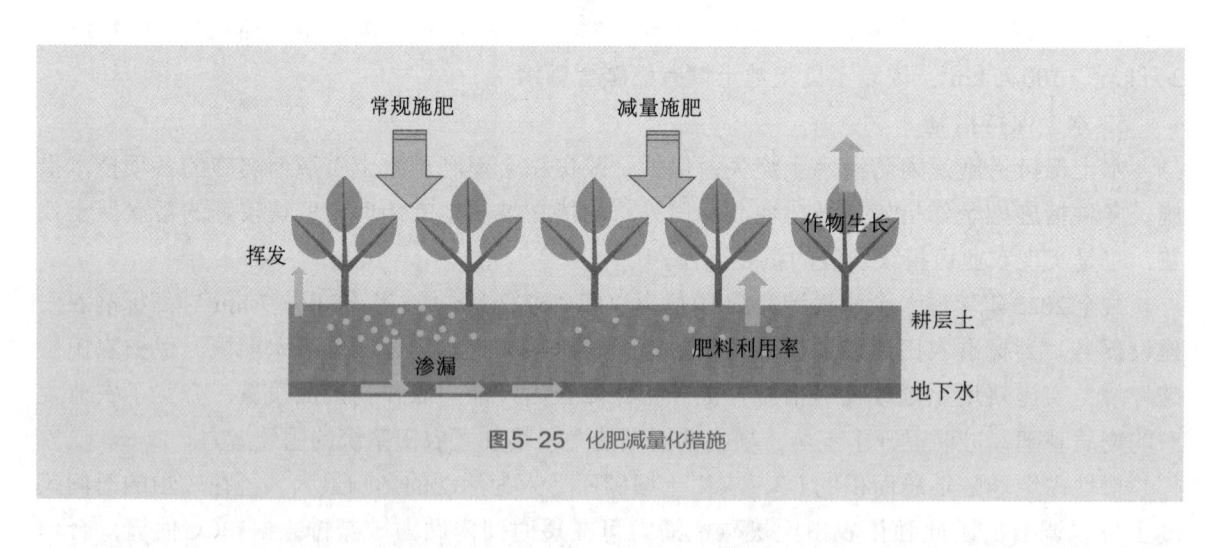

图5-25 化肥减量化措施

在内蒙古，助农机构和农村信用社开展了化肥减量化工作，根据土壤的实际情况为农户科学配置化肥施用方案，化肥施用量较之前降低了60~75 kg/hm³，用肥量下降9%，而化肥利用率则提高了12%~20%，作物的产量较之前增加15%~20%。

2. 缓释化肥代替速效化肥

选择适宜的氮肥品种是降低农田N_2O排放的关键手段之一。将速效化肥进行物理改型（包膜、涂层）和化学改性（添加脲酶抑制剂、硝化抑制剂）后成为缓释化肥或长效肥料，并代替速效化肥（如碳酸氢铵、尿素）施用，可以降低农田N_2O排放。与普通碳酸氢铵、尿素相比，施用缓释碳酸氢铵及缓释尿素可有效减少N_2O排放量达74%、62%。

3. 有机肥代替氮肥

相比于施用氮肥，有机肥代替部分氮肥既可增加土壤有机碳库，提高氮肥利用率，降低碳排放，又可以通过减少氮肥输入降低农田土壤N_2O排放总量。

4. 改进施用措施和使用土壤添加剂

改表施为深施、有机肥和无机肥混施等可提高氮肥利用率，减少N_2O排放。土壤添加剂的使用对N_2O减排有积极作用，如脲酶抑制剂、硝化抑制剂的施用可以有效缓解尿素分解及硝化过程引起的N_2O排放。

化肥是我国农业碳排放的最大碳源，化肥生产使用引起的碳排放量占农业碳排放量年平均值的60%左右，每千克氮肥的生产运输约产生二氧化碳8 kg。我国耕地占全球总耕地面积的9%，但化肥消耗量约占全球35%，具有较大的减化肥、减排放潜力。

（二）绿色农药碳减排

农药作为防治农作物病虫害、保障国家粮食安全的重要投入品，为我国粮食的增产增收发挥了重要的作用。联合国粮食及农业组织的数据显示，2019年我国单位种植面积的农药使用量（即农药使用强度）为13.07 kg/hm^2（折纯量），远高于亚洲和世界的平均水平（3.68 kg/hm^2、2.69 kg/hm^2）。农药减量使用及提高农药利用率是我国农业绿色发展的重要环节。

农药使用的CO_2减排措施有：① 研发使用绿色、低毒新型农药。发展高效低风险新型化学农药如生物农药并推广，逐步淘汰抗性强、药效差、风险高的老旧农药品种和剂型，降低农药生产过程中的碳排放。② 农药减量化。推广应用机械割草、锄草工具等防除和控制杂草，减少农药的施用量。③ 高效植保机械使用。推进现代高效植保机械精准施药，积极开发和推广应用现代高效植保机械，提高防治效果，减少农药流失和浪费。④ 农药废弃物回收。推进农药包装废弃物资源化利用、农药包装废弃物回收处理工作，制定农药包装废弃物回收和资源化利用规范，逐步建立农药包装废弃物回收处理体系。

我国是农药生产和使用大国。据统计，每年农药原药的消费量为50万t左右，所需的农药包装物高达100亿个（件），其中，被农民随意丢弃的农药包装废弃物超过30亿个（件）。农药包装废弃物在环境中残留时间久，具有较高的危害性，也是少数我国目前未得到有效管理的危险废物。针对这个问题，2020年，我国出台了《农药包装废弃物回收处理管理办法》，并于2020年10月1日起施行。该办法落实了农药包装废弃物回收处理活动及其监督管理，可为有效实现绿色农药碳减排做出积极贡献。

农药是提高粮食单产的最有效手段，其在保障我国粮食安全上发挥了重要的作用。但与发达国家相比，我国农药的施用量偏高。推进绿色、低毒农药研发、化学农药减量与替代、精准施用农药机推广、农药废弃物回收等措施是改善这一状况，推进绿色农业的重要措施，对我国农药行业可持续健康发展及低碳绿色农田生产具有重要意义。

（三）现代种植业

在过去几十年中，农业生产中使用的电力、化石能源、化肥和农药、农膜等的用量逐年增加，导致碳排放量不断增长。我国农业源碳排放在全国温室气体排放总量中大约占17%。然而，我国农业生产效率整体处于低下水平，亟须摒弃传统的高投入、高消耗、粗放式发展方式，实现资源、能源的高效利用，助力粮食增产提质和碳排放降低。

提高生产效率的措施有：① 筛选优质种子。筛选基因更为优良的种子，保证种子具有较高的抗旱、耐寒、抗虫害能力，可以从根本上提高作物产量和品质，减少生产过程中的碳排放。② 种植业机械化与数字化。实行精准播种、施肥、施药、收获，提高物资利用率，并实现机械化，降低物力及人力的投入，提升生产效率。

农业生产的机械化、数字化是农业现代化发展的核心内容。充分收集生产、储存、运输、销售等阶段的数据，并通过大数据、云计算分析进行合理的研判，为农业生产、销售环节提供服务。具体包括（图5-26）：

（1）在种子精选环节，采用自动化技术对种子进行紫外杀菌及拌种处理，有效提高种子

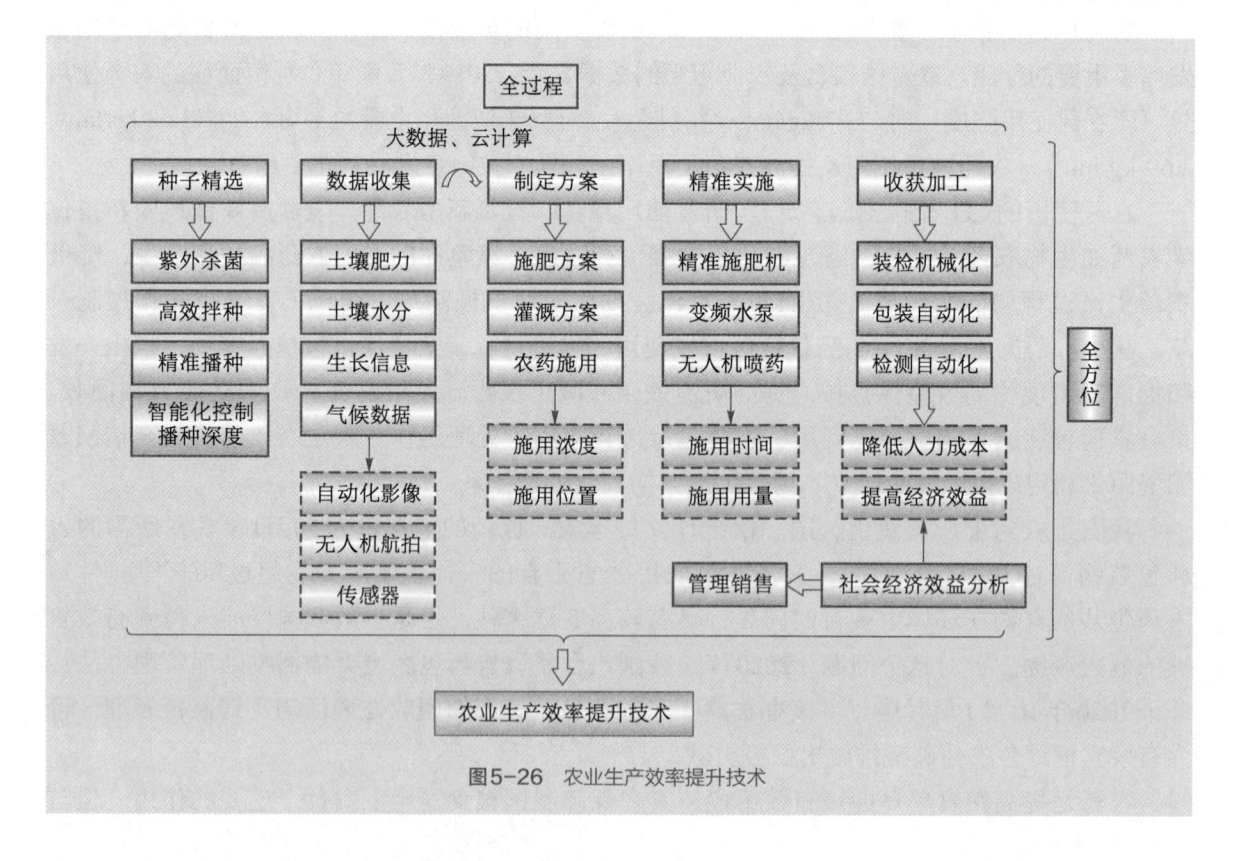

图5-26 农业生产效率提升技术

发芽率。采用精量播种机进行播种，提高播种的精准性，减少种子浪费，且智能化控制播种深度，实现种子全部出苗。

（2）在田间管理的环节，利用自动化影像、无人机航拍、传感器等技术，实时监测土壤肥力、土壤水分、生长信息（植株颜色、株高等）、气象数据，引入云计算、大数据、人工智能等技术进行运算，动态化分析相关数据信息，从而制定合理的施肥、灌溉和农药施用方案，优化栽培技术及管理措施。同时采用精准施肥机器、变频水泵、无人机喷药等技术，进行机械化精准操作，减少化肥、农药浪费。

（3）在收获阶段，利用全球导航卫星系统技术自动监测机械位置，进行高效收割。秸秆还田机的推广使用能有效提升我国秸秆还田的机械化水平。

（4）在加工环节，利用农产品装检机械化、农产品包装自动化、质量检测自动化技术，提高包装品质及速率。同时还可以进行数据运算，优化农业生产中的劳动力结构，减少劳动力的浪费。

（5）在销售环节，采取网络化经营，推进农业市场化。建设大数据，协调各类数据，完成农产品种植监管及农资市场监管。

我国政府非常重视农业生产的现代化及数字化。2020年，农业农村部、中央网络安全和信息化委员会办公室印发的《数字农业农村发展规划（2019—2025年）》指出，加快发展数字农情，利用卫星遥感、航空遥感、无人机、自动化影像、地面物联网等手段，动态检测农作物的种植类型、种植面积、土壤墒情、作物长势、灾情虫情、气候状况，及时发布预警信息，提升种植业生产管理信息化水平，对我国农业数字化发展有非常重要的指导作用。其内容主要包含：基于物联网的小气候环境控制与水肥一体化技术、基于区块链的农产品质量溯源系统、基于计算机视觉的智能农机技术和大田"四情"监测系统、虚拟现实农业技术。

目前农业大数据已进入市场化阶段。孟山都公司在2015年推出农业大数据平台Climate Field View，研发内容还包括种子筛选研究、田间肥力管理建议、农作物健康管理等，为美国10万余名农民提供定制专业化建议。

农业灌溉、农业能源利用（柴油、电能）、农业投入品生产使用（种子、化肥、农药等）等农田管理策略调整受地形与耕作条件、耕地集约利用水平、农作物类型、农户知识与技能水平等因素的影响而表现出区域性差异。因此，提升种植业固碳减排能力要同时关注自然因素与经济社会因素。

生态碳汇强化通过有效发挥陆地（森林、草地、农田）、海洋（包括海岸带）的固碳作用，提升生态系统碳汇增量。生态碳汇强化是主要通过植树造林、海洋保育、海岸带整治修复等措施，利用植（生）物光合作用或生物泵吸收清除大气中的CO_2，并将其固定在植被、深海和土壤中，从而降低大气中温室气体浓度的过程、活动。生态碳汇强化的主要措施是：通过生态修复强化陆地、海洋及海岸带的增汇，增加森林土壤、农田土壤、场地土壤的碳汇能力，实行绿色高效种植技术，增加种植业碳汇能力。其中，土壤碳汇的强化是重点内容。生态碳汇强化可有效增加各个生态系统的碳储量，有效助力实现碳中和。

第三节
二氧化碳捕集、利用与封存

CO_2捕集（简称碳捕集）、利用与封存（carbon capture, utilization and storage, CCUS）是指CO_2从工业过程、能源利用或大气中分离出来，加以转化利用或输送到一个封存地点，长期与大气层隔绝的一个过程，是有望实现化石能源大规模低碳利用的技术，是碳中和的托底保障（图5-27）。中国CCUS正处于工业化示范阶段，与世界整体发展水平相当，但部分关键技术落后于世界先进水平，不同地区陆上封存的潜力差异较大，且成本较高，亟须加快发展步伐。本节将重点介绍CO_2捕集、压缩、运输，以及封存、利用和负排放技术。

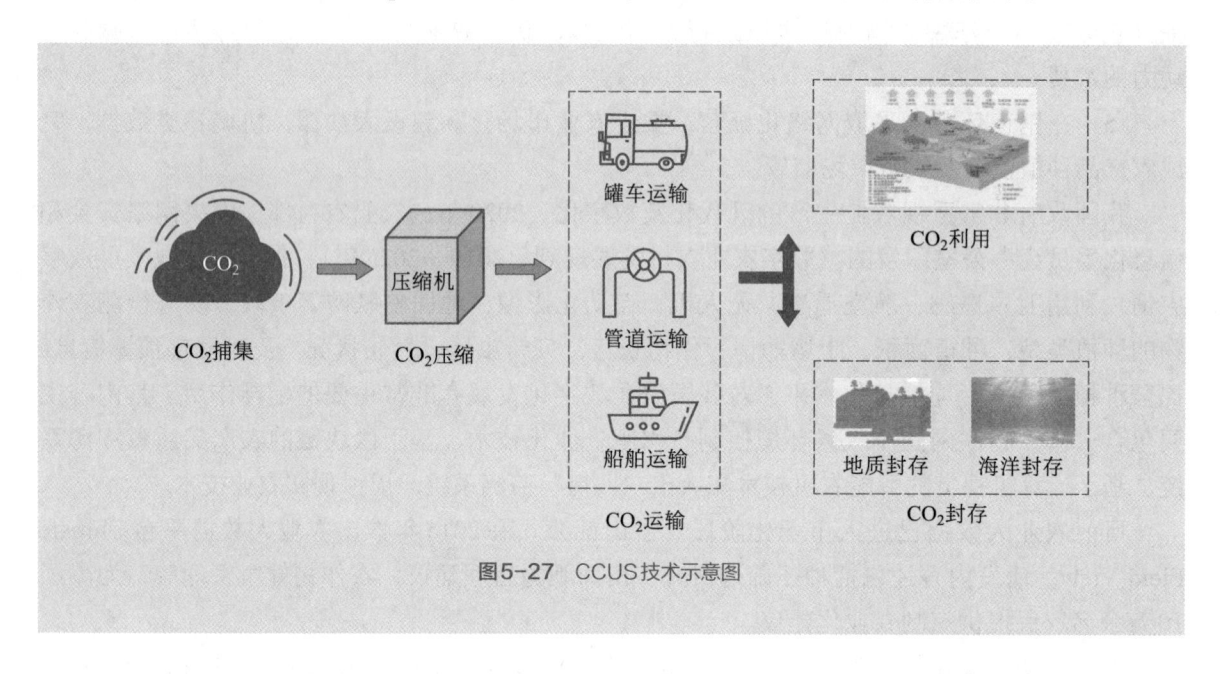

图5-27 CCUS技术示意图

一、二氧化碳捕集、压缩与运输

CO_2的捕集主要用于大规模点排放源，如大型火电厂、化工厂、水泥厂、钢铁厂等。捕集到的CO_2将被压缩、输送到封存地或加以利用。

（一）二氧化碳捕集

CO_2的捕集方式目前主要有三种：燃烧前捕集（pre-combustion）、富氧燃烧（oxy-fuel combustion）和燃烧后捕集（post-combustion）。

1. 燃烧前捕集

燃烧前捕集主要用于整体煤炭气化联合循环（IGCC）系统中，将煤炭高压富氧气化变成煤气，再经水煤气变换后产生CO_2和H_2，然后对CO_2进行捕集，剩下的H_2可以作为燃料使用。该技术的捕集系统小、能耗低、效率高且二次污染小，但面临着投资成本高，可靠性还有待提高等问题。

2. 富氧燃烧

富氧燃烧即将空气中大比例的氮气（N_2）脱除，直接采用高浓度的氧气（O_2）与抽回的部分烟气的混合气体来替代空气送进热机中燃烧，这样得到的烟气中有高浓度的CO_2气体，可以直接进行处理和封存。欧洲已在小型电厂应用富氧燃烧技术。该技术面临的难题是制氧技术的投资较大和能耗较高。

3. 燃烧后捕集

燃烧后捕集即在燃烧排放的烟气中捕集CO_2，是目前主要的CO_2捕集技术。主要包括：吸收法、膜法和吸附法等。

（1）吸收法

吸收法可分为化学吸收法和物理吸收法。物理吸收法是通过交替改变CO_2和吸收剂之间的操作压强和温度以实现CO_2的吸收和解吸，从而达到分离CO_2的目的。在整个吸收过程中不发生化学反应。典型物理吸收法的工艺技术是低温甲醇洗法（使用冷甲醇作为吸收溶剂）。通常，吸收剂吸收CO_2的能力随着压强增加和温度降低而增大。

化学吸收法利用CO_2和吸收剂（如碳酸钾、有机胺、离子液体、氨）之间的化学反应将CO_2从混合气（如烟气）中分离出来。工业上广泛采用的化学吸收法有热碳酸钾法和醇胺法。

2021年6月25日，中国能源集团锦界能源公司的15万t/a CCUS示范项目顺利完成了168小时试运行。该项目以新型复合胺为吸收剂，兼容相变吸收剂、离子液体的化学吸收法CO_2捕集核心技术，实现了烟气CO_2高效率、低能耗捕集吸收（图5-28）。

图5-28 中国能源集团锦界能源公司化学吸收法CO_2捕集技术

(2) 膜法

膜法主要有膜分离法和膜吸收法两类。膜分离法依靠待分离混合气体与薄膜之间的不同化学或者物理反应，使得某种组分可以快速溶解并穿过该薄膜，从而将混合气体分成穿透气流和剩余气流两部分。膜分离法非常适合于天然气的处理。

膜吸收法是膜的一侧有化学吸收液存在，气体和吸收液不直接接触，二者分别在膜两侧流动，膜本身对气体没有选择性，只起隔离气体和吸收液的作用。

目前，膜分离捕集CO_2的研究大多仍处于实验室-中试研究阶段。开发高效CO_2分离膜和膜过程，降低CO_2捕集成本，是当前膜分离法捕集CO_2的研究重点。

(3) 吸附法

吸附法是指通过弱范德华力（物理吸附）或强共价键合力（化学吸附）将CO_2分子选择性地吸附到另一种材料的表面，从而实现富集CO_2的方法。这种能选择性地吸附某种气体分子的材料被称为吸附剂（如活性炭、沸石等材料）。吸附了CO_2的吸附剂可根据其吸附机理的不同，通过不同的手段再生，同时释放出被吸附的CO_2，实现循环使用。

吸附法按吸附原理可分为变压吸附法（PSA）和变温吸附法（TSA）。PSA法是基于固态吸附剂对原料气中CO_2有选择性吸附作用，在高压时吸附、低压时解吸的方法；TSA法是通过改变吸附剂的温度来进行吸附和解吸的，在较低温度条件下吸附，在较高温度条件下解吸。

CO_2捕集技术体系，如图5-29所示。

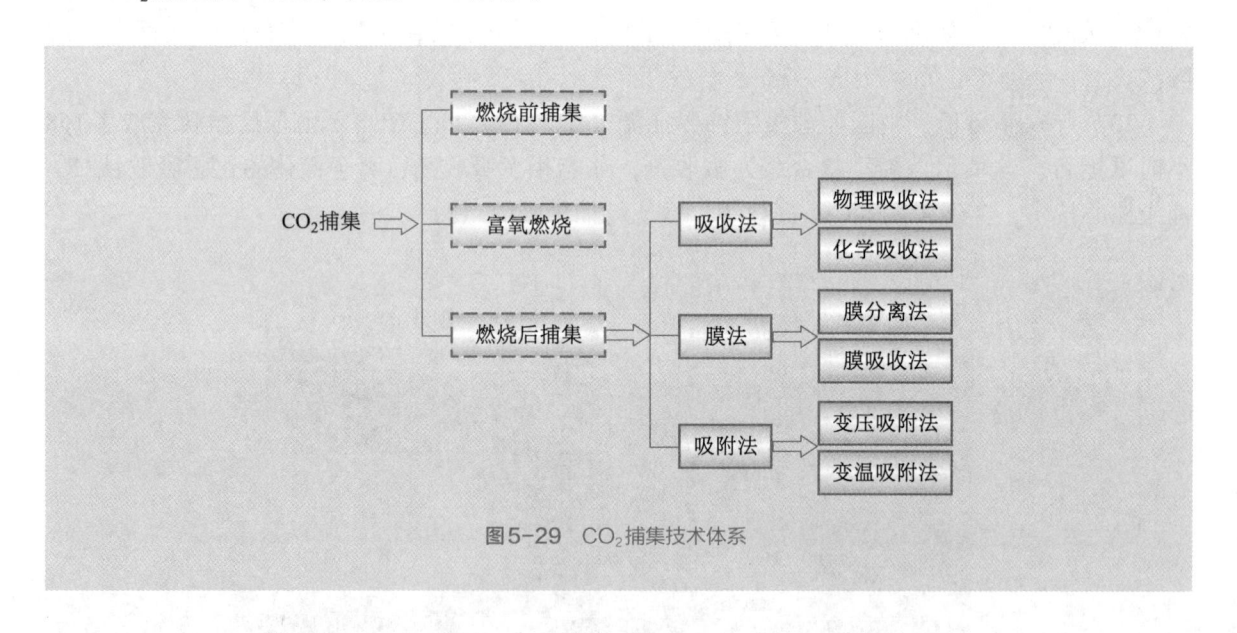

图5-29 CO_2捕集技术体系

(二) 二氧化碳压缩

CO_2压缩是完成CO_2输送和封存的重要步骤。无论是CO_2的封存还是利用，一般都需要将捕集的CO_2先进行压缩液化。CO_2压缩的工作原理是由进气系统将CO_2气体储存在气缸内，CO_2压缩机通过往复式活塞运动对CO_2气体增压，达到一定的压强之后，再由排气系统将增压后的CO_2气体输送出去。

CO_2压缩机是指用于使CO_2气体增压并实现输送的装置。实现CO_2液化主要分为低温低压液化和常温高压液化两种工艺。低温低压液化压强小,一次性投资小,安全性高,生产能力高,但需要专门的制冷机组,能耗大。常温高压液化储存温度为常温,无须专门的制冷机组,节能,运行费用低,但对设备的耐压性能要求高,一次性投资高,安全性低,维修和维护成本高。图5-30是螺旋式CO_2压缩机组,该压缩机组由油气分离、冷却系统等组成,应用十分广泛。

图5-30 螺旋式CO_2压缩机组

中国船舶集团提供两台CO_2压缩机在海南福山油田CCUS项目中应用,预计每年可回收9万t CO_2,相当于6万辆汽车近一年的日常排放量。油气井中的天然气通过分子筛脱水、吸附塔吸附,将天然气中含有的CO_2经压缩机进行增压处理,最后经过制冷机冷凝为液态CO_2,最终注入地下进行封存和驱油。

(三)二氧化碳运输

安全运输CO_2的基础设施对于CCUS的应用至关重要。CO_2的运输方式主要有罐车运输、管道运输及船舶运输,其优缺点见表5-2。

表5-2 CO_2运输方式及其优缺点

CO_2运输方式	罐车运输 公路罐车	罐车运输 铁路罐车	管道运输	船舶运输
优点	灵活性、适应性和方便可靠	可长距离输送大量CO_2	连续、稳定、经济、环保	当运输距离超过1 000 km时,船舶运输是最经济有效的运输方式
缺点	运量小、运费高,不适合长距离大量CO_2的输送	需要考虑铁路沿线配备CO_2装载、卸载及临时存储的相关设施	输送管道的维护保养、检测检修等都需要费用支持	存在CO_2泄漏风险,降低海面表层的pH,造成局部缺氧,破坏海洋表层生态

罐车运输CO_2技术目前已经成熟，主要有公路罐车和铁路罐车两种。管道运输是陆上大量运输CO_2最廉价的方式，但其涉及地质条件、地理位置、公众安全等问题。船舶运输包括装载、运输、卸载及返港准备下次运输四个步骤。船舶运输比管道运输具有更大的灵活性，特别是在有多个海上存储设施可以接受CO_2的情况下。船舶运输的灵活性还可以促进CO_2捕集枢纽（区域集群）的开发。

二、二氧化碳封存与利用

合理选择CO_2封存与利用路径，不仅可以储存或转化捕集的CO_2，还可以产生相当比例的经济收益，这是CCUS技术成功实施的关键。

（一）二氧化碳封存

CO_2封存是指将大型排放源产生的CO_2捕集、压缩后运输到选定的地点长期保存，而不是释放到大气中，实际上就是把CO_2存放在特定的一种自然或人工"容器"中，利用物理、化学、生物化学等方法，将CO_2长期封存。森林、海洋、地质、化学反应器等都可以作为封存CO_2的"容器"（图5-31）。

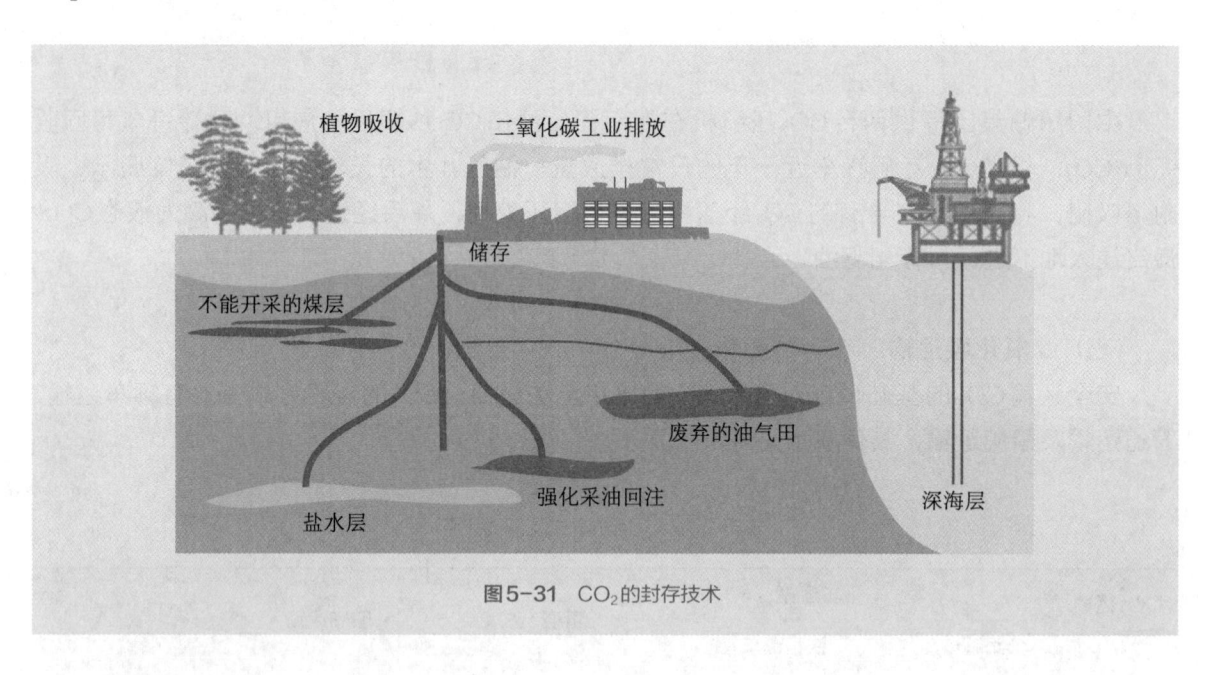

图5-31 CO_2的封存技术

CO_2封存主要分为地质封存（geological storage）和海洋封存（ocean storage）两大类。

1. 地质封存

地质封存的基本原理是模仿自然界储存化石燃料的机制，把CO_2封存在地层中。CO_2经由输送管线或车船运输至适当地点后，注入具有特定地质条件及特定深度的地层中，包含旧油气田、难开采煤层、深层地下水层等。比较理想的地质封存环境是无商业开采价值的深部煤层（同时促进煤层天然气回收）、油田（同时促进石油回收）、枯竭天然气田、深部咸水含水地层。

CO_2的地质封存是将CO_2压缩液注入地下岩石构造中，封存深度一般在800 m以下，该深度的温压条件可使CO_2处于高密度的液态或超临界状态。为防止CO_2在压力作用下返回地表或向其他地方迁移，地质构造必须满足盖层、储集层和圈闭构造等特性，方可实现安全有效埋藏。

2022年1月29日，我国首个百万吨级CCUS项目在齐鲁石化公司－胜利油田建成，该油田是CCUS全产业链示范基地（图5-32）。捕集的CO_2送至胜利油田进行驱油封存，即把CO_2封在地下的同时，把石油驱赶出来。在碳捕集环节，该项目建成了100万t/a液态CO_2回收利用装置，回收煤制氢装置尾气中的CO_2，提纯后纯度达99%以上。运用超临界状态CO_2易与原油混相的原理，该项目建成10座无人值守注气站，向73口油井注入CO_2，增加原油流动性，大幅提高原油采收率。该项目每年可减排100万t CO_2，相当于植树近900万棵、近60万辆经济型轿车停开一年，预计未来15年可实现石油增产296.5万t。

图5-32 齐鲁石化公司－胜利油田百万吨级CCUS项目
（资料来源：中国石化报）

2. 海洋封存

CO_2的海洋封存方法主要有海洋水柱封存、海洋沉积物封存、CO_2置换天然气水合物封存和海洋增肥。

海洋水柱封存首先要利用管线和船舶将捕集的CO_2以一定的速度注入海水中。依靠海洋由HCO_3^-、CO_3^{2-}、H_2CO_3、溶解态CO_2等构成的缓冲体系，通过一系列的物理反应或化学反应对CO_2进行溶解和吸收，达到封存的目的。

海洋沉积物封存是将CO_2通过管线注入海床巨厚的沉积层中，因为CO_2的密度大于沉积层中孔隙水的密度，所以CO_2可封存于沉积层的孔隙水之下。

CO_2置换天然气水合物即将CO_2注入CH_4水合物储层后，由于CO_2在相同温度下生成水合物的压力比CH_4低，CH_4水合物会转化为CO_2水合物。该方法提供了一种天然气水合物开采与CO_2减排、封存双赢的方案。

海洋增肥，是利用海洋生态系统来实现CO_2封存。通过向海洋投加微量营养素（如Fe）和常量营养素（如N和P）增强浮游植物的光合作用，加速浮游植物的繁殖生产，借助海洋内部的生物链提高CO_2由无机分子向有机碳的转化率，从而增加海洋对大气中CO_2的吸收和存储。

中国海洋石油集团建成国内首个百万吨级CO_2海上封存示范工程。将油田伴生的CO_2捕集处理后，再回注到海洋沉积物中永久封存，实现CO_2的零排放，对我国海上油气田的绿色开发具有重要示范意义。

（二）二氧化碳利用

CO_2利用方式主要包括化学转化、生物转化、矿化利用技术等。CO_2通过化学、生物转化可制备甲酸、甲醇、烯烃、芳香烃等化学品，汽油、生物柴油等燃料，可降解塑料、石墨烯、碳纳米管等高性能材料，以及通过矿化利用发电、制肥料、处理固体废物等。下面列举CO_2制备化学品、燃料、高性能材料，以及矿化利用四种途径（图5-33）。

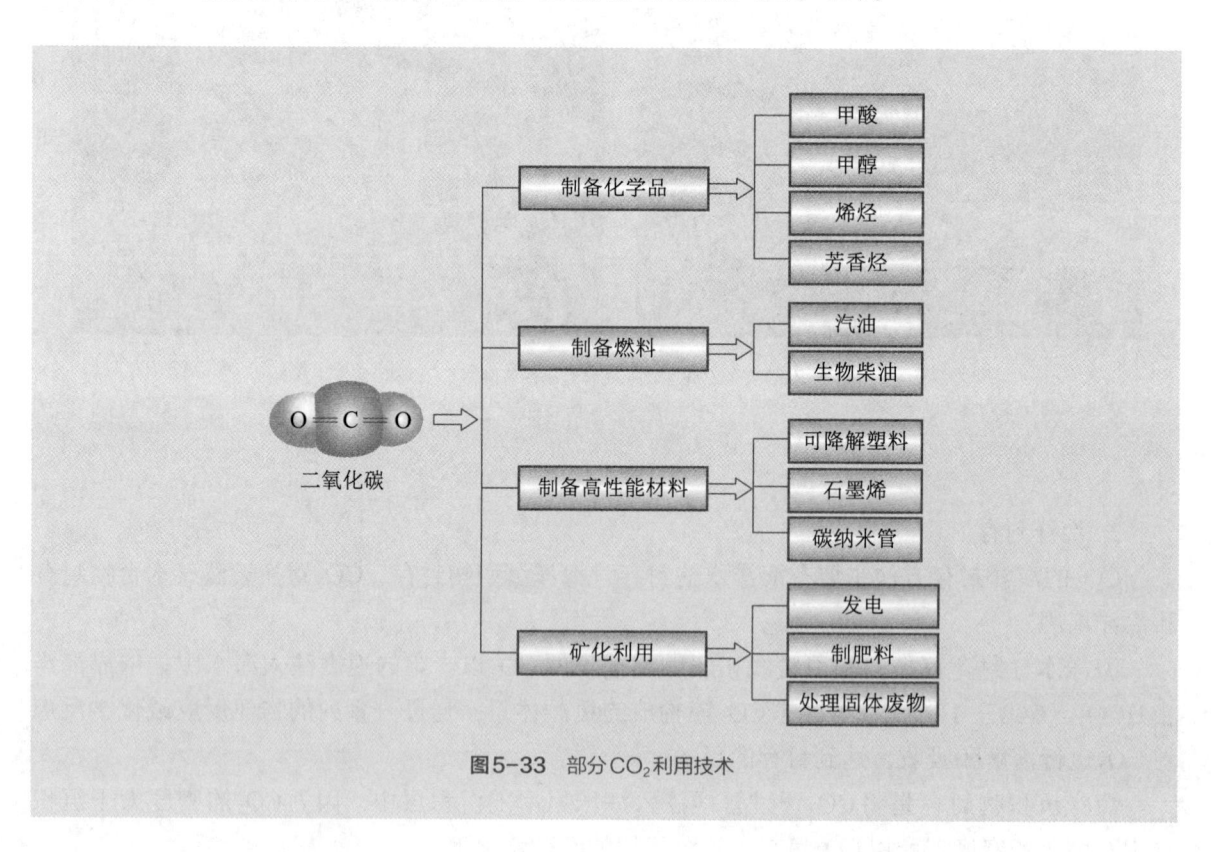

图5-33 部分CO_2利用技术

1. CO_2制备化学品

CO_2可用作很多化学品的原料或者辅料。2021年，我国科学家报道的由CO_2人工合成淀粉的技术在全世界范围内引起了广泛关注。自然界中农作物通过光合作用将太阳光能、CO_2和水转化成淀粉，这一过程涉及60余步的代谢反应和复杂的生理调控，而该技术利用CO_2和电解产生的氢气合成淀粉的人工路线，将代谢反应缩短至11步，其理论能量转化效率是玉米的3.5倍（图5-34）。如果全国的淀粉都由人工CO_2合成，那么现有的90%的耕地面积及淡水资源将被节省。

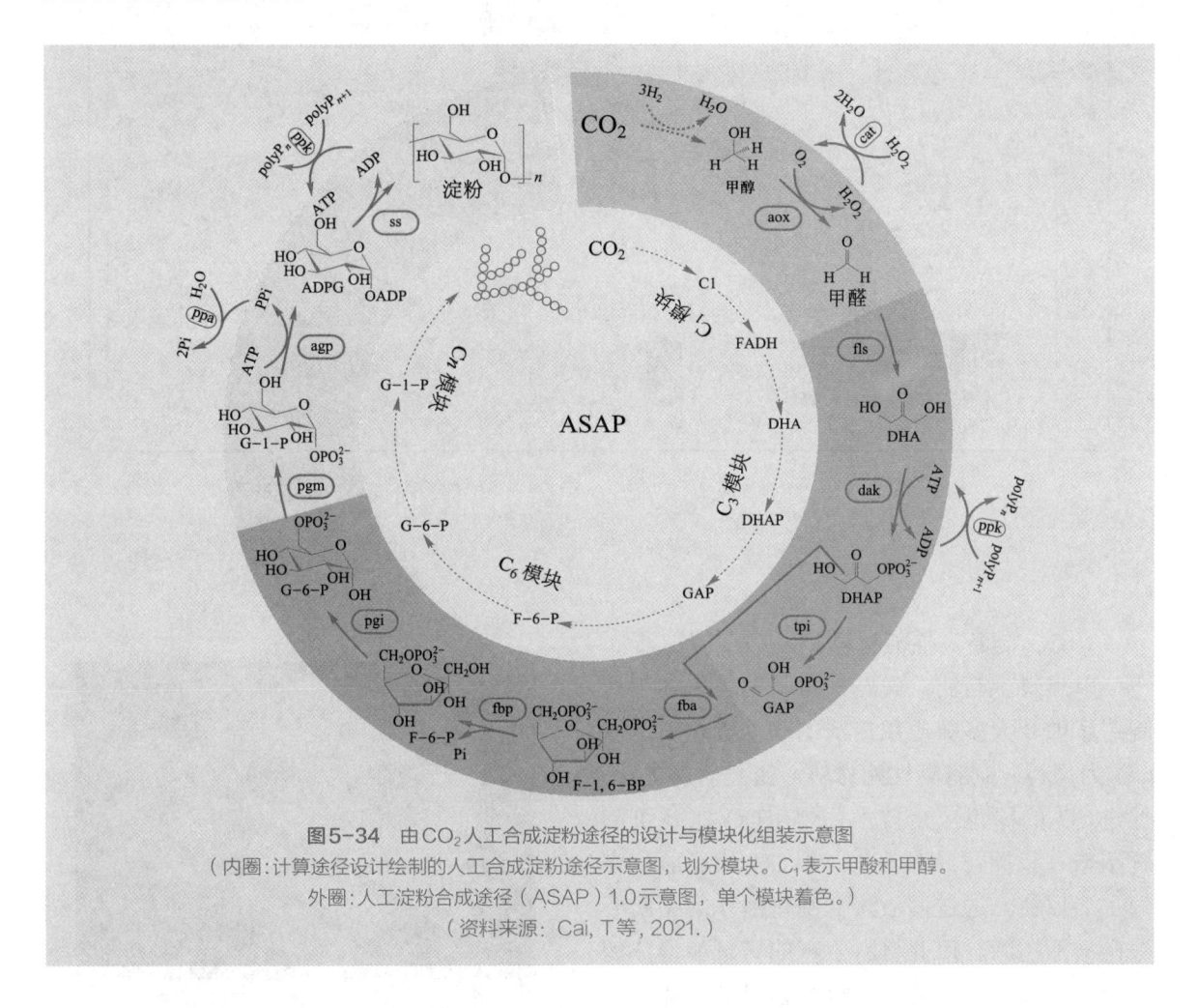

图5-34 由CO_2人工合成淀粉途径的设计与模块化组装示意图
（内圈：计算途径设计绘制的人工合成淀粉途径示意图，划分模块。C_1表示甲酸和甲醇。
外圈：人工淀粉合成途径（ASAP）1.0示意图，单个模块着色。）
（资料来源：Cai, T等，2021.）

2. CO_2制备燃料

以CO_2为原料制备燃料可减少化石燃料消耗，同时缓解化石燃料带来的环境污染问题。绿色航空煤油是指从非化石资源转化而来的$C_8 \sim C_{15}$液体烃类燃料，是目前世界航空运输业公认降低CO_2排放的可行路线。截至2020年年底，共有65个国家执行了绿色航空煤油强制掺混指令。目前，绿色航空煤油主要由生物油脂的裂化-精制路线获得，价格昂贵，约是石油基航空煤油的4倍。在合适的催化剂作用下，CO_2可通过催化加氢制备C_8~C_{12}芳香烃的航空煤油馏分（图5-35）。

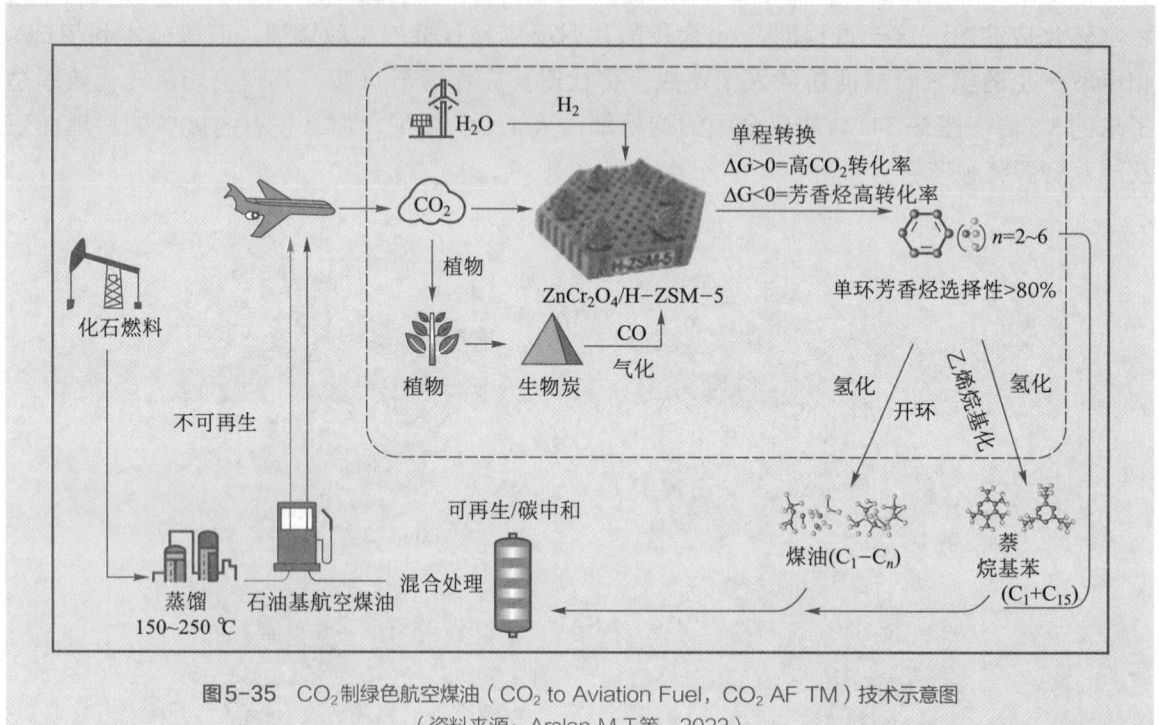

图5-35 CO_2制绿色航空煤油（CO_2 to Aviation Fuel，CO_2 AF TM）技术示意图
（资料来源：Arslan M T等，2022）

3. CO_2制备高性能材料

以煤炭、石油、天然气为基础的化学工业制造了如今大多数应用广泛的高性能材料。以CO_2为原料，制备高性能材料，变被动为主动，促进CO_2的绿色应用技术。利用CO_2制备可降解塑料在我国已经产业化。以CO_2和环氧化物为主要原料，通过调节聚合制备液体的脂肪族聚碳酸酯树脂。用此材料生产的聚氨酯泡沫塑料是环境友好型产品，具有生物降解功能，被作为垃圾处理时可以自行降解（图5-36）。

图5-36 聚碳酸亚乙酯聚氨酯泡沫PEC-PU样品

4. 矿化利用

CO_2矿化即CO_2与含钙镁的矿物质进行碳酸化反应转化为稳定的碳酸盐矿物。CO_2可矿化生产硫酸铵。将烟气中的CO_2用氨水捕集后，与磷石膏的饱和氨水浆液进行反应，得到硫酸铵与碳酸钙产品。硫酸铵含植物必需的N和S两种营养元素，是常用的肥料。该矿化技术能

将工业废料磷石膏转化为两种有价值的产品,提升了CO_2固定过程的经济价值(图5-37)。

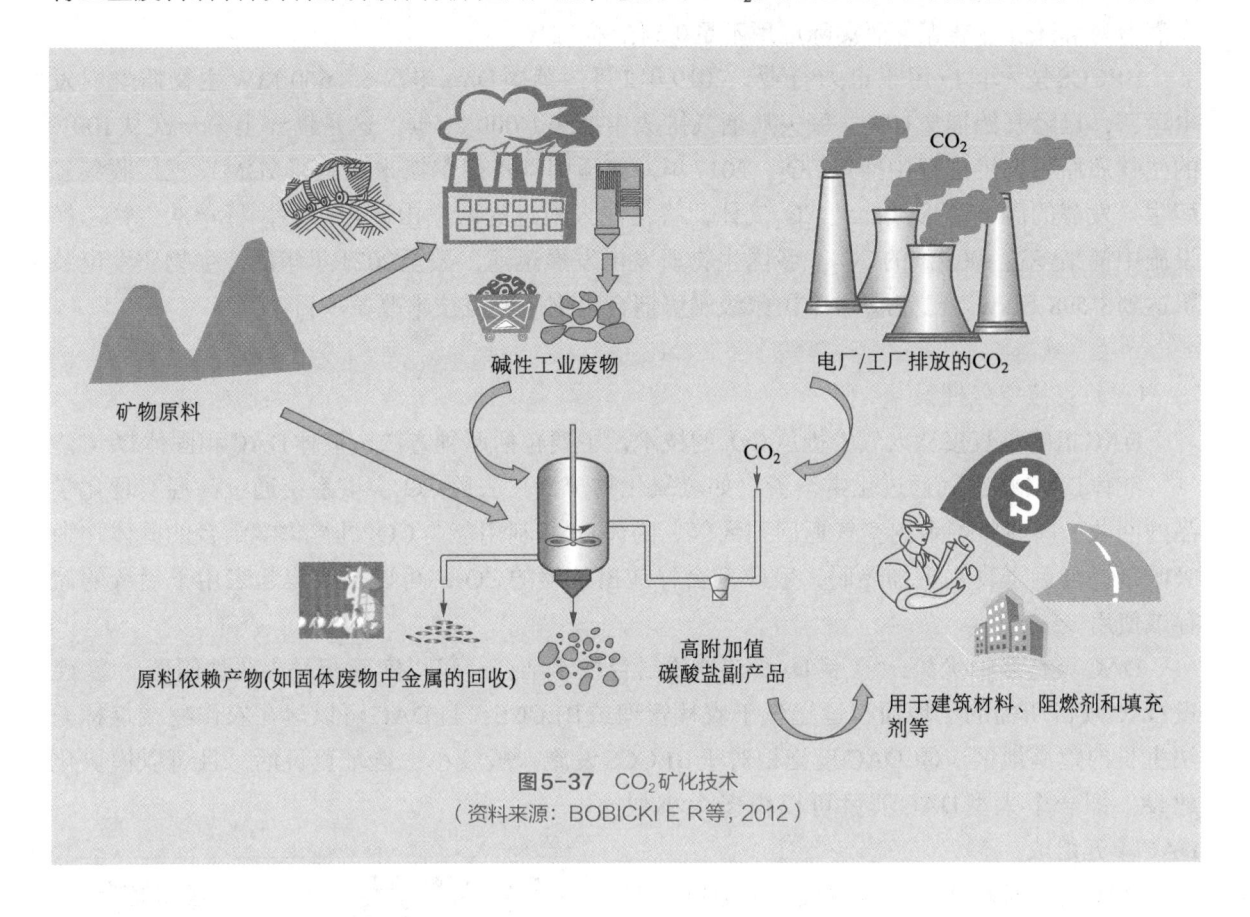

图5-37 CO_2矿化技术
(资料来源:BOBICKI E R等,2012)

三、负排放技术

负排放技术是直接移除大气中CO_2的技术,也称为碳移除技术。负排放技术根据碳移除的原理可分为两大类:① 基于生物过程的负排放技术,利用光合作用吸收大气中的CO_2,并将碳固定在植物、土壤、湿地或海洋中,主要包括植树造林、土壤固碳、生物质能-碳捕集与封存(bioenergy with carbon capture and storage,BECCS)和海洋施肥等技术;② 基于化学手段的负排放技术,利用化学或地球化学反应吸附或捕集大气中的CO_2,并进一步封存或利用,如直接空气捕集(direct air capture,DAC)技术。下面将重点介绍BECCS和DAC技术。

(一)生物质能-碳捕集与封存

植物的光合作用,将大气中的CO_2转化为有机物,并以生物质的形式积累储存下来,这部分生物质可以直接用于燃烧产生热量。生物质燃烧过程中产生的CO_2,被认为是植物生长所储存的CO_2释放出来("净零排放"),然后利用BECCS技术捕集封存释放出来的CO_2("负排放")。我国生物质资源丰富,BECCS技术在我国电力行业应用潜力巨大。《3060零碳生物质能发展潜力蓝皮书》指出，目前我国生物质资源年产量为34.9亿t，其中作为能源利用的开发潜力为4.6亿t标准煤，而实际应用不足0.6亿t标准煤。

BECCS技术可应用于电力行业。2019年2月，英国Drax电厂6×660 MW生物质燃料发电运营，已经开始捕集CO_2，每天从烟气排放中捕集1 000 kg碳，这是世界上第一次从100%的生物质原料燃烧过程中捕集CO_2。2017年，美国阿彻丹尼尔斯米德兰（ADM）工厂收集乙醇生产发酵的副产品形成的纯CO_2气体，将其注入附近的西蒙山砂岩盐层，每年从生物乙醇设施中捕集多达100万t的CO_2。我国生物质发电发展迅速，截至2021年年底，生物质发电装机达到3 598万kw，已完成84个国家级燃煤耦合生物质发电技术改革项目。

（二）直接空气捕集

DAC指的是直接从大气中提取CO_2的技术，主要包括两种方法：液体DAC和固体DAC。液体DAC将空气通过化学溶液（如氢氧化物溶液）去除CO_2。该系统通过高温实现化学品的回收，同时将剩余的空气返回到大气。固体DAC利用能与CO_2进行化学结合的固体作为吸收剂，当置于真空下加热时，吸收剂会释放出浓缩的CO_2，可以被收集起来用于后续的储存或使用。

DAC具有多种优势：① 将DAC与地质封存技术结合，可以实现相对永久性固碳；② 建设DAC项目所需的土地面积远远低于农林管理或BECCS，且DAC可以建在农作物或森林无法生长的荒漠地区；③ DAC设施相对于BECCS设施一般较小，选址更灵活，且可以模块化建设，即一个大型DAC项目可以由多个小型DAC单元组成。

DAC是一种理想的负排放技术，但目前仍然难以实现大规模部署，主要原因在于DAC成本非常高。因此，DAC技术的推广仅通过市场机制无法实现，还需依靠较大力度的政策支持。

2022年美国麻省理工学院（MIT）将"除碳工厂"列为十大突破性技术之一。Climeworks公司的碳捕集、碳封存装置就是一个从空气中清除CO_2的工厂（图5-38），该设施位于冰岛雷克雅未克的郊外，每年可捕获4 000 t CO_2。经过一个过滤器将碳捕集材料与CO_2分子结合，然后将CO_2与水混合，并将其泵入地下，CO_2与岩石发生快速的化学反应形成了新的碳酸盐矿物，通过这种方法，CO_2被永久地"禁锢"在玄武岩含水层里，变成石头。该设施完全依

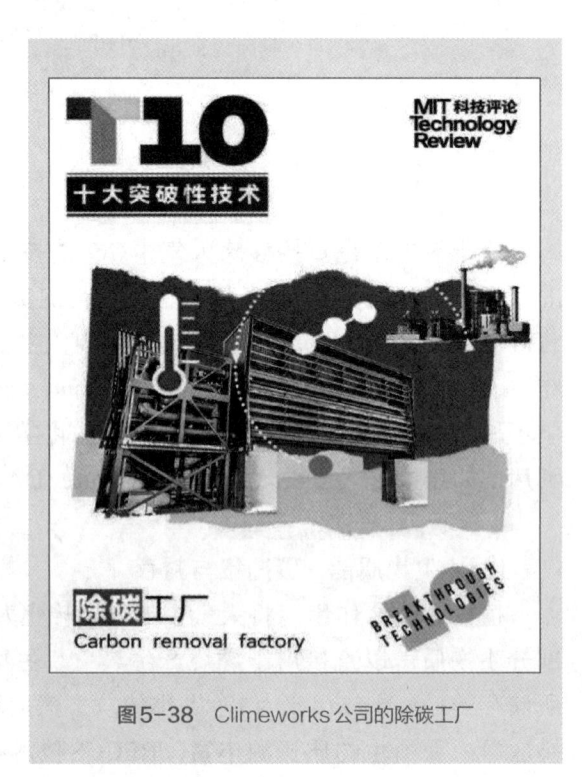

图5-38 Climeworks公司的除碳工厂

靠绿色电力运行，电力主要来自附近的地热发电厂。预计到21世纪30年代末，捕集每吨碳的成本将从现阶段的4 200~5 600元降低至700~1 050元。

CO_2捕集、利用与封存技术是一种具有大规模CO_2减排潜力的技术，是化石能源实现零碳排放的唯一技术选择。今后需加快CCUS产业链发展；在顶层设计方面，应有序推动CCUS在石化、化工、电力、钢铁和水泥等行业应用；在技术攻关方面，应围绕低浓度CO_2捕集、工业化利用、封存等关键环节开展核心技术攻关；在产业链示范及商业化应用方面，应支持能源化工等行业CCUS产业示范区建设，加速推进CCUS产业化集群建设。

本章总结

IPCC第五次报告指出，工业革命以来，约有35%的温室气体辐射强迫源自非二氧化碳温室气体排放，因此非二氧化碳温室气体减排是减少碳排放的主要路径。主要从农业、能源、废物处理、工业、燃烧等领域开展非二氧化碳温室气体减排。碳汇强化及负排放技术不仅可以抵消非二氧化碳温室气体排放引起的碳排放，还可以抵消这些领域引起的CO_2排放，从而实现碳减排。碳汇强化及负排放技术主要从生态修复、土壤增汇、种植业增汇、CCUS技术等方面开展，通过强化陆地、海洋的固碳作用，强化CO_2捕集、封存技术，减少碳排放。

然而，目前碳汇强化及负排放技术还需着重考虑如下问题：① 农业领域温室气体排放源分散，温室气体减排措施受人为、地形、社会经济等因素影响较大，导致农业领域温室气体减排效率低下；② 工业领域温室气体减排在技术上缺乏竞争力，还需积极开展核心技术攻关；③ 废物处理领域的收集、运输成本较大，处理技术主要以卫生填埋为主，其综合资源利用率低；④ 各个领域排放源数据需要持续地进行监测、核证，为碳减排管理政策提供依据。

思考题

1. 请查阅资料，列出水稻生态系统CH_4减排措施。
2. 在日常生活中，可以通过什么方法来为减少垃圾填埋过程中的CH_4排放做贡献？
3. 简述测土配方施肥为什么可以减少N_2O的排放。
4. 在奶牛养殖过程中，哪些环节会导致温室气体排放？
5. 在日常生活中，可以采取哪些措施来减少冰箱、空调等家用电器中含氟气体的排放？
6. 为什么说海洋碳汇具有较高的碳汇潜力？与陆地生态系统相比，海洋生态系统在固碳方面有哪些优势？
7. 在陆地生态系统中，为什么特别强调土壤增汇？分析土壤碳汇与植物碳汇的差异。
8. 在全球变暖的大背景下，持续的极端天气（如高温），使得森林火灾频发。你认为火灾频发如何影响森林土壤碳汇潜力？
9. 试分析藻类养殖、贝类养殖、滤食性鱼类养殖、增殖渔业、海洋牧场及捕捞渔业等生产活动为什么有助于实现碳减排？
10. 请从作物生长的全周期分析，有哪些技术可以减少种植业过程中的碳排放？并设计出减排技术路线图。
11. 总结常用的CO_2捕集方法，并对照分析不同方法的优缺点。
12. 请列举三种CO_2利用途径，结合文献，谈谈自己对该利用途径的理解。
13. 什么是CCUS技术？请列举几个你所了解的大型CCUS应用案例。
14. 什么是直接空气捕集？它有哪些优势？
15. 请展望BECCS负排放技术的发展前景。

参考文献

[1] Arslan M T, Tian G, Ali B, et al. Highly selective conversion of CO_2 or CO into precursors for Kerosene-based aviation fuel via an Aldol-Aromatic mechanism [J]. ACS Catalysis, 2022, 12: 2023-2033.

[2] Castro P J, Aráujo J M, Martinho G, et al. Waste management strategies to mitigate the effects of fluorinated greenhouse gases on climate change [J]. Applied Sciences, 2021, 11: 4367.

[3] Cui X Q, Zhou F, Ciais P, et al. Global mapping of crop-specific emission factors highlights hotspots of nitrous oxide mitigation [J]. Nature Food, 2021, 2: 886-893.

[4] Hepburn C, Adlen E, Beddington J, et al. The technological and economic prospects for CO_2 utilization and removal [J]. Nature, 2019, 575: 87-97.

[5] Lehmann J. A handful of carbon [J]. Nature, 2007, 447: 143-144.

[6] Mattick C S, Landis A E, Allenby B R, et al. Anticipatory

life cycle analysis of in vitro biomass cultivation for cultured meat production in the United States [J]. Environmental Science & Technology, 2015, 49: 11941-11949.

[7] Smith P, Goulding K W, Smith K A, et al. Enhancing the carbon sink in European agricultural soils: including trace gas fluxes in estimates of carbon mitigation potential [J]. Nutrient Cycling in Agroecosystems, 2001, 60: 237-252.

[8] Sun Z, Yu Q, Lin A N. The environmental prospects of cultured meat in China [J]. Journal of Integrative Agriculture, 2015, 14(2): 234-240.

[9] Tom B A, Yulia S, Shahar B S, et al. Textured soy protein scaffolds enable the generation of three-dimensional bovine skeletal muscle tissue for cell-based meat [J]. Nature Food, 2020, 1: 210-220.

[10] Wang J, Han X, Huang Q, et al. Characterization and migration of oil and solids in oily sludge during centrifugation [J]. Environmental Technology, 2018, 39(10): 1350-1358.

[11] Cai T, Sun HB, Qiao J. et al. Cell-free chemoenzymatic starch synthesis from carbon dioxide [J]. Science, 2021, 373: 1523-1527.

[12] Bobicki E R, Liu Q X, Xu Z H, et al. Carbon capture and storage using alkaline industrial wastes [J]. Progress in Energy and Combustion Science, 2012, 38(2): 302-320.

[13] 陈泮勤, 王效科, 王礼茂. 中国陆地生态系统碳收支与增汇对策 [M]. 中国陆地生态系统碳收支与增汇对策, 北京: 科学出版社出版, 2008.

[14] 王颖凡, 徐先港, 董建锴, 等. 美国油气行业甲烷减排立法及技术 [J]. 煤气与热力, 2020, 40 (11): 35-41+43.

[15] 相震. 减排全氟化碳应对全球气候变化 [J]. 三峡环境与生态, 2011, 33 (4): 15-18.

[16] 肖淞, 石生尧, 林婧桐, 等. "碳达峰、碳中和"目标下高压电气设备中强温室绝缘气体 SF_6 控制策略分析 [J]. 中国电机工程学报, 2022, (4): 1-23.

[17] 周云峰, 罗丽芬, 汪艳芳, 等. 铝电解生产过程温室气体减排潜力分析与计算 [J]. 轻金属, 2021, (7): 17-21.

第六章 碳市场

目前，石化、化工、建材、钢铁、有色金属、造纸、电力、航空八大重点行业已被纳入碳排放交易的范围，全国正在大力推广碳交易。2021年7月16日，全国碳市场上线交易正式启动，纳入2 162家发电行业重点排放单位，覆盖约45亿t二氧化碳排放量，是全球规模最大的碳市场。截至2022年12月22日，碳排放配额累计成交量达2.23亿t，累计成交额达101亿元，市场运行总体平稳有序。未来的碳市场是一个不断发展完善的体系，将循序渐进式发展。在碳市场中，"监测、报告、核查机制"是基础，应依据碳排放监测与核算，进行碳排放权交易，推动中国碳市场发展实践。本章将重点介绍碳源与碳汇监测、碳源与碳汇核算及碳市场运行，本章知识框架如下。

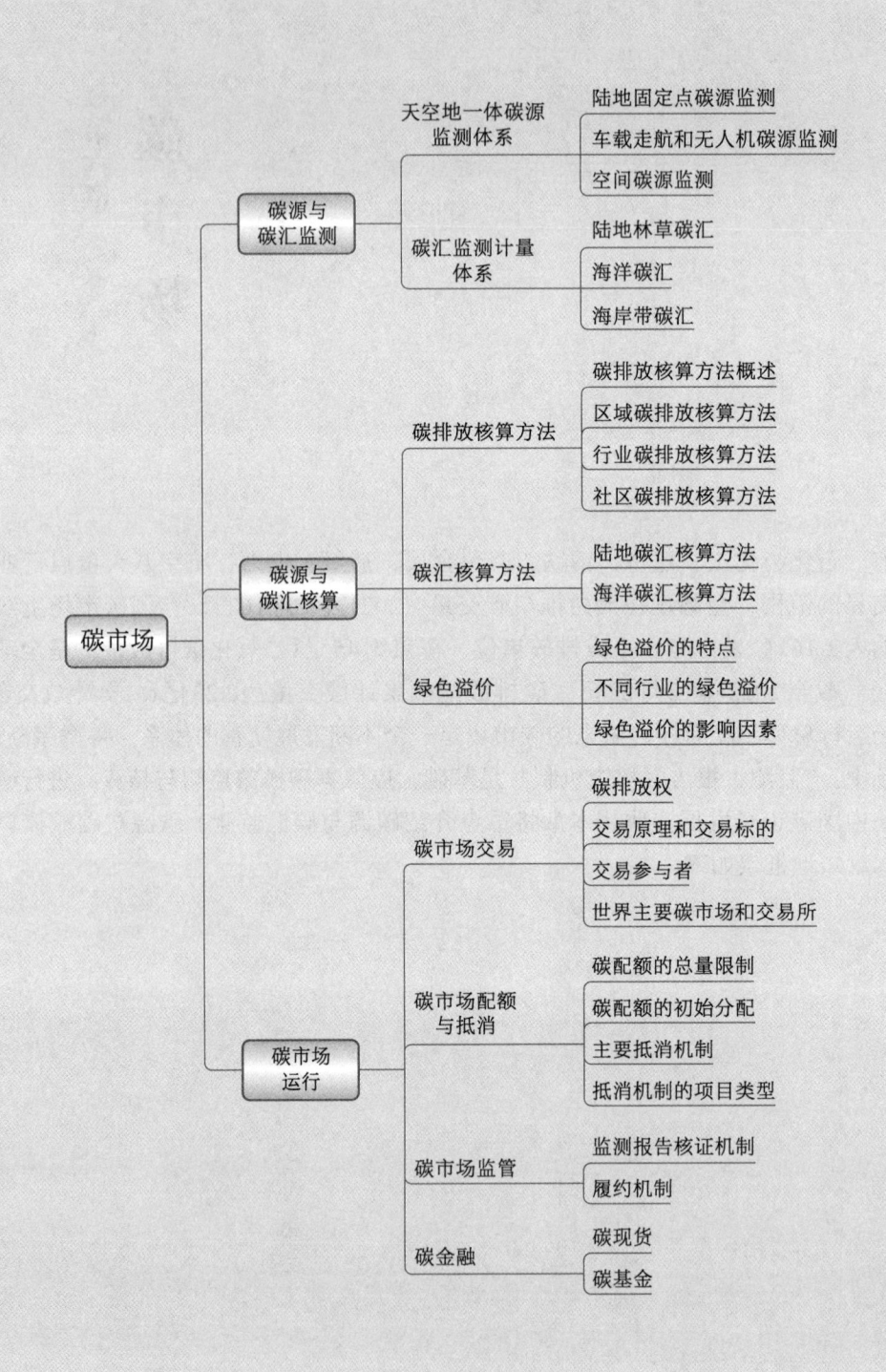

```
碳市场
├── 碳源与碳汇监测
│   ├── 天空地一体碳源监测体系
│   │   ├── 陆地固定点碳源监测
│   │   ├── 车载走航和无人机碳源监测
│   │   └── 空间碳源监测
│   └── 碳汇监测计量体系
│       ├── 陆地林草碳汇
│       ├── 海洋碳汇
│       └── 海岸带碳汇
├── 碳源与碳汇核算
│   ├── 碳排放核算方法
│   │   ├── 碳排放核算方法概述
│   │   ├── 区域碳排放核算方法
│   │   ├── 行业碳排放核算方法
│   │   └── 社区碳排放核算方法
│   ├── 碳汇核算方法
│   │   ├── 陆地碳汇核算方法
│   │   └── 海洋碳汇核算方法
│   └── 绿色溢价
│       ├── 绿色溢价的特点
│       ├── 不同行业的绿色溢价
│       └── 绿色溢价的影响因素
└── 碳市场运行
    ├── 碳市场交易
    │   ├── 碳排放权
    │   ├── 交易原理和交易标的
    │   ├── 交易参与者
    │   └── 世界主要碳市场和交易所
    ├── 碳市场配额与抵消
    │   ├── 碳配额的总量限制
    │   ├── 碳配额的初始分配
    │   ├── 主要抵消机制
    │   └── 抵消机制的项目类型
    ├── 碳市场监管
    │   ├── 监测报告核证机制
    │   └── 履约机制
    └── 碳金融
        ├── 碳现货
        └── 碳基金
```

第一节
碳源与碳汇监测

碳源与碳汇监测是辅助碳排放权交易核算体系的重要支撑。碳源与碳汇监测指通过综合观测、数值模拟、统计分析等手段，获取温室气体排放强度、环境中浓度、生态系统碳汇状况等三个方面的基础数据，评估对生态系统的影响及其变化趋势信息。本节将重点介绍碳源与碳汇的监测计量体系，主要包括天空地一体碳源监测体系和碳汇监测计量体系。

一、天空地一体碳源监测体系

碳源监测需从点源、多点源、面源、区域、全球等不同空间尺度建设天空地一体化监测技术，监测平台包括陆地固定点位、车载走航、无人机、卫星等，监测对象包括碳排放、温室气体浓度、碳核算相关参数等（图6-1）。天空地一体碳源监测体系结合碳排放反演估算模型，可以提供温室气体排放评估独立数据源，用于验证传统的基于排放因子法编制的温室气体清单。下面将重点介绍陆地固定点碳源监测、车载走航和无人机碳源监测及空间碳源监测。

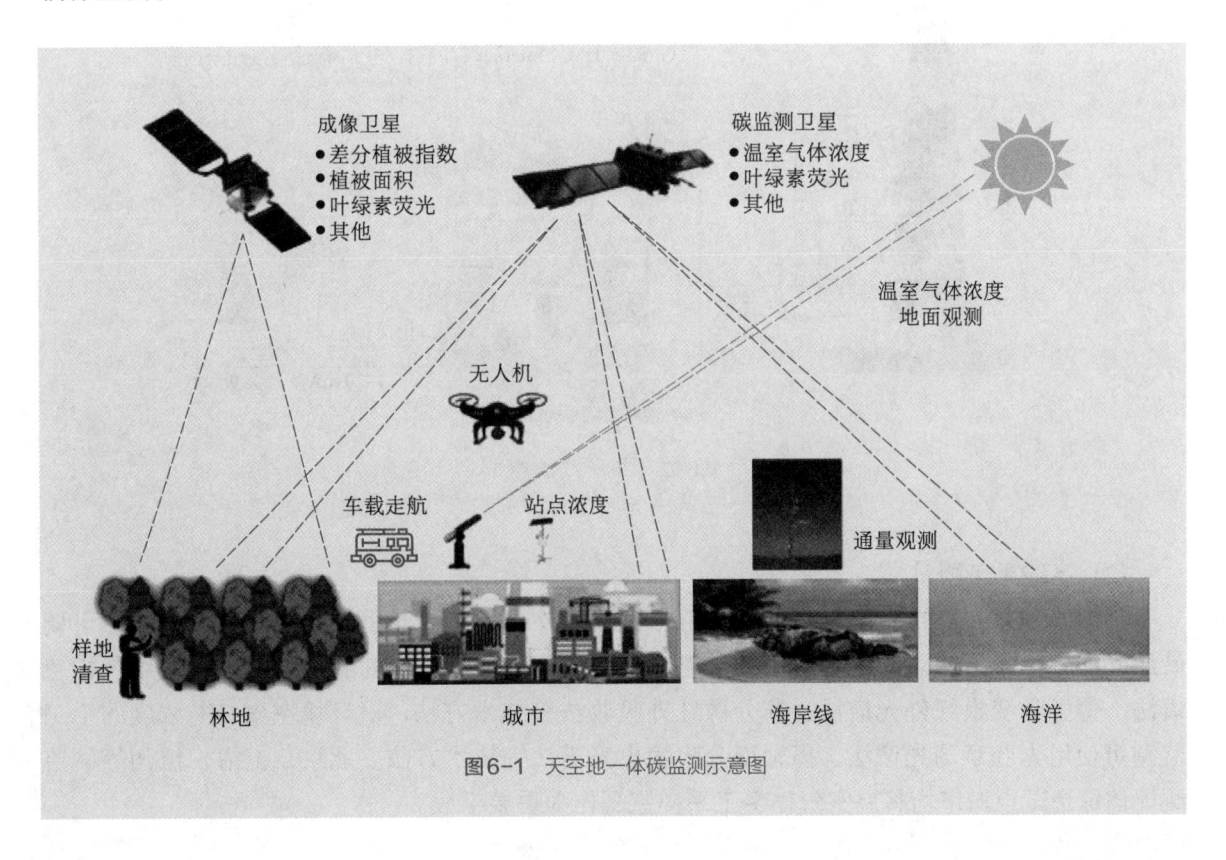

图6-1 天空地一体碳监测示意图

(一) 陆地固定点碳源监测

陆地固定点碳源监测主要包括企业碳排放监测、碳排放量核算相关参数监测和大气温室气体浓度监测三个方面。企业碳排放监测可以较为直观地反映企业温室气体排放量；碳排放量核算相关参数监测可以获取本地化排放因子，支撑和检验排放量核算；大气温室气体浓度监测可以获取主要温室气体的时空变化，结合碳排放量反演方法，支撑碳排放量核算结果的校验。

1. **企业碳排放监测**

企业碳排放监测指使用仪器对企业排放的温室气体进行实际测量，需要测量烟道内的CO_2浓度、烟气流量、温度等参数，可以分为在线自动测量和离线手工测量两大类。

（1）在线自动测量

在线自动测量指安装烟气连续测量系统（continuous emission monitoring system，CEMS）进行连续不断的测量，可以在较长时间段内提供碳排放实时数据。CEMS技术起源于20世纪60年代，早期监测系统适用于高浓度气体检测环境，对CO_2排放的监测主要依据朗伯-比尔（Lambert-Beer）定律采用红外吸收法计算CO_2浓度（图6-2）。

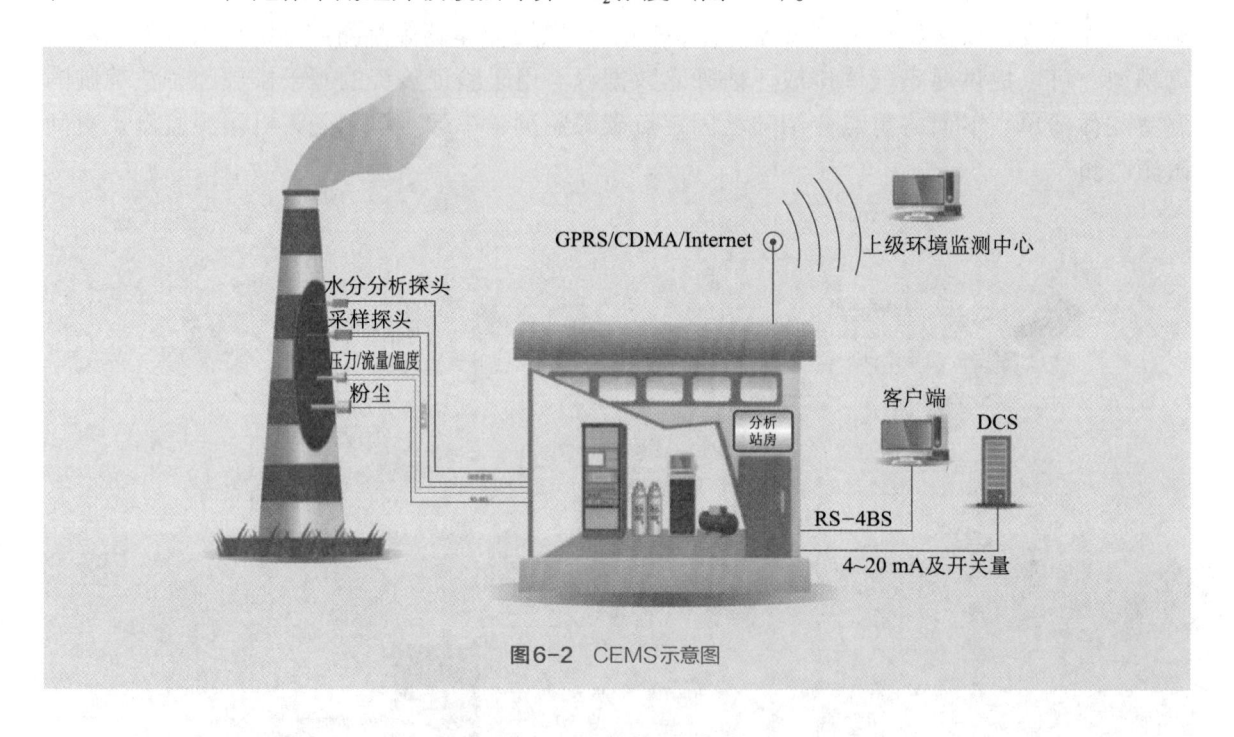

图6-2 CEMS示意图

（2）离线手工测量

对烟气CO_2浓度的手工监测主要使用非分散红外吸收法、傅里叶变换红外光谱法、可调谐激光法等技术方法。对逃逸、工艺放空、火炬燃烧排放CH_4浓度的手工监测可使用气相色谱法、傅里叶变换红外光谱法、非分散红外吸收法等技术方法；对环境空气CH_4浓度的手工监测可使用光腔衰荡光谱法、离轴积分腔输出光谱法等技术方法。北京、上海、杭州等碳监测评估综合试点城市均将温室气体手工采样监测作为重要手段。

2. 碳排放量核算相关参数监测

碳排放量核算相关的参数包括化石燃料低位发热量、单位热值含碳量和碳氧化率等参数。

（1）低位发热量

针对煤炭，可以将单位质量燃料在过量氧气中燃烧，通过测量其燃烧产物为氧气、氮气、二氧化碳、二氧化硫、气态水及固态灰时所放出的热量来确定低位发热量。针对天然气，以恒定流速流动的天然气在过量的空气中燃烧所释放的能量被传递到热交换介质，并使其温度升高，通过直接测量温度的升高幅度可计算低位发热量；还可以采用气相色谱等分析技术来测定气体组成并计算发热量，实现低位发热量的监测测量。

（2）单位热值含碳量

单位热值含碳量一般采用燃烧吸收法和元素分析法来测定。① 燃烧吸收法：应用燃烧吸收法时，燃料在氧气流中燃烧，生成的水和二氧化碳分别用吸水剂和二氧化碳吸收剂吸收，由吸收剂的增量计算燃料中碳和氢的含量；② 元素分析法：在元素分析法中，燃烧生成的气态物质被载入气相色谱柱中分离出单组分气体，然后通过检测获取碳含量。

（3）碳氧化率

煤炭的碳氧化率可通过实测法来估算，燃油和天然气的碳氧化率一般采用推荐值。燃煤的碳氧化率（OF）由炉渣产量（G_1）、飞灰产量（G_2）、炉渣含碳量（C_1）、飞灰含碳量（C_2）和除尘系统的平均除尘效率（η）等参数计算：

$$\mathrm{OF} = 1 - \frac{G_1 \times C_1 + G_2 \times C_2/\eta}{\mathrm{FC} \times \mathrm{NCV} \times \mathrm{CC}} \tag{6-1}$$

其中，FC为燃煤消耗量，NCV为平均低位发热值，CC为单位热值含碳量，炉渣产量和飞灰产量可以获取实际称量值。

3. 大气温室气体浓度监测

针对大气温室气体浓度已经形成了不同尺度的监测网络，世界气象组织组建的全球大气地面观测网（Global Atmosphere Watch，GAW）中包括能提供温室气体监测的大气成分变化探测网（Network for the Detection of Atmospheric Composition Change，NDACC）、总碳柱观测网（Total Carbon Column Observing Network，TCCON）、集成碳观测系统（Integrated Carbon Observation System，ICOS）等（表6-1）。

表6-1 主要全球温室气体地面监测网络

监测网络	站点覆盖	主要监测设备	主要监测对象	主要应用场景
NDACC	覆盖全球，共90余个站点	傅里叶变换红外光谱仪、微波光谱仪、激光雷达等	CO_2、CH_4、N_2O等	分析大气成分的趋势和变化；卫星监测的验证；大气模型的验证和开发
TCCON	覆盖全球，近30个站点	傅里叶变换红外光谱仪	CO_2、CO、CH_4、N_2O等	实现高精度的CO_2浓度监测（误差小于0.25%），被应用于SCIAMACHY、GOSAT系列卫星、OCO系列卫星测量数据的验证

续表

监测网络	站点覆盖	主要监测设备	主要监测对象	主要应用场景
ICOS	覆盖欧洲14个国家，共150个站点	红外线分析仪、同位素质谱仪等	CO_2、CH_4等，部分站点提供浓度梯度观测数据，部分站点提供同位素分析数据	为碳循环的量化和欧洲温室气体源、汇提供标准化、可靠的站点数据和详细的数据产品

中国也是世界上较早开展温室气体本底观测的国家之一。中国温室气体观测网包含60余个覆盖全国主要气候关键区，并以高精度观测为主的站点，由国家大气本底站、国家气候观象台、国家级和省级应用气象观测站（温室气体）等组成（表6-2）。其观测要素涵盖《京都议定书》中规定的CO_2、CH_4、N_2O、HFCs、PFCs、SF_6和NF_3等7类温室气体，CO_2监测精度优于10^{-7}（体积分数），CH_4和N_2O监测精度优于2×10^{-9}（体积分数）。中国温室气体观测网的建成，可提升对气候变化的监测评估能力，持续为中国碳达峰、碳中和行动成效科学评估与碳排放核算提供数据支撑。

表6-2　中国温室气体观测网主要站点

站点	类别	站点	类别
内蒙古呼伦贝尔	中国气象局区域本底站	青海瓦里关	全球本底站
山东长岛	中国气象局区域本底站	黑龙江龙凤山	生态环境部区域监测站
山西庞泉沟	中国气象局区域本底站	新疆阿克达拉	生态环境部区域监测站
青海门源	中国气象局区域本底站	北京上甸子	生态环境部区域监测站
湖北神农架	中国气象局区域本底站	浙江临安	生态环境部区域监测站
四川海螺沟	中国气象局区域本底站	湖北金沙	生态环境部区域监测站
福建武夷山	中国气象局区域本底站	云南香格里拉	生态环境部区域监测站
广东南岭	中国气象局区域本底站	广东河源	生态环境部区域监测站
云南丽江	中国气象局区域本底站		

（二）车载走航和无人机碳源监测

车载走航和无人机是重要的碳源监测手段，可以为固定点监测、空间监测和碳排放核算提供对比校验。利用走航监测车和无人机飞行平台搭载高精度、高灵敏度温室气体探测设备，可实现目标区域的温室气体监测评估，实时、动态地获取区域温室气体三维浓度的分布情况，精准定位排放源。结合气象要素监测及碳排放反演模型，可进一步评估目标区域的碳排放量。

车载走航和无人机碳源监测主要应用于城市、工业园区、重点企业、资源矿产开采区等区域，通常在弱风、无降雨、无扬尘天气开展，选取大气边界层发展得比较好的时段，根据目标区域主要排放源的排放量及分布情况和地形、设施、道路情况等规划监测路线，尽量接近监测目标，在目标排放源周边及其下风向进行监测。走航监测通常采用非分散红外吸收法、光腔衰荡光谱法、傅里叶变换红外光谱法，并可实现高密度网格化监测和连续移动监测。无人机所搭载的温室气体载荷通常采用非分散红外吸收法。

利用车载走航和无人机等移动平台开展温室气体监测，具有灵活性高、机动性强、监测面积大等优点，可以补充固定点监测在空间连续性、区域一致性上的不足，解决空间监测时空分辨率过低等问题，成为温室气体监测的重要辅助手段，在《城市大气温室气体及海洋碳汇监测试点技术指南》中被列为推荐技术。

（三）空间碳源监测

遥感卫星作为对地观测的重要手段，是实现大范围、长时序稳定而真实的人为源碳排放监测的重要平台。通过大气温室气体浓度变化分析能够定量评估人为温室气体的排放水平，满足人为温室气体排放的定量监测需求，并已经成为温室气体卫星遥感观测技术的重要发展方向。

已有的GOSAT、OCO-2和OCO-3等卫星在定量分析来自区域、城市和点源的人为碳排放中显示了巨大的应用潜力。结合区域模型模拟，可定量评估区域、大型城市、化石燃烧电厂及生物质燃烧的温室气体排放水平。中国已经发射的碳卫星（TanSat）、风云三号D星（FY-3D）、高分五号卫星（GF-5）均可提供CO_2和CH_4浓度的全球定量监测数据，计划发射的风云三号08星亦可实现全球大气温室气体的高精度定量反演，大气环境监测卫星（DQ-1）搭载CO_2探测激光雷达，具有CO_2和高光谱探测能力，在空间碳源监测中将发挥重要作用（表6-3）。

表6-3 全球已发射和规划发射的主要碳监测卫星信息

卫星或载荷	国家或国际组织	发射时间/年	轨道/km	精度（体积分数） $CO_2/10^{-6}$	精度（体积分数） $CH_4/10^{-9}$	幅宽/km	空间分辨率/km
TanSat	中国	2016	700	1~4	—	20	1×2
FY-3D	中国	2017	836.4	1~4	—	—	10
GF-5	中国	2017	708	1~4	—	800	10.5
DQ-1	中国	2022	705	—	—	—	—
GOSAT-2	日本	2018	613	1	5	632	9.7
GOSAT-GW	日本	2023	666	—	—	911/90	10/1-3
OCO-2	美国	2014	705	1	—	10.6	1.29×2.25
OCO-3	美国	2018	394	1	—	16	4

续表

卫星或载荷	国家或国际组织	发射时间/年	轨道/km	精度（体积分数） $CO_2/10^{-6}$	精度（体积分数） $CH_4/10^{-9}$	幅宽/km	空间分辨率/km
Carbon Mapper	美国	2023	400	—		18	0.03
Sentinel-5P	欧盟	2017	824		5.6	2 600	7×5.5
CO2M	欧盟	2026	602	0.7	10	>250	4

资料来源：刘良云等，2022。

空间碳源监测数据的空间分辨率对发电厂等点排放源的遥感探测非常重要，加拿大和美国的商业卫星公司启动了高空间分辨率的温室气体卫星遥感探测计划。加拿大GHGSat公司于2016年、2020年、2021年相继发射了3颗GHGSat卫星，可获得25 m分辨率的高精度温室气体遥感数据，为点排放源估算提供了新的解决方案。美国Planet公司计划发射两颗Carbon Mapper卫星，提供30m分辨率的高精度温室气体科学数据，能够实现对全球90%以上的煤炭发电厂的有效监测。

协同利用人为排放示踪气体成分的观测，是改善卫星人为排放定量估算精度的有效途径。通常，点源目标的大气CO_2浓度略高于背景CO_2浓度，这使得跟踪点源排放的大气CO_2烟羽路径成为定量人为排放的机遇和挑战。NO_2和CO等大气污染物与人为CO_2具有相同的来源，因而可以指示人为CO_2排放强度的变化，实现对人为源碳排放的优化计算。

此外，夜间灯光数据作为人类活动的直接体现，也被应用于人为源碳排放的监测。化石燃料燃烧是主要的人为碳排放途径，夜间灯光数据与能源使用密度和化石燃料燃烧碳排放密切相关。其中，工业生产过程中产生的天然气通常以火炬燃烧（gas flaring）的方式被消耗掉，这种形式的燃烧产生的烟羽在夜间图像中能被直观识别，可显著提高碳排放估算的准确性。

二、碳汇监测计量体系

碳汇监测计量主要在陆地森林、海洋和海岸带等生态系统中开展，监测对象包括碳通量、碳汇核算相关参数等，主要方法可以分为"自下而上"的清查法、通量观测法与"自上而下"的大气反演法。

（一）陆地林草碳汇

陆地林草碳汇是碳交易机制中不可或缺的部分，除了在碳吸收和生态建设方面发挥着重要作用外，在碳交易的活跃程度、区域经济协调发展中也扮演着重要角色。在碳交易的能力建设中，林草碳汇监测计量、认证核证技术与管理体系是其中的重要组成部分。碳汇估算大体可分为"自下而上"和"自上而下"两种不同方法。

1. "自下而上"碳汇监测计量

"自下而上"的估算方法是指将样点或网格尺度的地面观测、模拟结果推广至区域尺度。常用的"自下而上"方法包括清查法、涡度相关法和生态系统过程模型模拟法等。

（1）清查法

陆地林草碳汇清查法的监测和计量对象主要包括地上生物量、地下生物量、枯死木、枯落物和土壤有机质5个碳库。监测因子包括生物量测定因子、立地条件因子、地被物调查因子、人类经营活动因子及气象因子等外业调查因子（表6-4），这些监测因子通常采用样地抽样和调查的方法获取。此外，卫星遥感和无人机观测在植被高度、植被面积、叶绿素荧光等参数的监测中发挥了越来越重要的作用。

表6-4 陆地林草碳汇清查法监测因子

因子类型	因子组成
生物量测定因子	森林类型、林种、优势树种、胸径、树高、年龄（龄组）、生长等级等
立地条件因子	地貌、土壤名称、土壤厚度、地形、枯落物厚度等
地被物调查因子	植被类型、优势种名、盖度、高度、频度、分布状况等
人类经营活动因子	林分经营措施调查与记载、营造林与采伐方面记载等
气象因子	降水量、气温、湿度、日照等

（2）涡度相关法

涡度相关法根据微气象学原理，直接测定固定覆盖范围内生态系统与大气间的净CO_2交换量，据此通过尺度上演估算区域尺度净生态系统生产力（NEP）。其基本公式为

$$F = \overline{w'c'} \tag{6-2}$$

式中，F [μmol/(m²s)]是CO_2平均通量（一般平均时间长度为30 min），w是垂直方向的风速(m/s)，c是CO_2瞬时浓度（μmol/m³），$\overline{w'c'}$是w和c的协方差在一定时段内（通常为30 min）的平均值。这里要求w和c能高频测量（10 Hz以上），以计算平均时段内的协方差。

（3）生态系统过程模型模拟法

基于过程的生态系统模型通过模拟陆地生态系统碳循环的过程机制，对网格化的区域和全球陆地碳源、汇进行估算，它是陆地生态系统碳汇评估的重要工具。

2. "自上而下"碳汇监测计量

"自上而下"的估算方法主要指基于大气CO_2浓度反演碳汇，即大气反演法。该方法基于大气传输模型和大气CO_2浓度观测数据，并结合人为源CO_2排放清单，估算陆地碳汇。

各类陆地林草碳汇监测计量方法各有优缺点（表6-5），不同方法的估算结果存在一定的差异，例如，清查法估算中国陆地碳汇为0.21~0.33 Pg(C)/a，生态系统过程模型模拟法估算结果为0.12~0.26 Pg(C)/a，大气反演法估算结果则为0.17~0.35 Pg(C)/a。在实际工作中应发挥不

同方法的优势,通过"多数据、多过程、多尺度、多方法"相融合,构建更加完备的碳汇计量体系。

表6-5 陆地林草碳汇监测计量方法的优缺点

计量监测方法		优点	缺点
自下而上	清查法	样点尺度植被和土壤碳储量观测结果较准确	① 清查周期长,空间分辨率低;② 生态系统覆盖不全,如湿地等;③ 样点-区域尺度碳汇转换的不确定性较大;④ 未包含生态系统碳的横向转移
	涡度相关法	可实现精细时间尺度生态系统碳通量的长期连续定位观测,有助于理解碳循环过程对环境变化的响应及其机理	① 存在观测缺失、地形复杂、气象条件复杂、能量收支不闭合、观测仪器系统误差等问题;② 观测点人为干扰小,难以兼顾生态系统异质性;③ 无法区分农田生态系统土壤碳变化与作物收获等碳通量分量;④ 未考虑采伐、火灾等干扰因素的影响,高估了区域尺度上的生态系统碳汇
	生态系统过程模型模拟法	可定量区分不同驱动因子对陆地碳汇变化的贡献,可预测陆地碳汇的未来变化	① 模型结构和参数存在较大的不确定性;② 普遍未考虑或简化考虑生态系统管理对碳循环的影响;③ 多数模型未包括非CO_2形式的碳排放和河流输送等横向碳传输过程
自上而下	大气反演法	可估算全球尺度的碳源、汇实时变化	① 空间分辨率较低,无法准确区分不同生态系统类型的碳通量;② 反演精度受限于大气CO_2观测站点的数量与分布格局、大气传输模型和CO_2排放清单的不确定性等;③ 普遍未考虑非CO_2形式的陆地-大气间碳交换,以及国际贸易导致的碳排放转移等

(二)海洋碳汇

在开阔海区,重复水文测量是获取全球尺度海洋碳汇长期趋势的主要方法,相关数据可以通过一些公开数据库获得,如全球海洋数据分析项目(the global ocean data analysis project, GLODAP)和表层大洋CO_2地图册(the surface ocean CO_2 atlas, SOCAT)。2013年,我国科学家共同成立了"全国海洋碳汇联盟"(Pan-China Ocean Carbon Alliance, COCA),在我国近海典型海区设立了7个时间序列观测站。2014年,"未来海洋联合会"(Future Ocean Alliance, FOA)成立,并推出了《中国蓝碳计划》,针对海洋生态补偿机制、海洋可持续发展方式,提出了建立海洋碳汇标准体系、碳汇交易等的成套应对措施和解决方案。

2019年,我国科学家发起了"海洋负排放国际大科学计划"(Ocean Negative Carbon Emission, ONCE),通过开展广泛的国际合作研究,建立长时间序列海洋碳汇观测站,链接海洋负排放科学研究和实际应用。ONCE有望推动在国家和地区层面建立典型海洋环境的负排放生态示范工程,结合海洋环境模拟实验体系,建立海洋负排放多种模式。

(三)海岸带碳汇

海岸带碳汇(或海岸带蓝碳)介于开阔海区碳汇和陆地碳汇之间,其定量研究方法包括碳收支的监测、模拟实验和模型研究,其中碳收支的监测分为通量的观测和碳库的观测。研究蓝碳的量,既可以观测各类通量,算出总量,也可以直接观测碳库的变化。通量的观测属于瞬时观测,比较复杂,误差大,但优点是可以了解具体碳库变化的机理和过程,为建模提供数据基础。碳库的测量相对简单,可以得出一年或几年的变化量,但无法给出季节性变化或各个碳通量的贡献。

1. **碳通量监测**

碳通量主要采用密闭箱法和涡度相关法来测量。

（1）密闭箱法

密闭箱法的原理是利用一定大小的密闭箱（透明的和黑色的），将密闭箱的气体用气泵连通到 CO_2 或其他气体测量仪上，密闭箱盖住植被或土壤后,利用内部 CO_2 浓度单位时间的增加来测量 CO_2 通量。密闭箱法得到了广泛的应用,例如,在我国第一个以红树林为主的湿地类型的自然保护区——海南东寨港国家级自然保护区,应用密闭箱法评估出平均 CO_2 通量为 420.0 ± 26.1 mg/($m^{-2} \cdot h$),支撑了海南省首个蓝碳生态产品交易的达成。

（2）涡度相关法

涡度相关法提供大尺度的自动通量测量法,能够全年连续运行,提供日尺度和年尺度的通量值。该方法要求面积较大的均一植被和平坦地形,无法测量各类小区模拟实验。目前全球已经有几百个涡度相关法碳通量监测站,分布在各种生态系统,从陆地到近海岸,组成了全球通量网（FLUXNET）。

2. **碳库计量**

盐沼湿地、红树林和海草生态系统碳库主要包括植被碳库（地上和地下）、土壤和底泥的碳库、水体生物量。植被地上、地下部分生物量碳汇主要通过植物各部分生物量干重乘以相应的碳转换因子得到。土壤碳含量可以通过总碳分析仪测定。为了测定土壤或底泥的多年变化,可以通过打土钻的方式来测量分层的年代和碳含量。测定年代一般采用铅同位素或铯同位素方法。

红树林和海草生态系统碳库计算较盐沼湿地生态系统稍显复杂。红树林地上生物量包括乔木植物生物量碳库和林下灌丛生物量碳库。根据异速生长方程分别计算每棵树木叶片、树枝、树皮、主干、花果和根的生物量,乘以各组分相应的碳含量,把各个组分的总碳储量值相加除以样方面积,获得该样方内乔灌木生物量的碳储量。海草蓝碳测量需注意海草附生植物生物量的计算。海草附生植物是在海草叶片上生长的生物,包括藻类和其他结壳生物。

本节介绍了天空地一体碳源监测和碳汇监测计量两个体系,主要包括监测体系的构成、关键监测要素、发展现状等内容。碳源与碳汇监测可以提供局地、区域、全球等多尺度的温室气体浓度时空变化信息和源、汇信息,为应对气候变化的研究和管理工作提供基础数据,同时是碳排放权交易核算体系的重要数据来源。然而,不同的碳源和碳汇监测计量技术方法原理各异、精度差异较大、时空分辨率难以匹配,尚未形成统一的标准,难以在碳市场中直接应用。因此,如何加强不同技术方法的对比校验和时空匹配,并逐步形成碳源和碳汇监测计量标准体系,是未来需要关注的问题。

第二节
碳源与碳汇核算

碳核算可以量化并掌握温室气体排放状况。通过分析各环节碳排放的数据，识别出主要排放源，找出潜在的减排方式，科学地制定应对气候变化的政策措施。同时，碳核算对确保碳市场公平交易、促进碳排放权国际流通、免缴跨国贸易间的碳边境调节税具有重要意义。碳核算包括人类活动造成的碳排放和陆地、海洋等引起的碳汇吸收。本节将重点介绍碳排放核算方法、碳汇核算方法及绿色溢价。

一、碳排放核算方法

碳排放核算是测量人类活动向地球生物圈直接和间接排放二氧化碳及其当量气体的措施，是通过控制排放企业按照监测计划对碳排放相关参数实施数据收集、统计、记录，并将所有排放相关数据进行计算、累加的一系列活动。碳排放核算是准确掌握碳排放变化趋势、有效开展各项碳减排工作、促进经济绿色转型的基本前提。碳排放核算结果对碳交易市场的运行至关重要。下面将重点介绍碳排放核算方法、区域碳排放核算方法、行业碳排放核算方法和社区碳排放核算方法。

（一）碳排放核算方法概述

从碳排放责任主体角度出发，城市能源消费碳排放可主要分为基于生产视角和消费视角两大类。① 基于生产视角的碳排放核算方法主要核算城市行政边界内人类生产和生活直接消费的化石能源碳排放，应用较为广泛，如《IPCC国家温室气体清单指南》。② 基于消费视角的碳排放核算揭示了终端消费领域人类活动对全球气候变化的影响。由于城市与外部区域进行物质和能量交换时会产生大量的间接排放，基于消费视角核算碳排放能更科学地体现城市减排责任，避免"碳泄漏"现象发生。

1. 碳排放核算对象

碳排放核算实际上是指温室气体排放核算，包括二氧化碳（CO_2）、甲烷（CH_4）、氧化亚氮（N_2O）、氢氟碳化物（HFCs）、全氟碳化物（PFCs）、六氟化硫（SF_6）、三氟化氮（NF_3）。

不同类型的温室气体吸收红外线的能力不同，对全球增温造成的影响不同。因此，为了统一衡量不同温室气体对全球增温的影响，以CO_2为基准，将其他温室气体换算成二氧化碳当量（CO_2-eq），称为"全球增温潜势"（GWP），GWP指特定温室气体在一定时间内相当于等量CO_2的吸热能力。例如，CH_4的GWP为25，即1个单位的CH_4释放量相当于25个单位的CO_2释放量，从而可以比较不同温室气体的GWP。

2. 碳排放核算方法

20世纪末以来，发达国家政府及社会组织经过大量的统计调查研究，形成了较为系统的碳排放核算标准体系，包括国家、省份、行业、领域、企业、产品等碳排放核算。IPCC发布了《1995年IPCC国家温室气体清单编制指南》《IPCC国家温室气体清单编制指南（1996年修订版）》和《2006年IPCC国家温室气体清单指南》（以下简称《IPCC系列指南》）。

《IPCC系列指南》为各国正确核算温室气体排放量提供了依据，也提高了国与国之间温室气体排放情况的可比性，但仅核算国家边界范围内的直接排放，而未考虑间接排放（如从他国调入的电力引起的排放）。城市地理范围远小于国家，存在许多间接排放，因此《IPCC系列指南》并不完全适用于城市，但城市仍可以参考《IPCC系列指南》中关于直接排放的核算方法。常见的碳排放核算步骤如图6-3所示。

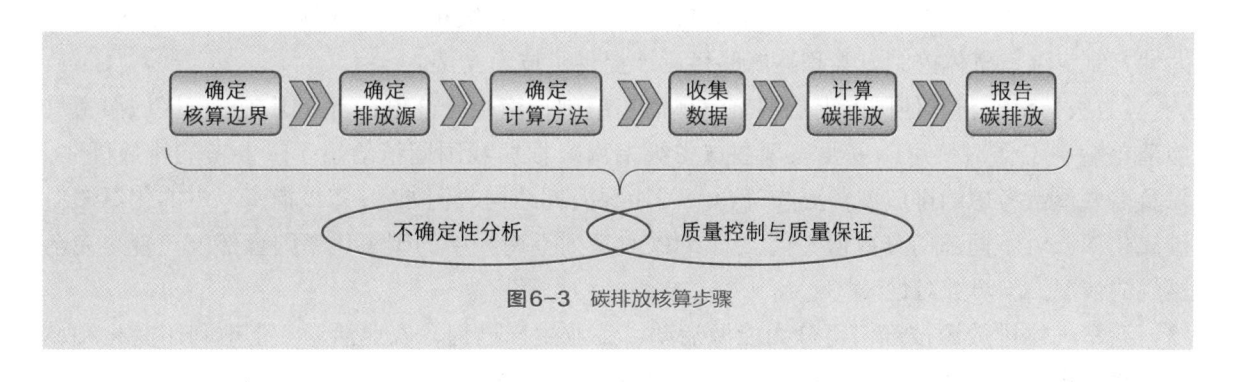

图6-3 碳排放核算步骤

目前，碳排放量的核算主要有三种方式：排放因子法、质量平衡法、实测法。其中，排放因子法是目前主要采用的核算方法。

（1）排放因子法

排放因子法也称为排放系数法，是适用范围最广、应用最为普遍的一种碳排放核算方法，是国内外温室气体排放清单编制的主要依据。该方法针对每一种排放源构造其活动水平数据（AD）和排放因子（EF），以活动水平数据与对应的排放因子的乘积作为该排放源的碳排放量估算值。

$$碳排放量 = 活动水平数据(AD) \times 排放因子(EF) \tag{6-3}$$

式中，活动水平数据是导致温室气体排放的生产或消费活动的人为活动量，如某种化石燃料的燃烧量、石灰石原料的消耗量、净购入的电量、净购入的蒸汽量等；排放因子是与活动水平数据相对应的系数，用于量化单位生产或消费活动的碳排放量或清除量。

（2）质量平衡法

质量平衡法也称为物料平衡法，因其方法简单、适用范畴较广而得到广泛使用。该方法基于具体设施和工艺流程的碳质量平衡法计算排放量，可以反映碳排放发生地的实际排放量。它不仅能够区分各类设施之间的差异，还可以分辨单个和部分设备之间的区别。

$$碳排放量 = (原料投入量 \times 原料含碳量 - 产品产出量 \times 产品含碳量 - 废物输出量 \times \\ 废物含碳量) \times 44/12 \tag{6-4}$$

(3) 实测法

实测法即实地测量法，是基于排放源的现场实测基础数据，进行汇总从而得到的碳排放量。可通过相关部门的连续计量设施测量碳排放的浓度、流量及流速，并使用国家认可的测量数据核算得到碳排放量。实测法因监测成本较高，故在我国还较少使用，但实测法监测精度较高且我国已具有实测法的技术基础，因此应继续推广实测法的应用。

(二) 区域碳排放核算方法

在《IPCC系列指南》的基础上，我国于2010年编制了《省级温室气体清单编制指南（试行）》（以下简称《省级指南》），该指南被广泛地应用于省级和地方层面温室气体清单的计算，为地方制定温室气体控制方案和达峰路径设计提供了技术支持。

《省级指南》与其他国际上的温室气体清单编制指南相比，更适合我国在进行区域温室气体清单编制工作时使用，主要表现在《省级指南》根据我国国情给出了供参考的排放因子，以及需要重点考虑的排放源，更加符合我国能源消耗结构。例如，《省级指南》中的化石燃料碳氧化率针对不同部门其数值不同，而《IPCC系列指南》中的碳氧化率则全部统一视为完全燃烧的情况，不具针对性。

温室气体排放源按部门可分为能源活动、工业生产过程、农业活动、土地利用变化和林业及废弃物处理。表6-6为温室气体排放源对应的气体种类。

表6-6 温室气体排放源对应的气体种类

温室气体种类	CO_2	CH_4	N_2O	HFCs	PFCs	SF_6
能源活动	√	√	√			
工业生产过程	√			√	√	√
农业活动		√	√			
土地利用变化和林业	√	√	√			
废弃物处理	√	√	√			

资料来源：《省级温室气体清单编制指南（试行）》

1. 能源活动

能源生产和消费活动简称能源活动。它是温室气体的重要排放源。发达国家能源活动的碳排放一般占碳排放总量的75%，我国能源活动的碳排放一般占碳排放总量的85%以上。省级能源活动温室气体核算的范围主要包括：化石燃料燃烧活动产生的二氧化碳、甲烷和氧化亚氮排放，生物质燃料燃烧活动产生的甲烷和氧化亚氮排放，煤矿和矿石活动产生的甲烷逃逸排放，以及石油和天然气系统产生的甲烷逸逸排放。

2. 工业生产活动

工业生产过程碳排放指的是工业生产加工过程中除燃料燃烧等能源活动碳排放之外的其他化学反应过程或物理变化过程的温室气体排放。例如，水泥行业石灰石分解产生的排放属于工业生产过程排放，而石灰窑燃料燃烧产生的排放不属于工业生产过程排放。工业生产环节多，过程复杂，其碳排放与生产设备、工艺流程和生产技术紧密相关。

3. 农业活动

农业包括种植业与养殖业等部门，其生产过程伴随着大量的碳排放。农业碳排放核算的温室气体种类包括甲烷和氧化亚氮。省级农业温室气体清单包括四个部分：稻田甲烷排放、农用地氧化亚氮排放、动物肠道发酵甲烷排放、动物粪便管理甲烷排放和氧化亚氮排放。

4. 土地利用变化和林业

土地利用变化对陆地生态系统碳循环的影响主要取决于生态系统类型和土地变化的方式，它既可能成为碳排放源，也可能成为碳汇。例如，森林砍伐或毁林后向草地和农田或其他土地类型（如建设用地）的转化，就发挥了碳排放源的作用；通过退耕还林还草、合理抚育和完善管理等保护性经营措施，可以减少森林的碳排放，就发挥了碳汇的作用。

5. 废弃物处理

废弃物种类繁多，主要产生于如下场所：住户、办公室、商场、市场、饭店、公共机构、自来水厂及污水设施、建筑和农业活动。其中，固体废物主要为城市固体废物、工业固体废物、污泥和其他固体废物（包括医疗废物、危险废物和农业废物），废水包括生活污水（家庭废水、商业废水和非有害工业废水的混合体）和工业废水（工业活动的各个环节产生的废水）。

废弃物处理温室气体排放清单包括城市固体废物（主要是指城市生活垃圾）填埋处理产生的甲烷排放量、生活污水和工业废水处理产生的甲烷和氧化亚氮排放量，以及固体废物焚烧处理产生的二氧化碳排放量。

(1) 城市固体废物填埋处理产生的甲烷排放量

估算公式为

$$E_{CH_4} = (MSW_T \times MSW_F \times L_0 - R) \times (1 - OX) \quad (6-5)$$

式中，E_{CH_4} 指的城市固体废物产生量（万 t/a）；MSW_T 指总的城市固体废物产生量（万 t/a）；MSW_F 指城市固体废物填埋处理率；L_0 指各管理类型垃圾填埋场的甲烷产生潜力 [万 t（甲烷）/万 t（城市固体废物）]；R 指甲烷回收量（万 t/a）；OX 指氧化因子。

(2) 生活污水处理产生的甲烷排放量

估算公式为

$$E_{CH_4} = (TOW \times EF) - R \quad (6-6)$$

式中，E_{CH_4} 指清单年份的生活污水处理甲烷排放总量 [万 t（甲烷）/a]；TOW 指清单年份的生活污水中有机物总量 [kg（BOD）/a]；EF 指排放因子 [kg（甲烷）/kg（BOD）]；R 指清单年份

的甲烷回收量 [kg(甲烷)/a]。

例如，某县城某年全县污水处理厂去除的生活污水COD含量为2 000 t。请核算该过程产生的CH_4排放量。

根据该县城所在地区的BOD与COD转换关系（0.51），将COD含量转换为BOD含量。甲烷修正因子（MCF）取全国平均值0.165（集中处理类）；甲烷最大产生能力（B_0）采用指南推荐值 [生活污水为0.6 kg(CH_4)/kg(BOD)]；甲烷回收量（R）根据该县城实际情况取0。根据生活污水处理甲烷排放核算方法计算得出，该县城这一年的生活污水产生的CH_4排放量为101 t。

（三）行业碳排放核算方法

国家发展和改革委员会于2013—2015年先后分三批编制公布了针对24个行业的企业温室气体排放核算方法与报告指南。该系列指南依据我国国民经济行业进行分类，每个行业指南中都给出了相应的适用范围供核算企业参考，且针对国内具体行业的特点给出了温室气体核算注意事项说明，是专门针对国内行业、企业的温室气体核算指南。下面仅介绍几种典型行业的碳排放核算方法。

1. 钢铁行业

钢铁行业是以从事黑色金属矿物采选和黑色金属冶炼加工等工业生产活动为主的工业行业，是国家重要的原材料工业之一，也是碳排放量较大的行业之一。钢铁生产的主要工艺流程包括混矿、烧结、球团、炼钢、炼铁、轧钢等。

钢铁生产企业的CO_2排放总量等于企业边界内所有的化石燃料燃烧排放量、工业生产过程排放量，以及企业净购入电力和净购入热力隐含产生的CO_2排放量之和，再扣除固碳产品隐含的排放量，估算公式如下：

$$E_{CO_2} = E_{燃烧} + E_{过程} + E_{电和热} - E_{固碳} \tag{6-7}$$

（1）化石燃料燃烧排放量（$E_{燃烧}$）：净消耗的化石燃料燃烧产生的CO_2排放，包括钢铁生产企业内固定源排放（如焦炉、烧结机、高炉、工业锅炉等固定燃烧设备），以及用于生产的移动源排放（如运输用车辆及厂内搬运设备等）。

（2）工业生产过程排放量（$E_{过程}$）：钢铁生产企业在烧结、炼铁、炼钢等工序中由于其他外购含碳原料（如电极、生铁、铁合金、直接还原铁等）和熔剂的分解及氧化产生的CO_2排放。

（3）净购入电力和热力对应的排放量（$E_{电和热}$）：企业净购入电力和净购入热力（如蒸汽）隐含产生的CO_2排放。

（4）固碳产品隐含的排放量（$E_{固碳}$）：钢铁生产过程中有少部分碳被固化在企业生产的生铁、粗钢等外销产品中，还有一小部分碳被固化在以副产煤气为原料生产的甲醇等固碳产品中。

2. 水泥行业

水泥是世界范围内的基础性建筑材料，广泛应用于土木建筑、水利、国防等工程，在国民经济发展中具有重大作用。中国是水泥生产大国，总产量连续20多年位居世界第一。水泥生产的主要工艺流程包括原料破碎及均化、生料制备及均化、预热及分解、回转窑中熟料的烧成、水泥粉磨、水泥入库储存等。

水泥生产企业的CO_2排放总量等于企业边界内所有的化石燃料燃烧排放量、工业生产过程排放量及净购入电力和热力对应的排放量之和。

$$E_{CO_2} = E_{燃烧} + E_{过程} + E_{电和热} \quad (6-8)$$

（1）化石燃料燃烧排放量（$E_{燃烧}$）：水泥窑中使用的实物煤炭、热处理和运输等设备使用的燃油等产生的排放。

（2）工业生产过程排放量（$E_{过程}$）：水泥生产过程中，原材料碳酸盐分解产生的二氧化碳排放，包括熟料对应的碳酸盐分解排放、窑炉排气筒（窑头）粉尘对应的排放和旁路放风粉尘对应的排放。

（3）净购入电力和热力对应的排放量（$E_{电和热}$）：水泥企业净购入使用的电力和热力（如蒸汽）对应的电力和热力生产活动的CO_2排放。

例如，某水泥企业现有四条水泥熟料生产线，三条5 000t/d、一条10 000t/d新型干法水泥熟料生产线和一条水泥粉磨生产线。年均约消耗煤炭120万t、电力2.6亿kW·h。年均生产熟料900万t，其中，熟料中CaO的含量为65%，MgO的含量为2%。请核算该企业该年产生的CO_2排放量。

$$\begin{aligned} E_{CO_2} &= E_{燃烧} + E_{过程} + E_{电和热} \\ &= 1\,200\,000 \times 1.74 + 9\,000\,000 \times (65\% \times 44/56 + 2\% \times 44/40) + 260\,000 \times 0.515 \text{ t} \\ &= 2\,088\,000 + 4\,794\,428 + 133\,900 \text{ t} = 7\,016\,328 \text{ t} \approx 700 \text{万t} \end{aligned}$$

其中，1.74是根据燃煤的平均低位发热量、单位热值含碳量、碳氧化率核算的排放因子，0.515是该企业所在区域当年的电力碳排放因子。

（四）社区碳排放核算方法

社区作为城市化进程中最重要的承载物，其能源的消耗量及温室气体排放量会直接影响城市乃至国家的低碳发展路线。目前可参考《上海市低碳示范创建工作方案》开展低碳社区等的碳排放核算。

1. 核算领域

考虑能耗或碳排放数据的可计量和可获得性，碳排放核算边界包括：① 建筑，社区内部公共建筑和居住建筑用电、用气产生的碳排放；② 交通，社区内部居民私家车用气、用电产生的碳排放；③ 废弃物处理，生活垃圾处理等产生的碳排放；④ 碳汇，社区内植物碳汇的减碳量；⑤ 碳普惠，社区居民低碳行动产生的碳减排量；⑥ 国家核证自愿减排量（China certified emission reduction，CCER），社区购买的自愿减排量。

2. 核算要素

实施社区层面的碳排放核算，区域碳排放监测、计量和核算体系需要包含以下几方面的边界内容，即① 核算主体：管理主体（业主、开发商或物业公司配合执行）；② 核算物理边界：社区居民委员会、开发商或物业公司所管辖的范围；③ 核算运行边界：社区固定源、移动源产生的直接排放和外购电力、热力的间接排放及碳汇减量等；④ 数据获取来源：能源账单或台账等。

3. 核算方法

园区/社区碳排放核算公式为

$$碳排放量 = \sum_{i} 能源使用活动水平数据_i \times 排放系数_i - 碳汇面积 \times 固碳系数 \qquad (6-9)$$

其中，能源使用活动水平数据扣减社区内的可再生能源上网电量，排放系数取所在区域当年的排放系数。考虑植物对二氧化碳具有的固碳作用的计算，固碳系数取所在区域单位林地面积平均CO_2固定量。

二、碳汇核算方法

碳汇主要包括陆地碳汇和海洋碳汇。陆地碳汇的核算尤其是森林碳汇的核算有了明确的指南与标准，但是海洋碳汇技术尚处于起步阶段，暂未形成完整的核算技术框架，目前可参考深圳市大鹏新区编制的全国首个《海洋碳汇核算指南》。下面将重点介绍陆地碳汇核算方法和海洋碳汇核算方法。

（一）陆地碳汇核算方法

陆地碳汇包括森林、草原及湿地碳汇等部分。

1. 区域陆地生态系统碳收支估算

区域陆地生态系统碳收支估算方法主要指"自下而上"的估算方法，是指将样点或网格尺度的地面观测、模拟结果推广至区域尺度。常用的方法包括清查法和生态系统过程模型模拟法等。

清查法主要基于不同时期资源清查资料的比较来估算陆地生态系统（主要是植被和土壤）碳储量变化，即陆地生态系统碳汇强度；基于过程的生态系统模型通过模拟陆地生态系统碳循环的过程机制，对网格化的区域和全球陆地碳源、汇进行估算，它是包括全球碳计划在内的众多全球和区域陆地生态系统碳汇评估的重要工具。

2. 森林碳汇核算

森林碳汇包括乔木林（林分）、竹林、经济林、国家有特别规定的灌木林和其他木质生物质生物量碳贮量变化。

（1）乔木林生物量生长碳吸收

根据本省级行政区森林资源调查数据，获得乔木林总蓄积量（$V_{乔}$）、各优势树种（组）蓄积量（V_l）、活立木蓄积量年生长率（GR）；通过实际采样测定或文献资料统计分析，获得各优势树种（组）的基本木材密度（SVD）和生物量转换系数（BEF），并计算全省级行政区平均的基本木材密度（$\overline{SVD}$）和生物量转换系数（$\overline{BEF}$），从而估算本省级行政区乔木林生物量生长碳吸收（$\Delta C_{乔}$）：

$$\Delta C_{乔} = V_{乔} \times \mathrm{GR} \times \overline{\mathrm{SVD}} \times \overline{\mathrm{BEF}} \times 0.5 \tag{6-10}$$

$$\overline{\mathrm{SVD}} = \sum_{i=1}^{n} \left(\mathrm{SVD}_i \cdot \frac{V_i}{V_{乔}} \right) \tag{6-11}$$

$$\overline{\mathrm{BEF}} = \sum_{i=1}^{n} \left(\mathrm{BEF}_i \cdot \frac{V_i}{V_{乔}} \right) \tag{6-12}$$

其中，0.5为生物含碳率，下同。

(2) 竹林、经济林、灌木林生物量生长碳吸收

它们通常在最初几年生长迅速，并很快进入稳定阶段，生物量变化较小。因此主要根据竹林、经济林、灌木林面积变化和单位面积生物量来估算生物量碳贮量变化。具体公式为

$$\Delta C_{竹|经|灌} = \Delta A_{竹|经|灌} \times B_{竹|经|灌} \times 0.5 \tag{6-13}$$

式中，$\Delta C_{竹|经|灌}$ 为生物量碳贮量变化，t（碳）；$\Delta A_{竹|经|灌}$ 为面积年变化，hm²；$B_{竹|经|灌}$ 为平均单位面积生物量，t（干物质）。

3. 湿地碳汇核算

湿地碳汇主要存储在湿地植被和土壤中，一般当湿地植被生长繁茂时，土壤呼吸相对较小，湿地有机碳汇的增量即为植被生物增加量换算成干物质计算出的有机碳增量。常见的碳汇估算方法为

$$\mathrm{WTOCS} = 1\,000 \times A_1 \times P \times C + 1\,000 \times A_2 \times D \tag{6-14}$$

式中，WTOCS为湿地有机碳储量，t；A_1为湿地植被覆盖面积，m²；A_2为湿地生态系统面积，m²；P为湿地单位面积平均生物量（干重），kg/m²；C为生物量（干重）的碳储量系数，一般取0.45；D为湿地平均土壤碳密度，kg/m²。

陆地生态系统碳汇"可测量、可报告、可核查"原则是制定中国减排增汇政策的重要科学基础。未来在进一步完善各估算手段的基础上，亟须通过"多数据、多过程、多尺度、多方法"手段相融合，构建天空地一体化的中国陆地生态系统碳收支计量体系。

(二) 海洋碳汇核算方法

海洋碳汇将纳入国际碳排放权交易市场，并成为一个涉及国际权益的热点领域。对海洋碳汇进行准确核算，可促进海洋生态环境保护与修复，形成新的海洋经济增长点。

1. 海洋碳汇核算

为科学评估海洋碳汇的资源价值，推进海洋蓝碳资源价值市场化，深圳市大鹏新区率先开展覆盖辖区海域的海洋碳汇核算研究，编制了全国首个《海洋碳汇核算指南》，构建了具有可操作性的海洋碳汇标准体系。

海洋碳汇能力按如下公式计算：

$$C_{\mathrm{ocean}} = \sum C_i \tag{6-15}$$

式中，C_{ocean}为海洋碳汇能力，g/a；C_i为第i种海洋碳汇类型（包括红树林、盐沼湿地、海草床、

浮游植物等）的碳汇能力，g/a。

$$C_i = C_s + C_p \tag{6-16}$$

（1）C_s 表示不同海洋碳汇类型沉积物的碳汇能力，g/a；

$$C_s = \rho \times S \times R \times A \tag{6-17}$$

式中，ρ 为沉积物容重，g/cm^3；S 为沉积物有机碳含量，mg/g；R 为沉积物沉积速率，mm/a；A 为面积，m^2。

（2）C_p 表示不同海洋碳汇类型植物的碳汇能力，g/a。

$$C_p = \sum (A_i \times P_i \times CF_i) \tag{6-18}$$

式中，i 为不同站位；A 为不同海洋碳汇类型的面积，m^2；P 为不同海洋碳汇类型的植物年净初级生产力，$g/(m^2 \cdot a)$；CF 为不同海洋碳汇类型的植物评价含碳比例。

2. 海洋碳汇经济价值核算

海洋碳汇经济价值核算是推动海洋碳汇市场交易、促进海洋环境保护和生态修复的前提和基础。常用的海洋碳汇经济价值测算方法包括以下几种。

（1）市场价值法：直接采用产品市场参考价格；

（2）替代成本法：以人工成本作为替代参考价格；

（3）直接成本法：以投入成本衡量其价值；

（4）收益价值法：以成果出售的总收益衡量其价值；

（5）旅游费用法：以游客旅游总费用与消费者剩余价值之和测算海洋碳汇价值；

（6）碳税法：以对排放单位二氧化碳征收的税额衡量二氧化碳价格来测算海洋碳汇价值；

（7）碳交易价格法：以碳交易所的市场交易价格作为二氧化碳的价格来测算海洋碳汇价值；

（8）意愿价值法：根据人们意愿支付的最高价格或能够接受的最大赔偿价格来测算海洋碳汇价值。

具体核算过程采取分类核算、逐级汇总的原则。即由小类到大类进行分别核算，逐级汇总，最终得出海洋碳汇的总经济价值。贝类、甲壳类产品及可食用藻类等部分指标具有可参考市场价格，可直接采用市场价值法进行测算。其余指标由于无具体交易市场，难以直接界定其价格，因此可采用替代成本法、旅游费用法、意愿价值法等方法进行测算。

三、绿色溢价

绿色溢价是给温室气体赋予价值的碳交易，激励企业去改进技术，降低碳排放的成本。下面将重点介绍绿色溢价的特点、不同行业的绿色溢价和绿色溢价的影响因素。

（一）绿色溢价的特点

"绿色溢价"（green premium）概念由比尔·盖茨提出，是指使用零碳排放的燃料（或技术）比使用现在的化石能源（或技术）高出的成本。

表6-7所列为使用"零碳"替代燃料替代当前燃料的绿色溢价。例如，目前使用的美国航空煤油的平均零售价约为2.22美元/加仑（约合人民币4元/升），而供喷气式飞机使用的高级生物燃料价格约为5.35美元/加仑（约合人民币9.6元/升）。绿色溢价就是二者之间的差额，即3.13美元/加仑（约合人民币5.6元/升），绿色溢价达到原有燃料价格的141%。

表6-7 使用"零碳"替代燃料替代当前燃料的绿色溢价

燃料类型	零售价/(美元·加仑$^{-1}$)	"零碳"选项/(美元·加仑$^{-1}$)	绿色溢价与原有燃料价格之比/%
汽油	2.43	5.00（先进生物燃料）	106
汽油	2.43	8.20（电燃料）	237
柴油	2.71	5.50（先进生物燃料）	103
柴油	2.71	9.05（电燃料）	234
航空煤油	2.22	5.35（先进生物燃料）	141
航空煤油	2.22	8.80（电燃料）	296
船用燃料	1.29	5.50（先进生物燃料）	326
船用燃料	1.29	9.05（电燃料）	602

资料来源：（美）比尔·盖茨. 气候经济与人类未来[M]. 北京：中信出版集团，2018.

"绿色溢价"具有以下几点优势：① 更好的综合性。绿色溢价的分析框架能够包含碳价格的影响，可以作为碳税、碳交易的载体，较已有的各类指标具有更好的综合性。② 更好的可评估性。这一工具不涉及对未来环境影响折算等长期不确定性的评估，估算的是当前的成本差异，使用过程中可评估性和可操作性更强。③ 更有利于促进技术创新。降低绿色溢价的核心在于创新，这一理念的使用能够引发更多对技术创新的关注，并促进技术提升。

因此，从一定意义上看，碳中和的关键即是在于降低绿色溢价。一旦绿色溢价为零，就意味着碳中和的生产技术非常成熟，没有必要再使用化石能源。绿色溢价是企业愿意为购买碳排放量支付的金额的上限。在通常情况下，减排成本低的企业会率先减排，而成本高者则不愿意减排，这时碳交易市场就用碳价来作"指挥棒"，减排不达标的企业去市场上购买碳排放的配额，一旦购买的费用超过了技术改造费用，就是超出了绿色溢价的额度，那么，这时企业就会倾向于进行绿色转型，通过改进技术来降低碳排放量。

（二）不同行业的绿色溢价

不同行业的绿色溢价存在巨大的差异，最高的建材与最低的有色金属之间差了近38倍。如何理解这种差异？需要将八大高排放行业划分为三大类：电力、交通运输业和制造业（建材、化工、钢铁、造纸、石化、有色金属）。这三类行业的生产方式存在较大差别，需要分开讨论。

1. 电力绿色溢价

电力绿色溢价等于从不产生排放的能源获得电力的额外成本，这些能源包括风能、太阳能、核能和加装了碳捕集技术的化石燃料电厂。从发电环节看，绿色溢价已经为负。目前水电和风电成本低于火电，核电和光伏成本略高于火电，按照当前电力能源的结构测算（火电占66%、水电占19%、风电占6%、核电占5%、光伏占4%），清洁能源综合发电成本低于火电。

但是在电力消纳环节，碳中和成本较高，综合考虑估计2021年电力行业绿色溢价为17%。电网接纳新能源，需要在辅助服务市场增加电网资源的调度灵活性，包括火电机组调节功率、抽水蓄能机组抽水、储能电站充电等方式。消纳成本会随着风电和光伏在发电结构中占比的上升而增加。目前火电调峰仍然是成本最低的电网调度消纳方式。在电力消纳环节出现新技术大幅降低成本以前，火电退出电力系统的可能性很小。

得益于规模效应、材料替换和效率提升，非化石能源技术取得进步，风电、光伏成本大幅下降，零碳排放电力能源已经具备可行性，即使考虑电网成本，电力能源都有望在10年内实现负的绿色溢价。

2. 交通运输业绿色溢价

交通运输业包括公路、铁路、航空、航运等不同运输方式，绿色溢价存在较大差别，中国金融相关行业组估计2021年交通运输业总体绿色溢价与原有燃料价格的比值为68%。在现有技术条件下，交通运输各个子行业实现零碳排放需要采用不同手段。

假定乘用车、中型卡车、轻型卡车和铁路用清洁电力，重型卡车、航空和航运用氢能，估计各子行业绿色溢价与原有燃料价格的比值为：公路客运18%、公路货运127%、航空343%、航运319%、铁路 −29%。氢能成本远高于清洁电力成本，因此重型卡车、航空、航运绿色溢价远高于公路客运和轻型卡车，未来绿色溢价下降也需要氢能技术的成熟。目前铁路电气化不断上升，绿色溢价已经为负。

3. 制造业绿色溢价

在现有技术条件下，制造业绿色溢价和生产技术有关，水泥、化工等高排放行业需要采用高成本的碳捕集等技术实现零碳排放。相关测算结果表明，2021年高碳排放制造业绿色溢价与原有燃料价格的比值分别为：建材138%、化工53%、钢铁15%、造纸11%、石化7%、有色金属4%。

当下绿色溢价偏高，除了生产过程电气化水平提升带来的成本增加外，主要是因为部分产品生产工艺存在不可避免的原料使用和化石能源燃烧，需要借助氢能、碳捕集技术实现碳中和目标，而这些技术尚不成熟，使用成本较高。

（三）绿色溢价的影响因素

经济层面的技术成熟度是决定绿色溢价的重要因素。绿色溢价是一个更具有兼容性的分析框架，降低绿色溢价可通过两种方式：① 主流的碳定价做法，即通过碳税或者碳市场的定价机制实现负外部性的内部化，以提升现有排放技术的生产成本；② 促进技术进步，提升零碳排放技术的经济成熟度，以降低零碳排放技术的生产成本。

然而，绿色溢价目前仍然处于概念阶段，在实施过程中还存在一些具体问题。例如，相比碳价格的统一标准，绿色溢价在不同行业存在较大差异，绿色溢价的计算涉及商业模式、技术条件等要素的分析，为具体使用带来了难度。

本节介绍了碳源与碳汇的核算方法及绿色溢价。科学的碳核算是我国摸清碳排放家底，参与碳市场碳交易的重要依据。全球金融机构对企业和资产的碳排放核算取得了较大进展，碳核算范围不断扩展，碳核算方法不断完善。当前我国已初步形成了从国家到地方、从企业到产品的温室气体核算体系，为成立碳交易市场、推动产业升级等提供了可能。未来应当对不同类型的金融资产分阶段、分步骤地推行碳核算，逐步覆盖各类金融资产，并采用数字化推动碳核算，帮助企业更好地摸清自己的碳家底，更好地打造碳减排路径。进一步推动绿色溢价发展，给温室气体赋予价值的碳交易，激励企业去改进技术，降低碳排放的成本。

第三节
碳市场运行

碳市场（carbon market）是碳排放权交易市场（carbon emissions trading market）的简称，是相关主体根据法律规定依法买卖温室气体排放权的标准化市场。碳市场由国家或企业间通过强制或自愿减排原则规定排放上限，将碳排放的权利作为标的进行公开交易，通过市场机制来引导实体企业节能减排，代表了未来世界经济发展和气候治理的主流趋势。碳市场基本架构如图6-4所示。本节将重点介绍碳市场交易、碳市场配额与抵消、碳市场监管及碳金融。

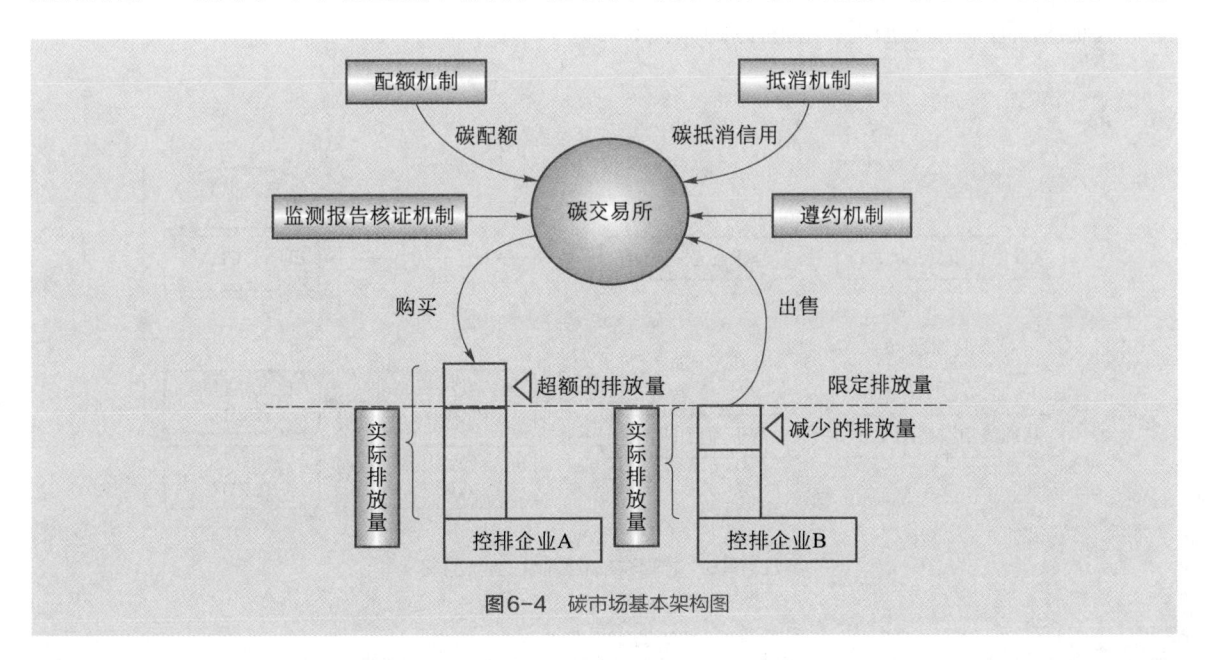

图6-4 碳市场基本架构图

一、碳市场交易

碳排放权交易作为一种基于市场的政策工具，有着明显的优势：一方面，政府能够以较低的成本实现碳排放总量的控制目标，由政府来事先设定碳市场交易的碳排放权总量上限，随后在这个限制范围内，市场内各微观主体（如一个高排放企业）通过交易来使自身实际排放量和排放权相等；另一方面，碳市场为企业提供了长效的利益驱动机制和优胜劣汰的竞争机制，碳市场中排放量较小的企业，也通过卖出多余的排放权而获利，反之排放量较大的企业由于购买排放权而增加了生产成本。下面将重点介绍碳排放权、交易原理和交易标的、交易参与者及世界主要碳市场和交易所。

（一）碳排放权

碳排放权（carbon emission permit，亦称碳权）可以交易的前提是将碳排放权开发成为一种特殊的、稀缺的有价商品。1997年签署的《京都议定书》第一次赋予温室气体排放权法律效力，同时，设计了国际排放贸易机制（emission trading，ET）、联合履约机制（joint implementation，JI）和清洁发展机制（clean development mechanism，CDM）三种市场机制，构建了国际碳市场的雏形。2005年1月1日，欧盟正式启动了全球第一个跨国碳排放权交易市场，即欧盟排放权交易系统（EU Emissions Trading System，EU ETS），这个市场也是目前世界上发展最成熟的碳市场。

（二）交易原理和交易标的

碳排放交易机制是开展碳交易的基本制度框架，是碳市场最重要的主体架构，下面介绍交易机制的原理和基于原理产生的标的（图6-5）。

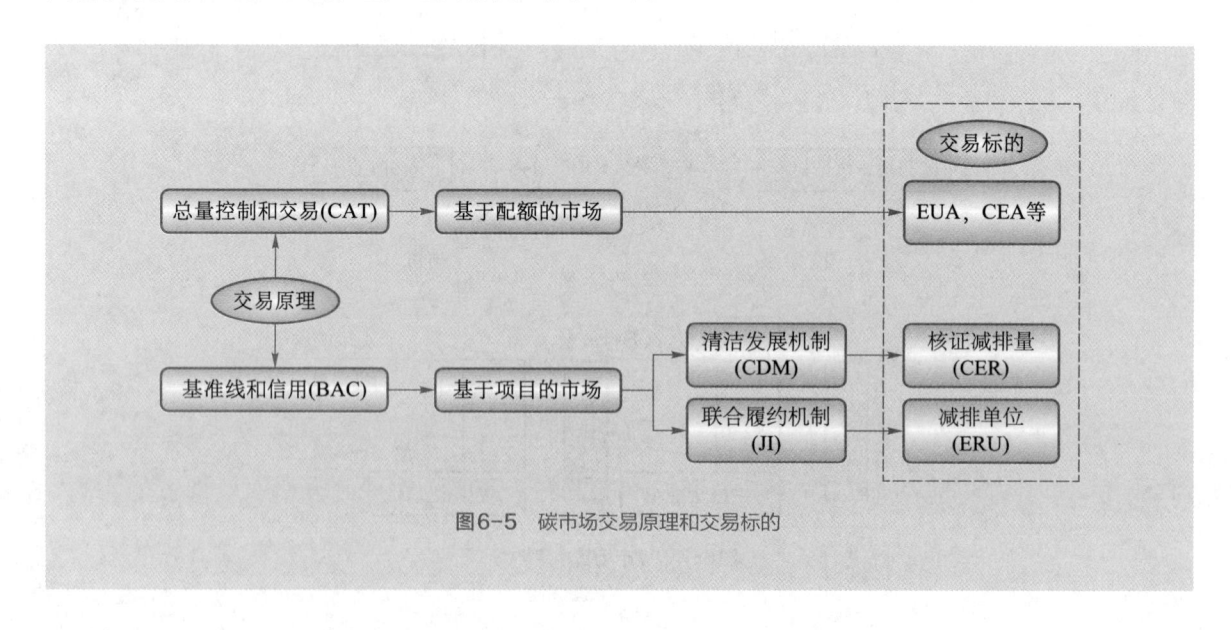

图6-5 碳市场交易原理和交易标的

1. 交易原理

碳市场交易制度有两种交易原理，分别是总量控制和交易（cap and trade，CAT，或称限额和交易），以及基准线和信用（baseline and credit，BAC）。在CAT原理下，管理者事先制定总排放额度，然后将这一总额度分解成若干单位，通过无偿分配或拍卖的模式将初始排放额度分配给参与碳市场的主体企业，形成碳配额（carbon allowance），企业根据自身的实际需要来进行碳配额的买卖。

如果企业实际碳排放量少于初始的配额，那么可以出售多余配额获得收益，而如果企业排放量大于配额，就必须购买额外的配额以避免处罚。这种交易原理产生的市场被称为基于配额的市场（allowance-based market，简称配额市场）。配额市场是强制型碳市场，被纳入温室气体排放管控的企业必须强制参与并保证自身实际排放量和碳配额最终一致，否则将面临惩罚。目前世界上绝大多数碳市场都是配额市场，配额交易在碳市场中占据统治地位。

2. 交易标的

交易标的（object of transaction）可通俗地理解为买卖双方权利和义务所指的交易对象（或称交易产品、交易品种），一般是特定物品或商品。在配额市场上的交易标的为各种碳配额，如EU ETS的碳配额（EU allowance，EUA），我国全国碳市场碳排放配额（Chinese emission allowance，CEA）等。

在BAC原理下，管理者根据经济主体的排放水平和减排目标确定一个基准线（如单位能耗、单位产出的排放率等），低于基准线的排放或者特定的碳吸收项目，经过认证后获得核证减排单位，可在碳市场中流通并进行交易。受到排放配额限制的国家或企业，可通过购买这种核证减排单位来调整所面临的排放约束，从而抵消一部分配额，因此这种交易机制称为抵消机制。

这种交易主要涉及项目的开发，因此产生的交易市场称为基于项目的市场（project-based market，简称项目市场，或者抵消市场）。CDM和JI便是两类最重要的项目类型，CDM项目下认定的交易标的称为核证减排量（certified emission reduction，CER），JI项目下认定的交易标的称为减排单位（emission reduction unit，ERU）。在项目市场上交易的各种标的，统称为碳抵消信用（carbon offset credits），简称碳信用，一单位碳抵消信用等效于一单位配额，两者均对应于1 t二氧化碳排放许可。

由于目前全球尚未建立统一的碳市场，各地区发放并交易的碳配额并不能完全对等流通。在项目市场上，各地区碳市场多数认同并交易CER。此外，部分碳市场也签发认证自己的减排项目，例如，我国对标CER制定的国家核证自愿减排量（CCER）在我国全国碳市场交易流通。

3. 碳排放权交易模式

两种交易原理将碳排放权交易机制分成了三种模式，分别是限额交易模式、基准线信用模式及混合模式。前两种模式分别对应了两种交易原理，而混合模式则是前两者的组合。在实践中，限额交易模式下的配额市场占据着主导地位，是政府强制力保证实施的交易，交易规模远远大于项目市场，发挥碳排放权价格发现的基础功能，决定着全球碳价格。项目市场往往属于自愿交易，在增加市场流动性，提升全社会减排意识等方面发挥重要作用，是配额市场的重要补充。混合模式可兼具前两种模式的优点，是目前主流的交易模式，在混合模式下，市场同时交易配额和碳抵消信用两种标的，例如，我国全国碳市场上同时交易CEA和CCER，如图6-6所示。

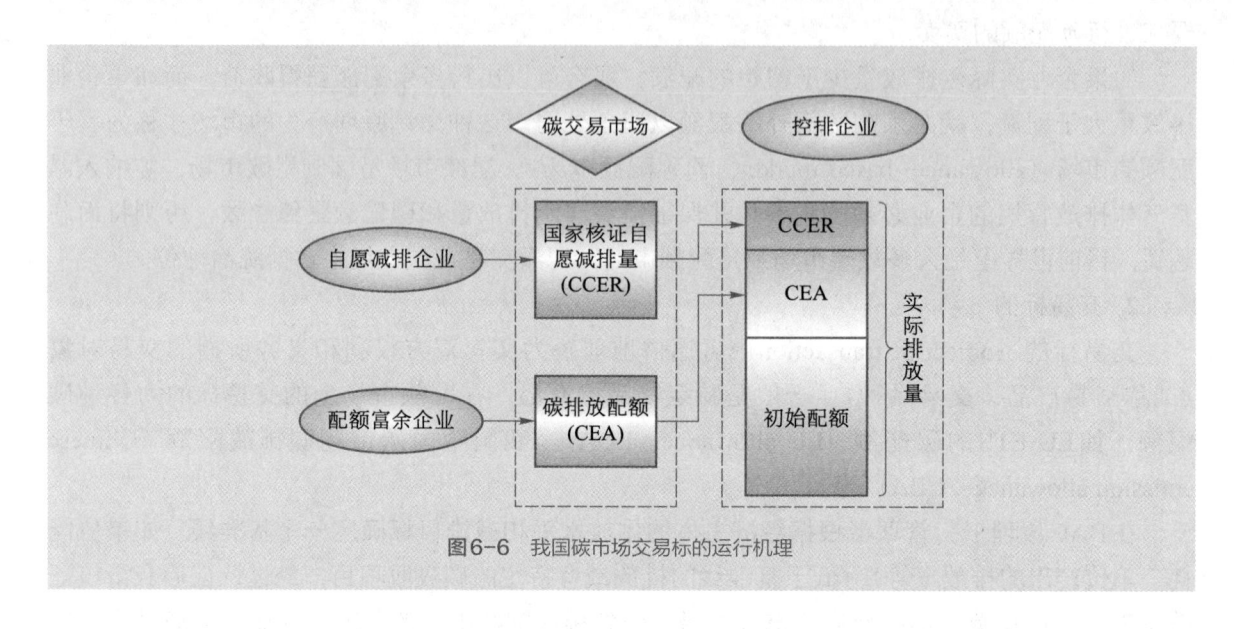

图6-6 我国碳市场交易标的运行机理

假设有A、B、C三家企业，政府规定这三家企业每年的碳排放都是10万t。重点控排A企业由于引进了先进的技术，今年只排放了8万t；重点控排B企业表现不佳，排放了12万t；而C企业并不是国家强制要求的控排企业，但通过碳市场的抵消项目，自愿减少了2万t的碳排放，并获得认证的碳抵消信用。那么在碳市场上，配额亏损的B企业既可以向A企业购买2万t的配额，也可以向C企业购买2万t的碳抵消信用。

（三）交易参与者

在碳市场中交易参与者按照地位可分为主体参与者和辅助参与者（表6-8）。主体参与者一般指碳配额或者碳抵消信用的供给方、需求方、交易方和参与碳市场的重点金融机构；辅助参与者指通过提供服务来促成买卖双方交易的参与者，如经纪人、评级机构和咨询机构等。

表6-8 碳市场交易参与者

	参与者	主要作用
主体参与者	政府	碳配额的供给者，碳抵消信用的购买者
	减排企业	市场最主要参与者，碳配额和碳抵消信用的供需方、交易方

续表

	参与者	主要作用
主体参与者	项目开发商	碳抵消信用的原始供给者
	碳基金	为CDM项目提供资金，购买核证减排量并出售，投资支持技术研发
	投机商	增加市场流动性和活跃度
	商业银行	信贷融资，金融衍生品的开发和交易
辅助参与者	经纪人	为市场上买卖双方提供中介服务
	登记平台	为市场登记系统提供基础设施服务
	第三方核证机构	碳抵消信用的核证及碳配额检测报告核证
	保险公司	帮助企业和项目开发商规避风险
	咨询机构	为碳市场参与者提供咨询服务
	专业服务机构	提供会计、法律、税务等服务
	评级机构	将碳排放规范纳入公司信用，债券评级

（四）世界主要碳市场和交易所

为了促进实现温室气体减排目标，欧盟、美国、澳大利亚、日本等国家和国际组织纷纷建立了自己的碳市场，极大地推动了全球碳市场的发展。但是在官方文件中各国和各地区多数以排放交易体系（emission trading system，ETS）来命名各自的碳市场。每个交易体系下往往同时包含几个交易所，交易所是碳市场最重要的载体，是碳市场最活跃的交易平台，向碳排放权的买卖双方提供交易场所、设施及相关服务等辅助条件，便于交易双方及时、准确地了解和使用信息，提高交易效率。表6-9介绍了世界上主要的碳市场和交易所。

我国于2013年开始，先后在北京、上海、广东、天津、湖北及重庆开展试点交易，随后福建和四川自愿参加试点。试点地区均建立了各自的交易所，交易品种为有差异性的地区碳配额和CCER。地方试点碳市场运行平稳，各省（直辖市）碳市场试点共覆盖电力、钢铁、水泥等20余个行业近3 000家重点排放单位，截至2022年7月8日，试点碳市场配额累计成交量达5.37亿t，成交额达136.76亿元。

在试点的经验基础上，2021年7月我国正式启动全国碳市场，连接和整合各地区市场要素，逐步建立完整一致的配额和抵消体系。目前全国碳市场的交易所采用"双城"模式，交易系统设在上海，登记结算系统则落户武汉，交易品种过渡为全国统一的CEA和CCER，截至2022年11月30日，全国碳市场配额累计成交量达2.03亿t，累计成交额达90.16亿元。

表6-9 世界上主要的碳市场和交易所

国家和国际组织	交易体系	交易所	交易标的
欧盟	欧盟排放权交易系统（EU ETS）	欧洲气候交易所（ECX）	EUA、ERU、CER等
		欧洲能源交易所（EEX）	电力、EUA、CER等
		北欧电力交易所（Nord pool）	电力、EUA、CER等
美国	区域温室气体行动（RGGI） 西部气候倡议（WCI） 加利福尼亚州总量控制与交易计划（CCTP） 气候行动储备（CAR）	芝加哥气候交易所（CCX）	温室气体配额和抵消信用（已停止交易）
		绿色交易所（Green Exchange）	EUA、CER，以及RGGI和CAR的碳信用标的等
		芝加哥气候期货交易所（CCFE）	CER、碳金融工具期货CFI等
澳大利亚	澳大利亚国家污染物减排体系（CPRS）	澳大利亚气候交易所（ACX）	澳大利亚碳信用单位ACCU、CER、VER等
	碳定价机制（Australia-CPM）	澳大利亚证券交易所（ASX）	可再生能源证书（REC）、ACCU等
	减排基金（ERF）	澳大利亚金融与能源交易所（FEX）	REC等
印度	PAT减排交易体系	印度多种商品交易所（MCX）	EUA、CER、CFI等
		印度国家商品及衍生品交易所（BCDEX）	CER等
新加坡	长期低排放发展战略（LEDS）	新加坡贸易交易所（SMX）	CER、VER等
		新加坡亚洲碳交易所（ACX-change）	CER、VER等
中国	中国国家碳排放交易体系（China National ETS）	深圳排放权交易所	深圳碳配额SZA、CCER
		北京绿色交易所	北京碳配额BEA、CCER等
		上海环境能源交易所	上海碳配额SHEA、CCER
		广州碳排放权交易所	广东碳配额GDEA、CCER
		天津排放权交易所	天津碳配额TJEA、CCER
		湖北碳排放权交易中心	湖北碳配额HBEA、CCER
		重庆碳排放权交易中心	重庆碳配额CQEA、CCER
		海峡股权交易中心	福建碳配额FJEA、CCER
		四川联合环境交易所	CCER
		全国碳排放权交易系统	CEA、CCER

专栏6-1 碳税VS碳价

1. 什么是碳税？

碳税（carbon tax）的概念存在以下三种学说：

第一种，排放说。以二氧化碳排放量为依据给碳税下定义，认为"碳税是按照各种化石燃料燃烧释放出的温室气体量的比例所征的税"。

第二种，含碳说。从碳含量出发来界定碳税的概念，认为"碳税是针对化石燃料中的碳含量所征收的税"，是一种有效控制化石燃料燃烧所释放出的二氧化碳的税收。

第三种，混合说。以碳含量和排放量的双重标准界定碳税的概念，认为碳税的本质是一种税费，即通过对化石燃料中的碳（不论是存量还是释放）征税，以达到减缓气候变化的目的。

碳关税一般指严格实施碳减排政策的国家或地区，要求进口（出口）高碳产品时缴纳（返还）相应的税费或碳配额。碳关税是一种新式绿色贸易壁垒，从本质上看，其产生的根本原因在于全球的产业竞争。应对气候变化带来能源和产业的革命，导致利益格局的重新分配。目前全球实施碳税的国家和国际组织主要包括瑞士、欧盟、墨西哥、阿根廷、加拿大、智利和日本等。

2. 什么是碳价？

碳价（carbon price）是碳市场中温室气体排放权的价格，受温室气体排放权的供给和消费的共同影响，并反过来影响市场上的供给量与消费量。在碳市场中，尽管存在配额拍卖价格、配额现货和期货交易价格、碳信用交易价格等多种类型的碳价，但它们的走势是高度相关的，都可以在一定程度上向外界传递碳排放权的价格信号。

碳税是一种税收，而碳价是温室气体排放权价值的体现，是碳市场最重要的产物。两者虽然有着本质上的区别，但是可以通过紧密联系达到更好的减排效果。事实上，碳税的关键问题还是在税率，因存在定价困难、无法激励先行者、缺乏弹性等问题而备受争议，故当碳市场发展成熟后，合理的碳价可以为制定碳税政策提供科学的参考，解决税率定价和调整的困难。碳价的波动时刻反映着碳排放权的价值及企业的减排成本，将碳税税率和碳价绑定，灵活征收，可有效弥补碳税的局限和不足。因此，通过碳税和碳市场的相互补充和支持，有望实现碳减排效果的最大化。

二、碳市场配额与抵消

强制性的配额交易是目前碳市场的主流方式，碳配额的交易量和交易额在世界各大碳市场中长期占据统治地位（如我国和欧盟）。因此，配额机制是碳市场的主体机制，是构建碳排放交易制度的基础。如何确定配额的总量和配额的初始分配，是碳市场有效运行的关键前提。下面将重点介绍碳配额的总量限制、碳配额、初始分配、主要抵消机制及其项目类型。

（一）碳配额的总量限制

配额机制遵循的交易原理是总量控制和交易，总量控制由政府来主导完成。若配额市场总量设定得过高，则碳市场缺乏激励，难以实现减排效果；若配额市场总量设定得过低，则过于严苛的减排会提高控排企业的生产成本，对经济发展产生不利影响。总量的确定通常受到以下三个因素的影响。

（1）总量的确定和减排目标高度绑定，具有阶段性，没有固定的标准。考虑社会经济发展和环境治理的冲突，总量和减排目标的确定在很大程度上取决于政治因素。

（2）总量控制要考虑整体环境容量。在科学衡量大气环境容量的基础上，得出一个量化的结果，也就是最后的经过测算得出的碳排放权，也会影响政府配额总量的设定决策。

（3）政府制定碳排放总量上限，还受到下属实体企业和管理部门的影响。如果当局采取"自下而上"逐级申报的模式，那么企业和基层政府会根据自身实际情况来汇报各自的碳排放量，政府通过审核加总来最终确定碳排放总量。

在实践中，总量设定还依赖碳排放核算体系的技术和数据支撑。完整的碳排放核算体系不仅应当测算整个区域内的排放总量，还需进一步完善单一细分行业的核算边界、认证方法、排放标准、收据采集等制度。

（二）碳配额的初始分配

在确定排放总量之后，政府会对控排企业分配初始配额，这一环节直接影响碳市场的配置效率和交易效率。碳配额的初始分配主要有无偿发放和有偿发放两种方式。

1. 无偿发放

无偿发放是直接赋予企业免费配额，控排企业无须花费任何成本。在碳市场建立初期，为了减少政策推行阻力，提高企业参与积极性，各国碳市场普遍免费发放配额。无偿发放的操作规则有三种：第一种是"祖父制"（grandfathering），也称历史排放法，即根据企业最近几年的历史排放量来发放配额；第二种是"基准制"（benchmarking），也称基准线法，将同行业或生产同类产品的企业按照一定的标准（如能效）进行排序，选取排名前列（如前10%）企业的排放水准作为基准来确定配额发放量；第三种是历史强度法，该方法根据企业近几年排放强度（指单位产量碳排放量）、产品产量和减排系数决定企业配额量，通常是在缺乏行业或产品对比数据的情况下所采取的过渡性方法。在实践中，不同的行业往往根据自身的发展特点来确定分配方式（表6-10）。

表6-10 2019—2021年上海碳市场配额总量和分配方案

实施时间		2021年	2020年	2019年
纳管企业数量/家		323	314	313
覆盖行业	工业/家	280	271	272
	建筑/家	12	12	12
	交通/家	31	31	29
配额总量/（亿t）		1.09	1.05	1.58

续表

免费配额发放方式及适用企业	历史排放法	部分建筑行业及其他工业企业
	基准线法	发电企业、电网企业、供热企业
	历史强度法	工业企业、航空港口及水运企业、自来水生产企业

资料来源：上海环境能源交易所《2021碳市场工作报告》

2. 有偿发放

有偿发放是根据"污染者付费"原则，要求企业付费购买初始配额，虽然从理论上讲，有偿发放可以正向激励排放企业，并创造公平透明的配额发放环境，但是直接增加了企业的成本，容易引起企业的抵触。在实践中，初始配额的绝大部分可采取免费发放的模式，剩余部分则有偿发放，有偿发放的比例可逐步提升。

例如，EUETS在2005年初创时无偿发放比例不低于95%，到了2008年无偿发放比例降至90%。有偿发放的模式是拍卖，企业通过竞拍来确定拍卖价格，这个价格是后续碳市场交易价格的重要参考。拍卖作为一种高效的市场手段，在国际碳市场中得到普遍推广，政府将拍卖所得用于环境治理或者投资低碳技术和项目，进一步反哺社会。

抵消机制（offset mechanism）是指减排项目产生的减排量被核证后进入碳市场交易并能够被企业用来抵消自身的排放量，是配额机制之外的一项灵活制度安排。经抵消机制核证的减排量，即碳抵消信用，和碳配额是等效的，一单位碳抵消信用可以等同于一单位碳配额使用，两者都是目前碳市场交易的主要标的。

（三）主要抵消机制

碳抵消机制最初源于《京都议定书》规定的清洁发展机制（CDM）和联合履约机制（JI），两者也是目前国际碳市场抵消机制的典型代表，其运行机理见图6-7。

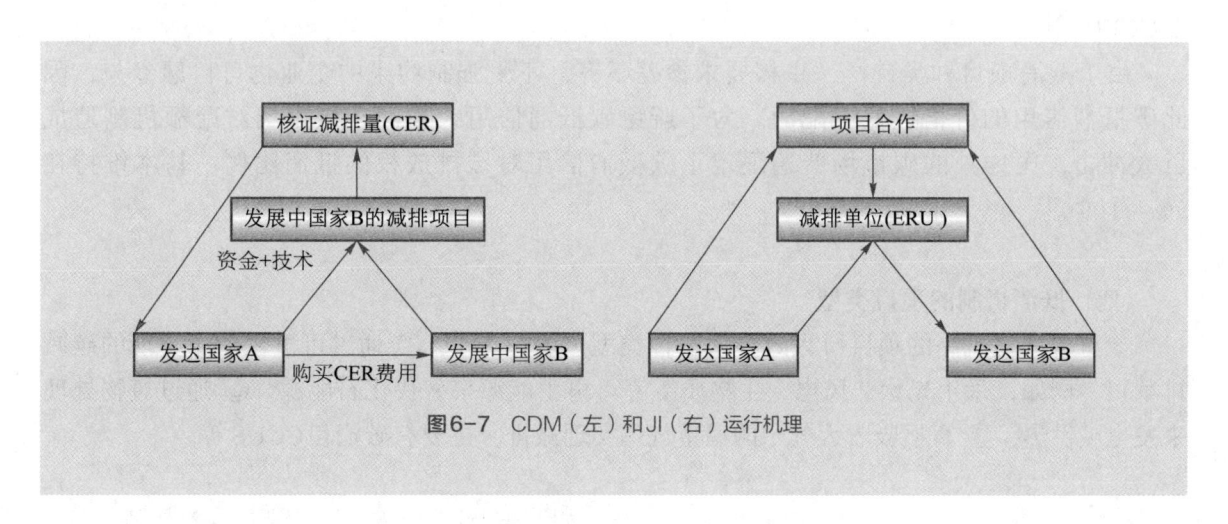

图6-7 CDM（左）和JI（右）运行机理

1. CDM

这种机制主要以发达国家和发展中国家为对象。发达国家在国内减排成本较高，可选择为发展中国家的减排项目提供资本和技术，发展中国家产生的经核证后的碳排放削减量，可以作为发达国家国内的减排指标使用。CDM产生的抵消信用为核证减排量（CER），由联合国CDM执行理事会（Executive Board，EB）核定并签发。2004年11月我国正式批准第一个CDM项目——北京安定填埋场填埋气收集利用项目，将10年内减排的近80万t二氧化碳废气指标出售给国际能源系统（荷兰）公司。随后我国CDM项目迅猛发展，涉及光伏、水电、风电、再造林、水泥等多个行业。

2. JI

这种机制的项目合作主要发生在发达国家之间，双方根据减排项目自行协商技术、资金、人员等要素分配，最终减排量由双方共享或转让，以联合履约的方式实现减排目标。JI签发的抵消信用为减排单位（ERU），目前我国尚未参加JI。

由于CDM和JI审核的程序较为烦琐且严格，条件更为宽松的抵消项目应运而生。例如作为CDM项目补充的自愿减排量（VER）项目，由联合国指定的第三方认证机构核证并签发VER，相比于CDM项目执行标准更低、审批环节更少、开发效率更高，当然其认可度和流通性相对较低。例如，中国国家电力投资集团与美国MGM公司于2008年3月正式签订两项二氧化碳自愿减排VER项目购买协议。根据协议，美国MGM公司购买中国国家电力投资集团位于重庆长寿区金狮水电站和武隆区大剑滩水电站两个清洁电力项目在2003—2013年所产生的二氧化碳自愿减排量。这两个项目在2003—2007年产生的总减排量达到17万t。这是中国国家电力投资集团开发的第一批VER项目，由上海华沣电力能源设备有限公司北京分公司实施。

此外，各国政府也都独自建立了区域性的抵消机制，例如，美国加利福尼亚州履约抵消计划、韩国抵消信用机制、南非碳信用机制、东京抵消信用机制等。我国2012年启动中国温室气体自愿减排计划，由国家发展和改革委员会批准的审定与核证机构进行审批，并签发CCER。

由于抵消项目种类广泛，审核要求参差不齐，不受强制约束的企业也可自愿参与，因此碳抵消信用的价格远低于配额。为了避免碳抵消信用大量涌入碳市场对配额机制造成巨大冲击，国内外的碳市场普遍限定了碳抵消信用对碳排放权的抵消比例，基本维持在5%~10%。

（四）抵消机制的项目类型

参与碳抵消机制的项目可大致分为三种类型（表6-11）：① 通过可再生能源实现的碳减排项目，例如，采用光伏、风电、生物质能等可再生能源来替代化石能源；② 通过废物处理来发电或供热；③ 直接吸收大气中的温室气体实现减排，主要有碳汇和CCUS等。

表6-11 碳抵消机制的主要项目类型

类别	主要项目类型
可再生能源类	光伏、风电、水电、能效自发电、太阳能、生物质能、煤层气、清洁交通减排、避免甲烷排放等
废物处理类	垃圾焚烧发电（供热）、垃圾填埋气发电、生物堆肥
碳汇和CCUS类	造林、再造林、森林管理、植被恢复、生物质能碳捕集与封存技术、直接空气碳捕集与封存技术、海洋固碳减排、强化采油技术等

无论是国际上的CDM机制还是我国温室气体自愿减排计划，可再生能源和废物处理项目在数量上均处于绝对领先地位，这主要归因于两者技术和市场的成熟。森林、草地、耕地、土壤及海洋等均可以将大气中的二氧化碳吸收并固化，但是并不是所有的生态恢复或改造措施都可以创造碳汇，碳汇项目需要达到审核、计量、认证、交易等一系列条件和标准。

以碳汇项目中最重要的林业碳汇为例，如果在一片空地造林来创造碳汇，那么必须经由政府审批、企业及林权主体合作开发，产生的碳汇要计量并核证才能被购买或交易，成为碳汇就需要一定的方法学来证明这片碳汇林是专门为了固碳而"额外"种植的。如果是针对现有森林，经过森林管理项目来促进林木生长，增加了碳吸收，那么也需经专业认定才能成为碳汇。在林业碳汇过程中，农民可以在造林或森林管理中获得收入，企业也积累了碳抵消信用，营造了"多赢"局面，因而得到国内外政府的重视和推广。

三、碳市场监管

碳市场的监管机制是政府机构运用法律、行政、经济等手段对碳市场交易主体进行监督和管理的制度安排，是碳市场健康运行的重要保障。监管主体一般为碳市场主管政府部门或者金融管理部门，监管对象主要是控排企业和参与碳市场交易的金融机构。监管机制的主体构成是监测报告核证机制，并以履约机制作为补充。下面将重点介绍监测报告核证机制和履约机制。

（一）监测报告核证机制

监测报告核证机制（monitoring, reporting and verification, MRV）包括对排放源的实时监测、企业排放和履约状况报告及报告核查三部分，是碳市场最重要的监管手段。其中，碳排放的监测是关键所在。按照准确性、可靠性、时效性三个原则，报告和核证机制要求被监测企业按照统一的时间和格式要求，将监测的碳排放数据及履约状况上报主管部门，由主管部门指定的第三方独立机构对报告情况进行核实，出具核查报告。

为确保数据的可比性和一致性，报告的内容和形式具有统一的标准，报告的周期通常设定为一年，企业需如实报告自身的碳排放量及计算参数和方法。第三方机构需要独立、公正、权威，需要由政府主管部门授予资质并接受监管。虽然各地碳市场建立的电子报送系统和核查机构管理制度存在差异，但是MRV机制已经成为所有碳市场的标准组件。

（二）履约机制

作为监管机制的另一个组成部分，履约机制制定了评估控排企业是否按时完成义务，以及未完成时将受何种惩罚的规则，主要目的在于评估控排企业实际碳排放量和提交的碳配额及碳抵消信用是否一致，如果实际排放量超额，就要面临罚款或补足碳配额或碳抵消信用缺口的惩罚。

我国全国碳市场采用多种手段规范碳市场参与方的行为，包括责令限期整改，纳入信用管理体系，向工商、税务、金融等部门通报，建立"黑名单"制度并依法予以公告，取消企业的评奖评优、税收优惠、资金补贴等，对未履约行为给予严格处罚，同时配备一定的执法力量执行处罚。

四、碳金融

碳市场的建立和运行需要在金融支持下才能完成，这就衍生了"碳金融"的概念。碳金融泛指一切服务于降低温室气体排放的金融活动和制度安排，既包含与碳市场交易相关的金融活动，也包含低碳项目开发的投融资，以及其他中介和服务活动。

作为碳金融活动的基本载体，碳金融产品是各类市场主体和功能的映射，按照功能主要划分为交易工具、融资工具和支持工具三类（图6-8）。下面将重点介绍其中典型的碳现货和碳基金。

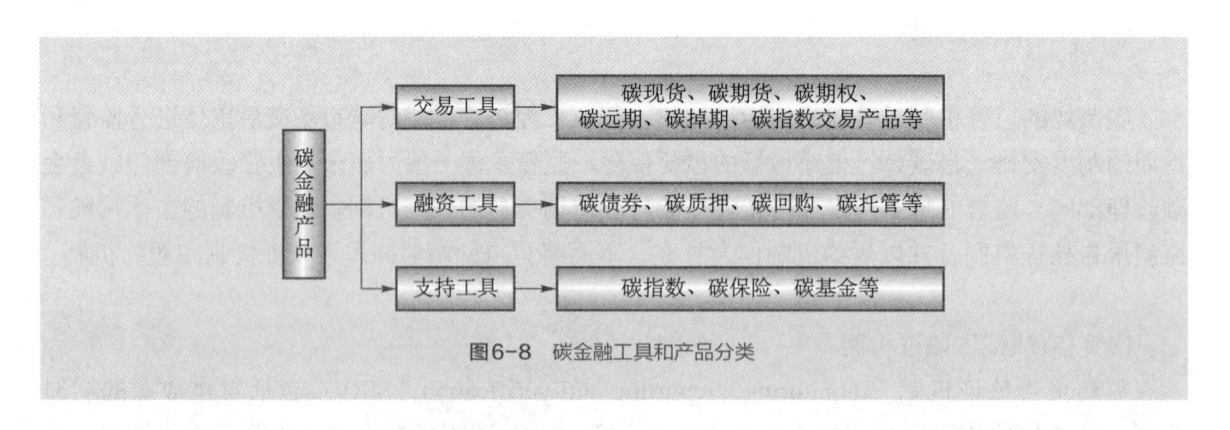

图6-8 碳金融工具和产品分类

（一）碳现货

作为碳市场中最早出现的金融产品，碳市场中的现货就是指碳配额和碳抵消信用的现货交易合约，交易双方在合约中确定交易的价格、数量、质量、时间等，随着合约的转移，同时实现了碳排放权和资金的交换和流通。国际碳市场上主要包含EUA现货、CER现货，我国碳市场上交易CEA现货和CCER现货。

现货市场建立了完善的市场基础设施，也为整个碳金融市场提供支持，主要包括注册系统、交易系统、信息披露系统及交割结算系统等。① 注册系统主要用于交易主体的开户、登记，以及记录账户资金和配额变化；② 交易系统和其他金融市场类似，由交易所构建，用于促成场内的所有交易，并显示交易行情，是市场内最重要的基础设施；③ 信息披露系统为参与主体尤其是企业提供信息发布平台，政府或者交易所强制要求控排企业按时公布排放或交易数据（类比企业年报），并接受第三方机构的审核；④ 交割结算系统用于现货合约最终的交割和资金转移，确保交易的完成。

在成熟的碳市场上，如EUETS，现货交易的比例较低，这是因为衍生品的出现增强了企业或其他交易主体对冲风险的能力，大幅降低了资金占用率，为市场带来了更多的流动性，体现了碳市场的高度金融化。我国碳市场目前还处于初级阶段，仍以现货交易为主，相信我国在夯实现货市场的基础设施建设和制度安排后，将逐步开放其他金融产品的交易。

（二）碳基金

碳基金（carbon fund）由政府、企业、金融机构或个人依法投资设立，是集合投资者资金并用于支持减排项目或在碳市场上交易以赚取回报的金融工具。1999年世界银行启动的原型碳基金（prototype carbon fund）是世界上第一个碳基金，旨在测试并组建国际碳市场。随着碳市场的建立，世界各国碳基金如雨后春笋般成立，目前已成为碳金融市场上重要的支持工具，投资目的主要在于满足企业强制履约或自愿减排需求，获取金融收益，促进低碳增长等。

1. 碳基金的特点

大多数的碳基金，仍以支持CDM项目为主。在CDM项目市场上的供给方，由于不熟悉项目流程或CER交易方式，面临很高的开发和变现成本；而项目市场上的需求方，尤其是一些中小型企业，又缺乏足够的资金和运作能力去寻找合适的项目，此时碳基金以中介的方式参与进来，依靠雄厚的资金实力和专业的投资和开发水平，减少了市场交易成本和风险，有效提升了CDM项目市场的活跃度和影响力。

按照资金来源，碳基金可划分为公共碳基金、私人碳基金和公私混合碳基金。① 公共碳基金由政府部门出资，通常规模较大，投资一些风险高、期限长的项目，不单一以盈利为目的，更多以推动温室气体减排，实现可持续发展为主要目标；② 私人碳基金一般由能源供应商、大型能耗企业或者商业银行这些私人部门募集而来，通过碳信用的获取和交易来套利；③ 公私混合碳基金则由政府和私人部门各自出资一定比例组成。具体实例见表6-12。

表6-12 不同来源的碳基金

	公共碳基金	私人碳基金	公私混合碳基金
基金举例	世界银行碳基金 亚太碳基金 韩国碳基金 森林碳伙伴基金	气候变化资本集团碳基金 达·芬奇绿色猎鹰基金 德克夏碳基金 欧洲京都基金	北欧环境能源金融碳基金 欧洲碳基金 丹麦碳基金 多边碳信用基金

2. 碳基金的运行

碳基金的运行包括发起、设立碳基金，发行、认购形成碳基金资产，基金管理人进行稽核管理和向投资者分配收益等多个环节，如图6-9所示。

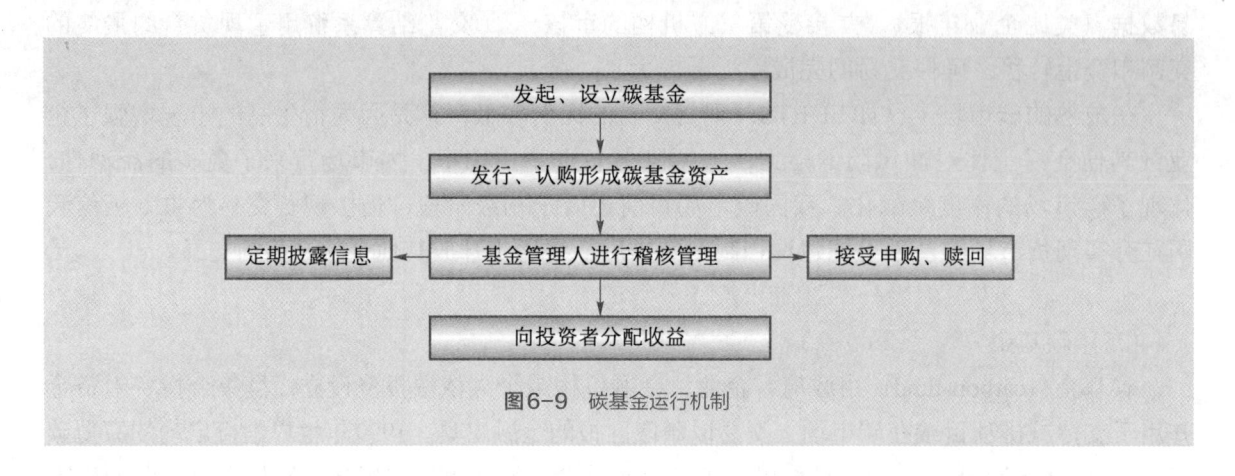

图6-9 碳基金运行机制

随着越来越多的资金和人员流入，碳排放权交易已经高度市场化和金融化。碳市场和碳金融关系紧密，两者相互依存，相互促进。值得注意的是，碳交易的高度市场化和金融化同样会孕育危机。一方面，碳市场发展程度并不完善，过度金融化和投机行为会不断积累金融风险；另一方面，碳市场和国际谈判高度相关，是国家间减排责任划分的利益博弈结果。其他国家和地区的碳市场经验不能盲目照搬和推广，必须适合本国基本国情。

本章总结

　　碳市场是实现碳中和的重要手段和工具。碳源与碳汇监测是碳排放权交易核算体系的重要支撑。碳核算对确保碳市场公平交易、促进碳排放权国际流通、免缴跨国贸易间的碳边境调节税具有重要意义。绿色溢价可有效衡量零碳技术和高碳技术之间的生产成本差异。未来应积极探索开发符合本国国情的碳核算方法及相关标准、碳源和碳汇监测标准体系，制定符合金融机构需求和特征、接轨国际的碳核算、碳监测指南，进一步规范保障各类金融机构碳核算的方法和标准。无论从国家战略层面，还是从企业和个人层面看，碳市场都可以有效实现资源优化配置和经济可持续发展，"碳定价＋技术进步＋社会治理"是碳市场未来的重点发展方向。

思考题

1. 天空地一体碳源监测体系主要包括哪些监测平台？列举一些国内外主要的碳监测卫星，并分别简述其分辨率、精度。
2. 海岸带碳通量监测都有哪些方法？分别简述其优缺点。
3. 城市尺度碳排放的评估都有哪些方法？各有哪些优缺点？
4. 目前碳排放核算的对象及主要气体类型有哪些？国家、省级层面及重点行业的碳排放核算方法有什么联系和区别？海洋碳汇核算时需要哪些活动水平？
5. 碳排放核算的数据如何对政策制定起到支撑作用？
6. 结合某个行业，试分析其绿色溢价在碳交易中的作用。
7. 碳税和碳市场各自的优劣势有哪些？碳现货和碳期货的区别是什么？
8. 碳金融产品分为几类？每一类别请列举出至少两种产品。
9. 国外主要的碳市场有哪些？主要交易品种分别是什么？我国和欧盟碳市场覆盖行业有何区别？

参考文献

[1] 刘纪化，郑强．从海洋碳汇前沿理论到海洋负排放中国方案［J］．中国科学：地球科学，2021，51（4）：644-652.

[2] 刘良云，陈良富，刘毅，等．全球碳盘点卫星遥感监测方法进展与挑战［J］．遥感学报，2022，26（2）：25.

[3] 唐剑武，叶属峰，陈雪初，等．海岸带蓝碳的科学概念、研究方法以及在生态恢复中的应用［J］．中国科学：地球科学，2018，48：661-670.

[4] 于贵瑞，张雷明，孙晓敏．中国陆地生态系统通量观测研究网络（ChinaFLUX）的主要进展及发展展望［J］．地理科学进展，2014，33（7）：903-917.

[5] De Mazière M, Thompson A M, Kurylo M J, et al. The Network for the Detection of Atmospheric Composition Change(NDACC): history, status and perspectives [J]. Atmospheric Chemistry and Physics, 2018, 18(7): 4935-4964.

[6] Gurney K R, Law R M, Denning A S, et al. Towards robust regional estimates of CO_2 sources and sinks using atmospheric transport models [J]. Nature, 2002, 415: 626-630.

[7] Yu G R, Chen Z, Piao S L, et al. High carbon dioxide uptake by subtropical forest ecosystems in the East Asian monsoon region [J]. Proceeding of the National Academy of Sciences, 2014, 111: 4910-4915.

[8] 国家发展和改革委员会．省级温室气体清单编制指南（试行）［Z］．北京：国家发展和改革委员会，2011.

[9] 国家发展和改革委员会．24个行业温室气体排放核算方法与报告指南［Z］．北京：国家发展和改革委员会，2013-2015.

[10] 蒋旭东，王丹，杨庆．碳排放核算方法学［M］．北京：中国社会科学出版社，2021：10.

[11] 朴世龙，何悦，王旭辉，等．中国陆地生态系统碳汇估算：方法、进展、展望［J］．中国科学：地球科学，

2022，52（06），1010-1020.

[12] 自然资源部．海洋碳汇经济价值核算方法［Z］．2022.

[13]（美）比尔·盖茨．气候经济与人类未来［M］．陈召强，译．北京：中信出版集团，2021.

[14] 周宏春．世界碳交易市场的发展与启示［J］．中国软科学，2009（12）：39-48.

[15] 张希良，张达，余润心．中国特色全国碳市场设计理论与实践［J］．管理世界，2021，37（8）：80-95.

[16] 王文举，陈真玲．中国省级区域初始碳配额分配方案研究——基于责任与目标、公平与效率的视角［J］．管理世界，2019，35（3）：81-98.

[17] 谢富胜，程瀚，李安．全球气候治理的政治经济学分析［J］．中国社会科学，2014（11）：63-82+205-206.

[18] 潘家华．碳排放交易体系的构建、挑战与市场拓展［J］．中国人口·资源与环境，2016，26（8）：1-5.

[19] You J. Carbon Markets in a climate-changing capitalism［J］. Global Environmental Politics, 2021, 21(2): 168-170.

第七章 碳中和管理

碳中和管理是综合运用各种管理手段对社会经济绿色低碳发展进行全面协调、科学统筹的过程，围绕着碳中和目标制定一系列规划、标准和政策措施，全面覆盖资源减碳、能源减碳、非二氧化碳温室气体减碳各个环节，以及存碳、生物固碳和融碳的每个环节（图7-1）。碳中和目标要求我国加速构建一个清洁低碳、安全高效的低碳经济体系，并逐步建立以节能减排为中心的产业结构和社会经济系统。做好碳中和管理工作，需要在协调科技、经济和社会系统的基础之上，解决能源转型、产业调整、生产生活中的问题。

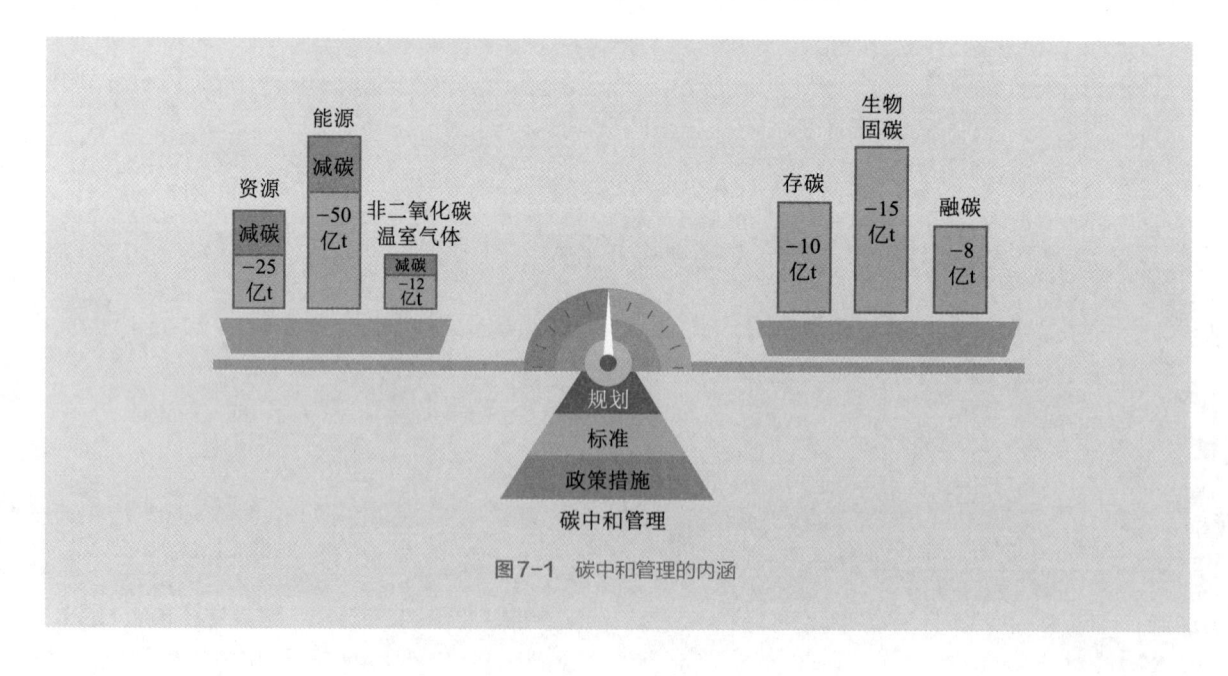

图7-1 碳中和管理的内涵

本章将重点介绍碳中和规划与评估、碳中和标准与认证实践，以及碳中和措施与政策。本章知识框架如下。

首先，介绍我国政府围绕着碳中和出台的"1+N"政策体系。其中包含了国家层面碳中和综合规划，以及科教领域碳中和的规划体系和要求，在此基础上，对碳中和主要涉及的相关评估方法，即生命周期评价和技术经济分析方法进行了详细的介绍。

其次，介绍国内外通用的碳中和标准和认证实践的成功经验。碳中和标准是开展碳中和管理的前提，也是推进碳中和进程的必要手段和基础。

再次，介绍碳中和能源政策、资源政策、信息政策和碳汇强化政策四个方面。

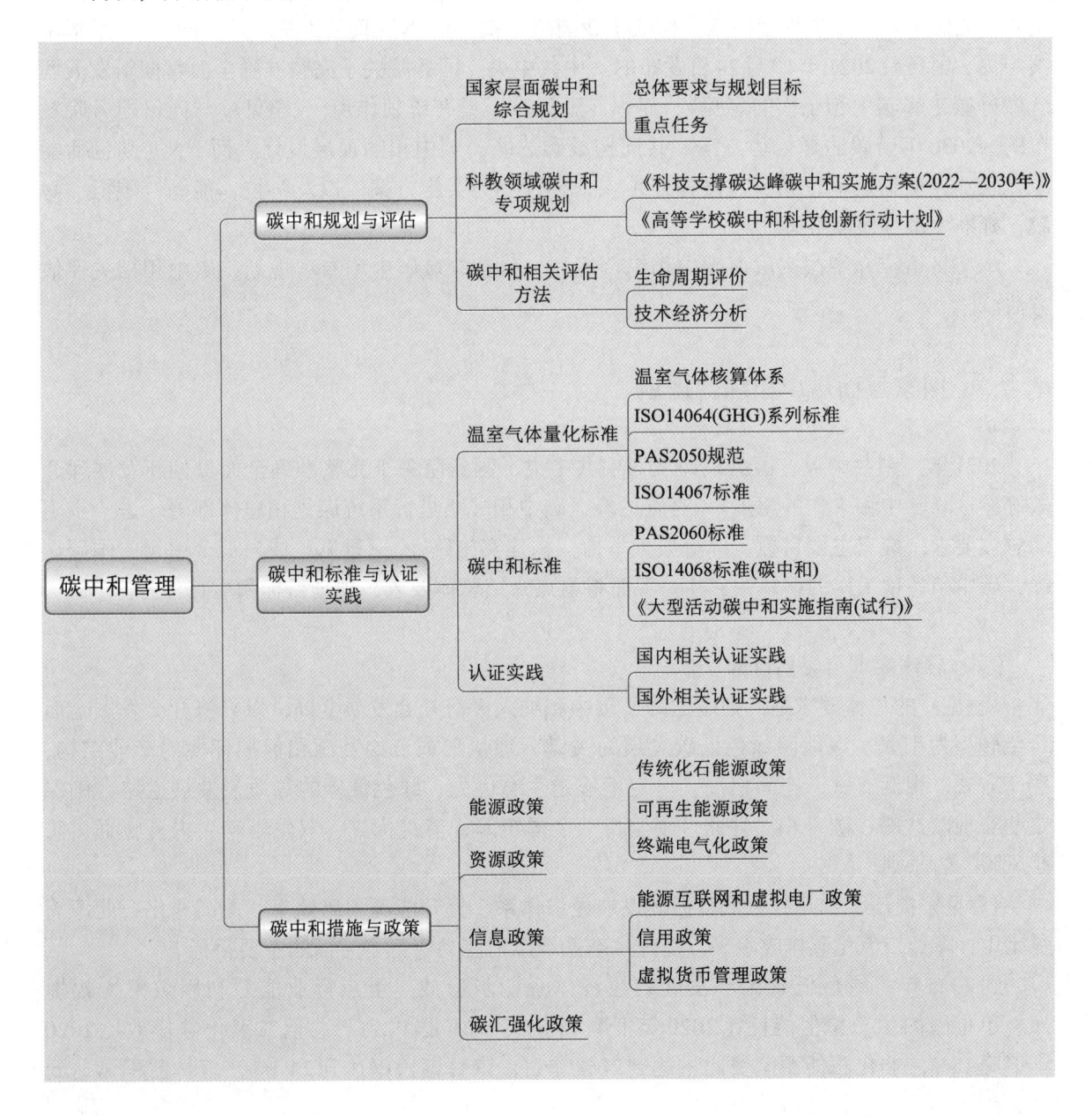

```
碳中和管理
├── 碳中和规划与评估
│   ├── 国家层面碳中和综合规划
│   │   ├── 总体要求与规划目标
│   │   └── 重点任务
│   ├── 科教领域碳中和专项规划
│   │   ├── 《科技支撑碳达峰碳中和实施方案(2022—2030年)》
│   │   └── 《高等学校碳中和科技创新行动计划》
│   └── 碳中和相关评估方法
│       ├── 生命周期评价
│       └── 技术经济分析
├── 碳中和标准与认证实践
│   ├── 温室气体量化标准
│   │   ├── 温室气体核算体系
│   │   ├── ISO14064(GHG)系列标准
│   │   ├── PAS2050规范
│   │   └── ISO14067标准
│   ├── 碳中和标准
│   │   ├── PAS2060标准
│   │   ├── ISO14068标准(碳中和)
│   │   └── 《大型活动碳中和实施指南(试行)》
│   └── 认证实践
│       ├── 国内相关认证实践
│       └── 国外相关认证实践
└── 碳中和措施与政策
    ├── 能源政策
    │   ├── 传统化石能源政策
    │   ├── 可再生能源政策
    │   └── 终端电气化政策
    ├── 资源政策
    ├── 信息政策
    │   ├── 能源互联网和虚拟电厂政策
    │   ├── 信用政策
    │   └── 虚拟货币管理政策
    └── 碳汇强化政策
```

第一节
碳中和规划与评估

碳中和规划是一定时期内碳中和领域的发展愿景或发展计划，是对碳中和未来整体性、长期性、基本性问题的思考和部署，为能源、资源、信息、碳汇和社会治理等碳中和工作提供方案指导。碳中和评估指根据一定的方法对特定对象（如产品、技术、服务、区域或者系统）的碳排放量进行估算，判断和评价其是否达到了碳中和目标。为了实现碳中和目标，我国政府先后出台了多项规划措施，构成了我国碳中和"1+N"政策体系。其中的"1"是指中共中央、国务院2021年10月24日发布的《中共中央、国务院关于完整准确全面贯彻新发展理念做好碳达峰碳中和工作的意见》（简称《意见》），具有统领作用；《意见》与同日国务院发布的《2030年前碳达峰行动方案》共同构成碳达峰、碳中和的顶层设计。而"N"则包括能源、工业、交通运输、城乡建设等分领域、分行业的实施方案，以及科技、能源、碳汇、财政、标准体系等保障方案。

本节将重点介绍国家层面碳中和综合规划，科教领域碳中和专项规划，碳中和相关评估方法。

一、国家层面碳中和综合规划

2021年，中共中央、国务院印发《中共中央、国务院关于完整准确全面贯彻新发展理念做好碳达峰碳中和工作的意见》，对碳达峰、碳中和战略进行系统谋划和总体部署，进一步明确总体要求，提出主要目标，部署重大举措，构建实施路径，《意见》成为首个引领中国碳达峰、碳中和各项工作的纲领性文件。下面将重点介绍总体要求、规划目标和重点任务。

（一）总体要求与规划目标

《意见》的总体要求是，把碳达峰、碳中和纳入经济社会发展全局，以经济社会发展全面绿色转型为引领，以能源绿色低碳发展为关键，加快形成节约资源和保护环境的产业结构、生产方式、生活方式、空间格局，坚定不移走生态优先、绿色低碳的高质量发展道路，确保如期实现碳达峰、碳中和。为此，要坚持"全国统筹、节约优先、双轮驱动、内外畅通、防范风险"的原则。

《意见》提出了构建绿色低碳循环发展经济体系、提升能源利用效率、提高非化石能源消费比重、降低二氧化碳排放水平、提升生态系统碳汇能力等五个方面的主要目标。

到2025年，绿色低碳循环发展的经济体系初步形成，重点行业能源利用效率大幅提升。单位国内生产总值能耗比2020年下降13.5%；单位国内生产总值二氧化碳排放比2020年下降18%；非化石能源消费比重达到20%左右；森林覆盖率达到24.1%，森林蓄积量达到

180亿m^3，为实现碳达峰、碳中和奠定坚实基础。

到2030年，经济社会发展全面绿色转型取得显著成效，重点耗能行业能源利用效率达到国际先进水平。单位国内生产总值能耗大幅下降；单位国内生产总值二氧化碳排放比2005年下降65%以上；非化石能源消费比重达到25%左右，风电、太阳能发电总装机容量达到12亿kW以上；森林覆盖率达到25%左右，森林蓄积量达到190亿m^3，二氧化碳排放量达到峰值并实现稳中有降。

到2060年，绿色低碳循环发展的经济体系和清洁低碳安全高效的能源体系全面建立，能源利用效率达到国际先进水平，非化石能源消费比重达到80%以上，碳中和目标顺利实现，生态文明建设取得丰硕成果，开创人与自然和谐共生新境界。

（二）重点任务

《意见》提出了10个方面共31项重点任务（表7-1），包含推进经济社会发展全面绿色转型、深度调整产业结构、加快构建清洁低碳安全高效能源体系、加快推进低碳交通运输体系建设等。

表7-1　中国碳中和战略重点任务

10个方面	31项重点任务
推进经济社会发展全面绿色转型	强化绿色低碳发展规划引领
	优化绿色低碳发展区域布局
	加快形成绿色生产生活方式
深度调整产业结构	推动产业结构优化升级
	坚决遏制高耗能高排放项目盲目发展
	大力发展绿色低碳产业
加快构建清洁低碳安全高效能源体系	强化能源消费强度和总量双控
	大幅提升能源利用效率
	严格控制化石能源消费
	积极发展非化石能源
	深化能源体制机制改革
加快推进低碳交通运输体系建设	优化交通运输结构
	推广节能低碳型交通工具
	积极引导低碳出行

续表

10个方面	31项重点任务
提升城乡建设绿色低碳发展质量	推进城乡建设和管理模式低碳转型
	大力发展节能低碳建筑
	加快优化建筑用能结构
加强绿色低碳重大科技攻关和推广应用	强化基础研究和前沿技术布局
	加快先进适用技术研发和推广
持续巩固提升碳汇能力	巩固生态系统碳汇能力
	提升生态系统碳汇增量
提高对外开放绿色低碳发展水平	加快建立绿色贸易体系
	推进绿色"一带一路"建设
	加强国际交流与合作
健全法律法规标准和统计监测体系	健全法律法规
	完善标准计量体系
	提升统计监测能力
完善政策机制	完善投资政策
	积极发展绿色金融
	完善财税价格政策
	推进市场化机制建设

《意见》发布以来，各级地方政府、央企等纷纷出台了各自碳达峰、碳中和政策或行动方案，如《中国石油和化学工业碳达峰与碳中和宣言》《中国海油"碳达峰、碳中和"行动方案》《国家电网公司"碳达峰、碳中和"行动方案》《北京市碳达峰实施方案》《上海市碳达峰实施方案》等。这些政策为国家碳中和目标的实现提供了有力的支撑。

二、科教领域碳中和专项规划

与国家层面的碳中和综合规划相配套，科技、教育领域也出台了相应的碳中和政策，以期从科技发展和人才培养方面为国家碳中和目标的实现提供强力支持。下面将重点介绍《科技支撑碳达峰碳中和实施方案（2022—2030年）》和《高等学校碳中和科技创新行动计划》。

（一）《科技支撑碳达峰碳中和实施方案（2022—2030年）》

为深入贯彻落实党中央、国务院关于碳达峰、碳中和的重大决策部署，按照碳达峰、碳中和"1+N"政策体系的总体安排，科学技术部会同发展和改革委员会、工业和信息化部、生态环境部、住房和城乡建设部、交通运输部等九部委组织编制并印发了《科技支撑碳达峰碳中和实施方案（2022—2030年）》（简称《实施方案》）。《实施方案》统筹提出支撑2030年前实现碳达峰目标的科技创新行动和保障举措，并为2060年前实现碳中和目标做好技术研发储备，为全国科技界及相关行业、领域、地方和企业开展碳达峰、碳中和科技创新工作的开展起到指导作用。

《实施方案》要求通过科技创新和技术突破有力支撑碳排放强度（单位国内生产总值二氧化碳排放量）下降目标的实现：到2025年实现重点行业和领域低碳关键核心技术的重大突破；到2030年，进一步研究突破一批碳中和前沿和颠覆性技术，形成一批具有显著影响力的低碳技术解决方案和综合示范工程，建立更加完善的绿色低碳科技创新体系。

《实施方案》提出了10大行动，具体包括：能源绿色低碳转型科技支撑行动；低碳与零碳工业流程再造技术突破行动；城乡建设与交通低碳零碳技术攻关行动；负碳及非二氧化碳温室气体减排技术能力提升行动；前沿颠覆性低碳技术创新行动；低碳零碳技术示范行动；碳达峰、碳中和管理决策支撑行动；碳达峰、碳中和创新项目、基地、人才协同增效行动；绿色低碳科技企业培育与服务行动；碳达峰、碳中和科技创新国际合作行动。

总体而言，《实施方案》对标《中共中央、国务院关于完整准确全面贯彻新发展理念做好碳达峰碳中和工作的意见》和《2030年前碳达峰行动方案》有关部署，系统提出科技支撑碳达峰、碳中和的创新方向，统筹低碳科技示范和基地建设、人才培养、低碳科技企业培育和国际合作等措施，推动科技成果产出及示范应用，为实现碳达峰、碳中和目标提供科技支撑。

面向国家碳达峰、碳中和重大需求，科学技术部、国家自然科学基金委员会都陆续布局碳中和相关的科技研发领域，发布了关于国家重点研发计划"碳中和关键技术研究与示范""面向国家碳中和的重大基础科学问题与对策"等重点专项，聚焦社会发展和二氧化碳难减排行业关键技术突破，旨在综合提升我国应对气候变化技术研发能力。

（二）《高等学校碳中和科技创新行动计划》

为深入贯彻党中央、国务院关于碳达峰、碳中和的重大战略部署，发挥高校基础研究主力军和重大科技创新策源地作用，为实现碳达峰、碳中和目标提供科技支撑和人才保障，教育部制定并印发了《高等学校碳中和科技创新行动计划》（以下简称《行动计划》）。

《行动计划》提出了近期目标、中期目标和远期目标，强调要利用3～5年时间，在高校系统布局建设一批碳中和领域科技创新平台，汇聚一批高水平创新团队，不断调整和优化碳中和相关专业、学科建设目标，推动人才培养质量持续提升；要通过5～10年的持续支持和建设，若干高校率先建成世界一流碳中和相关学科和专业，一批碳中和原创理论研究和关键核心技术达到世界领先水平；从长远来看，要立足实现碳中和目标，建成一批引领世界碳中和基础研究的顶尖学科，打造一批碳中和原始创新高地，形成碳中和战略科技力量，为我国实现能源碳中和、资源碳中和、信息碳中和提供充分的科技支撑和人才保障。

为了实现这些目标，《行动计划》提出了七大行动，具体包括：碳中和人才培养提质行动；碳中和基础研究突破行动；碳中和关键技术攻关行动；碳中和创新能力提升行动；碳中和科技成果转化行动；碳中和国际合作交流行动；碳中和战略研究创新行动。

特别而言，《行动计划》还强调要推进碳中和未来技术学院和示范性能源学院建设，布局一批适应未来技术研究所需的科教资源和数字化资源平台，打造引领未来科技发展和有效培养复合型、创新型人才的教学科研高地。要支持高校承担或参与碳中和领域国家重大科技任务，全面加强高层次人才培养，在国家级人才评选中，加大向碳中和领域优秀人才的倾斜力度。

《行动计划》发布以来，多所高校纷纷组建碳中和未来技术学院，创建了碳中和集成攻关大平台、工程中心、全国重点实验室、创新引智基地，建立了碳中和相关新一级学科与产教融合平台、基础研究特区，在碳中和的各个领域布局。

三、碳中和相关评估方法

管理目标的顺利执行需要可量化的评估方法。在碳中和管理的过程中，也需要对应的量化工具对相关技术和产品的环境效应和经济效益进行核算和评估。下面将重点介绍生命周期评价和技术经济分析这两种最常用的定量分析方法。

（一）生命周期评价

1. 基本概念、标准与方法分类

生命周期评价（life cycle assessment，LCA）是一种评价产品、技术或服务从摇篮到坟墓（from cradle to grave）的全过程（包含开采、生产、运输、使用、废物处置等环节）资源消耗与环境影响的方法。LCA在碳中和评估方面的应用主要侧重于考察环境影响中的碳排放内容，有助于判断产品、技术或服务是否真正具有减排效应。LCA最早的研究是1969年针对美国可口可乐包装材料的环境影响开展的，该研究致力于探讨到底是塑料瓶还是玻璃瓶对环境更为友好。20世纪90年代以来，在国际环境毒理学与化学学会及国际标准化组织（ISO）的共同推动下，LCA的理论方法逐渐形成。中国从20世纪90年代起开展LCA相关研究，于1998年全面引进ISO14040系列标准，将其转化为GB/T 24040系列（1999，2008）国家标准并应用到各个领域。

在世界范围内，经过几十年的发展，LCA的应用已从单一的产品逐渐拓展到生产技术、工程项目、工业园区等具有系统性质的评价对象，涉及能源、环境、经济、社会政策等各个方面。随着应用范围的扩大，LCA方法体系也在不断发展。根据系统边界和方法原理的不同，LCA可分为过程生命周期评价（process-based LCA，P-LCA）、经济投入产出生命周期评价（economic input-output LCA，EIO-LCA）和混合生命周期评价（hybrid LCA，H-LCA）这三类方法。其中，P-LCA是传统和经典的LCA，主要基于自下而上的构建产品全生命周期过程的资源投入和污染排放清单来进行环境影响评价，具有针对性强、精准度高的优点，但存在截断误差（核算不完整）的理论缺点。EIO-LCA是基于经济系统投入产出表建立的一种自

上而下的LCA方法，能够克服P-LCA截断误差的不足，完整地核算产品或服务的能耗及环境影响。然而，EIO-LCA受到经济投入产出表精度和投入产出理论的线性假设的限制，其结果的精确性和针对性不如P-LCA。H-LCA则是将P-LCA和EIO-LCA结合使用的LCA方法，虽然可以消除截断误差和增强对具体评价对象的针对性，但是其对数据的要求更高，操作也更困难。

2. 基本操作流程

目前而言，主流的LCA方法仍然是P-LCA。与其他LCA方法相比，P-LCA非常适合于评估碳中和相关技术的环境影响。因此，本文主要介绍P-LCA的相关理论方法。根据ISO提出的LCA标准框架（图7-2），P-LCA的操作流程包括目标和范围定义（go a land scope definition）、清单分析（life cycle inventory analysis）、影响评估（life cycle impact assessment）和结果解释（life cycle interpretation）这四个方面。以下分别针对这四个方面的内容进行介绍。

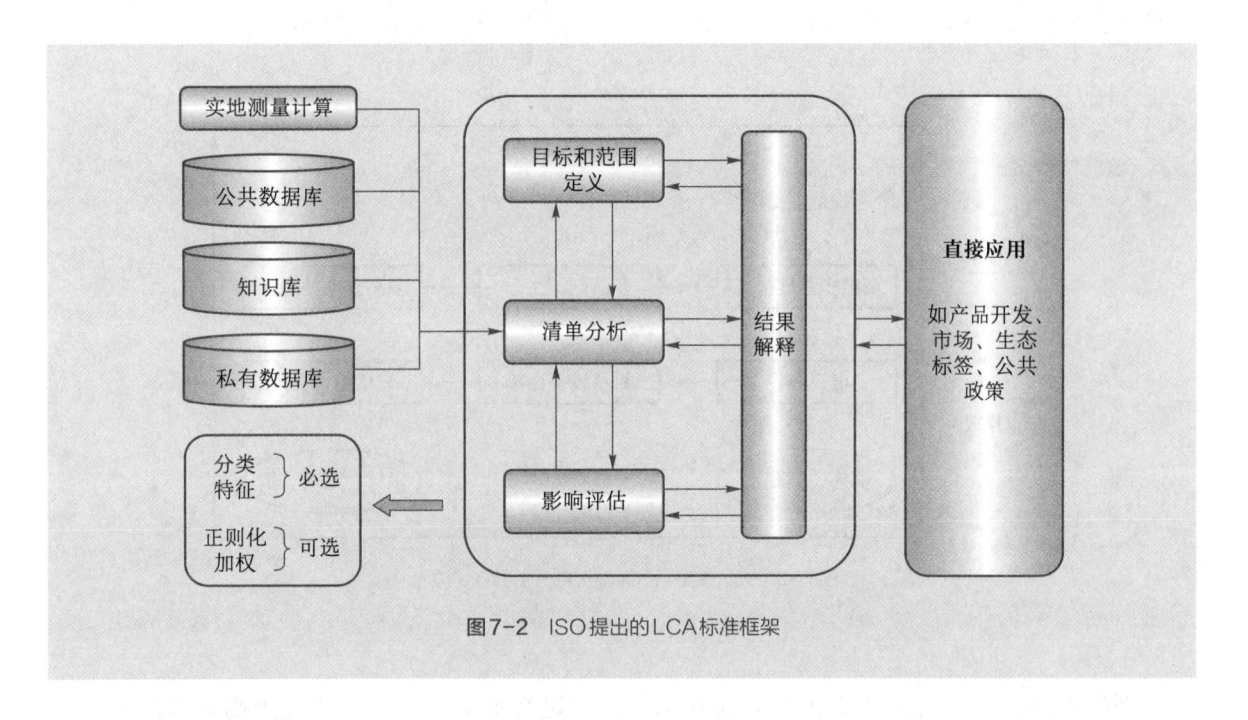

图7-2 ISO提出的LCA标准框架

一是目标和范围定义。定义目标和范围是生命周期评价的第一步，它是清单分析、影响评估和结果解释所依赖的出发点与立足点，决定了后续阶段的进行和LCA的评价结果，直接影响整个评价工作程序和最终的研究结论。既要明确提出LCA分析的目的、背景、理由，还要指出分析中涉及的假设条件、约束条件。设定功能单位也是不可缺少的，它是对产品系统输出功能的量度。其基本作用是为有关输入和输出提供参照基准，以保证LCA结果的可比性。

二是清单分析。清单分析是计算符合LCA目标全体边界的资源消耗和污染排放阶段，是目前LCA中发展得最为完善的一部分，也是相当花费时间和精力的阶段。主要是计算产品整个生命周期（原材料的提取、加工、制造和销售、使用和废弃处理）的能源投入和资源消耗，以及排放的各种环境负荷物质（包括废气、废水、固体废物）数据。

三是影响评估。影响评估建立在生命周期清单分析的基础上，根据生命周期清单分析数据与环境的相关性，评估各种环境问题造成的潜在环境影响的严重程度。把清单分析的数据按照温室效应、臭氧层破坏等环境影响项目进行分类，评估每个类别的影响程度。

四是结果解释。结果解释是把清单分析和影响评估的结果进行归纳以形成结论和建议的阶段。在LCA中，如果调查范围、清单分析中体系边界的定义和分配方法，以及影响评价阶段特征化系数选择不同，就都有可能导致不同的结论，因此有必要进行解释。而且，在清单分析中使用的数据大部分不是实际测定的数据，通常含有推测的数据和引用的数据。

根据先前章节介绍的LCA方法，本节根据谢泽琼等人的工作，对太阳能光伏发电的生命周期碳排放进行案例分析。本案例选择10 MW光伏并网电站工程作为研究对象，设定其寿命为20年。系统边界（如图7-3所示）包括太阳能光伏系统的设备生产制造、运输、电厂建设、运行和设备回收等环节。根据LCA的流程，本案例重点关注碳排放的清单分析。

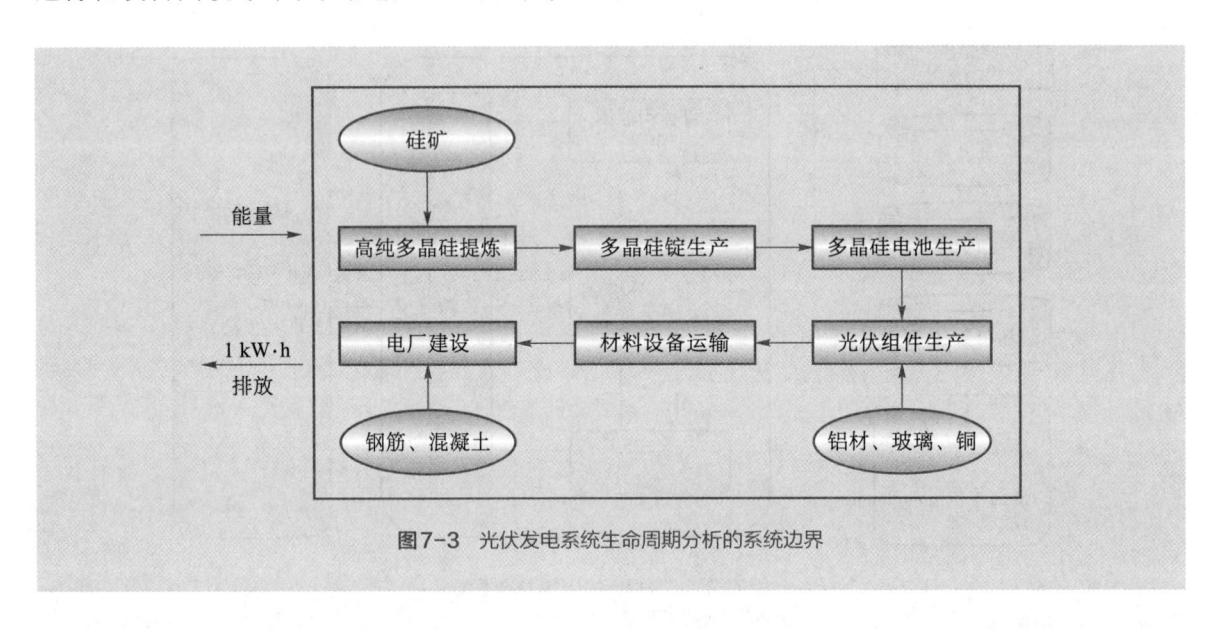

图7-3 光伏发电系统生命周期分析的系统边界

光伏组件的生产阶段从原料工业硅开始，逐步进行加工生产，主要经历高纯多晶硅、多晶硅锭（或硅片）、多晶硅电池3个过程，最终形成光伏组件产品。对于运输阶段，考虑两个部分的能耗和排放：一部分是太阳能电池组件运送到电厂，运输半径设为300 km；另一部分是电厂建设材料（钢筋、混凝土等）、逆变器和升压变压器运送到电厂，运输半径设为100 km。本工程设备及材料运输主要以公路运输为主，其中光伏组件主要采用集装箱卡车运输，电气设备采用中型卡车运输。对于电厂阶段，光伏发电厂建设所涉及的方面众多，这里主要考虑发电设备基础工程和变配电工程的建设两个方面，其主要消耗为钢筋和混凝土。具体消耗量和对应的排放系数通过文献调研、实地调查和查询排放手册等方式获得，通过上述各子过程的能耗和气体排放与发电总量相除，得到以1 kW·h为功能单位的各子过程的能耗和气体排放量，即光伏发电系统生命周期清单分析的结果。

由清单分析结果可算出，我国光伏发电系统每发电1 kW·h，排放量最大的气体为SO_2，其次为NO_x、CO_2、PM_{10}和CO，其中所需能耗和CO_2排放量分别为1 810.8 kJ和0.098 4 kg。在各子过程中，高纯多晶硅生产过程的能耗和CO_2排放量最大，分别占65.7%和50.2%。与燃煤发电相比，太阳能光伏在减少CO_2排放方面有很大优势，能够减少90.3%的排放量。由于光伏发电系统在运行期间不会产生CO_2等气体，其对温室气体减排和碳中和目标的实现具有较好的作用。

(二) 技术经济分析

1. 基本概念和主要指标

技术经济分析（techno-economic analysis，TEA）是一种分析工业过程、产品或服务的经济绩效、技术效率等指标的方法，它通常根据财务输入参数估计资本成本、运营成本和收入来评估该技术的经济可能性，通过资源能源投入、物质转化和污染排放（如二氧化碳排放或其他温室气体排放）等参数来评估技术的效率和环境影响。对于碳中和技术，TEA有助于筛选出具有经济、社会、环境效应的技术路径，并对已有技术路径给出改进建议。

技术经济分析涉及的指标较多，如能效、碳强度等技术指标，总投资、产品成本、净现值、投资回收期等经济指标，以及污染排放等环境指标。这些指标的计算所需的数据离不开调查研究和资料收集，其数据的准确性直接影响分析结果的可靠性。技术经济分析所需的资料和数据一般来自实践，对于碳中和技术等新技术，其探索研究数据可以来自化工流程模拟。以下对能效、总投资、产品成本、净现值、投资回收期这些主要技术经济指标的定义和计算公式进行介绍。

(1) 能效

能效（energy efficiency，EE）是产品能量（product energy，PE）除以总能耗（total energy consumption，TEC），其计算公式如下：

$$EE = \frac{PE}{TEC} \tag{7-1}$$

其中产品能量通过产品的低位热值计算，而总能耗包括蒸汽、电力和原料能量消耗，计算能效首先要得到蒸汽、电力和原料的单耗，其为总消耗除以产品的产量。然后将它们按照综合能耗计算通则分别折算为统一单位，如GJ/t等。

(2) 总投资

总投资（total capital investment，TCI）由固定资产投资（fixed capital investment，FCI）和流动资金（working capital，WC）构成。其中固定资产投资是提供生产设备与生产有关设施所需的资金，它包括设备、仪表、管道、电器、厂房、土地、工程设计施工费和不可见费用等。流动资金是维持企业正常运营所需的资金，其包括库存原料、成品、半成品、应付账款和税金等。

总投资的估算是技术经济评价的重要环节,也是决策的重要依据。在项目初期,可根据同类已有工厂的资料数据进行粗略的计算,在当前的实践中,一般采用费用系数法来估算新技术生产过程的总投资。费用系数法的具体操作是根据文献或报道的数据来估算新建项目的设备投资,而管道、仪表、电器、安装、厂房、土地及其他费用则根据其与设备投资的比例系数来估算,具体计算公式如下:

$$\mathrm{TCI} = \mathrm{EI} \times \left(1 + \sum_i \mathrm{RF}_i\right) \tag{7-2}$$

式中,TCI是总投资,EI是主要设备投资,RF_i是直接和间接投资与设备投资的比例系数。其中EI又主要通过指数能力法来计算,即通过与已知投资装置的产能进行对比,并通过对应指数系数进行调整,得出给定产能装置的投资成本。具体计算公式如下:

$$\mathrm{EI}_j = \theta_j \times \mathrm{EI}r_j \times \left(\frac{S_j}{Sr_j}\right)^{\alpha_j} \tag{7-3}$$

式中,S_j为给定的装置产能,Sr_j和$\mathrm{EI}r_j$是参考装置的产能和投资,θ_j和α_j是对应调整因子,即国产化因子(衡量装置的国产化水平)和规模指数。

(3) 产品成本

产品成本(production cost,PC)是除总投资之外的另一个重要指标,典型工厂的产品成本由制造成本和一般费用组成。制造成本又可分为直接生产成本、固定费用和工厂管理费。其中直接生产成本包括原料、操作人工、公用工程、操作维护等。固定费用主要包括折旧费用。一般费用主要包括行政费用和销售费用。具体计算公式如下:

$$\mathrm{PC} = C_{\mathrm{Vom}} + C_{\mathrm{Fom}} \tag{7-4}$$

式中,C_{Vom}为制造成本,C_{Fom}为一般费用。

(4) 净现值

净现值(net present value,NPV)指未来资金(现金)流入(收入)现值与未来资金(现金)流出(支出)现值的差额,是技术经济分析的重要指标。计算方法为将未来的资金流入与资金流出均按预计折现率各个时期的现值系数换算为现值后,再确定其净现值。其中预计折现率是按企业的最低投资收益率确定的,也是企业投资可以接受的最低界限。具体计算公式如下:

$$\mathrm{NPV} = \sum_{t=0}^{t} \frac{\mathrm{CI}_t - \mathrm{CO}_t}{(1+r)^t} \tag{7-5}$$

式中,CI和CO分别代表资金的流入和流出,r代表利率,t为对应年份。

(5) 投资回收期

投资回收期(payback period,PP)是投资所带来的现金净流量累积到与原始投资额相等所需要的年限,即收回原始投资所需要的年限。具体计算公式如下:

$$\sum_{t=1}^{T} \mathrm{CI}_t - \mathrm{CO}_0 = 0 \tag{7-6}$$

式中，CI_t 为 t 年的现金流入量，CO_0 为初始投资。当此等式成立时，对应的 T 值，即为该项目的投资回收期。

2. 技术经济分析的案例应用

评估一个 70 万 t/a 的煤炭经甲醇制烯烃工厂的总投资和对应产品成本。具体步骤如下：

首先，通过查阅资料，得到煤炭经甲醇制烯烃所需要的设备类型、基准成本和规模（表7-2），通过式（7-2）和式（7-3）得出目标规模的煤炭经甲醇制烯烃设备投资为 3.17×10^9 元；

其次，根据总投资与设备投资间的比例系数（表7-3），得到 70 万 t/a 煤炭经甲醇制烯烃的总投资约为 1.77×10^{10} 元。

最后，通过文献调研及假设，得出产品成本计算的先决条件。在本估算中，以单位产品成本作为分析基准，原材料成本和公用工程费用以市场价格计算，根据市场调研得到原材料和公用工程的价格表（表7-4），具体原材料和公用工程的用量来自化工流程模拟。操作人工按人均每年人民币 10 万元计算，固定资产折旧按 20 年线性折旧方式，残值约为 4%，其余费用按照估算系数（表7-5）进行计算，得出这一规模下，单位烯烃产品的成本约为每吨 6 000 元。

在碳强度方面，通过计算烯烃生产路径各子过程的能耗数据和各种原材料的生命周期碳排放系数，得出烯烃生产全过程的累计碳排放量，并除以预设的产品产量，得出这一项目的碳强度，结果如表7-6所示。

表7-2　煤炭经甲醇制烯烃的设备投资基础数据

设备类型	基准物	基准规模	规模指数	国产化因子	基准成本/百万元
空分	供氧量	21.3 kg/s	0.50	0.50	283
煤炭预处理	日给煤炭量	27.4 kg/s	0.67	0.65	180
煤炭气化	日给煤炭量	39.2 kg/s	0.67	0.80	484
水煤气变换	进料热值	1 450 MW	0.67	0.65	244
酸性气体净化	硫输出量	29.3 mol/s	0.67	0.65	417
—	CO_2 捕集量	2 064.4 mol/s	0.67	0.65	303
甲醇合成	进料气量	10 810 mol/s	0.67	0.65	126
甲醇制烯烃	进料甲醇量	62.5 kg/s	0.60	1.00	1 383

表7-3　总投资中各部分比例系数

投资项目	比例系数/%
1 直接费用	334
1.1 设备	100

续表

投资项目	比例系数/%
1.2 安装	48
1.3 仪表和控制	24
1.4 管道	57
1.5 电器	29
1.6 厂房及铺设	71
1.7 土地	5
2 间接费用	143
2.1 工程设计和监督	48
2.2 施工费和包工费	62
2.3 不可见费	33
3 固定资产投资	477
4 流动资金	80
5 总投资	557

表7-4 原材料和公用工程价格

原材料和公用工程	价格	单位
煤炭	400	CNY/t
石油	50	USD/bbl
天然气	2.4	CNY/m^3
焦炉气	0.5	CNY/m^3
水	2.0	CNY/t
电	0.7	CNY/kW·h
蒸汽	42	CNY/GJ

注：CNY指人民币，单位为元；USD指美元，单位为元；bbl指桶，1桶≈160 L或0.16 m^3。

表7-5 产品成本估算系数

投资项目	本研究基准
1 原材料	化工流程模拟及调研计算
2 操作人工	人均每年人民币10万元
3 公用工程	模拟及调研数据计算
4 维护和检修	固定资产的2%

续表

投资项目	本研究基准
5 折旧费	折旧20年，残值约4%，线性折旧方式
6 管理费用	操作人工、监督和维修费用的10%
7 行政费用	产品成本的2%
8 销售费用	产品成本的2%
9 产品成本	1+2+3+4+5+6+7+8

表7-6　煤炭经甲醇制烯烃的碳强度

阶段	碳强度/$[t(CO_2)\cdot t^{-1}]$
开采	0.818
运输	0.110
生产	8.94
共计	9.868

第二节
碳中和标准与认证实践

碳中和政策面向经济社会发展的各个部门。它相对宏观和宽泛，在执行的过程中还需要详细的量化标准来辅助落实。具体的碳中和标准分为温室气体量化标准和碳中和标准两大部分，主要由国际广泛认可的机构和组织颁布，并能够在不同的国家和地区一般地适用以评估和衡量具体的温室气体减排情况。我国非常重视建立健全碳达峰、碳中和标准。2021年中共中央、国务院正式印发《国家标准化发展纲要》，标志着我国标准化发展蓝图正式出炉，建立健全碳达峰、碳中和标准也将进一步提速。随着相关政策的出台与推行及节能减排技术的开发，我国的碳减排工作在学习借鉴国外先进经验的基础上也取得了一定进展，相关的认证机构和认证平台也在不断完善。

一、温室气体量化标准

(一) 温室气体核算体系

温室气体核算体系（GHG协议）由世界资源研究所（World Resources Institute，WRI）和世界可持续发展工商理事会（World Business Council for Sustainable Development，WBCSD）自1998年起制定，正式发表于2011年10月，是国际上使用得最广泛的温室气体排放计算工具。它由一系列为企业、组织、项目等量化和报告温室气体排放情况服务的标准、指南和计算工具构成。GHG协议规定了GHG核算与报告应当遵循的五项核心原则，分别是完整性、一致性、相关性、准确性和透明度。以上五项原则是温室气体核算与报告的基础。采用这些原则可以确保温室气体排放清单真实与客观地反映一家企业的温室气体排放情况。

根据企业是否拥有或控制排放源，温室气体排放可以分为直接排放和间接排放。其中，直接排放指由核算企业直接控制或拥有的排放源产生的排放；间接排放指由核算企业的活动导致的，但由其他企业直接控制或拥有的排放源产生的排放。为了便于描述直接与间接排放源，并为不同类型的机构和不同类型的气候政策与商业目标服务，GHG协议将温室气体排放划分成三个范围：直接温室气体排放（范围一）、电力产生的间接温室气体排放（范围二）和其他间接温室气体排放（范围三），参考表7-7。

表7-7 排放范围的定义和例子

排放类型	范围	定义	例子
直接排放	范围一	由核算企业直接控制或拥有的排放源产生的排放	企业拥有或控制的锅炉燃烧、车辆燃油排放和工艺过程排放
间接排放	范围二	核算企业自用的外购电力、蒸汽、供暖和供冷等产生的间接排放	外购的电力、热力、蒸汽和冷气
	范围三	核算企业除范围二之外的所有间接排放，包括价值链上游和下游的排放	购买原材料的生产排放、售出产品的使用排放等

该核算体系是针对企业、组织或者减排项目进行温室气体核算的方法体系。体系的组成中最主要的是以下三大标准：《温室气体核算体系：企业核算与报告标准（2011）》（以下简称《企业标准》）、《温室气体核算体系：产品核算和报告标准（2011）》（以下简称《产品标准》）、《温室气体核算体系：企业价值链（范围三）核算标准（2011）》（以下简称《范围三标准》）。其中，《企业标准》是目前国际上最为广泛采用的企业组织层面的温室气体核算方法。

这三个标准相互联系、相互补充。首先，《企业标准》面向企业的范围一和范围二排放，根据该标准，企业必须对范围一和范围二的排放进行核算和报告。至于范围三排放，企业可以选择重要的、相关的活动进行核算和报告。其次，《范围三标准》以《企业标准》为基础，补充和规范了《企业标准》中划分的核算范围中范围三的排放情况，两者属于补充关系。最后，《产品标准》面向企业的单个产品来核算产品生命周期的温室气体排放，可识别所选产品的生命周期中的最佳减缓机会，是前两个标准中作为企业价值链的核算角度上的补充核算标准。这三项标准共同提供了一种价值链温室气体核算的综合性方法。

在该体系下，温室气体核算流程可概括为四步：目标设定—碳排放边界确定—碳排放源分类—碳排放计算。

（二）ISO14064（GHG）系列标准

针对企业组织和项目层面的核算，国际标准化组织于2006年在GHG协议基础上制定了ISO14064（GHG）系列标准，规定了统一的温室气体资料和数据的管理、汇报和验证模式。ISO14064（GHG）系列标准的目的在于降低温室气体的排放，促进温室气体的计量、监控、报告和验证的标准化，提高温室气体报告结果的可信度与一致性。组织可通过使用这些标准化的方法明确组织本身的减排责任和风险，以及进行减排计划与行动的设计、研究和实施。在这一系列标准中，温室气体核算原理是建立数据库和模型，对产品和服务的各项活动的碳排放进行估算。

ISO14064（GHG）系列标准由三部分组成，包括《温室气体 第一部分 组织层次上对温室气体排放和清除的量化和报告的规范及指南》（ISO14064-1）、《温室气体 第二部分 项目层次上对温室气体减排和清除增加的量化、监测和报告的规范及指南》（ISO14064-2）、《温室气体 第三部分 温室气体声明审定与核查的规范及指南》（ISO14064-3）。

ISO14064-1、ISO14064-2和ISO14064-3这三项标准是相互统一的，适用的对象分别是组织、温室气体项目、审定员和核查员，所量化的气体有六种，包括二氧化碳（CO_2）、甲烷（CH_4）、氧化亚氮（N_2O）、氢氟碳化物（HFCs）、全氟碳化物（PFCs）和六氟化硫（SF_6）。ISO14064（GHG）三项标准之间具有一定的联系，其中ISO14064-1与ISO14064-2属于相互平行的两项标准，分别针对组织设计和编制温室气体清单及温室气体相关项目设计和实施的要求，主要在使用对象上有明显的区分。而ISO14064-3是针对组织和项目的温室气体清单审定和核查过程而做出的统一要求。

这一系列标准下的温室气体排放核算流程可概括为五步：过程图绘制—边界核查及优先序确定—数据收集—碳排放计算—不确定性检查（可选项）。

（三）PAS2050规范

PAS2050规范的汉语全称为《PAS2050：2008商品和服务在生命周期内的温室气体排放评价规范》，由英国标准协会（British Standards Institution，BSI）于2008年发布，并于2011年进行了更新。PAS2050规范采取LCA方法，按照ISO14040标准和ISO14044标准的要求建立了商品和服务全生命周期的温室气体评价规范，是全球首个产品碳足迹评价方法标准，被企业广泛用来评价其商品和服务的温室气体排放。在世界各国同类型碳足迹标签的评价标准中，选择使用PAS2050规范的占1/3，因此PAS2050规范是使用得最广泛的碳足迹评价标准。PAS2050规范对温室气体的核算原理与ISO14064（GHG）系列标准一致，即建立数据库和模型，对产品和服务的各项活动的碳排放进行估算。作为同样适用于产品/服务的气体排放评估标准，PAS2050规范的核算流程与ISO14064（GHG）系列标准温室气体盘查验证流程一致。

PAS2050规范进行评价的对象不是企业本身，而是产品或者产品服务在整个生命周期内的温室气体排放量。该规范主要关注的是企业的产品在生命周期内产生的各种温室气体的排放情况。PAS2050规范指出，产品或服务在生命周期内的温室气体排放是各种产品或服务在包括商品和服务的建立、改进、运输、储存、使用、供应、再利用或处置过程中产生的排放。

PAS2050规范可用于评价三类对象的生命周期的温室气体排放：从商业到消费者（business-to-consumer，B2C）的各类商品；从商业到商业（business-to-business，B2B）的各类商品；属于B2C或者B2B有形或者无形的商品服务。针对B2C和B2B两种形式的产品，PAS2050规范规定了不同的生命周期流程。计算B2C产品的碳足迹，需要包含产品的整个生命周期（从摇篮到坟墓），包括原材料、制造、分销和零售、消费者使用、最终废弃或回收。而计算B2B碳足迹的周期需要截止到产品运送至另一个企业时，即所谓的"从摇篮到大门"。

（四）ISO14067标准

ISO14067标准是一项国际公认的用于量化产品碳足迹的ISO标准，全称为"产品碳足迹"，其正式版本发布于2013年。该标准基于现行国际LCA标准、ISO14040标准和ISO14044标准中确定的原则、要求和指南，为企业评估产品碳足迹提供基于全生命周期评价的统一的规范、清晰一致的量化和交流产品碳排放情况的方法。在ISO14067标准中，产品碳足迹（carbon footprint of product，CFP）的定义为：基于生命周期法评估得到的一个产品体系中对温室气体排放量和清除量的总和，以二氧化碳当量表示其结果。核算的主要对象是产品、服务在全生命周期内的温室气体排放量及温室气体清除量。

ISO14067标准在一定程度上是以PAS2050规范为基础编制的，两者的适用范围相同，都是商品和服务；实施方式也相同，既适用于从商业到消费者的评价，也适用于从商业到商业的评价。与PAS2050规范不同的是，ISO14067标准不仅包含了GHG协议所提出来的完整性、一致性、相关性、准确性及透明度五个原则，还对生命周期观点、相关方法和功能单位、迭代计算方法、科学方法选择顺序、避免重复计算、参与性、公平性等做了规定。

ISO14067标准是专门针对产品碳足迹的生命周期评价标准，因此其核算步骤与生命周期评价的四个基本步骤保持一致，但是在各步骤的具体内容上有一定的调整：① 目标和范围定义，该标准特别强调产品种类规范（product category rules，PCR），即针对每一类产品，应当依据或建立专门的PCR进行目标和范围定义；② 清单分析，该标准针对碳足迹计算，增添了相关特殊碳排放过程的处理规定，例如，清单中是否应当包含生物碳、化石碳和土壤碳，以及如何具体核算；③ 影响评估，该标准仅针对性评估碳足迹的环境影响，因此对于生命周期过程中引起的其他多种环境影响的处理，如归一化、特征化、加权等，此标准不再考虑；

④ 结果解释，本步骤基本上与生命周期评价的第四步骤内容一致。

ISO14060系列温室气体标准之间的关系可参考图7-4。其中，ISO14064（GHG）系列标准在前文中已有介绍。ISO14065标准规定了审定/核查GHG声明的机构的要求。ISO14066标准规定了GHG审定组和核查组的能力要求。ISO14067标准则规定了CFP量化的原则、要求和指南，旨在量化与产品生命周期阶段相关的温室气体排放量，从资源开采和原材料采购开始，一直延伸到产品的生产、使用和寿命结束阶段。

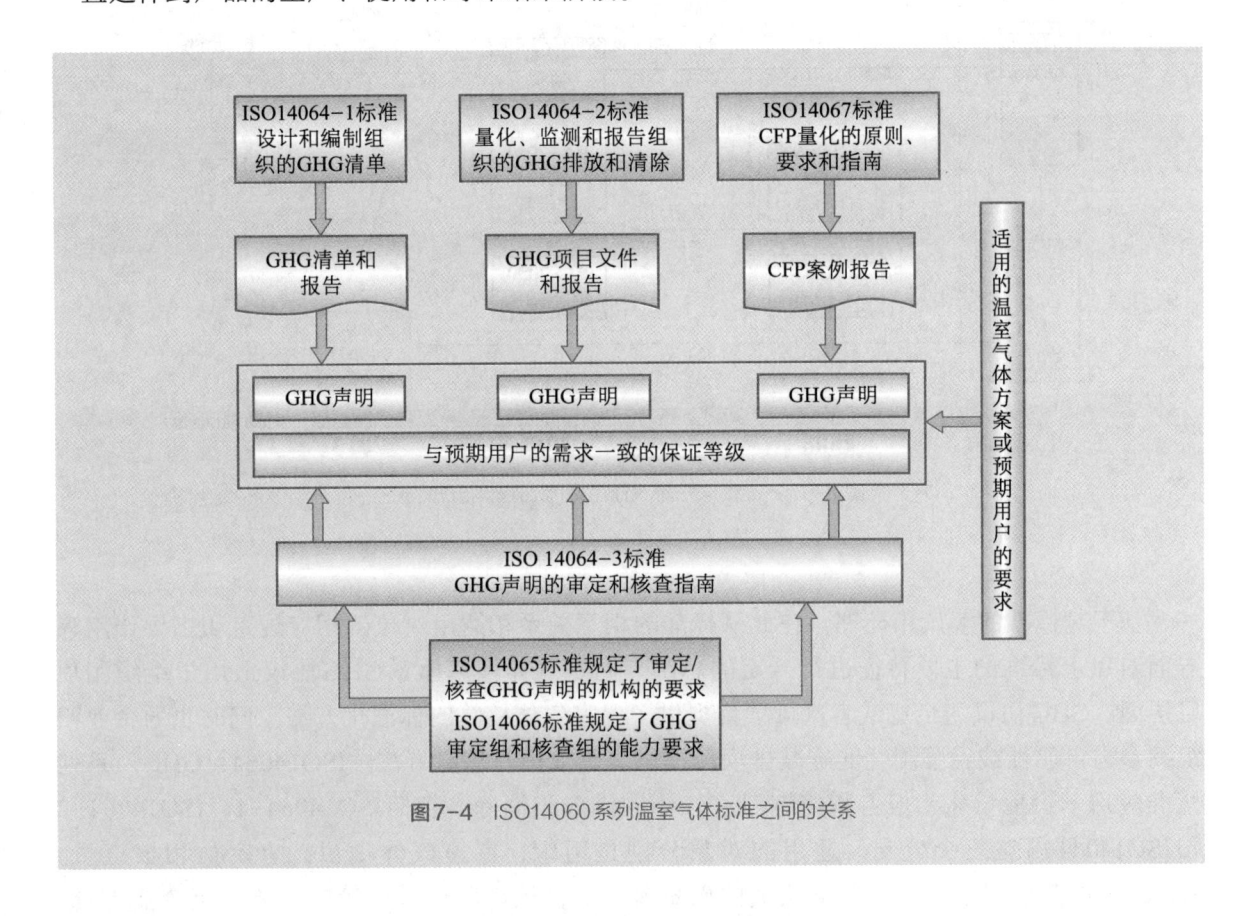

图7-4 ISO14060系列温室气体标准之间的关系

最后，产品碳足迹国际标准的发展历程和相互关系如图7-5所示。ISO于2006年发布了ISO14040标准和ISO14044标准，为LCA提供了基本框架结构和概念，也为其他产品碳足迹的核算及核算标准的建立奠定了基础。2008年发布的PAS2050规范，将LCA概念引入后，又对温室气体排放与消除过程进行了一定的细化，在旧版的基础上，PAS2050：2011又进一步提供了关于具体内容的详细补充与操作指导。2011年出台的GHG协议，借鉴了PAS2050：2008的内容，并且同样增添了补充性的条款要求，同时还细化并强调了一些被ISO14044标准和PAS2050规范忽视的概念阐述。在前面三个碳足迹标准的基础上，ISO14067标准出台，其步骤和结构实质上与LCA基本一致，内容上部分参考了前面的三套标准，它的出台与发布使得产品碳足迹核算的全球影响力得到了提高。规范的实施在一定程度上为企业温室气体减排、倡导居民低碳生活、改善环境发挥了积极的作用。PAS2050指南与PAS2050（框架）的关系就像是ISO14044标准与ISO14040标准的关系一样，前两者都是在后两者的基本框架和原则下，又进一步提供了关于具体内容的详细补充与操作指导。

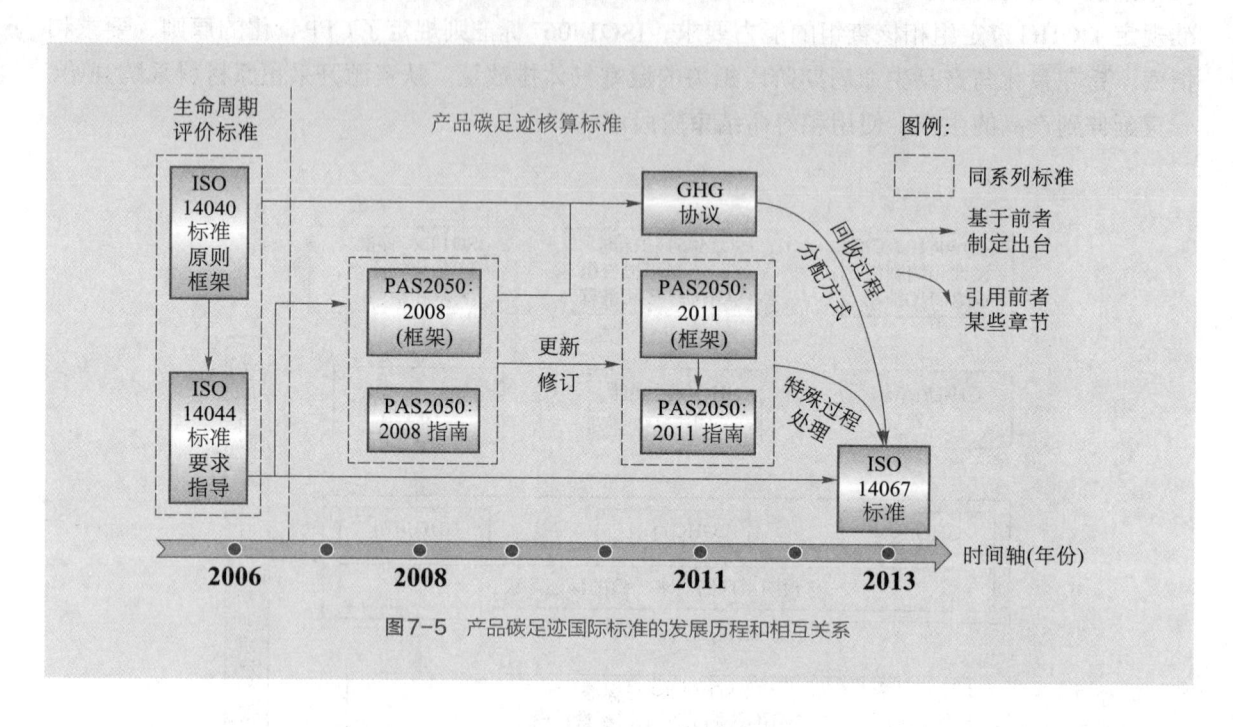

图7-5　产品碳足迹国际标准的发展历程和相互关系

基于对标准的解读和梳理，在此从标准的相互关系和适用对象的相应规定和指导作用等方面对以上标准的主要特征进行一定的总结。温室气体核算体系GHG协议适用于组织和项目层面。GHG协议为企业或者减排项目提供了温室气体核算的标准化方法，同时也为企业和组织参与自愿性或者强制性的碳减排项目提供基础数据及核算方法。ISO14064（GHG）系列标准应用于企业量化、报告和控制温室气体的排放和消除，包括ISO14064-1、ISO14064-2和ISO14064-3这三个分支，适用的对象分别是组织、温室气体项目、审定员和核查员。PAS2050规范应用于产品和服务层面的碳足迹计算，该规范进行评价的对象不是企业本身，而是产品或者产品服务在整个生命周期内的温室气体排放量。该规范主要关注的是企业的产品在整个生命周期内产生的各种温室气体的排放情况。ISO14067标准在一定程度上是以PAS2050规范为基础编制的，代表它已经较为成熟并得到国际的认可。

二、碳中和标准

计量、标准是国家质量基础设施的重要内容，是资源高效利用、能源绿色低碳发展、产业结构深度调整、生产生活方式绿色变革、经济社会发展全面绿色转型的重要支撑，对如期实现碳达峰、碳中和目标具有重要意义。下面将重点介绍PAS2060标准、ISO14068标准（碳中和）和《大型活动碳中和实施指南（试行）》。

(一) PAS2060标准

PAS2060标准由英国标准协会（BSI）协同英国能源及气候变化部、玛莎百货（Marks & Spencer）、欧洲之星（Eurostar）、合作集团（Co-operative Group）等知名机构共同开发，于2010年5月19日发布。PAS2060标准是全球第一个国际性碳中和标准，规定了组织、产品和活动量化、减少和抵消温室气体排放的要求。PAS2060标准可供任何实体使用，包括政府、社区、企业、学术机构、俱乐部、家庭、个人，以及任何实体所选定的标的物（如产品、组织、小区、旅行、计划、建筑等），因而它是一个适用范围甚广的标准框架。

该标准提出了达成碳中和的三种可选择方式：基本要求方式、考虑历史已实现碳减排的方式、第一年全抵消方式。同时，该标准对实现碳中和的抵消信用额进行了明确规定，即抵消信用额所采用的方法学和类型均应符合以下原则：

(1) 发生于选定标的物减排之外；
(2) 满足额外性、永久性、泄漏性和不重复计算性等准则；
(3) 抵消量经由独立第三方进行认证；
(4) 碳抵消额度须在实现减排后方可发放；
(5) 碳抵消额度须在正式发放后的12个月内撤销；
(6) 碳抵消项目的支持文件需对大众公开；
(7) 碳抵消项目的信用额需注册于一个独立可信的平台。

在市场交易过程中，偏好于绿色产品和服务的消费者会将碳中和视为其消费选择的一个重要参考指标。对此，PAS2060标准为碳中和提供了通行的定义和公认的验证方法。PAS2060标准允许某个产品或服务的第一个应用周期可以仅通过碳抵消来实现碳中和，但在随后其所有应用周期中均应对界定的标的物所产生的碳排放总量和碳排放强度的削减量提出明确目标，图7-6为PAS2060标准对碳中和实现过程相关要求的示意图。

PAS2060标准要求碳中和的实现过程必须提供清晰、透明、有科学依据、有文件记录并可以随时获取的证据，并且这些证据应该保留至少六年。同时，使用者应该制定碳排放管理计划并形成文件，其中应该包括对碳中和承诺目标的陈述、实现碳中和的时间表、与时间表对应的碳减排目标、计划实现碳减排目标的手段和预期采用的碳抵消策略。此外，PAS2060标准允许采用的合格核定方式有独立第三方认证、其他方核定和自我审定三种，并且其公信度依次递减。碳中和承诺声明的最长有效期为一年，有效期过后需要重新审定。

(二) ISO14068标准（碳中和）

2021年2月，国际标准化组织成立了碳中和工作组，启动了碳中和相关国际标准，即《碳中和及相关声明实现温室气体中和的要求与原则》（ISO14068标准）的制定。该标准旨在

图7-6　PAS2060标准对碳中和实现过程相关要求的示意图

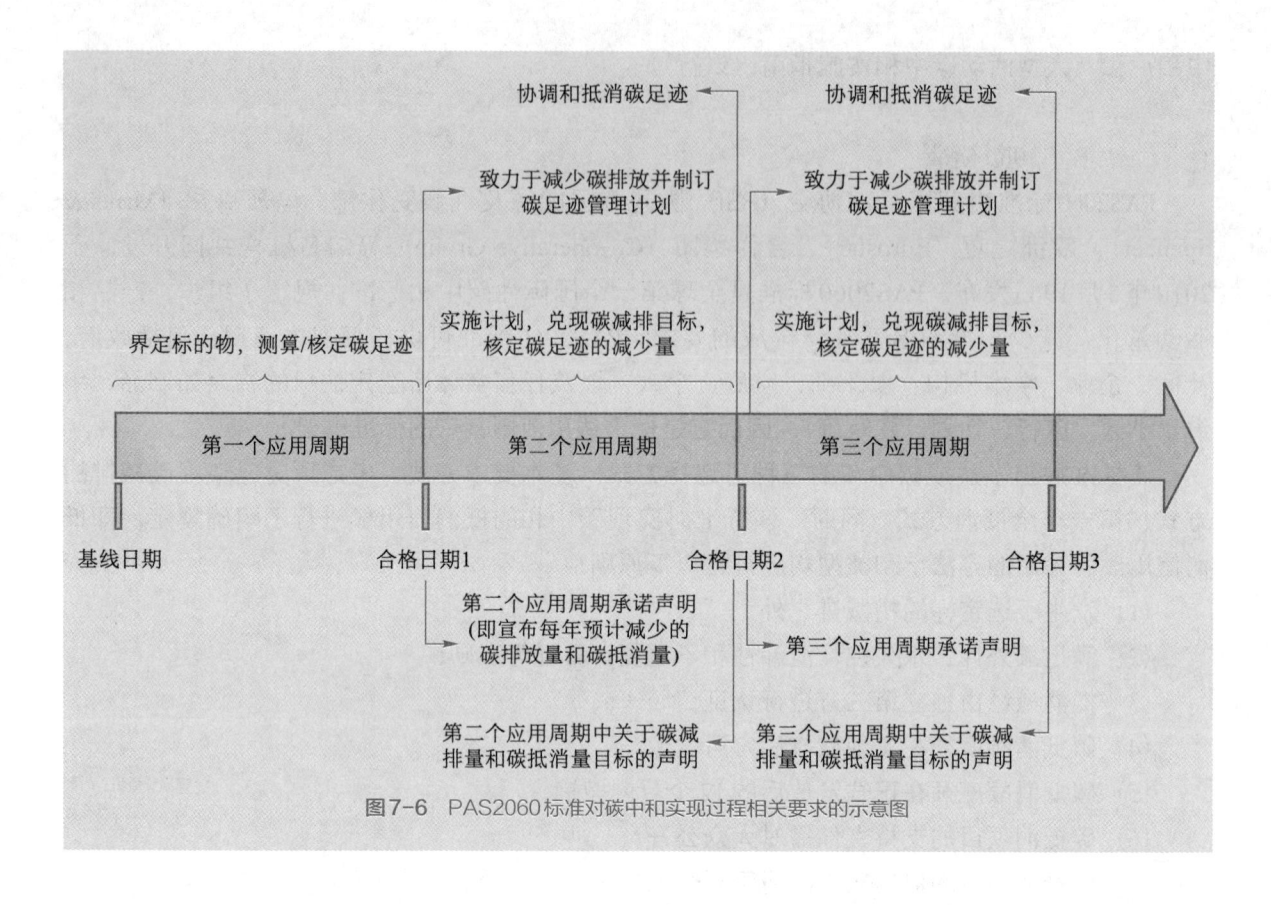

对碳中和活动进行规范和约束，通过制定包括二氧化碳在内的温室气体排放的量化、管理、避免、减少、替代、补偿和吸收等标准来实现碳中和。

ISO14068标准将提供一系列国际认可的实现碳中和的统一方法和原则，并支持各国在制订本国气候治理计划、战略和方案时更合理地使用该碳中和标准中的相关方法和要求。该标准的起草已经受到了国际社会的广泛关注，工作组包括来自中国、英国、哥斯达黎加、巴西、美国、加拿大、法国、德国、意大利、瑞典、日本、澳大利亚等21个国家，以及《联合国气候变化框架公约》（United Nations Framework Convention on Climate Change，UNFCCC）的4个联络组织的92名注册专家。在本教材成稿之时，该标准尚处于草案撰写阶段。

从工作组的前期讨论情况来看，各国专家在标准范围（是否只包括组织，还是同时包括组织、产品和服务）、核心术语定义（如碳中和、净零排放）、减排量要求（如核定组织在进行碳抵消前是否已尽力开展减排工作）、碳中和信息交流（如何减少误导问题）等方面均存在较大的分歧，仍需进一步研讨解决。

（三）《大型活动碳中和实施指南（试行）》

2010年以来，我国国内的一些大型活动相继开展了或准备开展碳中和相关工作，如2010年的上海世博会、2014年的亚太经济合作组织（Asia-Pacific Economic Cooperation，APEC）

北京峰会、2016年的二十国集团领导人第十一次峰会（Group of Twenty，G20）等大型国际会议均开展了碳中和活动。值得一提的是，生态环境部认定北京2022年冬奥会成为迄今为止第一个实现"碳中和"的冬奥会。在2019年之前，由于我国国家层面还没有相关标准指南出台，所以国内大型活动所开展的碳中和工作通常会参照国际上相对成熟的标准化文件而开展。2019年，生态环境部发布了《大型活动碳中和实施指南（试行）》（以下简称《指南》），从而填补了我国这方面的空白。《指南》中的"大型活动"，是指在特定时间和场所内开展的较大规模的聚集行动，包括演出、赛事、会议、论坛、展览等，但并未严格规定大型活动的规模。因此，所有常规大型活动和其他非大型活动，均可参考《指南》自愿开展实施碳中和。《指南》中的"碳中和"，是指通过购买碳配额、碳信用的方式或通过新建林业项目产生碳汇量的方式抵消大型活动所产生的温室气体排放量。

《指南》指出大型活动的碳中和流程为：大型活动组织者需在大型活动的筹备阶段制订碳中和实施计划，在举办阶段开展减排行动，在收尾阶段核算温室气体排放量并采取抵消措施完成碳中和。并且，大型活动碳中和实施计划应确定温室气体排放量的核算边界，预估温室气体排放量，提出减排措施，明确碳中和的抵消方式，发布碳中和实施计划的主要内容。如图7-7所示，《指南》中大型活动的碳中和实施程序包括碳中和实施计划、减排行动、温室气体排放量化、碳中和活动和碳中和评价5个步骤。

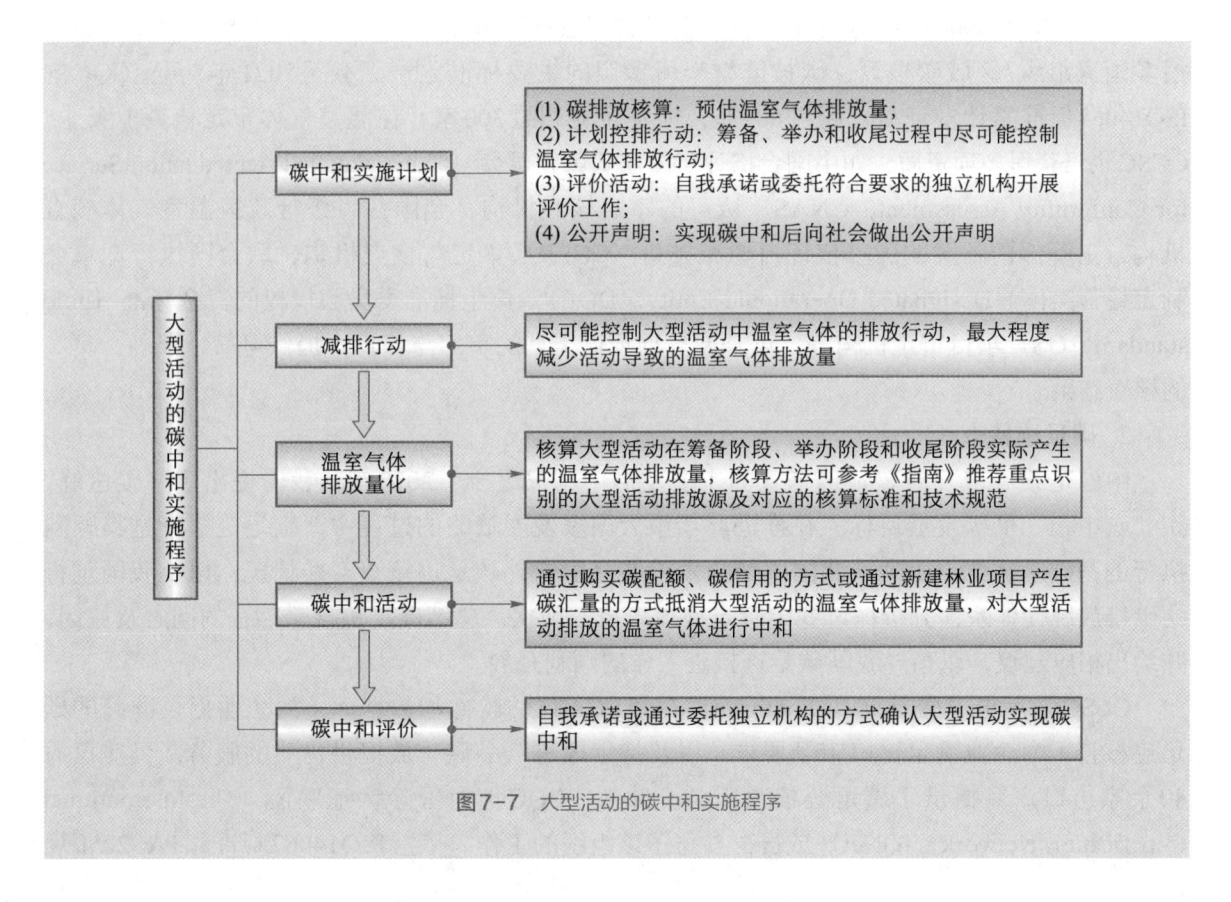

图7-7 大型活动的碳中和实施程序

三、认证实践

（一）国内相关认证实践

"双碳目标"是中国未来经济增长的主要驱动力，涉及诸多行业和部门，其执行的难度之大、影响范围之广无疑都是空前的。因此，为了应对"碳中和"战略实施过程中可能面临的挑战，一方面需要从宏观的政府层面制定相应政策以促进低碳转型，另一方面也需要从微观的企业层面推行具有实操性的低碳管理体系。相较国外而言，我国的碳排放核算、管理体系、认证认可市场尚处于初级阶段。随着相关政策的出台与推行，以及节能减排技术的开发，我国的碳减排工作取得了一定进展，相关的认证机构和认证平台也在不断完善。

目前，国内已涌现出多家第三方认证机构，如中国质量认证中心（China Quality Certification Centre，CQC）、中国船级社质量认证公司（China Classification Society Certification，CCSC）、中国国检测试控股集团、北京中创碳投科技有限公司等。其中，CQC 是一家国家级认证机构，是中国开展质量认证工作的重要部门，在碳中和标准的认证过程中发挥着非常重要的作用。迄今为止，相关认证机构已在企业温室气体清单核查、碳足迹核查、低碳产品认证、碳中和认证、区域和企业层面"碳中和"定制化技术服务等方面开展了一系列工作。

1. 企业温室气体清单核查

目前，ISO14064 标准是国际上核算组织层面温室气体排放应用度较高的标准之一，也是很多国家组织/区域碳核算、碳披露框架所参照的主要标准之一。截至 2021 年 5 月，CQC 的 ISO14064 标准累计发证量已超过 600 张，涉及企业超过 300 家。在温室气体审定核查业务上，CCSC 也已获得多项资质，如中国合格评定国家认可委员会（China National Accreditation Service for Conformity Assessment，CNAS）认可的审定核查机构、全国各省级行政区温室气体核查机构、主管部门备案的国家核证自愿减排量（CCER）审定与核查机构、联合国执行理事会制定经营实体（Designated Operational Entity，DOE）、黄金标准委员会授权的黄金标准（gold standard，GS）项目审定机构等，可开展多种项目类型的审定与核查，提供可靠、准确、真实的核查结果。

2. 碳足迹核查

中国是第一个开展碳足迹核查的主要发展中国家之一。2020 年，我国提出了"碳达峰"和"碳中和"低碳发展目标。在推进此项重大国家发展战略的过程中，碳足迹核查是其顺利执行的基础。因此，亟须从我国国情出发，结合国内外碳足迹核查实践情况，以及我国现行的碳排放统计体系，分析探讨我国碳足迹核查技术现状，总结碳足迹核查存在的问题及原因，并给出相应建议，以指导我国碳足迹核查工作的顺利开展。

CCSC 采用电子碳足迹（eFootprint）在线 LCA 评估软件和数据库，为企业提供准确的碳足迹核查，为企业满足出口市场要求，以及持续改进产品碳排放提供优质的服务，目前已为 40 余家出口产品提供了碳足迹核查服务。此外，CQC 作为国际认证联盟（The International Certification Network，IQNet）成员，参与了该组织的工作。依据 ISO14067 标准和 PAS2050 规范，CQC开展的产品碳足迹服务领域涉及化工、建材、机械、电气、电子、制药、照明等众多行业，获证产品达数百种。

以施耐德电气制造（武汉）有限公司为例，其厂房设计阶段就采取了节能设计，在施工过程及日常管理运营中使用了诸多先进的施工工艺和管理理念，使生产厂房达到了目前最高的绿色建筑标准要求，从而获得了美国绿色建筑认证（Leadership in Energy and Environment Design，LEED）。该工厂在2018年被世界经济论坛评为发展中的灯塔工厂，在同年11月被国家工业和信息化部评为绿色工厂。为响应国家碳达峰、碳中和目标要求、推动施耐德绿色低碳品牌建设，施耐德武汉工厂全面推进在产品生产、企业运营等环节的减碳实践，推广产品碳足迹的核查、实施企业碳排放的核查认证，并将碳排放核算过程信息化、自动化，与工厂日常管理深度融合，切实提升了生产过程的碳排放管理水平、供应链碳足迹管控能力，在此基础上科学设定企业碳中和目标和路线图，实现了公司运营及供应链层面的碳中和。

3. 低碳产品认证

低碳产品认证制度是中国推行的自愿认证制度。目前，低碳产品认证以目录化管理的方式实施，将评价标准成熟、符合产品行业管理的产品纳入目录中。我国已发布两批低碳产品认证目录，包括通用硅酸盐水泥、平板玻璃、铝合金建筑型材、中小型三相异步电动机、建筑陶瓷砖（板）、轮胎、纺织面料等7种产品。中国标准化研究院与CQC合作建立"低碳认证专家委员会"和"碳足迹工作组"，为我国低碳产品的推广提供技术支持。此外，广州赛宝认证中心等多家机构也为低碳产品认证提供相关服务。

为了进一步规范节能低碳产品认证活动，提高产品的能源利用效率，控制温室气体排放，促进节能低碳产业发展，原国家质量监督检验检疫总局还联合国家发展和改革委员会于2015年发布了《节能低碳产品认证管理办法》，规定全国范围内具有相关资格的机构均可开展低能耗、高能效产品认证工作，并要求各地对申请企业进行严格审查。

4. 碳中和认证

联合国政府间气候变化专门委员会（Intergovernmental Panel on Climate Change，IPCC）在其2018年发布的《全球升温1.5 ℃特别报告》中对碳中和进行了界定：碳中和指在一定时间内，通过去除人为二氧化碳，使全球范围内人为二氧化碳排放量趋于均衡，从而可以达到净零二氧化碳排放。当前我国碳中和相关认证工作刚刚起步，要想达到碳中和主要包括3个步骤，分别是：碳排放核算、碳减排和抵消。有必要建立精确的碳足迹核查方法、合理的碳足迹评价模型，制定符合国情的计划和健全碳足迹认证体系，这些理论基础都是达到碳中和目标的首要环节，同时也是确定后续工作能够顺利进行的关键性步骤。在碳中和认证实践中，CCSC先后参与多项国家部委和国际机构委托的绿色低碳科研工作，多项碳达峰、碳中和相关标准的制定工作，以及20多个省级行政区的碳达峰行动方案编制、应对气候变化专项规划等工作，可以为各层面的碳中和行动方案编制，提供全方位专业服务。

5. "碳达峰、碳中和"定制化技术服务

国内多家第三方检测机构已陆续推出了"双碳目标"相关的定制化技术服务。例如，

CQC现面向地方政府及其主管部门，在地区/企业层级开展定制化"碳达峰"和"碳中和"配套科技服务。从区域层级上看，CQC可以辅助主管部门完成地区排放调查与影响/风险分析，对地区碳排放趋势进行预测，并确立不同阶段技术路线的侧重点，从而为建立与国家和地区自身发展场景一致的碳中和技术路线图提供依据。从企业层级看，CQC可以在顾客组织层面与产品层面提供碳排放清单验证与产品碳足迹验证的基础之上，查清碳排放基数与具体排放状况，帮助企业编制碳中和技术路线图。此外，CQC还可为顾客自主减排行为提供绿色技术评估、节能审查、合同能源管理工程减免税审查等服务。

（二）国外相关认证实践

近年来，欧美发达国家及地区不断推出对温室气体排放进行限制的法案，温室气体排放限额对各国工业发展和国际贸易的影响越来越大。在国际上，温室气体审定/核查机构的认可已开展多年，涌现了众多具有权威性的碳管理第三方认证机构。第三方机构的认证核查是国际间报告和核查机制中的重要环节，可以提供"责任框架"，以及客观、真实、具有公信力的认证结果，是有关各方建立互信的基础，在碳管理领域发挥着极其重要的作用。

1. 瑞士通用公证行（SGS）

SGS是专业从事碳盘查、碳审计的全球知名公司之一，也是在中国最早涉足产品碳足迹业务的第三方组织之一。SGS推出的产品碳足迹和碳标识服务，可帮助企业实现对原材料碳足迹的管控。例如，SGS可为原材料供应商提供产品碳足迹速查服务，在短时间内帮助其向客户/买家提供产品的主要碳排放信息。该服务依据ISO14040标准中生命周期评价的原则与框架，参考PAS2050规范和《产品生命周期核算与申明标准》作为GHG排放量化和报告的方法标准，帮助客户选择产品，并确定系统边界及功能单位，指导客户建立GHG排放活动数据收集体系并收集活动数据，通过对所选产品GHG排放的评估和计算，向客户提供产品碳足迹报告和声明，为客户产品贴上碳足迹标识。

2. 德国莱茵集团（TUV）

该集团基于ISO14064系列标准为企业提供专业的温室气体查验服务，通过该机构对于温室气体排放量的查验，企业可全面了解自身的温室气体排放状况和可能存在的责任与风险，进而找出提升能源与物料使用效率、降低营运成本，以及具有成本效益的温室气体减量机会。德国莱茵集团在低碳领域可为企业提供包括碳信息披露项目（Carbon Disclosure Project, CDP）与供货商温室气体查验、客户的组织或产品碳足迹查验、世界自然基金会低碳办公室计划（Low-carbon Office Operation Programme, LOOP）和低碳制造计划（Law Carbon Manufacturing Programme, LCMP）等服务。

3. 法国必维国际检验集团（Bureau Veritas）

法国必维国际检验集团为企业提供碳管理体系能力建设，识别并量化碳资产；通过对碳资产进行评审，进一步挖掘节能潜力，分析影响能源使用的变量，提升能源使用效率；协助企业量身定制合理的碳战略等服务，从而实现企业绿色经济效益最大化。在法规和自愿碳减排方面，法国必维国际检验集团拥有清洁能源/联合履约机制（CDM/JI）核查资质，是联合国指定的核查机构，可为多个领域提供碳中和解决方案，主要包括碳核查、碳减排、碳抵消和清除、实现净零排放、为绿色金融提供保障等5个方面。

在碳核查方面，法国必维国际检验集团根据国际核查标准和GHG监管计划，对企业进行碳排放核查，以便帮助企业科学地分析"碳达峰"和"碳中和"的时限，设定更适合自身发展的阶段目标。法国必维国际检验集团作为绿色可持续发展行业长期的参与者，能够提供技术支持和体系认证服务，帮助企业挖掘节能潜力，完善能源管理制度，实现能源节约和碳排减量的双控管理。

4. 英国碳信托（Carbon Trust）

英国碳信托开展了"碳削减标签计划"，成为开创低碳产品认证的先锋，试点计算了几十种产品的碳足迹。企业在开展碳核算、减排路径规划等一系列减排措施后，如果符合相关标准，就可获得由碳信托颁发的认证证书及对应碳信托的"碳标签"。随后，英国环境、食品和农村事务部与碳信托和英国标准协会（BSI）合作制定了一个计算产品碳排放量的评价规范，即PAS2050规范草案。英国致力于为PAS2050规范争取国际发展空间，在世界范围内以技术支持和技术合作的形式增强PAS2050规范和"碳削减标签计划"的影响力，还积极参与国际标准化组织的低碳产品标准的制定工作。参加首批试点计划的六个英国公司，包括天真饮料公司（Innocent）、百事可乐公司和英国超市连锁乐购（Tesco）等已经对选定的试点产品正式贴上了符合英国碳削减标准的"碳标签"。

案例

2021年12月17日，阿里巴巴集团控股有限公司（以下简称"阿里巴巴"）发布了《2021阿里巴巴碳中和行动报告》，这是国内互联网科技企业首个碳中和行动报告，同时也展示了阿里巴巴做强绿色供应链、做大绿色生态、实现国家"双碳"目标的决心和用负责任的科技创造可持续未来的承诺。

法国必维国际检验集团为阿里巴巴提供了专业的碳核查服务，核查范围包括阿里巴巴集团下属的总部及全球分支机构，涵盖电商、云计算、自营物流、线下零售等各类商业业态，以及行政办公楼等场所在2020年实际的碳排放量，并为其颁发了国内互联网行业首张温室气体核查声明（ISO14064-1）。

根据法国必维国际检验集团的碳核查结果，阿里巴巴在2020年的温室气体排放总计为951.4万t，其中公司实体控制范围内的直接温室气体排放、运营用电等产生的温室气体排放分别为51.0万t和371.0万t。针对自身运营所产生的碳排放，阿里巴巴提出将主要通过针对性地提效减排、大力使用清洁能源，以及碳消除、碳抵消等途径，特别是负排放技术来实现减排，并将能源转型、科技创新、参与者经济确定为实现碳中和的重要支柱。

第三节
碳中和措施与政策

碳中和包括了能源碳中和、资源碳中和、信息碳中和、碳汇强化和负排放技术四个方面，其中每个部分都涉及诸多产品和技术，也是全方位实现碳中和目标的重要支撑。本节将重点介绍相关产业和产品技术的管理措施与政策，以厘清碳中和措施与政策的框架体系。

一、能源政策

勤俭节约是中华民族的传统美德，节能提效是中国能源战略之首，是绿色低碳的第一能源，是保障国家能源供需安全、能源环境安全的要素。2021年，中国能源结构降碳的潜力是55亿t/a，而实现能源系统低碳转型则是实现碳中和目标的关键。因此，要从国家战略高度出发，加快推进能源低碳转型进程，为建设美丽中国提供坚实保障。与此同时，能源转型进程中出现的突出矛盾和问题不容忽视，迫切需要有效措施加以解决。下面将重点介绍传统化石能源政策、可再生能源政策和终端电气化政策。

（一）传统化石能源政策

化石能源由古代生物的化石沉积而来，是一次能源，也是人类必不可少的燃料。化石能源所包含的天然资源有煤炭、石油和天然气，其燃烧产生大量的温室气体，因而亟须绿色低碳化转型。我国化石能源呈现"富煤、缺油、少气"的特征。在以化石能源为主的能源结构下，节能提效是碳减排的主要措施，亟须煤炭"清洁高效"、石油"增储上产"、天然气"开源保供"。

在国家绿色低碳发展的新阶段，能源行业在"双碳"目标下也有新要求，油气行业在"十四五"期间进入加快变革、全面推动高质量发展的新时代。中国以石油"增储上产"为宗旨，不断加强勘探开发，改善油品消费结构，促进炼厂转型升级，健全成品油价格机制。天然气作为一种清洁高效的一次能源和战略资源，是未来能源结构优化调整的重要方向之一。依据我国"十四五"规划，我国天然气消费量保持较快增长，产量稳中有升；液化天然气（liquefied natural gas，LNG）进口量持续大幅增长，供给逐步宽松。具体而言，在供给侧，随着《关于进口原油使用管理有关问题的通知》《关于促进石化产业绿色发展的指导意见》等一系列政策的出台，炼厂经营主体日趋多元化，促进石油产业绿色低碳持续转型；在消费侧，国家大力推广新能源汽车，颁布《新能源汽车产业发展规划（2021—2035年）》和双积分等系列政策，以促进成油品消费峰值提前到来，为化工用油预留了一定的增长空间。此外，根据《中长期油气管网规划》，中国将统筹考虑天然气和LNG两个市场、国内和国际两种资源、管道和海运两种方式，加强油气输配网络建设，健全储备应急体系。

我国作为煤炭大国，在"十四五"期间，中国煤炭产业进入了高质量发展的新阶段。在

"双碳"目标影响深远，安全、生态、智能化发展需求较高等背景下，中国煤炭消费调控增长压力有望实现供需整体均衡，布局进一步向资源富集地区倾斜，生产结构、组织结构趋于优化，安全、绿色发展程度亦会得到大幅提升，科技创新不断助力产业升级，煤炭企业加快转型。《关于煤炭行业化解过剩产能实现脱困发展的意见》及一系列去产能政策措施，推动市场倒逼和生产结构持续优化，也为煤炭行业供给侧结构性改革指明了方向；《关于进一步推进煤炭企业兼并重组转型升级的意见》进一步在全国范围提升煤炭产业集中度。此外，自然资源部的《绿色矿山评价指标》等政策和标准的颁布也进一步强化了煤炭行业低碳发展的生态环境约束；国家发展和改革委员会等部委颁布的《关于加快煤矿智能化发展的指导意见》代表着"两化融合"的进程也深入推进了煤炭行业的信息化和高效发展。

（二）可再生能源政策

可再生能源是风能、太阳能、水能、生物质能、地热能等非化石能源，是清洁能源，因其具有零碳排放特征，故也称为零碳能源。大力发展可再生能源，对于改善能源结构、保护生态环境、促进经济社会的可持续发展具有重要意义。

目前，我国的可再生能源（尤其是非水可再生能源）呈现快速增长的趋势。在充分利用自然资源的基础之上，可再生能源正在经历从"微不足道"到"举足轻重"、从"补充"到"主流"（电热氢）的发展阶段，且技术能力（尤其是储能）持续上升、运行成本日益下降。为了促进可再生能源的开发利用，我国早在2005年就正式发布了《中华人民共和国可再生能源法》。该法构建了加快发展可再生能源的五大关键基本制度，即：总量目标、全额保障性收购、上网电价、费用分摊和专项基金制度；此外还制定了包括信贷、金融和税收等在内的一揽子政策。在这些法律框架下，有关部门和各级政府都陆续出台了包括可再生能源规划、技术、销售、财税等政策内容，形成了包含总量目标、保障性收购、价格与补贴、财税等政策内容在内不断完善的可再生能源政策体系。

可再生能源还被广泛应用于制氢、氨、甲醇等，其中氢能是推动绿色经济、加快实现零碳目标的一个潜在性选择。在"双碳"目标的约束下，一系列推进氢能产业发展的政策应运而生。2021年，"十四五"规划提出，要在氢能与储能等前沿科技和产业变革领域，组织实施孵化与加速计划。2022年，国家发展和改革委员会、国家能源局联合发布《氢能产业发展中长期规划（2021—2035年）》，为我国氢能产业的长远发展设计了美好蓝图，以燃料电池为代表的氢能技术为实现零碳排放提供了重要的解决方案。

目前我国是世界上最大的制氢国。2021年我国制氢产量约为3 300万t。我国发展氢能的政策重点放在系统构建高质量发展创新体系、统筹推进基础设施建设、稳步推进多元化示范应用等方面来推动氢能产业发展。《氢能产业发展中长期规划（2021—2035年）》也规划了我国三个阶段的发展目标：到2025年，氢燃料电池车辆保有量约为5万辆，可再生能源制氢量达10万~20万t/a，实现碳减排100万~200万t/a；到2030年，形成较为完备的氢能产业技术创新体系、清洁能源制氢及供应体系；到2035年，形成完善的氢能产业体系，构建涵盖交通、储能、工业等领域的多元氢能应用生态。

(三) 终端电气化政策

电气化指运用电气工艺技术、机械设备、动力能源等，推动工业生产、居民生活及交通运输等领域使用电力消费替代化石能源消费。电气化是推动各产业清洁低碳转型的重要途径。工业、建筑、交通部门作为中国二氧化碳排放的主要领域，具有较为可行的电气化改造前景和路径。推进终端能源电气化，对改善城市大气环境具有良好的作用，实施以电代煤、以电代油，有利于提升在终端消费环节用能清洁化、低碳化水平，促进清洁能源消费，助力实现碳达峰、碳中和目标。终端电气化的相关政策总结如图7-8所示。

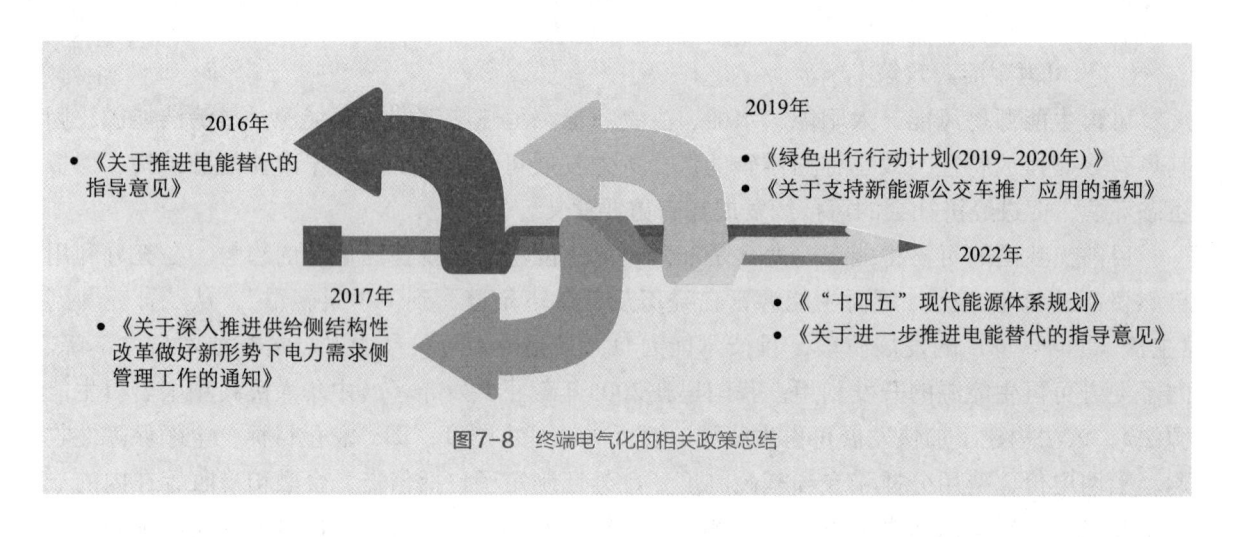

2016年
- 《关于推进电能替代的指导意见》

2017年
- 《关于深入推进供给侧结构性改革做好新形势下电力需求侧管理工作的通知》

2019年
- 《绿色出行行动计划(2019—2020年)》
- 《关于支持新能源公交车推广应用的通知》

2022年
- 《"十四五"现代能源体系规划》
- 《关于进一步推进电能替代的指导意见》

图7-8 终端电气化的相关政策总结

交通领域电气化是电能替代的核心领域。新能源汽车是交通领域电能替代的典型代表，我国持续出台了专项政策助力新能源汽车产业发展。在我国多个专项政策的扶持下，新能源汽车行业迎来井喷式发展。截至2021年年底，我国新能源汽车整车累计消费达1.6万亿元，带动上下游产业链产值达4.8万亿元。根据国务院办公厅发布的《新能源汽车产业发展规划(2021—2035年)》，2025年，我国新能源汽车保有量将达到2 500万辆，"十四五"期间可实现电能替代3 055亿kW·h，碳减排1.11亿t。

综合研判我国出台的推动和完善终端用能电气化发展的相关政策可以发现，"十四五"是我国能源转型的关键时期，积极统筹相关市场化机制建设，推进终端用能电气化在实现我国"双碳"目标的发展过程中具有重要作用。因而，在电气化进程中：首先，需要持续强化顶层设计，从加强规划统筹、增强电力供应保障、加大投融资支持、完善价格和市场机制等方面，全力推动终端用能电气化发展；其次，需要推动行业标准化，完善储能等标准体系，充分发挥标准在促进行业高质量发展过程中的引领作用；最后，需要加快终端用能电气化市场机制建设，加快电力市场化进程，积极推动增量配电业务改革，鼓励和引导用户参与需求侧响应。

碳中和能源政策注重节能提效、化石能源清洁利用、可再生能源提速、终端电气化扶持，深入贯彻落实碳中和能源政策，对实现经济、能源、环境、气候共赢具有重要意义。

二、资源政策

物质资源（含化石资源、金属资源、非金属资源、生物质资源）作为自然界最基本的要素，是社会经济发展之本。在工业化进程中，人类为了获得更多的物质财富而进行大规模的生产活动，由此带来了全球气候变暖、环境污染严重等问题。社会经济发展依赖的物质资源利用模式以"高碳"为特征，一方面能源利用以化石资源燃烧为主供给能源；另一方面，水泥、钢铁、金属、化学品等物质利用包括直接的（工艺过程、碳基材料）和间接的（使用高碳能源）碳排放。所以，目前社会经济中物质资源利用和碳排放之间具有强关联性。

碳中和资源政策，是国家为实现碳中和目标而制定的指导资源开发、利用、管理、保护等活动的策略。碳中和目标的实现需要资源的合理利用，不仅需要倡导生态环境友好、充分利用可再生能源，还需要建立资源节约型经济形态，充分且高效地利用物质资源以实现全社会多行业纵深的绿色低碳转型。循环经济的思想萌芽可以追溯到环境保护兴起的20世纪60年代。1962年美国生态学家蕾切尔·卡逊发表了《寂静的春天》，指出生物界及人类所面临的危险。"循环经济"一词，首先由美国经济学家K·波尔丁提出，主要指在人、自然资源和科学技术的大系统内，在资源投入、企业生产、产品消费及其废弃的全过程中，把传统的依赖资源消耗的线型增长经济，转变为依靠生态型资源循环来发展的经济。

循环经济遵循生态学和经济学规律，旨在通过实施减量化（reduce）、再利用（reuse）和资源化（recycle）的"3R"原则，构建"资源—产品—再生资源"的生产和消费方式。一方面，循环经济以资源节约、集约利用为手段，转变了产品与物料的生产与利用模式，可有效地提高资源产出率并降低单位产品的碳排放强度，以及价值链、供应链与产业链中的碳排放；另一方面，循环经济有利于要素循环渠道的开辟与废弃物资源的高效循环，可促进中国资源循环效率的提高，降低中国经济发展对原生资源的依赖性，确保国家资源安全并缓解为实现目标可能遇到的各种资源制约。

中国素有资源循环利用的优良传统，如衣服"新三年、旧三年、缝缝补补又三年"的使用习惯。自20世纪90年代起，中国引入了循环经济思想，提倡并发展绿色交通、绿色工业等，此后对于循环经济的理论研究和实践不断深入。我国一直注重发展循环经济，有着较好的建设基础，如2005年国务院发布了《关于加快发展循环经济的若干意见》，2008年我国制定了《中华人民共和国循环经济促进法》，2013年国务院发布了《循环经济发展战略及近期行动计划》启动循环经济"十百千"示范行动，2017年国家发展和改革委员会等14部委共同发布了《循环发展引领行动》以启动"十三五"时期十大专项行动。这些政策和措施有效地促进了中国的循环经济发展和可持续发展。我国循环经济建设通过一系列政策措施驱动取得了显著成效，在促进资源节约、保障资源安全等方面取得了较好效果，同时带来了较好的碳减排协同效益。

观察中国循环经济指数可以发现,2001—2019年,中国循环经济指数整体波动上升,于2007年突破2.00,达到2.04,于2016年突破2.50,达到2.60。中国循环经济指数从2001年的1.42上升至2019年的2.71,提高了90.85%(图7-9)。

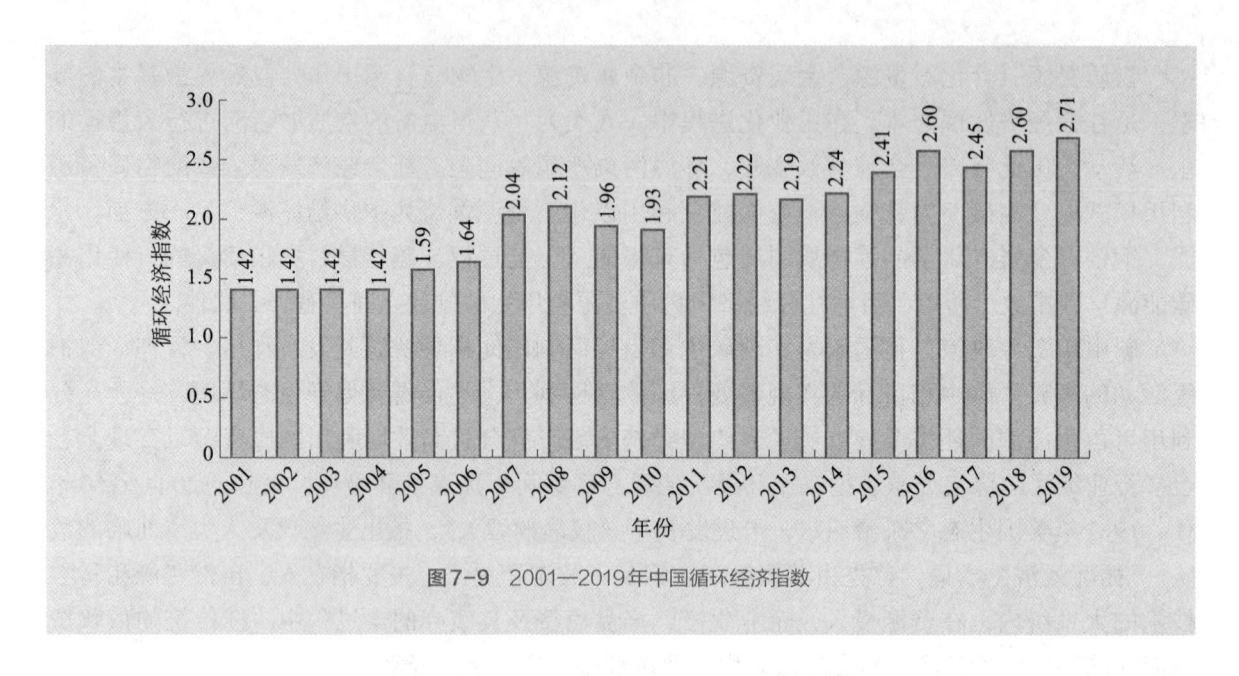

图7-9 2001—2019年中国循环经济指数

在"双碳"目标下,中国生态文明建设步入了以降碳为主的战略方向新时期,发展循环经济也被赋予了新任务、新要求。2021年发布的"十四五"规划纲要中提出"全面推行循环经济理念,构建多层次资源高效循环利用体系"。2021年,中共中央、国务院发布《关于完整准确全面贯彻新发展理念做好碳达峰碳中和工作的意见》(简称《意见》)。《意见》提出"节约优先"是贯彻碳中和工作目标所遵循的五项主要原则,以节约能源资源为首要目标,实施全面节约战略。随后,国务院印发《2030年前碳达峰行动方案》,明确指出要"抓住资源利用这个源头,大力发展循环经济,全面提高资源利用效率,充分发挥减少资源消耗和降碳的协同作用",并把循环经济助推降碳行动列为重点推进的"碳减排十项行动"之一。同时《"十四五"循环经济发展规划》还提出今后循环经济发展的路线图,其中包括工业、农业和社会生活3个方面的12个重点任务,到2025年循环型生产方式全面推行,绿色设计和清洁生产普遍推广,资源综合利用能力显著提升,资源循环型产业体系基本建立等。在新的碳减排与转型格局中,中国循环经济驶入了发展快车道并迎来了一个快速增长的时期,对碳减排的贡献预计还会进一步增加并起到更大的促进作用。

中国是农业大国,政府非常重视环境保护和生态农业的研究及试点工作,从1980年开始建立不同类型、不同级别的生态农业建设试点,陆续出台政策和规划。2005年我国开始试点推广测土配方施肥技术,通过指导农户科学施肥,减少化肥的过量施用;2008年出台的《中华人民共和国循环经济促进法》第三十四条规定了农业资源的循环利用;2016年财政部等联合印发了《建立以绿色生态为导向的农业补贴制度改革方案》；2018年农业农村部印发了《农业绿色发展技术导则（2018—2030年）》；2019年农业农村部发布了第二批41个国家农业绿色发展先行区等。以上政策和规划改善了我国农业资源透支、过度开发和农业面源污染加重的现象。

三、信息政策

碳中和目标的实现，是一项复杂工程和长期任务。按照碳达峰碳中和"1+N"政策体系的总体安排，绿色低碳转型和数字化转型相融合，是经济社会高质量发展的必由之路。数字技术在助力全球应对气候变化进程中扮演着重要角色。数字技术能够与能源电力、工业、交通、建筑等重点碳排放领域深度融合，有效提升能源与资源的使用效率，实现生产效率与碳效率的双提升，数字化正成为我国实现碳中和的重要技术路径。此外，全球数字化转型的加速和对算力需求的增长，以及5G的更广泛应用，带动信息基础设施的蓬勃发展，同时带来能源需求与碳排放增长，信息通信业自身能耗不容忽视，迫切需要走绿色低碳发展之路。下面将重点介绍能源互联网和虚拟电厂政策、信用政策和虚拟货币管理政策。

（一）能源互联网和虚拟电厂政策

能源互联网是能源生产、传输、存储、消费，以及能源市场深度融合的能源产业发展新形态，具有设备智能、多能协同、信息对称、供需分散多元、系统扁平、交易开放等特征，它利用互联网思想与技术来改造能源行业，以电力系统为核心与纽带，构建多类型能源的互联网，从而实现横向多能互补，纵向电源、电网、负荷、储能协调。能源互联网是新一代信息技术和能源融合发展的必然产物，是党在十九届五中全会提出的"推进能源革命，加快数字化发展"的具体体现。在中国碳达峰碳中和战略的发展背景下，国家电网已将推进能源互联网科技创新作为新型电力系统建设，以及促进经济发展与碳排放解耦的主要途径。

2013年，国家电网首次提出未来的智能电网是网架坚强、广泛互联、高度智能、开放互动的能源互联网。随后几年国家相关部门相继出台一系列智能电网的管理政策和建议。2021年，《国家电网公司能源互联网规划》围绕实现双碳目标和构建新型电力系统，提出到2025年要基本建成，2035年全面建成具有中国特色的、国际领先的能源互联网，电能占终端消费三成比重，跨省输电达3亿kW·h。2022年，国家发展和改革委员会发布了《"十四五"现代能源体系规划》，其中提到要大力推进电源侧储能发展，开展工业可调节负荷、楼宇空调负荷、大数据中心负荷、用户侧储能、新能源汽车与电网（vehicle-to-grid，V2G）能量互动等各类资源聚合的虚拟电厂示范工程。

作为能源互联网的重要组成部分，虚拟电厂是通过信息通信技术和软件系统，实现分布式发电、储能系统、可控负荷、电动汽车等分布式能源的聚合和协调优化，以作为一个特殊电厂参与电力市场和电网运行的电源协调管理系统。虚拟电厂连接智能电网和电力市场，是实现能源互联的前提和基础，能有效缓解电力紧张和电效偏低矛盾的问题。虚拟电厂是能源互联网的一类子网,与主网相比,它更靠近能源系统的用户侧,主要服务于一定区域内的终端用户,实现一定区域内电、水、热、气等分布式能源的高效利用。虚拟电厂的优点体现在其能源交易种类更多样,能源传输和消纳的方式更便捷,同时它又具有独立的交易和结算功能,为能源传输、能源消纳和电动汽车储能等提供了便捷通道,大幅度提高了能源利用率。

(二) 信用政策

1. 碳信用的基本概念

碳信用(也称为碳抵消)是通过减排项目减少或消除大气中的温室气体排放获得的信用。实行碳减排后,按照有关技术标准和认定程序确认减排量化效果,由政府部门或国际组织签发或授权碳减排指标。碳减排指标的意义在于政府、工业界或个人可以利用该减排量来补偿其在其他地方产生的排放,其机制设计的内涵在于通过提高排放者的成本,以减少碳排放。

2. 碳信用的计量与交易

碳信用的计量单位为碳信用额。碳信用额可以在碳市场进行交易。碳市场交易规则基于一种碳排放总量管制与交易制度。碳减排者在获得碳信用之后,被允许在公开市场上进行交易,也可以用于碳税抵扣。目前,签发碳信用的行业主要包括林业、农业、制造业、交通运输业及可再生能源行业。

碳信用交易的作用在于促进形成市场导向的机制,将外部性的气候问题通过市场化实现内部化;对购买方而言,碳信用激励其最大限度地提高碳排放效率,实现碳减排目标,加速全球碳减排行动;对售出方而言,碳信用计价带来收益,对发展绿色产业和增强企业低碳技术创新具有正向激励作用。例如,电动汽车品牌特斯拉2020年的碳信用收入超过卖车的收入。除了碳信用交易机制下抵消履约实体的排放外,碳信用还包括个人或组织在自愿减排市场的碳排放抵消。

3. 碳信用管理机制

按照市场范围主体,碳信用管理机制分为国际性碳信用机制、国家和地方碳信用机制、独立碳信用机制三类。

国际碳信用机制是基于国际气候公约制定的机制,通常由国际机构进行管理和监督;区域碳信用机制是由国家政府部门为了碳市场或为了配合企业减排履约而建立的机制,其只在一个国家或者几个国家的区域使用,并受本国、本区域或双边国家的约束;独立第三方碳信用机制指不受任何国家法规或国际条约约束的机制,由私营机构或公益组织建立。

4. 碳信用的发展趋势

碳信用与金融衍生产品相结合。碳信用本身具有归属分配和实际使用并非发生在同期的特点,具备远期合约等金融衍生品的某些特性。未来碳信用市场与期货、远期等衍生品交易相结合的发展潜力较大,碳金融衍生工具的不断创新能够推动碳信用市场逐步深化。

实现绿电–绿证–碳信用交易协同发展。在碳达峰和碳中和目标下,可再生能源电力交易前景广阔,未来需要将绿证和绿电交易记录相匹配,并探索满足条件的绿证大规模转化为碳信用参与国内外定价机制。

提升碳信用质量，统一碳信用标准。随着越来越多的国家建立起地方碳市场，碳信用类型繁杂，需要提升项目执行的质量，增强项目活动审定核证机构的权威性。同时，各国的碳信用标准千差万别，如果能够实现标准统一，就可以使得各国在气候问题上能够相对公平地计量各自的减排量，这样有利于各国更有效地应对气候问题。

（三）虚拟货币管理政策

数字技术对碳中和具有积极作用，但数字化转型的加速会驱动信息通信业能源需求和碳排放的增长，其中数据中心和5G基站较快的能耗增长，越来越引起社会关注。在碳达峰、碳中和目标下，信息通信业自身的能耗问题不容忽视，迫切需要走绿色低碳发展之路，实现节能降耗与数字经济的协同发展。其中，虚拟货币正处于飞速发展的阶段，是非常有代表性的行业。

1. 区块链及虚拟货币飞速发展

非同质化代币（non-fungible token，NFT），是一个名为区块链数位账本的数据单位。每种代币都能表示一种唯一的数码资料。NFT指非同质化通证，实质是区块链网络里具有唯一性特点的可信数字权益凭证，是一种可在区块链上记录和处理多维、复杂属性的数据对象。

非同质化是指不可互换、不可复制的现象，所以每一个NFT所标识的数字资产是唯一的，例如，画作、声音、电影、游戏里的物品或者其他创意作品形式，这些数字资产是唯一且不可分离的。尽管文档（工作）本身可以不受限制地复制，但是表示这些文档（工作）的代币会跟踪到它的底层区块链中，并且向购买者提供所有权证明。像以太币和比特币这些加密货币都有各自的代币标准来定义NFT用途。

随着NFT市场繁荣，元宇宙概念迸发，2021年被人们称为NFT与元宇宙之年。虽然加密货币出现过山车般的发展态势，但是比特币仍创下了历史最高纪录。另外，全球主要国家都在加速推动中央银行数字货币的发展。

虚拟货币"挖矿"活动指通过专用"矿机"计算生产虚拟货币的过程，能源消耗和碳排放量大，对国民经济贡献度低，对产业发展、科技进步等带动作用有限，加之虚拟货币生产、交易环节衍生的风险越发突出，其盲目无序的发展对推动经济社会高质量发展和节能减排带来不利影响。

不可否认，区块链产业生机勃勃，区块链技术已经渗透到了更多产业。此外，由于政策制定者与金融监管机构在加密货币与区块链技术上的认识仍存在一些分歧，一些国家在加密方面的政策正走在几条"迥异"的道路上。

2. 我国对加密货币的管理政策

目前，各国关于加密货币监管的趋势总体可分为三种态度：拥抱支持、模糊不定、严令禁止。虽然有国家对加密货币持友好态度，但是包括中国、伊拉克、埃及在内的九个国家，严令禁止对其的开采和流通。

我国对虚拟货币持否定的态度,主要是因为:一方面,"挖矿"活动能耗和碳排放强度高,对我国实现能耗双控和碳达峰、碳中和目标带来较大的负面影响,加大部分地区电力安全保供压力,并加剧相关电子信息产品供需紧张的局面;另一方面,比特币炒作交易扰乱我国正常金融秩序,催生违法犯罪活动,并成为洗钱、逃税、恐怖组织融资和跨境资金转移的通道,在一定程度上威胁了社会稳定和国家安全。

2021年,我国十部门联合发布《关于整治虚拟货币"挖矿"活动的通知》,明确加强虚拟货币"挖矿"活动上下游全产业链监管,严禁新增虚拟货币"挖矿"项目,加快存量项目有序退出,促进产业结构优化和助力碳达峰、碳中和目标如期实现。

除此之外,2021年,中国人民银行发布《关于进一步防范和处置虚拟货币交易炒作风险的通知》,明确指出,虚拟货币兑换、作为中央对手方买卖虚拟货币、为虚拟货币交易提供撮合服务、代币发行融资,以及虚拟货币衍生品交易等虚拟货币相关业务全部属于非法金融活动,一律严格禁止,坚决依法取缔;境外虚拟货币交易所通过互联网向我国境内居民提供服务同样属于非法金融活动。

四、碳汇强化政策

实现碳达峰、碳中和目标是我国推动经济高质量发展和生态文明建设的内在要求。其中,碳中和指在一定时期内人类活动产生的碳排放量与碳吸收量达到平衡,实现正负抵消,达到相对"零排放"。

碳汇,是通过植树造林、植被恢复等措施,吸收大气中的二氧化碳,从而减少温室气体在大气中浓度的过程、活动或机制。通过多种途径进行碳去除和增加碳汇是实现"碳中和"的两个重要方面,其中生态系统碳汇、CCUS等是当前最主要的人为固碳方式。CCUS技术推广应用仍存在高能耗、高成本等不足,其固碳潜力还难以完全释放。在此背景下,生态系统碳汇的固碳作用更为凸显,是实现双碳目标的重要保障。

持续巩固提升碳汇能力是提高生态系统存储温室气体能力的重要途径。生态文明建设近年来已被提高到前所未有的战略高度,我国"十四五"规划指出,在"山水林田湖草沙"生命共同体理念下,生态修复责任重于泰山,亟须变"输血"为"造血"。党的二十大报告也再次强调,一方面需要巩固生态系统碳汇能力,强化国土空间规划和用途管控,严守生态保护红线,严控生态空间占用,稳定现有森林、草原、湿地、海洋、土壤、冻土、岩溶等下垫面的固碳作用;另一方面,提升生态系统碳汇增量,开展山水林田湖草沙一体化保护和修复,巩固退耕还林还草成果,加强草原生态保护修复、强化湿地保护、整体推进海洋生态系统保护和修复、开展耕地质量提升行动。

其中,林业碳汇由于人为属性着重突出了人类利用林业资源、发展林业市场、通过交易活动为森林经营性碳汇、造林碳汇创造附加经济价值等,因而是碳汇强化政策的重要组成部分。

森林碳汇有别于林业碳汇，它被定义为森林生态系统从大气摄取二氧化碳，并固定于植被及土壤上，依赖植物生长特性而降低大气二氧化碳含量。森林碳汇缺乏人为及市场要素介入，从属于自然科学研究领域，不涉及人类自觉减碳、除碳、储碳等社会经济行为。森林碳汇与林业碳汇都存在于森林生态系统碳汇之中，森林碳汇向林业碳汇转换最为核心的环节就是对森林生态系统所生产的碳汇单元进行量化并转换成所有权归属明确、交易产权明晰的货物。因此，林业碳汇发展需从碳汇政策、碳汇技术、碳汇市场及碳汇项目等方面入手，把森林培育、森林保护和可持续经营相结合，按照合理有序的规则交易，流通产权清晰的碳汇商品，维护生态服务系统的稳定性，实现"绿水青山就是金山银山"的现代化林业活动。

林业碳汇集合了生态效益、经济效益和社会效益，是生态补偿和生态产品价值得以实现的高效载体，是实现"绿水青山就是金山银山"的重要路径，是实现碳达峰、碳中和目标的重要举措。相较于CCUS技术的高成本、高能耗、技术成熟度低等问题，碳汇利用自然系统的光合作用吸收碳，具有成本低、易施行、兼具其他生态效益等显著优势。中国具有广阔的森林、草原和辽阔的海域，生态系统种类全、物种多样性高、储碳能力强、增汇潜力巨大。然而在现阶段，我国碳汇项目存在开发进展缓慢，与之相关的规章制度、行业规范及技术标准缺乏等问题。为了大力增强碳汇能力，近年来我国各地区出台了一系列碳汇相关政策。

我国于21世纪初便开始努力摸索与我国经济形势、森林资源禀赋、市场环境等现状相适应的林业碳汇项目与市场交易平台体系，并不断完善各项政策与管理制度，由点及面地逐渐发展林业碳汇市场（图7-10）。

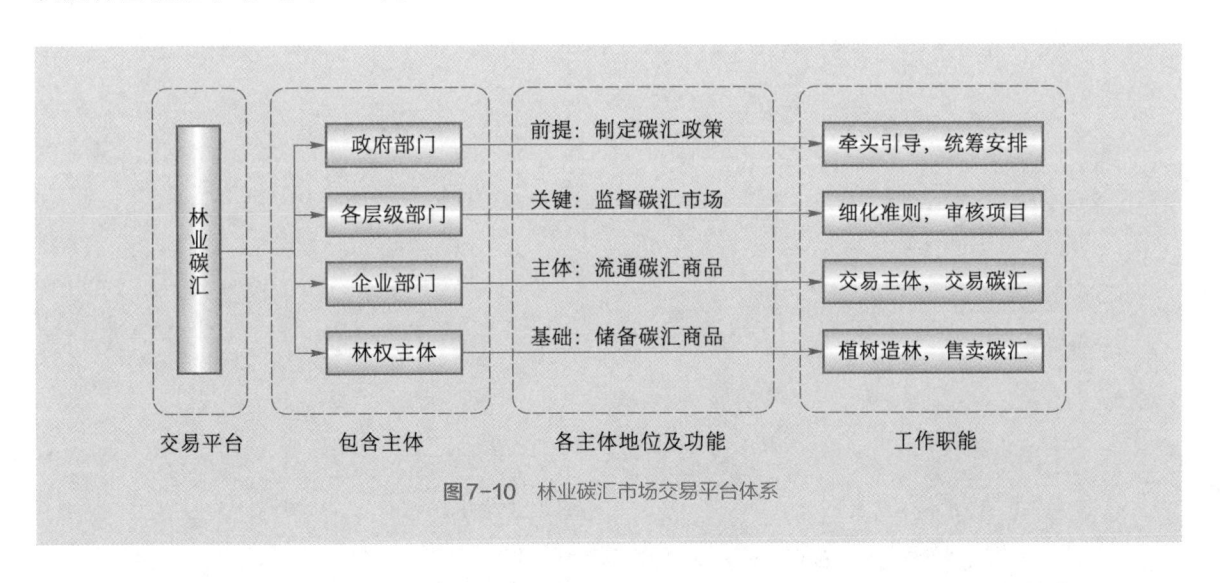

图7-10 林业碳汇市场交易平台体系

2001年，中国政府开启了全球碳汇项目，率先成立了北京市林业碳汇工作办公室。2006年，中国成立了清洁发展机制基金管理中心，首次在国家政府层面建立了应对气候变化专项基金，从制度层面创新性地引入CDM机制，为林业碳汇项目的发展提供了坚实的政策支持。2011年，中国开启碳交易试点工作，2013年，首个碳交易试点在深圳建立。此后一年间北京、天津、上海、重庆、湖北、广州先后成功启动碳排放交易市场试点工作。2021年，全国碳交易市场正式上线，标志着长达七年的、推进碳排放交易从无至有的碳排放交易试点工作正式结束，覆盖面更广、参与率更高、制度更为完善的全国性碳交易市场正式建立。虽然从我国现实条件来看，林业碳汇并未实现在全国范围内的交易，但是推进林业碳汇市场在全国范围内发展是大势所趋，对碳达峰、碳中和目标的实现具有重要的战略意义。

本章总结

做好碳中和管理，打通技术和实践壁垒，是我国实现双碳目标的切实保障。

碳中和规划与评估部分有三个知识单元，分别是国家层面的碳中和综合规划、科教领域的碳中和专项规划和配套的碳中和相关评估方法。碳中和标准和认证实践有三个知识单元，分别是温室气体量化标准、碳中和标准，以及碳中和标准国内外的认证实践。碳中和措施和政策部分有四个知识单元，本章从能源、资源、信息和碳汇四个方面，对相关配套政策进行了介绍。

碳中和管理涉及的行业多、部门复杂，需要从多个方面统筹推进。从宏观层面看，中国要在全球气候治理中发挥重要作用，就必须坚持以人民为中心，积极践行"人类命运共同体"理念，加强国际合作；从中观和微观层面看，各部门和个人也要自觉承担起社会责任，主动履行碳减排义务，推动实现经济社会发展与环境保护协调统一。只有这样，我国的碳中和管理体系才能在实践探索中不断完善。

课后作业——案例分析

案例1：植树造林获得碳信用

燃煤电厂、化工厂或石油企业每年要排放碳，除了支付碳的排放费用之外还可以植树造林来进行碳抵消。以日本为例，其将"森林吸收碳"纳入其碳信用制度，即企业为削减或吸收在其他场所排放的碳而投资获得的碳信用额度可以抵消自己的碳排放量。植树造林后根据收集数据，日本对企业社会责任活动开展的森林经营产生的碳吸收量予以承认。

案例2："碳信用"当钱使

"真是及时雨，目前在建的十多个光伏工程无后顾之忧了！"浙江聚能智慧电力科技有限公司总经理陈涛刚刚收到一份碳信用评价AAA级报告，因此获得鄞州银行1 000万元的信用贷款额度，相比过去，不仅额度翻番，年利率也下降1%。根据碳信用评价等级，企业可获得金融机构一定的信贷支持，宁波至少100家企业将享受这一"福利"。

当前受碳排放相关政策影响，中小型制造企业急需金融精准支持实现绿色低碳发展。为此，市生态环境局作为政府背书，国网浙江省电力有限公司宁波供电公司与上海环境能源交易所签订有关共建碳信用评价体系服务的协议。目前，宁波碳信用应用服务平台已初步搭建完成。

什么是碳信用评价？这需要采集企业某一时期内的"业务碳风险"和"资产碳风险"状况，对照碳信用评价标准，从碳技术先进性、碳减排制度、碳资产等维度开展分析，最终形成AAA、AA、A、BBB、BB、B、CCC、CC、C三等九级的评价结果。"用碳信用评价体系为普惠小微贷款提供精准服务工具，其实就是用'真金白银'为中小微企业纾困解难。"

据了解，碳信用评价其实就是在原有资产信用评价的基础上，增加了碳的维度，从而调整原有的资产信用贷款额度，降低利率。建设银行宁波市分行、中国银行宁波市分行、鄞州银行已分别完成对三家企业的授信融资程序并发放授信贷款。与评价前相比，企业整体授信额度平均增长100%，融资成本平均下降20%。其中，最高授信额度为1 000万元，最低年利率为3.8%。光年太阳能科技开发有限公司董事长周松成坦言，碳信用评价让企业信用贷款额度由原来200万元提升至385万元，全年节省利息超过6万元，"不用担心零碳乡镇规划建设的资金问题了"。

按照碳信用评价报告，评价等级B级以上才有望获得贷款。市生态环境局大气处负责人告诉记者，除了发挥正向引导作用，对于评级较低的企业，对接专家团队将给予节能降碳等技术指导与服务，助推企业绿色低碳转型。

问题：
1. 结合案例1，请分析"碳信用"的运行机制和意义。
2. 结合案例2，请分析"碳信用"交易的作用。

思考题

1. 什么是碳达峰碳中和"1+N"政策体系？
2. 碳中和规划的纲领性规划文件是什么？
3. 科教领域有哪些碳中和规划？
4. 如何评估碳中和涉及的技术？
5. 生命周期评价包括哪几类方法？P-LCA的基本操作流程是什么？
6. 技术经济分析的主要指标有哪些？
7. 温室气体核算体系GHG协议包含哪些内容？
8. ISO14064（GHG）系列标准包括哪些标准？
9. PAS2050规范和ISO14067标准有什么区别和联系？
10. PAS2060标准和ISO14068标准（碳中和）的内涵和发展历程是什么？
11. 国内外推进碳中和认证的主要机构有哪些？
12. 碳中和针对传统化石能源、可再生能源和终端电气化的具体政策内涵有哪些？
13. 循环经济的内涵有哪些？经历了什么样的发展历程？
14. 能源互联网和虚拟电厂政策内涵有哪些？碳中和信用政策和虚拟货币管理政策内涵有哪些？
15. 碳汇强化的政策体系包含哪些具体要求？

参考文献

[1] Kaufman S M. Quantifying sustainability: industrial ecology, materials flow and life cycle analysis [M] //Metropolitan Sustainability. Cambridge: Woodhead Publishing, 2012: 40-54.

[2] 王长波，张力小，庞明月．生命周期评价方法研究综述——兼论混合生命周期评价的发展与应用 [J]．自然资源学报，2015，30（7）：1232-1242．

[3] 谢泽琼，马晓茜，黄泽浩，等．太阳能光伏发电全生命

周期评价[J]. 环境污染与防治, 2013, 35 (12): 106-110.

[4] Zhao J, Zhou L, Zhou W, et al. Techno-economic analysis and comparison of coal-based chemical technologies with consideration of water resources scarcity [J]. Energy Strategy Reviews, 2021, 38: 100754.

[5] Xiang D, Yang S, Liu X, et al. Techno-economic performance of the coal-to-olefins process with CCS [J]. Chemical Engineering Journal, 2014, 240: 45-54.

[6] 李楠. 产品碳足迹标准对比及其供应链上的影响研究[D]. 北京: 北京林业大学, 2020.

[7] 水电水利规划设计总院. 中国可再生能源经验总结报告[R]. 2021.

[8] 祝伟, 李华林. 国家电投: 勇立氢能发展潮头 [N]. 经济日报, 2022-04-28.

[9] 王建东, 刘雅婷, 付钰群. 河北省氢能产业发展优势及开发性金融支持路径 [J]. 河北金融, 2022, 3: 16-20.

[10] 张锐. 碳中和背景下的全球能源治理: 范式转换、议题革新与合作阻碍 [J]. 学术论坛, 2022 (2): 1-12.

[11] 能源互联网研究课题组. 能源互联网发展研究 [M]. 北京: 清华大学出版社, 2017.

[12] 唐跃中, 夏清, 张鹏飞, 等. 能源互联网价值创造、业态创新与发展战略 [J]. 全球能源互联网, 2022, 5 (2): 105-115.

[13] 魏一鸣, 刘兰翠, 廖华, 等. 中国碳排放与低碳发展[M]. 北京: 科学出版社, 2017.

[14] 孙宏斌, 郭庆来, 潘昭光, 等. 能源互联网: 驱动力、评述与展望 [J]. 电网技术, 2015, 39 (11): 3005-3013.

[15] 卫志农, 余爽, 孙国强, 等. 虚拟电厂的概念与发展[J]. 电力系统自动化, 2013, 37 (13): 1-9.

[16] 陈凯玲, 顾闻, 王海群. 能源区块链网络中的虚拟电厂运行与调度模式 [J]. 系统管理学报, 2022, 31 (1): 143-149.

[17] Jiang S, Li Y, Lu Q, et al. Policy assessments for the carbon

emission flows and sustainability of Bitcoin block chain operation in China [J]. Nature Communications, 2021, 12(1): 1-10.

[18] 魏一鸣, 廖华. 能源经济学 [M]. 3版. 中国人民大学出版社, 2020.

[19] 董利苹, 曾静静, 曲建升, 等. 欧盟碳中和政策体系评述及启示 [J]. 中国科学院院刊, 2021, 36（12）: 1463-1470.

[20] 中金公司研究院, 中金研究院. 碳中和经济学: 新约束下的宏观与行业趋势 [M]. 北京: 中信出版社, 2021.

[21] 中国长期低碳发展战略与转型路径研究课题组, 清华大学气候变化与可持续发展研究院. 读懂碳中和: 中国2020—2050年低碳发展行动路线图 [M]. 北京: 中信出版社, 2021.

第八章 碳中和工程

　　碳中和工程是推动构建人类命运共同体的重要途径。碳中和工程是实现生产园区、生活社区、重点行业领域（包括零碳能源工程、森林增汇工程等）、区域或国家的二氧化碳净排放为零的人为措施的总和，包括零碳园区、零碳社区、零碳国家，其涵盖了研究、开发和设计任务。

　　碳中和研究、碳中和开发、碳中和设计的共同本质，就在于它们都反映了人对自然界的能动作用。碳中和研究是应用数学和自然科学概念、原理、实验技术等，认识、揭示自然界的客观规律，探索碳中和新的工作原理和方法，从认识的经验水平上升到理论水平，属于由现象向理论转化的阶段；碳中和开发是以碳中和为明确的目的，利用碳中和研究获得的新的工作原理和方法解决碳中和实际过程中所遇到的各种问题，属于由理论向实践转化的阶段；碳中和设计是选择不同的方法、特定的材料并确定符合技术要求和性能规格的设计方案，以满足结构或产品的要求，最终共建零碳排放的社会经济体系，属于由实践向创造价值转化的阶段。

　　工程科学技术是推动人类进步的发动机。碳中和研究是认识客观世界的知识体系，属于潜在生产力；通过布局重大科技基础设施，增强对碳中和新的工作原理和方法探索认识的能力；布局科教融汇基础设施，提高对碳中和研究人才的培养水平；布局产教融合创新基础设施，提高对碳中和开发和设计人才的培养质量。基于科技创新能力的提高，开发碳中和各单项技术，诸如绿色化学、高效物理分离、绿色生物制造等过程绿色化技术，摆脱对高碳资源的消耗；在建筑、交通、工业、农业等行业实现终端电气化，摆脱对高碳能源的依赖；最终在碳中和设计过程中，对各类型的碳中和技术进行综合集成，实现生产园区、生活社区、重点行业领域、区域或国家的二氧化碳净排放量为零（图8-1）。

　　本章将重点介绍碳中和研究领域内我国布局的创新基础设施，分析碳中和开发领域内过程绿色化技术和终端电气化的发展现状，关注碳中和设计领域内园区碳中和及区域碳中和工程的实施情况。

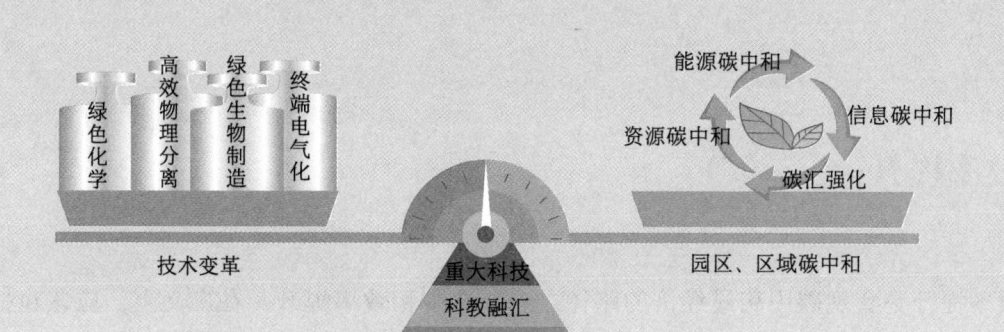

图 8-1　碳中和工程

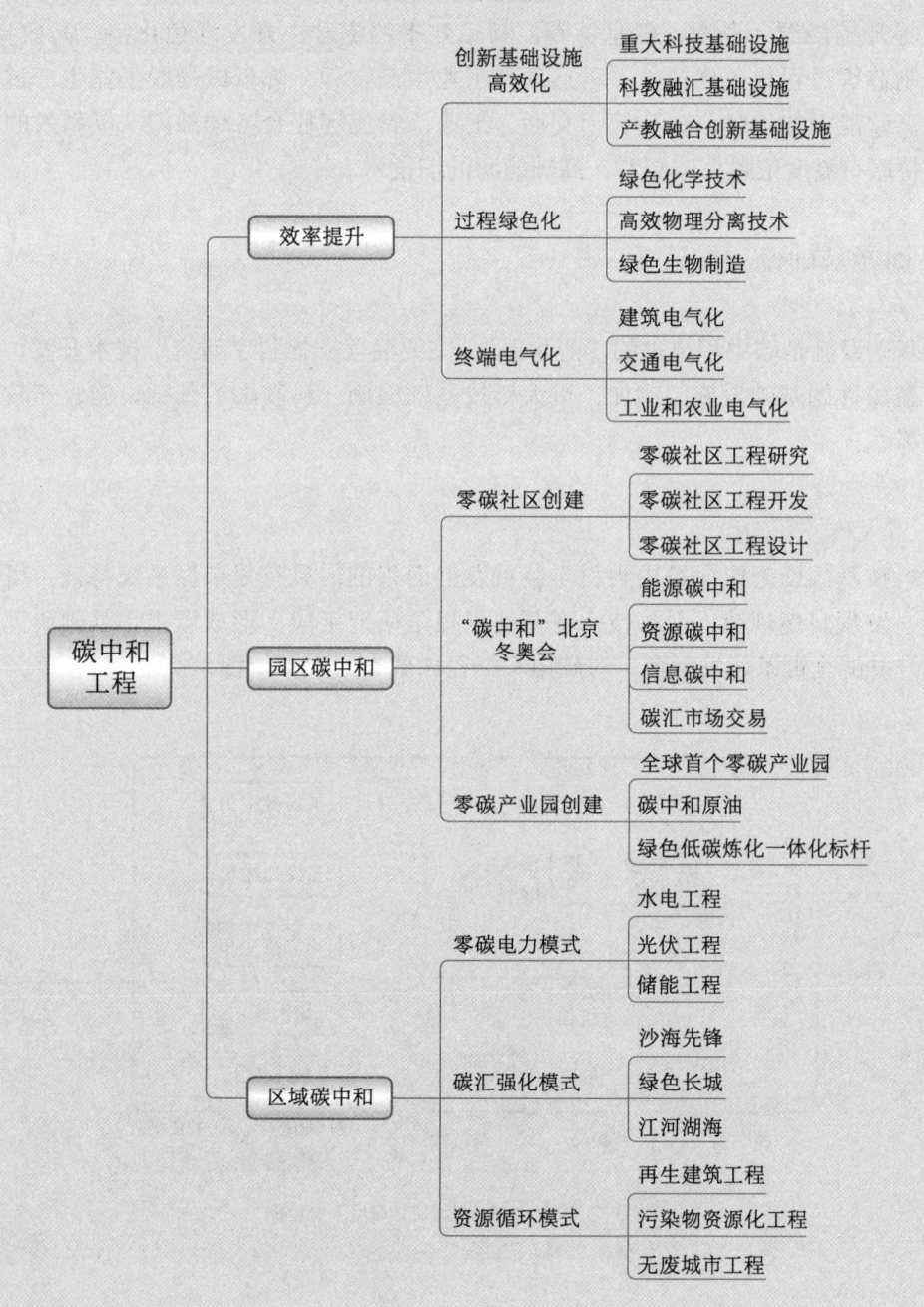

```
                                            ┌─ 重大科技基础设施
                        ┌─ 创新基础设施高效化 ─┼─ 科教融汇基础设施
                        │                    └─ 产教融合创新基础设施
                        │                    ┌─ 绿色化学技术
              ┌─ 效率提升 ─┼─ 过程绿色化 ──────┼─ 高效物理分离技术
              │          │                  └─ 绿色生物制造
              │          │                  ┌─ 建筑电气化
              │          └─ 终端电气化 ──────┼─ 交通电气化
              │                             └─ 工业和农业电气化
              │                             ┌─ 零碳社区工程研究
              │          ┌─ 零碳社区创建 ────┼─ 零碳社区工程开发
              │          │                  └─ 零碳社区工程设计
              │          │                  ┌─ 能源碳中和
  碳中和工程 ──┼─ 园区碳中和 ┼─"碳中和"北京冬奥会┼─ 资源碳中和
              │          │                  ├─ 信息碳中和
              │          │                  └─ 碳汇市场交易
              │          │                  ┌─ 全球首个零碳产业园
              │          └─ 零碳产业园创建 ──┼─ 碳中和原油
              │                             └─ 绿色低碳炼化一体化标杆
              │                             ┌─ 水电工程
              │          ┌─ 零碳电力模式 ────┼─ 光伏工程
              │          │                  └─ 储能工程
              │          │                  ┌─ 沙海先锋
              └─ 区域碳中和 ┼─ 碳汇强化模式 ──┼─ 绿色长城
                         │                  └─ 江河湖海
                         │                  ┌─ 再生建筑工程
                         └─ 资源循环模式 ────┼─ 污染物资源化工程
                                            └─ 无废城市工程
```

第八章　碳中和工程　315

第一节
效率提升

效率提升是实现碳中和最经济的路径之一。碳中和效率提升，在广义上，应该包括国家科技创新能力的软、硬件条件的提高，提升对碳中和新原理、新方法的科学认知能力，加强碳中和新原理、新方法从科学理论走向工程实践的转化能力，提高从事碳中和专业技能人才的培养能力，由此支撑新的碳中和技术更快地从技术概念转化为实际生产力。在狭义上，碳中和效率提升指能源、资源、信息、碳汇利用效率的提升，开发绿色化学、高效物理分离、绿色生物制造等过程绿色化技术，再造现有工业生产过程，降低或摆脱工业生产过程中对高碳原料、高碳能源的依赖；在建筑、交通、工业、农业等社会各个部门，以高效的终端电气化技术代替原有高度依赖高碳原料、高碳能源的旧技术。

一、创新基础设施高效化

创新基础设施是碳中和技术的"孵化器"，主要涵盖支撑科学研究、技术开发、产品研制的具有公益属性的基础设施，例如，重大科技基础设施、科教融汇基础设施、产教融合创新基础设施等。

（一）重大科技基础设施

重大科技基础设施概念是由大科学装置发展而来的，具有复杂巨系统特征，可以为探索未知世界、发现自然规律、引领技术变革提供极限研究手段，形成碳中和基础研究、应用研究、技术开发的全链条研发平台，对碳中和路径构成有力支撑（图8-2）。

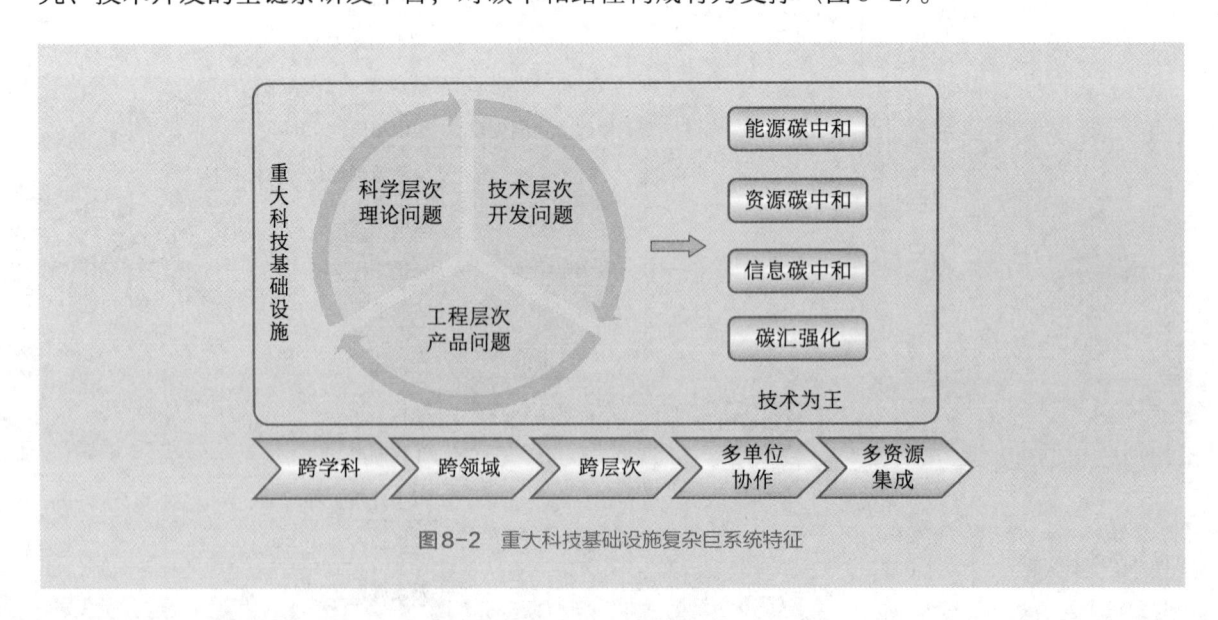

图8-2 重大科技基础设施复杂巨系统特征

我国"十四五"规划纲要提出"适度超前布局国家重大科技基础设施",并逐步规划出102项重大工程实施;其中,国家重大科技基础设施包括战略导向型、应用支撑型、前瞻引领型、民生改善型四类,如表8-1所示,涉及环境保护、现代能源体系等,可对能源碳中和、资源碳中和、信息碳中和、碳汇管理技术路径构成有力支撑。

表8-1 国家重大科技基础设施

方向布局	内容
战略导向	空间环境地基监测网、高精度地基授时系统、大型低速风洞、海底科学观测网、空间环境地面模拟装置、核聚变堆主机关键系统综合研究设施等
应用支撑	高能同步辐射光源、高效低碳燃气轮机试验装置、超重力离心模拟与试验装置、加速器驱动嬗变研究装置、未来网络试验设施等
前瞻引领	硬X射线自由电子激光装置、高海拔宇宙线观测站、综合极端条件实验装置、极深地下极低辐射本底前沿物理实施设施、精密重力测量研究设施、强重离子加速器装置等
民生改善	建设转化医学研究设施、多模态跨尺度生物医学成像设施、模式动物表型与遗传研究设施、地震科学实验场、地球系统数值模拟器等

在能源碳中和领域,从能源结构调整和用能优化两个方面开展重大科技基础设施布局。首先,通过对不同类型能源的转换机制深刻认识及其开发利用技术研发,以取代现有以化石能源为主的能源体系,实现能源体系同碳排放的脱钩,如中国科学院合肥物质科学研究院在合肥建设的核聚变堆主机关键系统综合研究设施,为开展核聚变堆核心部件研发和建设提供技术基础。其次,在用能终端,通过改变传统能量利用方式优化现有化石能源利用水平,或提升不同品位能量之间的转化效率,探索高效的用能技术,在碳中和初级阶段也不可或缺,如中国科学院工程热物理研究所等联合建设的高效低碳燃气轮机试验装置,研发化石燃料高效转换和洁净低碳利用中的燃气轮机,提升用能水平。

在资源碳中和领域,一方面开拓非常规资源的开发利用,另一方面开展资源全生命周期过程中的变化特征研究和进行循环利用。例如,浙江大学主持建设的超重力离心模拟与试验设施,可全过程观测超重力环境下岩土体、地球深部物质、合金熔体等多相介质的物质运动形态,为开发极地和深海资源铺路,有利于非常规资源的开发利用;再如,中国科学院高能物理研究所承担建设的高能同步辐射光源(HEPS),支撑科学研究更精细地以空间、时间、能量三个维度,从分子、原子、电子、自旋的水平认识物质(包括生命物质和非生命物质),进而实现多层次、多尺度的物质调控,为国家在资源循环利用、非化石资源高效转化方面提供认知途径。

在信息碳中和领域,一方面包括以计算机技术、微电子技术和通信技术为特征的现代信息技术的碳足迹的减少,实质是信息领域硬件技术水平的提高;另一方面体现在以信息技术同现有社会、生产过程等集成耦合,使人们能更高效地进行资源优化配置,从而提高社会劳动生产率和社会运行效率，实质是社会信息化软件水平的提高。中国科学院国家授时中心承担的高精度地基授时系统，具有国际最高水平的时间同步能力，同时为智能家居、室内定位、无人驾驶等带来革命性发展，推动"智慧城市"建设，促进全社会节能减排能力的提升。

在碳汇强化领域，自然生态系统碳汇是实现碳达峰、碳中和目标的重要一环。同济大学承担的国家海底科学观测网是中国海洋领域在建的唯一海底国家重大科技基础设施，主要建设内容包括东海海底观测子网、南海海底观测子网、监测与数据中心及配套工程，重点关注强烈的人类活动影响下的海陆相互作用、海洋环流与沉积搬运、海洋碳循环过程、海底深部过程等四个关键的前沿科学问题。

（二）科教融汇基础设施

科教融汇，通常指大学与科研院所的相互配合、协同育人，通过发挥双方优势，提高人才培养质量。为了发挥高校基础研究主力军和重大科技创新策源地作用，为实现碳达峰、碳中和目标提供科技支撑和人才保障，我国教育部制定了《高等学校碳中和科技创新行动计划》，主要举措包括：碳中和人才培养提质行动、碳中和基础研究突破行动、碳中和关键技术攻关行动、碳中和创新能力提升行动、碳中和科技成果转化行动、碳中和国际合作交流行动、碳中和战略研究创新行动。自行动计划发布以来，多所高校在碳中和领域有重大布局（表8-2），立足实现碳中和目标，建成一批引领世界碳中和基础研究的顶尖学科，打造一批碳中和原始创新高地，形成碳中和战略科技力量，为我国实现能源碳中和、资源碳中和、信息碳中和提供充分科技支撑和人才保障。

表8-2 成立"碳中和"机构的部分高校/机构名单

高校/机构	碳中和机构	成立时间	布局
东南大学	长江三角洲碳中和战略发展研究院	2020年12月11日	以"碳达峰、碳中和"为首要研究方向，聚焦碳中和领域的政策、技术、产品等，开展碳中和战略规划及政策研究、技术创新和成果转化推广、气候变化高端人才培养、国际合作与对话交流等活动
中国科学院大气物理研究所	碳中和研究中心	2020年12月24日	建立起地基、天基和空基相结合的先进观测系统及数据反演计算的方法体系，可支撑全国各地碳排放、源汇收支的精确核算与科学评估
北京大学	碳中和研究所	2021年3月29日	围绕碳中和总体战略和实施路径、支撑碳中和的政策市场体系、以新能源为主体的先进电力系统、化石能源清洁高效利用、先进能源技术及其他相关重点方向开展研究工作
四川大学	四川省碳中和技术创新中心	2021年4月10日	重点围绕以"生物质能源化工材料"为核心的碳中和技术创新，拟布局"碳减排""碳零排""碳负排"三大碳中和技术研发方向，推动三个研发方向相关产业发展，打造我国碳中和技术创新基地

续表

高校/机构	碳中和机构	成立时间	布局
上海交通大学	碳中和发展研究院	2021年5月22日	定位于碳中和高端智库和碳中和技术促进，对内积极推动能源、环境、信息、管理和金融等优势学科的交叉融合，对外广泛开展与政府、企业和国际各方的协同合作
西安交通大学	水循环与碳中和技术研究院	2021年7月31日	重点研究典型工业聚集区和城乡水污染控制与资源化利用系列关键技术，工业方面以油气田、煤炭开发及相关化工领域、新能源汽车制造领域、有色冶金领域等废水处理与资源化利用、节能减排为主攻方向
华东理工大学	碳中和未来技术学院	2021年8月30日	加快培养低碳行业专业人才，持续推进能源化工领域科技创新，为中国低碳转型发展提供人才保障、专业支撑和技术储备
清华大学	碳中和研究院	2021年9月22日	在低碳发电与动力、新型电力系统、零碳交通、零碳建筑、工业深度减排、减污降碳协同增效、CCUS与碳汇、气候变化与碳中和战略等方向重点发力

（三）产教融合创新基础设施

产教融合是产业与教育的深度合作，是高等学校为提高其人才培养质量而与行业企业开展的深度合作。自我国实施科教兴国战略和人才强国战略以来，我国教育事业蓬勃发展，为社会培育和输送了大批高素质人才，为社会和经济发展做出了重大贡献，尤其是对现代产业发展产生了巨大的推动作用。但随着碳达峰、碳中和的新国家发展需求的提出，人才培养侧与产业需求侧存在结构、质量、水平上的不适应。在当前新形势下，深化产教融合对推进区域经济转型升级发展、培育经济发展新动能具有重要意义。

高等学校、科研院所、园区企业、产业成为碳达峰、碳中和的四个"驱动轮"，如图8-3所示。在关键共性技术方面，合力研发攻关，帮助全产业链上下游企业解决技术瓶颈难题，提高技术研发能力，推动形成更多具有自主知识产权的新产品、新工艺和新技术，实现创新驱动碳中和发展。

为应对科技革命引发的产业变革，抢占全球产业技术的创新制高点，突破涉及国家长远发展和产业安全的关键技术瓶颈，构建和完善国家现代产业技术体系，推动产业迈向价值链中高端，科技部面向世界科技前沿、面向经济主战场、面向国家重大需求布局了国家技术创新中心，其布局范围包括以下3个方面。

（1）世界科技前沿领域：大数据、量子通信、人工智能、现代农业、合成生物学、微生物组、精准医学等。

（2）经济主战场领域：高速列车、移动通信、智能电网、集成电路、智能制造、新材料、煤炭清洁高效利用、油气勘探与开发、生物种业、生物医药、医疗器械、环境综合治理等。

图8-3 产教融合关联关系

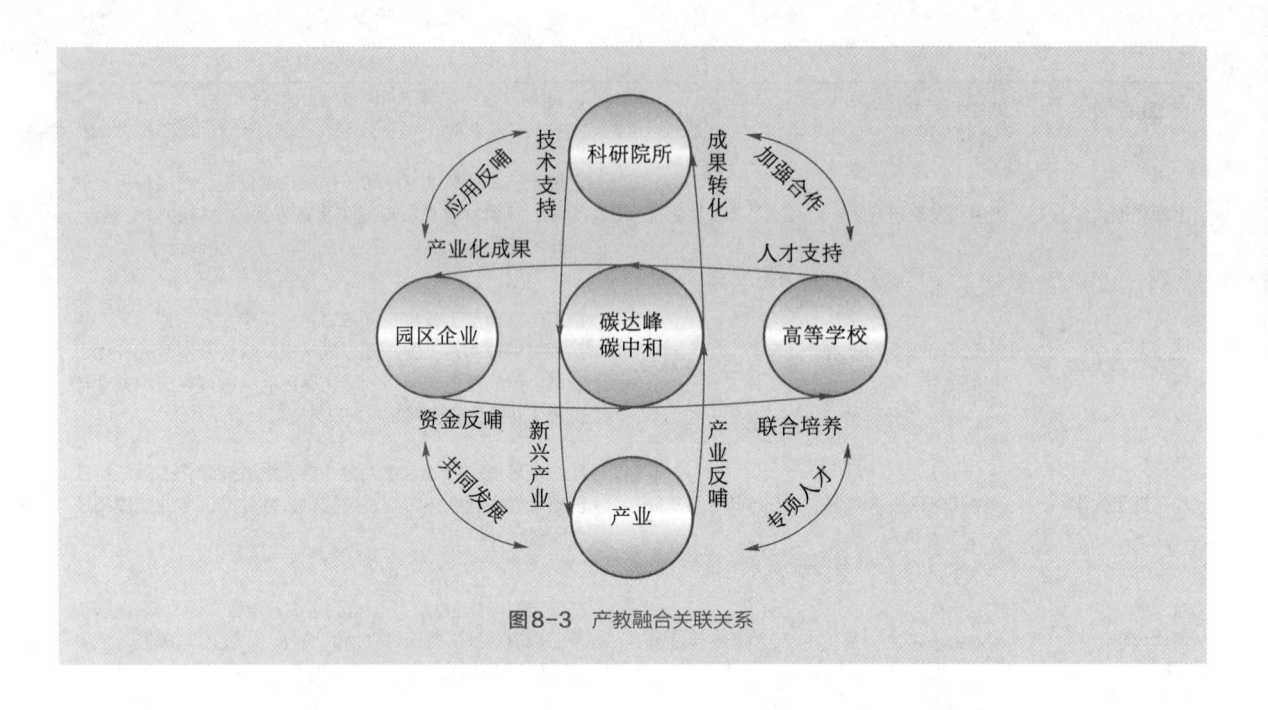

(3) 国家重大需求领域：航空发动机及燃气轮机、大型飞机、核心电子器件、核电、深海装备等。

伴随着技术革命和产业变革，新型基础设施的内涵、外延也不是一成不变的，需要持续跟踪研究。创新基础设施围绕碳中和相关基础科学问题、关键核心技术布局，从能源、资源、信息、碳汇4个方向出发，实现对碳中和目标的支撑。

二、过程绿色化

过程绿色化是效率提升的重要手段。过程绿色化从绿色化学、高效物理分离、绿色生物制造入手，推动能源、资源、信息、空间利用效率5倍级及以上提升，降低对资源、能源的过度消耗。五倍级效率技术是符合绿色发展理念，能提高资源生产率和能源利用率，从而缓解资源和环境压力、解决全球性环境问题的工艺、材料及装备的总称。这种技术符合绿色发展的理念体现在：这种技术须遵循生态原理和生态经济规律，节约资源和能源，避免、消除或减轻生态环境污染和破坏，实现生态负效应最小；而在提高资源生产率和能源利用率方面，新技术须满足二氧化碳排放量、污染物排放量、能耗物耗水平至少为原技术的1/5的要求。

（一）绿色化学技术

绿色化学又称为环境无害化学（environmentally benign chemistry）、环境友好化学（environmentally friendly chemistry）、清洁化学（clean chemistry），指用化学的技术和方法去减少或消灭那些对人类健康、社区安全、生态环境有害的原料、催化剂、溶剂、试剂、产物、副产物等的使用和产生。绿色化学的理想在于不再使用有毒、有害的物质，不再产生废物，不再处理废物，是从源头上阻止污染的化学。

理想的绿色化学技术应是高选择性的化学反应，通过采用无毒无害的原料、催化剂和溶剂，极少产生副产物，甚至达到"原子经济"。美国斯坦福大学的 B. M. Trost 教授于1991年提出了原子经济性的概念，即原料分子中究竟有百分之几的原子转化成了产物。在常规的化学反应中，得到产物的同时会产生一定的副产物或废物，而理想的原子经济反应将原料中的原子百分之百地转变成了产物，不产生副产物或废物，实现废物的零排放（图8-4）。

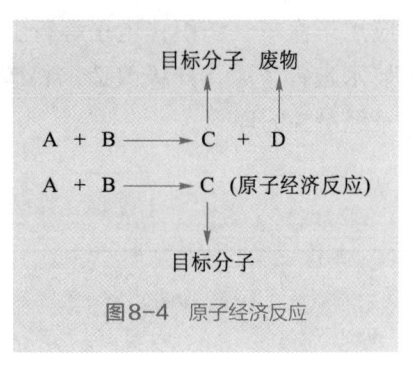

$$A + B \longrightarrow \underset{\text{目标分子}}{C} + \underset{\text{废物}}{D}$$

$$A + B \longrightarrow \underset{\text{目标分子}}{C} \text{（原子经济反应）}$$

图8-4 原子经济反应

1998年，美国的总科技顾问Paul Anastas博士和马萨诸塞大学的John C Warner教授提出了以"原子经济性"和"5R原则"为核心的12条绿色化学原则（图8-5），使绿色化学理念进一步得到完善。2001年，诺贝尔奖得主野依良治教授指出："未来的合成化学必须是经济的、安全的、环境友好的及节省资源和能源的化学，化学家需要为实现'完美的反应化学'而努力，达到100%的选择性和100%的收率，即只生成需要的产物而没有废物产生"。

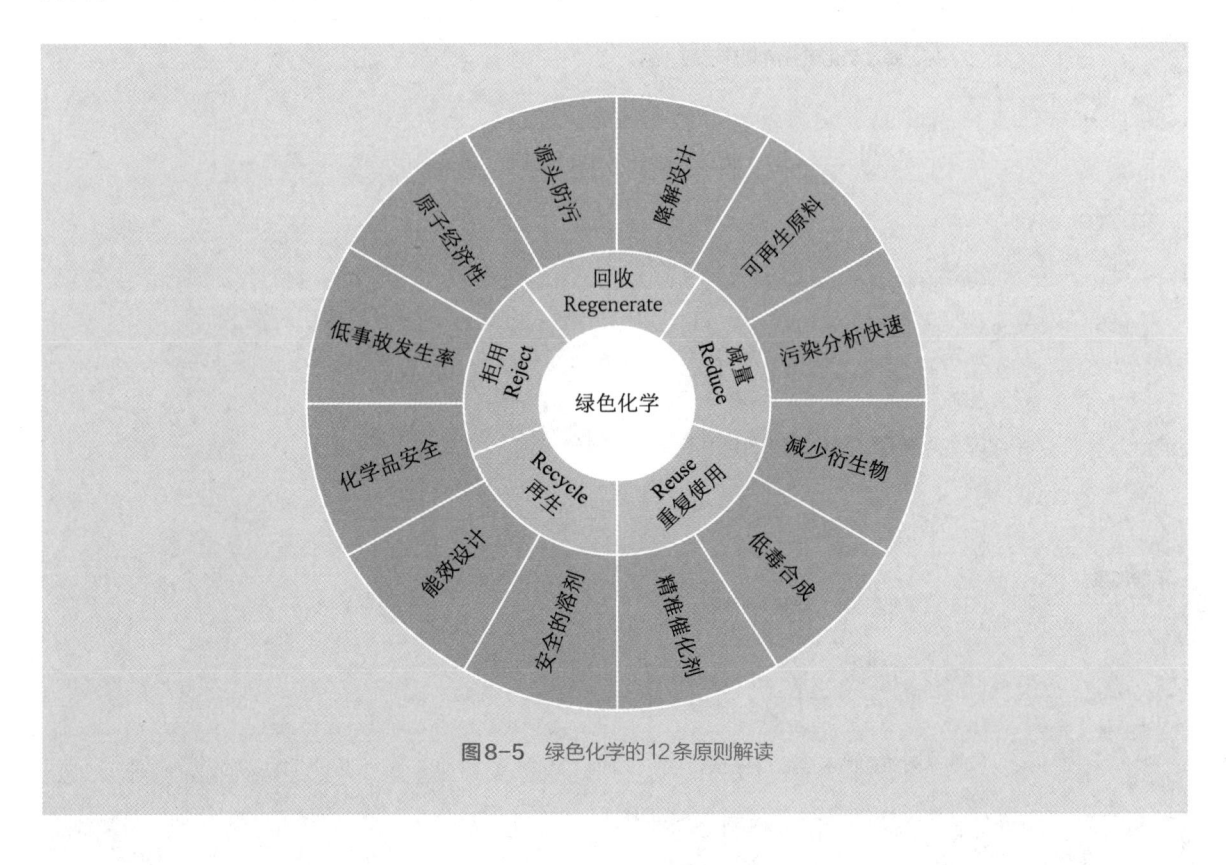

图8-5 绿色化学的12条原则解读

碳中和目标把我国化工产业绿色发展之路提升到新的高度。环己醇、环己酮是重要的有机化工中间体，主要用于合成己内酰胺，进而生产聚酰胺6纤维和工程塑料，相关产品被广泛应用于汽车、纺织、电子等行业。如表8-3所示，中国石化历经20余年先后对己内酰胺成套技术进行了4代升级改造，将碳、氢原子利用率提升到99%以上，充分践行了绿色化学与原子经济性的理念。

表8-3 不同工艺路线的环己醇/环己酮合成工艺原子经济性评价

工艺路线	中间过程	原子经济性/% 碳	原子经济性/% 氢
环己烷氧化	（1）苯加氢制环己烷 （2）环己烷氧化制环己基过氧化氢 （3）环己基过氧化氢分解制环己醇/酮	83.7	77.1
苯酚加氢	（1）苯烷基化制异丙苯 （2）异丙苯氧化制过氧化氢异丙苯 （3）过氧化氢异丙苯分解制苯酚 （4）苯酚加氢制环己醇/环己酮	91.2	91.0

续表

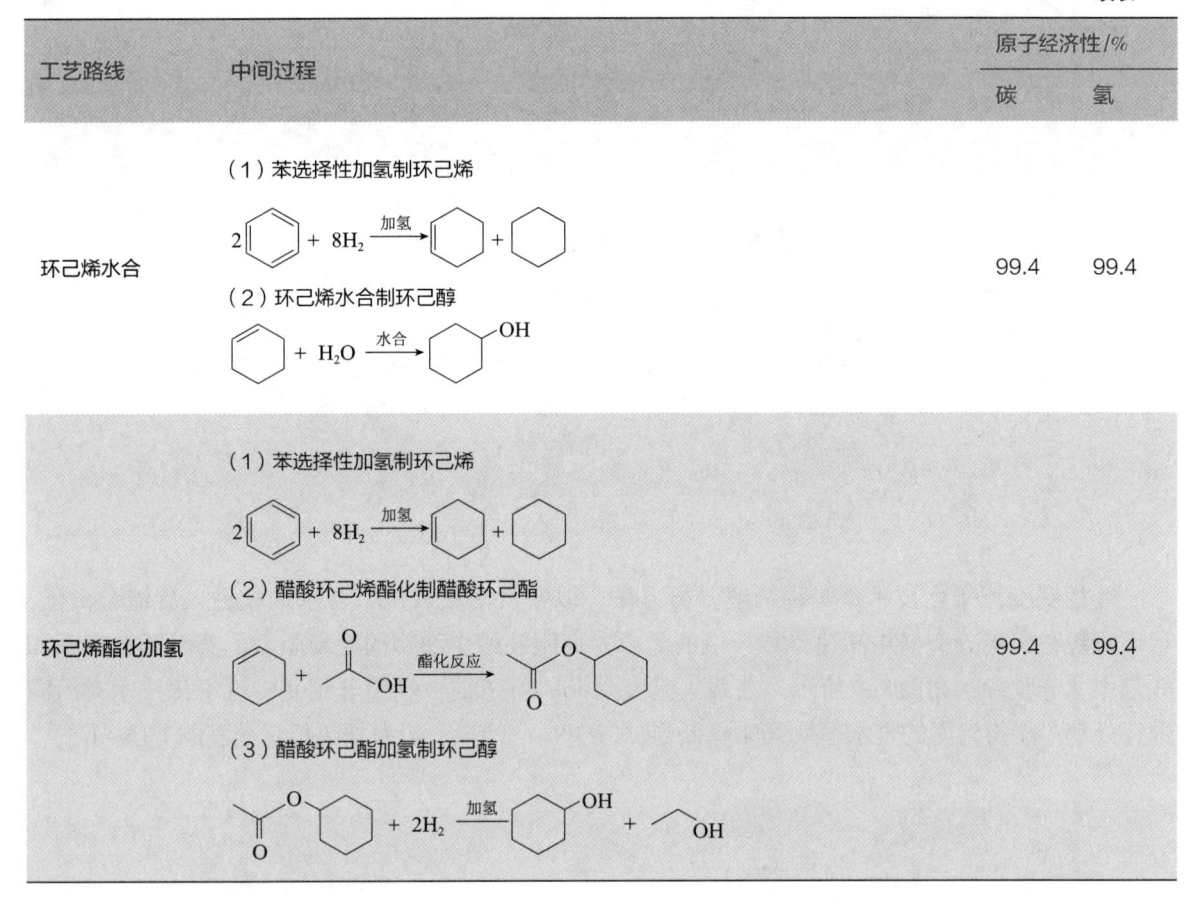

工艺路线	中间过程	原子经济性/% 碳	原子经济性/% 氢
环己烯水合	（1）苯选择性加氢制环己烯 $2\,C_6H_6 + 8H_2 \xrightarrow{\text{加氢}} C_6H_{10} + C_6H_{12}$ （2）环己烯水合制环己醇 $C_6H_{10} + H_2O \xrightarrow{\text{水合}} C_6H_{11}OH$	99.4	99.4
环己烯酯化加氢	（1）苯选择性加氢制环己烯 $2\,C_6H_6 + 8H_2 \xrightarrow{\text{加氢}} C_6H_{10} + C_6H_{12}$ （2）醋酸环己烯酯化制醋酸环己酯 $C_6H_{10} + CH_3COOH \xrightarrow{\text{酯化反应}} CH_3COOC_6H_{11}$ （3）醋酸环己酯加氢制环己醇 $CH_3COOC_6H_{11} + 2H_2 \xrightarrow{\text{加氢}} C_6H_{11}OH + C_2H_5OH$	99.4	99.4

（二）高效物理分离技术

世界上有非常多的能源用到了化学分离上，以热能为基础的工业化学分离过程（如蒸馏）所消耗的能量占到了世界年均能量消耗的10%~15%。然而存在这样一些领域，我们只要加强对这些领域内化学分离过程的研发，就有希望在节约能源方面实现大的突破。以美国为例，如果高效物理分离技术可以替代传统分离技术，那么每年用于石油产业、化工产业、造纸产业的能源开销就能减少40亿美元，同时每年二氧化碳的排放量也有望减少1亿t，并且发展不消耗热量的替代过程能够在现有技术的基础上提升80%的分离效率。

废水活性污泥处理法会产生大量的污泥，2021年，我国污泥产生量突破8 000万t，其含水率较高并且带有大量的病原菌、重金属等有毒有害物质，严重威胁着生态环境和人类活动。污泥的处理处置成为废水处理中的一个重要难题。目前，我国污泥干化一般采用加热蒸发的形式，通过提供足够的热量克服污泥中水分的汽化潜热，使水由液态完全汽化为水蒸气，从而实现污泥的脱水干化。但由于水的汽化潜热高达2 260 kJ/kg（图8-6），因此即使仅仅将污泥加热到100 ℃实现污泥脱水，能耗也高达2 576 kJ/kg，导致污泥蒸发干化的能耗极大，处理成本居高不下。

图8-6 水的温度-能耗曲线

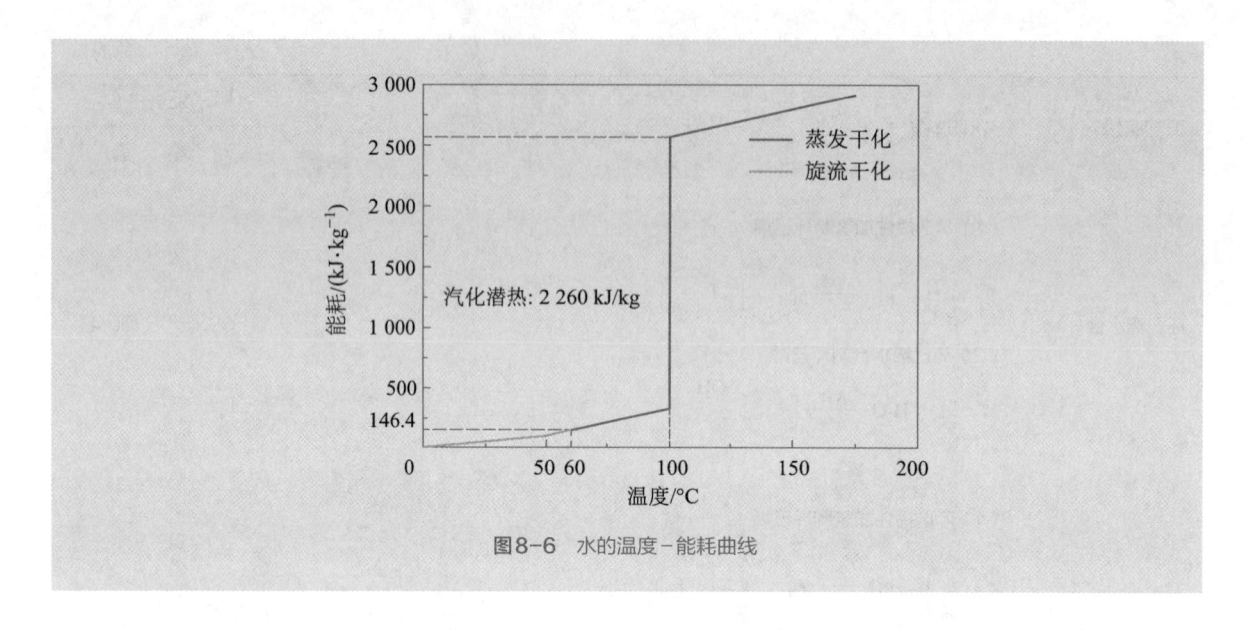

非相变旋流干化技术是一种物理分离方法，以空气为载气携带含水颗粒进入旋流分离器，利用颗粒在旋流分离器中高速自转产生的离心力克服孔道中油相的毛细阻力，实现颗粒表面和孔道中水分脱除，如图8-7所示。在载气温度为40~60 ℃时，利用非相变旋流干化技术对污泥进行处理，能将污泥的含水率从90%降低到5%~30%，能耗一般为加热相变蒸发的1/15~1/5。

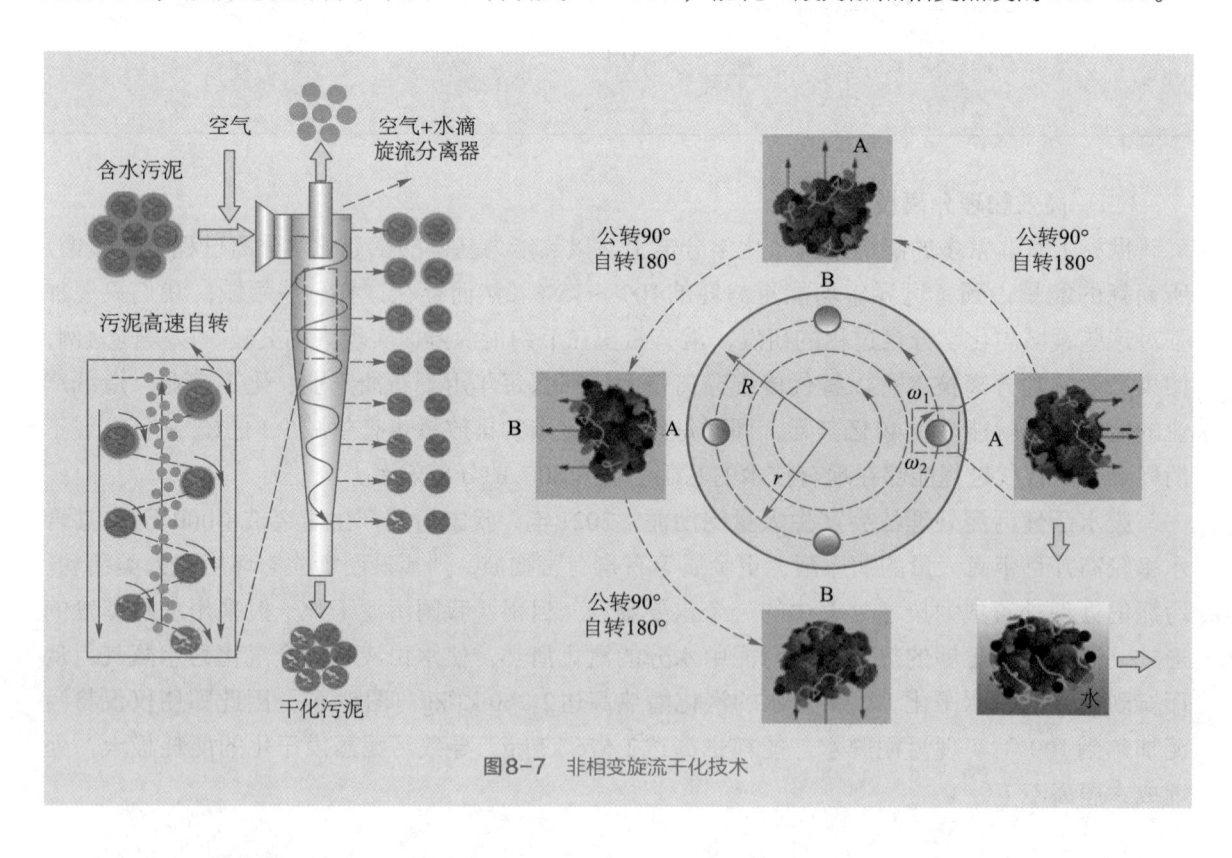

图8-7 非相变旋流干化技术

（三）绿色生物制造

绿色生物制造使用可持续的生物质，如糖、淀粉、木质纤维素、动植物油等作为生产的基础原料，同时充分利用工业化过程的侧线产品（CO_2、CO、合成气、甲烷等）及工业过程废物，通过多种物理、化学、生物等加工处理过程将其转化为具有更高附加值的生物质基产品，包括食品、饲料、药物、复合材料、能源燃料等，是实现原料、过程、产品绿色化的新模式，如图8-8所示。

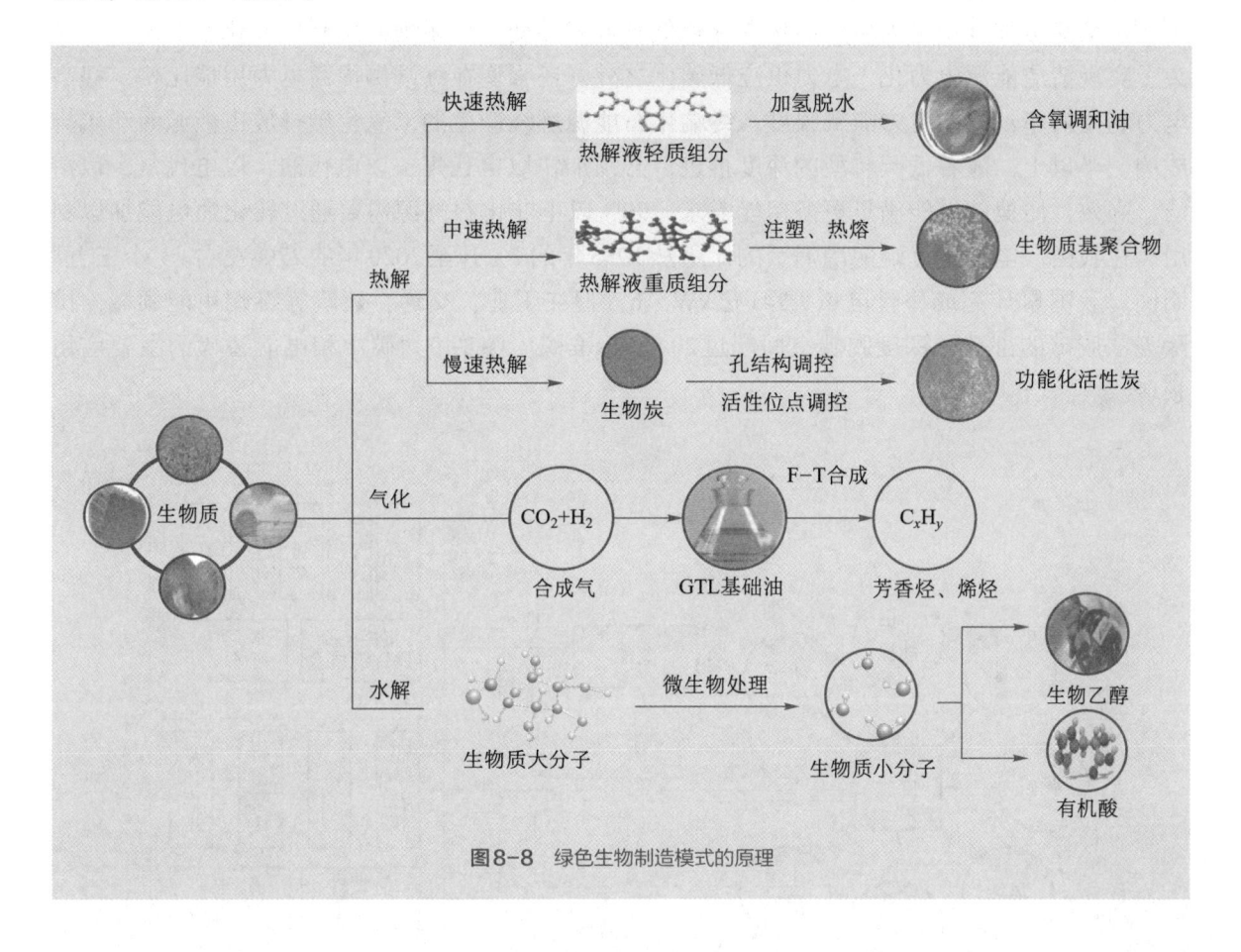

图8-8 绿色生物制造模式的原理

目前，我国经济社会可持续发展面临三个主要问题：一是在生产过程中毒性化学原料的使用增加了安全隐患；二是化工行业过度依赖石油、煤炭等不可再生高污染的化石资源；三是温室效应引起的气候变化问题成为我国当前经济发展的最大约束。绿色生物制造模式能够帮助解决这些问题。绿色生物制造原料为淀粉、木质纤维素等可再生的生物质，符合绿色化学原料安全、可持续的原则，提高了生产过程的安全性；绿色生物制造模式在反应过程中利用生物技术结合化工技术对绿色原料进行加工处理，降低了生产过程中能源的消耗和总碳的排放，有效地缓和了由于碳排放引起的气候变化，反应后得到大量高附加值的能源燃料、复合材料产品，有效地缓解了我国能源、资源短缺的问题。加快推进绿色生物制造模式，可以从源头上降低碳排放，实现安全清洁生产，改善当前化工产业"高能耗，高排放"及依赖化石能源的模式，最终实现碳中和的目标。

三、终端电气化

电气化的内涵随着时代发展，呈现新的发展特征。与传统电气化相比，新时期电气化除了在供给侧更加强调电力供应结构向绿色低碳方式转变，更多地开发利用非化石能源，从源头上实现清洁能源电力化、电力供应低碳化之外，还强调在终端侧提高电力用能比例，提高电力利用效率，降低电力消费强度。终端化石能源燃烧产生的二氧化碳排放占能源活动碳排放的一半以上，随着低碳转型的深度推进，必须加快以电代煤、以电代油、以电代气，以清洁、高效、便捷的电能满足更多用能需求，90%以上非化石能源需要通过转化为电能加以利用。在我国，电能占终端能源消费的比重从1985年的7%升至2020年的27%左右。"十三五"期间，我国累计完成替代电量8 241亿kW·h，但在工业、交通、建筑等终端用能领域，排除无法脱碳的部分，深度脱碳空间超过20亿t标准煤。图8-9为碳中和电能替代的主要应用领域。

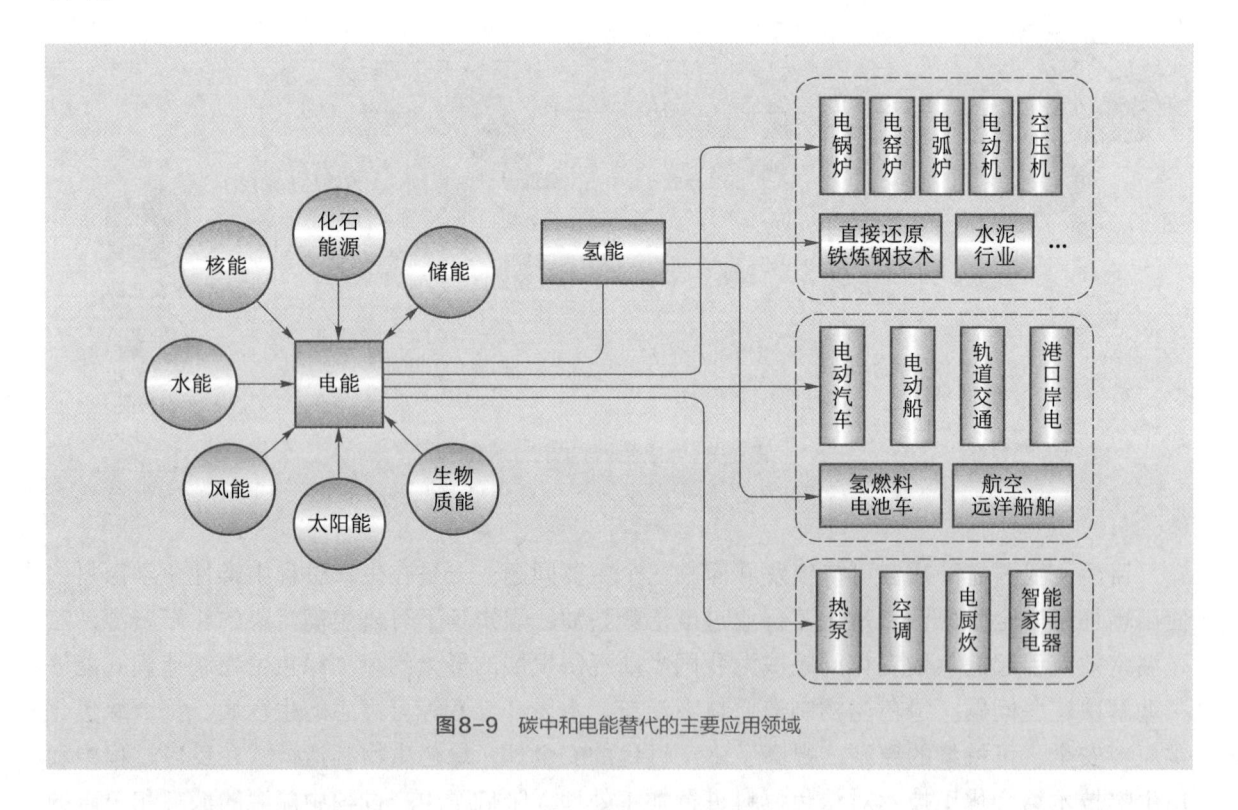

图8-9 碳中和电能替代的主要应用领域

（一）建筑电气化

建筑用能全面电气化是实现零碳、低碳运行的最佳途径，并可同工业电气化、交通电气化、电网建设协同发展（图8-10）。

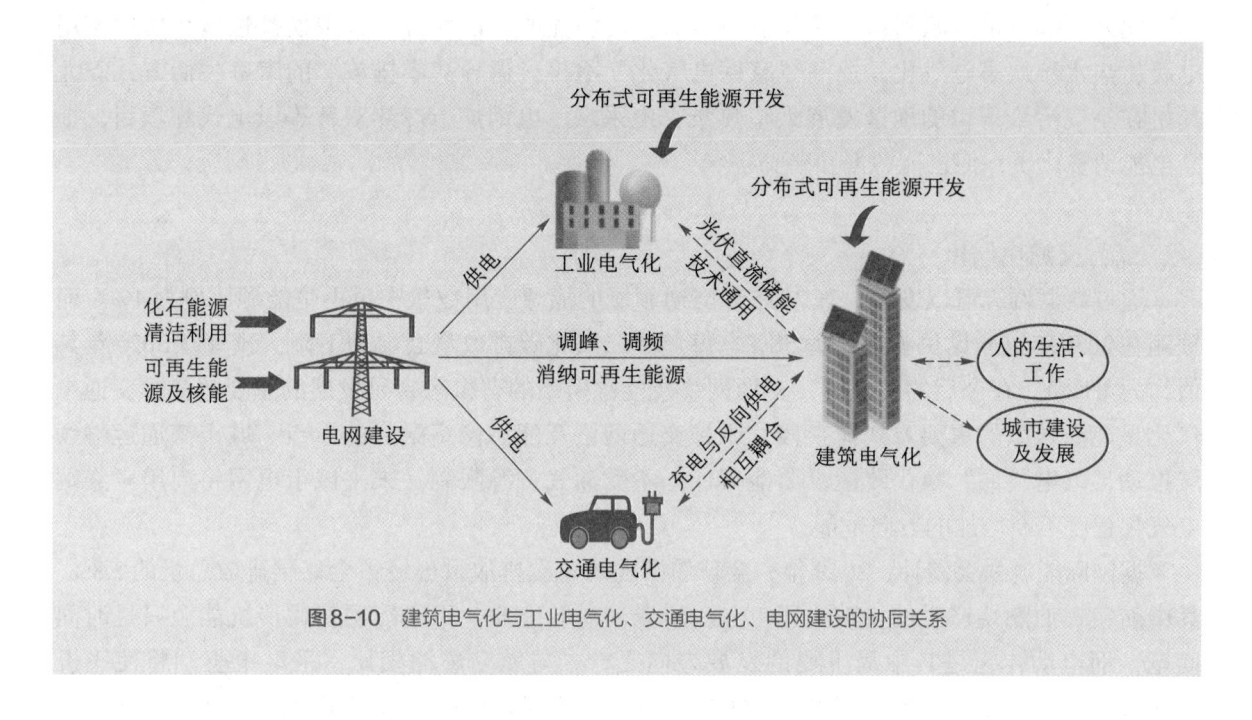

图8-10 建筑电气化与工业电气化、交通电气化、电网建设的协同关系

建筑电气化技术是由电气化工程技术衍生而来的，对智能建筑的建设起着十分关键的作用。一方面，取消化石类燃料的燃烧，可以将直接碳排放降为零；另一方面，可以依托建筑节能和电力碳排放因子下降，降低运行过程的间接碳排放。建筑电气化技术涉及建筑的功能、布局、结构及建筑安全等多个方面，始终贯穿着整个智能建筑的建设。其发展目标是将各种设备（特别是电气现代化的硬件与软件）资源优化组合，将建筑物中用于楼宇自控、综合布线、计算机系统的各种相关网络中所有分离的设备及其功能信息有机地组合成一个既关联又统一协调的整体，实现"人性化的设计—智能化的设备—生态化的环境"有机融合和相辅相成的现代节能建筑风格及"智能、绿色、低碳"的建筑目标。

建筑用能电气化也有利于推动建筑光伏一体化（BIPV）的发展。为了实现碳中和目标，风电、光电装机容量需要达到60亿kW的水平，这大概需要600亿m^2以上的安装面积，可能会与耕地产生一定的矛盾。而建筑表皮是很好的可利用资源，现在统计城乡建筑的屋顶面积约为400亿m^2。在理想状态下，城镇建筑屋顶安装光伏的年发电量可达1.2万亿kW·h，农村建筑屋顶安装光伏的年发电量可达2.9万亿kW·h。从全年来看，建筑用电基本可以达到"自给自足"状态。

除了光伏发电，在零碳能源系统中，建筑还承担协助消纳风电、光电的使命。建筑自身光伏电力的特点是一天内根据太阳辐射的变化而变化。我国中东部地区和海上的风电、光电基地的发电量也是在一天内根据天气条件随时变化的。这些变化与用电侧的需求变化并不匹配，从而就需要有蓄能装置平衡电源和需求的变化。建筑与周边的停车场和电动车结合，完全可以构成容量巨大的分布式虚拟蓄能系统,实现一天内可再生电力与用电侧需求间的匹配。

此外,电力是能源利用终端环节最清洁、最便捷的二次能源,大规模推进城乡居民家用电暖、热水和炊事电气化,提高"家庭电气化"水平,倡导"零排放"的家庭生活方式。尤其是在空气污染严重的地区发展大型热泵、电采暖、电锅炉、冷热双蓄等以电代煤项目,提高电能消费比重,促进能源消费革命。

(二) 交通电气化

通过数据调查可以发现,在2015年交通领域的能源应用数量中可再生能源比例为4%。而预测在2050年这一比例将提高为58%。每年的二氧化碳排放量会显著下降,预计在2025年其值约为4.1 Gt。在今后的发展中,交通网络及能源网络的有机融合是发展的主要趋势,交通电气化是能源转型的重要方式与手段,也是交通网络及能源网络融合的重点。城市交通运输领域推动"以电代油"换代改造,节能环保,不受油气资源限制,未来城市电网将向用户终端电气化程度不断增加的方向发展。

据国际能源协会统计,2019年,全球航空业的总碳排放量已经占全球碳排放总量的2.8%,其中航空燃油燃烧产生的排放占了79%。所以,对航空业,用新能源替代传统能源只是时间问题,而电动化正是其中最主要的发展方向之一。与航空燃油相比,采取电驱动将使飞机的能源成本降低2/3,这是因为电动机的能源利用率高达90%,远高于燃油机30%的利用水平。研发高能量密度电池技术和高推重比电机技术,是目前电动飞机公司需要突破的核心要素。这两种技术的成熟度决定了电动飞机能否真正取代传统燃油飞机。从能量密度对比上看,飞机燃油的能量密度大约为 12 700 $W \cdot h \cdot kg^{-1}$,而锂电池所能达到的最大能量密度仅为 500 $W \cdot h \cdot kg^{-1}$,若要安全投入应用,则这一数值还要进一步限缩。

传统燃油飞机的结构十分复杂,难以实现精准化控制。而电气化后,借助电力和电子技术,电动飞机很容易实现智能化的精准控制。一方面,提升能源系统智能化水平,通过构建电动飞机电能传递、变化与控制的仿真模型,智能算法可以自动设计出能源利用率更高、稳定性与安全性更强的能源利用方案;另一方面,飞行驾驶系统的智能化,结合人工智能与物联网技术,使得飞机可以自主判断航线风险,并排查自身潜在的机械故障,从而提升飞行的安全性。

加拿大航空公司(Air Canada)已计划购买30架区域性电动飞机ES-30,该机由瑞典的Heart公司设计研发,在纯电模式下的续航里程仅为200 km;在增程模式下,其飞行距离可以提升至400~800 km,已经能够满足区域性飞机需求。这种飞机预计将于2028年投入使用,届时将实现零排放和低噪声,有效替代短途航线中的燃油飞机。

(三) 工业和农业电气化

工业电气化是在工业生产中广泛而大量地发展和使用电力,使电力成为大机器生产的动力基础,并在工艺过程中,以及在工业生产管理和控制中广泛应用电力。它包括:① 动力设备电气化,即采用电力作为工业动力;② 工艺过程电气化,即在工艺过程中应用电力;③ 以电子设备（如电子计算机）管理和控制生产。工业电气化是工业技术现代化的基本方向之一，也是机械化、自动化的动力基础。电力在工业动力体系中是一种比较先进和经济合理的动力，工业电气化能大大提高工业生产的经济效益。

以石化工业为例，中国乃至世界传统的炼化一体化主要是以常减压→催化裂化→蒸汽裂解为主线的一体化，在以能源双控向碳双控的导引驱动下，传统产业的再电气化需要重构传统的炼油和石油化工产业。炼化电气化技术包括：① 电代燃料供能技术；② 再电气化重构传统蒸汽裂解技术，即电烯氢技术；③ 炼化厂干气高值化技术，即干气二氧化碳干重整制合成气技术，合成气可用于氢冶金、氢甲酰化及甲醇生产；④ 电烯氢与催化裂化一体化技术，用于加工轻质石油；⑤ 电烯氢与焦化一体化技术，用于加工重质石油。图8-11为传统炼化厂工艺流程模型及电气化模块示意图。传统炼化厂中常减压、石脑油重整、产氢（甲烷蒸汽重整）、热裂解、加氢裂解等工艺均涉及燃料加热，电气化后其能量利用率可由30%提升至90%。部分炼厂含有热电联产和蒸汽锅炉现场生成蒸汽，电气化后其能量利用率可由30%提升至99%。电脱盐是原油常减压蒸馏前的第一道处理工序，负责原油的脱盐、脱水（处理后原油含盐量<3 mg/L，含水率<0.3%），其电耗占常减压装置能耗的5%~10%；通过改进、优化电脱盐脱水工序，降低装置电耗及后续各处理工段能耗，降低装置的碳减排负荷。

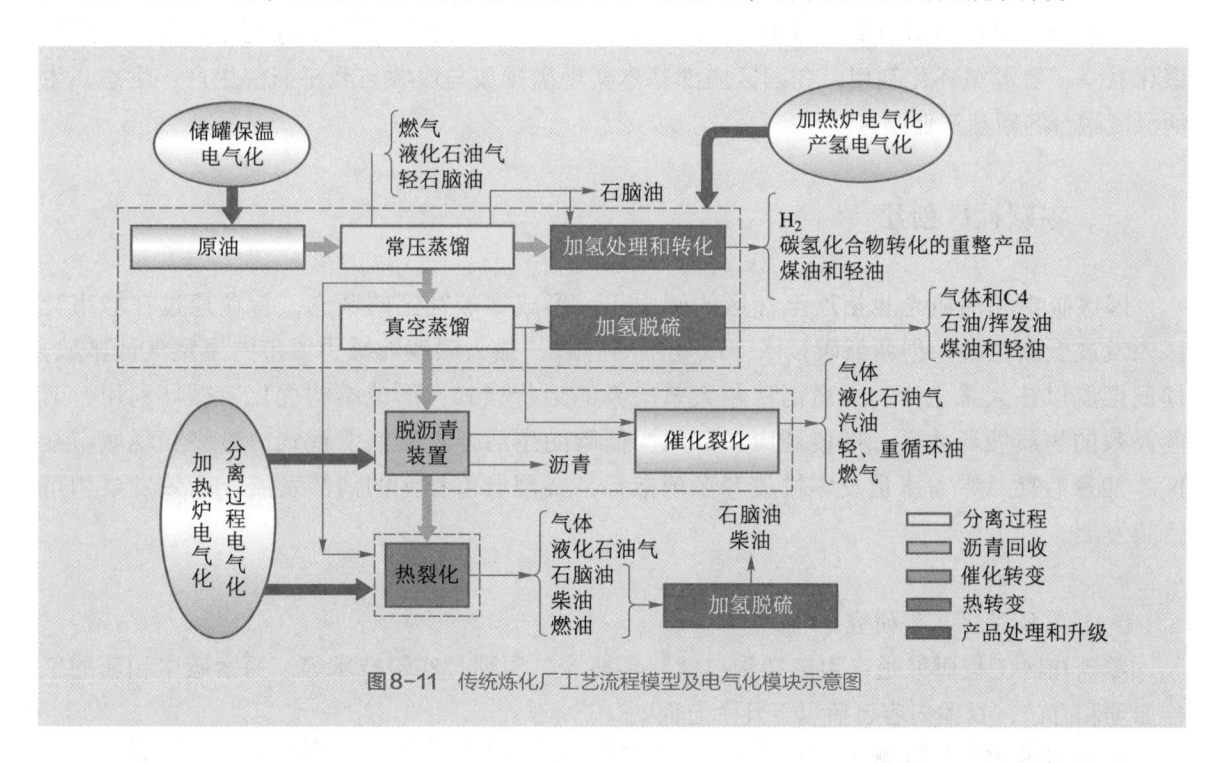

图8-11 传统炼化厂工艺流程模型及电气化模块示意图

农业电气化主要是应用在农业中的电气的统称。其在农业电力领域中运用，属于现代化农业的基本构成部分。农业电气化机械将电力作为动力资源，可通过使用电器装置达到加热、冷却，以及照明等效果。在现在的农业生产过程中，喷水、撒药、种苗、收割等一系列活动均需要农业机械的参与，而农业机械大多以柴油、电力资源作为原动力，进而解放了现阶段在农田操作的劳动力。

第二节 园区碳中和

园区是我国经济发展的核心引擎之一，也是碳中和目标实现的引擎。园区本身的含义也是多元和广泛的，它可以是制造园区、科学园区、物流园区、研发基地、企业集团园区、创意园区、游乐园区，也可以是行政办公区和大学城，甚至可以包含相对封闭的居住生活区等，具有人口产业聚集、能源资源消耗集中、创新要素聚集等特点。园区碳中和是结合循环经济园区、低碳园区等概念而形成的一种新概念，指在园区规划建设管理等方面系统性融入"碳中和"理念，综合利用节能、减排、固碳、碳汇等多种手段，通过产业绿色化转型、设施集聚化共享、资源循环化利用，在园区内部基本实现碳排放与吸收自我平衡，生产、生态、生活深度融合的新型产业园区。

一、零碳社区创建

园区碳中和的概念也拓展至社区的碳中和，形成零碳社区的概念，旨在通过在城市社区内发展低碳经济，创新低碳技术，改变生活方式，最大限度地减少城市的温室气体排放，彻底摆脱以往大量生产、大量消费和大量废弃的运行模式，形成结构优化、循环利用、节能高效的物质循环体系，形成健康、节约、低碳的生活方式和消费模式，最终实现城市社区零能量消耗、零需水量及零排放等多项指标，实现城市社区的清洁发展、高效发展和可持续发展。

（一）零碳社区工程研究

零碳社区工程研究是应用数学和自然科学概念、原理、实验技术等，探索碳中和新的工作原理和方法，具体内容包括以下几个方面。

1. 碳排放核算与监测

开展社区碳排放核算工作，根据社区处于不同等级、类型城市，构建不同社区碳排放核算基础数据库。开展天空地一体化城市碳排放监测研究，构建多维碳排放大数据平台，研究社区–城市碳排放的时空变化规律，为我国城市碳中和研究提供数据基础。

2. 碳中和关键技术研发

针对与社区碳中和密切相关的新能源与储能、生物质利用、固体废物处理、废水处理、大气污染控制、城市生态治理与修复等一系列关键技术，形成理论研究、技术研发、系统集成和工程示范的全流程一体化解决方案，系统评估各种关键技术的经济–生态–社会成本与效益。

3. 碳中和规划与工程

研究社区发展、空间形态、主流技术和碳减排之间的相互作用机制，构建社区–城市碳达峰、碳中和预测分析模型，探索区域协同、环境协同的碳减排路径，进而识别城市碳中和的重点领域与关键工程，编制碳达峰、碳中和行动方案。

4. 碳中和管理与政策

重点聚焦全球治理、城市发展、社区管理的协同关系，探索社区与碳中和目标相适应的法律法规体系、政策体系和相关的制度建设需求，研究碳排放监管与考核体系，制定社区、城市碳中和相关标准，提出社区、城市碳中和环境综合管理模式。

进入"十四五"时期，零碳示范园区建设在国内快速推进，中国建筑科学研究院启动了我国零碳建筑标准的编制组，重庆、上海、河北、海南等地都在规划零碳示范园区。2021年年初，海口江东新区管理局正式公布了该区域的《零碳新城建设工作方案》，提出2025年初步建成全国领先的零碳新城，到2030年全面建成世界一流的零碳新城。金风科技北京亦庄智慧园区通过风电、光伏发电、储能、绿证和国家核证自愿减排量（CCER）综合解决方案，成为我国首个由北京绿色交易所认定的可再生能源碳中和智慧园区。可以想象，未来30多年，零碳的生活和生产方式将会逐渐普及我国的园区、产业和地方。

（二）零碳社区工程开发

零碳社区工程开发可以解决把研究成果应用于碳中和实际过程中所遇到的各种问题，解决清洁能源、绿色建筑、绿色交通、水资源利用、废物处理、居民生活、碳汇和海绵化改造、社区治理、碳交易等领域的问题。

（1）清洁能源：依据社区的实际情况出发尽可能考虑加装太阳能光伏电板、生物质能装置等。在成本可控的范围内对建筑围护结构和遮阳结构进行改造，以改善建筑的保温隔热性能，减少供热供冷需要耗费的能源。在社区层面选择适宜的节能措施，形成集成和优化的方案，搭建社区能源网络。

（2）绿色建筑：减少建筑冬季供热、夏季制冷、热水供应系统、照明系统及家电等方面的能耗需求，采取的主要措施包括被动措施、常规能源系统的优化利用及可再生能源的利用等。在成本允许范围内对建筑围护结构进行改造，如换装双层玻璃、加装保温板。对于有遮阳需求的建筑增加遮阳措施，减少夏季热辐射，降低夏季制冷能耗。

（3）绿色交通：在社区层面上要保证充电桩等新能源汽车配套基础设施，搭建区域内的慢行空间，通过社区进行相关的宣传组织工作，从居民自身和社区组织两方面出发，积极鼓励以公共交通为主的出行模式。

（4）水资源利用：在社区范围内将供水、污水和雨水等加以统筹规划，开发达到高效、低耗、节水和减排目的的系统工程，主要包括家庭节水、中水利用、污水回用、雨水利用技术等。

（5）废物处理：将属于可再生资源的垃圾分类出来，最大限度地减少垃圾清运量和处理量，对水、大气、土地的污染和占用，以及有毒、有害垃圾的危害性，部分垃圾经过社区自处理后，还可以实现资源化和无害化，如厨余垃圾的沼气化处理等。

（6）居民生活：家庭碳账户、碳信用、碳监测、社区低碳、居民公约、低碳消费模式、绿色低碳出行、居民文体健身设施与节能装置的结合。

（7）碳汇和海绵化改造：对整个社区的公共绿地进行规划设计和改造，以居民为主导进行社区的绿地设计和建设，开展自主绿化，丰富立体绿化，改善社区环境的同时以较低的成本缓解社区内的热岛效应。

（8）社区治理：持续的低碳行动是社区碳中和可持续发展的关键，基于公众参与和可持续行动的理念，社区的建设所有利益相关方建立多方参与和合作机制，通过参与社区行动小组，制定居民低碳生活公约，设定减碳目标，引导居民参与指定行动计划，及时和持续地实施，同时在社区内实现定期进行交流汇报和自评估检测。

（9）碳交易：平台通过发起低碳活动引导和培育用户低碳行为，对群体间的低碳行为进行可视化评比，实现碳积分的动态流通。逐步引入金融服务、减碳服务、碳交易服务，为企业提供专业金融减碳、技术减碳、碳指标交易等解决方案。

（三）零碳社区工程设计

零碳社区的建设是一个多专业的复杂技术体系的集成，涵盖土地利用、产业、能源、交通、市政、生态等专业，需要围绕发展零碳能源/电力、零碳产业、零碳交通、零碳建筑、废物管理、生态绿地管理、零碳制度体系等七个主要维度展开。英国零碳社区贝丁顿BedZED于2002年设计建成，在能源碳中和、资源碳中和、信息碳中和、碳汇强化等方面进行了一系列探索。

1. 能源供应零排放

采用热电联产系统为社区居民提供生活用电和热水，尤其是其热电联产工厂CHP（combined heat and power）使用木材废物、附近地区的树木修剪废料等替代化石能源作为燃料发电。CHP的燃烧炉是一种特殊的燃烧器，木屑在全封闭的系统中碳化，发出热量并产生电能。该型燃烧炉在燃烧过程中不产生二氧化碳，其净碳排放为零。

2. 采暖系统零能耗

通过各种措施减少建筑热损失并充分利用太阳热能，以实现不使用传统采暖系统的目标，包括：① 提高建筑的绝缘水平，如采用多层玻璃，窗框采用木材，外砖层和混凝土砌块内层之间有300 mm厚的岩棉绝缘层等，以减少热传导；② 自然热量利用，如每户住宅都设计有朝阳的玻璃房，可以最大限度地吸收阳光带来的热量；屋顶采用太阳能板，退台式屋顶的建筑形体减少了相互遮挡，以获得最多的太阳热能；③ 蓄热建材使用，使用了可积蓄热能的材质，当温度过高时，房屋可自动储存热能，甚至可以保留每个家庭煮饭时所产生的热能，等到温度降低时再自动释放，以减少暖气的使用。

3. 示范建筑成本低廉

在建造过程中因"就近取材"和大量使用回收建材而大大降低了成本。为了节约能源，建筑的95%结构用钢材是从附近的拆毁建筑场地回收的，其中部分来自一个废弃的火车站，许多木料和玻璃都是从附近的工地上"拣"的。建筑窗框选用木材而不是未增塑聚氯乙烯，仅这一项就相当于在制造过程中减少了10%以上（约800 t）的二氧化碳排放量。同时，为减少运费和污染，建筑所需的新材料都购自最近的建材市场。

4. 居家生活资源消耗少

在水资源、能源、交通、土地、选材、教育等方面都涉及了低能耗的设计，具体节能措施例如：整个贝丁顿零碳社区全部使用低能耗灯具和节能电器；厨房的电表、水表、天然气表可以让居民对自己使用的能源量一清二楚。厨房的橱柜由四部分组成，方便了居民对物品进行归类和循环使用。其他一些环境保护措施还包括能将用水量减至最低的低压淋浴设备等。

5. 绿色交通低碳出行

为减少居民乘车出行，社区内的办公区为部分居民提供在社区内工作的机会。公寓和商住、办公空间的联合开发，使这些居民可以从家中徒步前往工作场所，减少社区内的交通量。同时，为减少居民驾车外出，物业管理公司为社区内的商店组织当地货源，提供新鲜的环保蔬菜、水果等食品；退台式屋顶的设计方案，为每一层公寓提供了露台或花园的空间，鼓励居民在自家花园种植蔬菜和农作物；在社区内还设置了多种公共场所——商店、咖啡馆和带有儿童看护设施的保健中心，满足了居民多样化的生活需要。

二、"碳中和"北京冬奥会

2022年闭幕的北京冬奥会无论是在理念还是在行动上，都致力于绿色低碳，通过使用大量光伏和风能发电、地方捐赠林业碳汇等方式，圆满兑现了北京冬奥会实现碳中和目标的承诺，成为迄今为止第一个碳中和冬奥会。

（一）能源碳中和

1. 零碳电力

北京冬奥会通过建设张北柔性直流电网等低碳能源示范项目，实现奥运史上首次全部场馆被城市绿色电网覆盖，这是北京冬奥会的最大亮点之一。500 kV张北柔性直流输电工程是世界上首个输送大规模风电、光电、抽水蓄能等多种能源的四端柔性直流电网，把张家口的太阳能、风能等清洁能源输送到北京。图8-12所示为柔性直流电网技术示意图。通过张北柔性直流电网试验示范工程和跨区域绿电交易机制，张北地区丰富的风电、光电等多种能源连接在一起，利用风电、光电、储能等多种能源形式之间的互补性，克服可再生能源发电间歇性与不稳定性等问题，实现张北清洁能源的汇集外送，让北京冬奥会成为历史上首届100%使用绿色清洁电能的奥运会，大幅提升了北京地区清洁能源电力的消费比例。

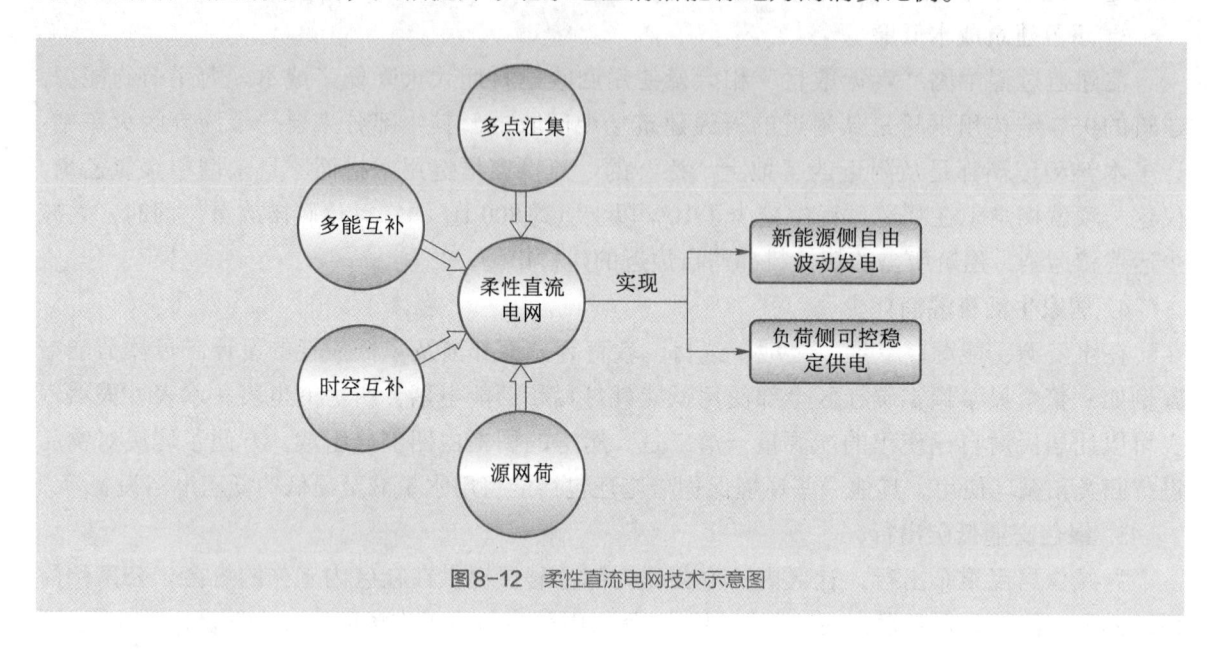

图8-12 柔性直流电网技术示意图

2. 低碳制冷

历届冬奥会制冰都采用氟利昂和氨等传统制冷剂制冷方式，使用1 t氟利昂就相当于近4 000 t的二氧化碳排放，不但会破坏臭氧层，还会造成地球暖化；而氨具有微毒、易燃易爆的特性，安全性难以保证。图8-13所示为常见制冷剂的环境影响。而二氧化碳制冷剂破坏臭氧层潜能值（ODP）= 0，全球变暖潜能值（GWP）= 1，且无异味、不可燃、不助燃，是可持续性最好的冷媒之一。

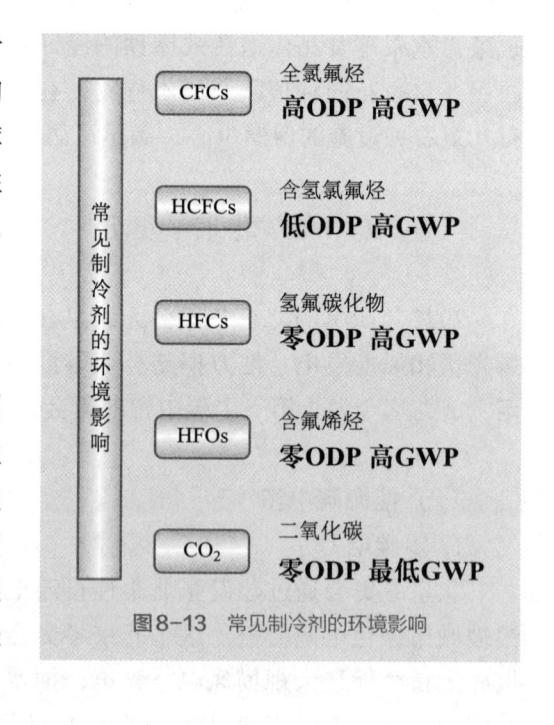

二氧化碳跨临界直接蒸发制冷的原理与普通制冷剂循环原理基本相同（图8-14），将二氧化碳通过加压的形式变成液态，不过在这个过程中会产生热量，所以需要将高温下的二氧化碳气体冷凝成液体，然后减压让液体挥发掉，在液体挥发的过程中，它会从周围的介质（如水）中吸收热量，以达到制冷的效果。但二氧化碳制冷系统内压强较大，因此对建造技术的要求更高。

图8-13 常见制冷剂的环境影响

国家速滑馆"冰丝带"是全球首个采用最先进制冰技术"二氧化碳跨临界直接蒸发制冷"

```
                        冷却器
                   通过循环水进行热量回收
                   二氧化碳转变为近临界流体

    膨胀阀                                        压缩机
 二氧化碳转变为                                 二氧化碳转变为
 低温低压的液态           临界点                 高温高压的跨临
                                                界流体

                        制冷盘
                   二氧化碳蒸发吸热
    液态            由液态转变为气态        气态
```

图8-14 二氧化碳制冰示意图

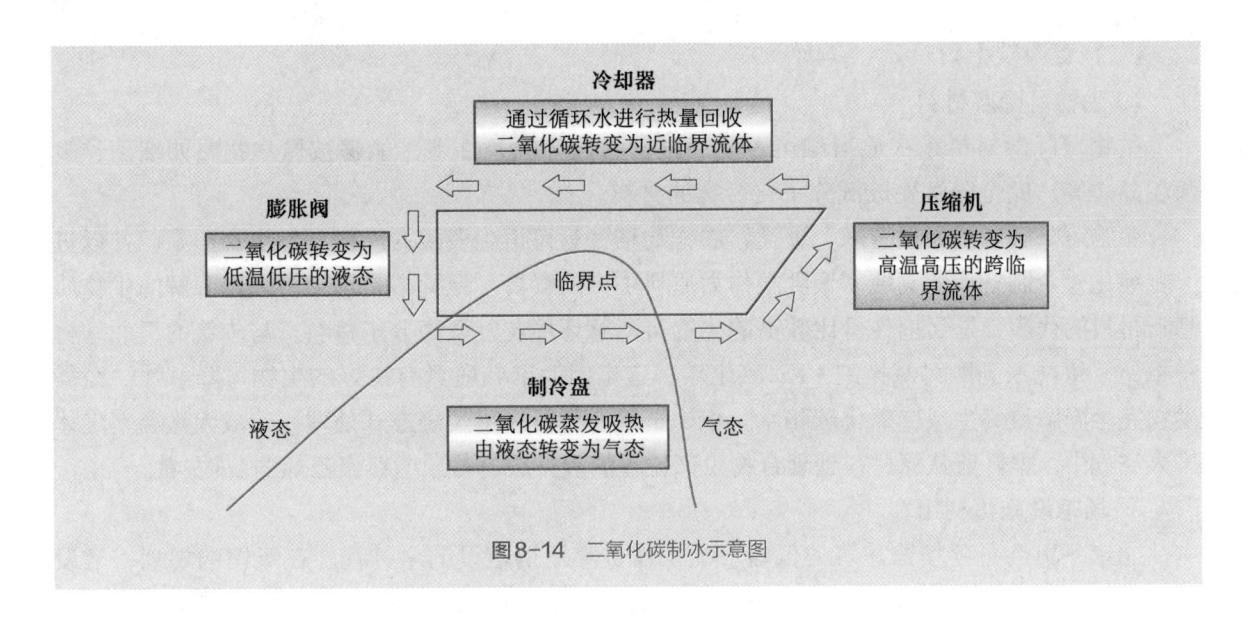

的冬奥会速滑场馆。与传统制冷系统相比，二氧化碳制冷剂可提升能效20%以上。制冷系统产生的余热经高效回收后，可提供70 ℃热水，用于运动员生活热水、冰面维护浇冰、场馆除湿等。北京冬奥会的15块冰场中有7块采用低碳的二氧化碳跨临界直接蒸发制冷技术，相当于减少了近3 900辆汽车的二氧化碳年排放量。

3. 氢能交通

氢燃料电池汽车，被称为"终极环保车"。在行驶过程中，氢燃料电池汽车只排放水。燃料电池是一种能量转化装置，它将燃料的电化学能转化成电能。它与电池一样也是电化学发电装置，因此被称为燃料电池。对应的采用氢气作为燃料的燃料电池就是氢燃料电池。它可以理解为水电解成氢气和氧气的逆反应。因此它的反应过程既清洁，又高效。因为它不受传统内燃发动机采用卡诺循环42%左右的热效率限制。氢燃料电池的效率可轻松达到60%以上。

2008年北京夏奥会，实现了氢燃料电池汽车"零"的突破；2022年北京冬奥会，实现了氢能和氢燃料电池汽车"1到100"的突破。2008年，3辆氢燃料电池汽车在北京夏奥会期间投放运行，我国首座车用加氢站在北京建成；2010年，上海世博会使用196辆氢燃料电池汽车；2022年，氢是冬奥会火炬的唯一燃料，氢燃料电池汽车成为运输主力，氢能和氢燃料电池汽车开始规模化应用。北京冬奥会共计投入使用816辆氢燃料电池汽车，作为主运力开展示范运营服务，是迄今为止在重大国际赛事中投入规模最大的，其中大巴车数量创下有史以来氢燃料电池大型客车服务国际级运动赛事数量最多的纪录。

与传统化石能源客车相比，氢能大巴每百千米可减少约70 kg二氧化碳排放。据北京冬奥会组委会预测，北京冬奥会和冬残奥会期间使用的氢燃料电池汽车等赛事交通服务用车将减排约1.1万t二氧化碳，相当于约5万亩（因1亩 ≈ 0.066 7 hm^2，故折合为3 335 hm^2）森林一年的碳汇蓄积量。这些车辆在服务场景多、气候条件差、道路情况多变的冬奥会进行示范应用，将对世界氢燃料电池汽车发展产生影响。

(二) 资源碳中和

1. 生物可降解材料

生物可降解材料是在适当和可表明期限的自然环境条件下，能够被微生物（如细菌、真菌和藻类等）完全分解变成低分子化合物的材料。

生物可降解餐具是以玉米、薯类、农作物秸秆等可再生资源为原料发酵生产出来，并以进一步纯化聚合制备成的高纯度聚乳酸作为原料生产的餐具。聚乳酸是可完全生物降解的生物质基新材料的代表，是目前性价比较高的生物可降解环境友好型高分子材料。与传统的石油基材料相比，每吨聚乳酸可减排约 3 t 二氧化碳。这是因为聚乳酸具有良好的生物可降解性，经微生物完全降解最终生成二氧化碳和水。相比于普通塑料采用焚烧方式处理，造成大量温室气体排入空气中，聚乳酸从原材料到聚合物生产过程的碳排放是普通塑料聚乙烯的 1/3 左右。

2. 场馆设施再利用

北京冬奥会各项场馆建筑的低碳节能工作贯穿场馆建设的全过程。在场馆的规划、建设和运行阶段，冬奥会相关设计人员最大限度地利用现有场馆和设施，制定绿色建筑标准推动场馆节能改造，创新建筑设计，采用新技术和可重复利用材料进行改造升级，创新性地实现了冬季项目与夏季项目双轮驱动，大大减少了新建场馆所产生的碳排放。

北京冬奥会一共使用了 14 个 2008 年北京夏奥会遗产。国家游泳中心借助全球最先进的二氧化碳制冰技术，在保留水上功能的基础上变身为 2022 年北京冬奥会冰壶和轮椅冰壶场馆，创造性地实现了"水冰转换"，成为世界上首个在泳池上架设冰壶赛道的奥运场馆；原来的"水立方"变成了"冰立方"；五棵松体育中心，由"篮球馆"变成了"冰球馆"。"二氧化碳跨临界直接蒸发制冷"技术为冬奥会碳中和提供了重大助力，使这些场馆拥有冬夏"两栖"能力。

3. 废物循环利用

一套采用了 RPET 材质（饮料瓶再生材质）的工作服装完美地出现在北京 2022 年冬奥会和冬残奥会上，为冬奥会所有场馆的清废团队提供温暖。这份"有温度"的礼物，外套面料采用了 RPET 材料，具有良好的防水防污效果，且透气性良好。可拆卸的保暖内胆填充了先进的高效暖绒，其原料的 83% 来自回收材料。该材质轻盈、柔软，保暖性能媲美羽绒。同时，它的吸水量只有其自重的 1%，所以即使在潮湿的环境中，如清废人员在工作中出汗或在雨雪天作业时，保暖内胆依旧能够保持良好的保温性能。饮料瓶再生（RPET）材质的生产流程如图 8-15 所示。

图 8-15 饮料瓶再生（RPET）材质的生产流程

(三) 信息碳中和

北京冬奥会电力运行保障指挥平台通过运用数字孪生、知识图谱、智能语音等技术，可实时、全景式监控场馆内的电力情况。该平台共接入国家电网公司北京电力的29个业务系统，涉及绿电、物资、保障等187项指标数据。国家电网公司冀北电力通过开发6大核心功能、构建7大主题场景，融汇13套系统数据打造出北京冬奥会保障指挥平台，其功能构架如图8-16所示。通过运用5G、智慧物联网、人工智能等技术，来实时感知关联设备的运行状态和内外部环境，辅助相关人员总揽全局、快速决策。

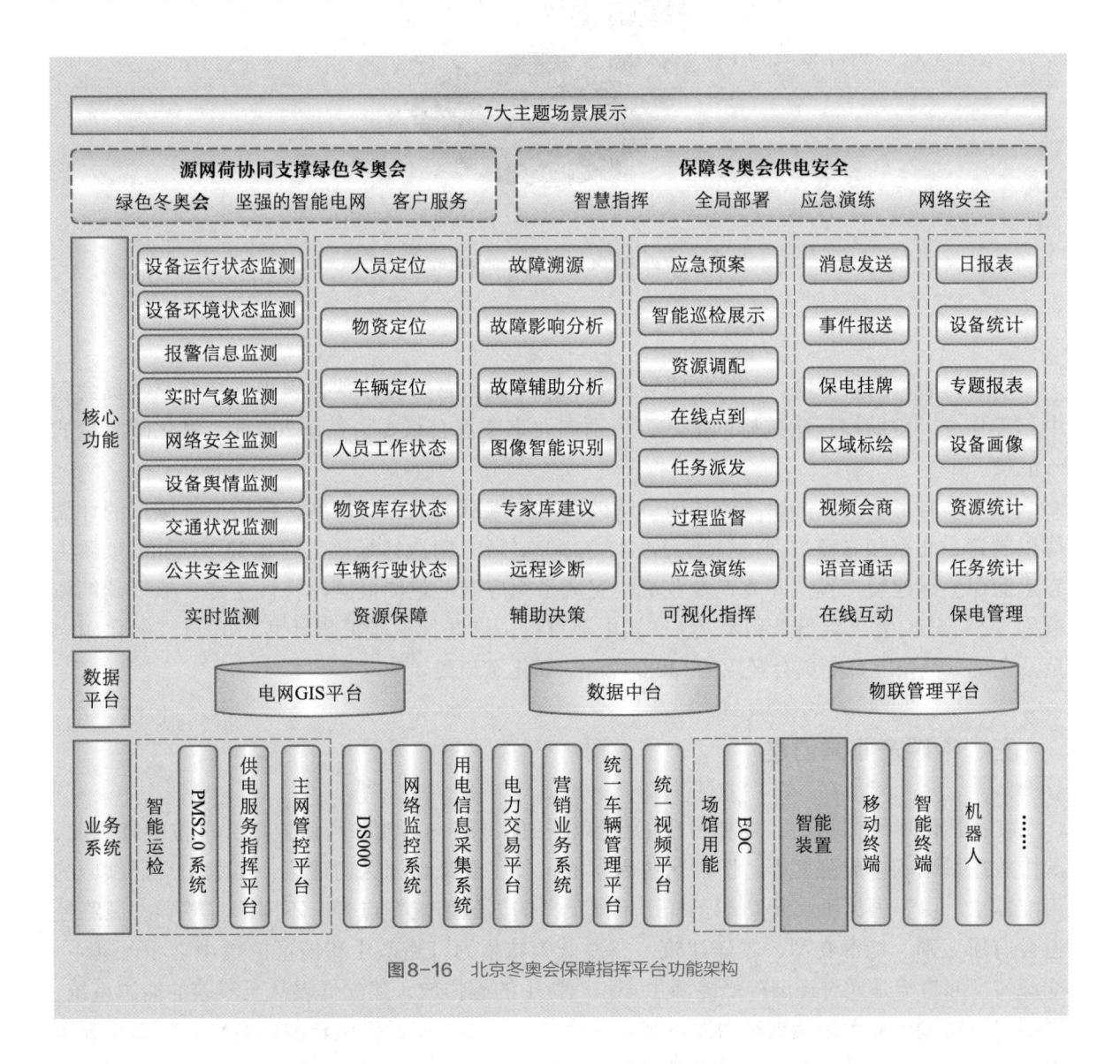

图8-16 北京冬奥会保障指挥平台功能架构

（四）碳汇市场交易

碳市场和碳金融通过碳补偿渠道助力北京冬奥会实现碳中和，包括政府林业碳汇捐赠与企业核证碳减排（图8-17）赞助，碳减排量累计超过100万t。

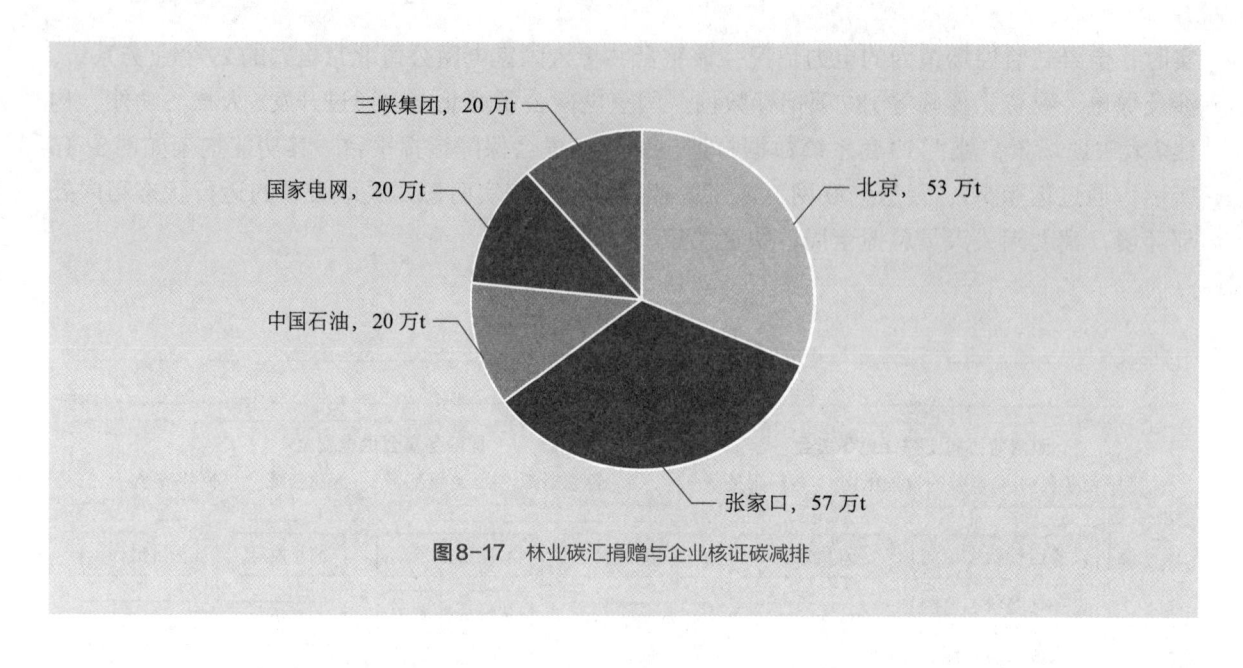

图8-17 林业碳汇捐赠与企业核证碳减排

中国石油、国家电网、三峡集团等三家北京冬奥会官方合作伙伴积极支持北京冬奥会碳中和工作，以赞助核证碳减排的形式，分别向北京冬奥会组委会赞助20万t二氧化碳当量的碳汇量。

从申办北京冬奥会开始，造林项目就被确定为碳抵消的主要措施，植树造林碳抵消计划得以制订。北京和张家口两地分别完成47 333 hm^{2}新一轮造林绿化工程和33 333 hm^{2}京冀生态水源保护林建设工程，并委托专业机构完成了相应碳汇量的监测与核证工作，核证碳汇量分别为53万t二氧化碳当量和57万t二氧化碳当量。这些林业碳汇累计共170万t二氧化碳当量，全部抵消了北京冬奥会产生的130.06万t二氧化碳当量。

三、零碳产业园创建

在打造碳中和园区时，需要考虑的因素包括能源结构、能源利用效率、单位能耗强度、碳排放总量和碳排放强度等，影响这些因素的主体主要来自园区内建筑、工业和交通领域的用能需求。由于园区种类和功能多样，不同类型的园区用能特点各有不同，其零碳发展路径也会有所区别。能源转型、零碳建筑、交通低碳转型为打造碳中和园区的重中之重。其中，能源转型的趋势是通过逐渐降低能源生产和消费中的碳排放，建立低碳甚至零碳的能源系统；零碳建筑能够依靠太阳能或风力发电等可再生能源运作；交通低碳转型则鼓励采用高能源效率的交通工具。此外，数字化赋能是建设碳中和园区的必由之路。通过碳中和园区数字管理平台，构建多能转换、多能互补、多网融合的综合协同能源网络，提升多元分布式能源体系的运行效率，同时基于数字管理平台实现能源消费、碳排放、碳减排、公众碳排放等数据的全融合，对碳排放、碳减排进行"全景画像"。零碳产业园的碳中和模式见图8-18。

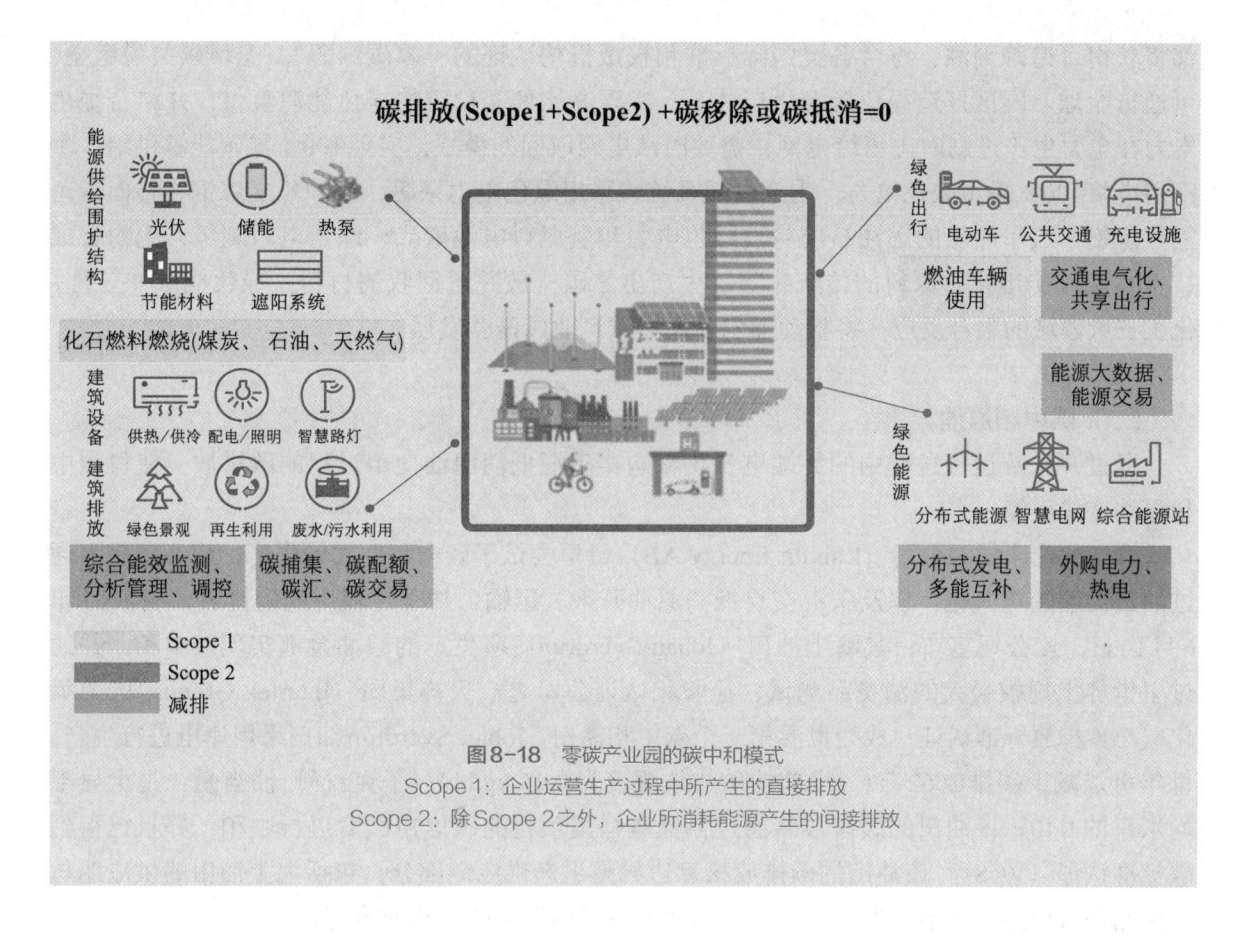

图8-18 零碳产业园的碳中和模式
Scope 1：企业运营生产过程中所产生的直接排放
Scope 2：除Scope 2之外，企业所消耗能源产生的间接排放

（一）全球首个零碳产业园

零碳产业园，指在一个产业园区内，直接或间接产生的二氧化碳排放总量，在一定周期内（通常为一年），通过清洁技术支持、碳回收技术、能源存储交换等方式全部予以抵消，从而在全年实现碳元素"零排放"的现代化产业园区。

依托能源优势，在过去20多年时间里，作为全国最大的煤炭产地，内蒙古发展了一大批煤电、煤化工、钢铁、电解铝、大数据中心等高耗能项目，造成碳排放量高速增长。正因为如此，内蒙古成为我国碳排放大省（自治区、直辖市），每年碳排放量约为7亿t，其中鄂尔多斯就占1/3。在鄂尔多斯一年约2亿t的碳排放量中，33万辆煤炭运输柴油卡车每年就有3 000万t的碳排放量。不仅如此，鄂尔多斯及内蒙古碳排放量还在持续攀升。2020年，内蒙古的新增能耗总量约为8 000万t，远超国家下达的约4 000万t指标。内蒙古碳排放总量大，能源供给仍在增长，火电领域脱碳困难，实现"双碳"（碳达峰、碳中和）目标面临更多的困难和更大的挑战。

鄂尔多斯基于"新型电力系统""零碳数字操作系统"和"绿色新工业集群"三大创新支柱打造的全球首个零碳产业园，规划20 GW·h储能及动力电池项目的5万 m^2 主厂房已建成，一期装机容量达到10.5 GW·h。园区内生产的每一件产品在得到100%零碳能源供给的同时，都将获得可追踪溯源、符合各类国际标准和权威机构认证的"零碳绿码",无惧碳关税壁垒,可通行全球。园区打造绿色能源供应体系,实现高比例、稳定的绿色能源直供,并结合绿色电力在电力生产过剩时出售给电网、需要时从电网取回的模式,实现100%零碳能源供给。生产用电将100%采用绿色电力,生产供暖系统将采用绿色电力采暖;高炉焦炭炼钢将转向绿色氢气炼钢;汽车船舶的燃油系统将被绿色电力和氢燃料电池取代;绿色电力制氢、生物合成技术将取代使用化石原料的传统化工,生产出零碳排放并可回收的材料。绿色能源+交通+化工三大领域的融合反应,将驱动鄂尔多斯零碳产业园蓬勃发展。

(二) 碳中和原油

通过开采及运输过程中的终端电气化和购买碳汇抵消原油使用过程的碳排放,使得碳中和原油变成可能。

挪威的伦丁能源公司(Lundin Energy AB)最早尝试了碳中和原油的生产,核心思想为通过油田终端的电气化,以及碳汇交易抵消原油开采、运输、加工过程中的碳排放;在2021年6月16日,该公司宣布,其海上油田(Johan Sverdrup)所生产的原油全部实现碳中和,并通过了世界上规模最大的消费品测试、检验和认证公司之一天祥集团(Intertek Group)的二氧化碳净零排放标准认证,成为世界第一个碳中和油田。Johan Sverdrup油田采用岸电进行生产,每年可以减少碳排放62万t。当前的碳排放强度为0.45 kg/bbl(千克/桶)油当量,是世界平均水平的1/40。该油田的碳排放将通过自然碳捕集项目的碳信用额度进行中和,并且已得到碳标准认证(VCS)。该油田的碳排放核算边界是生产供应链部分,包括海上油田的供应船与备用船均采用混合电池作为动力,所有的商务飞行均采用碳中和航班等。

原油在我国碳中和初级阶段,仍将扮演较为重要的角色,我国也在积极探索碳中和原油的开采利用。2021年9月22日,上海环境能源交易所分别向中国石油化工集团(中石化)、中国远洋海运集团、中国东方航空三家企业颁发了中国首张碳中和石油认证书。该碳中和石油项目的原油产自中国石化集团国际石油勘探开发有限公司在安哥拉的份额油,由中国国际石油化工联合有限责任公司负责进口,中国远洋海运集团作为承运方,行程达1.7万余km,运抵中国舟山港。这3万t原油在中国石化上海高桥石化进行炼制,共生产了8 963 t车用汽油、2 276 t车用柴油、5 417 t航空煤油,以及2 786 t液化石油气、6 502 t船用柴油、2 998 t低硫船用燃料油。为抵消本次石油全生命周期的碳排放,上述三家企业通过实施节能减排策略及购买国家核证自愿减排量(CCER),来抵消石油全生命周期的碳排放,其中,中国石油化工集团承担了本次原油开采、储存、加工、石油产品运输,以及车用汽油、柴油、液化石油气燃烧的碳排放抵消责任;中国远洋海运集团承担了原油运输和船用燃料油燃烧的碳排放抵消责任;中国东方航空承担了航空煤油燃烧的碳排放抵消责任。购买的减排项目包括江西丰林碳汇造林项目、大理白族自治州宾川县干塘子并网光伏电站项目、两岸新能源合作海南航天50 MW光伏电站项目、黑龙江密山林场(柳毛)风电厂项目等。

(三)绿色低碳炼化一体化标杆

在碳中和目标的实现过程中,一方面要降低对石油类化石能源的依赖度,另一方面要高效利用原油资源。

当前炼油行业中的"分子炼油"是一项原子经济性很高的绿色化学反应。该概念最早由何鸣元院士在2006年提出。不同类型原油的分子组成相当复杂,分子决定了油品性质,也决定其市场、价格及利润。所谓"分子炼油",就是从分子水平来认识石油加工过程,准确预测产品性质,优化工艺和加工流程,提升每个分子的价值,实现"宜烯则烯、宜芳则芳、宜油则油"的生产理念。

传统炼油技术基于集总模型和虚拟组分模型,只能得到各馏分的整体物理性质、平均结构参数,制约了炼油技术的进步和石油资源更加合理的利用。而"分子炼油"技术可得到各馏分详细的化合物分子类型和碳分布及关键单体化合物信息,有助于深入理解石油分子在加工过程中的反应和转化规律,促进炼油技术的进一步发展和石油资源更加合理的利用,满足产品质量升级和进一步提升加工效益的需求。原油及炼油产品的沸点曲线见图8-19。国内,中国石油化工集团接受"分子炼油"理念较早。2008年,镇海炼化公司应用自主开发的计划优化模型和带反应的流程模拟模型,导入"分子炼油"理念,通过优化原油资源,优化资源流向和能量配置,实现了炼油和乙烯生产整体效益最大化。2008年,镇海炼化公司刚引入"分子炼油"时,通过对碳五进行正/异构分离,将异构碳五作为汽油调和组分,每年就增效近亿元。建设炼油-乙烯一体化项目时,镇海炼化公司仅通过优化乙烯氢气、炼厂干气、LPG、碳五等物料流向,年增加乙烯裂解原料超过70万t,为炼油提供氢气超过30 000 m³/h。"分子炼油"技术突破了传统炼油技术对原油馏分的粗放认知和加工,从体现原油特征和价值的分子层次上深入认识和加工利用原油。通过从分子水平分析原油组成、精准预测产品性质、精细设计加工过程、合理配置加工流程、优化工艺操作,充分利用原料中每一种或者每一类分子的特点,将其转化成所需要的产物分子,并尽可能减少副产物的产生,使每一个石油分子的价值最大化,使炼厂真正实现"全处理、无残渣"的理想目标。

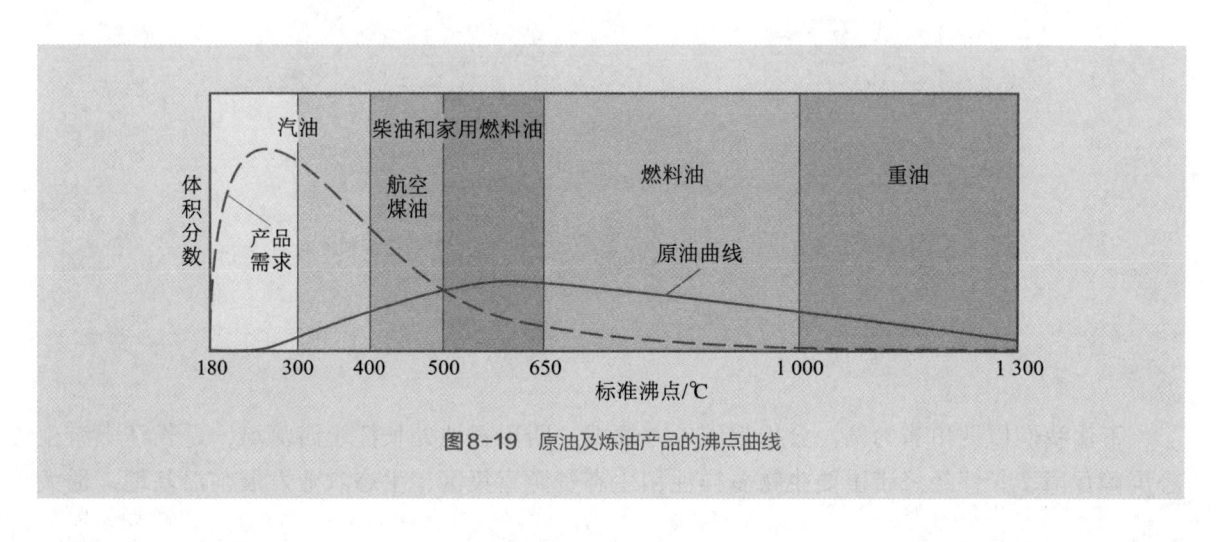

图8-19 原油及炼油产品的沸点曲线

第三节
区域碳中和

所谓区域，指一定的地域空间，区域可大可小，大到省级行政区，小到县级行政区等。建设区域碳中和工程不仅能满足政府当前对区域碳中和的管控需求，而且能够随区域的持续发展而拓展。区域碳中和根据其划定范围来统计碳源及碳汇，根据其源汇比值决定实现区域碳中和的难易程度，从而决定区域碳中和工程的难易程度。举例来说：某一市以森林、草原、湿地等生态碳汇为主，基本无二氧化碳排放重点行业，那么从整个市统计来说，该地区已然实现碳中和。

碳中和工程从资源碳中和、能源碳中和及信息碳中和出发，实现区域碳中和将带来政府行为、企业行为和个人行为的重大变化。本节介绍了区域碳中和典型的三种模式，其中包括零碳电力模式、碳汇强化模式及资源循环模式。

一、零碳电力模式

"双碳"目标的实现，离不开电力和能源相关工程的支撑作用。光电、风电等清洁能源需要从当前的补充地位上升为主力能源，从而实现零碳电力模式（图8-20）。按照碳中和目标，在我国总发电量占比中，风电和光电需从现在的5%左右上升至2050年的合计66%，占比上涨8倍；水电、核电由21%上升至28%；生物质电上升至6%；而火电则由69.4%大幅下降至6%。巨幅升降之间，能源产业面临巨大的挑战与机遇。

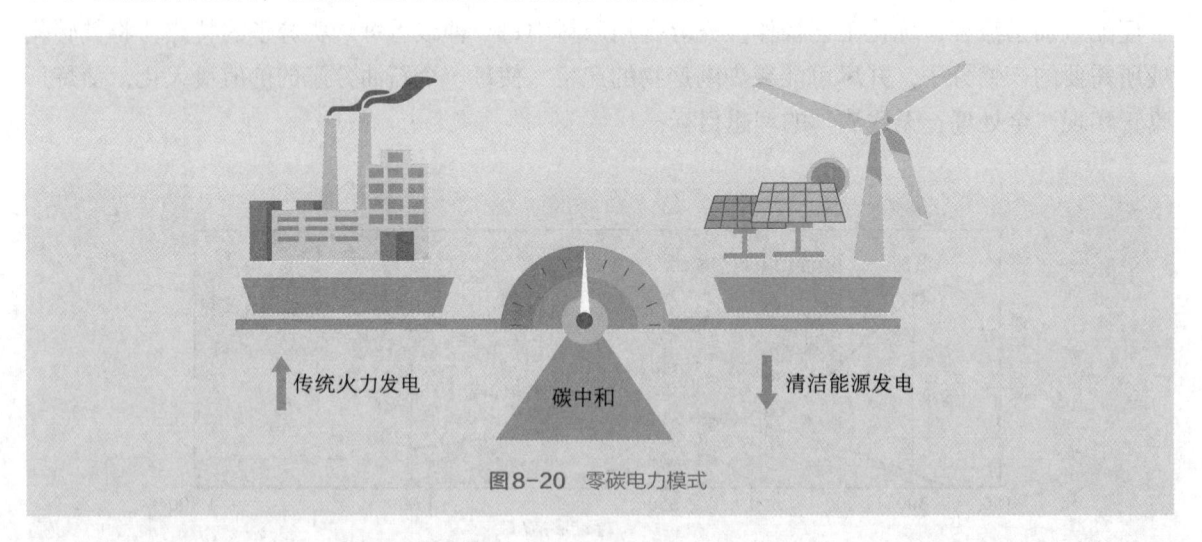

图8-20 零碳电力模式

下面我们以四川省为例，分析零碳电力模式。四川省地处长江上游流域，是长江上游生态屏障保障、长江经济带重要生物多样性和生态资源富集区、生态农业发展前沿基地、最大的清洁能源基地。2017年，四川省经济总量位居全国第6、西部第1。四川省以有限的碳排放量，支撑了经济的高速增长（图8-21）。

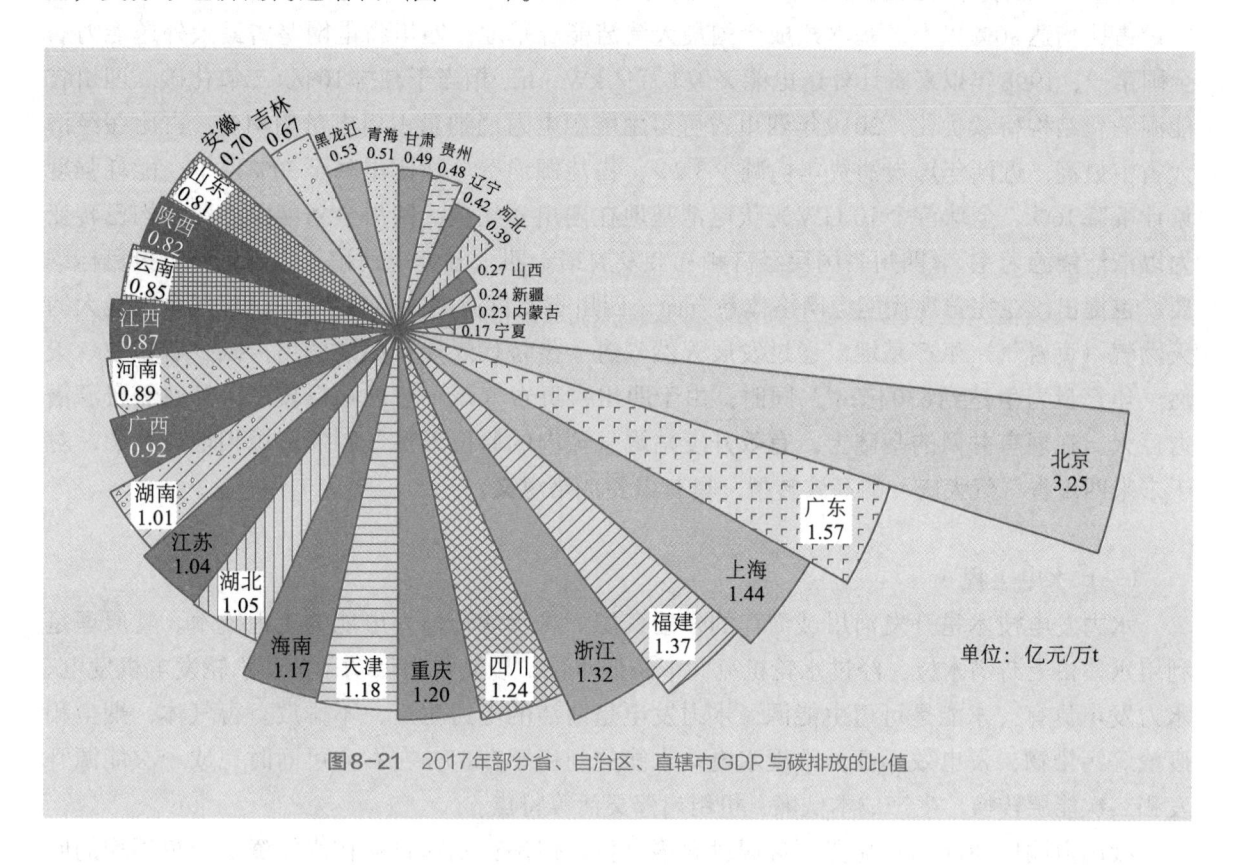

图8-21 2017年部分省、自治区、直辖市GDP与碳排放的比值

2019年四川省二氧化碳排放约2.8亿t，作为清洁能源大省，电力行业二氧化碳排放并不突出，碳排放主要集中在钢铁（28%）、水泥（22%）、建筑（12%）等行业。四川省作为全国最大的清洁能源基地，将面临低增量、提前达峰的压力。据研究估算，在2030年前碳达峰的情景下，四川的碳排放增量空间大概仅有2 000万t。全省未来15年仍处于30%～70%的城镇化加速期，预计建筑、交通等民生领域碳排放增量分别都在1 000万t左右，留给工业的排放增量空间变得极为有限。从存量看，由于自然禀赋和历史原因，四川省工业的重化工特征较为突出，并呈现持续增强态势。从增量看，初步梳理的"十四五"全省投产达产重点能耗和碳排放项目超过500个，能耗达0.6亿t标准煤，其中煤炭消费0.1亿t标准煤、天然气消费0.2亿t吨标准煤，预计新增二氧化碳排放0.6亿t。年碳排放达到20万t及以上的70余个高碳项目能源消费碳排放就达0.5亿t，占500多个项目碳排放的80%以上，主要集中在供热发电、钒钛钢铁、化工、建材、造纸等行业。根据国家"十四五"期间碳排放强度下降18%的目标约束，预计四川省的降幅仍将高于全国水平，在19%～20%。由此可见，四川省的碳中和规划，如何取舍、平衡高耗高排放行业，挖掘降碳潜力，将是碳中和工程面临的重大挑战。下面从能源碳中和工程、资源碳中和工程、信息碳中和工程举例说明。

第三节 区域碳中和   343

在能源碳中和工程方面，四川省是全国"清洁能源示范省"，人均碳排放在全国经济体量最大的6个省级行政区中最低。全省水电装机量稳居全国第一，可再生能源电力装机量、发电量占比均达80%以上，基本建成全国最大清洁能源基地。四川省电网跨省最大外送能力居全国第一，1998年以来累计外送电能突破1万亿kW·h，相当于减排10亿t二氧化碳。四川省能源消费结构持续优化，2019年四川省可再生能源电力消纳量占用电量的81%，占比在经济大省中最高，近四年煤炭消费年均减少3.2%，占能源消费总量比重降至30%以下，能耗强度累计下降16%。全球首个10 GW光伏电池基地在四川省建成，四川全省能源消费结构已转变为以清洁能源为主。《四川省国民经济和社会发展第十四个五年规划和二〇三五年远景目标纲要》也提出，在完善现代能源网络体系方面，四川省要打造中国"气大庆"，建成全国最大的天然气（页岩气）生产基地，通过发展天然气进一步替代煤炭和燃油使用，减少碳排放。天然气年产量力争达到630亿 m^3。同时，由于四川省页岩气藏一般埋藏得较深，其地热资源潜力巨大。在现有井网的基础上，有效开发枯竭气藏内的原位天然气制氢资源和地热资源，对于未来四川省"气大庆"的高效转型，具有重要战略意义。

（一）水电工程

水力发电技术是开发河川或海洋的水能资源，将水能转换为电能的工程技术。其原理是利用水体由上游高水位，经过水轮机流向下游低水位，以其重力做功，推动水轮发电机发电。水力发电具有：水能是可再生能源；水力发电是清洁的电力生产，不排放有害气体、烟尘和废渣等污染物；发电效率高，常规水电站水能的利用率在85%左右；可同时完成一次能源开发和二次能源转换；生产成本低廉、机组启停灵活等特点。

我国范围内蕴藏的水能资源量居世界第一位。但是在我国也存在水能资源分布不均的问题。我国的水能资源有约70%分布在西南三省一直辖市和西藏自治区，其中长江水系最多。截至目前，我国已开发的水能资源主要集中在长江、黄河和珠江的上游。而在我国水力发电技术方面，由于西部大开发举措和"西电东送"战略的制定，在一定程度上支撑着我国水电事业的发展，这一重大举措将我国的水力发电技术推向了世界的前列。我国水能资源可开发装机容量也取得了显赫成就，目前已经突破了6亿kW·h容量大关，年发电量也突破了3万亿kW·h，这些加起来等同于1 000亿t标准煤的开发效益。

三峡水电站是我国最大的水电工程项目，也是世界上最大的水电站。三峡水电站从投产的那一刻开始，就不断刷新水电站的年度电能产量。三峡工程从一开始的永久船闸高边坡开挖，到机组制造、安装调试和运行管理都遭遇了各种挑战，最终科技人员攻克了一道道技术难关，取得了100多项"世界之最"。

（二）光伏工程

中国国家能源局统计数据显示，2022年上半年，全国光伏发电新增装机3 088万kW。截至2022年6月底，光伏发电累计装机3.36亿kW。中国光伏产业已占据世界领先地位。我国光伏产业实现了飞跃式发展，已经成为我国为数不多可参与国际竞争并取得领先优势的战略性新兴产业，也是我国产业经济发展的一张崭新名片和推动我国能源变革的重要引擎。目前我国已经形成了从工业硅、高纯硅材料、硅锭/硅棒/硅片、电池片/组件、逆变器、光伏辅材辅料、光伏生产设备到系统集成和光伏产品应用等全球最完整的产业链，并且在各主要环节均形成了一批世界级的龙头企业。中国光伏产业链具备显著的效率、成本和上下游配套健全等优势，海外市场对中国光伏供应链有较强的依赖性，中国光伏企业持续主导全球产业供应格局。图8-22为光伏发电原理图。

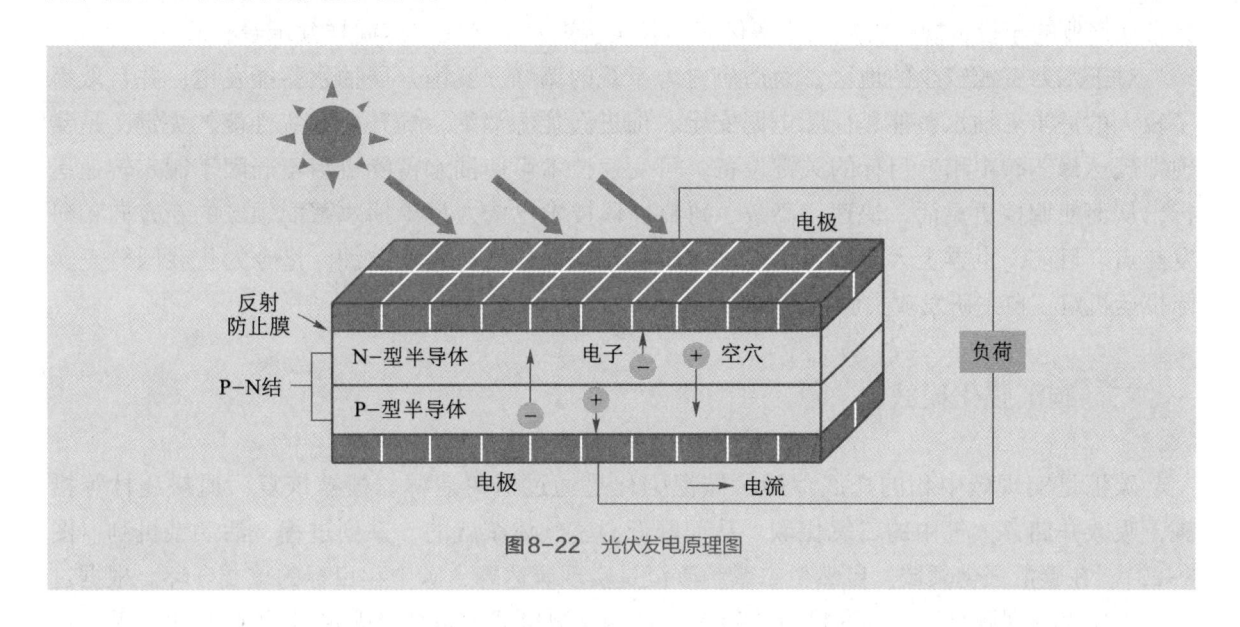

图8-22 光伏发电原理图

随着光伏发电在电网中渗透率的不断提高，电力系统将迎来安全、稳定、电能质量、经济性等多方面的挑战。作为构建以新能源为主体的新型电力系统的重要组成部分，提升光伏发电功率预测精度、提高光伏系统主动支撑与抵御电力系统扰动等涉网性能将成为重要的研究方向。在稳步推进规模化光伏基地建设的同时，光伏建筑一体化、光伏与交通、新基建设施融合发展等新型应用形式对光伏产品性能、光伏发电系统提出了新的要求，需要结合特异性场景应用条件，持续推动光伏发电相关技术的发展。伴随着近年我国光伏发电装机规模的快速增长，生命期满光伏组件回收问题也日益受到关注。结合我国光伏发电规模的增速，预计我国将在2040年左右集中迎来光伏组件回收处理的第一个需求高峰期。放眼长远，在碳达峰、碳中和目标的要求下，亟须完善到期光伏组件的无害化回收处理技术，并推向产业化，补全光伏发电全生命周期绿色产业链的最后一环。

（三）储能工程

受制于自然条件，风力、光伏发电并不连续，且在西电东输过程中会产生巨大损耗，这将带来储能系统和特高压输电网的机遇。储能系统的作用是将冗余的风电、光电用蓄电池等储能系统集纳起来,在需要时输入电网,以保证电能平滑连续输出。随着蓄电池成本的不断降低,预计2025年会实现光储平价,即增加了储能成本后的光电价格有望低于火电,这将驱动储能装机规模爆发式增长。从更长期看,容量与续航时间更长的氢气储能方案,可能逐步取代蓄电池。

特高压电网则可以有效降低输电损耗,我国已率先突破1 000 kV特高压输电技术,其相比传统高压的远距离输电技术,损耗可下降60%。为了将遥远的风电、光电高效输送到东部,中国正在构建"三横三纵一环网"的特高压骨干网络,预计2020—2025年特高压输电技术及其带动产业的年投资规模将从三千多亿元增长至接近六千亿元,这同样预示着机遇。

对于水力资源较少的地区,为适应电力系统的调峰,我国开展抽水蓄能发电,并且取得了较大的进步。抽水蓄能是保障电网安全、促进新能源消纳、提升全系统性能的关键,是实现"碳达峰、碳中和"目标的关键设备。可变速技术可使抽水蓄能机组不局限于额定转速运行,从而使调控更灵活、快速、高效、可靠,该技术已成为世界抽水蓄能领域的新方向和研发热点。目前,世界上大多数可变速抽水蓄能机组都位于日本和欧洲,迄今为止我国暂无实际投运机组,自主研发攻关亟待开展。

二、碳汇强化模式

碳汇是实现碳中和的托底保障,碳汇强化是通过植树造林、植被恢复、退耕还林等措施,吸收并储存大气中的二氧化碳,从而降低温室气体浓度的一系列过程、活动或机制(图8-23)。在碳汇强化领域,自然生态系统碳汇是实现碳达峰、碳中和目标的重要一环。根据过去几十年来的观测统计,人为排放的碳大约有54%被自然生态系统固定,其中陆地生态系统占31%、海洋生态系统占23%,通过生态保护修复、碳汇项目实施等措施,可进一步提升自然生态系统的碳汇能力。

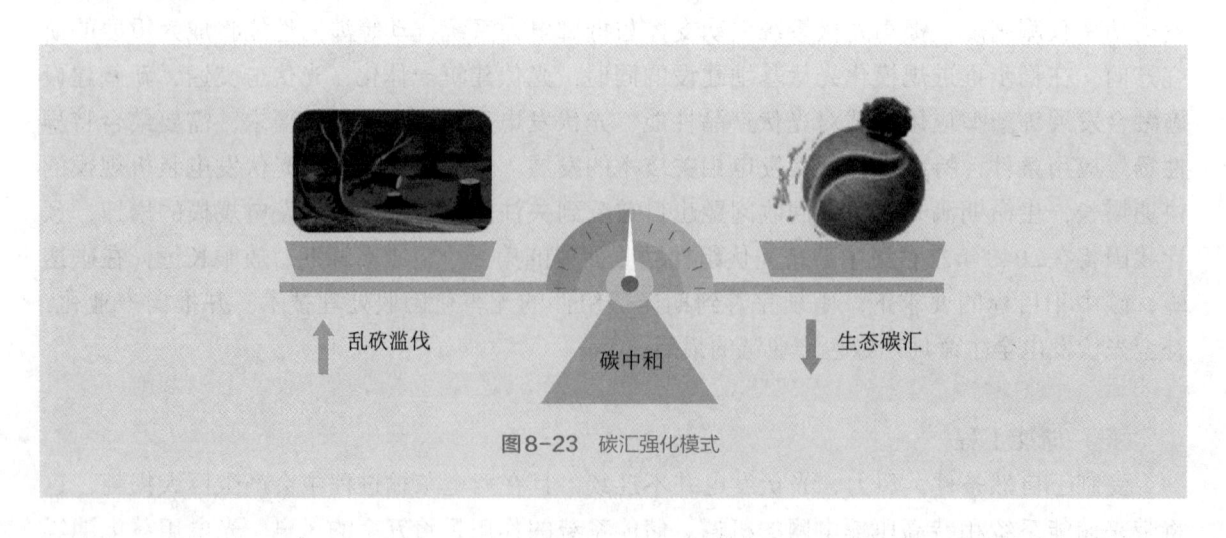

图8-23 碳汇强化模式

当前，世界上已有29个国家和地区提出了碳中和目标，不丹和南美北部国家苏里南已经宣布实现净碳排放为负，已然实现了碳中和。不丹和苏里南是典型的碳汇强化模式。以不丹为例，不丹每年移除二氧化碳的量几乎是排放量的3倍。一方面，不丹大约70%的土地均覆盖着广阔的森林，作为世界上唯一将保护森林写入宪法的国家，不丹还规定至少要有60%的国土面积覆盖在森林之下，这保障了其巨大的碳汇储备。另一方面，不丹水电资源丰富。根据国际可再生能源机构（IRENA）的数据，不丹拥有1.67 GW的水力发电能力，完全满足其用电需求，而这只占不丹水电开发潜力的5%。此外，不丹超半数人口从事相较工业而言碳排放较低的农业及相关产业，客观上使其碳排放始终维持在较低水平。苏里南的成功与不丹颇为类似，二者皆为植被覆盖率高，地广人稀，经济体量较小，可再生资源较为丰富的国家，具有发展清洁能源、抵消碳排放的先天优势。总体而言，某一区域在碳汇方面极具优势时，可通过碳汇强化实现区域碳中和。

我国森林面积虽然只占陆地总面积的1/3，但是森林植被区的碳储量几乎占到了陆地碳库总量的一半。森林之所以重要，是因为它与气候变化有着直接的联系。树木通过光合作用吸收了大气中大量的二氧化碳，减缓温室效应。因此，植树造林便成为最为直接与高效的增汇工程。改革开放以来，随着我国重点林业生态工程的实施，植树造林取得了巨大成绩。我国持续开展人工造林、封山禁牧、治沙工程、减少采伐，"三北"防护林、长江珠江流域及沿海防护林等防护林体系建设工程正在稳步推进。下面我们从沙海先锋、绿色长城和江河湖海三方面讲述我国植树造林增汇工程。

（一）沙海先锋

我国作为世界上荒漠面积最大、荒漠化问题最严重的国家之一，从20世纪就开始研究如何进行沙漠治理，让这些寸草不生的地方变成"绿洲"。一是通过建立相关的治沙中心站，如托克逊、格尔木、榆林、金塔等，展开防风治沙的实验研究，找到更多治理沙漠的好方法。二是围绕农田、草场、铁路等开始进行长期的治沙实验。由卵石防火带、灌溉造林带、草障植物带、前沿阻沙带、封沙育草带组成的"五带一体"的治沙防护体系，在沙漠铁路的两侧逐渐展开，让包兰铁路在此后的几十年间都畅通无阻。三是使用植物治沙的方式，例如，胡杨、沙枣、沙柳、沙蒿等生活在以沙粒为基质沙土生境的沙生植物功不可没。沙生植物具有扎根快、根系长的特点，这也是它能够抗风刮和抗干旱的法宝，从而改善了沙漠地区的生态环境。

（二）绿色长城

CO_2施肥效应、植树造林、退耕还林、天然林保护等生态工程对当前中国陆地生态系统碳汇增加起了很大作用。中国"三北"防护林体系建设工程是伴随着改革开放起步的中国第一个世界超级生态工程，这也是迄今为止人类历史上规模最大的生态修复工程。"三北"防护林体系是中国针对西北、华北北部、东北西部三大区域风沙危害和水土流失严重状况开启的大型防护林体系建设工程，分八期工程进行，目前已启动第六期工程建设。在保护好现有森林草原植被的基础上，采取人工造林、飞机播种造林、封山、封沙、育林、育草等方法，营造防风固沙林、水土保持林、农田防护林、牧场防护林，以及薪炭林和经济林等，形成乔、灌、草植物相结合，林带、林网、片林相结合，多种林、多种树合理配置，农、林、牧协调发展的防护林体系，在风沙和水土流失治理方面取得了显著的成效，同时还助力三北地区将资源优势转变为经济优势，促进了农村经济的发展。40多年来，"三北"防护林体系累计完成造林保存面积3 014万 hm^2，工程区森林覆盖率由5.05%提高到13.57%；年森林生态系统服务功能价值达2.34万亿元。

放眼未来，"三北"防护林体系是助力碳达峰、碳中和战略的现实所需。三北地区既是我国林草建设的主战场，也是未来新增林草碳汇的主阵地。从量上来看，三北地区可绿化用地占全国一半以上，而森林覆盖率只达全国平均水平的59%；从质上来看，三北地区乔木林单位面积均蓄积量只达全国的1/3，尚有老化退化林330多万 km^2，还有大量退化草原需要修复。推动"三北"防护林体系科学绿化，不断扩总量、提质量，对增加林草碳汇、增强我国应对气候变化的能力具有十分重要的意义。

(三) 江河湖海

人们长期以来对江河湖海的过度索取和破坏，带来了十分严重的生态灾难。这包括森林资源破坏严重、水土流失严重、旱涝和泥石流等灾害频繁发生。通过水源涵养林、水土保持林、沿海防护林等系列措施，涵养水源、改善水文状况、调节区域水分循环，防止河流、湖泊、水库淤塞，以及保护森林、林木和灌木林。

江河湖海防护林工程全称为中国长江流域防护林体系建设工程。它是全球第一个进行大江大河全流域治理的世界超级生态工程。1989年，长江中上游防护林体系建设工程开始实施，被列为世界八大生态工程之一。大力推行"流域治理"方式，实行上中下游全流域综合治理，统筹平衡处理好上中下游关系，提高全流域治理效果，建设上游水源涵养林、中游水土保护林、下游农田林网。在乌江、嘉陵江、赣江、汉江等长江一级、二级支流，实行全流域治理，并加强重点区域建设治理，加强江河湖库的护岸林建设。在一个小流域实行坡沟川统一治理，突出坡面水土保护林建设，做到"治理一个，见效一个"。

此外，我国还积极探索"近自然林业"模式。改变以往人工造林的整地方式，区别不同地区，因地制宜，生态林建设杜绝大面积的炼山、全面整地，提倡穴状整地，尽可能减少对原有植被的破坏。支持并鼓励封山育林措施，不仅可以有效地保护地被物，对改善当地的生态环境具有积极的意义，而且林种、树种结构较人工造林好，森林的抗逆性强。注重培育复层异龄林，大力发展针阔混交林，实行乔灌草立体配置，尽快提高林草植被覆盖率，提高森林涵养水源和保持水土功能。江河湖海防护林工程实施30多年来，共完成营造林1 218.6万 hm^2，其中完成造林1 184.1万 hm^2，幼林抚育34.5万 hm^2。

长江流域防护林体系建设工程不仅构筑了工程地区防护林体系的基本骨架，而且有力地推动了全流域造林绿化事业的发展，促进了流域经济的发展和社会稳定。这项工程在生态、经济、社会等方面取得了明显的成效，开创了中国大江大河流域治理的先河，促进了中国半壁河山的可持续发展，推动了山区经济的快速发展等。

三、资源循环模式

"资源循环"是对"大量生产、大量消费、大量废弃"的传统增长模式的根本变革。资源循环这一概念是综合考量资源、经济社会发展和碳中和三者交错复杂关系后提出的，是一种以资源的高效利用和循环利用为核心，以"减量化、再利用、资源化"为原则，以低消耗、低排放、高效率为基本特征，符合可持续发展理念的碳中和技术创新模式（图8-24）。我国整体处于工业化中后期阶段，传统"三高一低"（高投入、高能耗、高污染、低效益）产业仍占较高比例。在新形势下，我国产业结构转型面临自主创新不足、关键技术"卡脖子"、资源利用效率低等挑战，亟待转变以化石能源及化石资源为基础的产业体系。资源碳中和通过化石资源减量化、二次资源规模化、多种资源综合化，实现资源来源从地下化石资源向地表二次资源转型，在达到同样经济目标的情况下，将化石能源需求降到最低。资源碳中和能够有效减少初次生产过程中的碳排放，对我国CO_2减排潜力约为25%，可有效降低国家基础原材料（如石油）的对外依存度，是重要的国家资源战略，是实现碳中和目标的重要抓手。

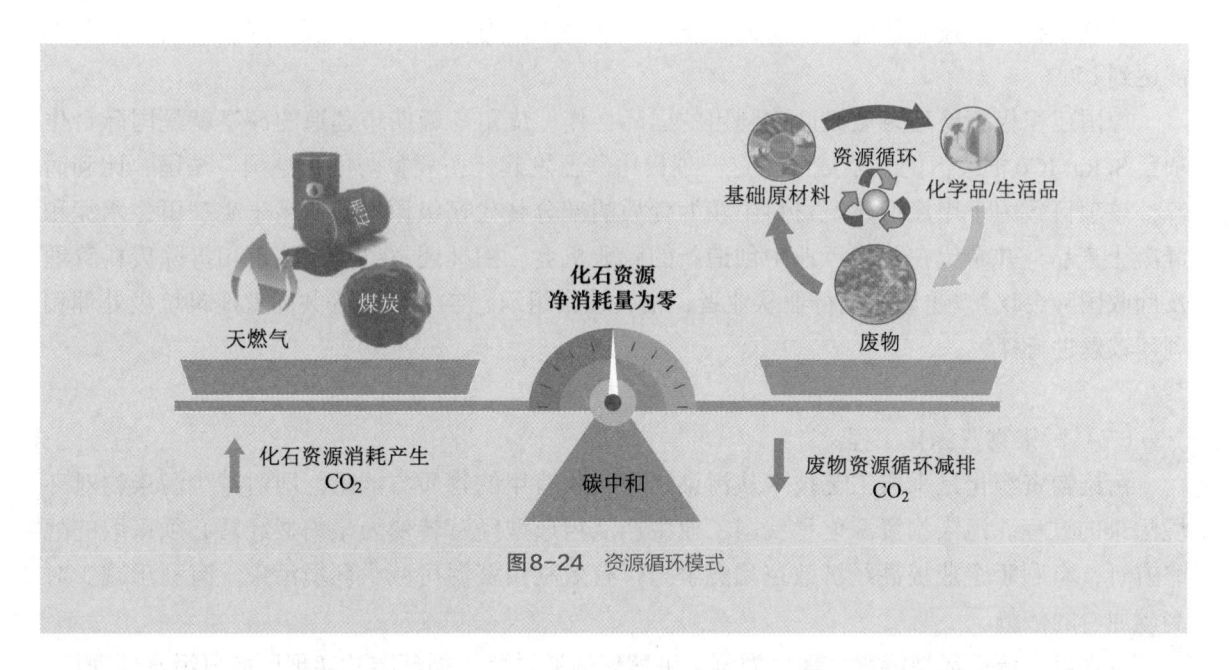

图8-24 资源循环模式

在具体工程措施方面，围绕构建资源高效循环利用闭环管理，提出三大工程，即再生建筑工程、污染物资源化工程、无废城市工程。

（一）再生建筑工程

再生建筑工程是把建筑垃圾中的废物经分拣、剔除或粉碎后，作为再生建筑材料重新利用，或是将工业固体废物转化为纤维材料、微晶玻璃、超细化填料、低碳水泥、固体废物基高性能混凝土、预制件等建筑材料。

在德国西南部城市皮尔马森斯，有一座"再生"凉亭。这座完工于2021年初的凉亭位于凯泽斯劳滕理工大学内，几乎全部由废旧建筑材料建成。皮尔马森斯市市长迈克尔·马斯认为，这座凉亭项目意义重大，"体现了经济社会发展与气候环境保护及对后代负责理念的协调融合"。

建筑原料生产是一个高度能源密集型行业，建筑材料的重复使用有助于显著提高能源效率。德国对建筑垃圾的循环利用始于20世纪40年代。当时，由于德国市政建设缺少建筑材料，很多废旧建筑材料就被再次利用或循环使用，废旧砖瓦块被处理为骨料，用于生产路基、铺路的石块或建筑混凝土。20世纪90年代，德国就有了超过400座建筑垃圾回收设施。据统计，2018年德国再生骨料占该国建筑业所需全部骨料的12.5%，矿物建筑废料回收率为90%，远高于欧盟《废弃物框架指令》所要求的70%的标准。建筑垃圾的循环利用对砾石、沙土和天然石材的保护起到了很大作用。

为提高建筑垃圾的回收率，德国很多科研院所也积极参与这一领域的工作。2016年，弗劳恩霍夫应用研究促进协会启动了一项名为"MAVO BAUcycle"的项目，对拆除后的废旧建筑材料进行分类加工，生产出再生建筑材料供新的建设项目使用。2019年，慕尼黑应用技术大学设立了材料与建筑研究所，研究开发再生混凝土配方，目标是让废旧混凝土瓦砾回收率能达到100%。

德国还积极拓展建筑垃圾回收利用的国际合作。皮尔马森斯市建造的凉亭就是国际合作项目SeRaMCo框架下的一项成果。这一项目由欧盟发起，主要参与国是德国、法国、比利时等，该项目致力于用废旧建筑材料中较为优质的部分替代初级原材料，用于生产再生水泥和混凝土产品，并希望在建筑行业中创造新的就业机会。柏林还举办了"建筑和拆除废料管理及回收国际会议"，邀请建筑行业从业者、相关社会组织、学术机构等共同就建筑垃圾处理和利用议题进行探讨。

（二）污染物资源化工程

污染物资源化是采取工艺技术从污染物中回收有用的物质与能量，同时减少污染物对环境污染的过程。污染物资源化是我国工业生产从粗放型经营转变为集约型经营必须采取的战略方针，有利于企业提高经济效益和竞争力，有效利用资源可减少环境污染，有利于减少对高碳原料的依赖。

下面以资源循环型污水处理厂为例，讲解如何通过资源循环方式实现区域（污水处理厂）碳中和：我国作为一个人口大国，每日产生的污水量非常庞大，2020年污水处理量达到1.88亿t/d，污水处理行业碳排放约占全国碳排放总量的3%~5%，碳排放量不容忽视。典型的生活污水处理过程利用微生物将溶解性污染物矿化为CO_2/N_2等，大量剩余污泥沦为废物，以确保实现出水达标。与此同时，溶解性污染物处理过程过于依赖以生物降解为核心的矿化路径，造成CO_2大量排放，也损失了溶解性污染物的能源化和资源化价值。常规的生活污水处理模式存在显著的能耗及物耗，常规生活污水处理过程中整体工艺路线消极且无法适应新时代生态文明建设需求，亟须重塑源头分离、矿化降解及深度提标的生活污水处理路径，以绿色科技创新为导向、重构满足碳中和需求的生活污水处理新技术体系。

以冷冻法处理生物质燃料废水污水处理厂为例，解读资源回收处理污水模式的新思路：如图8-25所示，干燥的生物质经快速热解工序后转化为由水相和油相组成的热解产物，生产废水首先被送入冷冻结晶工序，通过冷冻结晶浓缩至3~4倍。通过多级冷冻结晶分离，冰晶中的COD浓度和含油量可大幅降低，而生产废水的体积可减少到废水原始体积的20%~40%。分离回收的冰融水可用于生物质能源转化生产过程中其他需要水的系统中。然后，由复杂有机物和乳化油组分组成的废水浓缩液被送至冻融装置进行破乳和分离。在此工序中，废水浓缩液中的大部分生物质油成分可被破乳并分离回收，生物质油分离后浓缩液中剩余物的平均热值仍可达11 430 J/g（>6 000 J/g）以上，意味着剩余物可在无任何添加剂或燃料的情况下实现自持燃烧。因此，剩余物可用作生物质燃气锅炉的燃料，作为生物质干燥和快速热解过程的热量补充。

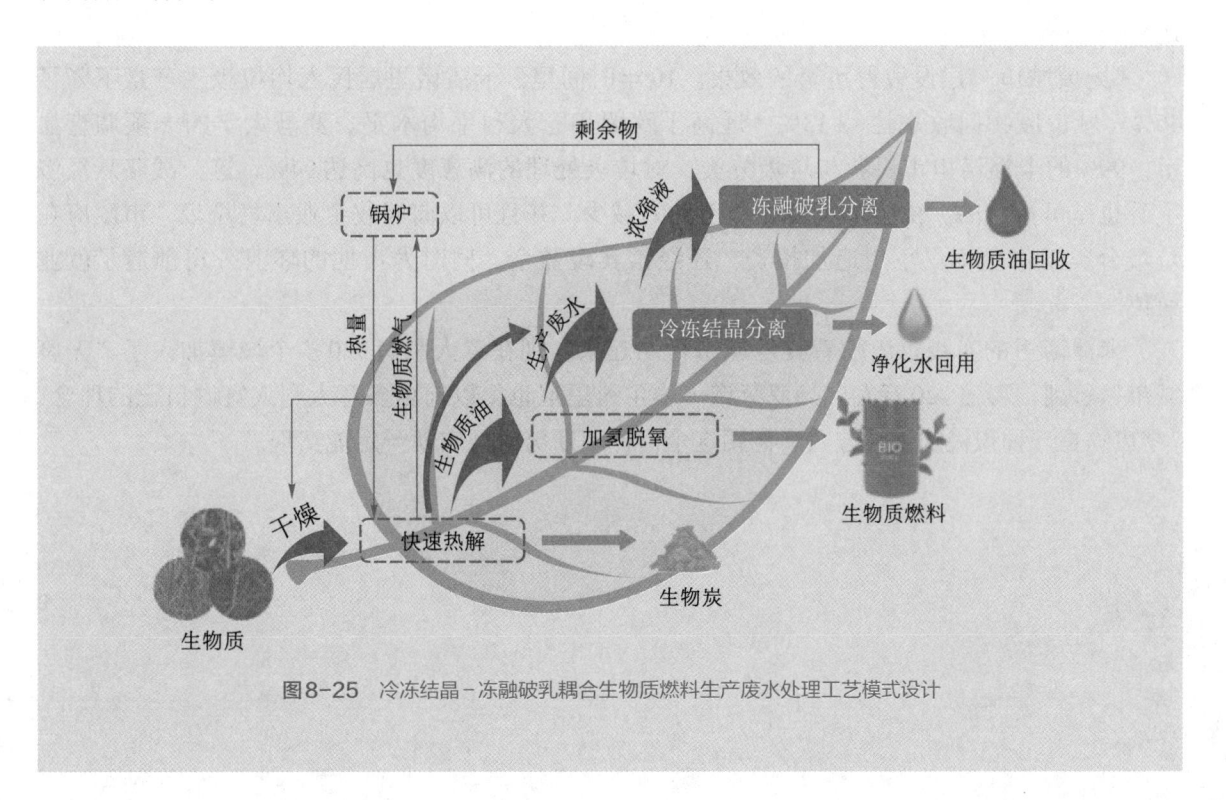

图8-25 冷冻结晶-冻融破乳耦合生物质燃料生产废水处理工艺模式设计

（三）无废城市工程

"无废城市"通过固体废物源头减量和资源化利用，最大限度地减少填埋量，将固体废物对环境的影响降至最低，是一种先进的城市管理理念。鼓励有条件的地区开展"无废城市"建设，有条件的工业园区和企业创建"无废工业园区""无废企业"。选择工业固体废物或再生资源集聚、产业基础良好的地区，新建50家工业资源综合利用基地，探索形成基于区域和固体废物特点的产业发展路径。

下面以意大利"无废城市"建设为例，介绍如何通过资源循环方式实现区域碳中和。在意大利中部小城卡潘诺里的"无废"研究中心，有一个专门陈列各类废物的房间。中心主任罗萨诺·埃尔科里尼会向访客介绍这些废物中哪些完全无法回收，哪些由于包装设计问题而难以回收等情况。他还不时引导大家一起寻找解决方案。

卡潘诺里与"无废"的故事缘起于1996年。当地政府原准备兴建垃圾焚烧厂，在各方共同呼吁和推动下，最终放弃建设计划，转向实施一种新的替代方案——努力减少垃圾产生。2007年，该市成为第一个签署"无废战略"的欧洲城市。

经过试点，卡潘诺里于2010年开始推广挨家挨户上门收垃圾的政策，按照每户家庭扔垃圾的频率和数量进行收费。对于厨余垃圾等有机废物，除了收集至堆肥厂处理，政府还鼓励有条件的居民在家堆肥并免费提供设备。对乱扔垃圾和不分类的行为进行处罚，罚金最高可达500欧元。

"无废城市"建设取得可喜的效果。10年时间里，卡潘诺里居民人均垃圾生产量下降了40%，城市废物回收率达88.13%，远高于欧盟和意大利平均水平。罗马大学的一项调查显示，99%的卡潘诺里市民参与垃圾分类，对垃圾处理的满意度也高达94%。这一战略从经济上看也是可持续的。由于垃圾填埋费用大大减少，并且可以向回收企业出售垃圾，市政府在垃圾分类工作上不仅不用追加投资，还经常实现盈余，同时为当地的环卫公司创造了就业岗位。

卡潘诺里的实践也激励着其他城市行动起来。现在意大利有320多个城镇加入了"无废城市"行列，覆盖720万人口。罗萨诺·埃尔科里尼也得以向更多意大利人宣讲自己的理念："零废物是一种积极的生活方式。你朝这个目标不断努力，它就一定能实现。"

本章总结

碳中和的核心在于效率提升，狭义上包括：能源、资源、信息、碳汇利用效率的提升，如开发绿色化学、高效物理分离、绿色生物制造等过程绿色化技术，再造现有工业产生过程，降低或摆脱工业生产过程中对高碳原料、高碳能源的依赖；在建筑、交通、工业、农业等社会各个部门，以高效的终端电气化技术代替原有高度依赖高碳原料、高碳能源的旧技术。而在广义上，还应该包括：国家科技创新能力的软、硬件条件的提高，提高对碳中和新原理和新方法的科学认知能力，提高碳中和新原理和新方法从科学理论走向工程实践的转化能力，提高从事碳中和专业技能人才的培养能力，由此支撑新的碳中和技术更快地从技术概念转化为实际生产力。

作为世界上最大的发展中国家，中国的碳中和之路也面临着更大的压力，必须寻求经济增长同碳排放增长的脱钩之法，实现技术升级、行业转型的"弯道超车"。科技创新是实现碳中和目标"弯道超车"的关键支撑。科技创新基础设施主要涵盖支撑科学研究、技术开发、产品研制的具有公益属性的基础设施，包括重大科技基础设施、科教融汇基础设施、产业技术创新基础设施等。而基于科技创新能力提升，通过重大科技基础设施、科教融汇基础设施、产业技术创新基础设施，获得碳中和的新方法和原理，开发变革性的碳中和新技术，碳中和新技术的集成化规模化应用，实现对社区、产业、国家碳中和目标的支撑。

通过运用碳中和的新方法和原理，使目前环境负荷降低80%（即五倍级），整个工业、社会和文化必将产生深刻的、根本的变化。碳中和新技术须满足二氧化碳排放量、污染物排放量、能耗物耗水平为原技术的1/5以下的要求。从而人们可以利用五倍级效率技术再造现有行业、产业体系，实现资源、能源、空间利用效率提升五倍及以上，降低对资源、能源的过度消耗。而提高资源生产率和能源利用率的途径，可以从精准化学、原子经济、物理分离、终端电气化等方面考虑。

碳中和要求已经充分渗透到人们的生活和生产过程中，无论是碳中和社区还是碳中和产业园区的建设，都离不开高比例可再生能源的使用，建筑能效水平的提高、能源消费终端的电气化、多增加创造碳汇项目及全面实现数字化精细管理。不同园区的特点和难点可以总结为：碳中和产业园区需要大量能量，过程碳排放不可避免，做成碳中和产业园区的关键是能源供应是否基本上来自再生能源、终端电气化、碳汇管理；碳中和社区中居民的生活耗能量是比较大的，提供再生能源，被动式建筑、数字化智能化运营管理是关键。

通过碳中和效率提升，推进研究成果更为快速地应用于碳中和实际过程中，解决所遇到的各种问题；选择不同的方法、特定的材料并确定符合技术要求和性能规格的设计方案，以满足结构或产品的碳中和要求。以能源碳中和、资源碳中和、信息碳中和、碳汇强化为模式实现跨行业集成耦合，最终共建碳中和的社会经济体系。

区域碳中和工程从零碳电力、碳汇强化及资源循环三种模式出发，利用自身区域特色和资源能源禀赋特征分析实现碳中和路径，根据其划定范围来统计碳源及碳汇，根据其源汇比值决定实现区域碳中和的难易程度，从而决定区域碳中和工程的难易程度。

思考题

1. 请举例说明重大科技基础设施对我国能源碳中和、资源碳中和、信息碳中和及碳汇强化的支撑作用。
2. 以"原子经济性"和"5R原则"为核心的12条绿色化学原则是什么？请结合典型工业生产过程，分析12条绿色化学原则对于现有化工生产过程的实施措施。
3. 请列举一种具备五倍级特征的变革性技术，并分析其碳减排潜力。
4. 试分析生物质制备燃油的碳减排途径。
5. 请简述传统化石燃料是否可能实现碳中和。如何实现。
6. 请举例说明一种终端电气化技术，并分析其碳减排潜力。
7. 零碳社区构建的技术体系包括哪些方面？请分析说明。
8. 请举例说明北京冬奥会在能源碳中和、资源碳中和、信息碳中和及碳汇强化方面实施的举措，分析这些举措在常态化的社区建设过程中是否可以复制实施。
9. 以校园为例，试分析校园社区的碳中和路径。
10. 尝试分析你所处省市的碳中和瓶颈，可以采取哪些措施实现省市区域的碳中和。
11. 随着经济的增长，例如不丹、苏里南等碳汇强化模式的国家怎么进一步平衡碳中和？

参考文献

[1] 闵恩泽，傅军. 绿色化学的进展[J]. 化学通报，1999（1）：11-16.

[2] Trost B M. The atom economy-a search for synthetic efficiency [J]. Science, 1991, 254(5037): 1471-1477.

[3] 朱云峰，宗保宁，温朗友，等. 环己醇/酮合成工艺的原子经济量化分析[J]. 石油炼制与化工，2022，53（1）：118-122.

[4] David S, Lively, Ryan P. Seven chemical separations to change the world [J]. Nature, 2016, 532(7600): 435-437.

[5] Fu P, Yu H, Li Q, et al. Cyclone rotational drying of lignite based on particle high-speed self-rotation: lower carrier gas temperature and shorter residence time [J]. Energy, 2022, 244: 123005.

[6] Chance T. Towards sustainable residential communities; the Beddington zero energy development(bedzed)and beyond [J]. Environment and Urbanization, 2009, 21(2): 527-544.

[7] Batruch C. Facing the energy transition: options for countries and companies to move forward [J]. Journal of World Energy Law & Business, 2020, 13(4): 300-311.

[8] 胡新民. 三峡工程：世界上最大的水利水电工程[J]. 党史文汇，2019，379（10）：25-30.

[9] 张曦文. 三北工程筑牢北疆绿色生态屏障[N]. 中国财经报，2022-08-04（8）.

第九章 碳中和社会

碳中和社会是由人为排放温室气体被自然界吸收抵消所形成的人与环境的新关系的总和（图9-1）。本章首先从理论上讨论了碳中和社会的概念、基本特征与发展指数，并对气候环境问题与社会的关系及碳中和社会建设进行分析。其次，本章从IPATD模型出发，考察人口规模、经济发展、技术进步、数据等经济社会发展与碳中和的关系。最后，本章从生活方式变革的角度进一步探讨如何推进碳中和社会建设。本章知识框架如下页：

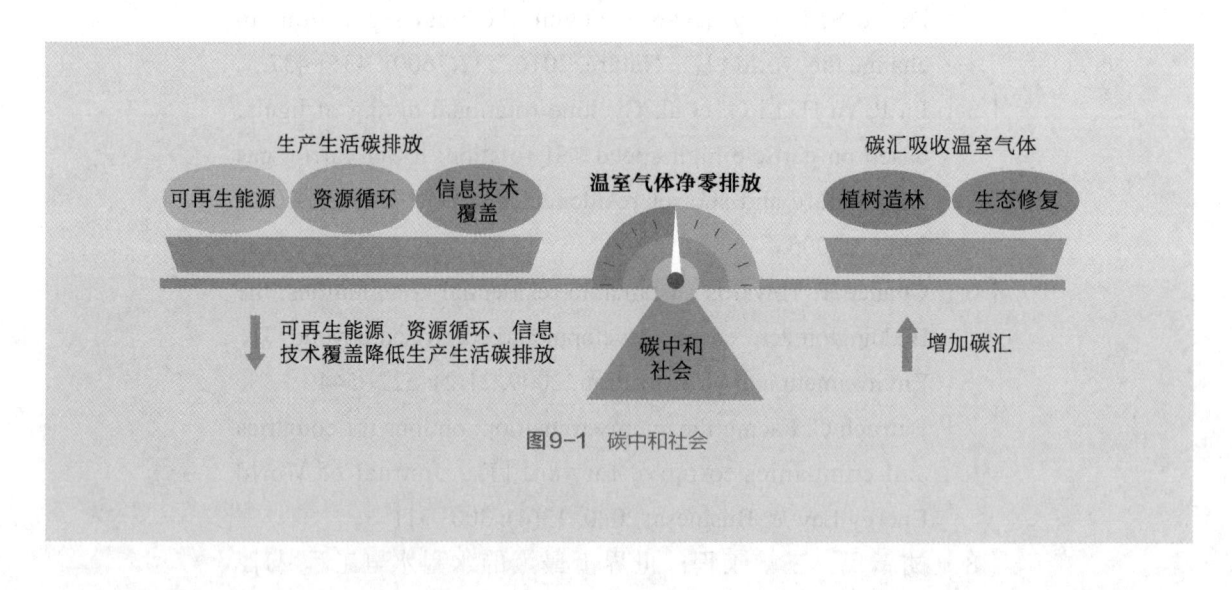

图9-1 碳中和社会

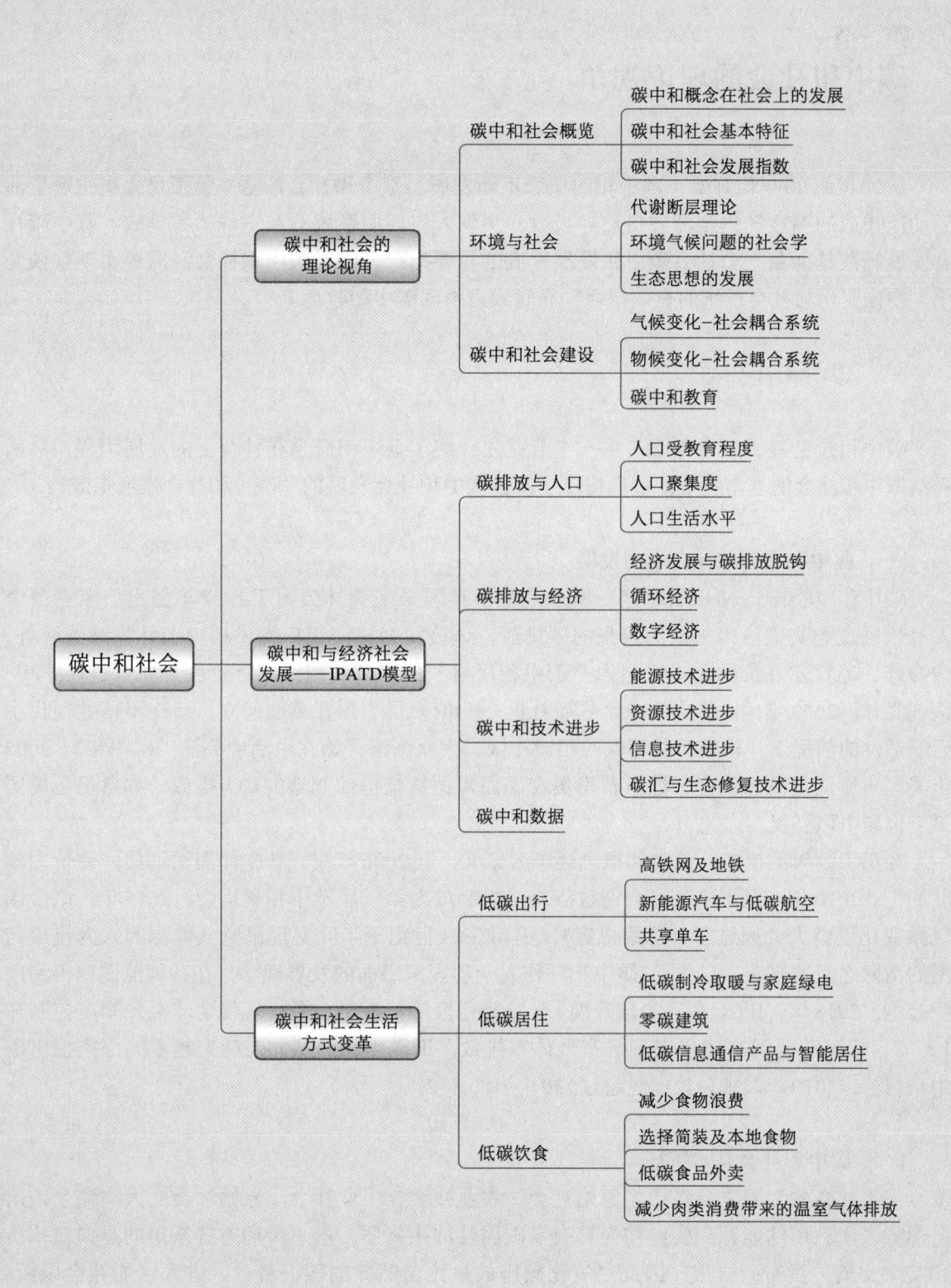

```
                                                    ┌── 碳中和概念在社会上的发展
                                    ┌── 碳中和社会概览 ── 碳中和社会基本特征
                                    │                   └── 碳中和社会发展指数
                                    │               ┌── 代谢断层理论
                    ┌── 碳中和社会的 ── 环境与社会 ── 环境气候问题的社会学
                    │   理论视角       │           └── 生态思想的发展
                    │                  │               ┌── 气候变化-社会耦合系统
                    │                  └── 碳中和社会建设 ── 物候变化-社会耦合系统
                    │                                  └── 碳中和教育
                    │                           ┌── 人口受教育程度
                    │                ┌── 碳排放与人口 ── 人口聚集度
                    │                │              └── 人口生活水平
                    │                │              ┌── 经济发展与碳排放脱钩
                    │                ├── 碳排放与经济 ── 循环经济
碳中和社会 ── 碳中和与经济社会 ──┤              └── 数字经济
             发展——IPATD模型      │              ┌── 能源技术进步
                    │                ├── 碳中和技术进步 ── 资源技术进步
                    │                │              ├── 信息技术进步
                    │                │              └── 碳汇与生态修复技术进步
                    │                └── 碳中和数据
                    │                           ┌── 高铁网及地铁
                    │                ┌── 低碳出行 ── 新能源汽车与低碳航空
                    │                │          └── 共享单车
                    │                │          ┌── 低碳制冷取暖与家庭绿电
                    └── 碳中和社会生活 ── 低碳居住 ── 零碳建筑
                        方式变革      │          └── 低碳信息通信产品与智能居住
                                      │          ┌── 减少食物浪费
                                      └── 低碳饮食 ── 选择简装及本地食物
                                                 ├── 低碳食品外卖
                                                 └── 减少肉类消费带来的温室气体排放
```

第一节
碳中和社会的理论视角

从20世纪90年代开始，碳中和的概念不断发展。碳中和社会的基本特征是人类生产生活活动所排放的温室气体全部被自然界吸收，实现人与环境系统的温室气体零排放。碳中和社会发展指数是衡量一个社会碳中和发展程度的重要指标。建设碳中和社会，需要实现气候变化、物候变化与社会系统的有效耦合，同时大力推动碳中和教育。

一、碳中和社会概览

碳中和社会基于碳中和而产生，本节首先介绍了碳中和概念在社会上的发展历程，然后介绍碳中和社会的基本特征，最后提出了衡量碳中和社会发展的"碳中和社会发展指数"。

（一）碳中和概念在社会上的发展

碳中和（Carbon Neutral）这一概念最早由英国未来森林公司于1997年提出。家庭或个人可以通过购买碳信用来抵消自身的碳排放，该公司为这些用户提供植树造林等减碳服务。1999年，苏霍尔在美国创立了名为"碳中和网络"的非营利组织，对企业开展"气候中和"认证工作。2002年，世界上第一个零碳社区——伦敦贝丁顿在英国建立，旨在不牺牲现代生活舒适性的前提下，建造节能环保的和谐社区。大众渐渐开始在生活中关注"碳中和"。2003年美国电影演员莱昂纳多·迪卡普里奥在墨西哥植树抵消他制造的CO_2排放，称自己是美国第一位碳中和公民。

经历了数年的推广，碳中和概念逐渐大众化，在2006年被《新牛津美语词典》评价为年度词汇。2010年，温哥华冬奥会通过碳补偿机制成为第一届碳中和奥运会。2015年，联合国气候变化巴黎大会通过了《巴黎协定》，提出在21世纪下半叶实现温室气体源的人为排放与汇的清除之间的平衡。自此，"碳中和"作为一项国家层面的发展理念，在各国范围内得到广泛接纳。2018年，IPCC在《全球升温1.5 ℃特别报告》提出，要实现将全球温升幅度控制在1.5 ℃目标，需要到2050年实现温室气体零排放，即碳中和。从此，越来越多的国家提出碳中和目标，2019年以来总数已经超过130个（图9-2）。

（二）碳中和社会基本特征

人类社会的发展先后经历了原始社会、农业社会、工业社会。原始社会的人类完全依附自然界，所利用的能源和资源均为具有零碳属性的生物质，信息传递方式采用的是口口相传和文字交流，没有碳排放，因此二氧化碳排放量比自然界的碳汇量少。进入农业社会以后，人类逐渐开始利用太阳能、水力、风力、生物质等提供的能源，采用线性的方式利用资源，

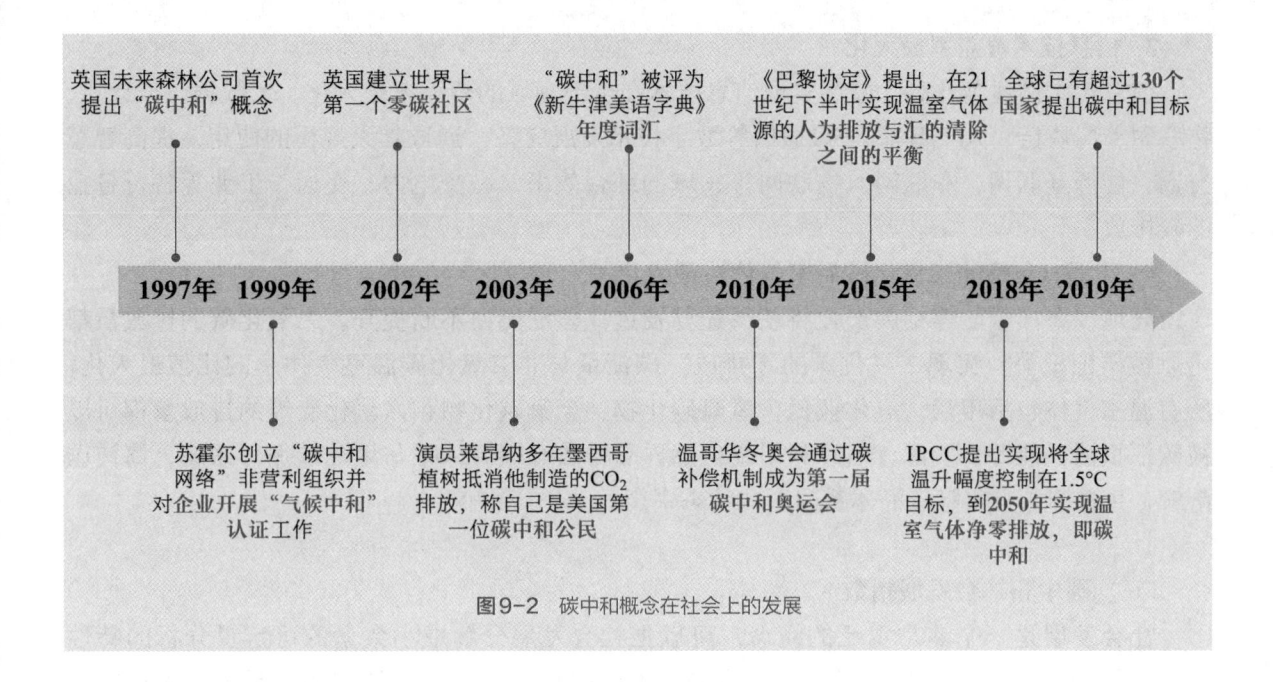

图9-2 碳中和概念在社会上的发展

信息的传输和储存仍然依赖不产生碳排放的语言和记忆，二氧化碳的排放量仍然可以被自然界吸收。在工业社会中，化石能源开始被人类大规模使用，同时人类需要处理和交流的信息量激增，电话、电报、手机等信息通信技术高速发展，造成二氧化碳排放猛增，无法被碳汇吸收，由此导致气候危机的出现，亟须向碳中和社会转型。

碳中和社会的具体特征包括：化石能源使用量最小化、化石能源开采量最小化、信息技术覆盖率最大化、碳汇（包括非二氧化碳温室气体）最大化。

1. 化石能源使用量最小化

化石能源在一次能源消费中的比例大幅度降低直至零，可再生能源在全社会的占比高，最终实现百分之百的零碳能源体系。风能、太阳能、地热能等绿色能源在能源消耗中的比重大幅度提升，能源结构不断得到优化，可再生能源占据主体地位，源、网、储、荷生动协同的未来技术发展方向构建了新型电力系统。光能、风能成为主体性的发电系统；长期的储能和能源转换体系完备，用户具备可终端控制负荷和虚拟电厂，网端建立智能电网，电力交易市场健全。

2. 化石能源开采量最小化

化石能源开采量大幅度降低直至零，光能、水能、生物质能等可再生资源比例逐渐提高至百分之百。生物质资源化利用率高，可制备液态燃料及大宗化学品。钢铁、水泥等工业原料可以实现替代或全部循环，工业固体废物循环利用。循环经济体系形成，从源头对废物进行减量和严格分类，并将产生的废物通过分类资源化实现充分甚至全部再生利用，整个社会建立良好的废物循环利用体系。

第一节 碳中和社会的理论视角　　359

3. 信息技术覆盖率最大化

信息化比例逐渐升高，最终实现信息技术在全部领域的覆盖率最大化。大数据、云计算、物联网、区块链、人工智能、5G通信等数字技术发展完备，通过其大规模的使用，提高智慧交通、能源互联网、车联网、物联网等领域的综合效率，减少电力、交通、工业等各行各业的碳排放。

4. 碳汇（包括非二氧化碳温室气体）最大化

陆地、海洋碳汇等相关产业将获得蓬勃发展，碳汇能力不断提升。二氧化碳的排放量都可以被碳汇抵消，实现二氧化碳的零排放。碳汇量与非二氧化碳温室气体量的比值最大化，所有温室气体包括甲烷、氧化亚氮、氢氟碳化物、全氟碳化物和六氟化硫等的排放量都可以被碳汇抵消，能源、资源、信息利用及自然界碳排放等碳源体系与地球碳循环系统、海洋碳溶解、生物圈碳吸收等碳汇体系间形成动态平衡。

（三）碳中和社会发展指数

社会发展是一个非常宽泛的概念，可以把社会发展分解成小数量的可定量分析的特性来作为社会发展这个宽泛的概念的代表物。人们根据能量守恒定律和热力学第二定律的基本原理，提出了碳中和社会发展指数（CNI），选取了四个指标：清洁能源利用率（clean energy utilization rate）、资源循环利用率（resources recycling rate）、信息技术覆盖率（Information technology utilization rate）、碳汇/非二氧化碳温室气体容量（carbon sequestration/non-carbon dioxide GHG capacity）作为组成部分，每一个指标对应一个指数，数值为0~1。在获得每个维度的指数后，对每一个指标设置相同的权重，碳中和社会发展指数计算如下：

$$\text{CNI} = \frac{E+R+I+S}{4} \tag{9-1}$$

任何社会都需要摄取和使用能源。人类从化石能源中摄取的能量支撑了自工业革命以来的经济社会发展和人类文明的进步，但同时也引起了温室气体排放，使大气中温室气体浓度增加、温室效应增强，成为导致全球气候变暖的最主要因素。能源清洁的规模化是社会发展的趋势。清洁能源利用率越高，指数越高，意味着一个社会的碳中和程度越高。2021年，我国清洁能源利用率达到25%。据悉，不丹已经实现碳中和，其利用水力发电几乎实现了完全可再生的能源网。

自然界为人类劳动提供原材料，社会发展离不开对资源的摄取。自然资源在一定时间、地点条件下生产出经济价值，以提高人类当前和将来的福祉。不过，资源的数量是有限的，难以满足人类社会不断增长的需求。资源利用已经对生态环境和社会发展产生了重大影响，线性的资源利用方式使投入产品制造的材料的大部分价值在一个使用周期后消失殆尽，造成了更多的温室气体排放量。资源循环利用率越高，产生废物越少，碳中和社会发展指数越高。

信息技术是社会发展的一个不可或缺的要素。信息技术主要指21世纪以来的新兴信息技术，如互联网、大数据、人工智能等。信息技术为社会发展提供网络化、数字化、智能化的技术手段，逐步构建起清洁、低碳、安全、高效的能源体系，助力资源循环产业，推动人类生产生活方式的绿色变革，促进社会的碳减排。一般而言，信息技术覆盖率越高，社会的数字化、智能化程度越高，也就越能提高各领域的碳中和程度。

碳汇能力是碳中和社会的保障，即使可以实现对人类活动排放的二氧化碳的零排放，也需要碳汇用以抵消甲烷、氧化亚氮、氢氟碳化物等非二氧化碳温室气体，真正减缓气候变化。当碳汇/非二氧化碳温室气体排放达到1时，即所有温室气体都可以被吸收抵消，实现完全碳中和。

虽然这些指标的功能比较有限，是其可以提供一个关于碳中和社会未来发展的概览。本章后面将继续围绕这四个指标来描述碳中和社会。

二、环境与社会

21世纪，能源、资源和信息技术使用引起的人为温室气体排放大大超过自然界的碳汇吸收，大气中温室气体累积导致气候变化，给人类社会造成全方位、多尺度、多层次的影响。这些影响既包括正面影响，同时也包括负面效应。但是，目前它的负面影响更受关注，因为负面影响可能会危及人类社会未来的生存和发展。因此，人类需要一场碳中和启蒙运动。

（一）代谢断层理论

19世纪，古典社会学先驱就对自然与社会有过重要的论述，代谢断层理论属于生态马克思主义理论，在现时的环境解读中触发了较广泛的呼应。

马克思借用李比希新陈代谢的观念来表述社会与自然间的复杂运动。千百年来，农业社会的农作物经人食用被人体消化后，形成排泄物被用作肥料，重新返还土壤，资源利用可以实现有机循环。进入工业社会后这样的关系被资本主义农业严重破坏。资本主义生产以工业化的大规模生产为主要特点。随着工业化生产规模的扩大，现代社会的城市化日益扩大，大量人口集中在城市地区。农产品在农村产出后被输送到城市，消费后形成的废物进入垃圾填埋场。在此过程中，土壤有机养分未能循环返回，导致了农村的土壤退化。为保持农业产量，就必须使用人工合成的化肥，造成了农业面源污染。

生态断裂导致环境问题。工业生产的持续扩大及电力的发明，带来了对生态系统中的物质和能源的大量提取，土地、森林、矿产、水资源等自然资源被大量消耗，而生产及消费造成的大量废物又是生态系统难以收纳的异质物，这导致了各种生态循环（土壤养分、水、能源等）被打破。一个突出的例证就是碳循环出现问题。大规模工业生产消耗化石能源排放了大量的温室气体；电报、电话的发明开始了人类通信的新时代，由此带来的信息碳排放不断增长；同时由于自然资源的消耗，碳汇资源出现了消耗递减的趋势，碳排放远超生态系统循环所能容纳的量级，从而造成温室气体在大气中的聚集，带来全球气候变化。

城市化是人类文明进步的标志，是人类社会发展的必然趋势。城市与农村统筹发展，调整城乡布局，促进城乡一体形成闭合的资源循环，实现资源循环利用率最大化对于修复城乡之间新陈代谢的断裂具有重要意义。改革开放以来，重庆市以城为主体通过工业化、城镇化实现农业人口的集聚，解决了三峡库区产业空心化和移民问题；四川省成都市走工业集聚发展的道路，在不具备城市化条件的农村调整农业结构，在都江堰灌区大力发展特色农业，以农业的产业化来具体落实城乡一体化进程；珠江三角洲地区采用"以城带乡"的模式发展，优先发展中心城市如广州、深圳、珠海，然后再使得中心城市带动周边农村发展，以工业促进农业发展来缩小物质财富的差距，扎实推动共同发展与共同富裕。

（二）环境气候问题的社会学

环境气候问题不是单纯的自然现象，而是由于人类消费能源、资源、信息排放的温室气体超过碳汇吸收而产生的。能源危机、资源紧缺、气候变化等过程，不仅是环境恶化的过程，更是影响经济发展与社会稳定的现实社会问题。需要强调的是，环境问题与社会问题是紧密相连的。社会经济的增长要求使用更多的能源资源，开采的增加及信息技术利用不可避免地造成了气候环境问题。这些气候环境问题又反过来影响和阻碍了人类的生产生活，导致一系列的社会问题。自然科学家贾雷德·戴蒙德分析了人类历史上各种文明的兴衰，历史上消失的43种文明有5大类原因，包括环境损毁（如毁林、水土流失）、气候变化、依赖远距离必需资源的贸易、因资源争夺引发的内外部冲突升级（战争和入侵）和对环境问题的社会反应。工业文明使得人们在较短时期内将上述问题集中重叠出现（图9-3）。

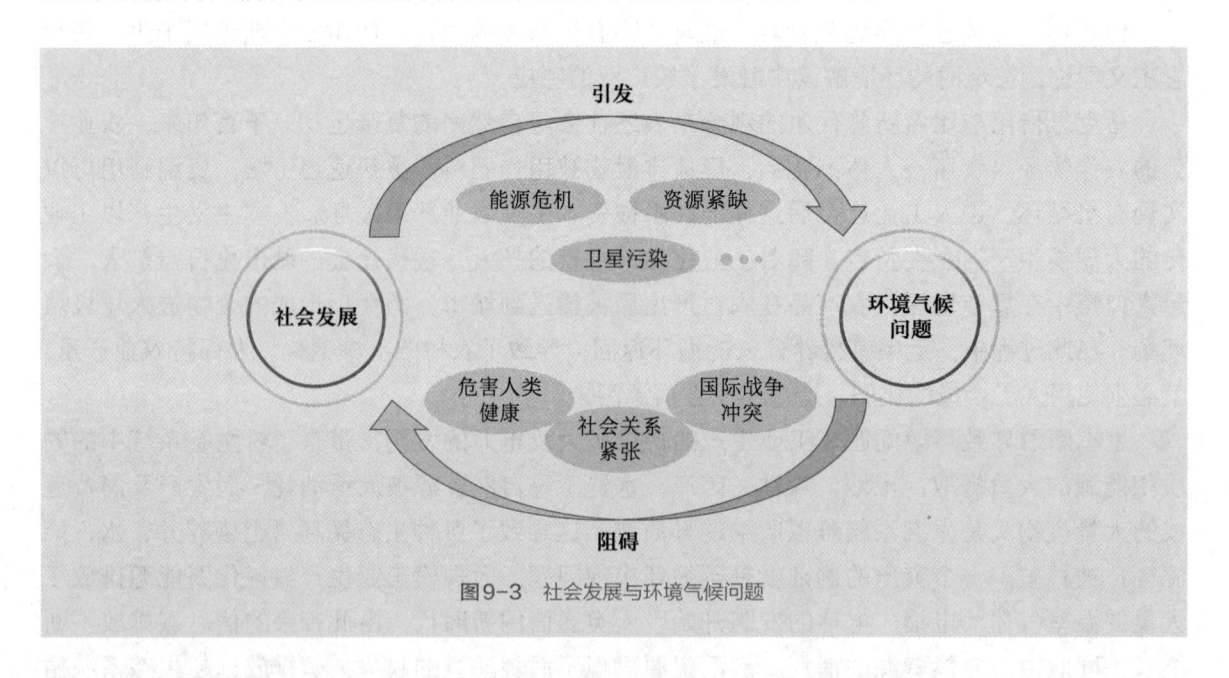

图9-3 社会发展与环境气候问题

环境对于社会系统的运行和发展具有重要功能，环境状况恶化势必影响社会的良性运行和协调发展。以PX（对二甲苯，一种重要的化工原料）项目为代表，邻避效应成为城市发展中不可避免的一种情况。尽管石油化工产业投资大、产业关联度高，与社会生活息息相关，但是与之相关的环境抗争依旧未减弱。2012年，取得国家发展和改革委员会批准的PX项目落户云南昆明，基于化工厂对健康的影响，一些民众坚决抵制这一项目，导致其最终未能落地建设。环境污染、生态破坏与环境抗争事件的同步出现，说明环境问题涉及的主体与机制已超出单纯的自然或科学问题，而呈现生态自然系统与人类生活系统之间的张力。

一方面，由能源的争夺引起的战争冲突和社会动荡在历史上多次发生。1973年，第一次能源危机伴随着第四次中东战争爆发，阿拉伯国家向以色列及其友好国家禁运石油。西欧和日本的石油大部分来自中东，石油提价和禁运使西方国家经济出现一片混乱，最终引发了战后资本主义世界最大的一次经济危机。另一方面，社会不稳定也加剧气候变化。2022年，俄乌冲突爆发，欧洲天然气供应紧张和价格上涨引发能源危机，多国重启煤电以保障能源安全，影响可再生能源发展。难民的迁移、磷弹等各种炮火导致的火灾，以及建筑物损毁与重建工程都会产生大量碳排放，阻碍全球碳中和进程。

资源争夺也是导致战争冲突破坏社会稳定的重要原因。争夺约旦河的水资源是引发1967年阿拉伯国家与以色列之间的冲突的一个重要原因，多年的冲突造成大量平民和军人死亡。1990年，伊拉克为了占有科威特的石油资源，入侵科威特。次年，美国介入，海湾战争爆发，伊拉克社会动荡直至今日。21世纪，各国围绕石油、木材、矿石和水资源等战略性物资展开大规模竞争，随之而来的是普遍的地区不稳定，如波斯湾、中亚等。在碳中和目标下，随着能源转型和对储能的需求增加，锂资源的重要性不言而喻，全球对锂资源的争夺将会越发激烈。

随着社会向数字化方向发展，信息覆盖率的提高，使各国在卫星通信技术上的争夺也越发激烈，由此带来的气候影响不可忽视。我国自主研制的北斗卫星导航系统是全球继美国的GPS、俄罗斯的GLONASS之后的第三个成熟的卫星导航系统。马斯克的美国太空探索技术公司为了争夺卫星互联网市场，实施星链计划。大规模空间活动在未来可能会对地球气候产生影响。发射卫星需要消耗大量燃料。航空煤油燃烧产生的温室气体和烟尘会排放到中高层大气中，由于没有云层或气溶胶的竞争，造成的温室效应将比其在地表扩大数百倍。有数据显示，航天任务中每位乘客产生的碳排放量与同里程飞机乘客的碳排放量相比，前者为后者的100倍以上。

（三）生态思想的发展

1. 中国传统生态思想

天人合一是中国生态思想的精髓。儒家主张把人类社会放在整体大生态环境中加以考虑，强调人与自然共生并存、协调发展。敬畏天命是孔子生态伦理思想的理论基石，孟子继承了孔子的天命观，提出天道与人道，自然与人事相通、相类或统一。儒家强调人与自然之间存在关联性和共通性，人是自然有机整体不可分割的一部分。

道家鼻祖老子在《道德经》中，从哲学的高度提出"人法地，地法天，天法道，道法自然"，老子所阐述的是人与自然的关系和准则。人的生存与发展取决于大地的生产；而大地"母亲"的生产则取决于"天"，即四季雨水风光；而"天"的运行又取决于"道"即自然法则、规律；"道"遵从于"自然"，也就是"原本"或自然而然。人与自然的关系不是改造和主宰自然，而是要尊重自然、顺应自然。随后，庄子进一步发展了天人合一的哲学思想体系。生态思想应结合中国传统生态观,以整体性的、生态的眼光与态度来看待和处理人与自然的关系,促进人与自然和谐共生。

2. 西方生态伦理思想

古希腊哲学家普罗泰戈拉提出的著名命题"人是万物的尺度"可以看作人类中心主义的开端。"人类中心主义"认为在人与自然的关系上,人是主体,自然是客体;人处于主导地位,不仅对自然有开发能源、资源和利用碳汇的权利,而且对自然有管理和维护的责任和义务。康德提出"人是目的"基本完成了人类中心主义理论。进入工业社会,人类认为自己有权主宰自然界的观念在西方社会造成了对自然环境的一种剥削的态度,导致了人类对自然环境无节制地开采石油、天然气、矿石等,排放巨量二氧化碳,引发了全球气候变化。

非人类中心主义环境伦理思潮在21世纪逐渐发展起来。1933年,美国思想家奥尔多·利奥波德(Aldo Leopold)提出了重新定位人在自然中的位置,把人类当作大自然中平等的成员,建立起尊重生命和自然界的新的价值尺度,对日后生态思想的发展具有重大意义。生态中心主义作为非人类中心主义的重要组成部分,强调人类是在自然之中,人类具有自己的内在价值,但更强调自然系统具有内在价值及系统价值,视生态系统的整体价值为最高价值。

20世纪60年代,工业文明导向下的经济发展引发的资源枯竭和环境污染,迫使人们考虑工业化和经济增长的边界问题。1962年,《寂静的春天》一书描绘了一个因农药的大量大范围使用而导致的一个没有鸟、蜜蜂和蝴蝶的世界。自然科学家从人均化石能源消费需求数量测算得出工业文明的期望寿命只有100年。电力依赖化石能源的开采和燃烧,人均化石能源的供给很可能将不足以支撑需求而终止工业文明。

20世纪70年代,西方社会迎来一场价值观革命。卡顿和邓拉普在1978年发表的《环境社会学:一个新范式》里系统论述了工业社会的环境价值观,提出了新环境范式。他们强调环境因素对人类社会的影响和制约,认为经济增长、社会进步,以及其他社会现象都存在自然和生物学上的限制,而不是"人类掌握无限发展与变迁的文化"。要处理好环境与社会的关系,价值范式必须转移到新环境范式。生态马克思主义也在此时出现,他们指出在资本主义制度下建立在"控制自然"观念基础上的科学技术是生态危机的根源,要建立"易于生存的社会"来解决生态危机。

3. 新时代生态文明思想

在工业化过程中,人们无限制地追求经济增长,对自然采取了掠夺和征服的态度,大量使用化石能源,使得温室气体排放超出碳汇吸收的极限,最终造成气候危机。然而,人类不可能恢复到传统的农耕社会,所以,建立人与自然、人与人、人与社会的和谐共生关系,是人类可持续发展的必由之路。

2018年,全国生态环境保护大会正式提出了生态文明思想,该思想成为新时代中国生态文明建设的根本遵循和行动指南。生态文明不仅包括尊重自然、与自然同存共荣的价值观,也包括在这种价值观指导下形成的生产方式、经济基础和上层建筑(即制度体系),构成一种社会文明形态,是"人与自然和谐共进、生产力高度发达、人文全面发展、社会持续繁荣"

的一切物质和精神成果的总和。生态文明思想植根于中华优秀传统生态文化,传承"天人合一"的生态智慧,进一步继承和发展了马克思主义生态观,对其进行创造性转化、创新性发展,为人类可持续发展贡献了中国智慧、中国方案。

生态文明体现在人与自然的和谐发展。生态文明并不是要改变人们正常的生产与生活,而是人类将合理利用自然的能源、资源、信息、碳汇,在遵照自然本性的前提下生产生活,有利于自然和人类的共同发展。在生产方式上,摒弃从资源经过生产过程到产品和废物的线性模式,以生态理性为前提,寻求物质产出的效率,而非简单地产出最大化的效益。在生活方式上,不是以追求占有、奢华和浪费的生活为目的,也并非是节衣缩食,而是以绿色、节约、健康、理性和品质的方式进行生活。

生态文明体现在人与人的和谐全面发展。人与人之间的关系构成人类社会的基本关系。通过消除贫困,减少社会分配不均现象的发生,保证社会发展的连续性和持续性。只有实现了人与人之间关系的和谐发展和个人的全面发展,才能够实现每个人的幸福,共同解决气候变化等生态危机。

生态文明还体现在社会的全面协调可持续发展,要协调经济社会各方面的发展,还要协调生命有机界与无机界之间的关系,反对人类中心主义,用一种整体、循环和协调的关系处理人与人、人与自然之间的关系,把人类社会发展的方向确立为生态文明(图9-4)。

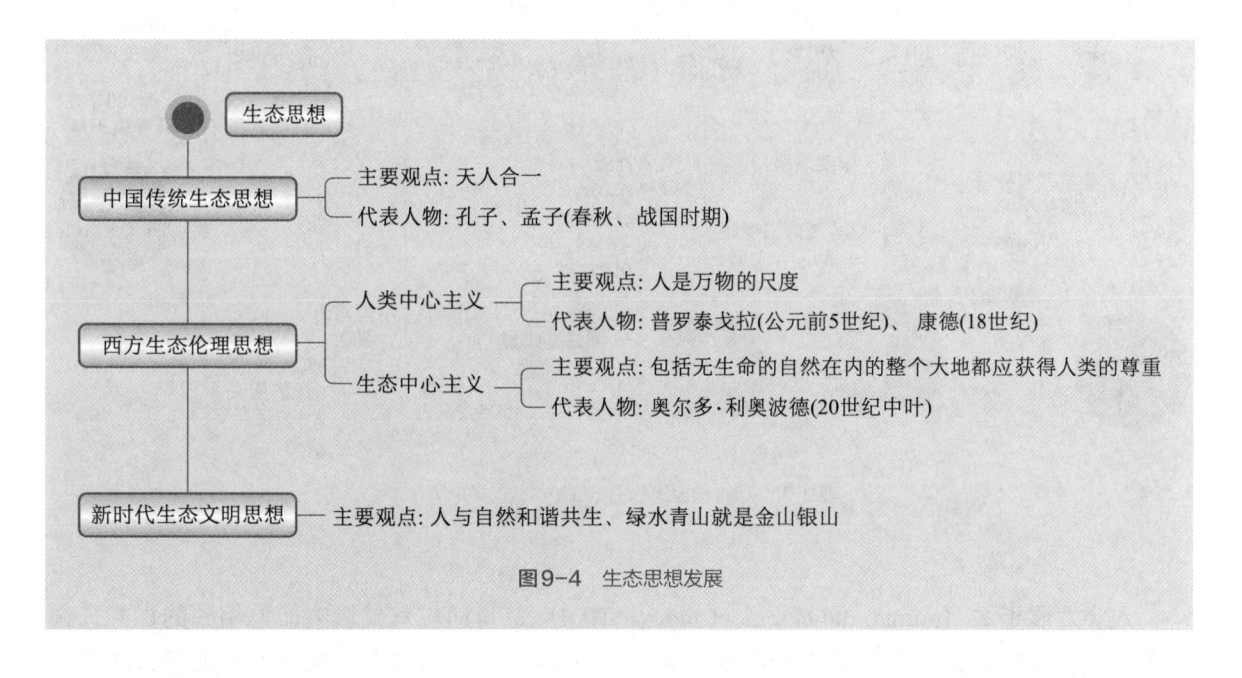

图9-4 生态思想发展

三、碳中和社会建设

(一)气候变化-社会耦合系统

气候是自然环境的重要组成部分,气候变化对人类文明的演进产生重要的影响,人类和其他的动植物一样，都是在气候变化中诞生的物种。进入21世纪，气候呈现失稳状态，热浪、暴雨、干旱、飓风等极端天气的发生变得愈加频繁（图9-5）。2003年夏天，欧洲遭遇强热浪袭击，近7万人丧生。随着海洋温度升高，风暴来势也更猛。2004年，巴西有史以来第一次遭遇飓风袭击。次年，飓风"卡特里娜"成为美国历史上最严重的十大自然灾难之一。2019年，由于高温和干旱，澳大利亚持续4个月的森林大火导致当地的PM$_{2.5}$烟尘颗粒灾害，所排放的二氧化碳超过4亿t。2021年2月，美国得克萨斯州遭遇"百年一遇"的严重寒潮。同年，西欧"千年一遇"的洪灾造成数万人无家可归。2022年，极端高温持续席卷北半球，欧洲遭遇了约500年来最严重的干旱灾害。

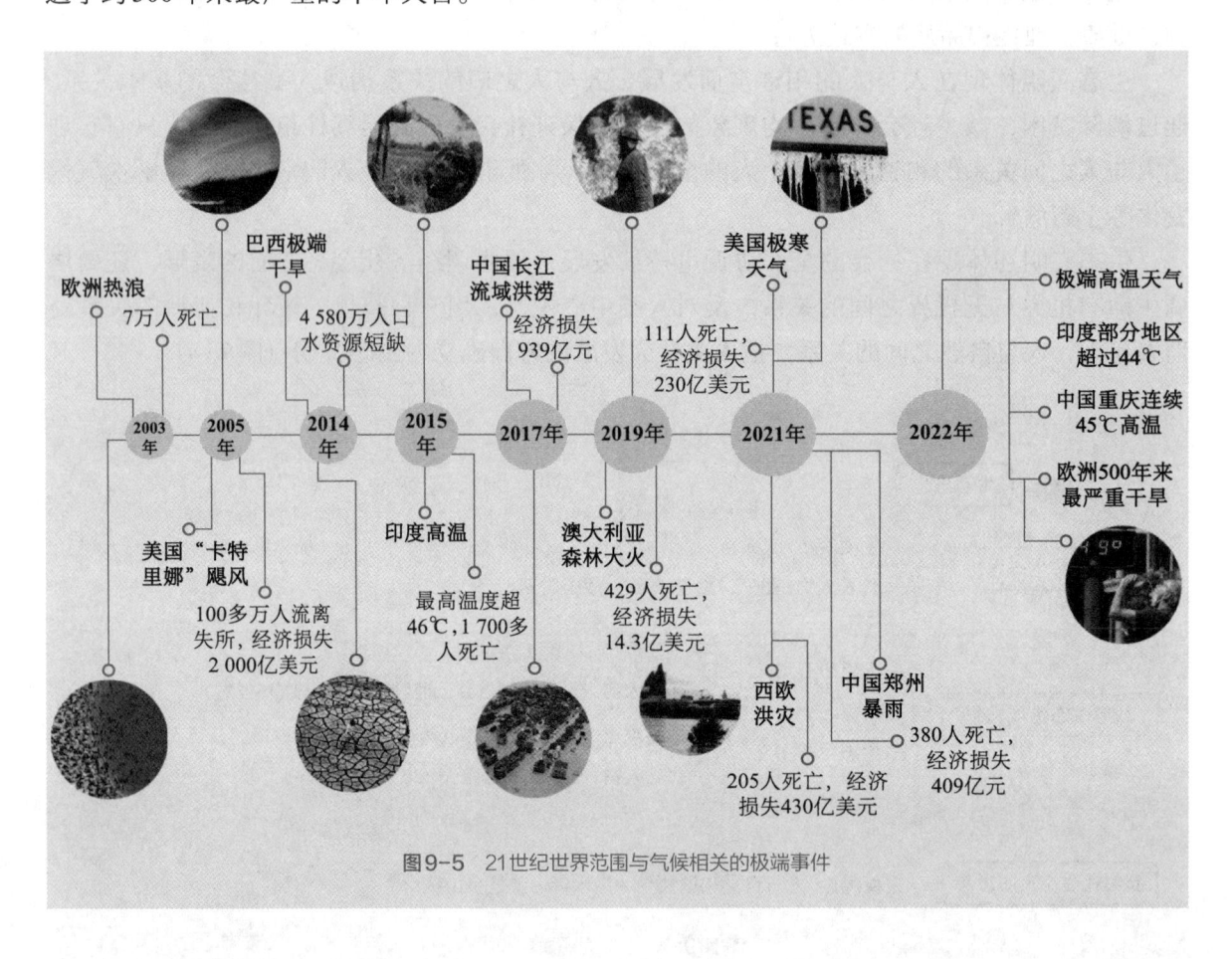

图9-5 21世纪世界范围与气候相关的极端事件

人类发展指数（human development index，HDI）是与适应气候影响能力相关的指标，由三个指标构成：预期寿命、成人识字率和人均GDP的对数。这三个指标分别反映了人的寿命水平、知识水平和生活水平，来衡量各个国家人类发展水平。

气候变化正在严重威胁人类可持续发展进程。100多万人口的健康受到威胁，影响人均预期寿命。气候变化带来的影响主要以高温和极端天气两方面体现。热浪所导致的死亡和疾病逐渐增多；与气候相关的极端事件，如野火、风暴和洪水增多，每年约有900万人因污染而过早死亡，全球人均预期寿命因颗粒物污染超标而缩短了2.2年。同时，气候危机导致全球经济损失（图9-6），其中发展中国家的GDP下降幅度远超发达国家。气候变化可能会迫使最贫困群体进行经济转型，加速从农业向其他形式的雇佣劳动力的转变，对劳动力迁移和城市化产生影响。到2030年，预计生活在极端贫困中的人数可能增加1.22亿人。贫困带来教育资金缺乏，教育水平倒退，识字率降低，阻碍人类可持续发展。

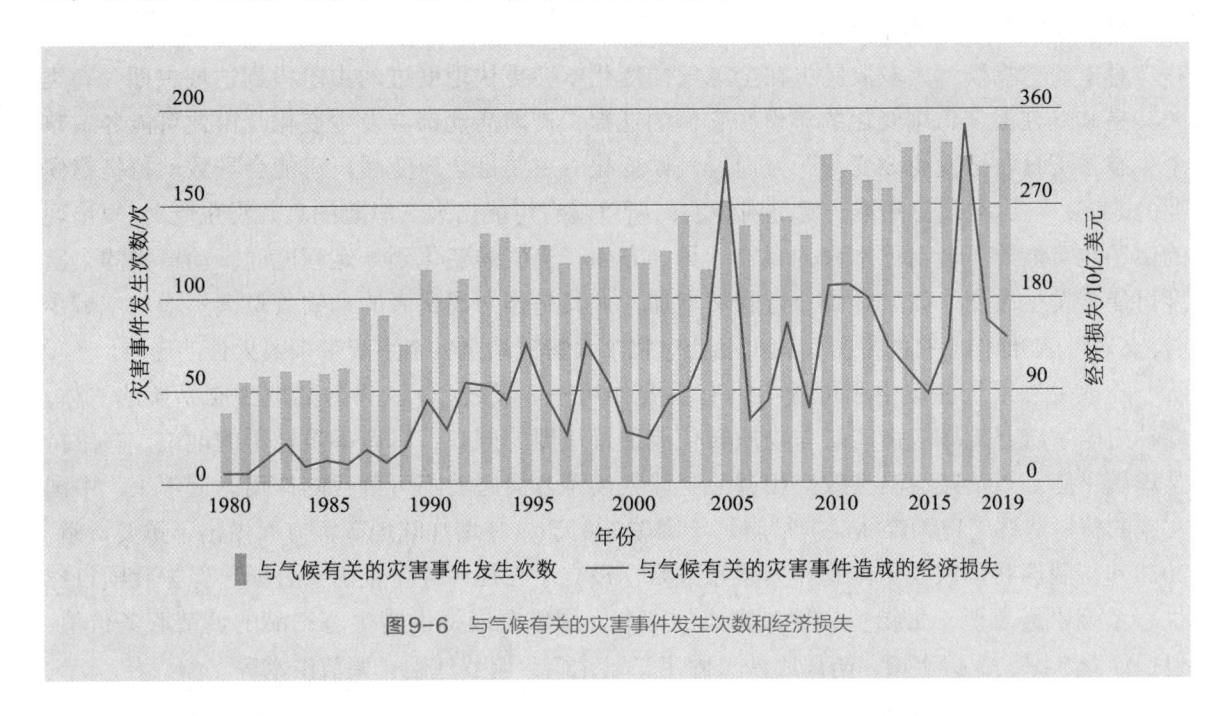

图9-6 与气候有关的灾害事件发生次数和经济损失

针对气候变化的影响，社会发展需要予以积极的回应。教育程度的提高与人类发展指数值的大幅改善有关，提高人口的受教育程度即HDI中成人识字率对减少人类的脆弱性尤其重要。高质量的生态环境和环境保护在提升人均预期寿命方面具有重要作用。近年来，我国生态环境质量明显提高，污染防治攻坚战的阶段性目标全面完成。2020年我国单位GDP碳排放比2015年下降了18.8%，这为我国人均预期寿命的不断增加奠定了坚实基础。此外，我国还采取了一系列应对气候变化的政策与行动，包括水电站工程、光伏发电工程、东数西算工程等大型工程，在能源、资源、信息、碳汇方面逐渐向低碳社会转型。

(二) 物候变化-社会耦合系统

物候现象指受环境（气候、水文和土壤等）影响而出现的以年为周期的自然现象，包括各种植物的发芽、展叶、开花、叶变色、叶枯黄与落叶等现象，以及候鸟、昆虫和其他动物的飞来、初鸣、终鸣、离去、冬眠等现象，是一本"生命脉搏"的教科书。自然物候变化是指示气候与自然环境变化的综合指标。动植物物候变化与气候变化密切相关。

植物物候对气候变化特别是温度的变化非常敏感。植物物候对气候变化的响应显示植物的生长季对全球变化的响应趋势基本一致，主要表现在春季物候提前、秋季物候推迟、生长季延长。生物物候期的改变，不仅会直接对全球生态系统碳平衡及相关水循环和氮循环造成影响，而且还会改变大气与陆地生态系统之间的能量交换。IPCC第四次评估报告表明，在对542个植物物种和19个动物物种的分析中，78%样本的展叶、开花和果实成熟有显著提前趋势，但秋季叶变色和落叶有推后趋势。物候对前月温度变化具有敏感响应，增温1℃将导致春、夏季物候期大约提前2.5天。

对于动物物候，大多数昆虫在全球气候变化下会更快地度过幼虫阶段到达成虫期。鸟类尤其是候鸟在温度急剧变化的年份，它们的迁徙、产卵活动都会发生变化，由此可能导致整个生态系统食物链发生改变。一方面，气候变化（主要是全球变暖）可能会导致动植物物候期的改变，而这种改变并不一定是同步的，所以就有可能出现"早起的鸟儿没虫吃"，早出现的虫子也可能吃不到自己本来的食物。另一方面，当气候变化到一定程度时，动植物的丰富度可能会发生改变，如果其中一方骤然增加，尤其是作为消费者的动物数量突然增加或减少时，必然打破他们原有的平衡，就可能会对整个食物链甚至生态系统带来毁灭性的影响。

陆地生态系统在碳中和进程中具有重要作用——吸收CO_2。作为陆地生态系统的主体，森林生态系统是地球表面能量与物质转化流通最重要的媒介，具有举足轻重的地位。在维持全球碳平衡，以及减缓温室效应和调节全球气候等方面起着不可替代的作用。近年来，中国实施的植树造林工程和森林保护措施每年固碳300万t，在增加陆地碳汇方面做出了重要贡献。2020年，我国将国家公园体制作为国家战略，设立了三江源等一批国家公园，保护我国自然生态系统中最重要、生物多样性最富集的部分。国家公园提供的生态产品的调节服务价值，包括涵养水源、保持土壤、防风固沙、固定二氧化碳、调节气候、调节洪水等。

（三）碳中和教育

教育是举足轻重的社会关键工具，是实现碳中和的最大推动力之一。碳中和社会的教育应从能源教育、资源教育、信息教育和碳汇教育几方面展开，促使人们深刻理解碳中和社会的特征和内涵。从学校教育、职业教育、社会教育三方面共同推进，体现价值观导向、全球互联、多元思维方式培养，以及面向未来的教育特性（图9-7）。

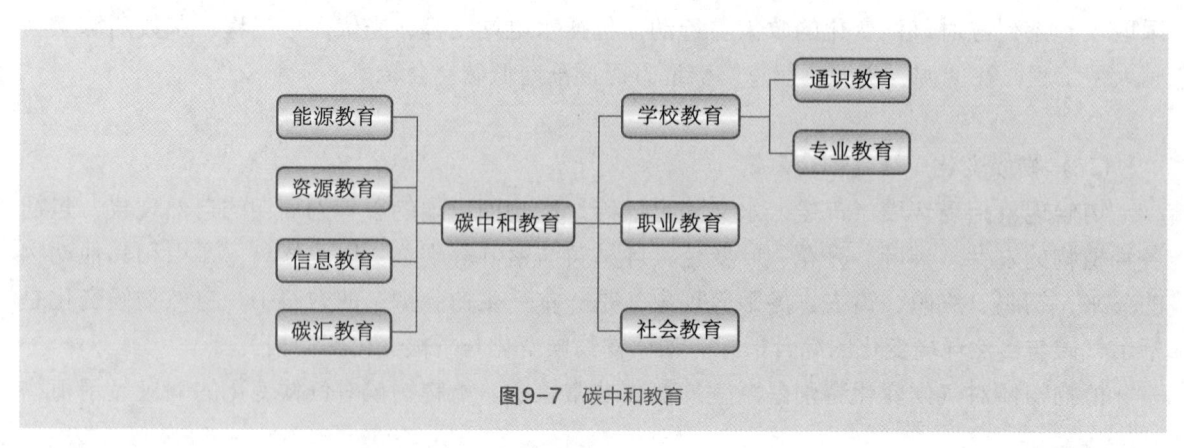

图9-7 碳中和教育

在基础教育阶段，将碳中和知识融入课堂教学和课外实践，推动中小学生形成绿色理念。在高等教育阶段，碳中和专业教育提供碳中和知识的深度教育。通识教育则提供碳中和知识的广度教育，推动教育理念向围绕生态文明进行转变。随着碳中和产业及各行各业对技术技能人才的需求日益紧迫，职业教育也成为碳中和教育的重要一环。而且，碳中和是一场关乎所有人的变革，社会教育必不可少。广泛开展绿色低碳教育和科普活动，引导全社会践行低碳生活方式。

碳中和能源教育是在碳中和社会中关于能源本身（主要为可再生能源）及其与人类之间关系的教育。加大对可再生能源的教育力度，才能在可再生能源和储能等领域取得进展，实现社会能源结构的根本转变。在学校教育中，从基础教育开始普及可再生能源的现状、技术等，树立正确的能源观念，通过高等教育大力促进可再生能源科学技术的研究和开发。在职业教育方面，鼓励学界、产业、商业、法律等工作人员共同参与绿色能源学习，将能源碳中和理念融入各行各业。2021年，提赛德大学推出英国第一所可再生能源学院（UK Renewables Academy），专门为专业人士提供可再生能源方面的培训。再者，全面普及推广绿色能源意识，在全社会建立起科学的能源生产方式和合理的能源消费方式。

碳中和资源教育聚焦循环经济、无废城市建设等方面展开。普及正确资源利用方式，培养可持续发展的思维。高等教育构建产学研高度融合的资源循环教育理念模式，培养复合型资源循环专业人才。信息教育是素质教育的重要组成部分，碳中和教育应与大数据、人工智能等信息通信技术的教育相结合，最终通过信息通信技术优化各领域的技术环节，减少能源、资源，以及信息领域自身带来的碳排放。

实现碳中和社会需要足够的碳汇，因此碳汇教育是碳中和教育的重要内容。在学校教育中增设碳汇专业，以人为排放温室气体被自然界吸收抵消为目标，与林学、生态学、气象学、经济学等融合发展。在全社会中普及碳汇知识。例如，在支付宝推出的蚂蚁森林中，个人的低碳行为累积后可在线下种植树木，促进碳汇发展。

当然，碳中和教育不仅是技术教育，还需涵盖气候金融、碳市场、社会治理等多方面的内容，形成针对气候变化的完整教学体系、教案和实践。并且，碳中和教育应该是价值观导向的，我们需要一场碳中和启蒙运动。价值观是人类进化的一种决定因素，直接影响外在的实际行为。面向碳中和社会的价值观转型，是对当前社会的价值观体系的范式变革。碳中和教育需要全球互联。全球正朝着"开放式教育"的方向发展，面对"我们共同的未来"时，碳中和教育也要站在全球的视角，建立全球互联的教育。碳中和教育应注重思维方式的培养，重要的一点就是拥有综合思维能力，避免过分元素化，以及从单一角度思考问题，要从社会整体思考问题。最后，碳中和教育是面向未来的，要能够让年轻一代具备面对未来的素养，有足够的能力应对复杂性和不确定性，参与任何形式的未来。

第二节
碳中和与经济社会发展——IPATD模型

从马尔萨斯人口论到技术决定论，人类一直在研究经济社会发展与环境的关系。进入21世纪，全球气候变化问题成为世界各国共同关注的焦点，究其根本在于碳排放与社会发展息息相关。因此，气候变化不仅是自然环境问题，还是经济社会问题。IPAT模型是学术界广为接受的经济社会发展对自然环境影响的认知框架，即经济社会发展对自然环境的影响（environmental impact）与人口规模（population）、富裕程度（affluence）、技术水平（technology）紧密相关。随着人类进入数字化社会，数据（data）作为第五大生产要素将对碳中和起重要作用。根据环境IPAT模型，我们尝试提出碳中和IPATD模型基本方程：

$$I = aP^b A^c T^d D^e \mu \tag{9-2}$$

式中：I 为碳中和压力，可用碳排放量表示；P 为人口数量，体现人口规模的变化；A 为人均财富，体现经济发展，通常用人均国民生产总值表示；T 为碳中和技术进步程度，可用单位GDP的可再生能源量、可再生资源量、非二氧化碳温室气体排放量/碳汇比值表示，一般认为可再生能源、资源及碳汇越普及，碳中和压力越小；D 为数据，体现数据要素对碳减排的赋能；a 为模型系数，b、c、d、e 分别为人口、经济、技术、数据变量的指数；μ 为随机干扰项。本节将重点介绍碳排放与人口、经济的关系，以及碳中和技术进步和碳中和数据。

一、碳排放与人口

历史学家希罗多德在公元前5世纪的研究发现吕底亚人人口规模的增长超过农产品供给的增长导致了18年的饥荒。近代，马尔萨斯的研究指出如果人口无节制地增长，资源就必将被消耗殆尽，人类将承受灾难和贫穷。进入工业社会，人口的增加会引起能源和资源需求的增加，产生更多的碳排放；同时引起森林的破坏和土地利用方式的改变，对碳汇产生影响，温室气体无法被吸收抵消，导致其不断增长。由于人口因素自身的复杂性，除了人口规模、人口结构变化、人口流动、地区分布差异等都会对社会碳排放产生影响。下面将从人口受教育程度、人口聚集度、人口生活水平介绍碳排放与人口的关系。

（一）人口受教育程度

优质教育是可持续发展的一个重要组成部分。人口的快速增长可能会妨碍实现确保人人享有公平的教育的目标。在人口迅速增长的国家，提供更多的教育机会，特别是妇女的教育机会，可以帮助减轻与人口迅速增长有关的人口压力。与受教育程度较低的女性相比，受教育程度较高的女性往往生育的孩子较少。受教育程度较高的女性在生育决策方面也往往有更大的自主权，并更有效地使用避孕措施。接受中等和高等教育增加了生育的机会成本，特别是当做母亲意味着放弃有收入的工作时，使得大家庭成为不太理想的选择。一项研究估计，到2050年，较好的教育可能使全球人口减少10亿（图9-8）。

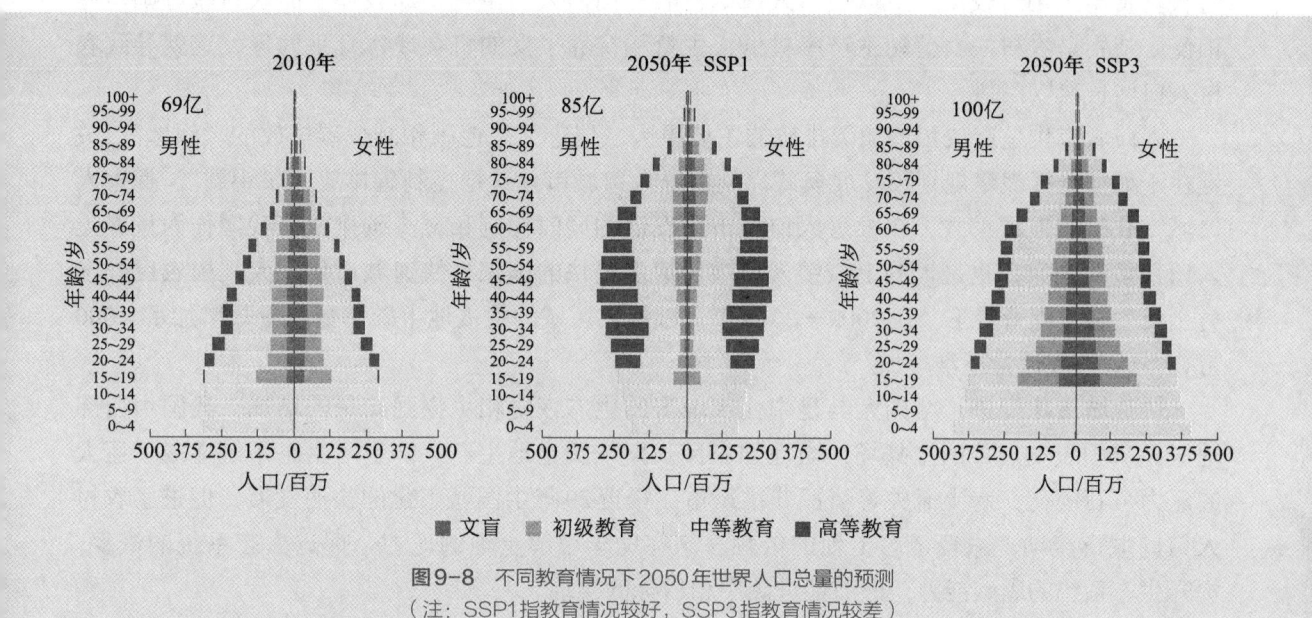

图9-8 不同教育情况下2050年世界人口总量的预测
（注：SSP1指教育情况较好，SSP3指教育情况较差）
（资料来源：Samir K C, 2014）

教育与人口的关系与社会形态有关。在农业社会中，农业劳作不需要普通大众具备很高的素养和识字率，大多数人口未接受学校教育，呈现高出生率、低死亡率、高自然增长率的人口增长模式。进入工业社会后，家庭教育大部分让位于国家或社会教育，学校教育、社会教育与人口的关系变得紧密，高等教育从精英阶段走向大众化。在碳中和社会，教育与人口的关系会呈现密不可分的状态，进入高等学校深造的人口越来越多，高中教育的普及率能达到平均90%以上。国家公民教育普及程度均很高，进一步提高了社会的HDI指数。我国在《国家中长期教育改革和发展规划纲要（2010—2020年）》中提出"教育强国"的理念。目前，中国已经成为世界受教育人口最多的教育大国，教育普及水平和质量整体达到世界先进水平。

（二）人口聚集度

人类正在从农村向城镇聚集。所有国家的城市都比农村地区更容易获得就业机会、教育、娱乐和医疗设施。到2050年，预计世界人口的68%将是城市人口。1800年，世界只有一个100万人口的城市——伦敦。到2030年将有706个城市的人口超过100万。现代化大城市既提供大部分社会、经济和文化服务，又是全球通信和运输系统的枢纽，还以相对低廉的成本提供必要的服务。

城市对稳定人口的增长做出贡献。城市化水平与人口的自然增长率呈反比例关系，这一规律已被世界各国的一般经验所证实。城市和农村生育子女的机会成本不同是最基本的原因之一。在城市家庭中由于成人消费费用、生育和抚养子女的机会成本相对较高，未成年人的受教育费用也相对较高，所以城市人口尽管收入高而人口生育率却较低；而农村家庭则与此相反，特别是农村妇女劳动生产率极低，生育和抚养子女的机会成本几乎为零，这就导致农村人口增长难以控制。

人口城市化是造成和增加碳排放的主要原因，但它又是控制和减少碳排放的"钥匙"，关键在于如何选择战略规划和发展模式，利用好人口城市化这把控制碳排放的"钥匙"。探索人口城市化低碳发展模式，在推进人口城市化发展的同时控制和减少碳排放。我国作为世界上人口最多的国家，也是世界上城镇人口增长速度最快的国家。快速城市化、大规模农民外出务工及生态工程背景下，在2002—2019年，城镇化区域的植被地上碳储量总量却增加了3 000万t，总地上碳储量逐渐增加。

快速城市化促进了全国尤其是中西部地区的生态恢复和生物固碳量的增加。我国中西部地区是巩固脱贫成果的主战场，当地的农民长期依赖土地生产，给土地生态系统造成了巨大的压力，石漠化、水土流失等情况非常严重。最近20年中国城市化的快速发展，促进了农村人口向城市流动，减轻了对土地的依赖，这有助于缓解土地的压力，促进生态系统的恢复，提升生态系统的固碳能力，进而促进碳中和目标的实现。

（三）人口生活水平

消除一切形式的贫困是联合国《2030年可持续发展议程》的首要目标，也是人类的共同愿望。贫穷带来落后的生产方式和低下的生产力自发地导致高出生率，推动人口增长。在贫困地区，教育落后导致落后的生育观念世代相传，重生轻养，人口质量低，婴儿死亡率高，是贫困国家和地区最常见的现象。家庭贫穷导致农村居民不愿意负担或负担不起计划生育服务的相关费用。而一个贫困的国家财力有限，难以为居民提供计划生育服务。

为了消除贫困，近年来全球各国和地区都在不断努力。世界银行估计，在全球范围内极端贫困发生率下降。极端贫困人口数量从1990年的19亿减少到2015年的7亿。我国在消除贫穷方面取得重大成就，脱贫攻坚战取得了全面胜利。对生活在自然环境恶劣、生存条件极差、自然灾害频发地区、很难实现就地脱贫的贫困人口，实施易地扶贫搬迁，摆脱了闭塞和落后。在贫困地区实施退耕还林还草，促进了生态系统的恢复，提升了生态系统的固碳能力。

数字变革和绿色转型在深刻改变生产生活方式的同时，也为发展中国家和特殊群体摆脱贫困创造了新机遇。从中国的减贫实践看，电子商务带动贫困地区农民增加农产品销售的效果十分显著。精准扶贫策略极大释放了乡村的发展潜力，带动电子商务等新产业快速发展，而电子商务又推进了数字经济发展，助力碳中和。农村电商是精准扶贫策略的重要载体，也是数字经济的重要组成部分。农村电商的发展可以促进乡村生态振兴，实现低污染的乡村工商业复兴。农民发展农村电商前店后厂，不用征地建专门的车间，低成本地实现了网络经营和相关要素的配套。2014年以来，重庆市秀山土家族苗族自治县立足现代物流园区，建立物流快递、产品上行、人才培养、电商平台和企业服务"五大体系",推动了产业升级,带动了群众增收,提高了居民生活水平。

二、碳排放与经济

面对气候变化的挑战,经济发展应能满足地球上所有系统和生物的需求,但也要在地球的承受范围之内。如图9-9所示的碳中和社会经济发展结构,经济发展应至少要满足人类社会的发展,保证人类的衣食住行、就业、政治发声、性别平等等。但过度的无限制发展将超出生态上限,引发气候变化带来的危机,如干旱、海平面上升、暴雨洪水、战争、贫困、生物多样性锐减等,威胁人类生存。经济发展不应只追求GDP的增长,要抛弃增长最大化的发展目标,实现经济增长与碳排放的"脱钩";将线性的经济模式转型成为循环经济,实现资源最大化的回收利用;利用信息技术优势,发展数字经济,最终实现良性的经济发展模式。

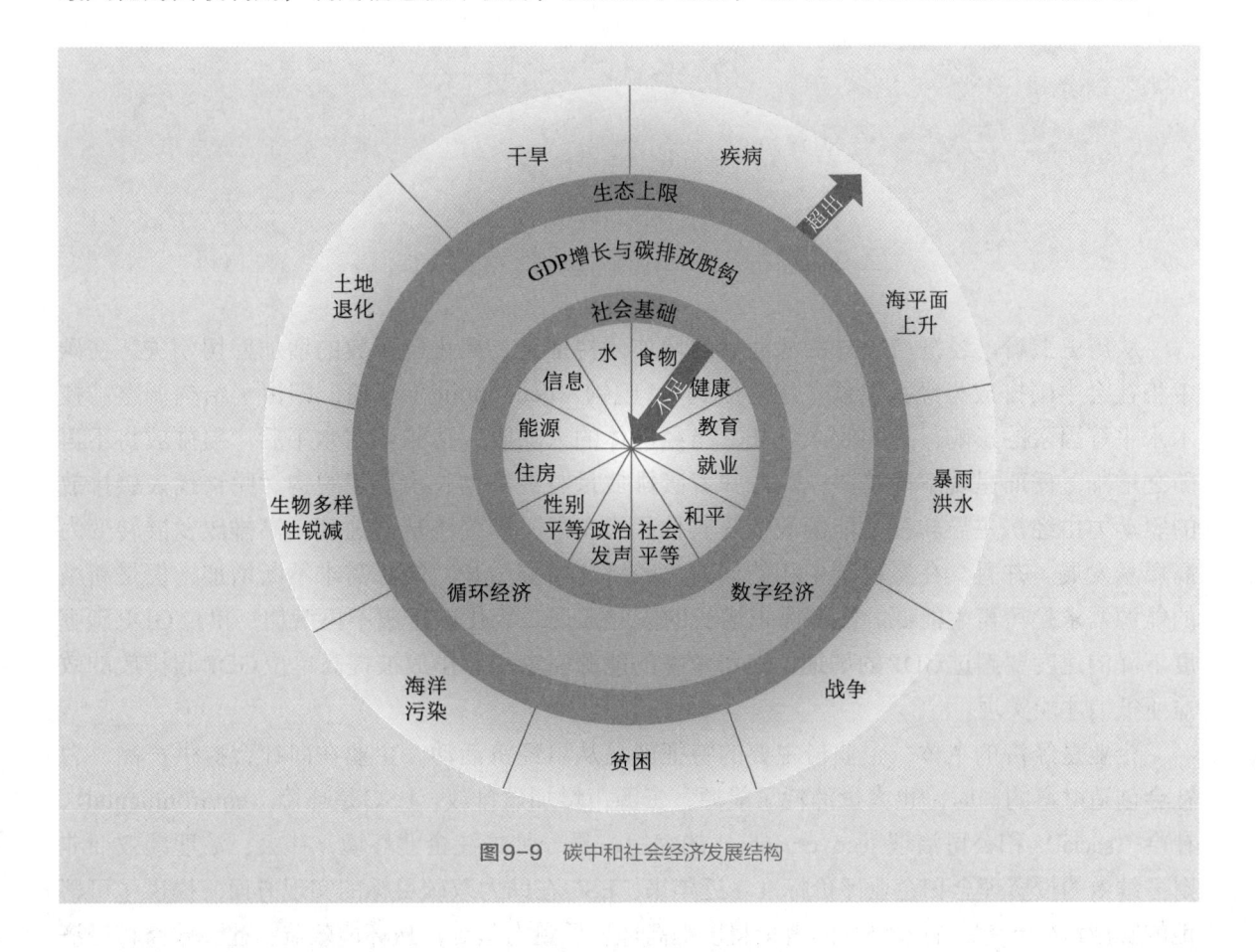

图9-9 碳中和社会经济发展结构

(一)经济发展与碳排放脱钩

根据物质能量守恒定律,经济活动从生态系统攫取自然资源和能量,这就等于降低了自然系统的总潜能。经济和环境之间存在着物质上的冲突。正如库兹涅茨曲线所揭示的，当一个国家经济发展水平较低时，环境污染的程度较轻，但是随着人均收入的增加，环境污染由低趋高，环境恶化程度随着经济的增长而加剧；当经济发展达到一定水平后，也就是说，到达某个临界点或"拐点"以后，随着人均收入的进一步增加，环境污染又由高趋低，其环境污染的程度逐渐减缓，环境质量逐渐提高（图9-10）。

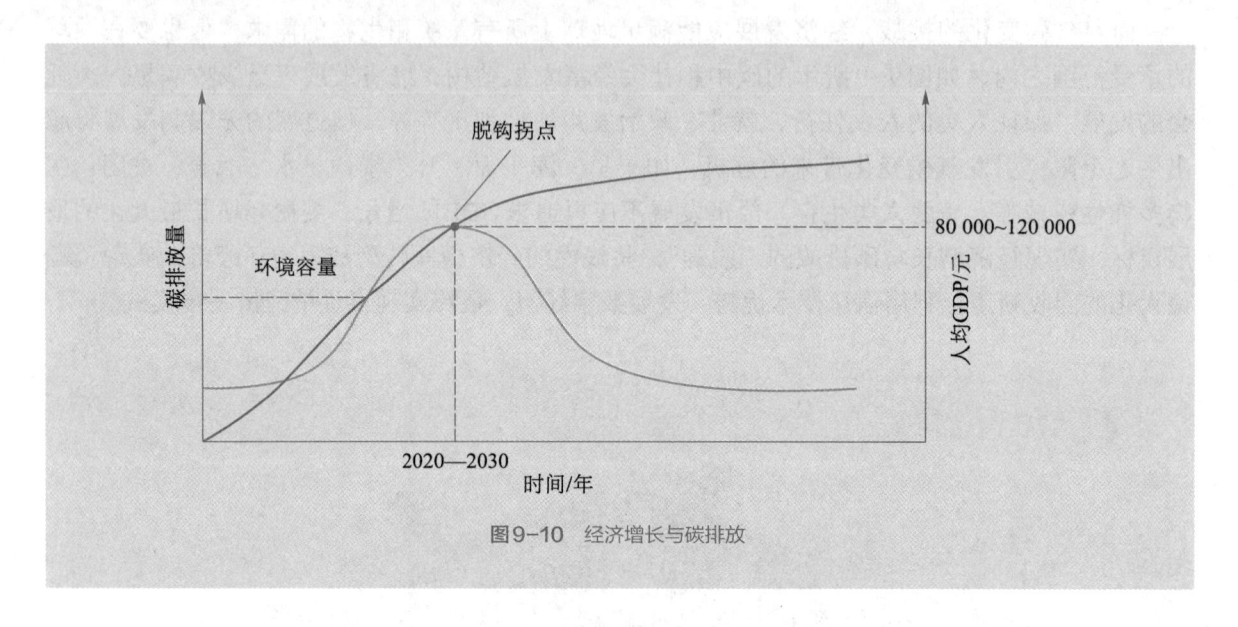

图9-10 经济增长与碳排放

从历史上看，经济增长与能源消耗的增加，特别是二氧化碳排放的增加密切相关。在碳中和社会中碳排放与经济发展"绝对脱钩"。脱钩（decoupling）理论，即由于结构调整或技术水平等因素的影响，人均收入增长，当经济体的人均收入达到一定水平后，碳排放将不再随之增加，反而呈现下降趋势，这意味着碳排放量与经济增长出现了脱钩。脱钩代表碳排放的驱动力由经济主导转变为能源政策等其他因素主导，即经济从高速度、高排放发展转变为高质量发展。并且，在实现碳中和的同时，经济还需要增长，能源需求不断增加，但是新增的能源需求是可再生能源。能源需求增长的同时实现二氧化碳排放不再增加，单位GDP碳强度下降的速度要超过GDP的增速，这所带来的能源需求和碳排放被提高单位GDP碳排放的效益所抵消才能实现。

企业是经济的主体，企业最主要的特征就是从事经济活动。企业在向社会提供产品、为社会创造财富的同时，也大量消耗了能源、资源，增加碳排放。ESG是环境（environmental）、社会（social）和公司治理（governance）的缩写，是一种关注企业环境、社会、治理绩效而非财务绩效的投资理念和企业评价标准。近年来，ESG在助力双碳目标的实现方面，提供了可落地的实施路径参考。纳入ESG的考量将以提高环境质量为基础，从环境效益、社会效益和经济效益三个维度出发，通过发挥政策引导的作用，进一步促进产业的绿色发展及转型。

(二) 循环经济

为了实现碳中和的目标，我们需要重新思考现在的经济模式。资源在被浪费，温室气体排放失控，预计到2050年，全球对资源的需求将翻一番，碳排放量将大幅增加。自然资源是繁荣和幸福的基础。联合国所有的可持续发展目标都取决于地球自然资源的可持续管理和使用。当今我们处于线性的经济模式，投入产品制造的材料的大部分价值都在一个使用周期后消失殆尽。从气候变化的角度来看，原材料的开采和生产所造成的温室气体排放量，占全球温室气体排放总量约20%。提高生产过程中的能源效率，以及转而使用可再生能源会对减少碳排放有所帮助。但通过诸如再利用、回收、延长产品寿命、再制造，来减少物料的吞吐量也同样重要。尤其当全球都在进行城镇化时，提升资源使用效率显得更加紧迫。

罗马俱乐部的最新研究表明，转型成为资源有效的循环经济，能为社会带来许多好处。通过产品的回收、再利用、拆卸再加工、降级利用等，采取如租赁、共享的商业模式，更有效地使用产品建筑物、设施、设备等，这样的循环经济模式可以取代唯利是图、线性的传统经济模式。

循环经济与碳减排之间存在明显的关联性，循环经济的三项基本原则（减量、再利用、再循环）也同样适用于碳减排过程。其一，减量原则要求减少投入生产或者消费中的物质量，这能够最为直接地减少隐含在资源消耗过程中的碳排放。其二，再利用原则要求延长物质的使用频率和时间，对废弃资源的重复利用能够实现全生命周期的利用价值，有利于减少物质资源的消费量。其三，再循环原则要求将废物资源化并再次循环利用，以延长资源的生命周期。

循环经济正在成为我国转变经济发展方式，实现可持续发展的重要途径。循环经济提升了物质资源利用率及利用周期，降低了资源利用总量在全生命周期下的碳排放水平。2016年，中国的循环经济工业园区通过回收塑料减少了1 400万t温室气体排放，相当于减少了300多万辆汽车上路。

(三) 数字经济

数字化是促进可持续发展的重要工具，世界正在迈入数字经济时代。在数字经济蓬勃发展的今天，在促进效率提高和经济增长的同时让数字技术普遍可获取、可使用，使数字红利普遍惠及所有国家和所有人，对实现人类社会繁荣普惠至关重要。数字经济以数字化的知识和信息作为关键生产要素，以数字技术为核心驱动力量，以现代信息网络为重要载体，通过数字技术与实体经济深度融合，不断提高经济社会的数字化、网络化、智能化水平，加速重构经济发展与治理模式的新型经济形态。数字经济通过提高整个社会的信息化、智慧化水平，提高资源配置效率，有利于减少碳排放，实现碳中和。

数字经济包括数字产业化和产业数字化两部分。数字产业化即信息技术、通信产业，是数字经济发展的基础产业，为数字经济的发展提供技术、产品、服务等方面的支持。5G通信、集成电路、人工智能、大数据、云计算、区块链、平台经济等新兴技术都是其典型代表。产业数字化是在新一代数字科技支撑和引领下，以数据为关键要素，以价值释放为核心，以数据赋能为主线，对产业链上下游的全要素数字化升级、转型和再造的过程，包括工业互联网、智能制造、车联网、智慧城市、智慧农业等融合型新产业、新模式、新业态（图9-11）。

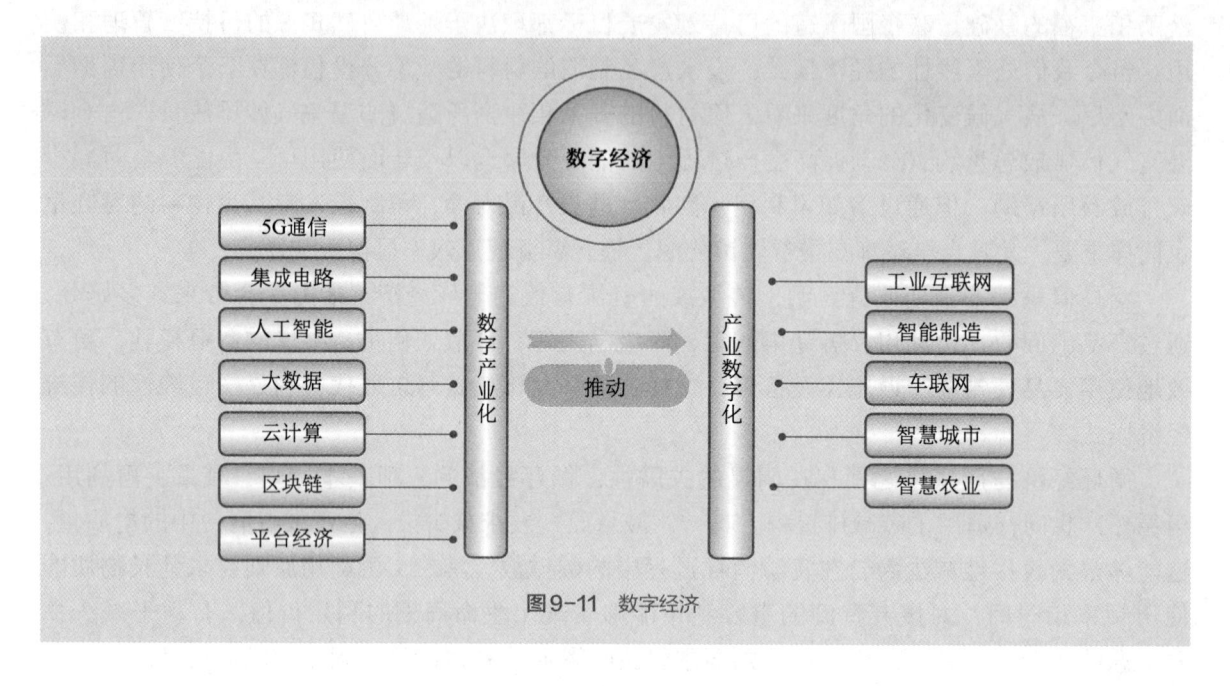

图9-11 数字经济

数字经济可以将用户与生产者建立直接连接。数据作为新的生产要素投入碳减排领域，在算法驱动下，平台各方可以更精准、更及时地把握消费者需求，提升生产消费间的实时互动水平。同时，平台可以在大量的买卖双方中快速识别有效需求，提高效率，从而降低资源投入和消耗。人工智能推动人与智能机器交互方式的变革，人将会以更加自然的方式和智能机器交流，人机交互无处不在。人工智能为IT的基础设施层面带来巨变，新型的人工智能芯片、便捷高效的云服务、应用开发平台开放的深度学习框架、通用的人工智能算法，将成为新的"基础设施"。

数字经济可以大大提高城市的运行效率，从而减少碳排放。通过将连接设备、网络、云端、数据分析、机器学习和移动应用程序植入城市建筑和基础设施，可以提高城市的感知力和智慧化运营水平，从而减少能源消耗和碳排放。智慧交通建设显著减少城市拥堵；智能照明、智能空调等设备减少耗能设备的无效运转；城市智能能源系统建设，如分布式光伏电站、智能电网等，提高城市能源的自给能力，减少能源浪费。

三、碳中和技术进步

（一）能源技术进步

能源技术进步主要体现在清洁能源如水能、风能等方面技术进步。水力发电技术发展可以产生大量绿色电能，又具有无可比拟的灵活性和储能优势，能有效抵消风力发电、太阳能发电随机波动的不良影响。超大型装机容量及发电量的水力发电能源技术在我国取得了巨大突破，三峡电站、白鹤滩电站装机容量都位居世界前列。总装机容量、年发电量均居世界第一的三峡电站，为国民经济发展提供绿色动力。三峡电站的电力，有效缓解了华中、华东地区及广东省的用电紧张局面，促进了社会的稳定发展。三峡电站已发电量相当于减少燃烧标准煤4.8亿t，减少12.5亿t二氧化碳排放。

风力发电作为新能源的一种，依靠技术创新驱动发展。55 kW风力发电机技术的出现，有力地促进了风力发电的快速发展，风力发电每度电的成本下降了约50%。目前，风力发电已经成为多个国家电力系统中重要的电源。风力发电场的选址多为风力资源丰富地区，风力发电技术的发展可以帮助解决当地居民就业，提高人民生活质量，促进社会可持续和谐发展。

晶体硅电池的发展使光伏技术发展迅速。发射极钝化和背面接触技术的广泛应用，进一步推动晶体硅电池转换效率的提高。钙钛矿电池等基于新材料体系的高效光伏电池及叠层电池有望带来下一个光伏技术的阶跃式提升。我国前沿的光伏柔性材料技术可以使电池极薄、体积小，可以在多个领域实现可穿戴光伏设备的应用。光伏应用对扶贫做出了重要贡献。光伏电站的装机容量进一步普及，村民可以通过补贴或售电来增加收入，曾经的贫困地区人民的生活水平显著提高。光伏项目使农户调整能源结构，减少煤炭和煤油的使用，减少碳排放。

(二) 资源技术进步

碳中和社会要最小化化石资源的开采，从传统的线性资源利用方式转向资源循环。金属材料、无机非金属材料、高分子材料、固体废物及水资源等循环利用技术发展将有效降低碳中和社会压力。资源技术进步体现在对钢铁、化工、冶金等工业固体废物进行资源化处理和循环利用，对废旧电池中有价金属进行回收利用，对污水、雨水、海水及苦咸水进行循环利用。

基于这些循环利用技术的进步，可以逐步建立"无废城市"（zero-waste city）。"无废"一词源自英文zero waste，其定义即"通过负责任地生产、消费、回收，使得所有废物被重新利用，没有废物焚烧、填埋、丢弃至露天垃圾场、海洋，从而不威胁环境和人类健康"。如图9-12所示，在生产环节，最小化资源开采，原料更多来源于资源回收，实现清洁生产；在消费环节，消费者可以提高再利用率，同时尽可能进行修复，延长产品使用周期；在废物管理环节，最大化资源回收，实现零资源废弃。生产、消费、回收实现有机的闭环，形成"无废城市"发展模式。

我国成为全球第一个开展"无废城市"创新实践的发展中国家。以三亚市为典型代表，全方位系统协同推动禁塑、限塑、减塑工作。以文旅行业绿色消费推动塑料废物源头减量；借助文旅产业传播"无废城市"理念，建立海洋环保宣传教育基地，提升公众意识；积极开展国际合作，支持世界自然基金会（WWF）全球"净塑"城市倡议，开展"净塑"项目合作和经验分享，以提升国际影响力。我国推进"无废城市"建设的意义重大。我国是世界上产生固体废物量最大的国家，推进"无废城市"建设，将引导全社会减少固体废物产生，提升

图9-12 无废城市场景

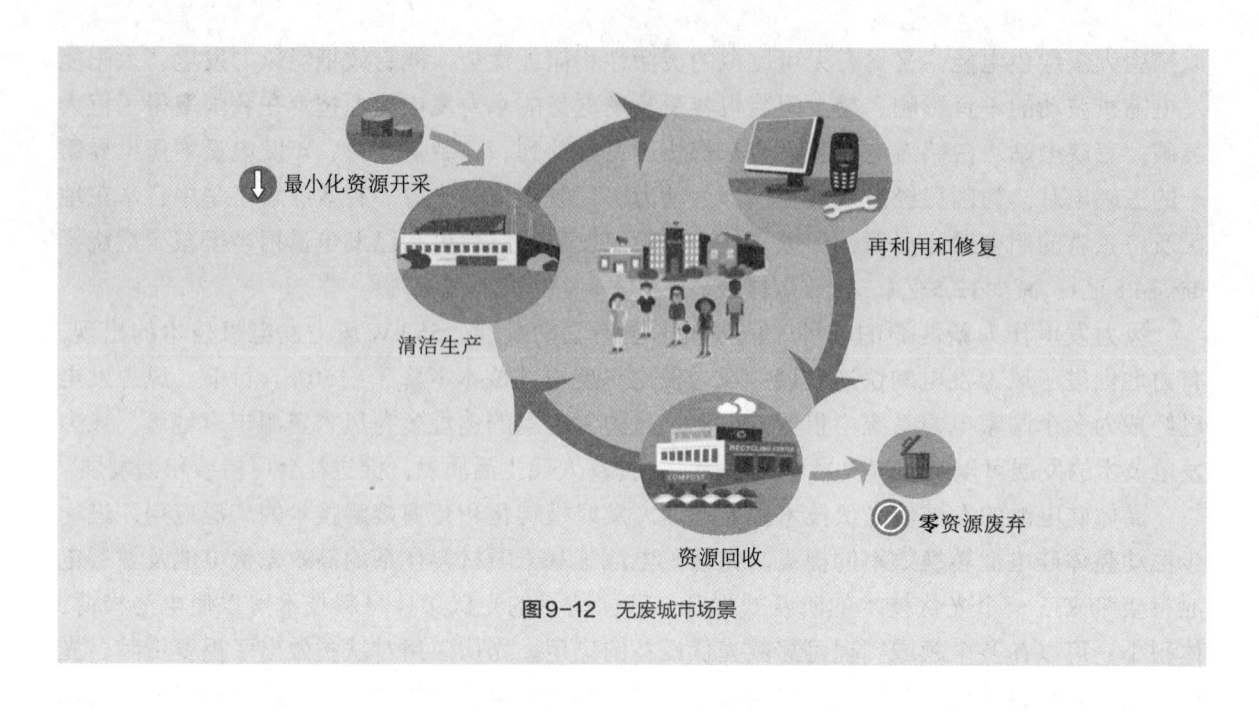

城市固体废物管理水平，加快解决久拖不决的固体废物污染问题，不断提高城市生态环境质量，增强民生福祉。

（三）信息技术进步

从语言的产生到第五次信息革命，信息技术不断进步并改变人类的生产生活。从20世纪六七十年代开始，人类进入了"信息时代"。当前，人类正在从信息传输时代进入数字智能化时代。我国信息技术产业蓬勃发展，产业规模迅速扩大，产业结构不断优化，新一代信息技术不断突破，对经济社会发展和人民生活质量提高的推动作用不断强化。大数据、云计算、人工智能等互联网新技术正在全方位改写中国社会。5G信息技术速率高、延时低，将极大地推动物联网、人工智能、虚拟/增强现实、智慧城市、智慧农业、远程医疗、智能家居、无人驾驶、远程操控的发展，给中国社会带来多方面、深层次的影响。

实现碳中和，也是一个数字化的过程。数字技术可通过赋能智慧能源、智慧制造等领域减少全球碳排放。在能源转型方面，基于数字化技术加强电网运行状态大数据的采集、智能分析处理，提升电网管理水平来降低输配电网络的损耗，推动电网节能降碳。在消费者端，数字技术可帮助使用者精细化管理自身能源消耗、精准定位高能耗、智能分析用电行为，从而优化电力调度，制定匹配方案，提升用电效率，降低碳排放。智能制造贯穿于产品、制造、服务全生命周期各个环节，系统地优化集成，实现制造的数字化、网络化、智能化。高端装备实现工艺的创新，从设备的使用上降低能源消耗。信息化系统、智能工厂的建设，实时监测每个设备的能源消耗数据，通过对数据进行分析，实现能源利用效率的优化，助力碳中和。数字孪生和机器人等应用技术的发展将有力支撑智能制造。

在日常生活中，基于数字技术的电子商务、在线医疗、线上办公、远程教育等的普及，加速经济发展和社会进步，助力低碳生活。在智能社会中，电子支付有利于建立公众的绿色消费习惯。借助支付宝等电子支付工具，生活缴费、看病挂号、交易购物等日常活动都可以在无纸化的流程中完成。电子银行的普及极大地简化了支付手续和单据，对降低能源和纸质资源的消耗，实现碳减排具有重要意义。用户使用微信在线值机，办理电子登机牌，省下千万张纸质登机牌，减少碳排放。近5年间，使用微信支付选择公交地铁出行实现了478万t的碳减排量（图9-13）。

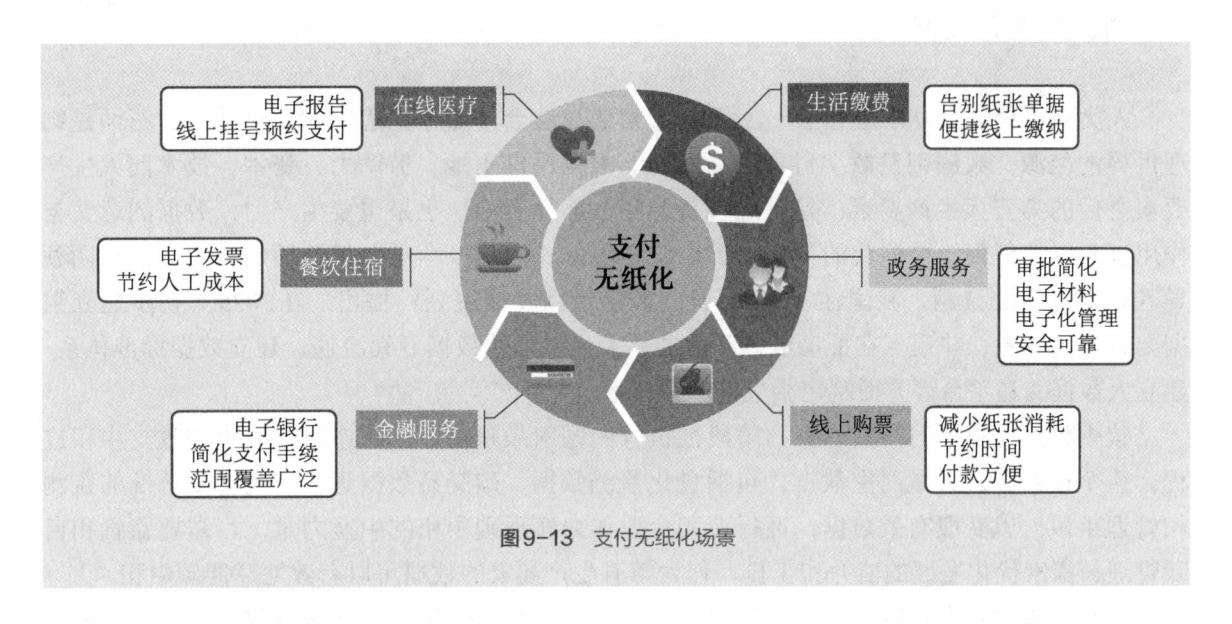

图9-13 支付无纸化场景

（四）碳汇与生态修复技术进步

碳汇技术包括农林业减排增汇技术和生态工程增汇技术。农林业减排增汇技术主要包括造林、再造林和森林管理、农业保护性耕作、畜牧业减排、草地和湿地管理、滨海生态工程（如蓝碳养殖业）等绿色低碳减排或增汇技术措施。有研究表明，农业的保护性耕作和有机肥使用等措施的固碳潜力每年为1.4亿~1.7亿t CO_2；草地围栏和种草等措施的固碳潜力每年为0.6亿~0.8亿t CO_2。

森林是陆地生态系统中最大的碳库，在降低大气中温室气体浓度、减缓全球气候变暖的过程中具有十分重要的独特作用。扩大森林覆盖面积是未来30~50年经济可行、成本较低的重要减缓措施。多年来，我国深入推进大规模国土绿化行动。中国"三北"防护林体系建设工程是伴随着改革开放起步的中国第一个世界超级生态工程，取得了显著的生态效益。工程区沙化土地面积连续缩减，实现了从"沙进人退"到"绿进沙退"的历史性转变。其中毛乌素、科尔沁、呼伦贝尔三大沙地得到初步治理，实现了土地沙化的逆转，沙化土地面积持续净减少。营造水土保持林和治理水土流失等产生的防护效应使工程区粮食年均增产1 060万t。

都江堰水利工程是中国水利工程技术的伟大奇迹，在增产粮食、减少碳排放、增加碳汇、调蓄和配置水资源等方面发挥着重要作用，给人类社会带来了巨大的经济与社会效益。水利工程为成都平原提供了充足的灌溉水源，使成都平原的农业生产迅速发展，为四川粮食安全、经济发展、社会稳定和生态环境改善发挥了极为重要的作用。都江堰工程生态效益明显，碳汇能力显著，有效地减少碳排放，同时改善了成都平原的城乡生态环境，如今林竹茂密、水系纵横、湖泊星罗棋布。在岷江水的滋养下，成都平原构建起了农、林、牧、草、渔业协调发展的生态系统。

四、碳中和数据

人类社会经历了从农业社会、工业社会到信息社会，如今正迈向数字化社会。石油是物理世界的能源，数据则是数字世界的新能源。数据是继土地、劳动力、资本、技术四大生产要素之后的第五大生产要素，是基础性资源和战略性资源，也是重要生产力，数据的意义与作用远超以往任何一个时代的任何一种传统资源。2019年，全球数据治理成为二十国集团领导人峰会的中心议题。我国在《"十四五"数字经济发展规划》提出：在2025年初步建立数据要素市场体系，并重点在推动数据开放共享利用、加快数据要素流通、建立数据标准体系、建立大数据交易平台等方面制定相应的政策体系。

碳中和作为具有时间紧迫性、阶段性执行的国家战略目标，是排放与吸收的收支中和过程，整个过程涉及大量时空数据，包括量化监测数据、碳交易数据等。因此需要精准的监测和管理手段，以获取有效数据，而行业和企业作为实现碳中和的中坚力量，也需要监管和自我管理、探索优化发展的能力和工具。作为第五生产要素的数据可以有效地赋能碳中和。

时空大数据作为物联网、遥感卫星、空间与定位数据的集合，在碳排放方面，可以通过卫星对地球大气进行遥感监测反演，对碳排放量和空间分布、强度进行量化客观监测和溯源，并为构建绿色再生能源的产业体系提供数字化指导；在碳吸收方面，可以通过监测记录自然资源数据，保护碳汇，深入研究地球气候生态，起到及时发现生态问题和守护生态平衡的作用。2016年，我国首颗用于监测全球大气二氧化碳含量的科学实验卫星，成功到达距离地球700多千米外的太空，开始进行全球二氧化碳排放的监测工作。利用多种高光谱卫星、车载激光雷达等多源时空数据，基于反演算法，也可实时、准确地对大气环境状况进行业务化监测。

利用大数据可以监测自然资源（如森林碳汇）的变化。森林碳汇是重要的碳中和途径之一。通过高分辨率的遥感卫星网络和实时数据获取分析，高频监测维护森林生态、及时预警森林火灾、限制人类活动、保持和发展森林碳汇，是实现碳中和的关键环节。更加立体的动态时空监测手段也被应用在深入森林内部的碳循环和单棵树木的生态健康维护中。通过激光雷达发送密集脉冲全面覆盖整个树冠，可检测树木冠层的顶部和底部，可以更好地估计森林中储存或潜在释放的碳量，提供更准确的碳数据，用在预测气候变化的气候模型中。

大数据还可以使公众参与碳中和的进程。建立个人碳收支体系，利用互联网、大数据、区块链等数字技术链接各方，呈现每个人在衣、食、住、行、用、游等场景的生活碳足迹、碳排放数据，把碳减排与每个人的消费行为、饮食习惯等方面联系起来，倡导绿色低碳生活，鼓励全社会积极参与碳中和的进程。

第三节
碳中和社会生活方式变革

每一个人都是排放源，碳中和与所有人息息相关。我们每天都会做出直接影响温室气体排放和其他生态系统过程的选择（如开汽车燃烧汽油），也会通过供应链间接影响温室气体排放和其他生态系统过程（如饮食选择）。实现碳中和目标，转变生活方式和转变生产方式一样重要，从普通民众生活中的点点滴滴着手，改变生活方式与消费行为。图9-14设想了未来碳中和社会的一天生活，从能源、资源、信息碳中和三方面展示了零碳的生活方式场景。本节将重点从生活中的出行、居住、饮食三方面介绍碳中和社会中生活方式的变革。

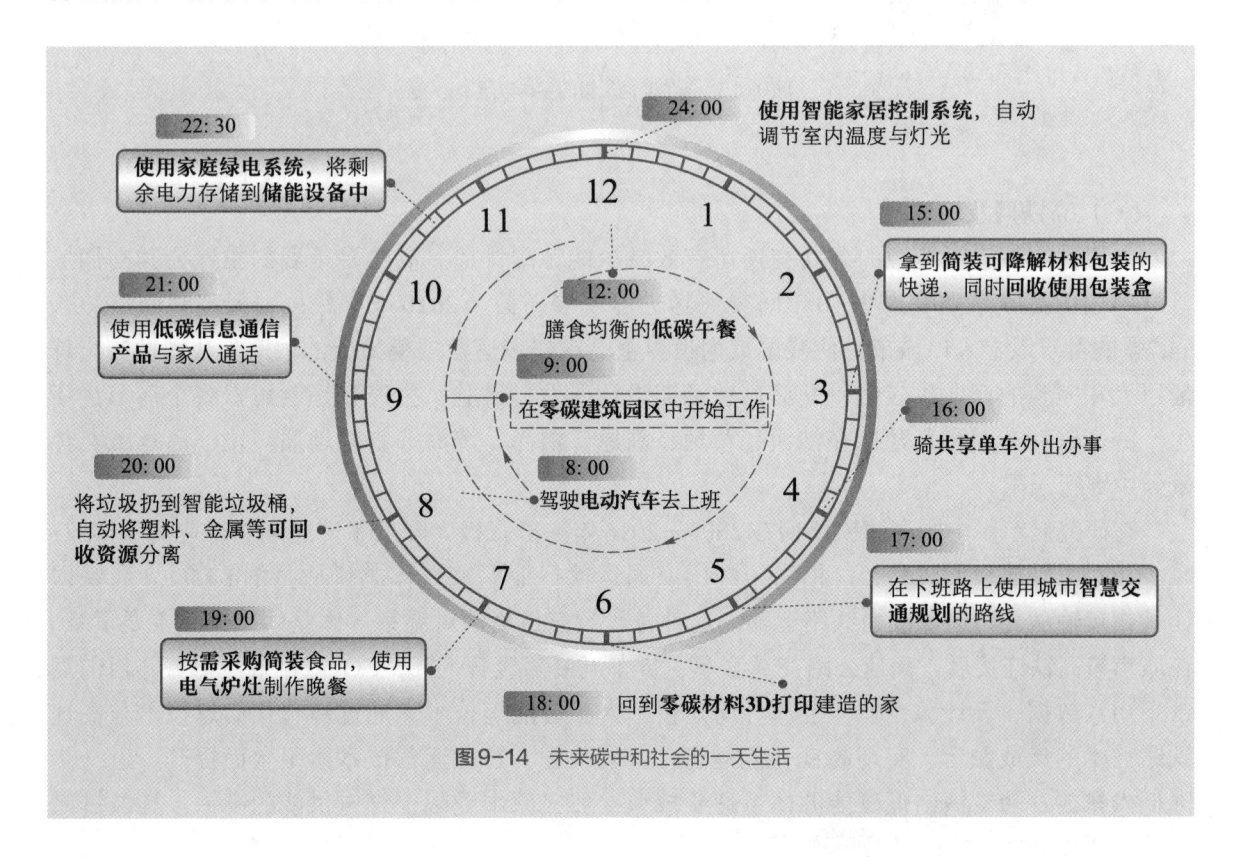

24:00 使用智能家居控制系统，自动调节室内温度与灯光

22:30 使用家庭绿电系统，将剩余电力存储到储能设备中

21:00 使用低碳信息通信产品与家人通话

20:00 将垃圾扔到智能垃圾桶，自动将塑料、金属等可回收资源分离

19:00 按需采购简装食品，使用电气炉灶制作晚餐

18:00 回到零碳材料3D打印建造的家

17:00 在下班路上使用城市智慧交通规划的路线

16:00 骑共享单车外出办事

15:00 拿到简装可降解材料包装的快递，同时回收使用包装盒

12:00 膳食均衡的**低碳午餐**

9:00 在**零碳建筑园区**中开始工作

8:00 驾驶**电动汽车**去上班

图9-14 未来碳中和社会的一天生活

一、低碳出行

交通运输行业的减排对实现碳中和目标至关重要。2022年，我国交通运输领域碳排放约占全社会CO_2总排放的11%。图9-15展示了各种交通工具的平均碳足迹，可以看到目前飞行仍然是碳排放最密集的旅行方式，尤其是短途飞行，随着可再生航空煤油的使用，其有很大的脱碳潜力。在汽车出行方面，充分利用共享汽车可以减少排放。大规模的公共交通（如高铁、地铁）可以进一步降低碳足迹。迅猛发展的新能源汽车有和步行、骑自行车一样实现零碳出行的潜力。本节将重点从高铁网及地铁、新能源汽车与低碳航空、共享单车几个方面出发，描绘碳中和社会的低碳出行的图景。

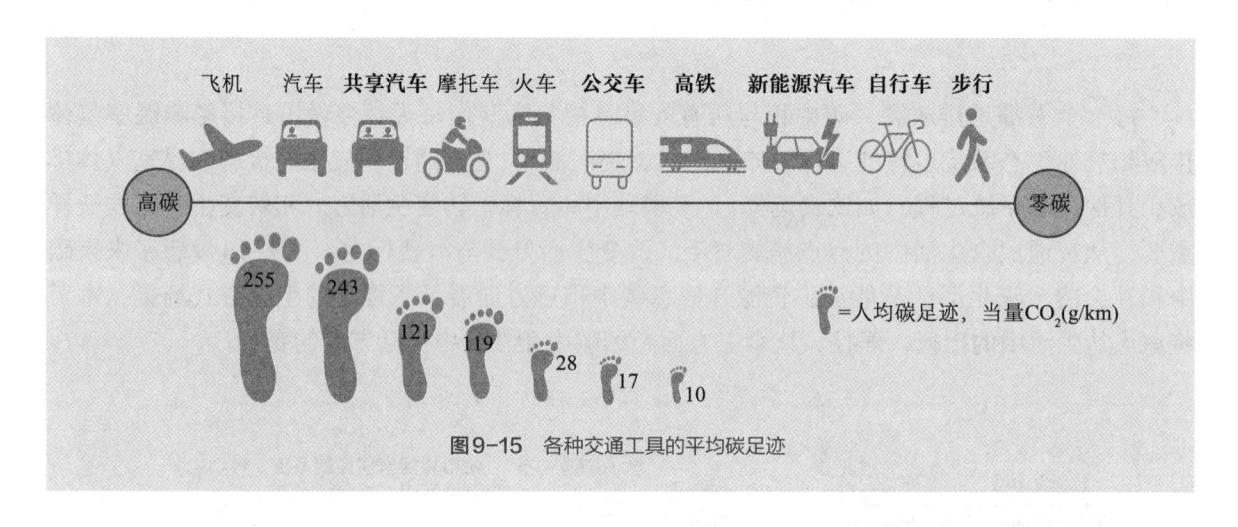

图9-15 各种交通工具的平均碳足迹

（一）高铁网及地铁

大规模的基于新能源的公共交通可有效减少能源碳排放。高铁是重要的长途公共交通工具。中国的高铁事业在过去10年间突飞猛进地发展。截至2020年年底，中国高铁网络覆盖94.7%的百万以上人口城市，使我国成为世界上高铁建设运营规模最大的国家。我国拥有全球最巨大和完整的产业供应链，配套产业涵盖设计研发、试验、生产和运营维护各个环节，所生产的高铁动车组和基建能在沙漠、草地、高原、沼泽、滨海等复杂地质环境、高寒或炎热气候中穿行无阻。

有研究显示，中国高速铁路网在2009—2016年的扩张极大降低了交通运输行业的碳排放，减少年CO_2排放量1 476万t，相当于中国交通运输行业温室气体总排放量的1.75%。高铁网让货物运输从公路运输改为铁路运输，这种替代效应是高铁对温室气体整体减排的主要贡献。在城市被高铁连接后，高速公路交通客车、货车流量都显著下降，CO_2减排效应显著。目前高铁采用大数据、云计算、北斗卫星导航定位、人工智能等技术，通过新一代信息技术与高速铁路技术的集成融合，实现高铁智能建造、智能装备、智能运营技术水平全面提升，进一步降低碳排放。随着清洁低碳能源体系逐步成型，那么原本受限于煤电供能的高铁，其减排潜力将得到进一步释放，推动交通运输体系低碳化发展。

城市轨道交通作为一种以电气化发展、清洁能源应用为特征的交通运输方式，也能够有效提升城市交通效率、大幅度降低城市碳排放强度，对交通减排具有重要意义。2021年，我国共有50个城市开通城市轨道交通，全国总里程已居世界前列。根据深圳市生态环境局2021年发布的报告，乘坐地铁出行每人每千米可减排0.046 7 kg CO_2，深圳地铁为全社会提供了约78.4万t的低碳公共出行碳减排量，相当于3.92万hm^2林地一年的吸收量，绿色生态效益显著。

（二）新能源汽车与低碳航空

以低排放电力为动力的电动汽车为陆路交通提供了最大的脱碳潜力。在第26届联合国气候变化大会上，100多个国家的政府和主要企业签署了《关于零排放汽车和面包车的格拉斯哥宣言》，提出在2035年前在主要市场、2040年前在全球范围内停止销售内燃机。以电能、燃料电池替代化石燃料的新能源交通产业蓬勃发展。

新能源汽车碳减排效果显著。目前电动汽车在整个生命周期内的温室气体排放方面，与传统的内燃机汽车相比，全球平均水平可减少一半。与继续依赖由化石燃料驱动的内燃机汽车相比，不断扩大的电动车队伍将持续减少温室气体排放。美国设定了到2030年零碳排放汽车销量达50%，电动汽车渗透率达到40%~50%的目标。我国作为新能源汽车销售量全球第一的国家，大力推广新能源汽车，逐步取消各地新能源车辆购买限制；同时促进充电设施发展，加快推进居住社区充电设施建设安装。

值得注意的是，如果能源结构不改变，电网中的电依旧主要来源于火电，那么电动汽车对气候变化就不会起到正面作用。因此，氢燃料电池汽车也逐渐受到关注。氢燃料电池发动机反应过程中产物仅为电、水和热。同时它的能量转化效率、比功率、低温性能参数优异，减排效果非常可观。我国在2022年北京冬奥会上投入1 000多辆搭载氢燃料电池的汽车，是全球首次大规模投入氢燃料电池汽车作为接驳工具的重大尝试。

航空运输业作为碳排放最密集的出行方式，碳排放主要有三大来源：飞机航空煤油燃烧、与飞机相关的地面排放和航空相关的电力使用，其中最主要的是航空煤油燃烧产生的碳排放。目前，全球广泛研究且可行性较高的能源替代方案有电动化、氢能化、可持续航空燃料三种方式。可持续航空燃料具有与常规航空煤油几乎相同的特性，可比一般航空煤油减少80%的碳排放，且航空公司几乎不需要对飞机进行改装便可直接使用。因此，可持续航空燃料是目前航空运输业减少碳排放的主要驱动力。酯和脂肪酸加氢（hydroprocessed esters and fatty acids，HEFA）法将工业废油和植物油等经过脱氧加氢制备航空燃料，未来藻类也有望成为其原料。2021年，美国联合航空公司顺利实现采用100%可持续航空燃料的首次客机运营，成为航空史上的一大壮举。

（三）共享单车

联合国大会把自行车作为应对气候变化的手段，呼吁联合国成员国"在发展中国家和发达国家的城市和农村将自行车融入公共交通",鼓励联合国会员国"在跨部门发展战略中对骑行予以特别关注,包括共享单车服务"。我国明确提出引导公众优先选择公共交通、步行和自行车等绿色出行方式,降低小汽车通行量,整体提升我国绿色出行水平。

共享骑行作为城市绿色交通系统的重要组成部分,有效满足了人们"最后一千米"和"门到门"的通勤出行需求。共享骑行的出现改变人们的出行习惯,降低了小汽车出行需求,提升了整体的绿色出行比例。2016年年底共享单车进入我国公众视野之后的短短几个月后,共享单车如雨后春笋般出现在中国各大城市,并迅速推广至众多中小城市。

共享骑行不消耗化石能源,其使用过程不存在CO_2等污染物排放。共享模式使其在满足消费者需求的同时,控制人对物质拥有的总量,是循环经济所追求的一种高级形式。对服务期满的单车进行回收、拆解、再利用,打造材料循环系统,同时利用GNSS、物联网、云计算和大数据等信息技术,实现对每一辆单车的精细化管理,提高资源循环率,降低碳排放。

根据生态环境部环境发展中心发布的报告,自运营以来,美团单车及电单车用户累计减少CO_2排放量118.7万t,相当于减少了27万辆私家车行驶一年的CO_2排放量。同时,累计减污量达7 777.4 t(包括CO、碳氢化合物、NO_x、$PM_{2.5}$等)。北京、成都、深圳、上海成为CO_2和污染物减排量最高的四个城市,如图9-16所示。在北京,美团单车累计减少CO_2排放24 744 t。

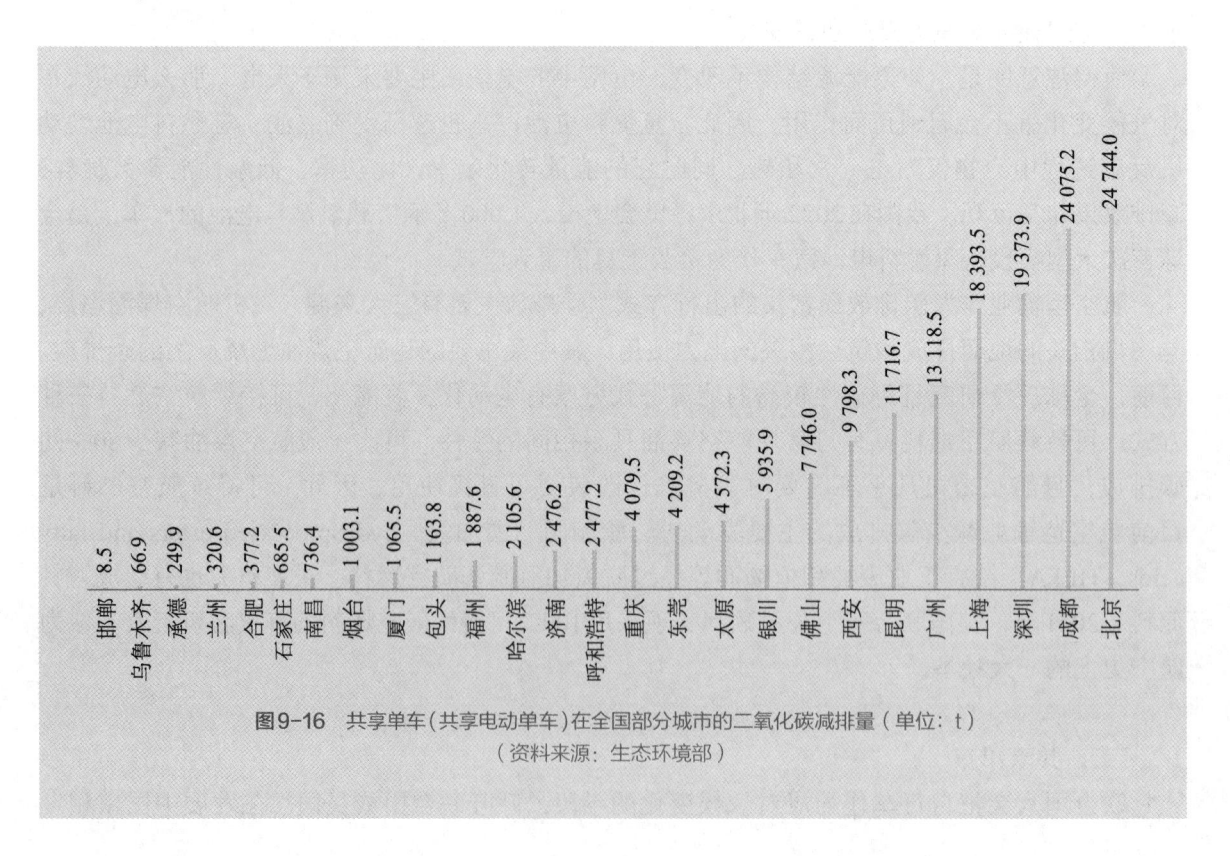

图9-16 共享单车(共享电动单车)在全国部分城市的二氧化碳减排量(单位:t)
(资料来源:生态环境部)

共享单车不仅可以实现城市 CO_2 减排，同时也对公民绿色意识和行为起到引领和培育作用。公民日益增强的绿色意识催生了共享单车等绿色出行模式，而共享单车反过来可能对城市生态文化意识起到引领及培育作用。研究发现，共享单车用户与非用户相比，对生态环境质量的关注度更高，更偏向于保护环境，具有更强的绿色行为水平。骑行共享单车助力城市减污降碳，集中体现了创新、协调、绿色、开放、共享的新发展理念，推动交通强国和绿色出行体系建设，助力实现碳中和目标，促进可持续发展。

二、低碳居住

人一生当中至少有一半的时间住在家中，吃饭、睡觉、洗澡、上厕所……我们的家庭生活几乎每时每刻都在进行直接或间接的碳排放行为，因此如何在住宅和家庭环境中实现家居节碳的低碳生活便显得尤为重要（图9-17）。2021年，我国发布《建筑节能与可再生能源利用通用规范》，进一步明确了建筑的能耗水平、碳排放强度等。本节将聚焦日常生活的住房活动减碳，从家中低碳制冷取暖、家庭绿电使用、零碳建筑材料的使用，以及家中低碳信息通信产品的选用和智能居住等方面描绘一幅零碳居住场景。

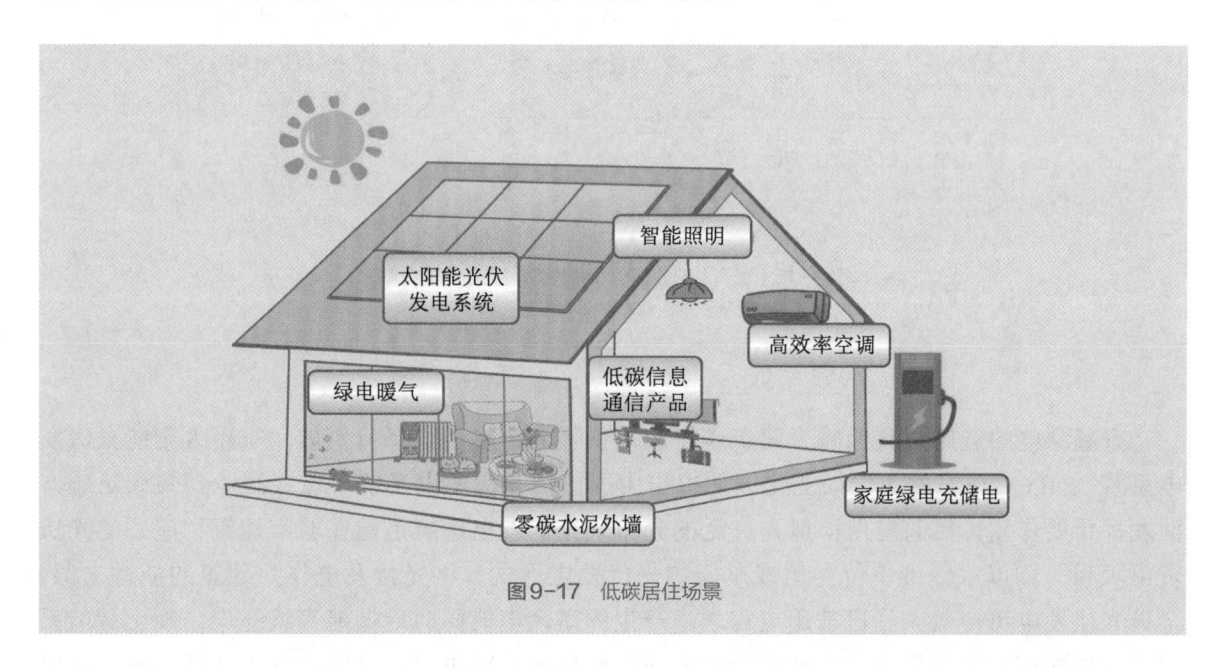

图9-17 低碳居住场景

（一）低碳制冷取暖与家庭绿电

建筑物中温室气体排放量主要由供暖制冷所产生，其中减排潜力最大的是暖气和空调等制冷和供暖设备。在寒冷的气候中，房屋供暖是一件大事，目前我国的北方城市采暖供热主要来自热电联产和各类燃煤锅炉生产的热力。清洁取暖技术路线应坚持优先发展可再生能源供暖，促进取暖电气化发展。尽可能实现取暖电气化，其中使用热泵替代天然气暖炉和热水器会有较好的健康-气候协同效应。

为了在不断暖化的世界中生存，空调必不可少，但制冷的行为可能会进一步导致气候变暖。根据国际能源署统计，到2050年，世界制冷的电力需求将增加两倍。在世界大多数地区，电力生产仍属于碳密集型活动，要想给空调"脱碳"就要给电网脱碳。作为个人可以主动购买具有节能优势的空调。可以看到，市面上出售的大多数空调的效率是市面上最好的空调效率的1/4~1/3（图9-18），大多数人都没有意识购买最具节能优势的空调。通过将空调的效率提高，可极大减少温室气体排放。另外，我们可以采用智能干预手段，根据一天中人们需要空调的时间来调节空调，减少不必要的碳排放。

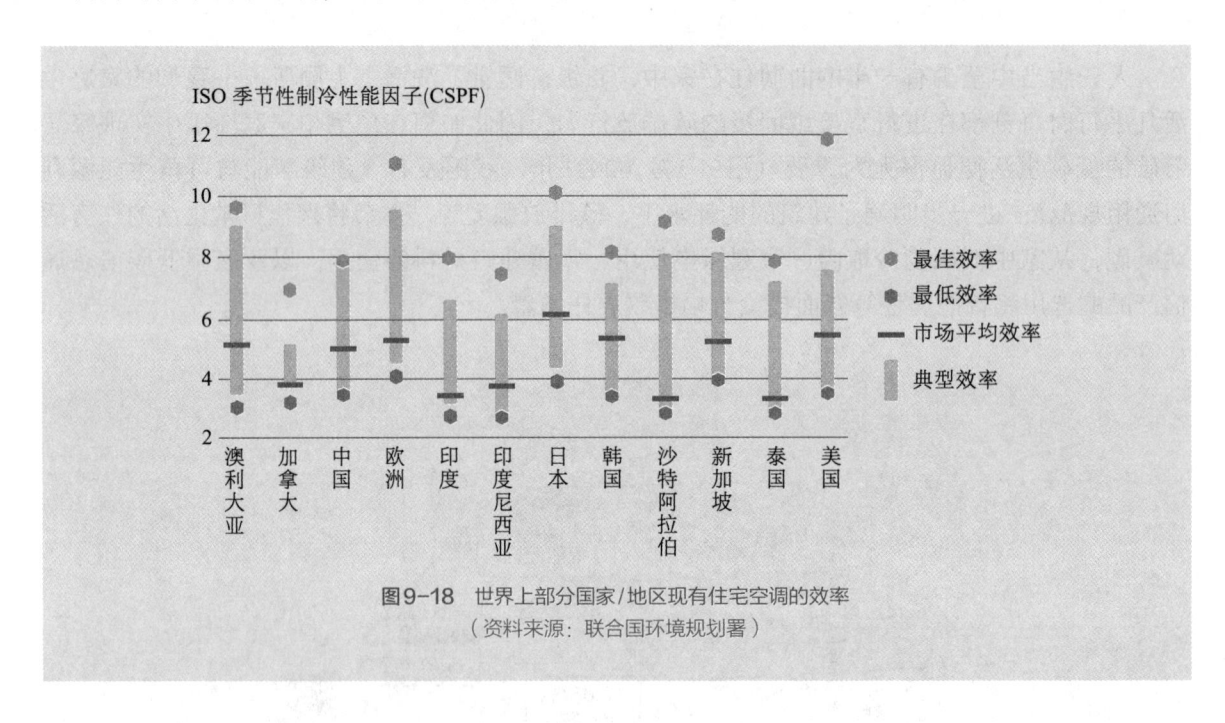

图9-18 世界上部分国家/地区现有住宅空调的效率
（资料来源：联合国环境规划署）

家庭绿电的选用为我们减少建筑碳排放提供了一个机会选择（例如，家用太阳能光伏发电系统）。IPCC在第六次气候变化评估报告中提出，光伏发电系统可以在减少建筑碳足迹方面发挥重要作用。目前应用得最为广泛的分布式光伏发电系统是建在城市建筑物屋顶的光伏发电项目，即以家庭或单位为组成单元的光伏发电形式。将光伏发电作为建筑的能量之源，全天光伏发电可覆盖家庭日常用电需求，产生的富余电能同时给储能系统充电，晚上储能系统放电覆盖夜间用电需求，实现家庭用电的自给自足，减少居住排放。以光伏清洁电力取代家居生活中的化石能源消费，也重新定义了碳中和社会下绿色、健康的生活理念。

（二）零碳建筑

建筑领域的低碳转型是我国实现"双碳"目标的关键一环。2022年我国开始实行《建筑节能与可再生能源利用通用规范》，对建筑的节能减排提出更高的要求，如公共建筑平均节能率应为72%。"零碳建筑"（zero carbon building）作为零碳城市的一个重要方面，采用综合建筑设计方法，不用常规污染性能源（零能）和不损失绿化面积（零地）的建筑，强调建筑围护结构被动式节能设计，将建筑能源需求转向太阳能、风能、浅层地热能、生物质能等可再生能源，为人类、建筑与环境和谐共生寻找到最佳的解决方案。

建造大型建筑需要消耗大量的原材料与劳动力，而3D打印技术为建筑设计和建成提供了一种低碳的解决办法。意大利的Tecla住宅项目是世界第一个完全由本地黏土进行3D打印的可持续生态住宅，几乎实现了净零碳足迹。每一栋圆形独立住宅的建造周期缩短至200个小时，平均消耗6 kW的能源，极大地减少了建筑垃圾与建筑过程中的碳排放。可再生能源也在建筑设计中应用广泛，如推广太阳能等绿色低碳能源在建筑上的有效应用。国内已有商业建筑应用自然风力发电技术，如世界第二高建筑上海中心大厦的塔冠上设置了垂直轴涡轮风力发电机，可以为该大厦每年供给超过119万 kW·h的绿色电力。在整个建筑中共应用了40多项绿色技术，该大厦的综合节能率可达54%，每年可减少碳排放2.5万t。

支撑建筑结构的材料也占了很大部分的建筑碳足迹比重。在建筑过程中，混凝土是能耗强度极高的材料，混凝土隐含的CO_2主要来源于所使用的水泥。水泥对碳排放的贡献尤其巨大，制造水泥所排放的CO_2占世界CO_2排放量的7%。位于澳大利亚的像素大楼使用新型混凝土混合材料，这种材料以粉碎的矿渣和粉煤灰取代了混凝土中的传统水泥。采用这种再生建筑材料相比于全部用传统水泥的混凝土减少了近一半的碳排放。

系统性地采用再生混凝土逐步取代传统水泥，每千克材料的能耗可减少到1/5。世界各地的建筑项目已经开始使用基于地质聚合物的混凝土，其中位于澳大利亚布里斯班的西威尔坎普机场使用地质聚合物混凝土，与传统水泥相比共减少了8 640 t碳排放。SOM建筑设计事务所提出了"建筑森林"的概念，建筑原料使用麻制混凝土、木材为主要材料，较传统的混凝土和钢材而言，可减少建筑碳足迹。

（三）低碳信息通信产品与智能居住

进入数字化时代，我们生活的每一天都离不开信息通信产品。随着信息通信技术（information and communication technology，ICT）设备（平板电脑和智能手机）用户量呈指数级增长，这一过程的用电量也在不断增加。一项评估世界温室气体排放量的研究发现，如果不加以控制，信息通信技术行业的温室气体排放量到2040年将达到当前整个交通运输业的一半。

日常使用的信息通信产品的碳排放来自生产需采购的大量原材料和零部件，从而导致电力、钢铁、水泥和石化等上游部门的碳排放增长。一部手机所隐含的碳排放量超过70 kg，二手闲置交易是每个人都能参与的绿色消费和低碳生活方式。例如，买卖二手手机不仅有利于5G的普及，更能够直接减碳，应对气候变化事半功倍。

用低碳ICT产品和活动替代高碳产品和活动，如用无线音乐替代传统CD这种非实物化形式在减排中发挥重要作用。无线音乐是把正版的数字音乐经过压缩、打包处理后放在网络服务器终端供用户使用终端下载的音乐服务。无线音乐作为一个由传统高碳经济向低碳经济转变的典型低碳ICT业务，不仅颠覆了传统CD制造业从生产到销售的整个产业链过程，还引导并改变了人们的生产消费方式，创造出新的商业模式。传统的CD销售有完整的产业链包括CD制造、包装、存储、运输及销售过程，而无线音乐的下载只需从服务器中的数字音乐库中通过网络进行下载，带来了有形和无形的碳减排。

集成了新一代数字化、自动化和电气化技术的智能建筑，在帮助建筑行业减少能源使用和碳排放方面具有重要作用，同时提高舒适度和生产力，创造一个更安全、更绿色的居住环境。智能建筑使用互联技术来提高能源管理、用水、空调、访问、自动化和照明等关键指标的性能。基于云的可互操作平台允许照明、供暖和通风系统相互无缝集成。智能传感器可以根据用户喜好调节光线、空气质量和温度，采用智能干预手段根据情况调节电器工作情况，减少不必要的碳排放。

三、低碳饮食

绿色饮食习惯对改变气候变化具有重要意义。这些习惯包括：有效地控制外卖包装；在人体均衡营养的前提下优化膳食结构，减少由于肉类产生的碳排放；通过日常生活的小事，如按需采购，践行光盘行动、合理储存食物等减少食物浪费，进而减少碳排放；选择简装和本地食物，减少包装和运输带来的碳排放等（图9-19）。

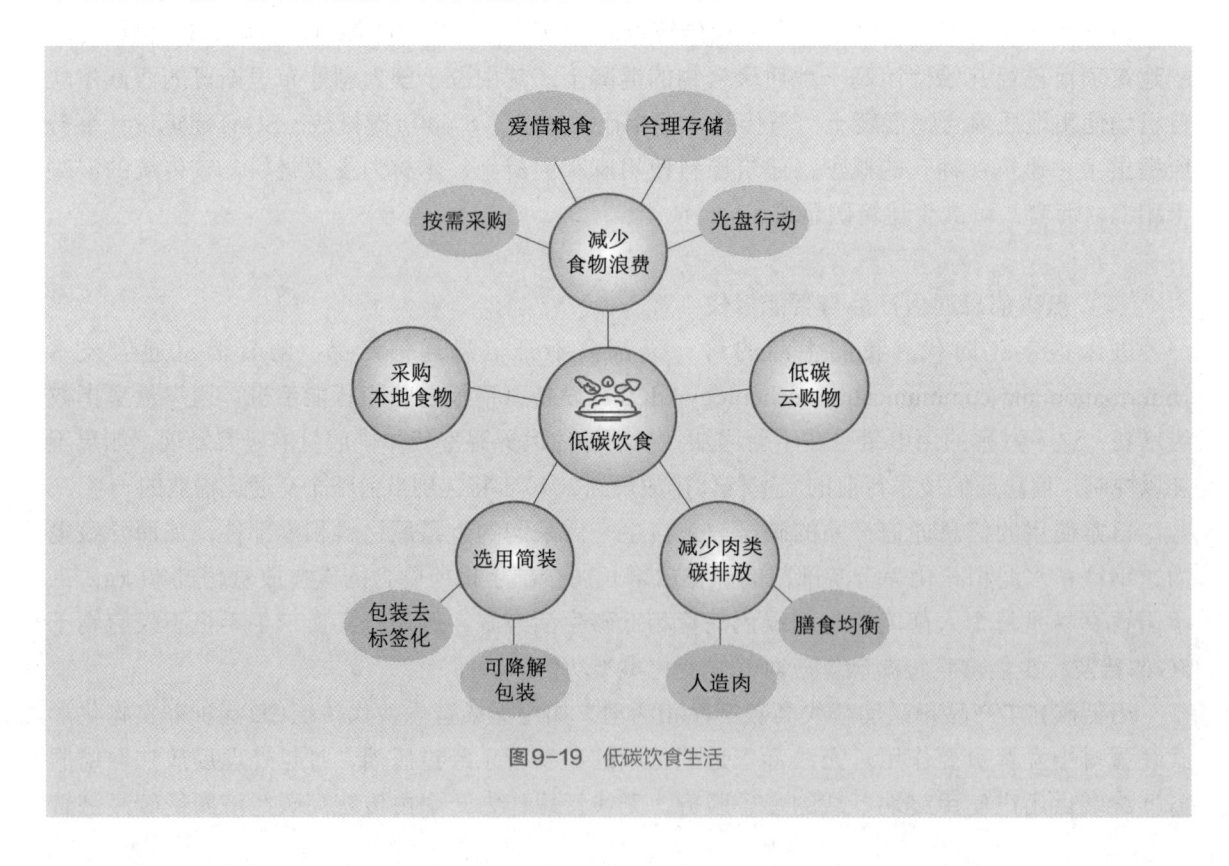

图9-19 低碳饮食生活

（一）减少食物浪费

减少食物浪费就是减少食物生产运输过程中的能量和资源消耗。饮食习惯对改变气候变化具有重要意义。世界粮食体系占全球人为温室气体排放量的1/3以上。在消费者可获得的所有食物中，有17%最终会被丢弃，世界每年浪费的粮食量高达16亿t，由此产生的碳排放量高达33亿t。我国的食物浪费情况也不容乐观，大型餐馆商务聚会及学校盒饭的平均浪费率高，约占食物供应量的1/3。

许多人对浪费粮食已经习以为常：在市场过量采购食物，任由家中的果蔬变质或是超量取餐。这些习惯浪费了生产过程中的能源和资源，增加不必要的温室气体排放，为应对气候变化带来了巨大压力。在日常生活中，我们可以通过一些简单的行动减少食物浪费，减少个人碳足迹，助力碳中和：

(1) 按需采购，制订烹饪计划。列出采购清单然后严格执行，避免冲动购物。

(2) 不以外观评判食物。外形奇怪或表面擦伤的果蔬往往因人为审美标准而被丢弃。它们的味道还是一样的，熟透的水果可用于制作奶昔、果汁和甜点。

(3) 从少量开始，践行光盘行动。在家取用更小份的饭菜或在餐厅分享大盘菜肴。

(4) 尝试分享食物。将食物捐出去，从而避免浪费。

(5) 合理储存食物。在橱柜或冰箱里，将更早购入的产品靠外摆放，新购入的往里摆放。

（二）选择简装及本地食物

选择简装食物或者本地食物，可以增加资源循环利用和减少能源消耗。低碳包装逐渐成为食物低碳化发展的趋势之一。每减少使用1 kg包装纸，可相应减排CO_2 3.5 kg。减少包装材料，利用可循环、再利用的新型环境友好型包装材料将成为包装行业发展的主要趋势。多家食品饮料公司积极响应世界碳中和，开始褪去多余的包装，"无标签化"由此诞生。瓶身不再张贴带有品牌标志和产品相关信息的标签，去掉标签既可以减少生产过程中对塑料的利用，简化回收材料的同时，还能减少回收工序。

除了避免一次性包装，自带购物袋、打包盒，减少保鲜膜的使用，人们也越来越倾向于在生活中使用天然高分子材料作为原材料制备环境友好型、可生物降解的新型包装材料。星巴克推出的杯子通过回收咖啡渣进行脱水和烘干处理，将咖啡渣代替部分PP塑料粒子制作而成；可口可乐公司也在2022年推出了首个瓶身由100%植物基塑料制成的塑料瓶可乐。

选择本地食物也是减少碳足迹的方法之一。进口和运输环节能源消耗产生的碳排放，以及非当季本地食物通过温室大棚种植产生的温室气体逸散到大气层之中（温室大棚通常会人工补充CO_2）都会增加碳排放。如图9-20所示，以生产苹果为例，在全生命周期的碳排放中，运输过程所产生的碳排放占总排放的20%，仅次于种植过程产生的碳排放。

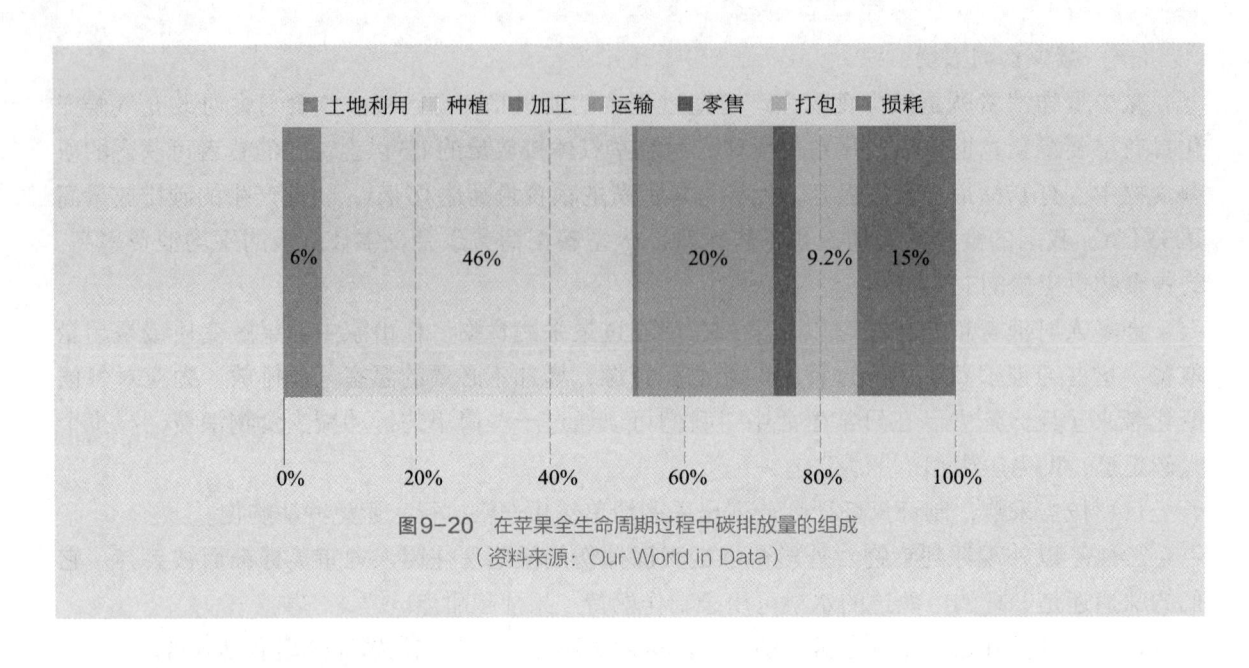

图9-20 在苹果全生命周期过程中碳排放量的组成
（资料来源：Our World in Data）

（三）低碳食品外卖

随着电子商务和移动终端技术的进步，传统的食品购物习惯正在发生改变，我国拥有快速增长的在线食品配送和外卖市场，外卖及电商销售额持续快速增长导致碳排放量的增长。

在外卖过程中，运送及包装所产生的碳排放值得关注。对于市内配送，新能源车是减少碳排放的有效方式，仅物流运输工具电气化一项措施就可减少一半以上的碳排放，这也因此成为国内外众多电商企业减排最常用的方式。包装是网络购物最大的碳排放源，塑料材质为外卖包装的主要材料。普通塑料在填埋或焚烧过程中产生大量的碳排放。在欧洲地区每年生产的塑料中有39%是包装材料；而中国快递业每年消耗大量纸类废物和塑料废物，这些材料的生产无疑都会产生大量碳排放。

为了有效实现碳减排，需要消费者主动参与，根据网络购物产品的实际需要，要求卖家减少不必要的包装或使用绿色包装。循环餐盒的推广应用在2025年替代一次性餐盒在快餐外卖中实现10%的使用比例，即可减少2.6万 t CO_2 排放。有效地控制外卖包装，可以从无须餐具等低碳环保行为做起。例如，外卖平台通过送出"无须餐具"订单来减少碳排放。由于共享经济有可能促进集体消费行为的转变，因此共享餐具的出现可能有效地减少一次性塑料包装，并增强外卖行业的可持续性。共享餐具是减少外卖包装浪费的潜在解决方案，也是促进低碳和可持续生活方式的新战略。

（四）减少肉类消费带来的温室气体排放

作为仅次于CO_2的第二大温室气体，甲烷是一种短期气候污染物，其在大气层中的停留时间相对较短，但其全球增温潜势（GWP）在100年的时间框架内是CO_2的28倍，它的分解速度也比CO_2快得多，这意味着遏制甲烷排放可以在短期缓解全球气候变暖。

联合国粮食及农业组织（FAO）的数据显示，目前全球畜牧业温室气体排放占人类活动温室气体排放总量的15%左右。畜牧业中主要的碳排放来自养殖动物肠道中的发酵气体、甲烷等，以及动物粪便处理过程中产生的甲烷等温室气体。一头550 kg的奶牛每天可排放800~1 000 L甲烷。在食品中，肉类和植物生产之间的排放差异非常明显：生产1 kg小麦会排放2.5 kg的温室气体，而获得1 kg的牛肉会产生70 kg的排放。牛肉和牛奶生产两者的排放量分别占畜牧业排放总量的41%和20%。

从健康角度来看，近些年我国居民膳食结构变化，肉类食品摄入量逐年增高，尤其是畜肉摄入过高，脂肪供能比不断上升。伴随着膳食结构的变化，超重肥胖、四高（高血糖、高血压、高血脂、高尿酸）人群增加，《中国居民膳食指南》提出"适量吃鱼禽蛋瘦肉"。从碳排放的角度来看，如果用禽肉和鱼肉替代一半的畜肉摄入量，那么每人每年可以减排二氧化碳约57 kg。适量吃肉或改食碳足迹较低的肉类，如鸡肉、鸡蛋或猪肉，多吃植物性的蛋白质来源，如豆腐、坚果、豌豆和豆类，也成为减少个人碳足迹的有效方法。

我们同时可以选择人造肉，即以各种方式加工的、以仿造肉类味道为目的的植物产品。目前主流的人造肉分为两种，一种是基于植物蛋白制成的"植物肉"，另一种是利用生物技术通过动物干细胞培养出来的"实验室肉"。植物肉因营养健康、节能减排、污染防控、安全高效等优势受到关注。以植物蛋白作原料，在味道、口感、形态上都非常接近真肉，这样的植物肉普适化进入消费市场，不仅能够降低温室气体排放，促进碳中和目标实现，还能有效缓解食品供应压力，在人体均衡营养的前提下优化膳食结构。

美国人造肉公司Beyond Meat用非转基因豌豆蛋白制作的Beast Burger是该公司最受欢迎的产品之一。以色列、西班牙等国家的企业正在完善基于植物的3D牛排打印，与此同时，人造牛奶、鸡蛋、虾也在日本、美国等国家相关企业的推进下快速发展。中国和人造肉有着深刻的渊源，"素肉"在我国居民饮食中占有一席之地。随着碳中和的观念深入人心，人造肉将逐渐成为人们餐桌上的新选择。

本章总结

碳中和社会是一个由人为排放温室气体全部被自然界吸收的高度文明社会，能源、资源、信息实现碳中和，碳汇完全吸收抵消温室气体。碳中和社会以生态文明思想作为核心思想，建设成为人与自然、人与人、人与社会和谐共生，良性循环、全面发展、持续繁荣的社会。碳中和社会与经济社会发展密切相关。提高人口受教育程度、生活水平，推进城市化进程；发展循环经济、数字经济使经济发展与碳排放脱钩；促进能源、资源、信息、碳汇方面技术进步；推动数据的发展，将有利于碳中和社会的发展。全社会践行绿色零碳的生活方式，有利于实现碳中和目标。

展望

碳中和是一场广泛而深刻的经济社会系统性变革，实现碳中和不是一步到位的跃进，而是需要持续不断的技术创新与革命。同时在实现碳中和的过程中，我们必须直面公平问题。不同国家、地区由于经济、政治、历史等多方面因素的影响，碳排放与面对气候变化的脆弱性存在差异。无论是国家内部的碳排放不均衡还是国际减排协商，碳排放权的公平性问题将始终是气候问题和可持续发展问题的核心。但有一点可以肯定，人类文明的发展寄托在我们对气候变化的应对行动当中，面对共同的未来，我们的成功与否取决于人类作为一个整体解决这一危机的决心。此时此刻，每个人都拥有推动人类文明发展的机会，一同迈向碳中和的未来。

思考题

1. 简述碳中和社会的基本特征。
2. 碳中和教育应当关注哪些方面?
3. 生态文明思想的内涵是什么?
4. 气候变化如何影响人类发展?
5. 如何理解城市化与碳排放之间的关系?
6. 你认为如何从社会经济变革实现碳中和目标?
7. 你认为碳中和技术还应在哪些方面进步?
8. 你认为碳中和社会的交通体系将是什么样的?
9. 人们可以从哪些方面践行低碳饮食?
10. 如何打造一栋零碳建筑?
11. 每个人可以为建设碳中和社会做些什么?

参考文献

[1] White L Jr. The historical roots of our ecologic crisis [J]. Science(New York, NY), 1967, 155(3767): 1203-1207.

[2] IPCC. Climate change 2022: mitigation of climate change [R], 2022.

[3] O'Neill B C, Jiang L, Kc S, et al. The effect of education on determinants of climate change risks [J]. Nature Sustainability, 2020, 3(7): 520-528.

[4] Pan J. China expects leadership from rich nations [J]. Nature, 2009, 461(7267): 1055.

[5] 联合国教科文组织. 联合国教科文组织科学报告: 迈向2030年 [M]. 北京理工大学MTI教育中心, 译. 北京: 中国科学技术出版社, 2020.

[6] UNESCO I. World social science report 2013: changing global environments [R], 2013.

[7] United Nations Development of Economic and Social Affairs Global population growth and sustainable development

[R], 2021.

[8] Samir K C, Lutz W. Demographic scenarios by age, sex and education corresponding to the SSP narratives [J]. Population and Environment, 2014, 35(3): 243-260.

[9] Gordon McGranahan D S. Urbanisation concepts and trends [R]. IIED, 2014.

[10] Zhang X, Brandt M, Tong X, et al. A large but transient carbon sink from urbanization and rural depopulation in China [J]. Nature Sustainability, 2022, 5(4): 321.

[11] UNEP. Resource efficiency: potential and economic implications [R], 2017.

[12] Geng Y, Sarkis J, Bleischwitz R. Globalize the circular economy [J]. Nature, 2019, 565(7738): 153-155.

[13] Huang Y, Huang B, Song J, et al. Social impact assessment of photovoltaic poverty alleviation program in China [J]. Journal of Cleaner Production, 2021, 290: 125208.

[14] Lin Y, Qin Y, Wu J, et al. Impact of high-speed rail on road traffic and greenhouse gas emissions [J]. Nature Climate Change, 2021, 11(11): 952-955.

[15] IEA. Global EV Outlook 2022 [R]. 2021.

[16] Zhou M, Liu H X, Peng L Q, et al. Environmental benefits and household costs of clean heating options in northern China [J]. Nature Sustainability, 2022, 5(4): 329-339.

[17] 杰里米·里夫金. 零碳社会: 生态文明的崛起和全球绿色新政 [M]. 赛迪研究院专家组, 译. 北京: 中信出版社, 2020.

[18] Crippa M, Solazzo E, Guizzardi D, et al. Food systems are responsible for a third of global anthropogenic GHG emissions [J]. Nature Food, 2021, 2(3): 198-209.

[19] 科学技术部社会发展科技司. 全民节能减排实用手册 [M]. 北京: 社会科学文献出版社, 2007.

[20] Zhou Y, Shan Y, Guan D, et al. Sharing tableware reduces waste generation, emissions and water consumption in China's takeaway packaging waste dilemma [J]. Nature Food, 2020, 1(9): 552-561.

郑重声明

高等教育出版社依法对本书享有专有出版权。任何未经许可的复制、销售行为均违反《中华人民共和国著作权法》，其行为人将承担相应的民事责任和行政责任；构成犯罪的，将被依法追究刑事责任。为了维护市场秩序，保护读者的合法权益，避免读者误用盗版书造成不良后果，我社将配合行政执法部门和司法机关对违法犯罪的单位和个人进行严厉打击。社会各界人士如发现上述侵权行为，希望及时举报，我社将奖励举报有功人员。

反盗版举报电话　（010）58581999　58582371
反盗版举报邮箱　dd@hep.com.cn
通信地址　北京市西城区德外大街 4 号
　　　　　高等教育出版社知识产权与法律事务部
邮政编码　100120

读者意见反馈

为收集对教材的意见建议，进一步完善教材编写并做好服务工作，读者可将对本教材的意见建议通过如下渠道反馈至我社。

咨询电话　400-810-0598
反馈邮箱　hepsci@pub.hep.cn
通信地址　北京市朝阳区惠新东街 4 号富盛大厦 1 座
　　　　　高等教育出版社理科事业部
邮政编码　100029

防伪查询说明

用户购书后刮开封底防伪涂层，使用手机微信等软件扫描二维码，会跳转至防伪查询网页，获得所购图书详细信息。

防伪客服电话　（010）58582300

数字课程账号使用说明

一、注册 / 登录

访问 https://abooks.hep.com.cn，点击"注册 / 登录"，在注册页面可以通过邮箱注册或者短信验证码两种方式进行注册。已注册的用户直接输入用户名加密码或者手机号加验证码的方式登录。

二、课程绑定

登录之后，点击页面右上角的个人头像展开子菜单，进入"个人中心"，点击"绑定防伪码"按钮，输入图书封底防伪码（20 位密码，刮开涂层可见），完成课程绑定。

三、访问课程

在"个人中心"→"我的图书"中选择本书，开始学习。